金银选矿与综合回收

孙长泉　孙成林　编著

北　京

冶金工业出版社

2014

内 容 简 介

本书共有 17 章。内容包括：概述，金银的性质及用途，金矿物及金矿床，银矿物及银矿床，金矿工艺矿物学，银矿工艺矿物学，重选法选金，混汞法提金，浮选法选金，氰化法提金，炭浆法提金，树脂矿浆法提金，堆浸法提金，生物氧化预处理—氰化提金，硫脲法提金，黄金选矿污水处理，综合回收与利用。

本书适合金银选矿企业的技术人员及管理人员阅读参考。

图书在版编目 (CIP) 数据

金银选矿与综合回收/孙长泉，孙成林编著 . —北京：
冶金工业出版社，2014.11
ISBN 978-7-5024-6681-7

Ⅰ . ①金…　Ⅱ . ①孙…　②孙…　Ⅲ . ①金矿物—选矿
②银矿物—选矿　③金矿物—回收　④银矿物—回收
Ⅳ . ①TD953

中国版本图书馆 CIP 数据核字 (2014) 第 244634 号

出 版 人　谭学余
地　　址　北京市东城区嵩祝院北巷 39 号　邮编　100009　电话　(010)64027926
网　　址　www.cnmip.com.cn　电子信箱　yjcbs@cnmip.com.cn
责任编辑　李培禄　李 梅　美术编辑　彭子赫　版式设计　孙跃红
责任校对　李 娜　责任印制　李玉山
ISBN 978-7-5024-6681-7

冶金工业出版社出版发行；各地新华书店经销；北京佳诚信缘彩印有限公司印刷
2014 年 11 月第 1 版，2014 年 11 月第 1 次印刷
169mm×239mm；31.5 印张；613 千字；485 页
80.00 元

冶金工业出版社　投稿电话　(010)64027932　投稿信箱　tougao@cnmip.com.cn
冶金工业出版社营销中心　电话　(010)64044283　传真　(010)64027893
冶金书店　地址　北京市东四西大街 46 号(100010)　电话　(010)65289081(兼传真)
冶金工业出版社天猫旗舰店　yjgy.tmall.com
(本书如有印装质量问题，本社营销中心负责退换)

前　言

我国金、银生产历史悠久，是世界上生产金、银最早的国家之一，同时也是世界金、银生产大国，金、银资源储量及产量均居世界前列。我国至 2011 年已探明黄金储量 1863.41t，占世界总储量的 3.97%，居世界第八位；已探明储量基础 6864.79t，占世界总储量基础的 7%，居世界第三位。我国至 2007 年已探明白银储量 23247t，占世界总储量的 8.36%，居世界第五位；已探明储量基础约 12 万吨，占世界总储量基础的 21.08%，居世界第二位。我国黄金产量在 1949~2011 年的 62 年历史中，取得了巨大的发展。到 2007 年，我国黄金产量达 270.491t，一跃成为世界第一产金大国，并连续多年位居第一位，2011 年又创新高，达 360.951t。我国白银产量从 2000 年起，连续多年以超过 10% 的速度递增，已成为世界递增速度最快的国家，并成为世界第一产银大国，其产量占世界总产量的 30%。

我国金、银生产的发展，离不开选矿科学技术的进步和发展，为不断改善和提高金银选矿和综合回收技术水平，从生产实践出发，有效地吸取、推广、运用国内外的先进选矿生产技术，使其取得好的经济效益和社会效益，特编著此书。

本书内容由孙长泉、孙成林共同策划和编写，其中第 15~17 章内容由秦贞军、闫朋编写，最后由孙长泉统一整理定稿。

在编著本书时，原烟台市黄金工业局张处俊总工程师，原山东省黄金工业局计划处处长杨光祖高级工程师，山东黄金集团昌邑矿业有限公司张文平选矿主管工程师帮助提供了有关部分资料，在此表示衷心感谢。同时，引用了国内出版社出版的有关图书及期刊中相关内容，均已在每章后的参考文献中列出，在此一并致谢。

由于作者水平有限，加之全书涉及面广，收集资料难度大，企业生产跨越时间长等因素，书中难免存在一些不足，敬请同行批评指正。

孙长泉　孙成林

于青岛理工大学黄岛校区

2014 年 5 月

目　　录

1 概　　述

1.1　金银发展概况

金、银均属贵金属，它们具有许多优良的特性，在国民经济和人类生活中得到了广泛的应用。

金是人类最早开采和使用的贵金属。长期以来，金主要用作货币和制造装饰品。黄金历来被当作货币储备，作为金融付款基础和金融界的交换基础，对稳定世界和国家经济、抑制通货膨胀、提高国家信誉等方面有着无可替代的作用。由于金具有可贵的抗腐蚀性能、良好的物理力学性能和高度的化学稳定性，因此，金及其合金在喷气发动机、火箭、超音速飞机、核反应堆、电子器械、现代通讯、航空航天等方面得到了广泛应用，已成为发展电子技术和宇宙航行技术不可缺少的重要原材料。金的独特属性，使其开采和利用受到各产金国家的重视。自20世纪60年代黄金价格放开以来，金价持续上涨，近30多年来居高不下的黄金价格，刺激着黄金产量成倍增长。据统计，1980年世界黄金总产量为1188t；10年后的1990年产量增长接近一倍，达到2134t，到2000年达到2584t；2010年达到2688.9t，是有史以来的最高产量，目前矿产金产量基本维持在2500t左右。黄金的消费量也以更快的速度增长，据统计，1996年至2006年间每年黄金消费量均在2918.5t以上，消费最高年为1997年，消费量高达3848.2t。白银最早用于装饰和货币，随后用作餐具。英国早在13世纪便制造出典型的银合金（含92.5%Ag和7.5%Cu），并大量用于货币、餐具、首饰等。随着工业的发展，开拓了银的新用途，如电接触器、钎焊合金、催化剂和照相材料等。目前，银主要用于电子电气、银基合金及焊料、银货工艺品及首饰、铸币及证章、感光材料、抗菌等领域。随着世界经济以及电子电气等新兴工业领域的不断发展，银的需求量不断增加。2001年世界白银总产量为24510t，其中矿产银产量达到18856t；到2010年世界白银总产量达到29576t，其中矿产银产量达到22889t。10年间增加了21%，平均每年递增2.1%。与此同时白银的需求量也在扩大，2001年世界白银的消费总量为27171t，其中，工业消费量为10876t；到2010年世界白银的消费总量达到27333t，其中工业消费银量达到15160t。10年间消费总量增加了近0.6%，但工业消费银量却增加了近40%，平均每年递增4%。

我国是世界上最早开采和使用黄金的国家之一，自石器时代至公元500年，

我国就约产黄金 176t。我国已出土的黄金首饰始于公元前 2100 年～前 1600 年的
夏代。春秋早期公元前 11 世纪～前 223 年，先秦时期产金最多的是楚国，并大
量铸制纯金币，它是我国已出土的最早的大批铸造纯金币，比西亚吕底亚王国的
"斯托特"金币约早 100 年。秦统一中国后，西汉开始开采黄金，并形成一定的
规模，西汉史书记载帝王赏赐重臣黄金的记载，如汉高祖刘邦赐陈本黄金 4 万
两；汉武帝因卫青抗击匈奴有功，特赐黄金 20 万两。王莽在位（公元 9～23 年）
实行黄金国有化政策，至他死时，国库储金 70 万两，约合今 179.2t。由于种种
原因，我国历代黄金生产时兴时废，年产量时高时低。北宋元丰年间（公元
1078 年），年产黄金仅 10711 两，银 215385 两。至哲宗（公元 1086～1100 年）
时，到明朝后期才有所复兴。1840 年鸦片战争之后，因赔偿各次战争失败的巨
额赔款，清政府开始强行开采金矿，经咸丰、同光年间的发展，到光绪十三年
（1888 年）年产黄金达 43 万两，占当年金世界总产量的 7%，居世界第 5 位。
1911 年估计达到 48 万两（约 15t）。民国年间逐渐回落，1929 年下降至 8 万两。
抗日战争初中期，因支撑战时经济，黄金生产曾一度兴盛，据中央地质调查所统
计，1941 年黄金产量高达 45 万两，以后又回落至 1949 年的 10 万多两。

我国在 1949 年以后，由于种种原因，黄金矿山大多关闭，1949～1969 年的
20 年间，全国黄金产量一直徘徊在 3.65～8.35t 之间，最低为 1961 年和 1962
年，产量仅为 3.653t。直至 1970 年我国黄金生产进入恢复和发展时期，1970～
1980 年的 10 年间，年平均递增 13%；1980～1990 年的 10 年间，年平均递增
17%；1990～2000 年的 10 年间，年平均递增 16.7%；2000～2010 年的 10 年间，
年平均递增 9.3%；2010 年黄金产量为 340.876t，2011 年达到 360.957t，自 2007
年始连续 5 年位居世界第一。我国是世界第二大黄金消费国，仅次于印度，自 20
世纪 90 年代以来，黄金消费水平大大高出世界平均水平，2010 年黄金消费量为
571.36t，到 2011 年消费量就高达 761.05t，比上一年增长 33.2%，远远超过当
年 360.957t 的黄金产量，预计我国黄金消费量 10 年内将翻倍。因此，发展黄金
生产，提高黄金产量，满足需求要求，是我国黄金生产面临的重要任务。

我国白银的生产及发展历史，类似黄金的生产及发展历史。我国同样是世界
上最早开采和使用白银的国家之一，也是世界上第一大产银国。我国自 2000 年
白银市场开放以来，白银的产量逐年实现大幅度增长，平均每年以 10% 的速度
递增，成为世界递增最快的国家。2000 年全国白银产量为 1588t，到 2008 年就达
到 9587t。与此同时，我国的白银消费量也在逐年递增，到 2010 年消费量达到
5700t，是世界第二大白银消费国，仅次于印度。我国的白银生产和消费，目前
还可以自给。但随着国民经济的不断发展，银的消费结构也发生了很大的变化，
电子电气、银基合金及焊料，分别占银消费结构的 36% 和 31%，由此使用银量
将大幅度增加；另外我国银货工艺品、首饰和银币出口具有很大的竞争力，远销

几十个国家和地区，已成为世界上主要出口国之一，由此，对白银的需求量将与日俱增。

1.2 世界黄金资源及产量

1.2.1 世界黄金资源

金矿可以形成于所有的地质时期和各种地质构造环境及岩石类型中，但分布不均衡。全球70%以上的金储量集中在前寒武纪，约25%集中在中-新生代。在空间上，金储量主要分布在两个含金区：在古地质，地台及中间地块含金区金储量约占70%以上；在褶皱活化区金储量约占25%。

世界黄金生产主要产自矿产金和伴生金，砂金所占比例很小，在过去的一百多年，全世界已开采出的黄金大约有15.2万吨，每年大约以2%的速度增加。

至2011年止世界及主要产金国尚有黄金4.7万吨，储量基础10万吨，按照2010年黄金产量2688.9t的开采水平计算，世界黄金储量年限和储量基础静态保证年限分别是17年和37年。世界及主要产金国黄金资源储量见表1-1。

表 1-1 世界及主要产金国黄金资源储量

排序	国 家	储量基础/t	储量		储量占储量基础/%
			t	占世界储量/%	
1	南 非	31000	6000	12.77	19.4
2	俄罗斯	7000	5000	10.64	71.4
3	中 国	6864.79	1863.41	3.97	27.1
4	澳大利亚	6000	5800	12.34	46.3
5	印度尼西亚	6000	3000	6.39	50.0
6	美 国	5500	3000	6.39	54.5
7	加拿大	4200	1000	2.13	23.9
8	智 利	3400	2000	4.27	58.8
9	墨西哥	3400	1400	2.98	41.2
10	加 纳	2700	1600	3.41	59.3
11	巴 西	2500	2000	4.27	80.0
12	秘 鲁	2300	1400	2.98	60.9
13	巴布亚新几内亚	2300	1200	2.55	52.3
14	乌兹别克斯坦	1900	1700	3.62	89.5
15	其他国家	22000	10000	21.29	4.55
	世界合计	100000	47000	100.00	47.0

世界金矿资源储量主要集中在南非，占世界总储量的 12.77%，其次是澳大利亚占 12.34%，俄罗斯占 10.64%，印度尼西亚和美国各占 6.39%，以上 5 国储量合计占世界总储量的 48.53%。世界金矿资源储量基础主要集中在南非，占世界储量基础的 31%，其次是俄罗斯占 7%，中国占 6.86%，澳大利亚和印度尼西亚各占 6%，以上 5 国储量基础合计占世界总储量基础的 56.86%。

未来，南非和俄罗斯仍将是最主要的产金大国，其次是中国、澳大利亚、印度尼西亚、美国、加拿大、智利、墨西哥等国。随着对金矿研究水平的提高和找矿勘探工作中新技术新方法的引进，在深入开展成矿预测，提高找矿勘探效果的基础上，能够保证黄金地质储量不断增加。同时，全球还有许多待开发的处女地，如南极大陆、俄罗斯边远地区、亚洲西部沙漠、非洲及美洲热带丛林，都是有可能发现金矿床的远景地带。此外，尚未开发的辽阔海洋，是黄金的巨大潜在资源地。红海的热卤水沉积物含金平均 0.659g/t；在未固结的海洋沉积物中，含金平均在 0.276g/t。随着今后采选及冶炼技术的提高，这些都将成为黄金新的来源。

从长远来看，埋藏浅、品味高的矿石正在大量减少，而黄金的产需差额仍有不断加大的趋势。因此，积极提高勘探的方法与技术以求提高找矿命中率，不断扩大对盲矿体与已知矿山的深部找矿，不断提高采选的回收率，扩大利用低品位金矿，加强综合回收，加强金的代用品研制，都是解决金供不应求的重要途径。

1.2.2 世界黄金产量

世界黄金生产受政治、经济等多种因素的影响，因此黄金具有商品和货币双重职能，在人类文明史中，发挥了极其重要的作用。长期以来，黄金主要用于流通货币和装饰品。20 世纪工业革命的兴起，给黄金生产带来良好机遇，科学技术发展促使它的应用领域更加广阔，其使用已开始进入工业部门各个领域。黄金产业是关系金融安全和国家安全的战略性产业，所以，引起世界各国的注意和重视，也使其得到继续稳步快速发展，产量不断增加，矿产金产量基本保持在年产 2500t 以上水平，2011 年达到最高年产量 2688.9t。近十年来，世界及产金前 20 名国家的黄金产量和排序，见表 1-2。

世界黄金产量中，年产黄金超过 100t 的国家有中国、澳大利亚、美国、俄罗斯、南非、秘鲁、印度尼西亚、加拿大，以上八国黄金年产量约占世界总产量的 60% 以上。其中南非在 2006 年以前，一直居世界首位，由于经济状况等原因，不利于开发深部金矿资源，致使产量逐年下降，到 2010 年其产量较 2000 年减少 50% 以上，从产金首位大国，降至第 5 位。中国在 2006 年的第三四位置上，从 2007 年起跃升为世界第一产金大国，连续 5 年位居世界第一位，其年产金量 2010 年达 340.876t，占世界产金总量的 12% 以上，2011 年又创新高，年产黄金 360.957t。

表1-2 世界及产金前20名国家黄金产量及排序

排 名											国家	年产量/t										
2010	2009	2008	2007	2006	2005	2004	2003	2002	2001	2000		2000	2001	2002	2003	2004	2005	2006	2007	2008	2009	2010
1	1	1	1	3	4	4	4	4	5	4	中 国	176.9	181.83	189.81	200.6	212.35	224.05	240.08	270.5	282.01	313.98	340.876
2	2	4	3	4	2	3	2	3	3	3	澳大利亚	296.4	285	266	283.4	258.1	262.9	244.5	246.4	215.2	223.5	260.9
3	3	3	4	2	3	2	3	2	2	2	美 国	355.2	335	299	281	260.3	261.7	251.8	238	233.6	221.4	233.9
4	5	5	6	6	6	5	5	5	6	6	俄罗斯	155	165.1	181	182.4	181.6	175.5	172.8	169.3	188.7	205.2	203.4
5	4	2	2	1	1	1	1	1	1	1	南 非	428	394	395	376	342.7	296.3	291.8	269.9	231.8	219.8	203.3
6	6	6	5	5	5	6	6	7	8	8	秘 鲁	133	134	157.3	172	173.2	207.8	203.3	169.9	197.5	182.4	162
7	7	8	7	7	7	8	7	6	4	7	印度尼西亚	139.7	183	158	164	114.2	166.4	114.1	146.6	94.7	160.4	136.6
8	9	9	9	10	11	11	10	10	10	11	加 纳	74	72	70	69	57.8	62.8	70.2	77.3	80.4	90.3	92.4
9	8	7	8	8	8	7	8	8	7	5	加拿大	155	157.4	148.2	141	128.5	118.5	104	102.2	95	96	92.2
10	11	10	10	9	9	9	9	9	9	9	乌兹别克斯坦	87.5	83.4	82.6	80	83.7	79.3	78.5	74.9	72.7	74.5	71
11	10	11	11	11	10	10	11	11	11	10	巴布亚新几内亚	76.4	68.1	65.1	69	74.5	68.8	60.4	61.7	70.3	70.6	70.5
12	13	13	14	17	17	21	21	18	18	16	墨西哥	27	26	23	22	21.8	30.6	28.2	43.7	50.8	62.4	69.9
13	12	12	12	13	14	13	14	13	12	12	巴 西	53	51	46	43	42.9	44.9	49.7	56.7	58.7	64.6	68.3
14	15	15	15	15	18	17	17	17	17	17	阿根廷	26	31	33	30	27.7	27.9	27.9	42.5	40.3	48.8	63.5
15	14	14	—	12	13	15	13	14	13	15	马 里	30	45	56	47	39.6	45.9	45.9	—	47	48.9	44.6
16	16	17	17	14	12	12	12	12	14	21	坦桑尼亚		34	39	45	47.9	48.9	48.9	40.1	35.6	40.9	44.6
17	18	18	18	18	16	16	16	16	16	14	菲律宾	35	32	33	34	31.7	31.6	31.6	38.8	35.6	37	40.8
18	17	16	—	16	15	14	15	15	15	13	智 利	50	40	35	38	40	39.6	39.6	41.5	39.2	40.8	38.4
19	19	19	19	20	19	19	18	19	21	20	哥伦比亚	21	20	20	25	23.6	24.8	24.8	25	26	27	35
20	20	—	—	—	—	22	—	—	—	—	哈萨克斯坦	—	—	—	—	21	—	—	—	—	20.6	26.9
—	—	20	20	19	20	20	—	—	—	—	委内瑞拉	—	—	—	—	—	26.3	23	24.4	24.3	—	—
—	—	—	—	—	—	—	—	—	—	—	其他国家	257	275	260	268	281.7	279.5	277.8	336.6	295.6	334.4	381.7
—	—	—	—	—	—	—	—	—	—	—	世界合计	2584	2623	2590	2593	2469.8	2471.1	2519.2	2476	2408.3	2589.5	2688.9

1.3 世界白银资源及产量

1.3.1 世界白银资源

世界在过去的一百多年里，已开采出的白银大约有 133.6 万吨。目前世界白银储量约为 27 万吨，储量基础 57 万吨，按 2010 年白银产量为 22889t 计，世界白银储量年限和储量基础静态保证年限分别是 12 年和 25 年，其保证程度不高。世界及主要产银国白银储量，见表 1-3。

表 1-3 世界及主要产银国白银储量

国 家	波兰	墨西哥	秘鲁	澳大利亚	中国	美国	加拿大	其他国家	世界合计
储量/t	51000	37000	36000	31000	26000	25000	16000	50000	272000
占世界储量比例/%	18.8	13.6	13.2	11.4	9.6	9.2	5.9	18.3	100.00

世界白银储量主要集中在波兰，占世界总储量的 18.8%，其次是墨西哥占 13.6%，秘鲁占 13.2%，澳大利亚占 11.4%，中国占 9.6%，美国占 9.2%，加拿大占 5.9%，以上 7 国的白银储量占世界总储量的 81.7%。

世界白银资源约有 2/3 是伴生银矿，独立银矿不足 1/3。其中与铅锌矿伴生的占 32%，与铜矿伴生的占 29%，与金矿伴生的占 10%，与其他金属伴生的占 2%，独立银矿只占 27%。未来的银矿储量和产量，主要来自铅、锌、铜和金的伴生银矿。

1.3.2 世界白银产量

世界白银产量自 2003 年以后，逐年增加，特别是近年增加幅度较大，目前矿产白银年产量均在 22000t 以上，再生银年产量稳定在 5500t 以上，见表 1-4。

表 1-4 世界白银产量 (t)

年 份	2001	2002	2003	2004	2005	2006	2007	2008	2009	2010
矿产银	18856	18172	18557	19068	19817	19915	20660	21179	22072	22889
再生银	5654	5830	5721	5713	5786	5849	5659	5494	5155	6687
总产量	24510	24302	24278	24781	25603	25794	26319	26673	27227	29576

世界矿产白银年产量前 10 位的国家，按 2009 年矿产白银产量计算，主要产自中国，中国矿产白银产量占世界总产量的 30%，是世界第一产银大国，其次是秘鲁占 12.2%，墨西哥占 10.33%，澳大利亚占 5.09%，玻利维亚占 4.21%，俄罗斯占 4.16%，智利占 4.13%，美国占 3.93%，波兰占 3.87%，哈萨克斯坦占 2.14%，其他国家占 19.82%，以上 10 国矿产白银产量占世界总产量的 80% 以上。

1.4 我国黄金资源及产量

1.4.1 我国黄金资源

我国金矿资源比较丰富，采金历史源远流长，距今已有 7000 年的历史。我国目前已发现金矿床（点）7148 处，其中脉金矿床（点）3734 处，砂金矿床（点）3026 处，伴（共）生金矿床（点）388 处；已探明金矿床 1233 处，其中脉金矿床 573 处，砂金矿床 456 处，伴（共）生金矿床 204 处。已探明黄金储量 1863.4t，占世界总储量的 3.97%，居世界第八位，排序在南非、澳大利亚、俄罗斯、印度尼西亚、美国、智利、巴西之后（见表 1-1）；已探明储量基础 6864.79t，逼近 7000t，居世界第三位，仅次于南非和俄罗斯（见表 1-1）。

我国已探明黄金储量，从 2004 年起，已持续 7 年增长，并再创历史最高纪录，在全球的排序中进入了世界前列。我国 2004 ~ 2010 年已探明黄金储量基础及其构成，见表 1-5。

表 1-5 我国黄金储量基础及其构成 (t)

年 份	2004	2005	2006	2007	2008	2009	2010
独立脉金矿	3013.72	3051.59	3189.03	3662.24	4027.50	4399.32	4898.09
伴生金	1089.10	1179.18	1275.85	1362.48	1401.50	1413.70	1468.03
砂 金	520.89	521.39	523.02	516.62	552.80	520.80	512.86
全国合计	4623.71	4752.16	4987.90	5541.34	5981.80	6333.82	6878.98

从表 1-5 中 2010 年黄金储量基础中，独立的脉金矿占 71.35%，伴生金占 21.38%，砂金占 7.47%；独立的脉金矿储量基础的增加幅度较大，是我国黄金资源储量增长的主导性因素。

我国金矿资源分布比较广泛，但分布不均匀，在已探明的储量基础中，各省（区）的储量基础及排序，见表 1-6。

表 1-6 各省（区）黄金储量基础及排序

排 序		省（区）	储量基础/t		占全国储量基础比例/%
2010 年	2009 年		2009 年	2010 年	
1	1	山东	903.6	1148.18	16.73
2	2	江西	569.5	572.1	8.33
3	3	甘肃	511.8	564.88	8.23
4	4	云南	377.1	437.30	6.37
5	5	河南	369.3	359.08	5.76
6	6	内蒙古	354.3	328.16	4.78

排　序		省（区）	储量基础/t		占全国储量基础比例/%
2010 年	2009 年		2009 年	2010 年	
7	7	黑龙江	323.4	323.94	4.72
8	11	安徽	232.0	312.47	4.55
9	8	四川	311.1	308.27	4.49
10	9	陕西	296.7	286.67	4.18
11	10	贵州	271.9	263.96	3.85
12	13	河北	168.1	224.40	3.27
13	16	青海	161.1	221.53	3.23
14	12	吉林	229.6	213.73	3.11
15	15	西藏	161.5	148.70	2.69
16	17	湖南	156.4	159.52	2.32
17	14	福建	162.2	158.02	2.30
18	20	新疆	119.1	145.45	2.12
19	19	广西	132.3	143.70	2.09
20	21	辽宁	118.4	126.54	1.84
21	18	湖北	143.7	119.14	1.74
22	22	广东	88.5	91.92	1.34
23	23	山西	83.0	49.89	0.73
		全国合计	6327.9	6864.79	100.00

　　2010 年储量基础超过 300t 以上的省（区）有山东、江西、甘肃、云南、河南、内蒙古、黑龙江、安徽、四川，以上 9 省（区）黄金储量基础约占全国总量的 63.96%，其中山东占 16.73%，为全国多年之首，储量基础达 1148.18t。

　　在多省（区）金矿储量中，储量大于 100t 以上的大型金矿有山东焦家金矿、甘肃陇南阳山金矿、甘肃岷县寨上金矿，其中阳山金矿储量高达 308t，为亚洲最大、世界第六的卡林型金矿。储量大于 50t 的金矿有山东的新城金矿、三山岛金矿、玲珑金矿、尹格庄金矿，黑龙江的乌拉嘎金矿，四川的东北寨金矿，贵州的烂泥沟金矿，甘肃的早子沟金矿，内蒙古的达门沟金矿等。储量小于 1t 的金矿床则占总数的一半以上，显示出我国金矿大型少、中小型多的特征。

　　我国在 20 世纪 70 年代以前，开发的金矿主要集中在东部地区，因而形成了山东半岛和东北三省的重要产金基地。随后，金矿的开发逐渐向中、西部发展，先后产生了河南、陇西、新疆、内蒙古等产金基地。20 世纪 80 年代后，又逐步形成了"滇、黔、桂"和"陕、甘、川"两个"金三角"地区。今后，随着我国西部大开发，黄金储量将会不断增加，从而形成新的重要产金基地。

1.4.2　我国黄金产量

我国黄金生产历史悠久，是世界上最早开采和使用黄金的国家之一，深受历代王朝的重视。但由于受当时社会的政治、经济和内外环境的制约和影响，我国历代黄金生产时兴时废，黄金产量时高时低。近代从 1949 年至今，我国黄金生产发生了很大的变化和发展，并连续五年跃居世界第一黄金生产大国。我国历年黄金产量见表 1-7。

表 1-7　我国历年黄金产量（1949~2011 年）

年　份	年产量/t	比上一年增减量/t	增减比例/%	累计产量/t
1949	4.073	—	—	4.073
1950	6.508	2.435	59.78	10.584
1951	6.821	0.313	4.81	17.402
1952	6.542	-0.369	-5.41	23.854
1953	5.440	-1.012	-15.69	29.294
1954	4.812	-0.628	-11.54	34.106
1955	4.721	-0.091	-1.89	38.827
1956	5.511	0.79	16.73	44.338
1957	5.541	0.030	0.54	49.879
1958	6.885	1.344	24.26	56.764
1959	6.590	-0.259	-4.28	63.354
1960	6.498	-0.092	-1.40	69.852
1961	3.653	-2.845	-43.78	73.505
1962	3.653	0.000	0.00	77.158
1963	5.024	1.371	37.53	82.182
1964	5.868	0.844	16.80	88.050
1965	7.824	1.956	33.33	95.874
1966	9.554	1.730	22.11	105.428
1967	8.825	-0.729	-7.63	114.253
1968	5.826	-2.999	-33.98	120.079
1969	8.351	2.525	43.34	128.430
1970	10.543	2.192	26.25	138.973
1971	11.981	1.438	13.64	150.954
1972	13.647	1.693	14.13	164.628
1973	14.743	1.069	7.82	179.371
1974	12.742	-2.001	-13.57	192.113
1975	13.785	1.043	8.19	205.898
1976	14.715	0.930	6.75	220.613
1977	16.018	1.363	8.85	236.631
1978	19.673	3.655	22.82	256.304

年　份	年产量/t	比上一年增减量/t	增减比例/%	累计产量/t
1979	20. 874	1. 201	6. 10	277. 18
1980	24. 256	3. 382	16. 20	301. 434
1981	25. 201	0. 945	3. 90	326. 635
1982	27. 259	2. 058	8. 17	353. 694
1983	30. 561	3. 302	12. 11	384. 455
1984	33. 926	3. 365	11. 01	418. 381
1985	39. 082	5. 156	15. 20	457. 463
1986	44. 420	5. 338	13. 66	501. 883
1987	47. 802	3. 382	7. 61	549. 685
1988	48. 986	1. 184	2. 48	598. 671
1989	56. 360	7. 374	15. 05	655. 031
1990	66. 175	9. 815	17. 41	721. 206
1991	76. 160	9. 985	15. 09	797. 366
1992	84. 026	7. 866	10. 33	881. 392
1993	94. 548	10. 522	12. 52	975. 940
1994	90. 200	- 4. 384	- 4. 60	1066. 140
1995	108. 405	18. 205	20. 18	1174. 545
1996	120. 607	12. 202	11. 26	1295. 152
1997	181. 610	61. 003	50. 58	1476. 762
1998	177. 63	- 3. 987	- 2. 20	1654. 385
1999	169. 089	- 8. 534	- 4. 80	1823. 474
2000	176. 910	7. 821	4. 63	2000. 384
2001	181. 830	4. 920	2. 78	2182. 214
2002	189. 816	7. 980	4. 39	2372. 024
2003	200. 598	10. 788	5. 68	2572. 622
2004	212. 348	11. 750	5. 86	2784. 970
2005	224. 050	11. 702	5. 51	3009. 020
2006	240. 080	16. 028	7. 15	3249. 098
2007	270. 491	30. 413	12. 67	3519. 580
2008	282. 007	11. 516	4. 26	3801. 596
2009	313. 98	31. 973	11. 34	4115. 576
2010	340. 876	26. 896	8. 57	4456. 452
2011	360. 957	20. 081	5. 89	4817. 409

从表1-7可以看出，我国黄金生产从1949~1969年的整整20年时间，其产量时高时低，且增长速度很慢，一直徘徊在3.65~8.35t之间，最低年份为1961年和1962年，年产量仅为3.653t，还不如目前一个金矿的年产量。直至1970年，我国黄金生产才开始进入恢复时期和发展时期，黄金年产量首次突破10t大关，达到10.543t；到1980年，10年时间黄金产量翻了一倍多，达24.256t；到1990年，又

一个 10 年时间，黄金年产量又翻了一番多，达 66.175t；到 1995 年，仅 5 年时间，我国黄金年产量突破 100t 大关，达 108.405t；到 2003 年，8 年时间，又突破 200t 大关，达 200.598t；到 2007 年，我国黄金年产量达 270.491t，一跃成为世界第一产金大国，并连续五年位于世界第一，2010 年黄金年产量达 340.876t，占世界总产量的 12% 以上，2011 年又创新高，年产黄金 360.957t。

我国从 1949 年至 2011 年的 62 年时间里，在我国本土上共生产 4817.409t 黄金，有力地支援了国家经济发展，并增强了国家的经济实力。

我国的黄金生产分布相对比较集中，各省（区、市）黄金成品产量及排序，见表 1-8。

表 1-8　各省（区、市）黄金成品产量及排序

排序		省（区、市）	产量/t		占总产量比例/%
2010 年	2009 年		2009 年	2010 年	
1	1	山东	85.303	97.586	28.63
2	2	河南	36.458	37.995	11.15
3	3	江西	26.410	30.507	8.95
4	5	云南	17.618	20.139	5.91
5	4	福建	20.966	17.673	5.18
6	6	内蒙古	13.275	15.923	4.67
7	9	陕西	11.718	13.045	3.83
8	8	湖南	11.751	12.104	3.55
9	7	甘肃	11.840	12.017	3.53
10	12	安徽	8.981	11.847	3.48
11	13	辽宁	8.088	10.724	3.15
12	11	新疆	9.135	9.947	2.92
13	10	贵州	10.030	9.946	2.92
14	14	湖北	8.049	8.524	2.50
15	15	吉林	6.405	6.820	2.00
16	17	浙江	4.588	5.210	1.53
17	18	河北	4.218	4.938	1.45
18	19	青海	3.574	3.962	1.16
19	21	黑龙江	2.924	2.980	0.87
20	20	四川	3.525	2.760	0.81
21	16	上海	4.704	2.299	0.67
22	22	广西	1.784	2.045	0.50
23	23	海南	0.990	1.020	0.30
24	24	广东	0.903	0.859	0.25
25	25	山西	0.480	0.485	0.14
26	26	宁夏	0.200	0.300	0.09
27	27	江苏	0.010	0.022	0.01
		全国合计	313.98	340.876	100.00

从表1-8可以看出，2010年年产黄金10t以上的省（区、市）有山东、河南、江西、云南、福建、内蒙古、陕西、湖南、甘肃、安徽、辽宁，以上11个省（区、市）的黄金产量占全国总产量的82.03%，其中山东占28.63%，年产黄金达97.586t，多年稳居全国之首；其余16个省（区、市）的黄金产量仅占全国总产量的17.97%。显示出我国黄金生产分布广泛不均，而相对集中的特征。

2010年我国年产黄金1t以上的金矿山34家，其中排序前十位的矿山见表1-9。

表1-9 我国黄金生产十大矿山

排 序	矿 山 名 称	年产量/t
1	福建紫金山金铜矿	16.23
2	贵州锦丰矿业有限公司	5.71
3	山东三山岛金矿	4.82
4	山东焦家金矿	4.70
5	内蒙古太平矿业有限责任公司	3.55
6	青海大紫旦金矿	3.54
7	山东新城金矿	3.21
8	山东夏甸金矿	3.13
9	云南鹤庆北衙矿业有限公司	3.02
10	山东玲珑金矿	2.82
	合 计	50.73

十大产金矿山合计年产金量50.73t，占全国当年总产量的14.9%。

1.5 我国白银资源及产量

1.5.1 我国白银资源

我国白银资源分布比较广泛，目前已在30个省（区、市）发现并探明有银矿资源，但相对比较集中。我国现已探明银矿区569处，截至2007年已探明可经济开采的银矿储量达到23247t，占世界银矿资源总储量的8.36%，居世界第5位，排序在波兰、墨西哥、秘鲁、澳大利亚之后；银矿储量基础约为12万吨，占世界银矿总储量基础的21.08%，居世界第2位，仅次于波兰。按目前的开发速度，我国银矿储量基础静态保证年限不到20年，其保证程度不高。

我国银矿资源虽然分布比较广泛，但是储量相对比较集中，在已探明的储量基础中，分布比较集中的省（区）的储量基础及比例见表1-10。

表 1-10　各省（区）银矿储量基础及比例

省（区）	江西	云南	广东	内蒙古	广西	湖北	甘肃	其他地区	全国合计
储量基础/t	18016	13190	10978	8864	7708	6867	5126	47160	约120000
占全国比例/%	15.5	11.3	9.4	7.6	6.6	5.9	4.4	39.3	约100.00

我国白银储量主要集中在江西，占全国储量的 15.5%，其次是云南占 11.3%，广东占 9.4%，内蒙古占 7.6%，广西占 6.6%，湖北占 5.9%，甘肃占 4.4%，以上 7 省（区）的白银储量占全国的 60.7%；其他省（区）只占全国总储量的 39.3%。

我国独立银矿很少，所占银矿储量比例不足 13%，87% 以上是伴（共）生银矿，在伴（共）生银矿中，银品位大于 50g/t 的富伴（共）生银矿，只占伴（共）生银矿总储量的 1/4 左右；而银品位小于 50g/t 的贫伴生银矿，则占伴（共）生银矿总储量的 3/4 以上。伴（共）生银矿资源，是我国白银生产的主要来源。

1.5.2　我国白银产量

自从 2000 年我国白银市场开放以来，白银产量逐年大幅度增长，连续多年以超过 10% 的速度递增，成为世界递增最快的国家，并成为世界第一产银大国，产量占世界总产量的 30%。我国白银产量见表 1-11。

表 1-11　我国白银产量　　　　　　　　　　(t)

年份	2000	2001	2002	2003	2004	2005	2006	2007	2008
产量	1588	2013	3217	4305	5637	6551	8252	9092	9587

我国白银产量主要产自伴生银矿，其中产自铅锌矿中的银，占白银总产量的 40% ~ 50%；产自铜矿中的银，占 20%；再生银，占 15% ~ 25%；而产自独立银矿中的银，仅占 10% ~ 15%。可见我国白银产量 60% ~ 70% 来自铅锌铜的伴生银矿。

参 考 文 献

[1] 蔡玲，孙长泉，孙成林. 伴生金银综合回收[M]. 北京：冶金工业出版社，2008：1 ~ 8.
[2] 山东招金集团网. 黄金博物馆[DB]. 2008.
[3] 中国黄金年鉴编发会. 中国黄金年鉴2011[M]. 北京：中国黄金协会，2012：2 ~ 9，75 ~ 77.
[4] 中国黄金年鉴编发会. 中国黄金年鉴2007[M]. 北京：中国黄金协会，2008：2 ~ 9.
[5] 有色金属工业统计. 中国银矿产量[DB]. 2006.
[6] 中国金属新闻网. 贵金属知识——银矿资源. 2008.01.29.

2 金银的性质及用途

2.1 金银的一般特性及物理性质

金和银分别为黄色和白色金属，都具有面心立方晶格，其特点是有极好的可锻性和延展性，如金板可轧制成厚度为 0.23×10^{-8} mm 的金箔，这种金箔能透光；用 1g 的纯金可以拉成长达 3420m 以上的细丝。银亦可以轧成厚度为 0.00021mm 的银箔，也可以拉成直径为 0.001mm 的细丝。这两种金属的热导率和电导率非常高，银的热导率和电导率超过所有金属，而金仅次于银和铜。这两种金属的晶格大小近似，可以任何比例形成合金。金的蒸气压力 p 比银的蒸气压力低得多，见图 2-1。高温下，银的挥发非常显著，在氧化气氛中的挥发性高于在还原气氛中的挥发性。

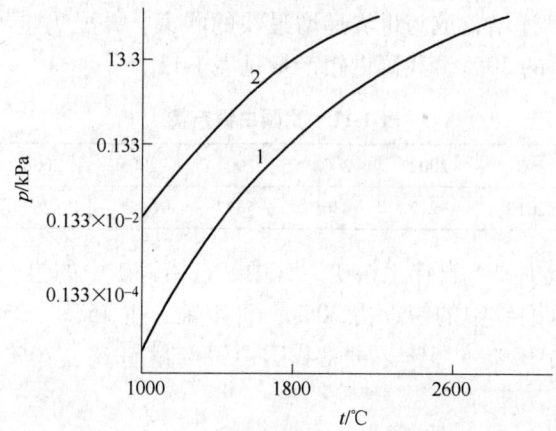

图 2-1　金和银的蒸气压力随温度的变化
1—金；2—银

金和银的主要物理性质，见表 2-1。

表 2-1　金和银的主要物理性质

性　质	Au	Ag
原子序数	79	47
相对原子质量	196.967	107.868

性 质	Au	Ag
密度(20℃时)/g·cm^{-3}	19.32	10.49
晶格结构	面心立方晶格	面心立方晶格
晶格常数/nm	0.40786	0.40862
原子半径/nm	0.144	0.144
熔点/℃	1064.4	960.5
沸点/℃	2880	2200
比热容(25℃时)/J·(mol·K)$^{-1}$	25.2	25.4
熔化热/kJ·mol^{-1}	12.5	11.3
气化热/kJ·mol^{-1}	268	285
电导率(25℃时)/W·(m·K)$^{-1}$	315	433
电阻系数(25℃时)/μΩ·cm	2.42	1.61
莫氏硬度(金刚石为10)	2.5	2.7

作为元素周期表中第 I_B 族的元素，银和金与它们的同族元素铜相同，在外层有一个 s 状态电子，而倒数第二层有 18 个电子（$s^2p^6d^{10}$）。这种第二层有 18 个电子的结构在一定条件下能够失掉部分电子，因此，铜、银和金在其化合物中的氧化价不仅仅是 +1，相当于失掉外层 s 电子，同时也有 +2 和 +3。铜的最典型的氧化价为 +1 和 +2，银的氧化价为 +1，金的氧化价为 +1 和 +3。

这些元素的特点是，有生成配合物的趋势且多数化合物易还原成金属。

2.2 金的化学性质

2.2.1 化学性质稳定

化学性质稳定是金的典型而重要的化学性质。金在低温或者高温时都不被氧所直接氧化。常温下，金与单独的无机酸，如盐酸、硝酸、硫酸均不起作用，但是混合酸王水（三份盐酸和一份硝酸）能很好地溶解金。能使金溶解的溶剂还有：存在铵盐的混酸、存在碱金属氯化物或溴化物的铬酸、氰化物溶液、硫氰化物溶液、硫脲溶液、硫代硫酸盐溶液。硒酸、碲酸和硫酸的混合酸对金也有特殊的溶解作用。

在金的化合物中，金的氧化价为 +1 和 +3。三价金的化合物较一价金的化合物相对稳定。但所有金化合物都较不稳定，甚至用简单的灼烧就可容易地将其还原成金属金。

2.2.2 一价金化合物

氧化金（Ⅰ）为紫灰色粉末，在高于 200℃ 时分解成金：

$$2Au_2O === 4Au + O_2$$

Au_2O 在水中实际上不溶解，但在湿润情况下，歧化成 Au 和 Au_2O_3：

$$3Au_2O === 4Au + Au_2O_3$$

氧化金只能用间接的方法制取，在低温下苛性碱性水溶液与 $AuCl$ 作用：

$$AuCl + KOH === AuOH + KCl$$

细心加热，温度不超过 200℃ 时，所得的氢氧化金转化成 Au_2O。

氢氧化金（Ⅰ）溶于强碱，生成亚金酸盐，如 $Na[Au(OH)_2]$，呈液态产出。

金（Ⅰ）卤化物是很不稳定的化合物，可热分解相应的三价金的卤化金制取：

将卤化金（Ⅰ）细心加热至 180 ~ 190℃，可使三价金的氯化金分解生成：

$$AuCl_3 === AuCl + Cl_2$$

在 200℃ 以上分解成金，呈淡黄色粉末，在室温条件下也可缓慢分解成金属金和氯化金（Ⅲ）：

$$3AuCl === 2Au + AuCl_3$$

有水存在时，该过程急骤加速，同时生成的氯化金（Ⅲ）溶于水，成为 $H_2[AuOCl_3]$

$$AuCl_3 + H_2O === H_2[AuOCl_3]$$

$AuCl$ 可溶于碱金属氯化物的浓溶液中，生成配合阴离子 $[AuCl_2]^-$

$$AuCl + Cl^- === [AuCl_2]^-$$

然而，该阴离子也很快地歧化，析出金属金和生成三价金的配合阴离子

$$3[AuCl_2]^- === 2Au + [AuCl_4]^- + 2Cl^-$$

溴化金（Ⅰ）的性质和 $AuCl$ 相似。它是在高于 200℃ 时加热 $AuBr_3$ 制取的，但当温度高于 250℃ 时则分解成金。在水的作用下，$AuBr$ 和 $AuCl$ 一样，歧化生成金属金和 $AuBr_3$。$AuBr$ 可溶于碱金属溴化物溶液中，生成配合阴离子 $[AuBr_2]^-$。

碘化金（Ⅰ）是在室温下分解 AuI_3 而成的。加热时，AuI 比 $AuCl$ 和 $AuBr$ 更易分解。相反，遇水时，它比其他卤化物分解得慢。当有碘离子存在时，AuI 溶解并生成配合阴离子 $[AuI_2]^-$。

在 HI 或 KI 水溶液中碘对细分散金作用时，金溶解，生成配合阴离子 $[AuI_2]^-$：

$$2Au + I_2 + 2I^- === 2[AuI_2]^-$$

处理含金废料时采用一价金的碘化物溶液。很有特点的是，在含有氯、溴的

溶液中，金以三价金的化合物形式溶解。

硫化金（Ⅰ）可用硫化氢作用于酸化 $K[Au(CN)_2]$ 溶液制取：

$$2[Au(CN)_2]^- + 2H_2S = Au_2S_2 + 4HCN$$

该反应为可逆反应。为了使反应向右进行，必须使硫化氢溶液充分饱和。硫化金不溶于水和稀酸，而溶于碱金属硫化物水溶液，生成配合物 $[AuS]^-$ 和 $[AuS_2]^{3-}$。这些配合物在酸介质中遭破坏，并析出沉淀物硫化金：

$$2[AuS]^- + 2H^+ = Au_2S + H_2S$$

加热到240℃时，Au_2S 分解成金。

一价金可与一些离子和分子生成配合物。除已经提到的 Cl^-、I^-、S^{2-} 离子外，CN^-、$S_2O_3^{2-}$、SO_3^{2-} 等离子都可以作为配位体。配合物的生成有助于提高水溶液中一价金的衍生物的稳定性。

极为稳定的氰化配合物 $Au(CN)_2^-$ 具有非常重要的意义。钠、钾和钙的配合氰化物都是很好的可溶性化合物，并可在通入空气氧的条件下，通过在相应氰化物的水溶液中溶解金属金的方法制取：

$$4Au + 8NaCN + O_2 + 2H_2O = 4Na[Au(CN)_2] + 4NaOH$$

该反应是氰化过程的基础。氰化过程是从矿石中提取金的最常见的方法。

在酸介质中加热时，阴离子 $Au(CN)_2^-$ 易被破坏，生成不溶于水的氰化金 AuCN：

$$[Au(CN)_2]^- + H^+ = AuCN + HCN$$

氰化金是相当稳定的化合物，既不易被水分解，也不易被稀酸分解，但当有碱金属氰化物存在时，便易于溶解，生成相应的配合盐：

$$AuCN + CN^- = [Au(CN)_2]^-$$

在一价金的其他配合物中，还有硫代硫酸盐配合物和亚硫酸盐配合物，如水溶性的 $Na_3[Au(S_2O_3)_2]\cdot 2H_2O$ 和 $K_3[Au(SO_3)_2]\cdot H_2O$。

对金的湿法冶金来说，金的硫脲配合物 $Au[CS(NH_2)_2]_2$ 具有很重要的意义。该配合物可在有三价铁离子的情况下，在硫脲的酸性水溶液中溶解金属金制取：

$$Au + 2CS(NH_2)_2 + Fe^{3+} = Au[CS(NH_2)_2]_2^+ + Fe^{3+}$$

与上述配合物不同，硫脲配合物是阳离子配合物。同时，硫脲主要用于从阴离子交换树脂解吸金。

2.2.3 三价金化合物

氧化金（Ⅲ）（Au_2O_3）为不溶于水的暗褐色粉末，可由氢氧化金 $Au(OH)_3$ 间接制取。$Au(OH)_3$ 本身可用强碱作用于 $HAuCl_4$ 浓溶液制取。用五氧化二磷干

燥 $Au(OH)_3$ 时可生成 $AuO(OH)$ 粉末。这种粉末被加热到 140℃失去水分可转变成 Au_2O_3。但是，当温度在 160℃左右时，三价金的氧化金便分解成金。三价金的氢氧化金呈两性性质，但以酸性占优势，所以有时候称之为金酸。与其相应的盐——金酸盐可通过在强碱中溶解 $Au(OH)_3$ 的方法制取：

$$Au(OH)_3 + NaOH === Na[Au(OH)_4]$$

碱金属的金酸盐是易溶于水的化合物。

$Au(OH)_3$ 相应的碱性盐类可通过在强酸中溶解该化合物的方法制取，溶解生成阴离子配合物：

$$Au(OH)_3 + 4HCl === H[AuCl_4] + 3H_2O$$

$$Au(OH)_3 + 4HNO_4 \longrightarrow H[Au(NO_3)_4] + 3H_2O$$

三价金的卤化物引人注意的是 $AuCl_3$，它是在 240℃条件下向金粉通以氯气而制取的。所生成的氯化物升华、冷却后沉积成红色晶体。$AuCl_3$ 溶于水，该化合物的水溶液呈褐红色，这是由于有配合酸形成：

$$AuCl_3 + H_2O === H_2[AuOCl_3]$$

一般来说，生成配合阴离子的趋势是三价金的特征。

往三价金的氯化金水溶液中添加盐酸时生成氯金酸 $H[AuCl_4]$：

$$H_2[AuOCl_3] + HCl === H[AuCl_4] + H_2O$$

结果，溶液变成柠檬黄色。在氯饱和的盐酸溶液溶解金属金时，也能生成氯金酸：

$$2Au + 3Cl_2 + 2HCl === 2H[AuCl_4]$$

蒸发溶液时，氯金酸结晶成水合晶体 $H[AuCl_4] \cdot 4H_2O$，无论氯金酸本身，还是其盐类都能很好地溶于水，这是金精炼的前提条件。

在氯化物溶液中三价金的标准电位很高：$Au + 4Cl^- === [AuCl_4]^- + 3e$，$\varphi° = 1.00V$。因此，在氯化物溶液中金非常容易被许多还原剂：草酸、甲酸、二价锡的氯化锡、碳、二氧化碳、二氧化硫等还原，例如：

$$2[AuCl_4]^- + 3H_2C_2O_4 === 2Au + 6CO_2 + 8Cl^- + 6H^+$$

$$4[AuCl_4]^- + 3C + 6H_2O === 4Au + 3CO_2 + 16Cl^- + 12H^+$$

$$2[AuCl_4]^- + 3SO_2 + 6H_2O === 2Au + 3SO_4^{2-} + 8Cl^- + 12H^+$$

甚至具有更强烈氧化能力的过氧化氢，也可作为金的氯化物的还原剂：

$$2[AuCl_4]^- + 3H_2O_2 === 2Au + 8Cl^- + 6H^+ + 3O_2$$

在精炼的实践中，一般用二价铁的硫化铁从氯化物溶液中沉淀金。

在稀释溶液中还原时，金通常不析出沉淀物，而是生成稳定的明亮耀眼的胶体溶液，称为肉桂紫红胶体金，可用二价锡的氯化锡还原金的方法制取：

$$2H[AuCl_4] + 3SnCl \longrightarrow Au + 3SnCl_4 + 3HCl$$

该反应通常用于查明溶液中的微量金。

根据所生成的粒子的大小和形状，金的胶体溶液颜色可为红、浅蓝或者紫色。

联氨、甲醛、一氧化碳等可作为制取胶体溶液的还原剂。

在三价金的其他卤化物中，有意义的是 AuI_3。该化合物是不溶于水的暗绿色粉末，可通过碘化钾溶液中添加金氯酸中性溶液而制取：

$$AuCl_4^- + 3I^- \Longrightarrow AuI_3 + 4Cl^-$$

三价金与 CN^- 离子生成配合阴离子，例如与 KCN 作用时，由于生成阴离子 $[Au(CN_4)]^{3-}$，$AuCl_3$ 溶液即可脱色。

三价金的含氧酸（硫酸、硝酸）盐类只在相应的浓酸溶液中是稳定的。用水稀释时，水解生成 $Au(OH)_3$。显然，在这种浓酸溶液中金以配合阴离子形式存在。蒸发浓硝酸中的 $Au(OH)_3$ 溶液时，析出配合酸水合晶体 $H[Au(NO_3)_4]\cdot H_2O$ 也间接地证实了这一点。同样，用添加硫酸氢钾蒸发法可从浓硫酸的 $Au(OH)_3$ 溶液中析出配合盐 $K[Au(SO_4)_2]$。

硫化金（Ⅲ）（Au_2S_3）黑色粉末加热到200℃以上时分解成金。它只能用干法制取，例如，硫化氢作用于无水乙醚的 $AuCl_3$ 溶液，因为在水介质中硫化氢作用三价金的化合物会伴有部分三价金还原。三价金的硫化金不溶于盐酸和硫酸，但溶于王水、氰化物水溶液。Au_2S_3 与 Na_2S 溶液相互作用时生成可溶性硫代金酸盐：

$$Au_2S_3 + Na_2S \Longrightarrow 2NaAuS_2$$

该化合物具有分解趋势，其反应式为：

$$NaAuS_2 \Longrightarrow NaAuS + S$$

在水的作用下，$NaAuS_2$ 水解：

$$2NaAuS_2 + H_2O \Longrightarrow Au_2S_3 + NaSH + NaOH$$

2.3 银的化学性质

2.3.1 银的化学活性

银的化学活性居于金和铜之间。银在空间中，甚至在加热时也不氧化。银和硫及硫的化合物容易互相作用生成银的硫化物。在硫化氢作用下，银表面形成一层黑色硫化银膜，这是银制件逐渐变黑的原因。银与游离氯、溴和碘互相作用，生成相应的卤化物。

银在水溶液中的电位与金一样高，因此，像金一样，银不能从酸的水溶液中置换出氢，与碱完全不起作用。但是，银与金不同，银易溶于硝酸，略溶于弱热硫酸。和金一样，银易与王水和氯饱和盐酸相互作用，但由于生成难溶的氯化物，氯化银成为不溶解的沉淀物。金和银这种性质上的不同常用于分离这两种金属。微粒银与空气中的氧接触时可溶于稀硫酸，和金一样，银也溶于空气饱和的碱金属和碱土金属的氰化物水溶液，当有三价铁盐存在时，溶于硫脲水溶液。略溶于硫代氰酸盐、硫代硫酸盐；微溶于氰氯酸和卤化物。

银在其绝大多数化合物中氧化价均为 +1。较高氧化价 +2 和 +3 的化合物为数不多，而且没有实际意义。

2.3.2 银化合物

氧化银为黑褐色，向含 Ag^+ 溶液中加碱，开始生成氢氧化银，接着就变成氧化银：

$$Ag^+ + OH^- \Longrightarrow AgOH$$

$$2AgOH \Longrightarrow Ag_2O + H_2O$$

氧化银是一种不易溶于水的化合物，但其悬浮液具有明显的碱性反应，所以银盐在水溶液中不水解，并显中性反应。当加热到 185~190℃ 时，Ag_2O 分解成金属银。在室温下过氧化氢易被 Ag_2O 还原：

$$Ag_2O + H_2O_2 \Longrightarrow 2Ag + H_2O + O_2$$

Ag_2O 在氨水溶液中溶解，生成配合物：

$$Ag_2O + 4NH_4OH \Longrightarrow 2Ag(NH_3)_2OH + 3H_2O$$

放置时，由溶液中可沉淀出甚至在潮湿状态下都非常容易爆炸的氮化银 Ag_2N（雷酸银）。

银的卤化物是难溶化合物，只有易溶的氟化物 AgF 例外。向含 Ag^+ 的溶液中，如 $AgNO_3$ 溶液，加入 Cl^-、Br^- 和 I^- 时，则析出氯化物 AgCl、溴化物 AgBr 和碘化物 AgI 沉淀物。

在贵金属的湿法冶金和精炼中，广泛采用以氯化物形式沉淀银的方法，即向含银溶液中加入 NaCl 或 HCl。氯化银在 455℃ 时融化。AgCl 的沸点为 1550℃，但当温度在 1000℃ 以上时，可观察到明显的挥发现象。

银离子可与一系列离子和分子如 CN^-、$S_2O_3^{2-}$、SO_3^{2-}、Cl^-、NH_3、$CS(NH_2)_2$ 等生成稳定的配合物。因此，实际上不溶于水的 AgCl 极易溶于氰化钾、硫代硫酸钠和亚硫酸钠以及氨的水溶液中，如：

$$AgCl + 2CN^- \Longrightarrow Ag(CN)_2^- + Cl^-$$

$$AgCl + S_2O_3^{2-} == Ag(S_2O_3)^- + Cl^-$$

$$AgCl + 2NH_4OH == Ag(NH_3)_2^+ + Cl^- + 2H_2O$$

由于与 Cl^- 生成配合物，氯化银也能明显地溶于浓盐酸和其他氯化物溶液中：

$$AgCl + Cl^- == AgCl_2^-$$

因此在向含银溶液加入氯离子时，银的最初浓度下降（生成 $AgCl$），而后开始增加（由于生成配合物）。所以，为了达到银完全沉淀，必须防止氯离子过剩。

在稀硫酸中呈悬浮液的氯化银极易被电负性金属（锌、铁）还原成金属，这种从氯化银制取金属银的最简单方法已广泛地用于精炼生产。

溴化银（AgBr）的性质与 AgCl 相似。它溶于氨、硫代硫酸盐、亚硫酸盐和氰化物溶液中，易还原成金属。

碘化银（AgI）是银的卤化物中最难溶的，因此，与 AgCl 和 AgBr 不同，它不溶于氨溶液，但在有 CN^- 和 $S_2O_3^{2-}$ 时可溶解，银与 CN^- 和 $S_2O_3^{2-}$ 生成的配合物比与氨生成的配合物更稳定。在碱金属碘化物浓溶液中 AgI 的溶解度也很明显，这是因为生成配合离子 AgI_2^- 的缘故。

银的难溶卤化物最典型和最重要的特点是感光性，就是在光的作用下，可分解成金属银和游离卤化物：$2AgI == 2Ag + I_2$。银卤化物的这种性质是生产照相材料——感光底片、照相底片和相纸的基础。银卤化物的感光度增长顺序为 AgI < AgCl < AgBr，因此，生产照相材料最常用的是溴化银。

氰化银（AgCN）与银的卤化物性质非常接近。向含 Ag^+ 的溶液中加入碱金属氰化物溶液（不过量）时，可析出白色沉淀物 AgCN，类似于银的卤化物。AgCN 不溶于水和稀酸，但由于生成相应的配合物，则可溶于氨、硫代硫酸和氰化物溶液中。与卤化物不同，在光的作用下氰化银不分解。

硝酸银是通过硝酸与金属银作用制取：

$$3Ag + 4HNO_3 == 3AgNO_3 + NO + 2H_2O$$

硝酸银是一种在 208.5℃ 下可熔化的无色不吸水的晶体，当温度高于 350℃ 时即可热分解。$AgNO_3$ 非常易溶于水，温度为 20℃ 时 100g 水中可溶 222g，温度为 100℃ 时其溶解度可增加到 952g。

当有有机物存在时，由于部分还原成金属，硝酸银变黑。

硝酸银是银在工业上非常重要的化合物，可作为制备银的其他化合物的原料，其水溶液用作电解精炼银的电解液。

硫酸银是通过在热浓硫酸中溶解金属银的方法制取：

$$2Ag + 2H_2SO_4 == Ag_2SO_4 + SO_2 + 2H_2O$$

硫酸银无色晶体在 660℃ 时熔化，温度高于 1000℃ 时可热分解。Ag_2SO_4 在水中的溶解度不高，在25℃时每100g水溶解0.8g。在浓硫酸中由于生成易溶的硫酸氢盐，而溶解度非常高。

硫化银是银的最难溶盐，溶度积为6.3×19^{-50}。当硫化氢通入盐银溶液时，析出黑色硫化银沉淀物。当有水分和空气氧存在时，H_2S对金属银作用也能生成Ag_2S：

$$4Ag + 2H_2S + O_2 =\!=\!= 2Ag_2S + 2H_2O$$

这个反应是银制品长期贮存变黑的原因。

硫化银也可通过加热硫和金属银而直接制取。

硫化银可溶于氰化物溶液生成配合物：

$$Ag_2S + 4CN^- =\!=\!= 2Ag(CN)_2^- + S^{2-}$$

该反应是可逆的，提高CN^-浓度和空气中的氧，氧化S^{2-}，除掉硫离子有助于反应向右进行。

Ag_2S与稀无机酸不发生反应。浓硫酸和硝酸能使硫化银氧化成硫酸银。在空气中加热，Ag_2S可分解，生成金属银和二氧化硫：

$$Ag_2S + O_2 =\!=\!= 2Ag + SO_2$$

对于湿法冶金意义最大的是易溶的钾、钠和钙的配合氰化物。与金的类似化合物一样，银配合物可在通入空气氧的条件下，通过在相应氰化物的水溶液中溶解金属银生成：

$$Ag + 2CN^- + O_2 + 2H_2O =\!=\!= Ag(CN)_2^- + 4OH^-$$

这一反应，与金的反应一样，是氰化过程的基础。

和金一样，在有三价铁盐时，银也溶于硫脲水溶液，生成配合阳离子$Ag[CS(NH_2)_2]_2^+$。

2.4 金银的用途

2.4.1 金的用途

金是贵金属，具有许多优良特性，在国民经济和人民生活中获得了广泛的应用。黄金不仅用于储备和投资的特殊通货，同时又是首饰业、电子业、现代通讯、航空航天等部门的重要原材料。

黄金在历史上曾是货币金属，随着生产关系和社会的发展，黄金在法律上已停止作为货币流通，并且在形式上丧失了与货币制度的全部联系。然而，作为过去的货币金属，黄金仍继续保持它与其余商品不同的许多重要特性。黄金仍然是用于国家储备和投资的特殊通货，它在稳定国民经济、抑制通货膨胀、增强国家实力、提高国家信誉等方面有着无可替代的作用。

黄金具有任何金属都没有的独一无二的物理化学特性。它的特点是耐腐蚀性好，导电和导热性仅次于银和铜。黄金的工艺加工性能好，可以很容易地制成超薄的箔和微米级的细丝，也能很好地钎焊和焊接，极易在金属和陶瓷表面上涂层。黄金几乎可完全反射红外线。在合金中具有催化活性。黄金由于有这些特性，被广泛地应用在现代技术领域，如电子技术、通讯技术、宇航技术、核动力技术等方面。

金及其合金广泛用于制造弱电技术（现代通讯和管理技术、电子计算机系统）中的触点，金的良好导电性和不可氧化性可保证这些触点在很长服务年限内可靠地工作。金及其合金还用于制造精密电位计、热电偶、电阻温度计。

作为玻璃、陶瓷、石英的薄镀层，金广泛用于电子设备、半导体元件、输电微型电路（集成电路）。这种薄膜的特点是，导电性能和耐腐蚀性能好。

金基焊料可以浸润各种材料，具有很好的耐腐蚀性，能保证焊接头有很好的强度和热强度。由于这种焊料的低蒸气压特点，可用于钎焊真空密封焊缝。金焊料主要用于电子工业，用它钎焊波导零件和部件、电子管和真空管、雷达设备、真空仪器、安装半导体集成电路。金基焊料也用于钎焊核动力装置、飞机和火箭发动机、宇航仪器等的最关键部件。

金对于红外线的反射能力很强，所以金镀层可用于保护宇航仪器防止太阳辐射。比如，"阿波罗"宇宙飞船及宇航员装备的一些零件都镀了薄金层。

化学工业中，镀金钢管用于运输强腐蚀液体；某些金的合金用作催化剂。

医学上，不仅镶牙使用金合金，而且还使用含金盐做各种用途的医用制剂，以治疗许多疾病，如结核、风湿性关节炎等。放射性金用于治疗恶性肿瘤。

首饰工业是黄金传统的最大需用领域，贵重的工艺品、黄金首饰已成为私人积蓄和收藏品。

2.4.2 银的用途

银和金一样，也具有非常好的技术性能，因此在工业中得到广泛应用。银的特点是其导热和导电性能在金属中最好，而同时其化学活动及延展性较好，反射能力强。银的某些化合物具有非常有价值的性能。

与金不同，金主要用于首饰及有关的工业领域，而银则主要用于纯技术目的。

银最重要的用途是制造影视和照相工业的感光材料。

银应用的巨大领域是机电和电子技术，在这些领域中，银的化学稳定性和良好的导电性决定了它被广泛地用来制造触点和导体。

大量的银用以制造钎焊各种金属和合金的焊料。银焊料焊接的焊缝牢固、柔软（具有塑性），抗冲击和抗震。耐氧化性决定了银焊料在航空和宇航技术中的广泛应用，良好的导电性决定了银焊料在电工技术中的广泛应用。

火箭技术、潜水舰艇等采用的银-锌和银-镉蓄电池具有很好的放电性能。含氯化银的小型电池用于电子手表、电影摄像机和计算器中。

用银镉和银钼合金可以制造核技术中的调节棒。

银还可以用来生产减磨合金、镀层材料以及医学用品等。很久以前人们就知道银的杀菌性能，因此也将它用于饮用水的消毒装置。在现代化学工业中制取一系列物质时，用银及其化合物作催化剂。

银的传统应用范围是装饰品、餐具、纪念章、收藏品等。

参 考 文 献

[1] 蔡玲，孙长泉，孙成林. 伴生金银综合回收[M]. 北京：冶金工业出版社，2008：15～28.

[2] 马巧碾，张明朴，姬民峰. 黄金回收600问[M]. 北京：科学技术文献出版社，1992.

3 金矿物及金矿床

3.1 金的地球化学特征

金的原子序数是 79，属第六周期 I_B 族，相对原子质量为 196.97，天然稳定同位素只有一个 ^{197}Au，有 23 种同位素，其相对质量为 183 ~ 201。金的电子构型为 $4f^{14}5d^{10}6s^1$。Au 与 Ag 组成 I_B 族。金的主要地球化学参数见表 3-1。

表 3-1　金的主要地球化学参数

地球化学参数	参　数
原子序数	79
相对原子质量	196.97
原子体积/$cm^3 \cdot mol^{-1}$	10.2
原子密度/$g \cdot cm^{-3}$	19.3
熔点/℃	1064.4
沸点/℃	2880
电子构型	$5d^{10}6s^4$
电负性	2.3
地壳丰度/$g \cdot t^{-1}$	0.0035
地球化学电价	0，+1，+3
原子半径/nm(12 配位)	0.1442
共价半径/nm	0.134
离子半径/nm(6 配位)	0.137(+1),0.085(+3)
电离势/V	9.22
还原电位/V	Au^{3+}/Au,1.42
离子电位/V	0.73(+1),3.53(+3)
EK 值	0.65(+1)

金的电离势、负电性和氧化还原电位较高，从而决定了金的惰性，它常呈原子状态存在于自然界中。但也可以 Au^+ 及 Au^{3+} 氧化态出现，并且有较强的极化力。尽管它们的离子电位不很高，但也经常与 Cl^-、HS^-、S^{2-}、CO_3^{2-}、Br^-、I^-、CN^-、CNS^- 等形成易溶配合物，因而导致金在热液中具有较强的活动能力。

由于 Au 的亲硫性，因此主要与 Cl、S 形成稳定配合物迁移，并与亲硫元素共生。

金在元素周期表中的位置处于镧系元素之后，为镧系收缩元素。金原子内部 4f 电子亚层全部充满，经"镧系收缩"原子核对外层电子吸引力较大，具有金属键紧密排列的原子结构。金的原子半径是 0.1442nm，原子有效半径小，是一种高密度、高电离能的重金属元素。与所在的 I_B 族元素铜、银比较，核电荷数、质量数增加很大，而原子半径基本近似。因而金的外层电子云的变形性小，离子核化能力强，电负性高。金原子对外层 s 电子的束缚力强，决定了金的地球化学性质的稳定，并在自然界中多呈金属和自然元素状态存在，这是金的稳定性。金还有另一种性质，即不稳定性，在一定条件下，金甚至比 Cu、Pb、Zn 还不稳定。在热水中当有氧化剂存在时能形成 Au-Cl、Au-S、Au-Te、Au-As、Au-Sb 及 Au-Te-S、Au-As-S、Au-Sb-S 等配合物。高温缺水时金也可从硫化物（黄铁矿、毒砂等）的晶格移出，形成归并的自然金粒分布在载体矿物粒间或裂隙内。金的不稳定性是各种热液矿床成矿的基础。

金与银的原子半径相同，为 0.144nm，两者的晶体结构都是面心立方晶格，晶胞参数相近，金为 0.4078nm，银为 0.40862nm，化学性质也相似，两者可形成天然的 Au-Ag 固溶体，形成自然金-自然银系列的天然矿物，即原子类质同象。在金的独立矿物中，Au 与 Ag 系列矿物占首要地位。当温度较高时，一价或三价金的阳离子可进入碲阴离子堆中，形成碲化金类矿物，如碲金矿等。

金的亲硫性表现在金的离子类型属于铜型离子，即它的电子构型 $5d^{10}6s^1$ 与亲硫性很强的铜电子构型 $3d^{10}4s^1$ 相似，所以金具有一定的亲硫性。它与铜、铅、锌的硫化物密切共生或伴生，含金量有黄铜矿 > 闪锌矿 > 方铅矿的变化规律。金的亲硫性远比 Cu、Pb、Zn、Fe、Co、Ni 等差，岩浆中硫几乎要同这些亲硫的元素化合成硫化物，因此不可能有多余的硫去与金化合，所以尽管许多富硫的金属矿床中含有许多金属硫化物，却见不到金的硫化物。

金的亲铁性比亲硫性更强，金是强烈亲铁元素。金的亲铁性表现在陨铁中含金可达 5~10g/t，这比地壳中各种岩石平均含量高出 1000 倍以上。由于地球中心是一个铁镍核心，这就是地壳物质中含金相当贫乏的基本原因。金的亲铁性还表现在可以与亲铁的铂族元素结合，形成金属互化物。在基性与超基性岩石或与之有关的矿床中，金与铂族元素的互化物具有独自发育、独自存在的特点。由于金是强烈亲铁元素，又具有明显亲硫性质，所以金与含铁硫化合物关系更为密切，含金量有毒砂 > 黄铁矿 > 雌黄铁矿 > 白铁矿 > 镍黄铁矿的变化规律。因此，硫化物为金矿床中金的最重要载体矿物。

金的亲铜性表现在元素周期表中，金占据亲铜和亲铁元素之间的边缘位置，并和 Cu、Ag 都属于 I_B 族。有时与亲铁（Pt、Os、Ir、Ph、Pd）元素共生或者呈金属互化物。也明显地与亲铜元素（Cu、Ag）共生，或者呈金属互化物。

金在地壳中的丰度值极低，为 0.0035g/t，相当于银的 1/21，铜的 1/18000。在元素周期表中紧邻金的左右元素中，金在地壳中的丰度是最低的。

金在地壳中丰度极低，首先取决于金本身的地球化学性质。金是强烈的亲铁元素，又具有明显亲硫性质。金的亲铁性表现在：地球中的金主要富集在地核中，地核为铁镍核心，含金为地壳的 743 倍，见表 3-2。

表 3-2　地球各组成部分金含量　　　　　（g/t）

组成部分	地　壳	上地幔	下地幔	地　核	地　球
金含量	0.0035	0.005	0.005	2.60	0.80

地壳中金的矿源层岩石有岩浆岩、沉积岩和变质岩。金在这些岩石中的含量都很低，见表 3-3。相对比较，偏基性和超基性岩中金的含量比中、酸性岩浆偏高，变质岩中角页岩、石英岩和片麻岩中金的含量比其他变质岩、沉积岩偏高。

表 3-3　金在各类岩石中的含量　　　　　（g/t）

岩　浆　岩				沉积岩		变质岩	
深成岩	酸性	花岗岩	0.0017	砂岩及粉砂岩	0.003	泥质板岩及板岩	0.001
		花岗闪长岩	0.003	页　岩	0.0025	角页岩	0.0085
		长英岩（包括花岗岩及云英岩脉）	0.0042	碳酸岩	0.0020	片　岩	0.0022
	中性		0.0032	深海沉积	0.0034	片麻岩	0.0035
	基性		0.0048			石英岩	0.0049
	超基性		0.0066			碳酸岩	0.0015
火山岩及浅成岩	酸性		0.0015				
	基性及中性		0.0036				

地球上 99% 以上的金进入地核，金的这种分布是地球长期演化过程形成的。地球发展早期阶段形成的地壳金的含量较高，因此，大体上能代表早期残存地壳组成的太古代绿岩带，尤其是镁铁质火山岩组合，金的含量高于地壳各类岩石，可能成为金矿床的最早的"矿源层"。

综上所述，尽管金在地壳中分布极为分散，金的性质又极不活泼，但由于金具有的亲硫、亲铁、亲铜性和高的熔点，因此处于极分散的金元素，在适宜的物理、化学和地质环境下，通过一定的成矿方式，也能相对富集而形成具有经济价值的金矿床或含伴生金矿床。

3.2　金的矿物

目前世界上已发现的金矿物和含金矿物有 98 种，常见的只有 47 种，而金的工业矿物只有十几种。在我国已发现的金矿物约 49 种（包括变种和未定名矿物，其中我国首次发现金矿物约 20 种），岩金矿床中约 44 种，砂金矿床中约 10 种。我国金的工业矿物主要是自然金和银金矿，少数矿床中有金银矿、碲金矿、针碲金银矿、碲金银矿和黑铋金矿等。

对于金矿物的分类，目前尚无统一的方案。从晶体化学考虑，将我国的金矿物划分为自然元素、合金及金属互化物；碲、硫、硒化物；氧化物；亚碲酸盐和碲酸盐 4 个大类。由于某些矿物的晶体结构不明，因此进一步按阴离子的性质和阳离子组合划分为金-银系列矿物、金（银）-铂族元素系列矿物、金-铜（铂族元素）系列矿物、金（银）-汞系列矿物、金-锡互化物、金-铅互化物、金-铋系列矿物、金-锑系列矿物、金-铬系列矿物、碲化物、硫化物、硒化物、氧化物、亚碲酸盐、碲酸盐共 15 种类型，见表3-4。

表 3-4 我国金矿物种类及分类

大 类	类 型	矿物名称	矿物分子式	元素含量/%		
				Au	Ag	其 他
1. 自然元素、合金及金属互化物	(1) 金-银系列矿物类	自然金	Au	80~100	0~20	
		银金矿	(Au,Ag)	50~80	20~50	
		金银矿	(Ag,Au)	20~50	50~80	
		自然银	Ag	0~20	80~100	
	(2) 金(银)-铂族元素系列矿物类	铂质自然金	(Au,Pt)	80.1	9.0	Pt 8.7
		钯质自然金	(Au,Pd)	87.6		Pd 10.2
		铂质金银矿	(Ag,Au,Pt)	13.8~29.7	54.4~68.4	Pt 3.1~6.1
		未定名	(Pd,Au)或(Pd,Pt)₃Au	32.4~35.6		Pd 43.65~46.1 Pt 13.2~19.9
	(3) 金-铜(铂族元素)系列矿物类	铜质自然金	(Au,Ag,Cu)			Cu >3
		四方铜金矿	CuAu	75.18		Cu 32.74
		铜金矿	Cu(Au,Ag)	74.63	0.3	Cu 25.3
		未定名(铂铜金矿)	(Au,Cu,Pt)或(Cu,Pt,Pd,Rh)Au	62.3		Cu 7.15 Pt 17.6 Pd 6.4 Rh 5.35
		未定名(锇铜金矿)	(Cu,Os)Au₂₂	83.9	Cu 11.6	Os 5.2
	(4) 金(银)-汞系列矿物类	汞质自然金	(Au,Hg)	73.38~88.23	0~13.56	Hg 8.83~10.07
		汞质银金矿	(Au,Ag,Hg)	56.06~67.33	8.29~31.06	Hg 10~14.82
		汞质金银矿	(Au,Ag,Hg)	28.73	64.00	Hg 10.27

续表3-4

大 类	类 型	矿物名称	矿物分子式	元素含量/%		
				Au	Ag	其 他
1. 自然元素、合金及金属互化物	(4)金(银)-汞系列矿物类	益阳矿	Au_3Hg	72.31~75.86		Hg 23.82~26.81
		A-汞金银矿	$(Au,Ag)_3Hg$	18.08~27.37	36.07~47.05	Hg 32.12~38.02
		金汞齐	$(Au,Ag)_2Hg$	58.76~67.52	0.09~6.54	Hg 32.38~36.48
		围山矿	$(Au,Ag)_3Hg_2$	56.91	3.17	Hg 39.92
		r-汞金矿	$(Au,Ag)Hg$	36.64~45.55	1.55~9.16	Hg 51.79~53.17
	(5)金-锡互化物类	未定名	$AuSn$	61.23~65.21		Sn 29.97~33.27
	(6)金-铅互化物类	珲春矿	Au_2Pb	64.0~66.0	1.0	Pb 33.0~35.0
		未定名	Au_4Pb_3	53.01~55.04	<0.7	Pb 38.29~43.96
		阿纽依矿	$AuPb_2$	35.62		Pb 62.5 Sb 1.88
	(7)金-铋系列矿物类	铋质自然金	(Au,Bi)	93.84~92.08		Bi 5.69~13.00
		黑铋金矿	Au_2Bi	63.55~66.85		Bi 32.34~35.73
	(8)金-锑系列矿物类	方锑金矿	$AuSb_2$	41.80~47.86	0~7.55	Sb 50.0~57.04
		未定名 (锑金铂矿)	$(Pt,Au)_4Sb$	6.7~10.4		Pd 1.7~3.3 Sb 11.0~14.85
	(9)金-铬系列矿物类	铬质自然金 (铬金矿)	(Au,Cr,Ag)	90.78~91.96	4.56~5.85	Cr 2.69~4.05
2. 碲、硫、硒化物	(10)碲化物类	板碲金银矿	$(Au,Ag)Te$	40.1	13.0	Te 46.9
		亮碲金矿	Au_2Te_3	48.6~54.18		Te 45.82~50.65
		碲金矿	$AuTe_2$	37.32~45.84		Te 54.16~58.32
		铜质碲金矿	$(Au,Cu,Ag)Te_2$	27.30~27.61	3.0~3.31	Cu 3.69~4.01
		斜方碲金矿	$AuTe_2$ 或 $(Au,Ag)Te_2$	28.04~36.47	4.05~9.77	Te 53.46~64.7
		针碲金银矿	$AuAgTe_4$	23.96~27.8	9.78~11.9	Te 61.3~63.6
		杂碲金银矿	$AuAgTe_3$	22.51~35.27		Te 64.45~72.16
		未定名	$AuAgTe_3$	39.0	23.39	Te 37.61
		未定名	$AuTe_5$	22.718		Te 76.845 Sb 0.347
		碲金银矿	Ag_3AuTe_2	20.94~33.93	33.2~44.94	Te 31.63~37.51
		未定名	$(Au,Ag)BiTe_4$	37.6	3.0	Bi 26.8 Te 42.1

续表 3-4

大 类	类 型	矿物名称	矿物分子式	元素含量/%		
				Au	Ag	其 他
2. 碲、硫、硒化物	(10)碲化物类	未定名	$Pb_2AuBiTe_2$	17.28~19.6		Pb 38.55~40.68 Bi 15.88~18.31 Te 23.58~26.36
		金质碲金银矿	$(Au,Ag)_2Te$	3.9~10.50	50.3~60.61	Te 35.1~36.25
	(11)硫化物类	硫金银矿	Ag_3AuS_2	18.6~35.9	41.0~67.7	S 10.7~11.7
	(12)硒化物类	硒金银矿	Ag_3AuSe_2	28.02	48.0	Se 23.98
3. 氧化物	(13)氧化物类	未定名	$(Au,Pb)_3 \cdot TeO_2$ 或 Au_3PbTeO_3	57.37~59.86		Pb 15.09~17.26 Te 14.32~15.98 CaO 0.53~0.63
4. 亚碲酸盐和碲酸盐	(14)亚碲酸盐类	未定名	$AuTeO_3$	51.52~52.86		Te 33.49~34.72 O 13.65~13.75
	(15)碲酸盐类	未定名 (碲酸铅金矿)	$Au_4(PbO)_3 \cdot (TeO_4)_2$	38.57~40.75		Pb 33.4~33.91 Te 10.72~11.44

在金矿床中，与金伴生的矿物种类繁多，但常见的矿物只有数十种，其中主要金属矿物有：黄铁矿、雌黄铁矿、毒砂、黄铜矿、闪锌矿、方铅矿、辉银矿黝铜矿、辉铋矿、白铁矿、辉锑矿、淡红银矿、黑钨矿、白钨矿、磁铁矿、雌黄、雄黄、辰砂、碲化物以及 Cu、Sb、Bi 硫盐等矿物。非金属矿物有：石英、玉髓、方解石、铁白云石、白云石、钠长石、钾长石、冰长石、重晶石、萤石、绢云母和绿泥石等。

尽管金矿化有多样性，与金伴生的矿物种类繁多，但都有一个共同特点，就是金与 Fe、Cu、Pb、Zn、As、Bi、Sb 的硫化物有着密切的关系。它们在金矿床和伴生金矿床中形成不同含金矿共生组合。而这些矿物组合又以惊人的稳定性出现于不同矿区、不同时代的含金矿床中。所谓稳定矿物组合系指它们在结构互相关系和生成顺序上有如下共同特点：

（1）脉石英都属于早期独立的组合，通常不含金。

（2）早期硫化物阶段，多为金属硫化物共生组合（Cu、Pb、Zn 和其他金属的硫化物），其中黄铁矿为细粒状，而且对金的富集起重要作用。在某些矿床中，又可分为晚期硫化物的亚共生组合，晚期金与多金属硫化物共生组合，它和亚共生组合的关系极为密切，也是金的主要工业富集期。

（3）由硫化物（黄铁矿、白铁矿）、碳酸盐和石英组成的共生组合，不含金。这一组的出现表明金矿作用的结束，或收尾阶段。

以上矿物组合的特征，对于找矿评价、生产探矿、金和载金矿物的选别及伴生金的综合回收具有指导意义。

3.3 金矿床

　　金矿床的分类迄今国内外已有很多种，因各自确定的分类原则不同而异。目前虽尚无公认的分类方案，但随着科学水平的发展将日趋完善。近年来，由于大量地质现象的发现及测试手段的发展、新的成矿理论的不断提出，逐渐趋向于把成矿物质来源、成矿地质作用等作为分类的基本原则，以反映矿床形成的规律和特征。现将我国金矿床划分为三种物质来源，即壳源、混源、幔源；七种类型，即沉积变质金矿、沉积叠加热液金矿、热水溶滤金矿、变质热液金矿、混合岩化热液金矿、岩浆热液金矿、岩浆分异金矿及 14 个亚类，见表 3-5。

表 3-5　我国金矿床成因分类

物质来源	成矿作用	矿床类型	矿床亚类	矿床实例
壳源	沉积-再造作用	沉积变质金矿	1. 含铁硅质岩金矿床 2. 炭质火山碎屑岩金矿床	黑龙江：东风山 辽宁：四道沟、白云山
		沉积叠加热液金矿	3. 碳酸盐岩中硫化物金矿床	安徽：马山、新桥、铜官山
		热水溶滤金矿	4. 碳酸盐岩中石英-方解石脉金矿床 5. 碳酸盐岩中浸染型金矿床	广西：叫曼 陕西：李家沟
	变质作用	变质热液金矿	6. 区域变质（中深变质、中浅变质）热液金矿床 7. 接触变质热液金矿床 8. 动力变质作用金矿床	吉林：夹皮沟 湖南：沃溪 吉林：二道甸子 河北：金厂峪
		混合岩化热液金矿	9. 含金石英脉型金矿床 10. 破碎带蚀变岩型金矿床	山东：玲珑 浙江：遂昌 山东：焦家、新城、三山岛、大尹格庄
混源	岩浆作用	岩浆热液金矿	11. 与中小浅成侵入体有关的金矿床 12. 与火山—次火山岩有关的斑岩型金矿床 13. 与火山、次火山岩组合有关的浅成银金矿床	河北：峪耳崖 湖北：鸡笼山 黑龙江：团结沟 江西：德兴 中国台湾：金瓜石 内蒙古：白乃庙
幔源		岩浆分异金矿	14. 岩浆溶离硫化物金矿床	青海：德尔尼

　　根据我国金矿床类型、规模、储量分布、品位变化等因素，归纳出我国各类金矿床的特点：

（1）矿床类型多，缺少超大型矿床。我国金矿类型繁多，其金矿床的工业类型主要有石英脉型、破碎带蚀变岩型、细脉浸染型（花筒岩型）、构造蚀变岩型、铁帽型、火山-次火山热液型、微细粒浸染等。其中，主要产于破碎带蚀变岩脉型、石英脉型、火山-次火山热液型三者约占金矿总储量的94%。

尽管我国金矿类型较多，找矿地质条件较优越，但至今还没发现像南非的兰德型、前苏联的穆龙套型、英国的霍姆诺克和卡林型、加拿大的霍姆洛型、日本与巴布亚新几内亚的火山岩型等超大型的金矿类型。

（2）大型、特大型金矿床少，中、小型金矿床多。我国大型、特大型金矿床数量只占9.58%，中型金矿床数量占24.55%，小型金矿床数量占65.87%。可见我国金矿储量规模在数量上，中、小型金矿床占绝对多数，大型金矿床为数不多，尤其是储量超过50t的金矿床，只有山东的新城、三山岛寺庄、尹格庄、黑龙江的岛拉嘎、江西的金山、四川的东北寨、云南的镇源、贵州的烂泥沟、甘肃的寨上、早子沟、内蒙古的达门沟等金矿床；储量超过100t的金矿床，只有山东的焦家、马塘，内蒙古的乌拉特中旗浩尧尔忽洞，甘肃的阳山等金矿，其中阳山金矿储量达308t，排名亚洲第一，世界第六。

（3）资源分布广泛，储量相对集中。我国金矿分布广泛，全国有1000多个县（旗）有金矿资源，已探明的金矿储量相对集中于我国的东部和中部地区。储量约占总储量75%以上的脉金，主要集中在山东、河南、黑龙江、吉林、湖北等省；其他储量超过百吨的省（区）有甘肃、内蒙古、贵州、云南、湖北、辽宁等。山东省脉金储量达593.61t，接近全国脉金总储量的1/4，居全国第一位。砂金主要分布于黑龙江，占全国砂金储量的27.7%，四川占21.8%，其次为陕西、吉林、内蒙古等省（区）。

（4）富矿少，中等品位多，品位变化大，贫富悬殊。以1996年黄金工业统计年鉴为根据，全国脉金出矿品位4.14g/t，砂金出矿品位0.169g/m³，在脉金矿床中小于3g/t占27%，3~6g/t占56%，6~10g/t占13%，10~20g/t占4%。6g/t以下的中、低品位矿床占83%以上，而且呈逐年递降趋势。砂金矿床中小于0.15g/m³占38%，0.15~0.25g/m³之间占26%，大于0.25g/m³占34%。总的来看，我国脉金矿、砂金矿品位偏低，富矿储量极少。

（5）伴金矿储量占有重要地位。我国伴生金储量占全国金矿总储量的27.9%，绝大部分产自铜矿石，少量产自铅锌矿，主要集中于江西、甘肃、安徽、湖北、湖南五省，约占伴生金储量的67%，其中江西居第一位。伴生金在我国占有重要地位，其储量所占比例大于世界伴生金的平均数。所以，伴生金是我国金矿资源的一大特点。

（6）金矿成矿时代广泛，形成于各个地质时期。根据我国已知金矿成矿研究，我国金矿成矿时代广泛，形成于各个地质时期，其中，生成于前寒武纪金矿储量占 56.4% ，中生代和新生代占 35.9% ，古生代占 7.7% 。

参 考 文 献

[1] 蔡玲，孙长泉，孙成林 . 伴生金银综合回收[M]. 北京：冶金工业出版社，2008：29 ~ 41.

[2] 刘成义 . 山东省金矿工艺矿物学概论[M]. 北京：冶金工业出版社，1995：15 ~ 42.

[3] 郭宝兰 . "地矿精神地矿工" [N]. 半岛都市报 . 2012-11-30(A29).

[4] 中国万通证券公司网站 . 内蒙古巴彦淖尔市乌拉特中旗探明超大金矿，2013. 2. 21.

4 银矿物及银矿床

4.1 银的地球化学特征

银的原子序数是 47，周期表上属第五周期 I_B 族元素，相对原子质量为 107.87，天然稳定的同位素有两个 ^{107}Ag、^{109}Ag。银的电子构型为 $4s^2 4p^6 4d^{10} 5s^1$。 Ag 与 Au、Cu 组成 I_B 族。银的主要地球化学参数见表 4-1。

表 4-1 银的地球化学参数

地球化学特征	参　数
原子序数	47
相对原子质量	107.87
原子体积/$cm^3 \cdot mol^{-1}$	10.3
原子密度/$g \cdot cm^{-3}$	10.5
熔点/℃	960.5
沸点/℃	2200
电子构型	$4s^2 4p^6 4d^{10} 5s^1$
电负性	1.9
地壳丰度/$g \cdot t^{-1}$	0.07
地球化学电价	0, +1, +2
原子半径/nm(12 配位)	0.1445
共价半径/nm	0.134
离子半径/nm(6 配位)	0.126(+1),0.089(+2)
电离势/V	7.574
还原电位/V	Ag^+/Ag,0.7996
离子电位/V	0.79(+1),2.25(+2)
EK 值	0.06(+1)

在这个副族中，Cu、Ag、Au 的主要地球化学参数相近，Ag 在 Cu 与 Au 之间，银的地球化学性质具有过渡性。银的电离势、电负性虽较高，但比金低，近于铜，因此除形成自然银外，还经常呈硫化物出现。银的原子半径、共价半径与金相同或相近，银和金可呈连续的固溶体，并在共价化合物中出现金银碲化物。

银原子的电子构型为 $4s^2 4p^6 4d^{10} 5s^1$，失去 $5s^1$ 电子为 $+1$ 价。矿物中 Ag^+ 是最常出现的稳定价态，也有 Ag^{2+} 甚至 Ag^{3+} 的化合物出现，这些化合物是配合物，仅在强氧化条件下稳定。自然界中的银除了以自然银、金属互化物形式存在以外，常以 Ag^+ 状态出现。单价银的化合物除硫化物外，常具离子键的特征。在具共价键特征的化合物中，Ag 呈高价状态。Ag 的原子半径为 $0.1445nm$，而 Ag^+ 的离子半径与它所处的阴离子环境及配位数有关，为 $0.075 \sim 0.138nm$。

自然界中很少存在纯的自然银，它经常含 Au、Hg 或其他元素，包括 As、Sb、Bi、Te、Cu、Pb、Zn、Fe、Co、Ni、Pt 和 Ir 等。Ag 和 Au 原子可形成连续固溶体。Ag^+ 的离子半径与 Cu^+ 的离子半径相近，自然铜含 Ag 也可达 $0.1\% \sim 4\%$，银与铜的类质同象现象见于含硫盐黝铜矿和砷铜矿中。Ag 与 Pb、Zn 等类质同象也很广泛，银离子被捕获在 4 个硫离子之间的四面体空隙中。在这个过程中大量的银收集于方铅矿中，使它成为主要的银矿石。在方铅矿中银的溶解度随温度降低而减小，这可从方铅矿中银的固溶体分解现象来证实。

银还经常富集在碲化物和硒化物等矿物中。碲铅矿、碲铋矿、碲金矿中含 Ag 达 $0.22\% \sim 4.37\%$。硒铜矿、硒铅矿、硒铜镍矿中含 Ag 达 $0.59\% \sim 8.5\%$。

在硫化物-硫砷化物这组矿物中，方铅矿含银最高，可达 $8000g/t$。此外许多硫化物都含银，含量变化范围较大。一些硫化物呈共价键，例如黄铁矿，表现出相当大的金属特性，所以微量的其他金属元素包括 Ag 可以替代 Fe。同时作为铜元素的 Ag 将与硫形成共价键。

银在卤化物（如 $NaCl$）、碳酸盐（如方解石）、硫酸盐（如石膏）、磷酸盐（磷灰石）和氧化物（如赤铁矿）等矿物中含量均微，仅在铜、铅和铁的氧化矿物（如孔雀石、磷氯铅矿、褐铁矿、锰土）中含量可达 $50 \sim 1000g/t$，这与 Ag 代替 Cu、Pb 有关。锰土中的银是以胶体形式的吸附银。

在各种地质作用过程中，银总是伴随金和其他一些重金属和亲铜元素。矿床中一般深成高温矿 $w(Ag)/w(Au)$ 比值较低，浅成及表生矿 $w(Ag)/w(Au)$ 比值较大。

银具有较高的活动性及迁移能力，可在不同构造单元中形成各种类型的硫化物矿床。由于银具有易还原和电离性高的特点，具有较高的亲硫性和亲铁性、亲铜性，所以银在自然界多以化合物状态存在，矿物数目也较多，有 80% 的银矿物是硫化物和含硫盐类矿物。

4.2 银的矿物

银主要以矿物相形式存在，少数是以类质同象进入其他矿物晶格中。在一般情况下，无论在空间分布上还是形成时间上，在方铅矿中银含量最高。也就是说银在矿石中的含量与铅、锌含量呈正相关关系。到目前为止，发现有独立银矿物117种，其中自然元素及金属互化物有9种，碲化物、锑化物、砷化物、硒化物有23种，硫化物有11种，硫盐类有6种，卤化物有10种，硫酸盐有2种，其他有2种。最常见的是自然银、银的硫化物和硫盐。最主要的银矿物是自然银、辉银矿（AgS）、深红银矿（Ag_3SBS_3）、淡红银矿（Ag_3AsS_3）、黝铜矿-砷黝铜矿（Cu、Fe、Ag）$_{12}$（Sb、As）$_4S_{13}$、角银矿（AgCl）和银铁矾 $AgFe_3(SO_4)_2(OH)_6$ 等，见表4-2。

表 4-2 银的主要矿物

矿 物 名 称	矿物分子式	银含量/%
自然银	Ag	80 ~ 100
辉银矿	Ag_2S	87.1
锑银矿	Ag_3Sb	75.6
硫铜银矿	$(AgCu)_2S$	
深红银矿	Ag_3SbS_3	60.3
淡红银矿	Ag_3AsS_3	65.4
辉锑银矿	$Ag_2S \cdot Sb_2S_3$	
辉铜银矿	Ag_3CuS_2	
硫锑铜银矿	$(Ag、Cu)_{16}Sb_2S_{11}$	75.6
脆银矿	$5Ag_2S \cdot Sb_2S_3$	68.5
辉锑铅银矿	$4PbS \cdot 4Ag_2S \cdot 3Sb_2S_3$	
硫锑铅银矿	$Ag_3Pb_2Sb_3S_8$	23.76
硒铜银矿	Cu_2Ag_2Se	18.7
硒银矿	Ag_2Se	
碲银矿	Ag_2Te	
角银矿	AgCl	75.3
溴银矿	AgBr	
碘银矿	AgI	46
黄碘银矿	$(Ag、Cu)I$	
脆硫锑银矿	$5PbS \cdot Ag_2S \cdot 3Sb_2S_3$	

矿 物 名 称	矿物分子式	银含量/%
硫砷银矿	$Ag_7(As,Sb)\cdot S$	
银黝铜矿	$(Ag,Cu)_{12}SbS_{12}$	18.62
黝铜矿	$(Cu,Fe,Ag)_{12}(Sb,As)_4S_{13}$	
银铁矾	$AgFe_3(SO_4)_2(OH)_6$	
黑硫银锡矿	$4Ag_2S\cdot GeS_2 \rightleftharpoons 4Ag_2S\cdot SnS_2$	

4.3 银矿床

我国的银矿床主要是伴生银矿床和共生银矿床,独立银矿床很少。伴生银矿床是指银只作为矿床次要组分,与其他主要组分成因上有联系,空间上共存,但品位达不到工业要求,小于边界品位 $40\sim50g/t$,不能单独开采利用,只能在选冶时综合回收。共生银矿床是指银和其他组分都呈主要组分,银品位已达到工业要求,一般为 $50\sim150g/t$,如矿床规模、开发利用条件许可,可单独开发利用。独立银矿床,银的品位一般大于 $150g/t$,可单独采选冶,生产单一,银矿产品具有合理的经济和社会效益。共生与伴生银矿床的区别是根据元素的含量高低及开发利用经济效益等因素而划分的。主要区别有三条:一在矿体中是主要还是次要成分;二品位是否达到工业要求;三能否单独开采,单独回收。

伴(共)生银矿床是我国银矿资源的主体,其储量占全国银储量的90%左右。

银与有色金属伴(共)生的矿床占90%以上(其中包括与金矿床伴生的银),我国银的产量 $60\%\sim70\%$ 来自伴(共)生银矿床。我国银的储量居世界第五位,产量居世界第一位。在银的储量中,独立银矿储量占总储量的13%,伴(共)生银矿储量占总储量的87%。可见伴(共)生银矿在我国银矿资源中占有非常重要的地位。我国各类型银矿及地质特征见表4-3。

各类型银矿床特点:

(1)高品位矿少,低品位矿多。按我国银矿床品位划分:边界品位为 $40\sim50g/t$,工业品位为 $100\sim120g/t$。我国各类银矿中银品位高于 $150g/t$ 的储量占总储量的16%, $100\sim150g/t$ 的储量占总储量的12%, $50\sim100g/t$ 的储量占总储量的21%,低于 $50g/t$ 的储量占总储量的51%,占一半以上。

(2)独立银矿少,伴(共)生银矿多。独立银矿储量仅占总储量的13%,伴(共)生银矿储量占总储量的87%。我国探明的银矿资源几乎都是有色金属伴生矿,其中铅锌矿占51.4%,铜矿占34.9%,金矿占2.7%,石英脉矿床占1.7%,其他(如黄铁矿型金属硫化矿)占9.3%。品位高于 $40g/t$ 的各种类型伴生银矿床,见表4-4。各类型共生银矿床见表4-5。

表 4-3　矿床成因类型及各类型地质特征

矿床类型		建造类别	原矿品位/g·t⁻¹	规模	占银总储量/%	主要地质特征	主要物质来源	主要工业矿物	主要银矿物	矿体形态	实例
岩浆类型	岩浆熔离	Cu-Ni-Co Cu-Zn	4~8	大、中、小	2(±)	侵入超基性-基性岩与混合岩之间	幔源	磁黄铁矿、镍黄铁矿、紫硫镍矿、砷铂矿	金银矿、银金矿、锡铋矿、钯铂矿、含镍锑铋银矿、含银铋钯矿、铋银矿	与岩体形态一致	金川、德尼尔
	斑岩	Cu-Mo	1~4	特大、大	16(±)	花岗闪长岩、石英闪长岩(燕山早期)与泥质及沉凝灰岩、干枚岩接触带	幔源	黄铜矿、辉铜矿、斑铜矿、闪锌矿、方铅矿	银金矿、碲银矿	平面上为筒状(同心环状)、环带状	德兴、蔡家营山、多包
		Pb-Zn	100~250	大							
	火山岩热液型(包括脉岩型)	Pb-Zn-Ag	40~340	大、中	11(±)		幔源	方铅矿、黄铜矿、闪锌矿、黄铁矿、磁黄铁矿、铁闪锌矿	银金矿、辉银矿、深红银矿	似层状、脉状、透镜状、环带状	小西林、澜沧、锡铁山、小铁山
	岩浆热液型	Pb-Zn-Ag Sn-Cu-Pb-Zn	5~150	特大、大、中、小	36(±)		混源	方铅矿、闪锌矿、黄铜矿、黄铁矿、菱铁矿、毒砂、硫锑铅矿、辉锑矿、红砷镍矿、长石	自然银、辉银矿、银金矿、银矿、银黝铜矿、硫铜银矿	脉状、网状、透镜状、囊状、不规则状	水口山、石景冲、凡口、香花岭、宝山、厚婆坳、银子窝、金子山、银山

续表 4-3

矿床类型		建造类别	原矿品位/g·t⁻¹	规模	占银总储量/%	主要地质特征	主要物质来源	主要工业矿物	主要银矿物	矿体形态	实例
变质岩型	接触变质	Pb-Zn-Cu-Ag	30~300	大、中、小	26(±)	花岗闪长斑岩、石英二长岩、黑云母花岗岩、二云母花岗岩与碳酸盐岩接触	幔壳源	方铅矿、闪锌矿、黄铜矿、黄铁矿	银黝铜矿、辉银矿、硫锑银矿、红银矿、自然银、银铜硫锑化合物	扁豆状、镜状、似层状、囊状、形态复杂	八家子、佛子冲
		Fe-Mo-Ag									铜陵
		Fe-Cu-Ag									大冶
	沉积变质	Pb-Zn多金属矿	1~240	大、中、小	5(±)		混壳源	方铅矿、闪锌矿、黄铜矿、砷黝铜、磁铁矿、磁黄铁矿	角银矿、自然银、锑银矿、银铜矿	层状、似层状	柞水、银洞
		Cu-Ag	10(左右)						辉银矿	层状	易门、东川
沉积岩型	砂砾岩型	Cu-Ag-Pb-Zn-Ag	10~55	大、中	3(±)	砂岩	壳源	黄铜矿、辉铜矿、斑铜矿、蓝铜矿	角银矿、自然银、铜银矿、锑银矿	层状、似层状、状	六苴、兰坪、麻阳、牟江
铁锰帽型		Fe-Mn Ag~Au	10~45	中、小	2(一)	铁帽、铁锰帽、锰帽		铁锰矿	金银矿、银金矿、辉银矿、碲金矿、角银矿	呈面状分布	七宝山、新桥

表4-4　伴生银矿床（银品位高于40g/t）及类型

矿床名称	元素组合	银品位/g·t⁻¹	银规模	矿床类型	成矿年龄/Ma	有关火成岩或地层
吉林小西林南沟	铅锌	83.48	小	砂卡岩型		
广西佛子冲	铅锌	54	中	砂卡岩型	63.8~76.5	
南丹拉么	铜铅	61.68	大	砂卡岩型	73.6~145	
湖南玛瑙山	铁锰	50	中	砂卡岩型	110~128	
大坊	铅锌	98.43	中	热液型		
黄沙坪	铅锌	92	中	热液型	142~169	
柿竹园-野鸡尾	钨锡钼铅锌	80.6	小	热液型	94~162	
水口山老鸦巢	铅锌	44.7	小	热液型	104~147	
常宁康家湾	铅锌	86.8	特大	热液型		
内蒙古孟恩奎力盖	铅锌	93	大	热液型	287	
甘肃安西西辉铜山	铜	93.91	大	热液型	372.3	花岗片麻岩
陕西道岔沟	铅锌	72.64	小	热液型		
山西义兴	多金属	67.78	小	热液型	131.3~159.8	
辽宁关门山	铅锌	73.26	小	热液型	122	
分水河古屯	金	55.17	小	热液型		
北票二道沟	金	80.17	小	热液型		
吉林小西林	铅锌	55.6	小	热液型		
江西戈阳铁砂街	铜	61.69	中	热液型		
广东连平大尖山	铅锌	53.72	中	热液型		

续表4-4

矿床名称	元素组合	银品位/g·t⁻¹	银规模	矿床类型	成矿年龄/Ma	有关火成岩或地层
广西河池箭猪坡	铅锌	59.17	大	热液型		
浦北新华	铅锌	75.6	中	热液型		
湖北阳新银山	铅锌	86.53	大	热液型		
青海锡铁山	铅锌	77.8	特大	海相火山岩型	245.1	上奥陶统火山-沉积岩
江西铅山下湖	铅锌	60.8	中	沉积岩浆再造		赋存于石炭统灰岩中
福建银铜铜	铅锌	41.8	中	沉积改造	84~103	赋存于石炭系中
湖北当阳向家岭	银钒	97.34	中	沉积型		上震旦统黑色页岩
四川会东大梁子	铅锌	43.20	大	层控		上震旦统灯影组白云岩
会理天宝山	铜铅锌	93.57	小	层控		上震旦统灯影组白云岩
会理大铜厂	铜	48~54.2	大	沉积型		上震旦统灯影组白云岩
云南澜沧老厂	铅锌	76.8	大	沉积型		赋存于石炭系火山岩系及上石炭统灰岩中
云南永仁团山	铜	28.8~61.1	中	沉积热液叠加		上白垩统砂岩
江苏栖霞山	铅锌	69	特大	沉积热液叠加		石炭-二叠系碳酸盐

表4-5 共生银矿床及类型

矿床名称	元素组合	银品位/g·t⁻¹	银规模	矿床类型	成矿年龄/Ma	有关火成岩或地层
河北张北蔡家营	铅锌银金	135.89		斑岩型		燕山期石英斑岩
江西冷水坑	铅锌银	256.1		斑岩型	110~125	
广东阳山金子圹	铜铅锌银	306.6	小	砂卡岩型		
湖南铜官山岭	铜银	105.3	中	砂卡岩型	89~177	

续表 4-5

矿床名称	元素组合	银品位/g·t⁻¹	银规模	矿床类型	成矿年龄/Ma	有关火成岩或地层
浙江五部	铅锌银	2~231	大	陆相火山岩型	73~145	
银坑山	金银	305.85	中	陆相火山岩型	195	
大岭口	铅锌银	106.8	大	陆相火山岩型	78~97.2	上侏罗统山岩
八宝山	金银	112	小	陆相火山岩型		
弄坑	银金	106.76	小	陆相火山岩型		
江西德兴银山	铅锌银	107.38	特大	陆相火山岩型	107	
河北丰宁	铅锌银	300	中	陆相火山岩型		
新疆维权	银铜	615	小	矽卡岩		
甘肃白银厂	铜铅锌银	113.15	特大	海相火山岩型	410~503	
湖北银洞沟	银铅锌金	773.56	特大	海相火山岩型	391~459	
青海镶嘎卡隆	铁铅锌银	100.89	中	海相火山岩型		
四川嘛邪	金银多金属	242	特大	海相火山岩型		
河南桐柏矿山	金银铅锌	278	特大	热液型	278~307	
榆林坪	铅银	167.41	大	热液型		
广东廉江庞西洞	金银	460.39	大	热液型		
潮安厚婆坳	锡铅锌银	100		热液型	138~153	
云浮娄洞	金砷	250		热液型		
梅县丙村	钨锡银	142.2	中	热液型		
广西博白金山	金银	约214.6	大	热液型		

续表 4-5

矿床名称	元素组合	银品位/g·t⁻¹	银规模	矿床类型	成矿年龄/Ma	有关火成岩或成地层
张弓岭	铅锌银	198.38		热液型	383	
广西珊瑚	钨锡银	142.2	中	热液型	92~111	
广东阳春茶地	铁铅锌银	193.51	中	热液型		
湖北香花岭	锡铅锌银	约 372.2		热液型	139~153	
桂阳宝山	铅锌铜银	151	小	热液型	88~152	
甘肃安西花牛山	铅锌银	123	大	热液型	194	
湖北铜家湾	铜铅锌银	198.2	中	热液型		
陕西洛阳铁源	银铅	418.46	小	热液型		
辽宁八家子	铅锌银	178	中	热液型	132~163	
吉林夹皮沟四道盆	金银	151.36	小	热液型	190~121	
浙江东阳罗山	金银	534.09	小	热液型		
山东十里铺	金银	317.38	中	热液型	127~184.5	
北京银冶岭	铅锌银	173.22	中	沉积变质		中元古代高于庄组泥灰质白云岩
陕西柞水银洞子	铅银	107.03	特大	沉积变质		中泥盆统碳酸盐浅变质岩
青海锡铁山	银铜	169.67~773.5	中	沉积型		中侏罗统砂岩
湖北宜昌果园	银矾磷	20~110	大	沉积型		上震旦统陡山沱组黑色页岩
广东仁化凡口	铅锌银	104.73	特大	沉积改造		中上泥盆统碳酸盐
云南六直	铜银	166		沉积型		上白垩统砂岩
安徽铜陵新桥	铜铁银	217.13	中	铁帽型	118	原生矿矿年龄
湖南浏阳七宝山	锰银多金属	123~159	大	风化壳黑色黏土型	184	原生矿矿年龄

（3）大矿少，中小型矿多。根据我国银矿床规模的划分标准，储量大于1000t 的为大型矿床；储量 200～1000t 的为中型矿床；储量小于 200t 的为小型矿床。据不完全统计，在我国 173 个含银矿山中，大型矿床数仅占总矿床数的7.3%，而中小型矿床数占总矿床数的 92.7%。

（4）岩浆岩型、变质岩型储量比例大。岩浆岩型储量占银总储量的 65% 左右，其中岩浆熔离型占 2% 左右、斑岩型占 16% 左右、火山岩型占 11% 左右、岩浆热液型（包括脉岩型）占 36% 左右。变质岩型储量占银总储量的 31% 左右，其中接触变质型占 26% 左右。沉积变质型占 5% 左右。我国重要的伴（共）生银矿床：水口山、凡口、德兴、小西林、锡铁山、小铁山、香花岭、宝山、厚婆坳、银山等均为岩浆岩型矿床；八家子、佛子冲、铜陵、大冶、易门、东川等均为变质岩型矿床。

（5）成矿年龄（时空）分布格局。成矿年龄（时空）分布，产于元古代-古生代沉积碳酸盐中的热液型铅锌矿和矽卡岩型铅锌矿、裂隙充填型铅锌矿中伴生银占银总储量的 50% 以上；产于中生代沉积岩中的矽卡岩型铅锌铁铜矿和热液型铅锌铁铜矿及砂岩型铜矿中伴生银占银总储量的 32% 左右；其他占 18% 左右。

（6）空间分布格局。总体上东部多于西部（仅目前来说，因为西部开发程度较低），北方少于南方（因为南方铅锌矿床多），但银的高度活动性、分布广泛性，使银分布全国。不同大地构造单元、不同成矿环境、不同成矿作用，导致了各地区成因类型的差异性。华北、中南地区以热液型及火山岩型为主；西北地区以岩浆熔离型及海相火山为主；西南地区以层控及火山岩浆为主；沿海地区以陆相火山为主。具体到各省、市、自治区，银储量最多的是江西，储量占全国银储量的 15.5%；其次是云南，占 11.3%；广东占 9.4%；内蒙古占 7.6%；广西占 6.6%；湖北占 5.9%；甘肃占 4.4%；以上 7 省（区）白银储量占全国白银总保有储量的 60.70%。

参 考 文 献

[1] 蔡玲，孙长泉，孙成林. 伴生银综合回收[M]. 2 版. 北京：冶金工业出版社，2008：42～54.

[2] 中国金局新闻网. 贵金属知识——银矿资源. 2008.01.29.

5 金矿工艺矿物学

5.1 金矿物及其分布

通过对我国 19 个省不同成因类型的 38 个有代表性的金矿的统计，基本上反映了各类型金矿在矿石类型、矿物共生组合、金的赋存状态及嵌布特征、金矿的粒度和金的品位、成色等方面的特征。其中变质热液金矿产量第一，储量第二；混合岩化热液金矿是我国独特的金矿类型，储量第一，产量居第二。这两种是我国最重要的金矿类型，工业意义最大。其次为岩浆热液金矿床。

我国大部分金矿，尤其是规模较大的金矿的分布，主要与深大断裂带或板块结合部位有关。不同类型金矿其矿物共生组合分为两个系列：一是含金石英脉；二是含金硫化物。嵌布关系可分为晶隙金、裂隙金及包裹金三种。金成色与粒度的关系随地区及矿床类型不同而异。变质热液金矿和混合岩化热液金矿中的金粒度较粗，成色也较高。此外在同一种成因类型的不同金矿中其粒度和成色可以不同。按粒度粗细可分为粗粒金、细粒金、显微金、次显微金四级。

金矿的形成是一个复杂的、长期的、不连续的矿化过程，既受内在也受外在因素的制约和影响，具有明显的地区性，这就是金矿成矿的特点。

现按物质来源、成矿作用等划分的我国金矿床成因类型，分别将其矿物组合、金赋存状态、金品位、金银比值或金成色、金矿物粒度特征列入表 5-1 ~ 表5-6。

表 5-1 沉积变质热液金矿床特征

矿床亚类	矿床实例	矿石类型	矿物组合	金赋存状态	金品位 /g·t^{-1}	金银比值或金成色	金矿物粒度/mm
含铁硅质岩金矿床	黑龙江东风山	硫化物型	雌黄铁矿、黄铁矿、磁铁矿、黄铜矿、毒砂、自然金	含于毒砂晶体中；定向生长于铁闪石-石榴石间隙中；与雌黄铁矿连生；星散于石英集合体中	4.13~15.79，最高 21.65		0.01~0.02，最大 0.15 为细金粒
碳质火山碎屑岩金矿床	辽宁四道沟	硫化物型	黄铁矿石占绝对优势，磁铁矿和黄铜矿占 3%~5%，毒砂、白钨矿很少，石英、绢云母	黄铁矿裂缝中；石英晶体裂缝或石英-黄铁矿晶隙间(91% 自然金在黄铁矿中)	100~300，最高 1100	830 (780~881)	0.002~0.007 为微细粒金

续表 5-1

矿床亚类	矿床实例	矿石类型	矿物组合	金赋存状态	金品位/g·t⁻¹	金银比值或金成色	金矿物粒度/mm
碳质火山碎屑岩金矿床	辽宁白云	硫化物型	黄铁矿、黄铜矿、闪锌矿、自然金、自然银、赤铁矿、磁铁矿；石英正长石、方解石、高岭土	自然金多成不规则粒状、细脉状分布于黄铁矿中、边部及脉石中	4~7，个别高达30	692~905，平均768	1.42×0.005（最大），0.003×0.003（最小）

表 5-2 沉积岩浆热液金矿床特征

矿床亚类	矿床实例	矿石类型	矿物组合	金赋存状态	金品位/g·t⁻¹	金银比值或金成色	金矿物粒度/mm
沉积岩叠加热液	安徽马山	硫化物型	雌黄铁矿、黄铁矿、磁铁矿、黄铜矿、毒砂、自然金、银金矿、含银自然金；石英、方解石	裂隙金、晶隙金占70%，包裹金占29%（石英中包体金为7.9%，难解离）	8~10	944.6~838.8	0.05占71%，0.02~0.01占29%
	安徽新桥	硫化物型	黄铁矿、黄铜矿、磁铁矿、方铅矿、铁闪锌矿、银金矿、自然金、石英、白金矿、白云石	晶隙金、裂隙金、包裹金	平均0.72，最高35.2	859~593	最大0.065，最小0.001，0.015~0.001占89.97%
	安徽铜官山	硫化物型	黄铜矿、辉钼矿、黄铁矿、自然金、银金矿；石榴石、透辉石、方解石	黄铜矿中1~10g/t，平均3.95g/t，80%~90%富集于铜精矿中	平均3.95	Au 81.5%，Ag 18.5%，815	最小0.03，最大0.24，0.06~0.12占81%

表 5-3 热水溶滤金矿床特征

矿床亚类	矿石类型	矿物组合	金赋存状态	金品位/g·t⁻¹	金银比值或金成色	金矿物粒度/mm
碳酸盐岩浸染型金矿床	贫硫化物型	黄铁矿、黄铜矿、磁黄铁矿、自然金；石英、白云石	绝大多数在黄铁矿中，并见有分布于石英及白云石、晶体及其裂隙中，呈裂隙金、晶隙金及包裹金产出	10.92~52.09，个别达185	500~900	0.01~0.02占58.2%
碳酸盐岩石英-方解石金矿床	贫硫化物型	方解石为主，少量石英、萤石、黏土矿物、自然金	多分布于方解石、石英等矿物中		成色高	

表 5-4 变质热液型金矿床特征

矿床亚类		矿床实例	矿石类型	矿物组合	金赋存状态	金品位/g·t⁻¹	金银比值或金成色	金矿物粒度/mm
区域变质热液金矿床	中深变质热液金矿床	吉林夹皮沟	硫化物型	黄铜矿、黄铁矿、含金多金属硫化物、石英	金以自然金为主,主要赋存在黄铜矿、黄铁矿裂隙中	15~20,最高300	824(w(Au):w(Ag)=1:2.8)	0.05~0.12
		河南文峪	贫硫化物型	黄铁矿、方铅矿、黄铜矿、黄铁矿、菱铁矿、碲铁矿、银金矿、自然金;石英、白云石、方解石、重晶石	多在黄铁矿裂隙、石英、菱铁矿粒隙间,少数在方铅矿、闪锌矿黄铜矿中,局部在黑钨矿、白钨矿裂隙中。以裂隙金、晶体金为主	10.34	745~952	0.002~0.09最大0.02~0.08
		湖北茅坪	硫化物型	黄铁矿、黄铜矿、自然金、碲金矿、石英、云母	包裹金、裂隙金、晶体金、单体金、连生金	4.78~12	Au:37.07Ag:1.00Te:61.84	0.01~0.03最大0.8~1.00
		辽宁五龙	贫硫化物型	黄铁矿、磁黄铁矿、黄铜矿、闪锌矿、方铅矿、毒砂、自然金、石英、长石、绢云母	裂隙金、细粒金为主	5~10,最高100~200	945	0.007~0.5,多为0.02
	中浅变质热液金矿床	河南银洞坡	硫化物型	黄铁矿、方铅矿、闪锌矿、黄铜矿、黄铁矿、辉银矿、碲金矿、自然金、石英、长石、绢云母	以裂隙金、晶隙金为主,包裹金次之,金矿矿物主要与黄铁矿伴生	2.1~20.13,最高84.44	694~986	0.01~0.075,最大0.84,细粒金为主可见金占57.54%
		湖南漠滨	贫硫化物型	黄铁矿、毒砂、车轮矿、方铅矿、闪锌矿、自然金、石英、方解石、白云石、绿泥石、绢云母	金-石英矿物、金-硫化物矿石	平均3.17,最高205	银很低,小于1g/t	0.013~8,大于0.83占63.3%
		湖南沃溪	贫硫化物型	自然金、辉锑矿、黑钨矿、白钨矿、黄铁矿、黄铁矿、毒砂、方铅矿、闪锌矿、石英、方解石、绢云母、铁白云母	裂隙金、包裹金、晶隙金、次显微金赋于黄铁矿、辉铜矿中,占46.2%;显微金主要赋存在黄铁矿、辉锑矿、白钨矿、闪锌矿及石英中,占53.7%	7.23	985.4~987.2	0.01~0.1,最大1

续表5-4

矿床亚类		矿床实例	矿石类型	矿物组合	金赋存状态	金品位/g·t⁻¹	金银比值或金成色	金矿物粒度/mm
区域变质热液金矿床	中浅变质热液金矿床	湖北银洞沟	贫硫化物型	方铅矿、闪锌矿、黄铜矿、黄铁矿、金银矿、银黝铜矿、石英、方解石	银金矿包裹于黄铁矿中，黄铁矿晶粒间、石英晶粒间都有赋存	72	Au 80~20；Ag 20~80；800	0.03~0.06，最大0.4~1，最小0.001
		湖南黄金洞	贫硫化物型	毒砂和黄铁矿为主，次为雌黄铁矿、方铅矿、黄铜矿、车轮矿、白钨矿、闪锌矿、石英、绢云母、绿泥石、白云石	板岩与石英脉接触的裂隙中；毒砂、黄铁矿、黄铜矿中；硫化物连生体中	平均5~9	963	0.005~2，一般0.4左右
		贵州黔东	贫硫化物型	黄铁矿、毒砂、方铅矿、闪锌矿、黄铜矿、黝铜矿、辉锑矿、自然金、石英、方解石、白云母、绢云母、重晶石	石英晶粒及裂隙中，石英晶洞内也有富集	3~250		0.1~0.2，最大1~3
		青海夺确壳	贫硫化物型	黄铁矿、毒砂、方铅矿、闪锌矿、黄铜矿、银金矿、金银矿、自然金、石英	金主要分布于毒砂中，其次为黄铁矿、方铅矿中	1.3~25，最高57		0.1~0.3，最大1.00
		广西古袍	贫硫化物型	黄铁矿、毒砂、方铅矿、闪锌矿、黄铜矿、自然金、石英、绢云母	金与黄铁矿、黄铜矿、方铅矿、闪锌矿共生，与早期烟灰状石英共生，在与碳质围岩接触的边缘富集	6.25~26，最高29	800~850（w(Au)：w(Ag)=1：0.65）	平均0.012，最大0.15，最小0.003
接触变质（交代）热液金矿床		吉林二道子	贫硫化物型	毒砂、雌黄铁矿、黄铁矿、闪锌矿、方铅矿、黄铜矿、白铁石、磁铁矿	32.8%—方铅矿、32.5%—毒砂、19.5%—闪锌矿、3.2%—雌黄铁矿	4~25，最高331.7	844	0.1~0.001占91%
动力变质作用金矿床		河北金厂峪	贫硫化物型	黄铁矿、黄铜矿、辉钼矿、方铅矿、闪锌矿、雌黄铁矿、自然金、银金矿、石英、钠长石、白云石、方解石	自然金58%在黄铁矿中，35%在石英中	20~30，最高154.33	911	0.005~0.025，最大0.15

表 5-5　混合岩化热液金矿床特征

矿床亚类	矿床实例	矿石类型	矿物组合	金赋存状态	金品位/$g \cdot t^{-1}$	金银比值或金成色	金矿物粒度/mm
含金石英脉型矿床	山东玲珑	贫硫化物型	黄铁矿、黄铜矿、方铅矿、闪锌矿、银金矿、自然金、石英、绢云母	晶隙金——黄铁矿中最多，裂隙金、包裹金	0.27~37.20	454.4~950.7 ($w(Au):w(Ag)=1:2$)	0.0075~0.03，明金少见
	浙江遂昌	贫硫化物型	黄铁矿、闪锌矿、方铅矿、黄铜矿、雌黄铁矿、碲银矿、含金磁铁矿、银金矿、石英、蔷薇辉石、菱锰矿	黄铁矿中含金最多，黄铜矿、闪锌矿、石英中次之	8.46~46.17	545~629	0.003~0.117，少量0.2
破碎蚀变岩型矿床	山东焦家	贫硫化物型	黄铁矿、黄铜矿、方铅矿、闪锌矿、斜方辉铅铋矿、石英、绢云母	包裹金、晶隙金、裂隙金，其中晶隙金占65.77%	10~13，最高52.59		0.015~0.03，最大0.34
	山东新城	贫硫化物型	黄铁矿、菱铁矿，次为黄铜矿、方铅矿、闪锌矿、石英、绢云母、长石、方解石	裂隙金、晶隙金，其中裂隙金占79.89%，晶隙金占20.11%	3.60		0.001~0.056，最大0.30

表 5-6　岩浆热液金矿床

矿床亚类		矿床实例	矿石类型	矿物组合	金赋存状态	金品位/$g \cdot t^{-1}$	金银比值或金成色	金矿物粒度/mm
岩浆热液金矿床	与中小进入体有关的金矿床	河北峪耳崖	贫硫化物型	黄铁矿、黄铜矿、碲金矿、自然金、闪锌矿、雌黄铁矿、石英、方解石	主要在黄铁矿里面、晶隙中，与碲化物共生	一般为7，最高50		0.07~0.4，最大1~3
		江西德兴	贫硫化物型	黄铁矿、黄铜矿、辉钼矿、自然金、碲金矿、银金矿、砷黝铜矿、绢云母、石英、方解石	包裹金、晶隙金、裂隙金	0.702~0.245	639~927，多为850左右	0.005~1，大于0.045占75%
		湖南水口山	贫硫化物型	黄铁矿、黄铜矿、闪锌矿、自然金、银金矿、石英、方解石	石英裂隙、细粒、黄铁矿裂隙、闪锌矿细粒中	4	914	0.001~0.08，多在0.002~0.08

矿床亚类		矿床实例	矿石类型	矿物组合	金赋存状态	金品位/g·t^{-1}	金银比值或金成色	金矿物粒度/mm
岩浆热液金矿床	与中小进入体有关的金矿床	湖北鸡笼山	贫硫化物型	方铅矿、黄铁矿、黄铜矿、闪锌矿、硅酸盐矿物、锰方解石、雌黄、雄黄	在硫化物及脉石中，以晶隙金、裂隙金及包裹金存在	6.2	667~950	0.1~0.3，<0.10 占90%
	与火山岩、次火山岩有关的金矿床	河南祁雨沟	贫硫化物型	黄铜矿、斑铜矿、黝铜矿、方铅矿、自然金、银金矿、石英、方解石、长石、绿帘石、绿泥石、阳起石	硫化物细粒间	24.89~213.5		0.01~3，多数为0.02~0.15，最大3.8
		黑龙江团结沟	贫硫化物型	白铁矿（占95%）、黄铁矿、辉锑矿、黄铜矿、方铅矿、自然金、石英、冰长石、白云石、方解石、玉髓状石英	主要在玉髓状石英中占2/3；黄铁矿、白铁矿中占1/3	2~10，最高323	642~828	0.037~0.01，占43.3%，<0.01占10.9%
		新疆齐依求Ⅱ号	贫硫化物型	黄铁矿、毒砂、辉锑矿、自然金、石英、钠长石、方解石、绢云母	裂隙金、包裹金、晶隙金	1~4，个别达148.64		一般0.3~0.1，最大2，最小0.01
		安徽东溪	贫硫化物型含磁铁矿石	黄铁矿、磁铁矿、褐铁矿、赤铁矿、自然金、石英、长石、方解石、黑云母	线性晶洞发育的石英脉，混浊状石英脉含金，品位高	5~10，最高412.2	500~800	0.01~0.05占79.2%，>0.05占14.5%；<0.01占6.3%
		中国台湾金瓜石	贫硫化物型	黄铁矿、黄铜矿、硫砷铜矿、自然金、辉银矿、重晶石	赋存在重晶石及硫化物中	1.3~3.1，高达10	900(±)（w(Au)：w(Ag)=1:1.5)	肉眼可见
		辽宁奈林沟	贫硫化物型	黄铁矿、黄铜矿、自然金、银金矿、辉银矿	具梳妆晶洞、乳白色石英脉中金富集，有的呈团分布（窝子金）	0.1~0.3居多，75%<1，窝子金品位高达6至数百		0.002~0.1，最大1~20

矿床亚类		矿床实例	矿石类型	矿 物 组 合	金赋存状态	金品位/g·t^{-1}	金银比值或金成色	金矿物粒度/mm
岩浆热液金矿床	与火山岩、次火山岩有关的金矿床	内蒙古白乃庙	贫硫化物型	黄铁矿、黄铜矿、磁铁矿、辉铜矿、自然金	主要与黄铁矿、黄铜矿连生	3.25 ~ 408		0.1~0.03，最大1
	含金岩浆熔离化物金矿	青海德尔尼	贫硫化物型	黄铜矿、黄铁矿、雌黄铁矿、石英、方解石	主要分布于黄铜矿、黄铁矿中，前者含金最多	6.21（黄铁矿）、14.29（黄铜矿）一般0.43~1.25		0.1~0.05

不同的金矿床成因类型，不能完全反映金的富集情况。金的地球化学性质决定了它在成矿中的性状，起决定性作用的是地球物理化学条件。就是说矿床成因相同或相似时，金的富集情况可以差别很大，矿化不均匀。据初步统计的我国主要金矿36例也反映了这一情况。

金在碱性或中性介质中运移和析出时，SiO_2起着重要作用，当溶液中钠钾组分减少时，自然金便和石英同时从热液中析出。

我国主要金矿不同成因类型矿床的矿物共生组合有两个系列，一种是金与硫化物关系密切，尤其是与黄铁矿、黄铜矿、雌黄铁矿、辉铜矿、方铅矿、闪锌矿等金属硫化物紧密共生。另一种是与石英，特别是玉髓状、乳白、烟灰色细粒石英紧密共生。其嵌布关系主要有三种：

（1）自然金类矿物以微细脉充于上述矿物的颗粒间呈晶隙金产出。

（2）在上述矿物的颗粒中，以包裹金形式出现。

（3）分布于上述矿物颗粒的间隙中，为裂隙金。

以上三种嵌布关系，一般矿床中均能见到，与成因类型关系不明显，仅在不同的矿床中或同一矿床的不同地段，以其中某种嵌布形式为主。

自然类金矿物的成色，在很大程度上反映了矿床形成的地质条件，形成的深度、溶液的浓度、成分及温度等特点，经统计我国变质热液型金矿床中，自然金类矿物的成色偏高，最高可达952~986，多在800~900之间。其次是混合岩化热液金矿床，最高可达900~950。其他类型的金矿则因所处的地质条件不同而异。

自然金类矿物的粒度常与成色有关，某些资料说明，成色在750~920时，晶格参数最小，粒度最大，成色在860~920之间的自然金最常见。我国变质热液型金矿成色为 824 ~ 97 时能见到 3 ~ 5mm 的金粒，如吉林夹皮沟、头道川等金矿。虽属同种成因类型的河南银洞坡及文峪金矿，其成色变化范围较大，自然金类矿物的粒径变化范围也较大（表 5-1 ~ 表 5-6 中所列成色为统计的平均值，不是单个金粒的成色）。

5.2 矿石主要化学成分

我国主要金矿矿石化学成分，按矿石选别类型的不同，分别列入表 5-7。

含金石英脉型金矿石，分为低硫石英脉含金矿石和高硫石英脉含金矿石，这类矿石的矿物组成比较简单，主要由石英构成，SiO_2 含量为 56% ~ 80% 以上，主要有益成分为金、银，金矿物主要为自然金和银金矿，黄铁矿是主要的硫化矿物，其次还有雌黄铁矿以及少量方铅矿、黄铜矿等。金矿物赋存状态简单，绝大部分为黄铁矿和石英共生，矿石中除金、银外，其他元素一般不具有回收价值。低硫石英脉含金矿石，含金品位较低，一般为 1.5 ~ 4.8g/t；含硫品位为 2% 以下，有害元素含量很少，矿石易选冶；高硫石英脉含金矿石，含金品位较高，一般为 5g/t 以上，含硫品位均在 5% 以上，有害元素含量很少，矿石易选冶。

破碎带蚀变岩型金矿石，是以焦家金矿为代表的一种矿床类型。矿石中矿物种类简单，主要由石英构成，SiO_2 含量为 70% ~ 90% 以上，主要有益成分为金、银，金矿物主要为自然金、银金矿和自然银，黄铁矿是矿石中的主要金属矿物，占金属矿物总量的 90% 以上，金与黄铁矿共生关系密切是该类型矿石的基本特点，所以，这种矿石易磨、易选，工艺流程简单，并能取得好的选矿技术指标。矿石中除金外，其他元素一般含量均较低。矿石中的金、银品位，视各矿床的赋存条件等因素的不同而差异较大，含金品位最低为 1.74g/t。三山岛金矿最高可达 8g/t 以上。含硫品位差异也比较大，一般为 0.45% ~ 2.1%。

含金石英脉型金矿和破碎带蚀变岩型金矿在同一矿床出现，称为石英脉-蚀变岩型金矿，也称复合型金矿。这种类型金矿床兼有石英脉型金矿和破碎带蚀变岩型金矿的特征。山东玲珑金矿是该类型金矿的典型代表。该类型矿石中，有益元素除金、银外，尚有铜、铅、锌、硫，有害元素砷、锑、铋含量不高，硫的含量均在 2.33% 以下，属低硫矿石类型。

次火山岩型金矿，即次火山岩后期中低温热液网脉裂隙充填型矿床，矿石类型为含金铜镜铁矿、黄铁矿石英脉型。该类型含金矿石中，有益元素为金，但品位不高，其他有益元素及有害元素含量也不高。山东七宝山金矿是该类型金矿的代表。

矽卡盐型金矿。矽卡盐由透蝉石、石榴石、绿泥石、盖铁辉石为主构成。矿石类型主要有金、铜、磁铁矿石，含铜矽卡岩矿石，含铜斑岩矿石。以含铜磁铁矿石为主。矿石中金品位不高，与铜一起选别回收。铁、硫均可综合回收。

表5-7 各金矿矿石元素分析

选别类型	金矿	Au /g·t⁻¹	Ag /g·t⁻¹	w(Cu)/%	w(Pb)/%	w(Zn)/%	w(Fe)/%	w(S)/%	w(As)/%	w(Sb)/%	w(Bi)/%	w(C)/%	w(TiO₂)/%	w(CaO)/%	w(MgO)/%	w(Al₂O₃)/%	w(SiO₂)/%	其他/%
石英脉型矿石	河北金厂峪	3.5	1.5	0.013	0.021	0.013	5.19	1.24	0.027	0.013	0.012	2.46		5.92	8.2	8.2	60.6	Se 0.0001, Te 0.004
	河北张家口	2.54	4.84	0.011	0.12	0.026	2.16	0.2		0.012								
	河北峪耳崖	4.15	4	0.05		0.00034	2.46	0.31						17.94	1.93	15.63	52.55	
	江西天宝	1.7	1.87	0.0044	0.0042	0.043	5.05	1.17	0.29					1.92	1.5	15.38	65.12	K₂O 3.2, Na₂O 0.88
	甘肃李子	2.58	12.7	0.15	0.57	0.02	3.75	1.62	0.05	0.14				0.58	0.83	4.85	81.11	
	浙江遂昌																	
	山东福禄地	5.1	21.67	0.013	0.015	0.042	8.55	5.18	0.006	0.0069	0.0021			1.368	Mg 0.995	2.932	67.49	
	山东唐家沟																	
	山西义兴寨	10.46	14	0.3	0.32	0.32	0.07	4.7		0.013	0.004			3.8	2.24	7.75	48.8	
	山东乳山	10.6	4	0.15	0.48	0.032	13.2	7.33						1.245	2.815	1.31	54.793	
	吉林珲春	2.19	3.96	0.497	0.03	0.03	6.64	1.63	0.02	0.14	0.0006			3.6	5.85	9.12	47.48	Mn 0.06, Cr 0.024, Ni 0.002
	吉林夹皮沟	4.99		0.08														
蚀变岩型矿石	山东焦家	5.33	8.33	0.005	0.041	0.044	1.72	0.45						1.29	0.2	9.3	71.91	
	山东三山岛	1.74	9.49	0.037	0.11	0.08	2.876	2.108										
	山东新城	3.6	7.4	0.009	0.066	0.084	3.36	1.93	0.0037	0.007	0.004			0.919	0.0374	8.44	64.36	
	山东河西	8.33	6.67	0.007	0.03	0.036	3.09	1.94	0.004	0.004	0.0027			Ca 0.06	Mg 0.0404	8.424	67.73	
	广东夏甸	2.9	19.33	0.006	0.037	0.05	4.09	1.44	0.0013	0.021	0.013			12.16	5.45	9.27	58.92	
	广东河后	4.56	5.39	0.297	0.016	0.019	3.53	0.99	0.003	0.0002	0.001	0.27	2.28	1.24	1.46	13.36	70.38	
	山东灵山	6.5	3	0.0034	0.005	0.0036		1.34	0.0025	0.0012	0.0045			0.58	0.59	11.856	73.098	
	山东河东	4.22	14.44	0.027	0.014	0.0091	0.74	0.65	0.0074	0.0066	0.0016							

续表 5-7

选别类型	金矿	Au/(g·t^{-1})	Ag/(g·t^{-1})	$w(\mathrm{Cu})$/%	$w(\mathrm{Pb})$/%	$w(\mathrm{Zn})$/%	$w(\mathrm{Fe})$/%	$w(\mathrm{S})$/%	$w(\mathrm{As})$/%	$w(\mathrm{Sb})$/%	$w(\mathrm{Bi})$/%	$w(\mathrm{C})$/%	$w(\mathrm{TiO_2})$/%	$w(\mathrm{CaO})$/%	$w(\mathrm{MgO})$/%	$w(\mathrm{Al_2O_3})$/%	$w(\mathrm{SiO_2})$/%	其他/%
蚀变岩型矿石	山东蚕庄	8.83	13.737	0.011	0.01	0.0068		0.98	0.005								12.948	70.643	
	山东黑岚沟	6.5	25	0.03	0.07	0.03			0.000151	0.000071	0.000016		0.18	0.66	1.08	12.18	71.4	
石英脉蚀变岩	山东玲珑	5.33	9.51	0.066	0.039	0.026	3.225	2.33	0.043		0.0045			0.95	1.27	9.75	72.731	
	山东平度	4.67	16.31	0.01	0.11	0.03	3.75	2.01	0.0025	0.023	0.0046			0.38	0.49	9.55	75.62	
	陕西四方	3.6	3.7	0.02	0.03	0.03	4.37	0.85	0.06				0.06	6.82	13.22	2.52	61.38	
	广西高龙	3.4	0.9	0.014	0.01	0.01	3.09	0.09	0.04	0.029	0.0001	0.039	0.36	0.61	0.4	8.4	78.5	
次火山岩型	山东七宝山	3	6.33	0.113	0.108	0.017	11.78	0.36			0.02			0.44	0.313	10.44	56.2	
砂卡岩型	山东铜井	2.3	9.23	0.85	0.1	0.14	23.41	2						15.74	5.02	4.12	23.34	Mn 0.01, Co 0.003,
	山东龙头旺	0.82	9.68	0.56	0.21		18.34	12.33	0.006					4.56	3.84	12.51	14.36	K₂O 1.86, Na₂O 2.08,
	湖北鸡冠嘴	2.198	15.9	1.81	0.8	0.5	26.08	11.2					0.41	2.07	1.45	2.57	47.86	K 1.01, P₂O₅ 0.78, V₂O₅ 0.78,
金砷矿石	广西六梅	2.3	1.39				Fe₂O₃ 6.16	0.934	1.39				0.045	2.09	1.65	10.65	62.35	MnO 0.75, Na₂O 0.37
	青海五龙沟	6.35	16	0.0055	0.011	0.014	Fe₂O₃ 9.4	2.44	0.58	0.13		2.45		2.63	1.89	13.16	59.2	
	广西金牙	4.2		0.044	0.007	0.014	5.51	3.1	0.66	0.006		1.21		3.97	2.23	11.71	56.59	
金锑矿石	湖南湘西	6~8					2.44	1.8	0.3	4~6								MnO 0.12, P₂O₅ 0.32,
	湖南龙山	2.1	4.5		0.015		3.63	1.18	0.49	1.46				1.52	1.25	12.78	62.36	K₂O 3.2, Na₂O 0.54
	贵州苗龙	4.8	1.5							0.51	0.003			17.16	2.51	8.4	45.16	K₂O 3.5, Na₂O 0.35
含泥含炭矿石	黑龙江乌拉嘎	3.55	8.1	0.0067	0.0074		3.05	1.62	0.085				0.03	1.03	0.69	11.526	69.69	
	云南某金矿	5.38	2.55	0.02	0.01	0.01	3.85	2.03	0.08	0.19		4.14		6.52	3.96	9.85	68.05	

金-砷矿石。含砷矿石中最常见的砷矿物是毒砂，其次为雄黄、雌黄等，毒砂与其他硫化矿物一样，是一种易浮矿物，所以很难与硫化物选别分离，故这类矿石成为难选冶矿石。为有效开发利用这类矿石，比较有效的方法是采用精矿焙烧，使砷生成砷华（As_2O_3）挥发后回收。

金-锑矿石，通常含锑 1% ~ 10%，含金不小于 1.5g/t，金、锑均可进行选矿回收。我国处理金-锑矿石的金矿有湖南湘西、龙口，贵州的苗龙等。

含泥、含炭矿石。金矿中的细泥和物质，对选矿和氰化均有不利的影响，特别是含炭物质对氰化液中的金、银有不同程度的吸附能力，从而增加金、银在尾矿中的流失，所以，必须采取相应措施清除矿石中的细泥和炭类物质对选矿和氰化过程中的不利影响。

5.3 金的赋存状态

我国主要金矿和含金矿石中金的赋存状态，不论地区和成因及矿物组成如何，金都是以自然金和金银互化物形式存在，这是金的赋存状态的重要特征。由于金和银的原子半径相同，化学性质也相似，所以形成天然的 Au-Ag 固液体，即自然金—银金矿—金银矿—含金自然银—自然银。据其金含量的不同，对其进行命名，见表 5-8。

表 5-8　金银系列矿物命名标准

矿物名称	金含量/%	矿物名称	金含量/%
自然金	>75	含金自然银	<25
银金矿	75 ~ 50	自然银	约 0
金银矿	50 ~ 25		

根据这一命名标准，我国主要金矿和含金矿石的金，主要以自然金和银金矿的形态出现，其次为金银矿及相关的金银互化物。

我国主要金矿的矿床类型、主要矿物组成、金矿物、金的赋存状态或金矿物产状，见表 5-9。

表 5-9　主要金矿中金的赋存状态

矿床实例	矿床类型	主要矿物组成	金矿物	金的赋存状态或金矿物产状
山东招远金矿玲珑矿区	充填型和含金石英脉	黄铁矿 16%，石英 50%，绢云母 20%	自然金，银金矿	自然金或银金矿呈包裹体被黄铁矿包裹为主约占 82%，沿裂纹细纹占 13.59%
	充填型和含金石英脉及蚀变岩型	主要是黄铁矿、石英、绢云母，次要为黄铜矿、磁黄铁矿等	银金矿，自然金	主要为银金矿和自然金，富集在含金石英脉黄铁矿脉中，金赋存于各种矿物裂隙中，其中以黄铁矿裂隙嵌布金最多

矿床实例	矿床类型	主要矿物组成	金矿物	金的赋存状态或金矿物产状
山东招远金矿玲珑矿区	交代型和蚀变型（中温热液、裂隙充填交代型）	主要是黄铁石、石英、矿云母，次要为黄铜矿、磁黄铁矿等	银金矿，自然金	金主要以银金矿和自然金形式产出，赋存于各种矿物裂隙中
山东招远金矿灵山矿区	含金石英网状脉-蚀变花岗岩型	黄铁矿 90% 以上，石英、绢云母、钾长石、斜长石、绿泥石	银金矿，自然金	金与黄铁矿密切共生，以包裹金为主占 54.69%，裂隙金占 45.31%
山东沂南金矿铜井矿区	含金、铜铁、多金属矽卡岩型矿床	磁铁矿、黄铜矿、透辉石、石榴石、绿帘石	银金矿，自然金	有用矿物共生关系不密切，金的粒度嵌布较粗且分布不均匀
山东沂南金矿金场矿区	含金、铜铁多金属矽卡岩	磁黄铁矿、黄铜矿、斑铜矿、透辉石、石榴石、绿帘石	银金矿，自然金	银金矿主要分布在黄铜矿和黄铁矿中，在脉石矿物中也有银金矿的分布。自然金主要分布在斑铜矿、黄铜矿中，其次在黄铁矿、透辉石中也有自然金的分布，主要呈裂隙金存在，分布不均匀
山东乳山金矿	含金石英脉型多金属矿床	硫化物占 95%，有黄铁矿、黄铜矿、方铅矿、闪锌矿。氧化物占 5%，菱铁矿、磁铁矿、绢云母、石英、方解石	银金矿	以自然金细小微粒存在于黄铁矿、石英或其他矿物的晶隙及黄铁矿细小裂隙中
山东新城金矿	中温热液蚀变花岗岩型金矿床	黄铁矿、菱铁矿为主，次为黄铜矿、方铅矿、闪锌矿、石英、绢云母、长石、方解石	银金矿	根据金与其他矿物之间的存在关系可分为包裹金、晶隙金、裂隙金
山东焦家金矿	中温热液蚀变花岗岩型	黄铁矿、方铅矿、黄铜矿、石英、绢云母和正长石	银金矿	银金矿在矿石中分布不均匀，主要赋存于黄铁矿中
山东三山岛金矿	中温热液蚀变花岗岩型	黄铁矿为主，次为闪锌矿、方铅矿、黄铜矿、磁黄铁矿、褐铁矿、磁铁矿、石英、绢云母	银金矿，自然金	银金矿和自然金赋存在黄铁矿裂隙中，其次以包体金和晶隙金赋存于黄铁矿、黄铜矿、闪锌矿、方铅矿之中

矿床实例	矿床类型	主要矿物组成	金矿物	金的赋存状态或金矿物产状
山东河西金矿	中温热液蚀变花岗岩型	黄铁矿为主,次为褐铁矿、方铅矿、闪锌矿、黄铜矿、辉铜矿、石英、长石、绢云母、碳酸盐	自然金,银金矿	以裂隙金为主,晶隙金次之,包裹金少量。裂隙金多赋存于黄铁矿中,晶隙金赋存于黄铁矿、石英的裂隙中,包裹金主要在黄铁矿和黄铜矿中
山东夏甸金矿	中温热液蚀变花岗岩型	金属矿物占3.825%,主要有黄铁矿,次为黄铜矿、方铅矿、闪锌矿、毒砂。脉石矿物占96.175%,主要为石英,次为云母、高岭土	银金矿	以包裹金为主,包裹在脉石中占34.51%,黄铁矿中占18.67%,晶隙金占25.79%,裂隙金占21.03%
广东河后金矿	贫硫化物蚀变糜棱岩型	金属矿物占2.27%,主要有黄铁矿、黄铜矿、磁黄铁矿,脉石矿物占97.73%,主要为石英、绢云母	自然金,银金矿	磁黄铁矿与脉石间晶隙金占61.53%,脉石、磁黄铁矿与黄铜矿中包裹金占23.84%,脉石中裂隙金占14.63%
山东黑岚沟金矿	中温热液蚀变花岗岩型	黄铁矿占金属矿物90%以上,次为黄铜矿、方铅矿、闪锌矿等,脉石矿物石英占60%以上,次为碳酸盐矿物	银金矿	裂隙金占55.6%,主要赋存在石英中,包裹金占44.2%,主要包裹在石英中,晶隙金很少,仅占0.2%左右
山东平度金矿	含金石英脉-蚀变花岗岩型	黄铁矿占4.941%,磁黄铁矿占0.487%,石英占64.25%,绢云母占9.816%	银金矿,金银矿	包裹金占65.68%,主要赋存于脉石和黄铁矿中,裂隙金占34.32%,主要赋存于黄铁矿中
山东七宝山金矿	次火山岩后期中低温热液网脉裂隙充填型	黄铁矿占19.42%,镜铁矿占4.48%,褐铁矿占2.77%,黄铜矿占2.21%,脉石占69.57%,主要为石英、绢云母	自然金,银金矿	主要以包裹金赋存在黄铁矿和石英中,其中自然金为48.39%,银金矿为79.36%
广西六梅金矿	中温热液蚀变花岗岩型	主要有毒砂、黄铁矿、黄铜矿、石英、绢云母、铁白云石、方解石	银金矿	金主要呈包裹金赋存在毒砂和黄铁矿中,致使难选冶

矿床实例	矿床类型	主要矿物组成	金矿物	金的赋存状态或金矿物产状
湖南龙山金锑矿	热液充填硅酸盐金锑矿床	辉锑矿、黄铁矿、毒砂、锑华等，脉石主要为石英、绢云母、方解石、绿泥石	自然金	金呈微细粒包裹在辉锑矿、毒砂、黄铁矿中，平均粒径在 $1 \sim 20\mu m$ 之间，最大粒径为 $53\mu m$
河北金厂峪金矿	贫硫化物含金石英脉型	矿物组成简单，以黄铁矿为主，脉石为石英、碳酸盐、长石、白云母	自然金，银金矿	自然金主要赋存在黄铁矿中，占79.81%
河北张家口金矿	中温热液裂隙充填含金石英脉型	褐铁矿、黄铁矿、白铅矿、方铅矿、石英、绢云母、长石、白云石	自然金	自然金约80%，赋存于金属矿物中，金以细粒为主
河北峪耳崖金矿	中低温热液裂隙充填含金石英脉型	矿物组成简单，以黄铁矿、石英、长石、白云母为主	自然金，银金矿	包裹金占50.47%，裂隙金占49.53%，主要赋存在黄铁矿中
湖北茅坪金矿	含金硫化物石英脉型	黄铜矿、石英、长石、黑云母、白云母	自然金，银金矿，石帝金矿，石帝金银矿	矿石中金经查明均呈独立矿物存在，除以自然金和金银矿互化物产出外，尚有部分金以石帝化金形式产出
河南文峪合金多金属矿	中温热液裂隙充填交代式多金属含金石英脉	黄铁矿、方铅矿、褐铁矿、石英、长石、绢云母	银金矿，自然金，含铜银金矿，石帝金矿	金矿物主要与黄铜矿、方铅矿连生，并沿黄铁矿裂隙充填交代，也有极少量金粒星散地产在黄铁矿裂隙的晶粒中，石帝金矿主要呈细粒状产在方铅矿中
湖北银铜沟金银矿	含金硫化物石英脉型	闪锌矿、方铅矿为主，次为黄铜矿、黄铁矿、石英	金银矿	包裹于黄铁矿中
河南桐柏银铜坡金矿	多金属中温型	黄铁矿、方铅矿、闪锌矿、石英、长石、绢云母	自然金，银金矿，金银矿	根据金矿物在矿石中的嵌布特征分为晶隙金、裂隙金、包裹金。根据镜下观察、电子探针分析、物相分析、金主要载体矿物 Au、Ag 的多点微量分析以及黄铁矿-方铅矿-闪锌矿-Au 相关分析、Au 的分配计算等结果表明：金的赋存状态完全符合金的地球化学特征，主要呈独立的、可见的矿物存在。部分金可呈次显微金的独立矿物不均匀分布在金属硫化物及脉石中

矿床实例	矿床类型	主要矿物组成	金矿物	金的赋存状态或金矿物产状
陕西李家沟金矿	中温热液型	黄铁矿在 95% 以上，石英、碳酸盐	自然金	在原生含铜黄铁矿石英脉中金呈包裹金产于黄铁矿晶粒中
甘肃李子金矿	含金硫化物石英脉型	矿物组成简单，以黄铁矿为主，脉石以石英、碳酸盐为主	银金矿	金赋存于黄铁矿中，裂隙金占 20% ~ 40%，晶隙金占 20% ~30%，包裹金占 30%
江西天宝矿业	含金石英脉型	矿物组成简单，主要为黄铁矿、石英	自然金	自然金有 75.56%，赋存在黄铁矿中，裂隙金占 57.08%，包裹金占 32.62%
小秦岭金矿	含金石英脉型	硫化第一阶段-石英阶段	自然金	产于黄铁矿中
		硫化第二阶段-石英-多金属阶段 硫化第三阶段-石英-方解石阶段	自然金	与碲化物密切伴生
湖北鸡冠嘴金矿	高中温气液矽卡岩型	矿物组成较复杂，矿物种类繁多，主要有黄铁矿、白铁矿、黄铜矿、斑铜矿、铜蓝、辉铜矿、方铅矿、闪锌矿、方解石、铁白云石、硅酸盐、石英等	自然金，金银矿	包裹金为主，赋存于黄铁矿中，原矿磨至 - 0.074mm 占 60% 时，仍有 20% 以上的金包裹在黄铁矿中
燕山南麓某金矿	变质热液型	磁黄铁矿＋黄铁矿＋黄铜矿＋毒砂＋石英组合 黄铁矿＋黄铜矿＋方铅矿＋石英组合	自然金	主要赋存于细粒黄铁矿集合体；偶见石英晶粒中包有自然金微粒
黑龙江省团结沟金矿	浅成岩浆中低温热液斑岩型	白铁矿 95% 以上	自然金	以自然金状态产出，以包裹金为主，粒度细小
黑龙江省东风山金矿	沉积-变质（再造）	毒砂、磁黄铁矿、铁白云石、菱铁矿、磁铁矿	自然金	金与毒砂、磁黄铁矿、磁铁矿相伴生，毒砂中常见包裹金
浦江八宝山金矿	火山岩型金银矿	毒砂、黄铁矿小于 5%、石英、钾长石、绢云母	金银矿，银金矿，自然金罕见	多呈不规则粒状、树枝状，在矿石中极不均匀分布，与毒砂、粗粒黄铁矿以及黄铜矿、闪锌矿、方铅矿关系密切

矿床实例	矿床类型	主要矿物组成	金矿物	金的赋存状态或金矿物产状
云南某大型金矿	含砷、锑及有机碳细粒浸染型难处理金矿石	黄铁矿、白铁矿、少量辉锑矿、毒砂、石英、绢云母、方解石、白云石	银金矿	93.84% 的金小于 5μm，呈次显微金，有 86.26% 赋存于硫化物中
吉林金厂沟金矿	中低温热液	磁黄铁矿、黄铜矿、石英、碳酸盐	自然金	呈独立的自然金产出
吉林海沟金矿	自然金-多金属硫化物	黄铁矿、方铅矿、闪锌矿、黄铜矿、石英	自然金	呈独立的自然金产出
贵州苗龙金矿	卡林型金矿	毒砂、黄铁矿、辉锑矿、石英、方解石、白云母、绢云母、黏土矿物	自然金	金矿物呈 −2mm 嵌布于毒砂和黄铁矿中，其中 83.16% 分布在毒砂中

在不同成因类型的金矿床中，自然金和金银互化物均与其中的主要矿物形成共生组合，以不同形态嵌布于有关共生矿物中，其中最主要的共生矿物是金与硫化矿物关系密切，尤其是与黄铁矿、黄铜矿、雌黄铁矿、辉铜矿、方铅矿、闪锌矿等金属硫化物紧密共生；另外与石英，特别是玉髓状、乳白、烟灰色细粒石英紧密共生。其共生嵌布关系有三种状态，即晶隙金、包裹金、裂隙金。

5.4 金的嵌布状态

金矿石的嵌布状态是指金与其他元素，金矿物与其他矿物之间的关系，即金在矿石所处的空间位置。目前选金实际生产过程中，把金的嵌布状态划分为：粒间金、裂隙金、包裹金。

粒间金是指金矿物嵌布在两种或两种以上矿物颗粒之间的金。金矿物的这种嵌布状态比较复杂，因为它可以嵌布在各种相关矿物颗粒之间，但其中以黄铁矿与黄铜矿间、黄铁矿与脉石间的粒间金较常见，其次是黄铁矿、黄铜矿、方铅矿、闪锌矿、石英或相关脉石矿物中的两种或三种矿物的粒间。

裂隙金是指在矿物的微裂隙中存在的金，这种嵌布状态，以黄铁矿的裂隙最为常见。

以上两种嵌布状态的金，一般比较容易解离成单体金。

包裹金是指被包裹在某种矿物中的金。这种嵌布状态的金，若包裹在主金属矿物中，在选矿过程中并非一定要达到单体解离，可以在选别主金属矿物时一并选别回收；若包裹在脉石矿物中时，若不将其解离成单体或富连生体，则很难选别回收。因此，进行金矿物嵌布状态的研究和应用，对选金生产有重要指导意义。

我国有关金矿中金的嵌布状态，见表5-10。

表5-10 金的嵌布状态 （%）

选别类型	金 矿	粒间金	裂隙金	包裹金	脉石中金	合 计
石英脉石	河北金厂峪	8.58	38.61	52.81		100.00
	河北峪耳崖		49.53	50.47		100.00
	江西天宝	4.49	57.08	32.62		100.00
	甘肃李子	20~30	20~40	30		100.00
	山西义兴寨	49.37	18.88	14.37	17.38	100.00
	山东乳山	48.34	21.30	30.36		100.00
	河南文峪	36.92	54.41	7.62	1.05	100.00
	河南潭头	35.58	16.32	48.16		100.00
	山东福禄地	8.63	44.43	46.94		100.00
蚀变岩型	山东焦家	7.87	91.90		0.23	100.00
	山东新城	20.11	79.89			100.00
	山东河西	28.02	15.70	56.28		100.00
	山东夏甸	26.79	21.03	53.18		100.00
	广东河台	61.35	14.63	23.84		100.00
	山东灵山		45.31	54.69		
	山东河东	2.53	83.57	13.90		100.00
	山东蚕庄	9.92		90.07		99.99
	山东黑岚沟	0.166	55.6	44.197		99.963
石英脉蚀变岩型	山东玲珑	21.03	27.83	51.14		100.00
	山东平度		34.32	65.68		100.00
次火山岩型	山东七宝山	48.34	21.30	30.36		100.00
矽卡岩型	山东沂南	21.84		78.17		100.00
	山东龙头旺	12.34	8.17	79.49		100.00
金-砷矿石	广西金牙	5.45		94.55		100.00
含泥、含炭矿石	黑龙江乌拉嘎	31.43	10.90	57.66		

由于矿石类型、成因、成矿条件和环境，主金属矿物种类和其嵌布状态等诸多因素的不同，各不同类型矿床中金的嵌布状态差异很大；同一选别类型的矿床，不同金矿中金的嵌布状态也各不相同。同一蚀变岩型金矿床，如焦家金矿、新城金矿、河东金矿中的裂隙金均在80%以上；而河西金矿、夏甸金矿、灵山金矿、蚕庄

金矿中的包裹金均在 50% 以上；而河台金矿中的粒间金则在 61.53%。

　　金的嵌布状态，决定了与相关矿物之间的关系，特别是与主要载金矿物的关系。我国不同成因类型的金矿床中的金矿物，均以粒间金、裂隙金、包裹金的赋存状态，赋存于主要载金矿物中，其主要载金矿物为金属硫化矿与石英。

5.5　金的粒度

　　金矿物的粒度特征是金矿石的重要工艺特征之一，金矿物粒度的大小决定着磨矿细度和选冶方法的确定。我国在黄金选冶生产实践中，将金矿物粒度划分为六个级别，见表 5-11。

表 5-11　金矿物粒度划分

粒度区间/mm	金粒名称	粒度区间/mm	金粒名称
>0.3	巨粒金	0.037 ~ 0.010	细粒金
0.3 ~ 0.074	粗粒金	0.010 ~ 0.001	微粒金
0.074 ~ 0.037	中粒金	<0.001	次显微金

　　按这六个粒级级别划分标准，将我国有关金矿床中的金矿物粒度分布特性进行了统计，见表 5-12。

表 5-12　金的粒度分布特性　　　　　　　　　　　　　　（%）

选别类型	金　矿	巨粒	粗粒	中　粒		细粒	微　粒		次显微	合计
		>0.3mm	0.3 ~ 0.074mm	0.074 ~ 0.056mm	0.056 ~ 0.037mm	0.037 ~ 0.010mm	0.010 ~ 0.005mm	0.005 ~ 0.001mm	<0.001mm	
含金石英脉型	河北金厂峪	6.90			22.80	63.10	7.20			100.00
	河北峪耳崖			10.28	15.22	48.47	14.67	10.61	0.75	100.00
	江西天宝			5.79		26.48	67.73			100.00
	山东福禄地		8.02	1.56	12.70	50.76	22.46	4.14	0.36	100.00
	山东乳山	3.00	2.00	8.08	5.97	57.62	11.79	11.44	0.10	100.00
	河南潭头		7.61	30.16		41.91		30.22		100.00
蚀变岩型	山东焦家	9.16	23.11	3.59	4.38	36.53	15.50	7.51	0.22	100.00
	山东新城	0.83	2.92	1.81	21.07	43.63	20.49	9.11	0.14	100.00
	山东河西	4.38	7.15	2.08	15.28	40.42	23.39	7.14	0.16	100.00
	山东夏甸		20.85	3.85	10.85	35.56	16.35	12.02	0.52	100.00
	山东灵山	5.54	9.96	5.61	9.06	53.11	13.63	2.99	0.01	100.00
	山东河东	2.83	9.01	4.28	9.56	58.42	11.49	4.37	0.04	100.00
	山东蚕庄	3.25	13.59	31.23	10.97	24.58	12.72	3.59	0.07	100.00
	山东黑岚沟		81.10	11.19		7.02	0.53	0.15		100.00

选别类型	金 矿	巨粒 >0.3mm	粗粒 0.3~ 0.074mm	中 粒 0.074~ 0.056mm	0.056~ 0.037mm	细粒 0.037~ 0.010mm	微 粒 0.010~ 0.005mm	0.005~ 0.001mm	次显微 <0.001mm	合计
石英脉 蚀变岩型	山东玲珑	4.38	9.62	8.20	12.73	33.09	21.97	9.47	0.27	100.00
	山东平度	5.31	14.89	10.90	14.23	42.85	6.99	3.82	0.01	100.00
	广西高龙			21.49		34.73	37.15		5.43	100.00
	陕西四方		28.38	63.24		8.38				100.00
次火山 岩型	山东七宝山		2.00	2.00	8.36	38.72	37.81	11.05	0.06	100.00
矽卡岩型	山东沂南	4.42	20.10	25.14	24.96	16.93	6.07	1.56	0.52	100.00
	山东龙头旺	0.21	17.16	4.24	8.91	41.29	20.56	7.48	0.15	100.00
	湖北鸡冠嘴	主要分布在0.019~0.15mm								
金砷矿石	广西金牙							10.20	89.80	100.00
含泥 含炭矿石	黑龙江乌拉嘎		18.89	11.05	23.42	35.49	8.91	2.15	0.09	100.00
	云南某大型金矿							6.16	93.84	100.00

从这六个粒级分布特征可以看出，我国有关金矿床中金的粒度分布呈不均匀分布，细粒金所占的分布率较大，与此同时都不同程度地含有粗粒金和巨粒金。对这些粗粒金和巨粒金，应在磨矿分级回路中予以回收，如黑岚沟金矿、沂南金矿、龙头旺金矿等，均取得了比较好的效果（详见7.3节）。

参 考 文 献

[1] 蔡玲，孙长泉，孙成林. 伴生金银综合回收[M]. 2版. 北京：冶金工业出版社，2008：55~72.

[2] 孙长泉. 蚀变岩含金矿石选矿特点[J]. 有色金属（选矿部分），1985(10)：10~15.

[3] 孙长泉. 粗粒金回收的研究与实践[J]. 黄金，1991(12)：32~36.

[4] 孙长泉. 在磨矿分级回路中用跳汰机回收粗粒金的生产实践[J]. 国外金属矿选冶，1999 (9)：14~18.

[5] 刘成文. 山东金矿工艺矿物学概论[M]. 北京：冶金工业出版社，1995：15~163.

6　银矿工艺矿物学

6.1　银矿物及其分布

在自然界中银的存在形态主要为化合物，自然银很少，所以独立银矿很少，多数是伴（共）生银矿。银的化合物主要有硫化物，如辉银矿、银铜矿；硫代酸盐，如深红银矿、浅红银矿、脆银矿；砷化物，锑化物（如锑银矿），碲化物（如碲银矿），硒化物（如硒银矿），卤化物，硫酸盐（如角银矿、银铁矾）等。

我国主要伴生银矿床类型、矿物组合、主要银矿物和其赋存状态、银金品位见表6-1。

表6-1　我国主要伴生银矿床种类

矿山名称	矿床类型	矿物组合	银赋存状态	主要银矿物	品位/$g \cdot t^{-1}$	
					Ag	Au
会东铅锌矿	层控型以锌为主多金属矿床	闪锌矿、黄铁矿、方铅矿；白云石、石英等	主要赋存在闪锌矿中		53.25	
会泽铅锌矿	沉积岩型碳酸盐岩硫化铅锌矿床	闪锌矿、黄铁矿、方铅矿、少量白铅矿、菱锌矿、褐铁矿；方解石、白云石、少量石英、石膏、绢云母等	80%以包裹体赋存于方铅矿中，16%于闪锌矿中	硫锑铜矿、深红银矿	80~110	
桥口铅锌矿	中温热液矿床	方铅矿、闪锌矿、黄铁、磁黄铁矿；少量白铅矿、黄铜矿、辉铜矿、铜蓝；石英、绢云母、绿泥石	79.8%赋存于方铅矿中	银黝铜矿	100	
柴河铅锌矿	中温热液交代矿床	方铅矿、闪锌矿、黄铁矿、白铅矿、菱锌矿、方解石、石英等	主要赋存于方铅矿中	银黝铜矿、深红银矿	34.34	0.05
锡铁山铅锌矿	火山岩热液交代型多金属矿床	黄铁矿、闪锌矿、方铅矿为主，次为白铁矿、黄铜矿；石英、碳酸盐类矿物、长石、石膏等	赋存于方铅矿和黄铁矿中	辉银矿	25	0.44

续表 6-1

矿山名称	矿床类型	矿物组合	银赋存状态	主要银矿物	品位/g·t⁻¹	
					Ag	Au
小铁山铅锌矿	海相火山岩型矿床	黄铁矿、闪锌矿、方铅矿、黄铜矿；石英、绢云母、绿泥石、铁白云石、方解石、斜长石等	赋存于方铅矿和闪锌矿中	辉银矿	94.7	1.8
青城子铅锌矿	中温热液充填交代矿床	方铅矿、闪锌矿、黄铁矿为主，次为磁黄铁矿、黄铜矿；碳酸盐矿物、斜长石、石英、云母等	66.23% 分布于方铅矿中	银黝铜矿、深红银矿	51	
天宝山铅锌矿	矽卡岩型、爆发角砾岩筒式	闪锌矿、方铅矿、黄铜矿、黄铁矿；石英、方解石、石榴子石、长石	主要赋存于方铅矿中	碲银矿	100~200	0.03~0.08
天台山铅锌矿	中低温裂隙充填交代矿床	方铅矿、闪锌矿、黄铁矿为主，次为毒砂、黄铜矿；石英、绢云母为主，次为长石、玉髓、白云母、碳酸盐矿物	银独立矿物占 56.96%，主要赋存于方铅矿中	银黝铜矿	101	
香夼铅锌矿	矽卡岩-斑岩型	黄铁矿、方铅矿、闪锌矿为主，次为黄铜矿、磁铁矿；碳酸盐类矿物、石榴子石、石英、绢云母等	75.38% 赋存于方铅矿中	碲银矿、自然银	29.6	0.21
佛子冲铅锌矿	中温热液交代矿床	方铅矿、铁闪锌矿、闪锌矿、黄铜矿、磁黄铁矿、黄铁矿；透辉石、石英、方解石等	75.31% 赋存于方铅矿中		41.8	0.28
东波铅锌矿柴山选厂	中高温热液充填交代多金属矿床	闪锌矿、铁闪锌矿、方铅矿、黄铁矿、磁黄铁矿、硫锰矿为主，次为毒砂、赤铁矿、氧化锰；方解石、白云石、石榴石、石英、萤石	62.76% 赋存于方铅矿中	银黝铜矿	80	
东波铅锌矿野鸡尾选厂	中温热液充填交代矿床	方铅矿、闪锌矿、铁闪锌矿、黄铁矿、锡石；石英、萤石、绢云母、方解石	主要赋存于方铅矿中		84	0.15

矿山名称	矿床类型	矿物组合	银赋存状态	主要银矿物	品位/g·t⁻¹	
					Ag	Au
建德铜矿	中低温热液型铜锌矿	黄铁矿、黄铜矿、闪锌矿为主，次为斑铜矿、黝铜矿、铜蓝、辉铜矿；白云石、方解石为主，次为石英、绢云母	主要赋存于黄铜矿中	银黝铜矿	63.0	0.38
红透山铜矿	热液充填型	黄铁矿、磁黄铁矿、黄铜矿、闪锌矿、少量方铅矿、毒砂；石英、斜长石、绿泥石、白云母为主，次为斜方闪石	主要赋存于黄铜矿中	银硫化物	31.2	0.61
澜沧铅矿	残积、坡积、洪积地表砂铅矿	白铅矿、异极矿为主，少量菱锌矿、闪锌矿、硅锌矿、磷氯铅矿、方铅矿、铅矾；脉石主要为氢氧化铁，其次为氢氧化锰、方解石、黏土矿物等	赋存于含铅矿物中		79.03	0.17
赫章铅锌矿	层控改造硫化铅锌矿床	黄铁矿、闪锌矿、方铅矿为主，次为褐铁矿、铁闪锌矿、白铅矿；方解石为主，次为石英、高岭土、重晶石等	赋存于闪锌矿中		58.0	
廉江银矿	裂隙充填型	方铅矿、黄铜矿、石英、绢云母	细粒状银矿物	辉银矿	346	0.40
丰宁银矿		黄铁矿、褐铁矿	赋存在脉石中	辉银矿	300	1.63
维权银矿	矽卡岩型	黄铜矿、铜蓝、黄铁矿、方铅矿、闪锌矿、毒砂、磁黄铁矿、石榴石、石英	赋存在黄铜矿、方铅矿、毒砂中	自然银、辉银矿	615	0.08
桐柏银矿	裂隙充填交代型	黄铁矿、方铅矿、闪锌矿、白铁矿、黄铜矿、辉铜矿、褐铁矿、石英、绢云母	赋存在黄铁矿、方铅矿中	自然银、辉银矿	295	0.45

伴生银矿床的矿石矿物组合中，金属矿物主要是以硫化物的形式产出。矿石中的银不仅以金属互化物的形式存在，而且主要以各种化合物状态产出。伴生银矿石的矿物组合，金属硫化物主要是方铅矿、闪锌矿、铁闪锌矿、黄铁矿、白铁矿、磁黄铁矿，其次是黄铜矿、黝铜矿、车轮矿、毒砂、斑铜矿、辉铜矿、铜蓝等。银由于具有易还原和电离性高的特点，除亲硫之外，还具有亲铜、亲铁的倾向；由于它的价态多，不同价态具有不同的离子半径，故很容易置换其他元素的位置，所以能够以不同的含量混入到铜矿物之中，存在于方铅矿之中，与金、

锑、铋元素形成共熔体存在于金、锑、铋矿物中，与硫、硒、砷、氯等元素化合形成独立矿物。由于成矿作用具有多期性和多阶段性，故银在矿石中的分布随成矿作用的多期性和多阶段性以及成矿时随温度压力条件的变化而变化，如内蒙古白音诺尔铅锌矿床中的辉银矿在方铅矿和闪锌矿中均有分布，而深红银矿则只在方铅矿中出现，这反映出两者成矿温度的差别。又如湖南宝山铅锌矿床中的一种方铅矿含银，而另一种方铅矿则不含银，也是由于上述情况所致。由于银的上述特征，因此银具有较高的活动性、广泛的分布性、成矿作用的多期性和多阶段性，所以银和其他金属形成的伴生矿床较多、矿床成因类型较多、伴生银的矿物种类也较多。银矿物种类虽已有 117 种之多，但我国伴生银矿床中常见到的银矿物只有银黝铜矿、自然银、深红银矿、淡红银矿、碲银矿、硫锑铜银矿、辉银矿、硫锑铅银矿、黑硫银锡矿、含锌砷黝铜矿、脆银矿、角银矿、黝锑银矿、硫铜银矿、黑硫锡矿、螺状硫银矿、硫砷铜银矿、银金矿、金银矿等近 20 余种。我国主要伴（共）生银矿床中银矿物组成见表 6-2。在这些银矿物中，由于不同的成矿时期和不同的伴生银矿床类型，其各自伴（共）生银矿床中的重要银矿物各不相同，柿竹园有色矿、东波铅锌矿、桥口铅锌矿、戈阳铜矿、银山铅锌矿、会理锌矿中的伴生银矿物以银黝铜矿为主，其含量占总含银量的 60% 以上；西林铅锌矿、香夼铅锌矿以自然银为主，其含量占总含银量的 40% 以上；铜山岭有色矿以硫锑铜铅矿为主，占 79.07%；青城子铅锌矿以黑硫银锡矿为主，占79.18%；松江铜矿以含锌砷黝铜矿为主，占 45.86%。在独立银矿中，廉江银矿、丰宁银矿主要以辉银矿为主；维权银矿、桐柏银矿主要以自然银和辉银矿为主。虽然各种不同类型的伴（共）生银矿床中的主要银矿物各有不同，但其在矿石中的分布规律，与单一金矿床和伴生金矿床中金的分布规律相似，即与硫化矿物关系密切，这是由于金与银的地球化学性质相似决定的。由此决定了我国伴生银矿床中银在主要矿物中的分布状态，见表 6-3。

银矿物有 90% 以上分布在各种金属硫化矿物中，其中主要分布在方铅矿、闪锌矿、黄铁矿和黄铜矿中，在方铅矿中分布率高达 50% 以上的矿床有凡口铅锌矿、黄沙坪铅锌矿、西林铅锌矿、青城子铅锌矿、会泽铅锌矿、水口山铅锌矿、佛子冲铅锌矿、柿竹园有色矿、香夼铅锌矿、东波铅锌矿、桥口铅锌矿、铜山岭有色矿、金子窝铅锌矿、吉水门铅锌矿、丙村铅锌矿、吴宅铅锌矿、瑶岗仙钨矿等，其中吴宅铅锌矿和铜山岭有色矿的方铅矿中银的分布率高达 90% 以上。由于这种分布规律，决定了伴生银矿物在选矿过程中的走向、分布及损失状态，由此为进一步提高伴生银选矿回收率、增加伴生银产量创造了条件。

6.2 矿石主要化学成分

我国主要伴（共）生银矿床的矿石主要化学成分见表 6-4。伴（共）生银矿

表 6-2 银矿物的组成 (%)

矿山名称	自然银	辉硫银矿	银黝铜矿	深红银矿	淡红银矿	银金矿	角银矿	硫锑铜银矿	辉银矿	黝锑银矿	硫铜银矿	硫锑铅银矿	黑硫锡矿	脆银矿	螺状硫银矿	黑硫银锡矿	含锑砷黝铜矿	硫砷铜银矿	金银矿	类质同象银	碳酸盐中银	合计
凡口铅锌矿	0.11		27.20	69.86				0.91	0.55			1.37										100.00
黄沙坪铅锌矿	70.00	30.00																				100.00
康家湾铅锌矿	0.74		7.64	51.50	18.08				0.72					20.65				0.67				100.00
八家子铅锌矿	13.72								2.44							79.18			4.66			100.00
西林铅锌矿	5.84	63.00	25.81	2.56				2.79														100.00
青城子铅锌矿	0.32		61.12	18.85				12.37	6.82				0.18		0.34							100.00
香夼铅锌矿	37.93	40.26				0.40		21.41														100.00
柿竹园1号样(有色)	0.40		88.40	7.50						2.40			1.30									100.00
柿竹园2号样(有色)	5.09		88.58	6.33																		100.00
东波铅锌矿(柴山)	0.4		88.40	7.50					微	2.40			1.50									100.00
桥口铅锌矿	0.71		82.06	17.23																		100.00
戈阳铜矿	0.05		90.95	1.03		3.09		4.47	0.41													100.00
松江铜矿	25.03	23.11									6.00						45.86					100.00
银山铅锌矿	微		92.82	6.22					微													100.00
铜山岭有色矿	0.66		6.64				3.32	79.07				4.32								4.32	1.67	100.00
会理锌矿	60.00	10.00						30.00														100.00

表 6-3 银在主要矿物中的分布 (%)

矿山名称	自然银	银硫化物	方铅矿	闪锌矿	黄铜矿	磁黄铁矿	磁铁矿	黄铁矿	其他矿物中	脉石	合计
凡口铅锌矿			54.33	32.34	10.63					2.70	100.00
黄沙坪铅锌矿		10.00	60.00	10.00				20.00			100.00
八家子铅锌矿			37.84	3.58	44.31	5.21			9.06		100.00

续表6-3

矿山名称	自然银	银硫化物	方铅矿	闪锌矿	黄铜矿	黄铁矿	磁黄铁矿	磁铁矿	硫锑铅矿	其他矿物中	脉石	合计
西林铅锌矿			56.68	8.78		3.15	19.81				11.58	100.00
青城子铅锌矿			66.23	4.96		2.84				22.89	3.08	100.00
会泽铅锌矿			79.70	15.80		2.40					2.10	100.00
水口山铅锌矿			89.51								4.29	100.00
康家湾铅锌矿			79.48	8.86		7.37					6.00	100.00
银山铅锌矿			46.00	26.00		22.00				1.81	3.28	100.00
佛子冲铅锌矿	5.53		75.31	3.22	10.31	0.30	1.51				5.57	100.00
柚竹园有色矿 1号样			82.73	6.04		4.10		0.23			6.59	100.00
柚竹园有色矿 2号样	1.30		76.27	9.56	4.12						0.03	100.00
香介铅锌矿			75.38	2.65	16.79	5.15					4.66	100.00
东波铅锌矿 柴山	1.10	21.67	62.76	4.63		4.25				0.93	2.09	100.00
天台山铅锌矿		56.96	27.39	11.19		2.39					8.82	100.00
厚婆坳多金属矿			37.80	15.23		38.15					9.30	100.00
桥口铅锌矿			79.80	10.90		0.56					4.73	100.00
铜山岭有色矿			90.51	0.57	3.63						4.73	100.00
水平铜矿		85.28			5.65	4.72					4.35	100.00
戈阳铜矿			1.47	8.42	58.74						31.37	100.00
建德铜矿		70.00		2.00	20.00	8.00						100.00
红透山铜矿		61.51		1.89	21.17	4.68	7.74				3.03	100.00
金子窝铅锌矿	0.01		84.30	3.30		8.80					3.60	100.00
吉水门铅锌矿			64.90	6.80		14.40					3.90	100.00
丙村铅锌矿			66.30	19.70		8.00					6.00	100.00
吴宅铅锌矿			93.60	2.00		0.10					4.30	100.00
瑶岗仙钨矿			86.95			4.24			3.46		2.78	100.00
廉江银矿		76.56	8.42	4.40	0.05	4.54					5.58	100.00

表 6-4 含伴（共）生银矿石主要化学成分

矿山名称	Au含量 /g·t⁻¹	Ag含量 /g·t⁻¹	w(Cu) /%	w(Pb) /%	w(Zn) /%	w(Fe) /%	w(S) /%	w(As) /%	w(Sb) /%	w(Bi) /%	w(Sn) /%	w(SiO₂) /%	w(Al₂O₃) /%	w(CaO) /%	w(MgO) /%
凡口铅锌矿		162		7.16	13.86	19.84	27.73	0.61				13.80	2.71	3.72	0.23
黄沙坪铅锌矿	0.5	92	0.21	3.60	6.60	16.46	17.20		0.003	0.02		25.96	5.50	4.77	2.06
水口山铅锌矿		99.99	0.471	1.39	2.60	21.69	21.70	0.079	0.119			14.07	13.00	17.53	1.10
康家湾铅锌矿	2.30	105	0.072	3.80	5.35	15.20	17.91	0.67	0.012	0.047	0.015	52.17	2.30	0.46	0.37
银山铅锌矿		56.90	0.06	1.296	1.248	7.14	2.90	0.187				56.92	13.49		
厚婆坳多金属矿		250	0.062	4.16	2.18	7.21	6.27	0.50			0.36	64.07	10.81	0.75	0.65
柿竹园有色金属矿		93		2.51	2.83	6.73	4.78	0.22	0.26		0.24	13.91	4.07		
八家子铅锌矿	0.40	237	0.195	1.562	1.484	19.50	11.29					18.20	1.318		7.762
西林铅锌矿	0.267	63.82	0.073	3.80	4.37	33.99	22.29	0.049				5.29	1.86	2.70	4.22
会理锌矿		52.50		0.41	8.11	3.11	4.11					36.17	6.73	10.63	9.55
桥口铅锌矿		90.1		4.20	1.77										
柴河铅锌矿	0.05	34.34	0.017	1.02	2.24	0.95	1.05	0.0086							
锡铁山铅锌矿	0.44	25.00	0.019	2.92	6.53	15.40	17.79	0.061				28.72	4.83	9.57	0.61
小铁山铅锌矿	1.80	94.7	1.13	3.30	5.17	22.23	19.50		0.04			14.48			
青城子铅锌矿	0.50	60.73	0.042	2.57	1.17	7.53		0.185	0.011	0.001	0.005	67.24	4.24	5.17	12.42

续表 6-4

矿山名称	Au含量 /g·t⁻¹	Ag含量 /g·t⁻¹	$w(Cu)$ /%	$w(Pb)$ /%	$w(Zn)$ /%	$w(Fe)$ /%	$w(S)$ /%	$w(As)$ /%	$w(Sb)$ /%	$w(Bi)$ /%	$w(Sn)$ /%	$w(SiO_2)$ /%	$w(Al_2O_3)$ /%	$w(CaO)$ /%	$w(MgO)$ /%
天宝山铅锌矿	0.08~0.03	100~200	0.05	0.65	1.63	2.837	1.31					42.92	1.938	11.254	0.912
天台山铅锌矿		155.8		0.93	2.18		2.12	0.127							
香介铅锌矿	0.21	29.6	0.104	1.08	1.60		4.26			0.0038					
佛子冲铅锌矿	0.28	41.8	0.234	3.12	3.12	8.12	5.62	0.028				42.44	2.77	5.44	0.58
东波铅锌矿柴山		80.00	0.051	2.58	2.84		6.16	0.32	0.38	0.01		12.00	3.37	25.96	0.54
东波铅锌矿野鸡尾	0.15	84.00	0.12	2.05	1.74	11.21	5.34					19.12	2.18	20.63	0.62
建德铅锌矿	0.38	65.0	3.37		2.96	20.85	24.07	0.022				15.46	1.20	10.19	4.79
红透山铜矿	0.61	31.2	1.50	0.04	2.40	19.75	20.50					39.35	7.50	3.33	2.90
会泽铅锌矿		80~110		7~8	16~18	10~14	21~25	0.40	0.034	0.11					
澜沧铅锌矿	0.17	79.03	0.12	8.52	4.68	30.38	0.12					12.87	6.34	3.81	1.64
会东铅锌矿		53.25	0.021	0.53	12.6		6.04								
赫章铅锌矿		58		3.00	11.71	8.713	16.17		0.088			6.30	4.90	21.90	0.07
廉江银矿	0.40	346	0.63	0.75	0.52		0.81					78.67	6.31	0.32	0.38
维权银矿	0.08	615	0.70	0.16	0.36	9.42	1.37	0.06				39.1	3.44	9.06	1.34
桐柏银矿	0.45	295	0.018	0.56	0.87	4.66	1.64	0.068				63.70	9.54	3.98	1.08

石中普遍含有硫、铁、铜、铅、锌等主要元素，这是银的地球化学特征和亲硫、亲铜、亲铁的性质决定的，从而形成了以铅、锌或铜为主体的伴生银矿床。这类矿床的主体有用成分和银、金的品位，因矿床的类型不同而差异较大，含银品位差异范围为 25～237g/t；含金品位较低，其范围为 0.03～2.3g/t，矿石中有害杂质砷、锑、铋等含量一般较低，不会给主精矿产品造成影响，但个别矿床的矿石中砷含量较高，有的矿石中砷含量高达 0.5%～0.67%，会给相关精矿造成一定的影响。矿石中的银含量与铅含量有一定的相关规律，两者含量呈正相关分布，这是由于银矿物在形成时间上接近方铅矿，银离子半径接近铅离子半径，故伴生银矿物与方铅矿的共生关系最为密切，由此为选矿综合回收伴生银矿物带来了有利的条件。在我国伴生银矿中，与铅锌矿床有关的伴生银矿床约占 51.40%，可见在铅锌矿床中的伴生银的综合回收，具有非常重要的工业价值。

在独立的银矿床中，银的品位均在 300g/t 以上。通过选矿可以选出单独银金矿；矿石中金、锌、铅品位较低，但可在选银的同时，予以回收。

6.3 银的嵌布状态

银在伴（共）生银矿床中以独立的银矿物状态存在（见表6-2），这些银的独立矿物主要分布在方铅矿、闪锌矿、黄铁矿和黄铜矿中（见表6-3），其嵌布状态按金嵌布状态划分的有关资料不多，目前我国仅有几个伴生银矿床对银的嵌布状态按粒间银、裂隙银、包裹银的划分方法进行了具体划分，见表6-5。

表6-5 银的嵌布形态 (%)

矿 山 名 称	裂隙银	粒间银	包裹银	合 计
西林铅锌矿	0.55	37.18	62.27	100.00
红透山铜矿	7.54	26.42	66.04	100.00
青城子铅锌矿		12.76	87.24	100.00
八家子铅锌矿		41.75	58.25	100.00

在这几个伴生银矿床中，银以包裹银为主，其次是粒间银嵌布在各相关矿物中。从我国伴生银矿床的矿石中单矿物含银品位分析，见表6-6。进一步证明了伴生银以有关状态嵌布在方铅矿、闪锌矿、黄铁矿和黄铜矿中，致使这些矿物在选矿生产过程中成为银的主要载体矿物，这些银的载体矿物含银品位要高出原矿含银品位的十几倍至50多倍。在各单矿物中，含银品位最高的是方铅矿、黄铜矿和斑铜矿，其次是闪锌矿和黄铁矿。在方铅矿中含银品位，一般为 875～2850g/t，最高的是铜山岭有色矿，为 5600g/t，天台山铅锌矿为 4400g/t。在铜矿物中的含银品位差异比较大，一般为 19.6～1360g/t，八家子铅锌矿在黄铜矿、银矿物及其他硫盐矿物中的银品位高达 10678g/t，佛子冲铅锌矿中的黄铜矿含银

品位为 1360g/t；丰山铜矿南缘矿体中的斑铜矿含银品位为 539.74g/t。在闪锌矿中的银品位从每吨十几克到 250g 不等，在黄铁矿中的银品位从每吨十几克到 208g 不等。在独立的银矿中，廉江银矿在方铅矿中银的品位为 2100g/t，在闪锌矿中银的品位为 2000g/t，在黄铜矿中银的品位为 1600g/t，在黄铁矿中银的品位为 1400g/t。桐柏银矿在方铅矿中银的品位为 1430～6625g/t，在黄铁矿中银的品位为 100～2000g/t。在闪锌矿中的银品位为 375～725g/t。由于以上嵌布状态和银在相关重要载体单矿物中的富集程度，对选矿生产过程中综合回收伴生银是十分有利的，只要针对各种不同类型的矿床及其矿石的特点，采取相应的技术措施，可以有效地提高伴生银的回收率。

表 6-6　单矿物含银品位　　　　　　　　　　　　（g/t）

矿山名称		方铅矿	闪锌矿	黄铜矿	斑铜矿	黄铁矿	磁黄铁矿	脉石	石英	石榴石	绿泥石	方解石	白云石	原矿
凡口铅锌矿		1225	250			40		15						132.8
黄沙坪铅锌矿		908	51			57		2						92
康家湾铅锌矿		1798	106			25.8		7						105
银山铅锌矿				467.8		17.2								56.90
厚婆坳多金属矿		1850	870			208			20.1		19.8			151.7
柿竹园有色金属矿		1750	71.25			6.4		4.2						93
八家子铅锌矿		2850	91.8	10678		53.6		13.4						120
西林铅锌矿		1130	98.91			27.13	98.13				96.25	4.75		94.7
青城子铅锌矿		1142	118			17		1.8						51
天宝山铅锌矿		1000	10											
天台山铅锌矿		4400	54.5			189		3.5						155.8
佛子冲铅锌矿		2713	39	1360		26	37	3.53						84.46
东波铅锌矿柴山		1750	71.25			70		4.2						72.5
红透山铜矿			22.8	145.655		8.89	21.578	4.03						53.7
会泽铅锌矿		875	51.9			10		6.25						102.17
香夼铅锌矿		1120	36.6	910		17		0.012						30.91
铜山岭有色矿		5600		294		45		7	5	5		5		105.19
松江铜矿		1545.84	6.97	67.44	539.74									47.22
凤凰山铜矿				19.611	87.611	10.346								
丰山铜矿	南缘矿体			240	1125	28								
	北缘矿体			80		15		10.5			3			
廉江银矿		2100	2000	1600		1400		20						346
桐柏银矿		1430～6625	375～725			100～2000	10～10000							295

6.4 银的粒度

银矿物的粒度对于选矿综合回收过程中，银矿物的解离或暴露至关重要，其解离或暴露的程度，首先取决于银矿物的粒度，其次是银矿物与其他矿物的嵌布关系。我国主要伴（共）生银矿床中银矿物的嵌布粒度特性，见表6-7。

表6-7　银矿物嵌布粒度特性　　　　（%）

粒级/mm	0.15	0.10	0.074	0.057	0.043	0.037	0.028	0.015	0.010	0.005	末级	合计
凡口铅锌矿									35.50		64.50	100.00
黄沙坪铅锌矿											100.00	100.00
康家湾铅锌矿			1.17			3.67		14.47	21.89		58.8	100.00
八家子铅锌矿			2.41	0.75	10.61		18.49	25.56		30.82	11.36	100.00
佛子冲铅锌矿	1.70	4.19	4.75	27.95		19.65	18.58		9.22		13.46	100.00
西林铅锌矿						1.29			57.06	37.5	4.15	100.00
青城子铅锌矿			2.14	9.69		21.4			47.08	17.75	1.94	100.00
会泽铅锌矿						25.5		29.6		39.8	5.10	100.00
香夼铅锌矿	4.43		9.36			41.4					44.81	100.00
红透山铜矿						6.52		5.82	18.91	68.6	0.15	100.00
天台山铅锌矿				84.55				12.56			2.89	100.00
永平铜矿					10.28		7.99	15.89	32.77	16.89	16.09	100.00
戈阳铜矿	3.24	11.88	14.20	15.55	6.96	7.58	22.16	15.55			1.88	100.00
松江铜矿	10.39	10.73	12.25	7.50		6.37					52.76	100.00
桥口铅锌矿									65.80		34.20	100.00
孟思套力盖铅锌矿			51.10						47.00		1.90	100.00
金子窗铅锌矿			4.90						76.40	18.70		100.00
水隆尾铅锌矿									54.00		46.00	100.00
丙村铅锌矿									5.00		95.00	100.00
栖霞山铅锌矿									35.30		64.70	100.00
瑶岗仙钨矿			9.40 ~ 90.50						7.70 ~ 46.40		1.80 ~ 44.00	100.00

从总体分析，我国伴生银矿床中银矿物的嵌布粒度为不均匀嵌布，其中大部分矿床的矿石中银矿物粒度细小，少数矿石粒度较粗。在各粒级组成中，大于0.074mm粒级含量较多的矿山有：戈阳铜矿为39.32%、松江铜矿为33.37%、孟思套力盖铅锌矿为51.10%；小于0.010mm粒级含量较多的矿山有：凡口铅锌矿为64.5%、康家湾铅锌矿为58.8%、红透山铜矿为68.75%、丙村铅锌

95%、栖霞山铅锌矿为64.70%、黄沙坪铅锌矿为100%。

根据我国伴生银的粒度组成状况，将伴生银矿石划分为两大类：一类银矿物粒度大于0.010mm占60%以上；二类银矿物粒度小于0.010mm占60%以上。

处理一类矿石时，磨矿细度应保证银矿物的最大限度解离或暴露，同时选矿药剂制度和矿浆pH值要适应银矿物的可浮性质，伴生银综合可以获得较好的回收率指标。戈阳铜矿银矿物主要是银黝铜矿，粒度大于0.074mm占39.32%，0.010~0.074mm占58.8%。磨矿细度-0.074mm从52%提高到82%，银回收率提高19%。

二类矿石中的一部分，再细磨也无济于事。凡口铅锌矿选厂锌精矿细磨到0.036mm占90%，精选精矿品位无明显提高，银的回收率与精矿产率基本一致，无分选效果。

参 考 文 献

[1] 蔡玲，孙长泉，孙成林. 伴生金银综合回收[M]. 北京：冶金工业出版社，2008.
[2] 中国金属新闻网. 贵金属知识——银矿资源. 2008.01.29.

7 重选法选金

7.1 重选法概念及原理

7.1.1 重选法概念

重选法是根据矿粒的密度和粒度的不同而进行的分选方法，是选金最常用的选矿方法之一，也是历史最悠久的选矿方法，其优点是设备简单，不消耗化学药剂，作业成本低，不污染环境。在金矿石选矿中，尤其是在粗粒金和砂金的选矿中，重选法起着很重要的作用。

重选法选金包括跳汰选矿、溜槽选矿、螺旋选矿机和螺旋溜槽选矿、摇床选矿、离心盘选矿、重介质选矿等。

重选法选金的矿粒分离过程，是在运动中逐步完成的。因此，必须设法使性质不同的矿粒，在重选设备中表现出不同的运动状况，即运动的方向、速度、加速度和运动轨迹等。同时，重选过程必须在某种介质中进行。通常以水作为介质。这就需要掌握矿粒在介质中，特别是矿粒群在介质中的运动规律。

矿粒存在密度和粒度上的差异，所以，用重选法就能使其分开，但有难易程度的不同。重选效果的好坏，不仅取决于矿粒的密度，还与介质的密度有关。一种矿石能否用重选法分选，可以用公式（7-1）粗略判断。

$$e = \frac{\delta_1 - \Delta}{\delta_2 - \Delta} \tag{7-1}$$

式中　e——重选矿石分选难易程度；

　δ_1，δ_2——分别为重矿物、轻矿物的密度，g/cm^3；

　　Δ——介质密度，水为介质时 $\Delta = 1$。

按公式（7-1）的比值，可把矿粒按密度分选的难易程度分成五个等级，见表 7-1。

表 7-1　矿粒重选难易表

e 值	>2.5	2.5 ~ 1.75	1.75 ~ 1.5	1.5 ~ 1.25	<1.25
难易度	极容易	容 易	中 等	困 难	极困难

在现代选矿技术条件下，重选法对粒度很细的矿粒回收是比较困难的。因为

矿粒细,在介质中运动速度很慢,很难分选。现在常用的重选法,能够回收的矿粒粒度下限见表7-2。

表7-2 重选法可回收矿粒的最小粒度

矿物密度/g·cm^{-3}	2~2.5	6~7	15~17
矿粒最小粒度/mm	0.2~0.5	0.04	0.02

7.1.2 重选法原理

重选法的基本原理是在重选过程中,矿粒在流动的介质中进行运动,其介质的流动方式有:连续上升流、间断上升流、上下交变流、近于倾斜的水平流。依靠这些不同的介质流,将矿粒按其密度和粒度的不同,而进行分选。

7.1.2.1 连续上升水流

连续上升水流在重选过程中,依据水流速度不同,可起到两种作用,即分级作用和分层作用。所谓分级作用,就是上升水流速度较大,能把粒度小和密度小的矿粒冲走,而粒度大和密度大的矿粒则能克服上升水流的阻力沉降下来,使矿粒群得到分级。所谓分层作用,就是把上升水流控制在临界速度内(临界速度即实现矿粒正常分层时的上升水流速度。超过或低于此速度时,正常分层将遭到破坏),不致把矿粒冲走,矿粒就会发生明显分层现象。正常的分层结果是密度小、粒度小的矿粒在上层;密度大、粒度大的矿粒在下层。这种正常的分层现象在重选的各种方法中都有所表现,是改善重选效果的一个重要因素,所以在重选操作中应该控制好上升水流速度,不要破坏正常的分层现象。

7.1.2.2 间断上升和上下交变的介质流

在这种介质流中,矿粒随介质不断进行上下交替的运动,在每一冲程中,密度和粒度不同的矿粒,上下移动的距离也不相同。密度大的矿粒在上升水流中比密度小的矿粒上升的速度慢,而在下降水流中则比密度小的矿粒沉降速度快。经过多次上下交变运动,密度大的矿粒集中在下层,密度小的矿粒则集中在上层。跳汰机选矿就是利用这种介质流进行矿物分选的。

7.1.2.3 水平和倾斜介质流

重选过程就是矿粒在不同介质流中的沉降过程。而每种重力选矿方法都不是一种介质流起作用,而是几种介质流和有关机械作用互相配合完成选矿作业。例如,摇床选矿为近似的水平介质流,矿粒在摇床面上受机械摇动和近似水平水流的冲击,密度和粒度不同的矿粒运动方向不同,并沉降到摇床面的不同区间,使矿粒分别作为精矿、中矿、尾矿排出。溜槽选矿为倾斜介质流,密度大和粒度大的矿粒很快沉降到距给料点较近的地方,或为精矿或重砂;密度小和粒度小的矿粒则沉降到距给料点较远的地方,作为尾矿排出。在跳汰选矿过程中,上下交变介质流起矿粒分选作用、水平介质流起尾矿排出作用。

　　矿粒在介质流中的沉降过程，要受到两种阻力作用：一种是介质作用于矿粒上的阻力，称为介质阻力；另一种是矿粒与周围其他矿粒之间，或物体与器壁之间互相摩擦，碰击所产生的阻力，称为机械阻力。如果矿粒在介质中沉降，只受介质阻力，不受机械阻力作用，称为自由沉降。如果既受介质阻力，又受机械阻力的作用，则称为干涉沉降。

　　理想的自由沉降是不存在的，通常所谓自由沉降是指介质中其他物体含量甚微，整个沉降空间比沉降物体大很多，以至机械阻力可以忽略不计时的沉降现象。这种沉降现象在工业生产上没有实际意义。

　　在重力选矿实际生产过程中，总是大量矿粒在选矿设备的有限空间内沉降，即干涉沉降。重选过程中干涉沉降，矿粒所受到的阻力是非常复杂的，不仅有介质流的介质阻力，不定期还有各矿粒之间或矿粒与设备之间所产生的摩擦阻力。同时，当某一矿粒沉降时，必然把介质流排挤向上，产生一股上升水流，又增加了其他矿粒沉降时的介质阻力，所有这些附加的阻力都与沉降空间的大小及矿粒群的浓度有关。因此，矿粒在干涉沉降时的阻力和沉降速度不仅是矿粒和介质性质（矿粒密度、粒度、介质浓度）的函数，也是沉降空间或矿粒群浓度的函数。矿粒群浓度一般称为容积浓度，用矿粒群在介质中所占的体积的百分数表示，见公式（7-2）。

$$C_V = \frac{V_0}{V} \tag{7-2}$$

式中　C_V——容积浓度，%；

　　　　V_0——矿粒群的体积，m^3；

　　　　V——矿粒群和介质的总体积，m^3。

　　实践证明，容积浓度 C_V 越大，矿粒沉降时所受的阻力也越大，因而沉降速度越慢。容积浓度 C_V 相同时，矿粒的粒度越细，则细粒越多，表面积也越大，矿粒间彼此碰撞的机会就越多，沉降时的阻力就更大，沉降速度也就更慢。同时，矿粒的形状也有影响，形状不规则，表面积大，也增加了沉降的阻力。

　　在重选过程中密度不同而在介质中具有同一沉降速度的各种矿粒称为等降粒。等降粒中密度小的矿粒尺寸与密度大的矿粒尺寸之比，称为等降比，其表示方式见公式（7-3）。

$$e_o = \frac{d_2}{d_1} \tag{7-3}$$

式中　e_o——等降比；

　　　　d_1——等降粒中密度大的矿粒尺寸，mm；

　　　　d_2——等降粒中密度小的矿粒尺寸，mm。

所以 $e_o > 1$。研究矿粒的等降比，为矿粒水力分级和投矿矿粒密度分选奠定了理论基础。

7.1.2.4 其他影响重力选矿分选效果的因素

矿粒在各种介质流中的沉降活动，是完成重选过程的主要因素，但还有几种因素也同时影响着重力选矿的分选效果，即析离分层作用、离心力作用、重介质选矿。

A 析离分层作用

在摇动或振动矿粒群时，由于矿粒自身的重力作用，细粒特别是密度大的细粒，将通过周围矿粒间的缝隙而钻入下层，这种现象称为析离分层作用。析离分层在各种重力选矿法中对改善选别效果都有很大的作用。在摇床选矿过程中，这种作用发挥得尤为明显。

B 离心力作用

重选过程除在重力场中进行外，某些分选过程亦可在离心力场中进行，矿粒在离心力场中的运动规律与在重力场中相似，但离心力的强度却比重力大几十倍，甚至几百倍。因此利用离心力的作用可以大大强化分选过程。离心选矿机用来回收微细物料，在 20 世纪 70 年代已在工业上得到应用。此外，利用离心力作用原理也已在水力旋流器和重介质选矿设备上得到了应用。

C 重介质选矿

所谓重介质是指密度大于 $1g/cm^3$ 的介质，这样的介质包括重液和重悬浮液两种液体。矿石在这样的介质中进行选别，即称为重介质选矿。所使用的重介质密度介于矿石中轻矿物与重矿物两者的密度之间，在这样的介质中，轻矿物颗粒不再下沉，而重矿物颗粒则可沉降下来。其选别是按阿基米得浮力原理进行的，完全属于静力作用过程。流体的运动和颗粒的沉降不再是分层的主要作用因素，而重介质本身的性质则是影响选别的重要因素。重介质选矿已广泛地应用到黑色金属和有色金属选矿生产中，国外也已在含金矿石的选别上得到了应用。

重选法选金是砂金矿的基本选别方法，同时也是从脉金矿石中选别金的一种有效手段。在砂金矿中由于金的密度大，在各种重选法中，金能从各种介质流中沉降下来，而泥砂则被冲走，因此，重选法是砂金矿选别的最基本方法，跳汰选矿、摇床选矿、溜槽选矿、螺旋选矿机和螺旋溜槽选矿等，都能从砂金矿中有效地回收金。在脉金矿石中，用重选法能够有效地回收粗粒金，由于脉金矿石中金的分布粒度不均匀，常含有一部分粗粒金，当磨矿细度达到金与脉石充分解离后，在磨矿分级回路中用跳汰机、溜槽等重选设备对其进行回收，金的回收率可高达 70%。重选法如与浮选、混汞、氰化等选金方法联合使用，不仅能够选别处理各类金矿石，而且能够提高选金回收率及有关选别技术指标。

7.2　重选设备

重选法所用的设备类型及种类很多，常用于选金的重选设备，主要有跳汰机、摇床、溜槽、螺旋选矿机和淘金盘等。各种重选设备对其所选别的矿石，都有一定的粒度范围要求，超过和低于这个粒度范围，将使选别效果遭到破坏。因此，矿石在入重选作业前，必须进行分级，设置必要的筛分和分级设备。

7.2.1　筛分与分级设备

重选过程中，对于大于 2mm 的物料，一般多采用筛分的方法进行分级。砂金矿重选时，在砂金矿矿石给入溜槽选矿之前，要用固定格筛或振动筛进行筛分，把大于 15～20mm 的砾石筛出。在采金船上则用圆筒筛把大于 10～20mm 的砾石筛出。脉金矿在磨矿分级回路中回收粗粒金，如用跳汰机选别回收时，应将磨矿机排矿用条筛或振动筛进行筛分，将大于 3～5mm 的筛上产物返回磨矿机再磨，将小于 3～5mm 的筛下产物给入跳汰机。

对大于 2mm 的物料，常用的筛分分级设备有固定格筛和条筛、振动筛、圆筒筛和弧形筛等；对小于 2mm 物料的分级，一般都采用水力分级机和水力旋流器。

7.2.2　跳汰机

跳汰机的应用历史悠久，由于其选别效果好，处理能力大、处理粒度级别宽、占有厂房面积小、设备结构坚固、便于操作和维修等优点，至今仍然是主要的重选设备之一。用跳汰机选别处理金属矿的最大粒度范围为 50～0.1mm，适宜的选别粒度界限为 20～0.2mm。跳汰机在金矿选矿过程中，早已得到广泛的应用。当处理金粒为分布不均匀的脉金矿时，在磨矿分级回路中，将磨矿机排矿给入跳汰机，用以选别回收其中的粗粒金。用溜槽选别砂金矿时，溜槽的重砂精矿可用跳汰机精选。在现代化大型采金船上，跳汰机已成为主要的选金设备，可直接从矿砂中回收单体金。

跳汰选矿是矿粒在垂直变速介质流（即水流）中按密度进行分选的过程。垂直介质流的基本形式有三种，即间断上升介质流、间断下降介质流、上升和下降交变介质流。前两种都有一定缺点，现代跳汰机主要是采用第三种，即上升和下降交变的介质流。

跳汰机按产生上下交变介质流的方法，分为动筛式和定筛式。定筛式是将筛网固定，用另外的机构鼓动介质，使介质通过筛网做上升下降交变运动。这是现代跳汰机介质的主要鼓动形式。

目前国内生产的定筛式跳汰机，按介质鼓动机构的形式又分为隔膜式和活塞式两种。隔膜式多用于选别金属矿，活塞式主要用于选煤。本节着重介绍隔膜式跳汰机。

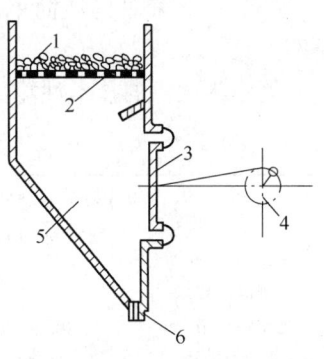

7.2.2.1 隔膜式跳汰机的工作原理

隔膜式跳汰机的工作原理，见图7-1，机体的主要部分为固定水箱5。筛网2牢固地固定在机体上。筛网上面用密度较大的矿石或钢球铺成床石层（床层）1。当鼓动隔膜3在曲柄连杆机构4的带动下做往复鼓动时，水箱中的水便透过筛网产生上下交变的水流。入选物料给到床层上面，与床石和水组成粒群体系。当水流向上冲击时，粒群体系呈松散悬浮状态，这时，轻、重、大、小不同的矿粒各具有不同的沉降速度，互相移动位置，大密度的粗颗粒沉降于下层。当水流下降时，

图 7-1　隔膜式跳汰机工作原理
1—床石层；2—筛网；3—隔膜；
4—曲柄连杆机构；5—水箱；
6—精矿排出口

产生吸入作用，出现了"析离"现象，即密度大、粒度小的矿粒穿过密度大粗颗粒的间隙进入下层。由于隔膜上下鼓动作用的多次循环，粒群体系按密度进行了分层。分层结果床石由于密度较大而位于最下层，其上为密度大的细矿粒，它的上面为密度大粗矿粒，再上面为密度小的中等颗粒，最上面是密度小的粗颗粒。密度小的细颗粒阻留在粗粒及中等颗粒之间，不能进入下层。

位于下层的密度大粗、细矿粒穿过床石层从筛孔漏下来，经水箱收集并由精矿排出口6排出。位于上层的轻颗粒，在横向水流和连续给矿的推动下，移动至跳汰机尾部排出。

7.2.2.2 隔膜式跳汰机的分类与技术性能

当前，国产定型的隔膜跳汰机，按隔膜鼓动方向不同，分为三种形式。

（1）侧动型隔膜跳汰机：鼓动隔膜位于水箱侧壁，鼓动方向与筛网成90°角。（1200～2000）mm×3600mm 梯形跳汰机属于这种形式。

（2）旁动型隔膜跳汰机：在跳汰机水箱内，装有一块不到底的纵向隔板，将水箱分成鼓动室和跳汰室两部分。鼓动隔膜装在鼓动室的上盖板上。属于这种类型的有 300mm×450mm 双室隔膜跳汰机。

（3）下动型隔膜跳汰机：鼓动隔膜装在水箱锥底上面，鼓动方向正对着筛网。属于这种形式的有 1000mm×1000mm 双室可动锥底跳汰机。

上述三种隔膜式跳汰机的共同特点是：

（1）因为橡胶隔膜与水箱机壁用卡环和压板压紧，不会像活塞跳汰机那样产生漏水现象，因而水的冲程稳定，有利于矿粒选别。

（2）橡胶隔膜不能有较大的冲程，但冲次可以提高，一般可达 500 次/min，有利于细粒级物料的选别。

（3）橡胶隔膜构造简单、质量轻，从而减轻了整个机体的质量和减少了磨损件。

隔膜跳汰机的技术性能见表 7-3。

表 7-3　隔膜跳汰机技术性能

机型 项目	300mm×450mm 双室隔膜跳汰机	1000mm×1000mm 双室可动锥底跳汰机	（1200~2000）mm×3600mm 梯形跳汰机
跳汰室总数	2	2	8
跳汰室规格/mm	300×450	1000×1000	给矿端1200，尾矿端2000，全长3600
跳汰室总面积/m²	0.27	2.0	5.8
隔膜冲程/mm	0~26	0~26	0~50
隔膜冲次/次·min^{-1}	322，420	256，300，350	一室130，二室200，三室270，四室350
给矿粒度/mm	<12	<5	<10
处理能力/t·(台·h)$^{-1}$	2~6	10~25	15~30
耗水量/m³·(台·h)$^{-1}$	2~4	20	30~50
设备总重/kg	745	1705	3600
电动机功率/kW	1.1（4极）	1.7（6极）	一室、二室2.2（6极） 三室、四室2.2（4极）

（1200~2000）mm×3600mm 梯形跳汰机，其跳汰室截面为梯形，沿矿浆流动方向由窄变宽，使矿浆流速随跳汰室变宽而减慢，这有利于细粒级别矿粒的回收，因此，梯形跳汰机适于选别粒级范围较大、细粒级物料较多的矿石。这种跳汰机沿矿浆流动方向各跳汰室回收的矿粒由粗变细。最后一对跳汰室可回收粒径为 0.074mm 的物料。梯形跳汰机选别粒度范围为 10~0.2mm。而对于 0.15~0.074mm 粒级物料的选别来说，梯形跳汰机比其他形式跳汰机回收率高。实践证明，梯形跳汰机代替粗砂摇床可以选别粒级较细、精矿产率较小的重矿物。

300mm×450mm 双室隔膜跳汰机的隔膜位于跳汰室旁的鼓动室内，因此，鼓动均匀，有利于选别和检修。这种跳汰机生产能力较小，多用于精选作业。它能有效地处理 12~1.5mm 的粗粒级矿石，选别粒度下限为 0.1mm。选别指标稳定，效果良好，在我国黄金矿山得到广泛应用。

1000mm×1000mm 双室可动锥底跳汰机的隔膜安设在筛网下部，减少了占地面积。锥底正对筛网鼓动，使水流均匀地分布到整个筛面上。另外，锥底可动，排料顺利。其缺点是不便于维护检修。这种跳汰机适于处理粗粒级物料，可以选别 10~8mm 以下的矿石，还可选别细粒级物料，选别粒度下限为 0.1mm。但对于 0.15mm 以下粒级物料的回收远不如梯形跳汰机。

7.2.2.3　隔膜式跳汰机的操作条件

跳汰机工作的良好技术指标，在很大程度上取决于合理的操作制度。最适宜的操作制度与所处理的矿石性质（粒度、密度）和对产品的质量要求有关，通常由实验确定。

影响跳汰机工作的主要因素有以下几个方面：

（1）冲程与冲次。冲程，即跳汰过程中水流的脉动振幅；冲次，则是水流的脉动频率。在跳汰过程中，保证矿层足够地松散是矿粒分层的先决条件。而床层的足够松散则必须有足够的冲程来保证。冲次是决定床层在一个跳汰周期内，扩展松散所经历的时间。为了保证这一时间，必须有恰当的冲次。冲次过高，不能发挥每一个跳汰周期的分选作用；冲次过低，降低了设备处理能力。在一般情况下，当矿层厚、粒度粗和物料密度大时，采用大冲程低冲次；而当矿层薄、粒度细、物料密度小时，采用小冲程高冲次。不分级物料的冲次应比分级物料的冲次低些。

跳汰机适宜的冲程与冲次见表7-4。

表7-4　跳汰机的冲程与冲次

给矿粒度/mm			冲程/mm			冲次/次·min^{-1}		
最大	最小	平均	最大	最小	平均	最大	最小	平均
16	8.3	11.75	79.8	12.7	26.46	250	80	144
8	4.4	5.81	43.4	9.5	23.47	268	105	175
4	2.1	3.03	41.3	7.59	14.34	350	130	275
2	1.22	1.71	19.1	3.97	12.27	384	135	250
1	0.64	0.73	4.76	3.97	4.35	400	210	281

（2）水量。跳汰机的水量消耗有两方面，即给矿水和筛下补充水。给矿水起润湿和输送物料的作用，约占总用水量的20%~30%，筛下补充水则起选矿作用，约占总用水量的80%~70%。

增大跳汰机作业用水量，能提高设备处理能力，提高精矿品位，但降低金属回收率。所以，当给矿中金属矿物含量较低，原矿量又很大时，为增大设备处理能力，应增加补充水。当跳汰用于粗选作业时，须尽量提高金属回收率，则应相对降低补充水量。

跳汰机用水量一般在1.5~10m³/t之间，平均为3~5m³/t。

（3）筛网。跳汰机的筛网可以是多样的，如棒条筛、板筛和网筛。前两种坚固耐用，后一种有效面积大。筛孔直径应小于人工床石的粒度，而等于最大入选物料粒度2~2.5倍。

（4）人工床石与床层厚度。跳汰机在选别细粒级物料时，跳汰室的筛网上需铺设一层纯净的、密度大的大粒矿石或钢球，这一层称为人工床层，所用材料称人工床石。

人工床层的材料，可用铁球、钢球或各种较纯的矿块（方铅矿、黄铁矿、磁铁矿），其密度等于或略大于入选物料中重矿物的密度。床石粒度为原矿中最大粒度的 3~5 倍。人工床层厚度一般为 50~70mm。

跳汰过程中筛网上的物料厚度称为床层厚度，它直接影响床层的松散度和物料在其中的分选时间。床层厚，分层时间长，分选效果好，但降低设备的处理能力；床层过薄，会使物料分层时间不足，降低精矿质量。通常，入选物料较粗，要求获得高质量精矿时，床层应厚些；反之，则薄些。床层总厚度应保证原矿中各种密度的物料，在筛网上能形成清晰而稳定的层次。

床层厚度可用控制尾矿排放速度来调节。

（5）给矿及处理量。跳汰机的给矿在粒度及密度组成上应力求稳定。给矿装置应保证物料沿整个筛面均匀分布，冲力不可过大，以免冲乱给料口附近的床层。同时，物料进入跳汰机前要充分松散，不能有结块。

跳汰机的处理量与其筛网面积成正比。

易选物料的处理量高于难选物料的处理量；粗粒级物料的处理量高于细粒级物料的处理量。要求分选精确时，处理量则应降低。

跳汰机生产能力的确定，目前还没有确切的计算公式。一般都是参照同类厂矿的实际生产定额来确定。

跳汰机选别各类金属矿时单位筛网面积处理量，见表 7-5。

表 7-5 跳汰机单位筛网面积处理量

原料及工作条件	产品特性	单位筛网面积处理量 /t·(m²·h)⁻¹
铁及锰矿石，给矿最大粒度 4~2mm	分出最终精矿、中矿及尾矿	2~4
钨、锡原生矿石，给矿最大粒度 3~1mm	分出需再选的低品位精矿及废弃尾矿	4~6
砂金矿的粗选		10~20
原生金矿、跳汰机在磨矿—分级回路中工作	分出粗精矿	20~50 或更多
稀有金属砂矿粗选	分出低品位精矿及废弃尾矿	5~10

7.2.3 摇床

摇床是选别细粒级物料时应用最广的一种重力选矿设备。摇床的富集比高，可达 100 倍以上，它能直接获得最终精矿和分出最终尾矿。另外，矿粒在摇床床面上呈扇形分布，可根据需要接取多种产品。

摇床给矿粒度为 3mm 以下。由于给矿粒度小，矿粒直径和形状对选别效果影响很大，所以，摇床的给矿必须经过预先分级。摇床根据所选别的矿石粒度不同，可分为粗砂床（>0.5mm）、细砂床（0.5~0.074mm）、矿泥床（0.074~0.037mm）三种。摇床在黄金矿山应用得很普遍。砂金矿用溜槽或跳汰机粗选所得的粗精矿，多用摇床进行精选，其作业回收率可达98%以上。处理岩金矿石，摇床可作为粗选设备选出一部分含金精矿；也可作为扫选设备选别混汞和浮选尾矿，能获得部分低品位含金精矿。

摇床的缺点是处理能力低、所需台数多、占地面积大。为克服这一缺点，我国某些矿山已采用多层摇床来处理钨、锡和金矿石，并取得了较好的成果。

7.2.3.1 摇床工作原理

摇床是在水平介质流中进行选矿的设备。分选过程发生在一个具有宽阔表面的倾斜床面上。摇床构造，见图7-2。它主要由床面和传动机构两部分组成。床面在横向微微倾斜，倾角不大于10°，纵向自给矿端至精矿端向上倾斜，倾角为1°～2°。床面上沿纵向布满了来复条。来复条高度自给矿端逐渐降低。床面由传动机构带动做纵向往复差动运动。冲洗水自床面上沿给入，冲洗水槽长度占床面总长2/3～3/4。物料与水均匀混合成浓度为25%～30%的矿浆由给矿槽给入。给矿槽长度大约占床面总长1/3～1/4。

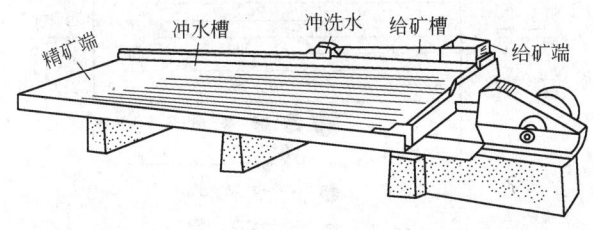

图7-2 摇床构造

矿粒在摇床上的分选作用，是在运动过程中逐步完成的。促成矿粒运动的因素，除自身重力外，主要是冲洗水流和床面差动运动。矿粒在运动中经受垂直于床面的分层作用和平行于床面的分离作用。两项作用的结果使矿粒自床面的不同区间排出。

（1）矿粒在床面的分层作用。矿粒的分层作用只发生在来复条之间。促成矿粒分层的因素有两个：

上升水流的分层作用：冲洗水流在横越来复条时会激起涡流，以致在来复条间形成强度适当的上升水流。在这股上升水流的作用下，床层得以松散，矿粒按密度分层。

析离分层作用：床面摇动时，产生强烈的析离分层作用。这时细矿粒借自身的重力穿过周围粗粒间的孔隙而钻入下层。密度大矿粒因本身质量大，比密度小细粒钻得更深，直至最下层。

在摇床上这两种分层作用是同时发生的，但以析离作用为主。两种分层作用的综合结果是密度大的细矿粒在最下层，密度小的粗矿粒分布在最上层，极细的矿泥则漂浮于水面。矿粒分层后，在水流及床面的摇动作用下，分别从床面不同区间排出。

（2）矿粒在床面的分离作用。摇床床面在传动机构带动下，做往复的差动运动。床面前进时（图7-3多自左至右），其运动速度由慢变快，床面后退时（图7-3自右至左），其运动速度由快变慢。这样，床面前进到最右端时获得一种急回运动，使床面的矿粒受到强烈的惯性力作用。如惯性力大于矿粒与床面的摩擦力，矿粒与床面间将发生相对运动，因惯性力的作用方向是床面的前进方向，所以矿粒不断地从左向右移动，即纵向运动。与此同时，矿粒又受横向水流的冲洗作用，自上而下运动，即横向运动。在这同时发生的两向运动中，由于矿粒性质不同，其运动轨迹亦不同。

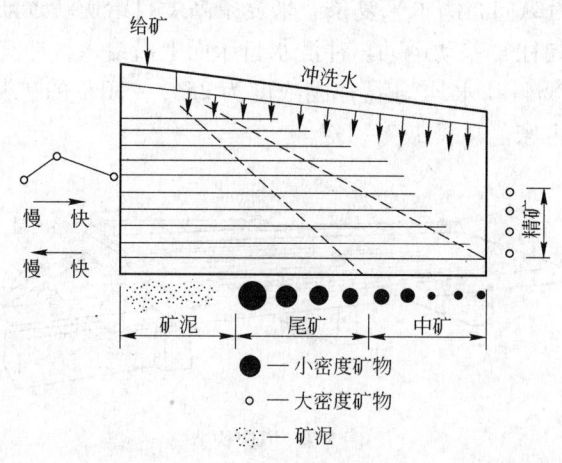

图 7-3　摇床工作原理

矿粒的横向运动：在摇床上只有矿粒露出来复条时，才能在横向水流冲击下做横向运动。因此，来复条下部的细矿粒受到阻挡，只能做纵向运动。矿粒横向运动的结果，使密度小的矿粒比密度大的矿粒更早地从床面上排出，粗矿粒比细矿粒更早地排出。

矿粒的纵向运动：矿粒在床面上的纵向运动，是摇床做差动运动所产生的惯性力的作用结果。密度不同的矿粒，所获得的惯性加速度也不同。密度大的矿粒所获得的惯性加速度大，在床面上的运动速度就快，从而与密度小的矿粒产生了纵向运动的速度差。此外，由于矿粒的分层结果，密度大的细矿粒紧贴在床面上，在床面前进运动中容易被带动，所以，在床面后退的瞬间也比上层密度小的粗矿粒获得较大的惯性加速度。这就更促使密度和粒度不同的矿粒在床面上具有不同的纵向速度。

综上所述，矿粒在床面上同时做横向和纵向两种运动。密度大细矿粒具有较大的纵向运动速度 U_{12} 和较小的横向运动速度 U_{B2}；密度小粗矿粒则具有较大的

横向运动速度 U_{B1} 和较小的纵向运动速度 U_{L1}，见图 7-4。因而密度和粒度不同的矿粒在床面上的运动轨迹不同，所形成的偏离角 β 也不相同。

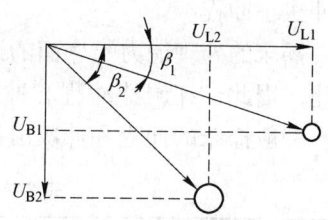

$$\tan\beta = \frac{U_B}{U_L}$$

矿粒 U_B 和 U_L 差别越大，它们的运动轨迹的偏离角 β 差值亦越大。因此，分离得越完善。

图 7-4 矿粒在床面上的运动轨迹
U_{B1}，U_{L1}—小密度粗矿粒的横向及纵向运动速度；U_{B2}，U_{L2}—大密度细矿粒的横向及纵向运动速度

7.2.3.2 摇床的分类与技术性能

摇床根据所处理的物料粒度不同，可分为粗砂床、细砂床和矿泥床。其主要区别在于：

（1）床面来复条形状和间距不同。矿砂床来复条较高（5~12mm），间距较小（25~55mm），矿泥床则采用刻槽床面。

（2）冲程冲次不同。矿砂床选用大冲程，低冲次；矿泥床选用小冲程，高冲次。

矿砂床与矿泥床的床头（传动机构）通用，冲程冲次可以调节。床面则不相同，必须分别制造。

目前，我国广泛应用 6-S 型和云锡型两种摇床，其技术性能，见表 7-6。

表 7-6 摇床技术性能

摇床形式	床面尺寸/mm			冲程 /mm	冲次 /次·min⁻¹	生产率 /t·h⁻¹	用水量 /L·min⁻¹	电动机功率/kW	倾角 /(°)	总重 /kg
	长度	给矿端宽度	精矿端宽度							
6-S 型	4520	1825	1560	8~36	220~340	0.6~4.5	19~75	1.1	0~10	1350
云锡型	4330	1810	1520	8~22	280~340	0.2~1.5	7~63	1.1	0~4	

7.2.3.3 影响摇床工作的因素

摇床的工作效果除与本身的结构有关外，在很大程度上取决于操作条件。合理的操作条件应根据给矿性质（粒度、密度）、作业地点及对产品质量的要求来制定和调节。

冲程与冲次、床面倾角、补加水量、给矿量与给矿浓度是影响摇床选别效果的主要因素。

（1）冲程与冲次。适宜的冲程与冲次，必须能促使床层松散和析离分层，并保证重矿物能以足够的速度不断地从精矿端排出。

冲程与冲次的确定取决于给矿粒度的大小。粗粒物料分层快，具有较大的纵向运动速度，这时，如果冲程不足，物料就容易在床面上堆积而破坏选别，因此，需要大冲程低冲次。细粒物料分层困难，如冲程过大就会使分层更加紊乱；与此同时，水流在床面上的波动振幅也大，使细粒不易在水中沉降，因此，需要

高冲次小冲程。

摇床的处理能力与床面的运动速度有关,而运动速度与冲程和冲次的乘积成反比。因此,在调整冲程和冲次时,必须保证摇床具有一定处理能力的运动速度。一般摇床的冲程和冲次由试验确定。通常采用的冲程和冲次见表7-7。

表7-7 摇床的冲程和冲次选择范围

摇床形式	6-S 型		云锡型	
冲程和冲次 物料粒度/mm	冲程/mm	冲次 /次·min^{-1}	冲程/mm	冲次 /次·min^{-1}
1.5~0.5	24~29	210~220	17~20	260~300
0.5~0.2	14~18	270~280	13~18	300~320
<0.2	12~16	280~300	8~11	320~340

(2)补加水量及床面倾角。补加水包括两部分:一是补加到给矿槽中随给矿一起流到床面上;二是作为横向冲洗水自床的上沿给入。补加水量一方面要使水层厚度能全部覆盖床层以使床层松散,并保证最上层密度小的粗矿粒能被水流冲走,另一方面水速要低,以使细粒重矿物能在床面沉降,并保证物料在床面上扇形分布更宽,分离得更精确。

摇床横向倾斜度的大小,直接影响水流速度及补加水量。为保证上述对补加水的要求,床面横向倾斜不宜过大,通常床面横向倾角视给矿粒度而定,粗粒物料(<2mm)为3°~4°,中等粒度物料(<0.5mm)为2.5°~3.5°,细粒物料(<0.1mm)为2°~2.5°,矿泥(<0.074mm)为1.5°~2°。

摇床除做横向倾斜外,自给矿端到精矿端还做向上的纵向倾斜,以提高精矿质量。选别粗粒物料纵向倾角为1°~2°,细粒物料为1°左右,矿泥则为1°~0.5°。

摇床的补加水量与选别粒度和作业地点有关。矿砂粗选耗水量较小,一般1~3m³/t,精选则耗水较多,一般3~5m³/t,选别矿泥耗水量更大,有时达10~15m³/t。

(3)给矿量及给矿浓度。给矿量及给矿浓度在操作中应保持稳定,如波动频繁将影响物料在床面上的分布状况,恶化摇床的选别效果。

给矿浓度一般为20%~30%。给矿粒度越小,给矿浓度则应越低,但过低的给矿浓度会降低设备的处理量。

摇床生产能力和跳汰机一样,没有确切的计算公式,一般试验或处理同类矿石的生产实际定额确定,可按公式(7-4)做概略计算。

$$Q = 0.1\delta \left(F d_{cp} \frac{\delta_1 - 1}{\delta_2 - 2} \right)^{0.6} \tag{7-4}$$

式中　Q——摇床的处理量，t/h；

　　　δ——矿石密度，g/cm^3；

　　　δ_1——重矿物密度，g/cm^3；

　　　δ_2——脉石矿物密度，g/cm^3；

　　　d_{cp}——选别物料的平均矿粒直径，mm；

　　　F——床面面积，m^2。

　　一般情况下，给矿量不宜过多。给矿量增加会使床层变厚，不利于分层，重矿粒易损失于轻矿物之中，降低金属回收率。针对我国现在生产中广泛应用的6-S型和云锡型两种摇床，设计中采用的生产定额见表7-8，综合操作条件见表7-9。

表 7-8　我国现行设计中的摇床生产定额

选别粒度范围/mm	生产定额/t·(台·d)$^{-1}$	
	选出最终精矿时	选出粗精矿时
1.4 ~ 0.8	25	30
0.8 ~ 0.5	20	25
0.5 ~ 0.2	15	18
0.2 ~ 0.074	10	15
0.074 ~ 0.04	7	12
0.04 ~ 0.02	4	8
0.02 ~ 0.013	3	5

表 7-9　摇床综合操作条件

选别粒度范围/mm	给矿浓度/%	冲次/次·min^{-1}	冲程/mm	床面横向坡度/(°)
2.0 ~ 0.074	25 ~ 30	260 ~ 280	28 ~ 18	3.5
1.4 ~ 0.8	30	260	20	3.5
1.0 ~ 0.074	25	280 ~ 300	18 ~ 16	3.0
0.8 ~ 0.5	25	280	18	3.0
0.5 ~ 0.2	20	300	16	2.5
0.5 ~ 0.074	20	300 ~ 320	14 ~ 16	2.5
0.2 ~ 0.074	18	320	14	2.0
0.074 ~ 0.04	15	340	12	1.5
0.04 ~ 0.02	12	360	10	1.5

7.2.4　溜槽

　　溜槽选矿是利用矿粒在倾斜介质流中运动状态的差异来进行分选的一种方法。

　　溜槽是一个较缓倾斜的狭长的斜槽，其倾角一般为 3°~4°，最大不超过

14°~16°。槽底铺有挡板或粗糙的软覆面。原矿随水流从槽头给入，顺槽底向下运动，在运动过程中发生分选作用。密度、粒度及形状不同的矿粒，在重力和水流的联合作用下进行分层：密度大的矿粒沉降于槽底的挡板格条间，或被滞留于粗糙覆面上；密度小的矿粒则随水流自溜槽末端排出。当槽底大密度矿粒沉积到一定高度时，则停止给矿，把它清理出来。因此，溜槽选矿为间歇作业。

挡板溜槽选矿见图 7-5。

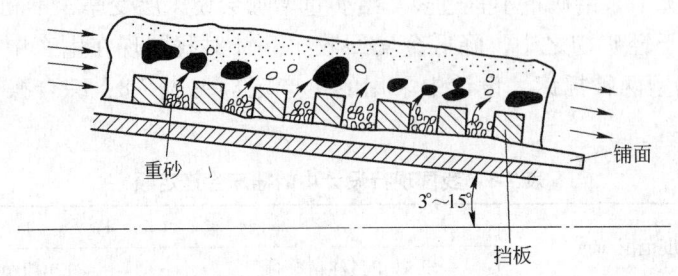

重砂

铺面

3°~15°

挡板

图 7-5 挡板溜槽选矿过程示意图

溜槽是一种最简单的重力选矿设备，它的分选效果较差，只有在原矿中有用矿物密度较大（>6.6g/cm^3）或有用矿物和脉石的密度差较大时，溜槽选别方能有效，所以，溜槽常用于重矿物的分选（金、铂及锡、镍等砂矿）。在溜槽内密度大的沉砂中夹杂密度小的矿粒较多，因此，溜槽多用于低品位矿砂的粗选作业。此外，清理溜槽沉砂须消耗大量的劳动力和时间，效率较低，近年来有被跳汰机和螺旋选矿机取代的趋势。

溜槽根据槽底敷设物的不同，分为挡板溜槽和软覆面溜槽。前者适于处理粗粒级物料，又称粗砂溜槽；后者适于处理细粒级物料，所以也称矿泥溜槽。

溜槽可回收 0.05mm 以上的重矿粒，选别金、铂时回收率可达 60%~90%。

溜槽是我国砂金选矿的主要设备。目前，各地的砂金矿，虽然开采方法各有不同，而选矿的粗选设备几乎都是挡板溜槽。我国的某些岩金矿用软覆面溜槽作扫选设备，处理混汞或浮选尾矿，对金的回收也起很大作用。

7.2.4.1 溜槽的分选原理

矿粒在溜槽中的分选是在重力、摩擦力和水流的联合作用下进行的。矿粒的密度是决定溜槽选矿的主要因素，粒度和形状的差异影响按密度分选的效果。

矿粒在溜槽中的运动状况非常复杂，影响溜槽选别效果的因素很多，仅就主要方面概要介绍如下：

（1）上升水流的分层作用。水流在溜槽中属于紊流运动，其运动形式除平行于槽底的倾斜流，还有垂直于槽底的涡流和水跃现象。后两种属于上升水流，除起松动床层的作用外，还有助于矿粒按密度分层。但这种上升水流是无规律的脉动，因而矿粒的分层是极不完整的，大量密度小的矿粒混到重产物中。所以，在溜槽选矿的操作中，应设法激起更多的涡流，以提高选别效果。

（2）倾斜水流的分选作用。性质不同的矿粒在溜槽的倾斜水流推动下，将沉降在距给料点不同的地方。粒度大、密度大的矿粒首先沉降到距给料点较近之处，并成为此处床层的最底层；粒度小、密度小的矿粒则沉降到距给料点较远的地方，成为该处床层的最上层。

（3）析离分层作用。矿粒沉降到槽底后，在水流的推动下将继续沿槽底向前运动。矿粒在运动过程中，上层的细矿粒，特别是密度大的细矿粒，受重力作用将穿过大颗粒间的缝隙转入下层。矿粒之间的间隙在运动时较静止时更大，所以析离分层作用就更为明显。然而析离作用过于强烈，小密度细粒矿粒也将转入下层，反而破坏了正常的矿粒分层，恶化选别效果。

（4）摩擦力的影响。矿粒在溜槽中向前运动时，由于与槽底之间或与其他矿粒之间都有摩擦，因而产生很复杂的摩擦阻力。矿粒密度和形状不同，摩擦系数也不相同，运动的加速度也随之不同，因而矿粒之间就产生了速度差。这种矿粒运动速度的差异，对溜槽选别效果有有利的影响。

7.2.4.2 挡板溜槽

挡板溜槽广泛地用于砂金矿的粗选作业，其给矿粒度范围很大，甚至不分级的物料亦可选别。挡板溜槽选别砂金时，其作业回收率一般为70%～80%。

挡板溜槽可用木材、钢材和其他建筑材料制造；根据所需处理的原矿量，决定溜槽的规格尺寸。

溜槽床面上敷设的挡板形式，对溜槽选别效果影响很大。适宜的挡板形式须根据所处理的砂矿性质自行确定。挡板设计的一般要求是挡板高度不能大于水流深度，两者之比应小于1，通常为0.4～0.6；挡板必须保证溜槽内即使水流速度较小时，也能造成适当强度的涡流；选别砂金时挡板间距要小，布置要均匀，以便造成更大的涡流；但挡板间距不可过密，必须留有足够的重砂沉降容积。

7.2.4.3 软覆面溜槽

软覆面溜槽适于处理经过磨矿的或粒度较细的物料。给矿粒度通常不超过1mm。这种溜槽没有挡板，只有铺设在床面上的软覆面。

软覆面起滞留大密度矿粒的作用。处理粗物料、水流层厚度为10～0.5mm时，采用较粗的长绒织物（绒长5mm）或带纹格的橡胶板。处理细物料、水流层厚度5mm以下时，选用较细的短绒织物。

软覆面溜槽能回收 -37～+10mm的锡石，所以又称矿泥溜槽。根据构造不同又分为固定式溜槽、自动溜槽等多种。国内黄金矿山使用的只有固定式一种。

固定软覆面溜槽亦属间歇作业，设备效率低，清理沉砂体力劳动强度大，所以，随着生产的发展，我国钨锡矿山已相继采用了多层自动溜槽、云锡翻床、皮带溜槽等先进设备。这类溜槽的操作已实现了机械化，甚至自动化，减少了体力劳动，提高了设备效率。

7.2.4.4　溜槽规格的确定

溜槽的规格主要取决于选别所需的沉降面积，其次与所处理的原矿性质和安装地点有关。沉降面积可用下式计算：

$$F = \frac{V}{A} \tag{7-5}$$

或

$$F = \frac{Q}{q} \tag{7-6}$$

式中　F——沉降面积，m^2；

　　　　V——按固体体积计算的处理量，m^3/h；

　　　　A——单位槽底面积按固体体积计算的处理量，$m^3/(m^2 \cdot h)$；

　　　　Q——按固体质量计算的处理量，t/h；

　　　　q——单位槽底面积按固体质量计算的处理量，$m^3/(m^2 \cdot h)$。

上式中 A 或 q 值为经验值，由生产实践中积累。软覆面溜槽单位面积处理量及产率见表7-10。

表 7-10　软覆面溜槽单位面积处理量及产率

软覆面形式	精矿产率/%				
	<0.25	0.25~1.0	1~5	5~10	10~20
	24h 的 q 值/$t \cdot m^{-2}$				
短　绒	10~20	8~15	15~10	3~6	2~4
长　绒	15~30	10~20	7~14	4~8	3~6

用挡板溜槽处理砂金矿时，单位面积负荷介于 $0.1 \sim 1.5 m^3/(m^2 \cdot h)$ 之间，平均为 $0.5 \sim 1.25 m^3/(m^2 \cdot h)$。如果溜槽尾矿用跳汰机扫选，则单位面积负荷可提高到 $2 \sim 2.5 m^3/(m^2 \cdot h)$。用软覆面溜槽从浮选尾矿中回收金时，单位面积负荷值为 $1 \sim 2 m^3/(m^2 \cdot h)$。

溜槽的沉降面积确定后，即可设计其长度与宽度。为确保溜槽内适宜的矿浆流速和水层深度，其宽度不宜过大，通常为 500~600mm。当宽度确定后，即可按沉降面积的要求决定溜槽长度。应当指出，根据实践经验，用溜槽选别砂金时，溜槽的前3m之内所捕收的金占金回收率的95%。可见，溜槽过长是没有意义的。然而某些片状金、微粒金很不易沉降，为回收这部分金有时溜槽长度比计算值还要大一些。因此，用溜槽选别砂金时，其长度不应仅仅满足计算要求的数据，而应按金粒的形状特征灵活确定。一般陆地上的大溜槽长度为15m左右。

7.2.4.5 溜槽的操作

溜槽操作的要点是全面掌握并随时调整给矿粒度、给矿浓度、矿浆流速、水层厚度和倾角等影响选别效果的主要因素。

给矿粒度视矿砂中有用矿物最大粒度而定。砂金矿中绝大部分金粒不超过10mm，所以我国各砂金矿用溜槽选别时，都把矿砂中 10～20mm 以上的砾石筛分出去，不给入溜槽。

为了保证物料在分选过程中具有足够的松散，溜槽给矿浓度不应太高。给矿的最小液固比通常随给矿粒度的增大和挡板高度的增大而增大，随槽内水流速度的增大而减小。适宜的给矿浓度，一般由经验来确定。

矿浆在溜槽内的流速对选别效果影响很大。流速过小，不能保证床层足够松散，重矿物所受的水力精选作用不足，脉石将大量混入重砂层内；流速过大，易使片状金、微粒金得不到充分的沉降机会就被水流冲走，造成损失。根据生产经验，当给矿液固比小、金粒较大、挡板较高时，可采用较大的矿浆流速。如溜槽长度已具备了捕收各种金粒的条件，则矿浆流速大比流速小更为有利。

粗砂溜槽和矿泥溜槽的操作条件，见表 7-11 和表 7-12。

表 7-11　粗砂溜槽适宜操作条件

操作条件＼给矿最大粒度/mm	<6	6～12	12～25	25～50	50～100	100～200	>200
最小液固比	6～8	8～10	10～12	12～14	14～16	16～20	16～20
水层深度系数 a	2.5～3.0	2.0～2.2	1.7～2.0	1.5～1.7	1.3～1.5	1.2～1.3	1.0～1.2
矿浆最小流速/m·min^{-1}	1.0～1.2	1.2～1.6	1.4～1.8	1.6～2.0	1.8～2.2	2.0～2.5	2.5～3.0

表 7-12　矿泥溜槽适宜操作条件

操作条件＼选别粒度/mm	0.074～0.04	0.04～0.02
坡度/%	13	11
给矿浓度/%	25～30	20
软覆面形式	方格	平面
冲洗水量/m³·(台·d)$^{-1}$	60	45

表 7-11 中 a 值与给矿最大粒度成反比：

$$a = \frac{H}{d_{大}} \tag{7-7}$$

式中　H——最小水层深度，mm；

　　　$d_{大}$——给矿最大粒度，mm。

从表7-11中查出 $d_大$ 和 a 之后，即可求出该条件下溜槽内适宜的最小水层深度：

$$H = ad_大 \tag{7-8}$$

溜槽倾角与所处理的物料性质有关。挡板溜槽倾角介于3°～15°之间，选别砂金矿时，可在5°～8°之间调节。软覆面溜槽的坡度视给矿粒度和矿浆液固比而定。给矿粒度较大，矿浆液固比较小时，溜槽坡度应大些；反之，则应小些。

7.2.5 螺旋选矿机

螺旋选矿机和螺旋溜槽选别原理相同，都是利用重力、摩擦力、离心力和水流的综合作用，使矿粒按密度、粒度、形状分离的一种斜槽选矿设备。其设备结构相似，都是整个斜槽在垂直方向弯曲成螺旋状，见图7-6。其主要组成部件由给矿管1，冲洗水导管2，螺旋槽3，连接螺旋槽法兰4，精、尾分隔板5，机架6组成。

螺旋选矿机和螺旋溜槽主要区别是：螺旋槽的断面形状、分选产物的截取方式和处理物料粒度。螺旋选矿机的螺旋槽横截面近似椭圆形，在槽底处设有精矿截取管，适于选别粒度较粗的矿石，一般选别粒度范围为0.074～2mm。螺旋溜槽螺旋槽横截面为立体抛物线形，槽底较宽，较为平缓，在槽的末端截取精、尾矿和中矿，适于选别粒度较细的矿石，一般给矿粒度范围为0.02～0.5mm。目前应用螺旋溜槽较多。

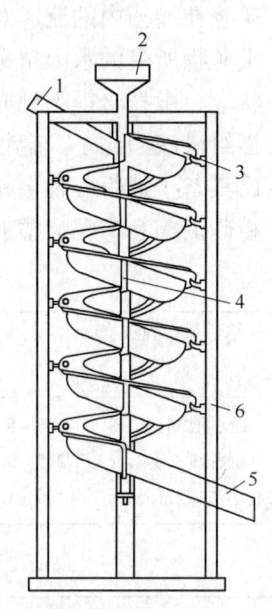

图7-6 螺旋溜槽
1—给矿管；2—冲洗水导管；
3—螺旋槽；4—连接螺旋槽法兰；
5—精、尾分隔板；6—机架

螺旋溜槽生产过程中，矿浆从螺旋槽上端的给矿管1给入螺旋槽，沿螺旋槽以螺旋线状向下流动，在流动过程中，矿粒进行分层，密度小的大粒矿粒分布在螺旋槽的外缘，密度大的小粒矿粒分布在螺旋槽的内侧，分层后在螺旋槽的末端用分隔板，分别将精、尾矿和中矿分开并排出。

螺旋选矿机和螺旋溜槽在我国应用历史较短，但由于它具有很多优点，目前已得到广泛的应用。实践证明，螺旋选矿机在一定条件下不仅可以代替溜槽、跳汰机、摇床选别砂矿，而且还是从浮选尾矿中回收密度大于4g/cm³的有用矿物的有效设备。金、铂、锡石、黑钨矿、白钨矿、锆英石、金红石、钛铁矿等都可用螺旋选矿机回收。

螺旋选矿机按单位面积计算的处理能力比摇床大10倍，比跳汰机大1倍。

选别砂矿时，富集比可达十倍，作业回收率为90%～95%，比溜槽选别指标优越。给矿粒度较宽（6～0.05mm）。给矿液固比范围为（6～12）∶1。此外，结构简单、制造容易、没有传动件、不消耗动力。其缺点是对于6mm以上和0.05mm以下的物料及含有扁平状脉石的物料选别指标较差。

螺旋选矿机比溜槽处理能力大，选别效果好，体力劳动强度小，国外已普遍用于选别砂金矿。前苏联用螺旋选矿机代替采金船上的粗选溜槽，获得了金回收率96.5%～98%的优异指标。

可以预见，随着我国黄金事业的发展，螺旋选矿机也将在我国黄金矿山获得广泛的应用。

7.3 生产实践

7.3.1 跳汰机回收粗粒金

7.3.1.1 国内生产实践

我国各种不同类型的岩金矿床中，均不同程度地含有一定数量的粗粒金（详见5.4节）。金的密度大、延展性好、可磨性差，所以在磨矿分级回路中会使金粒高度聚集，使分级返砂中的含金品位比入磨原矿中所含金品位高2～2.5倍，对某一粒度级别的含金品位会更高。招远灵山金矿选矿厂建成投产初期，在原矿含金品位为15g/t时，原用二级连续磨矿分级流程，在第二段磨矿分级返砂中－0.1mm至＋0.074mm粒级中，含金品位高达418.83g/t，其富集比为27倍。粗粒原体金在磨矿机中经过多次冲击和研磨而成片状、小球状，最终难以在下段选别工序回收而流失。因此，在磨矿分级回路中用跳汰机回收粗粒金，是一种既经济又简便的有效方法，其精矿经摇床及淘金盘精选后，可以直接冶炼获得成品金，对提高金回收率，增加经济效益有重要作用。为此，我国早在1964年在招远灵山金矿选矿厂设计中，率先在磨矿分级回路中用跳汰机回收粗粒金，该厂自1966年2月正式投产以来，各项选矿技术指标一直很好。为此，在磨矿分级回路中加收粗粒金，在国内一些金矿选矿厂得到了应用和发展。山东蓬莱黑岚沟金矿选矿厂自1990年6月建成投产以来，在磨矿分级回路中用跳汰机回收粗粒金，金回收率一直在50%以上，最高时达到72.52%，使该矿取得了很好的经济效益和社会效益。该矿曾多年在我国黄金矿中创利税之首。

我国金矿选矿厂在磨矿分级回路中用跳汰机回收粗粒金所应用的工艺流程，见图7-7。

在图7-7流程中，所使用的跳汰机多数为300mm×450mm双室和400mm×600mm单室隔膜跳汰机，分别对不同原矿品位的低硫含金黄铁矿石英脉、低硫含金黄铁矿融变岩、高硫含金黄铜矿石英脉等类型金矿石中的粗粒金进行选别回收，其选别技术指标，见表7-13、表7-14。

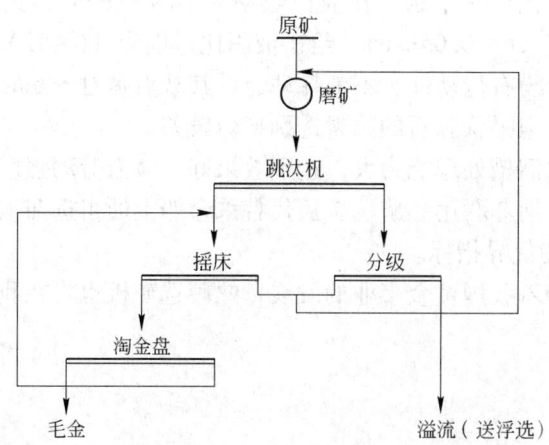

图 7-7 磨矿分级回路中用跳汰机回收粗粒金流程

表 7-13 300mm×450mm 双室隔膜跳汰机选别指标

矿石类型	低硫含金黄铁矿石英脉型			低硫含金黄铁矿融变岩型						高硫含金黄铜矿石英脉型		
金矿名称	灵山	阜山	蚕庄	红市	北截	罗山	罗峰	金翅岭	归店	三甲	胡家口	白石
生产能力/t·h⁻¹	2.8	2.1	2.0	15.4	2.7	3.3	4.2	3.2	8.3	3.4	3.6	1.6
原矿品位/g·t⁻¹	3.6	6.56	4.05	4.23	12.34	9.26	6	6.64	4.13	7.06	3.36	4.56
精矿品位/%	50	80	70	70	70	44.46	26.4	70	70	60	60	60
回收率/%	20.13	14.8	24.4	17.07	33.0	39.44	35.2		30.0	16.42	14.98	21.95

表 7-14 400mm×600mm 单室隔膜跳汰机选别指标

矿石类型	低硫含金黄铁矿融变岩型	高硫含金黄铜矿石英脉型
金矿名称	黑岚沟	乳山
生产能力/t·h⁻¹	5.6	8.3
原矿品位/g·t⁻¹	12.57	10.18
精矿品位/%	70	70
回收率/%	62.69	32.73

从表 7-13、表 7-14 可知，设置在磨矿分级回路中的跳汰机，所选别的原矿均为球磨机排矿，其粒度范围较宽，且矿石类型和含金品位差异较大，从 3.36g/t 到 12.57g/t，仍能取得较好的选别指标，其跳汰精矿经摇床和淘金盘精选后，可以获得含金品位高达 60%~80% 的毛金，可以直接出售或进一步冶炼出成品金。其重选回收率为 14.8%~62.69%，其中黑岚沟金矿的重选回收率为 62.69%，最高时可达 72.52%。该矿改扩建后，由于生产规模的扩大，磨矿分级回路中的

跳汰机改为 JT-2 型 1070mm×1070mm 锯齿波双室跳汰机，该矿从 1990 年 6 月投产以来至今，跳汰重选回收粗粒金的回收率，一直占全厂金总回收率的 40% 以上。由于跳汰重选所得的精矿经进一步精选后，可以直接出售或冶炼出成品金，对加快矿山资金周转和提高矿山经济效益有重要作用和意义。

7.3.1.2 国外生产实践

A 美国

美国早在 1947 年以前，就在一些金矿选矿厂的磨矿分级回路中用各种类型和规格的跳汰机，选别和回收粗粒金，并一直沿用和发展到现在。有关选矿厂应用情况，见表 7-15。

表 7-15 美国金矿选矿厂在磨矿分级回路中的跳汰机选别指标

项 目	科罗拉多州威士普顿金选厂	亚利桑那州田纳西金选厂	萨姆米特维尔金选厂	阿萨梅拉公司卡伦金选厂	加利福尼亚州耶努阿斯伯金选厂	德威尔公司巴托山金银矿选矿厂
处理矿量/t·d^{-1}	45	130~160		1800	2700	3270
磨矿机规格/m×m	ϕ0.53×1.83	ϕ0.83×1.37		ϕ3.3×4.6	ϕ2.44×0.91	ϕ2.4×4.3
跳汰机类型	隔 膜	隔 膜	隔 膜	泛 美	鼓 动	泛 美
跳汰机规格/mm×mm	200×300	300×450	914×914	1000×1000	1060×1060	1100×1100
跳汰机给矿粒度/mm	球磨排矿	球磨排矿	6.4	棒磨排矿	6	3.36
原矿品位/g·t^{-1}	2.05	6.34	9.7	8.69	1.3~1.7	Au 5.1、Ag 20
精矿品位/g·t^{-1}	133	512	196		15~20	Au+Ag 65%
回收率/%	59.5	16.6	5.8		20	10~15

从表 7-15 可知，美国在有关金矿和金银矿选矿厂的磨矿分级回路中用跳汰机回收粗粒金的历史比较悠久，应用也比较广泛，选矿厂的处理能力从 45t/d 到 32t/d，原矿石含金品位从 1.3g/t 到 9.7g/t 的不同条件下都有应用，应用的跳汰机类型和规格也比较多，最小的是 200mm×300mm 单室隔膜跳汰机，最大的是 1100mm×1100mm 泛美式跳汰机，所获得的精矿含金品位及回收率，因原矿石性质、粗粒金含量及跳汰机操作条件差异较大，造成不同的金选厂精矿含金品位及回收率的差别也较大，精矿含金品位为 15g/t 到 512g/t 不等，其回收率从 5.8% 到 59.5%。

美国内华达州德威尔公司巴托山（Battlemountain）金银矿选矿厂，于 1978年末开始处理金银矿石，矿石中含金品位为 5.1g/t，含银品位为 20g/t。选矿厂原矿石处理能力为 3270t/d。原矿石采用两段磨矿流程，一段用 1 台 ϕ4.3m×4.6m 球磨机，二段用 1 台 ϕ2.4m×4.3m 球磨机，在二段球磨机排矿处用两台 1.2m×0.9m 楔型金属网筛筛分，筛孔为 3.36mm，筛上返回球磨机组成闭路，筛下分别给入两台 1100mm×1100mm 泛美型跳汰机进行选别。其精矿送到两台并列的 1.8m×4.6m 威氏摇床进行精选，其摇床精矿经圆锥形分级斗沉淀后，用琼斯（Dings）磁选机除去磁黄铁矿及磨损的钢铁碎料。其非磁性物料再用1台1.1m×2.1m威氏摇床精选，选得精矿含金＋银品位为65%，直接进行冶炼出成品金，其总回收率一般为10%～15%。

    B 加拿大

    加拿大有关金矿和银矿选矿厂在磨矿分级回路中跳汰机回收粗粒金、银指标见表7-16。

表 7-16   加拿大在磨矿分级回路中跳汰机选别指标

项 目		帕莫尔矿业公司舒马赫分公司选矿厂	坎贝尔湖矿业公司		阿格尼科·伊格尔矿业有限公司银矿分公司	多美矿业有限公司	埃乔贝矿业有限公司	泰莱尔矿业勘探公司银矿选矿厂
			原系统	新系统				
矿石种类		金矿	金矿	金矿	银矿	银矿	富银铜矿石	银矿
处理矿量/t·d^{-1}		3000	1000	1100	300	2000	150	150
磨矿机规格/m×m		二段磨矿 ϕ1.524×4.88	A：一段 ϕ2.1×3.7 二段 ϕ2.1×1.8 B：一段 ϕ2.1×3.4 二段 ϕ2.4×3.7	ϕ2.7×3.7 ϕ3.1×4.7	ϕ2.4×1.2 锥形	一段 ϕ2.44×0.76 二段 ϕ1.25×6.7	ϕ2.1×3.35	ϕ2.4×1.8
跳汰机	类型	多尔科单室	双室	双室	丹佛	丹佛	丹佛	双室
	规格/mm×mm	915×915	406×610	610×914	406×610	406×610	304×457	406×610
跳汰机给矿粒度/mm		管磨排矿	Ⅱ段球磨排矿	Ⅱ段旋流器沉砂	球磨排矿	Ⅱ段旋流器沉砂	球磨排矿	球磨排矿
原矿品位/g·t^{-1}		3.83	21	21				1614
精矿品位/g·t^{-1}		174.22	毛金	毛金	46656～93312		68	14251
回收率/%		15.4	40	40				59.32

    从表7-16可知，加拿大在磨矿分级回路中用跳汰机，不仅回收粗粒金，还用于银矿选别回收粗粒银。用于选别回收粗粒金的坎贝尔湖矿业公司选矿厂，1949年最初投产时的原矿石处理能力为273t/d，以后逐年增加到现在的原矿石处理能力1000t/d，1986年进行了现代化改造工作，新增磨矿-重选系统，增加处理能力1100t/d，该厂处理的矿石为高品位金矿石，原矿含金品位高达21g/t，原矿石破碎到6mm，经两级磨矿到－0.074mm占85%。该厂原有生产系统中有5台球磨机，安装在两个平行的磨矿回路中，"A"回路的一段球磨机为ϕ2.1m×3.7m，二段用2台ϕ2.1m×1.8m球磨机；"B"回路的一段球磨机为ϕ2.1m×3.4m，二段球磨机为ϕ2.4m×3.7m，在每个磨矿回路的二段球磨机排矿口处安

设 1 台 406mm×610mm 双室跳汰机，选别回收其排矿中的粗粒金。跳汰机精矿用摇床精选，摇床精矿经混汞后冶炼出成品金，其总回收率约为 40%。该厂新增的磨矿-重选系统，一段磨矿用 1 台 φ2.7m×3.7m 棒磨机，二段用 1 台 φ3.1m×4.7m 球磨机。二段磨矿排矿用水力旋流器分级，其旋流器沉砂用 3 台明普罗型 610mm×914mm 双室跳汰机（其中 2 台生产，1 台备用），选别回收粗粒金，其跳汰机精矿用 2 台 Holmanjames 型摇床进行精选。

帕莫尔矿业公司舒马赫分公司选矿厂处理原矿石能力为 3000t/d，原矿石含金品位为 3.83g/t。磨矿有 3 个系统，采用二段磨矿，均用 φ1.524mm×4.88mm 溢流型管磨机。每个磨矿系统的第一段磨矿机排矿口处用 1 台 915mm×915mm 美洲多尔科单室跳汰机选别回收粗粒金，可以选得含金品位为 174.22g/t、回收率为 15.4% 的跳汰精矿，然后将 3 个系统的跳汰精矿用 1 台 203mm×305mm 丹佛双室跳汰机进行精选。

多美矿业有限公司选矿厂，在磨矿分级回路中用跳汰机回收粗粒银历史最悠久。从 1912 年投产一直生产到现在，选矿厂的原矿石处理能力由原来的 350t/d，增加到现在的 2000t/d。选别处理含银矿石，原矿石破碎到 6mm 后用 3 台 φ2.44m×1.2m 哈丁型圆锥球磨机进行磨矿，其排矿经分级后，返矿用 5 台 φ1.25m×6.7m 管磨机进行再磨，一段磨矿的分级溢流与二段管磨机排矿用水力旋流器分级，其旋流器沉砂用 4 台 406mm×610mm 丹佛双室跳汰机选别回收粗粒银，跳汰机精矿经混汞后冶炼出成品银。

泰莱尔矿业勘探公司银矿选矿厂，原矿石处理能力为 150t/d，原矿石含银品位 1614g/t。该厂从 1959 年 9 月投产一直到现在主要生产工艺流程无变化，磨矿采用一段磨矿，用 1 台 φ2.4m×1.8m 球磨机，球磨机排矿处用 1 台 406mm×610mm 双室跳汰机选别回收粗粒银，每隔 4h 从跳汰机筛下室人工清除一次跳汰机精矿。所得跳汰机精矿含银品位为 14251g/t，回收率为 59.32%，经脱水和热风干燥后送冶炼厂。

阿格尼科·伊格尔矿业有限公司银矿分公司选矿厂，原矿石处理能力为 300t/d。该厂于 1957 年 7 月投产到现在基本无大的变化，磨矿有 2 个系统，各用 1 台 φ2.4m×1.2m 哈丁型圆锥球磨机，球磨机排矿处用 406mm×610mm 丹佛跳汰机选别回收粗粒银，可获得含银品位为 46656~93312g/t 的银精矿。

埃乔贝矿业有限公司选矿厂于 1964 年投产，原矿石处理能力为 100t/d，1969 年扩建后达到 150t/d，处理富银-铜矿石，磨矿用 φ2.1m×3.35m 球磨机，在球磨机排矿口处用 4 台 304mm×457mm 丹佛跳汰机选别回收粗粒银，其回收率可达 68%。

C 南非

南非是世界黄金生产大国之一，黄金产量多年一直排行世界首位，目前仍排行在世界前列。南非波拉金矿选矿厂，于1984年10月18日正式投产，原矿石处理能力为600t/d，原矿石含金品位为14.9g/t，矿石类型为含金石英脉，选别流程为：浮选—浮选精矿氰化，用炭浆法和Zadra法回收金。在磨矿分级回路中用跳汰机回收粗粒金，磨矿用φ2.7m×1.5m哈丁型圆锥球磨机进行两段磨矿，在一段球磨机排矿口处用1000mm×2000mm尤巴型双室跳汰机选别回收粒度大于0.1mm单体粗粒金，跳汰机精矿用φ4.7m×1.8m威氏76型摇床进行精选，所得精矿再用φ1.27m×0.6m小型威氏1313型摇床精选出两种精矿，一种是含金70%以上的金精矿，直接冶炼出成品金；另一种是含金30%~40%的含金黄铁矿精矿，经混汞后单独冶炼成海绵金。

7.3.2　溜槽回收粗粒金

7.3.2.1　沂南金矿选矿厂

山东沂南金矿所属铜井、金场、龙头旺三个金矿均为矽卡岩型低品位多金属矿，矿石类型为含金铜磁铁矿，矿石中单体金较多，金的颗粒较粗，且不均匀（见5.4节）。根据这一特点，在磨矿分级回路中用毛毡溜槽回收粗粒金，取得了较好的效果。所用溜槽用钢板焊接而成，宽度500mm，长度2000mm，槽底铺上750mm×2000mm毛毡，倾角9.5°，给入矿浆浓度为45%，生产过程定时取出毛毡（每班1~2次），送清水池中反复涮洗，使滞留于毛毡上的金粒脱落到池内，池中的沉积物定期清理，用人工淘洗获得毛金，经冶炼出成品金。这种在磨矿分级回路中用毛毡溜槽回收粗粒金的方法，在国内矽卡岩型低品位金重选回收属首创。这种方法具有生产成本低、容易操作、没有污染、无动力消耗等特点，粗粒金回收效果较好，但劳动强度较大，尚需进一步改善。

铜井、金场、龙头旺三个金矿的选矿厂，所处理的矿石和所采用的选别工艺流程基本相同，处理原矿石的能力均为300t/d。其选别工艺流程见图7-8，其选别指标见表7-17。

表7-17　沂南金矿选别指标

项　目	铜　井	金　场
原矿品位/g·t⁻¹	0.65	2.27
尾矿品位/g·t⁻¹	0.18	0.56
溜槽重选回收率/%	27.54	47.13
浮选回收率/%	52.80	28.71
总回收率/%	80.34	75.84

从表7-17可知，在磨矿分级回路中用毛毡溜槽回收粗粒金，铜井选矿厂金的回收率为27.54%，金场选矿厂的回收率为47.13%。

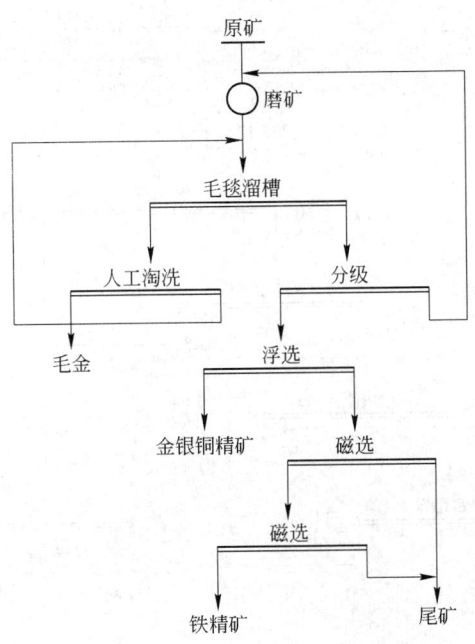

图 7-8 沂南金矿三个选矿厂工艺流程

为进一步提高铜井选矿厂在磨矿分极回路中用毛毯溜槽回收粗粒金的选别指标，1985年安装了两台昆明冶金研究所研制的 φ600mm 离心盘，在磨矿分级回路中做了回收粗粒单体金的工业试验，获得成功，并于当年正式投入生产。其选别工艺流程及指标见图7-9。

从图7-9可知，铜井选矿厂在磨矿分级回路中，用离心盘和溜槽联合回收粗粒金，在原矿含金品位为1.73g/t时，用离心盘选别可以获得含金品位为919g/t的精矿，其回收率高达58.43%，将其进一步用溜槽精选，可以获得含金品位为10807g/t的精矿，其回收率为58.21%的良好指标，该精矿经混合后冶炼即可获得成品金。

7.3.2.2 珲春金铜矿选矿厂

珲春金铜矿是一个金铜共生、中深岩浆热液石英脉型矿床。矿石中金属矿物主要有黄铜矿、黄铁矿、磁黄铁矿、褐铁矿；脉石矿物主要有石英，次为方解石、斜长石、绿泥石。金呈自然金和银金矿形式产出，以前者为主。嵌布粒度粗细不匀，形态复杂，主要为枝杈状。金的嵌布关系复杂，与金属矿物及石英关系紧密，以粒间金为主，包裹金次之，裂隙金少量，部分以次显微金存在。根据金矿物嵌布关系测定结果得知，粒间金占74.4%。据此，浮选前可以采用重选工艺回收粗、中粒金，提高选金回收率。在分级溢流进入浮选前，设置溜槽重选回收金是可行的。溜槽的金精矿再用摇床精选可得成品金，中矿作为金精矿销售，尾矿返回再处理，而溜槽尾矿进入浮选精选作业，其流程见图7-10。

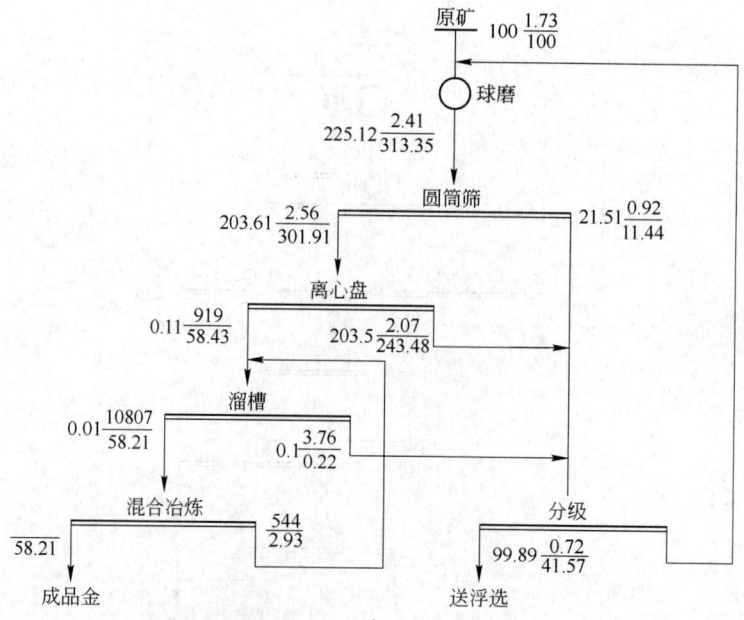

图 7-9　铜井选矿厂选别工艺流程及指标

$$\left(图例：\dfrac{产率(\%)}{} \dfrac{品位(g/t)}{回收率(\%)}\right)$$

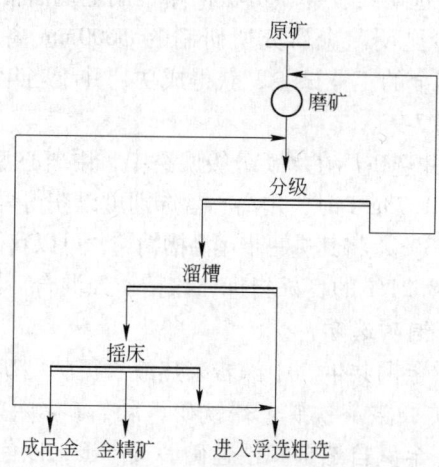

图 7-10　珲春金铜矿重选工艺流程

从图 7-10 可知，溜槽重选的物料是分级机溢流，粗度范围较小，重选条件较好。多年的生产实践证明，浮选前加重选作业，可取得 7% 的金回收率，提高总回收率 1%～1.5%。同时，具有投资少、成本低、无环境污染等优点，矿山可以就地产金，加快资金周转，增加企业经济效益。

7.3.3 砂金选矿

7.3.3.1 砂金的特征

（1）由松散沉积物构成，粒度范围大。一般砂金矿都含有泥质黏土，具有泥团和黏结聚合体，因此需要进行洗矿和碎散。根据砂金矿的不同粒度，选用不同的选矿处理方法，见表7-18。

表7-18 砂金矿的粒度及选矿处理方法

粒度名称		粒度区间/mm	岩矿成分	洗选工艺特征	洗选处理方法
砾石	巨砾	>200	母岩碎屑	很难被水流冲走，采挖困难，会砸坏洗选设备	洗选后筛分除砾石
	卵石	200~20	母岩碎屑	水流难以冲走，选矿设备难处理	
	小砾石	20~0	母岩碎屑	在水流中主要以滚动或继续跳动方式运动，选矿设备可处理	给入洗选作业
砂粒		2~0.1	原生残余矿物为主	较易被水流冲走，静水中易沉淀，透水性好，不具黏性	给入洗选作业
泥质		<0.1	原生残余矿物为主	透水性差，具黏性，流水中易悬浮，增大矿浆黏度，造成洗选困难	
黏土		<0.005	次生矿物为主	透水性极弱，黏性大，易悬浮，难沉淀，对洗选很不利，并造成污水处理困难	黏土含量大时，洗散后应脱泥

（2）有用成分主要呈原矿物颗粒，粒度多小于4mm，粗粒级一般都是废石。因此，可经过筛分丢抛粗粒级，使金得到富集。金主要以自然金颗粒存在，外形呈片状、粒状、复杂状等，粒径多在2~0.1mm之间，大于4mm的大粒金和小于0.1mm的微粒金含量一般都较少。砂金矿中一般都含有多种重砂矿物，最常见的有磁铁矿、钛铁矿、石榴石、赤铁矿、褐铁矿、金红石、锆石、独居石等。重砂矿物含量达到综合评价指标时，应进行综合回收。

（3）金品位低，一般为0.2~0.3g/m³（比岩金矿品位低10~30倍）。按质量计，金质量只有原矿质量的千万分之一至二。因此，要求砂金洗选设备处理能力大、富集比高、作业成本低。

（4）砂金的密度很大，为15.6~19.3g/m³，适于重选法回收。

7.3.3.2 砂金选别作业

根据砂金的特征，砂金选别主要由以下作业组成。

A 洗散与筛分作业

砂金矿在选别前要进行洗散与筛分，洗散与筛分常常在同一个设备中进行，最常用的是洗矿圆筛。

B 粗选作业

砂金矿的粗选作业,一般在采金船上进行,或者在采场附近的移动式洗选机组中进行。常用的粗选设备有固定溜槽、机械溜槽、跳汰机和离心盘选机等。由于砂金矿中有用矿物含量很少,粗选作业的精矿产率很小,通常为0.1% ~ 0.001%。

C 精选作业

精选作业大多在精选厂进行,主要用跳汰机和摇床进行精选,然后用淘洗盘洗选出自然金。如果淘洗后的是重砂,因其金含量较低,还需要再选或混合,混合能够更好地回收金。

7.3.3.3 国内采金船选别流程

砂金矿的选别工艺流程主要体现在采金船上。采金船是兼有采矿和选矿生产系统的综合设备,根据挖掘机种类、所用的动力、移行方式、挖斗连接方式、挖斗容积、挖掘深度、平底船材质及斗架数量来分类,其类型繁多。其规格大小,通常是用一个挖斗的容积来表示,一般介于50~600L,小于100L的为小型采金船,100~250L之间为中型采金船,大于250L为大型采金船。采金船的共同特点是机械化程度高、生产能力大、劳动条件较好、生产成本低等。采金船上的洗选设备主要有洗矿筒筛、溜槽、跳汰机、摇床等,形成了比较完善的选别工艺流程。国内采金船常用的选别流程有以下几种,分述如下。

A 单一固定溜槽流程

单一固定溜槽流程由洗矿筒筛和固定溜槽组成,见图7-11。该流程以横向固

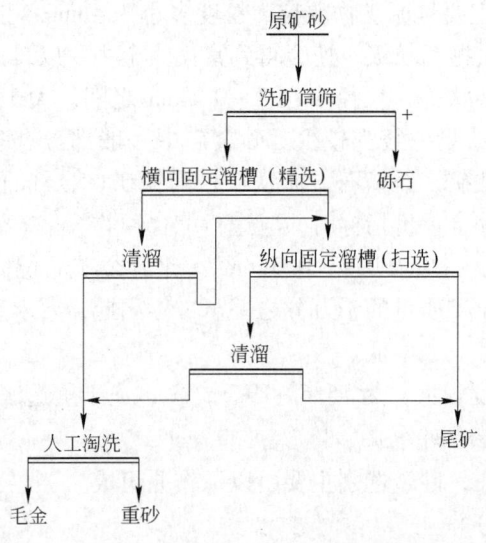

图7-11 单一固定溜槽流程

定溜槽作为粗选溜槽，一般是一个工作班（6～12h）或一昼夜清溜一次。以纵向固定溜槽作为扫选溜槽，清理周期不定，数日甚至1～2星期方清溜一次。这种流程为早期采金船广泛采用，而且到今仍在许多小型采金船上应用。这种流程具有设备简单、溜槽不用动力、造价低、生产费用低等优点。缺点是金的回收率较低，清溜劳动强度大。该流程的金回收率一般为58%～75%。不同型号采金船的固定溜槽规格见表7-19。

表7-19 不同型号采金船的固定溜槽规格

项　目	50L 采金船		100L 采金船	
	横向溜槽	纵向溜槽	横向溜槽	纵向溜槽
长度/m	3～4	4～8	4～5	6～8
宽度/m	0.6	0.8	0.6	0.8
倾角/(°)	6	4	6	5
溜槽高度/mm	40～50	30～40	40～60	40～50
溜格间距/mm	50～60	40～50	50～70	50～60
矿浆层厚度/mm	40	45	45	50
矿浆流速/m·s^{-1}	1～1.2	1.2～1.4	1～1.2	1.3～1.5

B　固定溜槽粗选-跳汰机扫选流程

固定溜槽粗选-跳汰机扫选流程由洗矿筒筛、固定溜槽、跳汰机、脱水斗和摇床组成，见图7-12。该流程的水力筛分作业用跳汰机进行，只是没有铺人工床

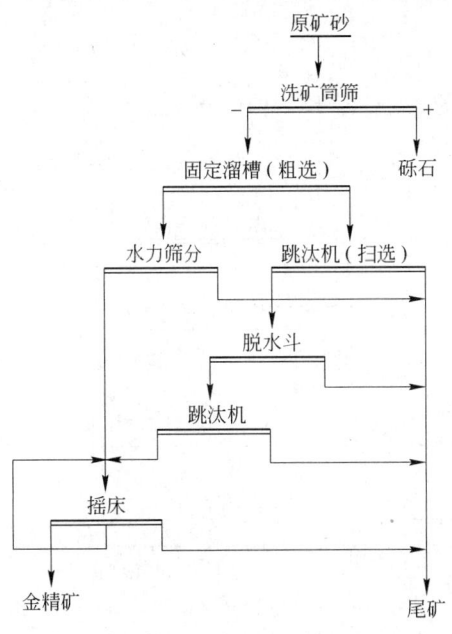

图7-12　固定溜槽粗选-跳汰机扫选流程

石。这种流程的金回收率一般约为78.9% ~84.5%，优于单一固定溜槽流程的选别指标。主要缺点是固定溜槽的尾矿没有脱水作业，直接给扫选跳汰机选别，致使跳汰机的作业浓度过低，影响其选别指标。我国某地250L采金船应用这种选别工艺流程，其主要选矿设备见表7-20。

表7-20　我国某地 250L 采金船的主要选矿设备

设备名称	台数	设备规格及参数	用途
洗矿筒筛	1	φ2.7m×10.81m、倾角8°、转速7.5r/min、筛孔φ8~16mm	洗矿筛分
固定溜槽	38	长4.3m、宽0.7m、倾角7.5°、总面积96m²	粗选
扫选跳汰机	10	1000mm×1000mm 四室垂直隔膜型	扫选
脱水斗	2	φ1.6m	脱水
精选跳汰机	2	1000mm×1000mm 四室垂直隔膜型	精选
摇　床	2	6-S 型	精选

C　胶带溜槽粗选-跳汰机精选流程

胶带溜槽粗选-跳汰机精选流程由洗矿筒筛、胶带溜槽、纵向固定溜槽、跳汰机、脱水斗和摇床组成，见图7-13。该流程不用人工清溜，金回收率高，可达83% ~85%。我国某地100L采金船应用这种选别工艺流程，其主要选矿设备见表7-21。

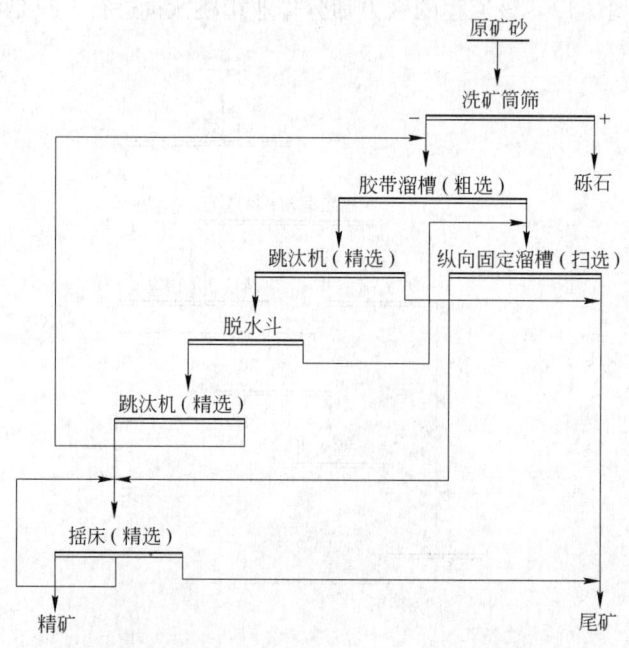

图 7-13　胶带溜槽粗选-跳汰机精选流程

表 7-21 我国某地 100L 采金船的主要选矿设备

设备名称	台数	设备规格及参数	用途
洗矿筒筛	1	φ1.7m×10.5m、有孔段长度7.2m、筛孔φ6~14mm、倾角7°、转速13.66r/min	洗矿筛分
胶带溜槽	10	带宽800mm、溜槽长5m、倾角9°~10°、带速0.6m/min、给矿粒度-16mm	粗选
矩形跳汰机	1	1070mm×1070mm、两室、冲程0~12mm，冲次50~170次/min	一次精选
梯形跳汰机	1	(450~750)mm×950mm、冲程7.5~9.05mm、冲次60×150次/min	二次精选
摇床	1	2100mm×1050mm、冲程12~28mm、冲次250~450次/min	三次粗选

D 三段跳汰流程

三段跳汰流程是采金船上应用较多的砂金选矿流程，是用跳汰机进行一次粗选、两次精选所组成的选别流程，见图7-14。三段跳汰流程的粗选作业一般采用圆形跳汰机，二次精选作业采用矩形跳汰机和努瓦尔跳汰机，从而使该流程的设备配置紧凑，操作方便，选别指标较高，金的回收率可达92%。这种流程的缺点是精矿含金品位不高，精矿产率较大，当原矿中重砂矿物含量大时，可能发生重砂在流程内恶性循环的情况，从而影响跳汰机的处理能力和选别指标。我国某地150L采金船应用这种选别工艺流程，其主要选矿设备见表7-22。

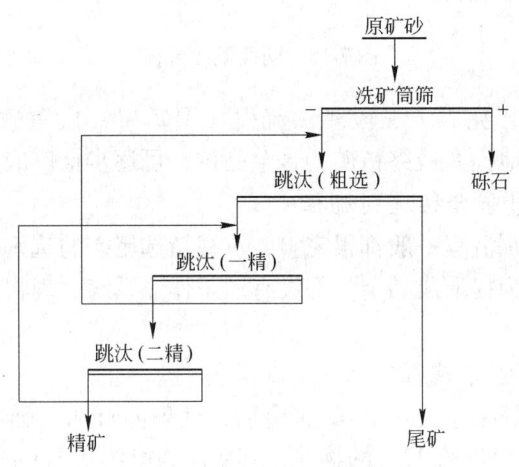

图 7-14 三段跳汰流程

表 7-22 我国某地 150L 采金船的主要选矿设备

设备名称	台数	设备规格及参数	用途
洗矿筒筛	1	φ1.2m×11.4m、倾角6.5°、转速12.8r/min、筛孔φ12~14mm	洗散筛分
圆形跳汰机	1	φ7.5m、九室、总面积29.7m²，冲程15~25mm、冲次70~90次/min	粗选
矩形跳汰机	2	1070mm×1070mm、双室、冲程12mm、冲次50~170次/min	一次精选
努瓦尔跳汰机	1	300mm×450mm、双室、冲程0~25mm，冲次322次/min	二次精选

E 两段跳汰流程

两段跳汰流程是用跳汰机进行一次粗选和一次精选之后再用摇床对跳汰精矿进行精选，精选跳汰的尾矿用跳汰机扫选后，丢弃尾矿。其工艺流程见图7-15。

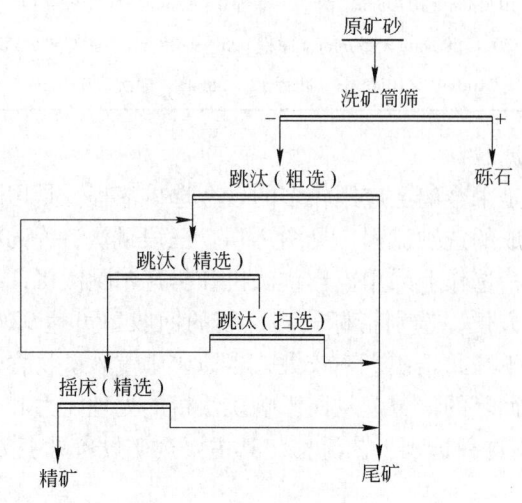

图7-15 两段跳汰流程

两段跳汰流程，克服了三段跳汰流程（图7-14）中重砂恶性循环的缺点，用摇床精选能有效地提高最终精矿的含金品位，可逐步推广应用。

7.3.3.4 国外采金船选别流程

国外采金船选别流程一般都很完整，重视精选尾矿的选别，设置了非常完善的扫选作业流程，为提取成品金，都设有混汞作业系统，现将国外有关采金船选别流程分述如下。

A 二段溜槽-混汞流程

美国兰查普拉那采金公司170L采金船，处理卵石和巨砾含量约40%，细砂含量约40%，黏土含量约20%的物料，其底床为厚约0.3m的软变质斑岩。挖掘容易，砂金粒度较粗，并集中在细砂和底床中；此外，还含有约1%的铂族金属。根据上述特征，该采金船采用了二段溜槽-混汞流程，见图7-16。由图可知，该采金船选金工艺流程的特点是采用汞捕集器，每日向粗选横向溜槽头部加汞一次，其粗选横向溜槽中的汞膏大约每隔10天清取一次，尾矿给入扫选纵向溜槽，粗扫选精矿与捕金溜槽精矿给入精选溜槽进行精选，其精Ⅰ和精Ⅱ的精矿分别进行混汞，根据汞膏中贵金属的含量，分别获得含金80%的金锭，低成色金锭，铂、铱精矿和黑色重砂。该船生产实践表明，产金量的80%是在粗选横向溜槽的前0.9m部分收得的，10%左右的金是捕金溜槽回收的。该船选别工艺流程完

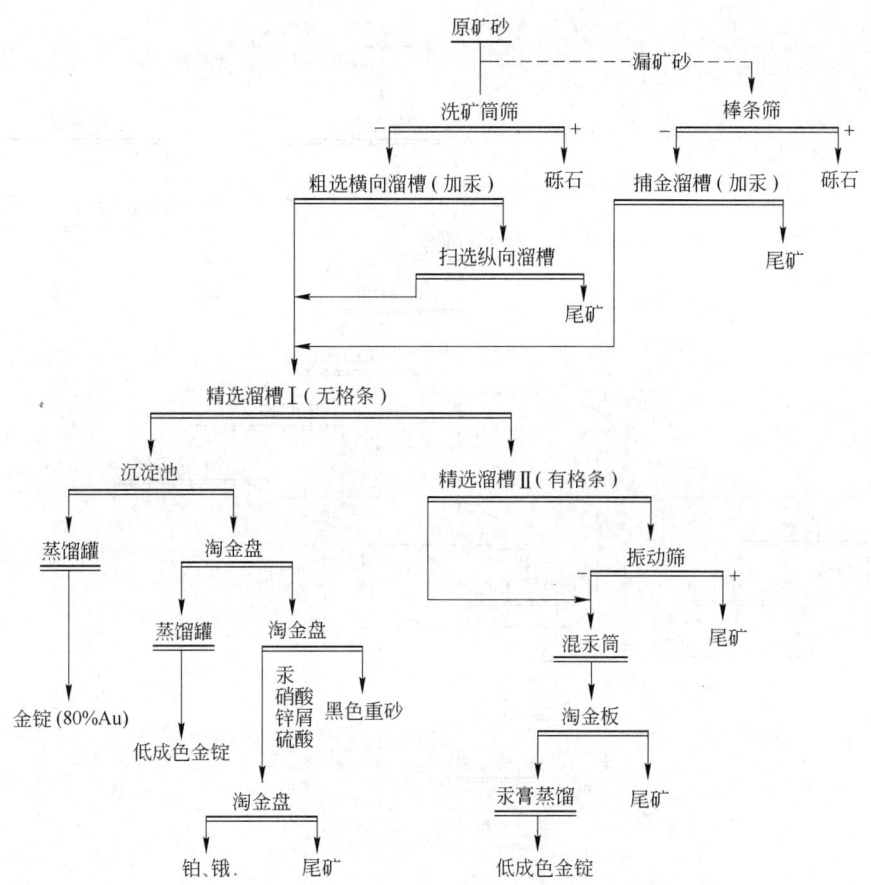

图 7-16 美国兰查普拉那采金公司 170L 采金船选金流程

整，二段溜槽＋混汞，可以在获得较高的回收率的同时，根据选别物料的矿物组成及含金品位的多少，生产出含金 80% 的金锭和低成色金锭，同时综合回收铂、锇。

B 溜槽＋跳汰-混汞流程

加纳勃莱门采金公司 280L 采金船，在奥芬河工作，该区含金层沉积于现代河床及其两岸，含金砂砾层厚度 4~5m，矿砂含巨砾很少，平均含金 0.17~0.35g/m³。该船采用溜槽＋跳汰-混汞流程，见图 7-17。由图可知，该采金船选金工艺流程的特点是将溜槽与跳汰机依次配置，用混汞塔进行混汞；而溜槽精矿和跳汰机精矿则分别用精选跳汰机再富集后，用盛汞槽和汞捕集器进行混汞。这一流程可以获得较高的金回收率，并能获得成品金。生产实践表明，用溜槽可回收 69% 的金，跳汰机回收约 26% 的金，捕金溜槽可获得 2% 的金，金总回收率可达 97%。

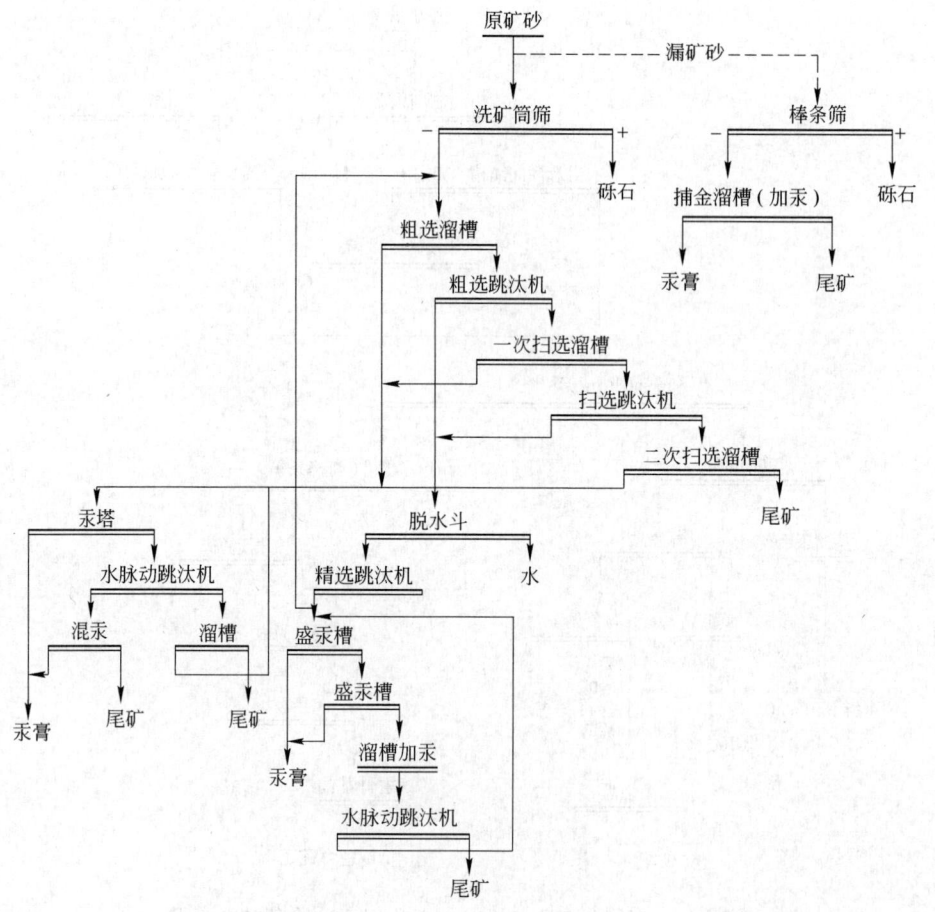

图 7-17   加纳勃莱门采金公司 280L 采金船选金工艺流程

C   双层溜槽、分级、跳汰+连续混汞流程

前苏联 600L 采金船采用双层溜槽、分级、跳汰+连续混汞流程，见图 7-18。

由图可知，该采金船选金流程各作业设置非常齐全，流程完整，其主要特点可归纳如下：

（1）采用双层横向自卸溜槽，从洗矿筒筛筛下产品回收粗、中粒金，槽底铺有可动的整块橡胶铺面，并借助电风动仪自动清洗，使生产过程连续化，而且改善了清洗精矿的劳动条件。

（2）双层横向自卸溜槽的尾矿用带有矿浆浓度自动调节器的螺旋分级机分级，其返砂用隔膜跳汰机选别，以回收微细粒金，而溢流用水力旋流器脱水，其沉砂用脉动跳汰机选别，以回收最微细粒金。

（3）含金重砂（最终精矿）均用连续混汞器（在球磨机中混汞）混汞，以

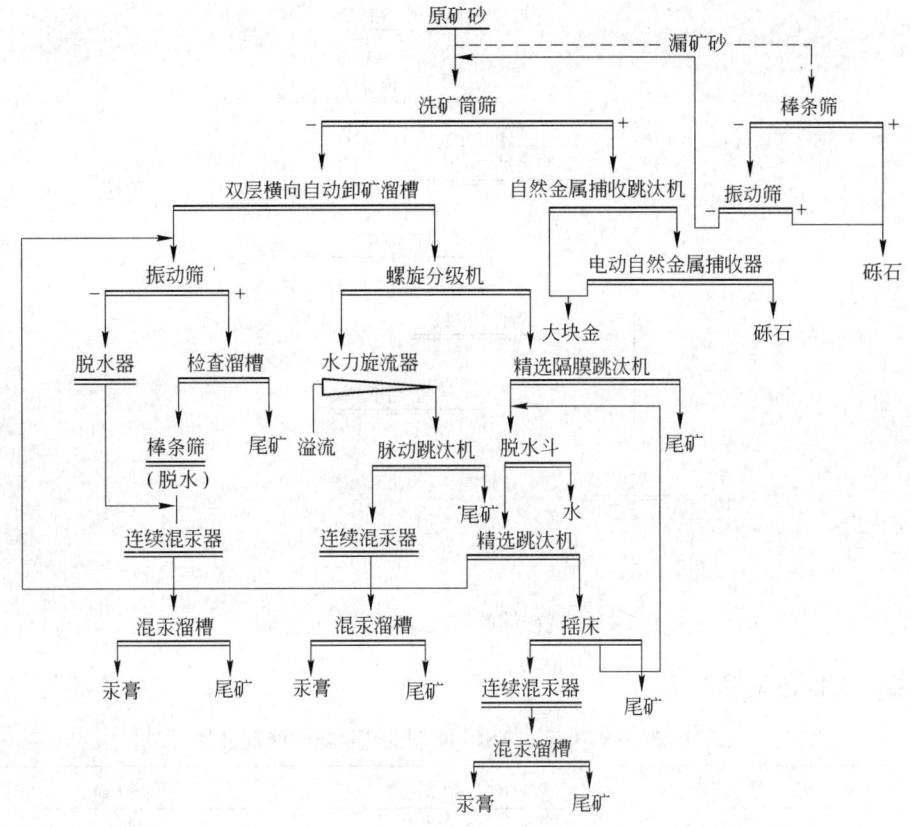

图 7-18　前苏联 600L 采金船选金工艺流程

最后提取成品金。其混汞过程中的加汞、给矿和排矿均实现了连续化。

（4）采用自然金属捕收跳汰机和电力自然金属捕收器，从洗矿筒筛筛上产物中回收大块自然金。

7.3.3.5　露天采场砂金矿的洗选

我国中小型砂金矿均采用露天开采，其洗选装置一般都设置在露天采场附近，并随着采场工作面的推进而定期随之移动，以便缩短原矿的运输距离和便于排弃尾矿。因此，露天采场砂金矿的洗选装置，不仅要处理量大、运转可靠、生产费用低，而且要设备质量轻，便于搬迁。目前我国露天采场砂金矿的洗选装置有以下几种。

A　洗矿筒筛-离心盘洗选机组

这种洗选机组是以洗矿筒筛和离心盘选机作为主要洗选设备，并配备一些辅助设备，所构成的洗选流程见图 7-19。

目前国内属于这种类型的洗选机组有 SX-20 型和 TSL-40 型两种，其性能及

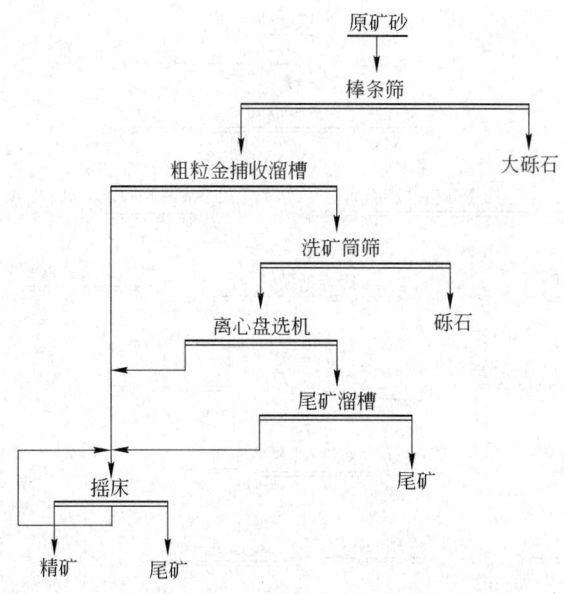

图 7-19　洗矿筒筛-离心盘选机组流程

主要洗选设备见表 7-23。

表 7-23　SX-20 型、TSL-40 型洗选机组性能及设备

项　目	SX-20 型	TSL-40 型
机组生产能力/m³·h⁻¹	20 ~ 25	40
给矿方式	矿仓中用水枪冲洗给矿	给矿机给矿的皮带机上矿
洗矿筛分设备	双层洗矿筒筛	悬臂式洗矿筒筛
粗选设备	3 台 φ900mm 离心盘选机	6 台 φ900mm 离心盘选机
精选设备	1 台 2100mm×1050mm 摇床	1 台 2100mm×1050mm 摇床

这种机组可处理易洗或中等可洗性砂金矿，对中、细粒金的回收效果较好，用水量较少，适用于处理阶地砂金矿。

　　B　鼓动溜槽作粗选洗选机组

洗矿筛分设备和鼓动溜槽配套组成的洗选机组主要有两种：STG-20 型洗矿-鼓动溜槽洗选机组和 SGX-10 型水力洗矿槽-鼓动溜槽洗选机组，其性能及主要洗选设备，见表 7-24。

表 7-24　STG-20、SGX-10 型洗选机组性能及设备

项　目	STG-20 型	SGX-10 型
机组生产能力/m³·h⁻¹	20	10
机组选矿回收率/%	85 ~ 94	80 ~ 90

项　目	STG-20 型	SGX-10 型
机组用水量/m³·h⁻¹	60~70	40~50
供矿设备	挖掘机或装载机	推土机或装载机
洗矿筛分设备	单层洗矿筒筛	水枪-水力洗矿槽
粗选设备	2 台鼓动溜槽	1 台鼓动溜槽
精选设备	1 台 2100mm×1050mm 摇床	1 台 1100mm×550mm 摇床
机组总重/t	8.6	2.2

STG-20 型洗选机组由矿仓、洗矿筒筛、鼓动溜槽三部分组成。这三部分分别安装在拖撬上，可以分别搬迁，因此体积小、质量轻，便于搬迁和安装组合。该机组以洗矿筒筛作为洗矿筛分设备，具有较强的洗散能力，可以处理易洗性砂金矿和中等可洗性砂金矿。

SGX-10 型洗选机组由水枪、水力洗矿槽和鼓动溜槽组成，分别安装在拖撬上，便于搬迁和安装。该机组以水力洗矿槽作为洗矿筛分设备，具有上矿高度小、投资小的优点，但处理砾石含量高的砂金矿时，处理能力下降，耗水量大。

上述两种洗选机组都具有选矿工艺流程简单、精矿产率小、操作简便、机组质量轻、便于搬迁的优点，适合于中、小型砂金矿使用。

C　组合溜槽洗选机组

我国有些砂金矿采用组合溜槽进行砂金矿的洗选工作，由于组合溜槽集洗矿、筛分、选别三种功能于一体，结构紧凑、便于搬迁，因此该机组可随着露天采场工作面的推进及时搬迁到运砂距离近的场地工作，以利于提高生产效率和降低生产费用；其不足是用水量大、金回收率较低，约为 60%~80%。

7.3.3.6　粗精矿的精选流程

采金船和露天采场的洗选设备获得的精矿含有许多种重砂矿物，称为粗精矿。为获得纯净的自然金，粗精矿还需要进一步精选，如果某种重砂矿物含量达到综合利用指标，还要从粗精矿中分离和回收该重砂矿物。

A　单一回收金的精选流程

只回收自然金，不分离和回收伴生重砂矿物时，通常采用摇床进行多段精选，摇床产出的富精矿用淘洗盘淘洗出自然金。常用的精选工艺流程见图 7-20。

该流程所处理的粗精矿，首先用筛分筛出粗粒产物，用大颗粒金回收溜槽回收大粒金，并丢弃粗粒尾矿；对筛下细粒产物，用摇床进行精选，摇床精选精矿用淘金盘淘洗出自然金，金的回收率可达 97%。其摇床尾矿，一般含金在 1g/t 以上，应集中堆存，进行进一步处理。

B　综合回收伴生重砂矿物的精选流程

伴生重砂矿物含量达到综合回收利用指标时，就应予以综合回收。综合回收

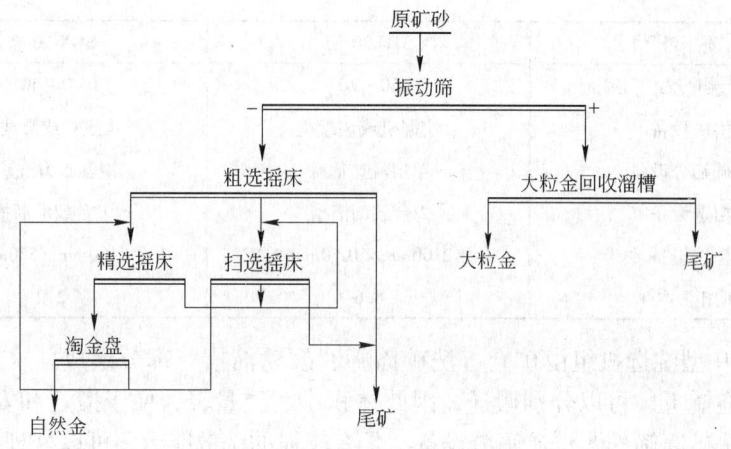

图 7-20 单一回收金的精选流程

流程视重砂矿物的种类及含量而定，一般采用重选-磁选-电选的联合流程。图7-21是某精选厂综合回收重砂矿物的精选流程。

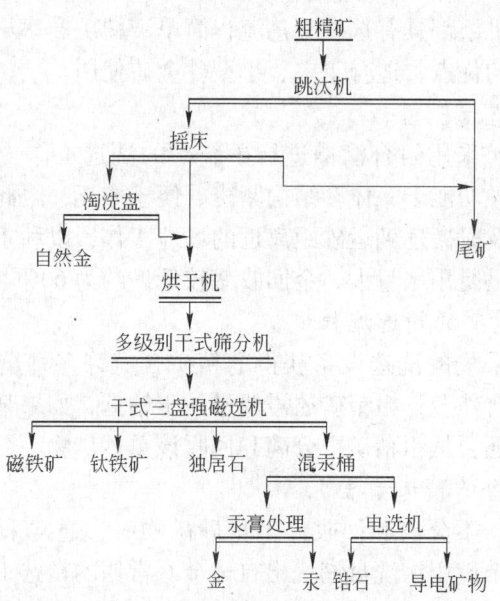

图 7-21 某精选厂综合回收重砂矿物的精选流程

该砂金矿伴生独居石、钛铁矿、锆石品位较高，具有综合回收价值。粗精矿首先用跳汰机进一步精选，丢弃粗精矿中的轻矿物，再用摇床精选，摇床精矿经淘洗盘淘洗出部分自然金。淘洗尾矿和摇床中矿烘干后，用多层振动筛筛分，各粒级分别用干式三盘强磁选机磁选，获得磁铁矿、钛铁矿、独居石三种合格精矿，非磁性产品经过混汞和电选，回收自然金和锆石。该精选厂选出的独居石精矿含 ThO_2 6% ~8%，钛铁矿精矿含 TiO_2 50%，锆石精矿含 ZrO_2 56% ~60%。自然金的精选回收率可达99%。

参 考 文 献

[1] 孙玉波. 重力选矿[M]. 北京：冶金工业出版社，1988：1~4，128~129.

[2] 吉林省冶金研究所. 金的选矿[M]. 北京：冶金工业出版社，1978：15~41.

[3] 孙长泉. 在磨矿分级回路中用跳汰机回收粗粒金的生产实践[J]. 国外金属矿选矿，1999
(9)：14~18.

[4] 孙长泉. 粗粒金回收的研究与实践[J]. 黄金，1991(12)：32~36.

[5] 孙长泉. 粗粒金特征与回收实践[J]. 青岛冶金矿山大学学报，1995(1)：20~29.

[6] 孙长泉. 磨矿分级回路中跳汰机回收粗粒金的研究与实践[J]. 金银工业，1996(2)：
4~7.

[7] 孙长泉. 黑岚沟金矿选矿流程的研究与实践[J]. 江西有色金属，1996(1)：11~16.

[8] 孙长泉. 山东蓬莱黑岚沟金矿矿石选矿工艺特征的研究[C]//第三届全国选矿学术讨论
会论文集，1991：192~199.

[9] 刘成义. 山东金矿工艺矿物学概论[M]. 北京：冶金工业出版社，1995：137~139.

[10] И. Н. Плаксцн. Memallypгия Snazonoghblx Memannoh[M]. Mockha，1958：75~107.

[11] 邢国栋. 矽卡岩型低品位多金属矿的综合回收[J]. 山东黄金，1998(2)：50~52.

[12] 《选矿设计手册》编委会. 选矿设计手册[M]. 北京：冶金工业出版社，1998：180~
206.

[13] 《山东省黄金工业志》编纂委员会. 山东省黄金工业志[M]. 济南：济南出版社，1990：
173~245.

[14] 乳山县黄金工业公司. 乳山县黄金志（内部发行）. 1987：51~60.

[15] 长春黄金研究所. 灵山金矿. 灵山100t/d选厂流程暂定报告[R]. 1966.

[16] 黄振卿. 简明黄金实用手册[M]. 长春：东北师范大学出版社，1991：290~299，366~
372.

[17] 荣成林，赵荣江. 珲春金铜矿矿石选矿生产实践[J]. 黄金，1993(8)：47~53.

8 混汞法提金

8.1 混汞法提金概念

混汞法提金是在矿浆中，金粒被汞选择性地润湿及形成合金，使其与其他金属矿物和脉石分离，这种选金方法称为混汞法提金。

混汞法提金是一种古老而又普遍应用的选金方法，在近代黄金工业生产中，从某种程度上来说，虽已被浮选法和氰化法所代替，但从回收解离的单体自然金，特别是粗粒金，仍有其独到之处，故至今仍为国内外提金的重要方法之一。在通常的情况下，用混汞法处理适于混汞的脉金矿石，金的回收率约为 60% ~ 80%。生产实践证明，用混汞法提金在选金流程中提前取出一部分金，能大大降低尾矿中金的损失；另外，可以就地直接炼金。所以，我国长期以来，混汞法就作为砂金矿的重要提金手段，在脉金矿山多用于磨矿分级回路中和从重选精矿中回收部分金。

混汞法提金分为内混汞和外混汞两种类型。内混汞是向捣矿机和球磨机等硬磨碎设备中加汞，在磨碎矿石的同时进行混汞作业。外混汞是在磨碎设备以外加汞，对矿石进行混汞作业。

将电流通入混汞作业，可以强化汞的捕金能力。电路的阴极连接在汞的表面上能降低汞的表面张力，活跃汞的性能，提高汞对金的润湿效果。近年来，国外已将电混汞实际应用到工业生产中。

8.2 混汞法提金原理

8.2.1 混汞的理论基础

混汞法提金是基于液态金属汞对矿浆中金粒的选择性润湿，从而使之与其他金属矿物和脉石分离，随后汞向被润湿的金粒中扩散而生成汞齐（合金），然后蒸馏汞齐，使汞从汞齐中挥发分离而获得金，这是混汞法提金的理论基础。

混汞过程中，在以水为介质的矿浆中，当汞与金粒表面接触时，金与汞新形成的接触面代替了原来金与水和汞与水的接触面，从而降低了相系的表面能，并破坏了妨碍金粒与汞接触的水化层。此时，汞沿着金粒表面迅速扩散，并促使相界面上的表面能降低。随后汞向金粒中扩散，形成了汞金化合物——汞齐（汞膏）。由于原子间力的作用结果而发生放热反应，并同时放出热量。

在所有金属中，金是最容易混汞的，很多贱金属则不能直接进行混汞，银和铂介于金和大多数贱金属之间。但个别贱金属，例如铜则比铂还容易混汞。出现这种情况的原因，关键在于金属表面氧化薄膜的性质。一般金属的表面，风和空气接触都能被氧化，并生成氧化膜。金与其他贱金属相比，氧化的速度最慢，生成的氧化膜最薄。这是金易为汞润湿并汞齐化的根本原因。除金外，银、铜、锌、锡和镉等也能与汞结合成汞齐，铂也能在锌或钠参与下生成铂汞齐。但银和铂的表面能形成一层致密、坚硬的氧化膜，汞齐化比较困难。其他贱金属则因氧化速度快，生成的氧化膜厚，所以不能直接被汞润湿形成汞齐。

金属被汞润湿，并随后汞向金属内部扩散生成汞膏的过程，称为汞齐化（汞膏化）。

最容易汞齐化的是纯金。当金中含银10%时，则汞齐化能力大大降低。

化学纯汞的汞齐化能力，不如含少量金和银的汞。因为汞中溶解有少量金与银能降低汞的表面张力，从而可改善汞的润湿性能。

8.2.2 汞齐的构造与形成

在汞齐化过程中，汞与金形成三种化合物：$AuHg_2$、Au_2Hg、Au_3Hg。此外，在金中还形成有汞的固溶体，其中汞含量按相对原子质量计最高为16.7%。

金汞膏的形成有两个阶段。第一阶段是金被汞润湿；第二阶段是汞向金粒中扩散，形成汞和金的化合物。

在生产过程中，金和其他矿物以颗粒状与汞接触，其他矿物颗粒不被汞润湿而随矿浆流走，金粒则被汞润湿而捕集，见图8-1。汞进一步向金粒内部扩散，并形成汞化合物，见图8-2。

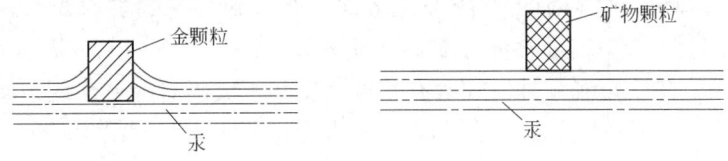

图8-1 金被汞润湿的状况

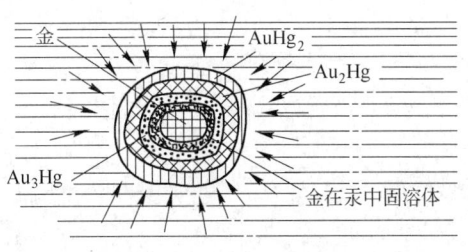

图8-2 汞齐化过程

从图 8-2 中可见，金最表面的一层与汞生成 $AuHg_2$，再往深部扩散则生成 Au_2Hg 与 Au_3Hg，第四层则形成汞的固溶体，最后是残存未汞齐化的金。细粒金被汞齐化时，几乎全部生成汞化合物和固溶体，而不存在残存金，见图 8-3。

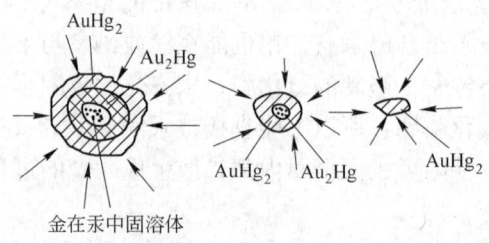

图 8-3 细粒金汞齐化过程

在常温下，金在汞中的溶解度不大，一般在 0.15% ~ 0.2% 之间。提高温度，溶解度则增大，0℃时为 0.11%，20℃时为 0.126%，100℃时为 0.65%。

生产实践中所获得的汞膏（汞齐），是多相系或是两相的混合物：(1) 金全部或部分与汞化合成的化合物——固体汞膏；(2) 过剩的汞。

汞膏中含金低于 10% 时为液体；含金达 12.5% 时为致密体。

工业生产中所刮取的汞膏，用清水仔细清洗，用柔软的鹿皮或致密的布包裹，经千斤顶等压榨滤出过剩的汞，则得到坚硬的"工业汞膏"。在过剩的汞中金含量一般为 0.1% ~ 0.2%，当金粒细小、滤布又不够致密时，金含量会高些。固体汞膏的金含量极接近 $AuHg_2$ 化合物中的金含量（32.95% Au），即金与汞的质量比约为 1:2。粗粒金混汞时，由于未汞齐化的残存金多，工业汞膏的金含量可达 40% ~ 50%。金粒细小时汞齐化全面，而且因细粒金表面积大，附着的汞多，所以工业汞膏中的金含量可降至 20% ~ 25%。

工业汞膏除含金和汞外，还含有其他金属和石英碎屑等。这些杂质是混入汞膏内的，不是汞的化合物。如前所述，汞不能和硫化矿物及石英润湿。

8.2.3 影响混汞的因素

混汞过程中，汞对金的润湿作用受金的粒度和单体解离程度、金与汞的成分、矿浆介质酸碱度、矿浆浓度和湿度、矿物成分、混汞工艺和设备配置、设备和操作条件等因素的影响，其中主要影响因素分述如下。

8.2.3.1 汞的成分

纯汞对金的润湿并不好，含金、银及少量贱金属（铜、铅、锌均小于0.1%）的汞能降低汞的表面张力，改善润湿效果。在稀硫酸介质中使用锌汞齐时，不但可捕收金，而且还可以捕收铂。但当贱金属杂质在汞中含量过多时，就会在汞的表面浓集，大大降低汞的表面张力，使汞对金的润湿能力降低。如汞中含铜1%时，汞在金上的扩散过程为30~60min；当含铜达5%时，扩散过程就需要2~3h。汞中含锌0.1%~5.0%，就不会润湿金，更不会往金粒中扩散，而含锌少于0.05%的汞对金的润湿性能好。汞中混入大量铜和铁时，会使汞齐变硬发脆，继而粉化，故在磨矿过程中混入大量铁屑，或矿石中含有易氧化的硫化矿物，或汞与矿石表面的强烈机械作用，或矿浆中产生重金属离子，都会引起混汞过程中汞的粉化。

汞中含有金、银可以加速汞对金的润湿过程，当汞中金含量为0.1%~0.2%时，可以加速汞对金的汞膏化过程。汞中金银含量为0.17%时，汞对金的润湿能力可以提高0.7倍；当金银含量达5%时，可以提高2倍。

汞的表面会被油质、黏土、滑石、石墨、砷化物、若干硫化物和锑、铜、锡等金属以及分解生成的有机质、可溶铁、硫酸铜等杂质污染。

汞被污染是由于作业过程中有害杂质或生成的化合物在汞珠表面生成一层极薄的膜，它遍布在汞珠上形同一层屏障，使汞与金不能直接接触。这层极薄的膜对汞有一定吸引力，它不断在汞珠表面游动，且不易脱离，使汞珠在运动中不断被分割、包围而逐渐变小，终至粉化，严重时会随矿浆完全流失。

汞粉化的另一个原因，是由于汞被过磨而引起的，这时汞被水膜包裹而呈微细小球，失去捕金作用。

8.2.3.2 金的粒度和单体解离程度

金的粒度大小、形状、结构、连生体对混汞效果的影响，对脉金而言主要取决于磨矿粒度，对砂金矿而言取决于擦洗、散碎作业。混汞法的显著特点之一，是采用较高的矿浆浓度和较大的粒度。适于混汞的金粒一般为0.1~1mm。我国夹皮沟金矿选矿厂在磨矿循环中，把混汞板的最大混汞程度0.15mm作为金粒不过磨的标志，在这个粒度范围内解离的金粒能立即混汞，其回收率可达77%~78.8%。由此可知，在完善混汞作业条件下，混汞效果主要取决于自然金的粒度和其单体解离度。当金的粒度细小而又可被矿泥或膜覆盖时，混汞效果不好。在矿浆浓度大的条件下，0.03mm以下的微细金粒易随矿浆流走，而不易与汞板上的汞形成汞齐。

8.2.3.3 金粒的成分

纯金易被汞润湿，但在自然界中很难遇到化学纯金，在通常情况下，多为金、银、铜组成的合金。由于金中杂质的存在，降低了被汞齐化的能力。例如，金中含银达10%时，被汞润湿的能力就会显著下降。

金粒表面新鲜、洁净是混汞的必要条件，当金粒表面被污染或者"生锈"时，其汞齐化的能力则会降低，甚至完全不能被汞齐化。污染金粒表面的因素很多，主要有：（1）在磨矿过程中，金粒发生各种变形，这时就有一些铁屑或石英微粒被压入金粒表面；（2）在磨矿过程中刚解离出来的新鲜金粒表面，有可能被混入到矿石中的机油所附着，另外，当矿石中含有滑石、石墨或其他含碳物质时，也会产生类似的现象；（3）悬浮在矿浆中的微泥和溶解于水中的杂质，能在金粒表面盖上一层吸附薄膜。所谓金粒"生锈"，是指金粒表面生成一层金属氧化物薄膜和硅酸盐氧化膜。

金粒刚从矿石中解离出来时，最容易被混汞。因此，内混汞比外混汞效果好。

金粒表面的薄膜通常应在磨矿过程中或在混汞前予以清除，其办法是加入石灰、氰化物、氯化铵、重铬酸盐、高锰酸盐、碱或氧化铅等药剂。

8.2.3.4 矿浆温度

汞在常温下是液态，它的熔点为 -38.89 ℃，沸点为 357.25 ℃。矿浆温度过低时，汞的黏性增大，对金的润湿性差。随着温度的上升，汞的活性增强，对混汞作业有利。但温度过高时，汞的流动性增强，而会导致部分汞金随矿浆流失。所以，在一定范围内，提高温度能提高混汞作业的金回收率。我国黄金矿山一般混汞作业温度保持在 15 ℃以上。

8.2.3.5 矿浆浓度

外混汞作业中，矿浆浓度一般在 10% ~ 25%，在磨矿循环中的汞板给矿浓度以 50% 左右为好，以保证金粒有足够的沉降速度。因为外混汞作业是依靠矿浆在溜槽内流动的作用，借助密度的差异使金粒与矿石分层，使自然金粒与混汞板面上的汞有充分的接触机会，以达到捕收金的目的，所以矿浆浓度不易太高。内混汞作业是在碎磨设备中借自然金粒解离时，金粒表面暴露的瞬间被汞捕集的。当在捣矿机、辗盘机及混汞筒中进行内混汞时，矿浆浓度以 30% ~ 50% 较为合适。在球磨机中进行内混汞时，因考虑到磨矿效率，其矿浆浓度可控制在 60% ~ 80%，但在内混汞作业结束后，可把矿浆中分散的汞齐和汞聚集起来，以便回收，应把矿浆稀释到较低的浓度。

8.2.3.6 矿浆的酸碱度

在酸性介质或氰化液中（NaCN 浓度 0.05%）混汞，其混汞作业效果较好，特别是处理性质复杂、有害杂质较多的矿石更为有效。因为在混汞作业过程中，金粒和汞的表面所生成的氧化物薄膜，能被酸或氰化物所溶解，从而改善混汞效率。

碱的存在能使可溶性盐类沉淀和消除油质的影响，如在球磨机中进行内混汞作业时，由于硫化物的氧化及电化反应，而产生可溶性盐类，汞被贱金属盐类所覆盖；加之，磨矿过程中混入的机械润滑油，都会影响混汞过程的正常进行。采用碱性介质中混汞，就能消除这些不利影响。使用石灰作调整剂，能中和矿浆中的酸性，减少可溶性盐类，防止硫化物的影响，减轻机油的危害，并能使极细粒的矿泥凝集，减小介质的黏度等。但过量的石灰能抑制含金黄铁矿并降低混汞速度，所以，石灰添加量一般为混汞矿量的 4% ~5% 。

8.2.3.7 汞板及坡度

混汞板通常采用镀银紫铜板，有的也用纯银板。纯银板投资费用较高，板面过于平滑，捕金效果不够理想。镀银紫铜板投资费用小，板面较为粗糙，可增强吸汞能力，对捕金有利。所以，实际生产均采用镀银紫铜板。

汞板的坡度过大，矿浆流速快，金粒与汞接触机会少，容易流失；坡度过小，矿石少，易在汞板上堆积，金粒不易与汞板接触，会减弱甚至失去捕金的作用。所以，应根据磨矿细度和矿浆浓度等因素，来确定汞板的坡度（见表8-3）。

8.2.3.8 添汞量及次数

汞的添加量和添加次数，是影响混汞效果的重要因素之一。往汞板上添汞应均匀、适量。夏天气温高，汞的流动性大，应勤加少加；冬天一般每隔 2 ~4h 加一次，并应适当多加。每吨矿石的加汞量，随矿石含金多少而定。刮汞金次数亦视矿石含金多少而定。当矿石含金量少时，由于在同一时间内汞板上的汞齐薄，可每隔 24h 刮金一次，这有利于汞金膜的形成，提高金的再捕收，延长汞板的纯作业时间。当矿石含金量多时，则可每班刮金一次。

8.2.3.9 水

所用的水应当不含酸、贱金属硫酸盐离子和有机质。为了净化水，在某些情况下，可往水中加入石灰或其他药剂进行预先处理。使上述有害物质随添加剂一起沉淀，以获得较好的水质。

8.3 混汞设备与操作

8.3.1 混汞方法的选择

混汞设备的形式和构造取决于生产工艺所采用的混汞方法。混汞方法目前有两种：（1）内混汞法。在磨矿设备内，磨矿与混汞同时进行。常用设备有辗盘机、捣矿机、混汞筒或专用的小型球磨机、棒磨机；（2）外混汞法。在磨矿设备外进行混汞作业，如各种形式的混汞板和不同结构的混汞机械。

当含金矿石中铜、铅、锌矿物含量甚微，不含易使汞大量粉化的硫化物，金的嵌布粒度较大时，常采用内混汞法处理。此外，砂金矿山常用内混汞法使金与其他重矿物分离。

外混汞在选金厂很少单独使用，往往与浮选、重选和氰化法联合使用。当处理含金多金属矿石时，外混汞主要用来捕收粗粒游离金。

混汞法从不同矿石中回收金的大致情况见表8-1。

表8-1   各种金矿石的混汞回收率

矿石类型	不同磨矿细度金的回收率/%			备注
	−0.833mm（−20目）	−0.417mm（−35目）	−0.208mm（−65目）	
含粗粒浸染金的石英脉	65	75	85	
中等粒度含金石英脉	50	65	75	
含金石英硫化矿	40	50	60	硫化物占5% ~10%
含金硫化矿	20	30	40	硫化物占10% ~20%

8.3.2   外混汞设备与操作

目前，外混汞常用设备有混汞板、振动混汞板和近年来制造的不同特点的各种混汞机械。目前，在我国只有固定混汞板应用的较普遍。

8.3.2.1   固定混汞板

固定混汞板有平面式、阶梯式和带有中间捕集沟的三种形式。我国多采用平面式固定混汞板，其构造见图8-4。国外常用带有中间捕集沟的固定混汞板，见图8-5。

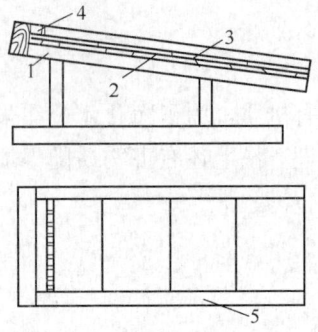
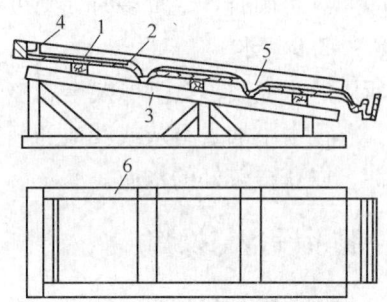

图8-4   平面式固定混汞板　　　　图8-5   带有中间捕集沟的固定混汞板
1—支架；2—床面；3—汞板（镀银铜板）；　1—汞板；2—床面；3—支架；4—矿浆
4—矿浆分配器；5—侧帮　　　　分配器；5—捕集沟；6—侧帮

中间捕集沟的作用是捕集粗粒游离金，但也有使矿砂淤积的缺陷，因而给操作带来麻烦。

在国外还有一种阶梯式的固定混汞板，即混汞板不带中间捕集沟，而是以30 ~50mm 的高差为阶段，形成多段的阶梯式混汞板。这种混汞板依靠矿浆流的落差，使矿浆很好地混合而避免分层，并能促使游离金转入底层与汞板表面形成良好的接触。

固定混汞板主要由三部分组成：支架、床面和汞板。支架与床面可用木材或钢材制作。床面必须保证不漏矿浆。

汞板多为镀银铜板，厚度为 3~5mm。为了镀银与更换方便及有助于捕集金，常裁成 400~600mm、长 800~1200mm 的小块。汞板铺设于床面上，按支架的倾斜方向一块接一块地搭接。汞板与床面的连接方法见图 8-6。

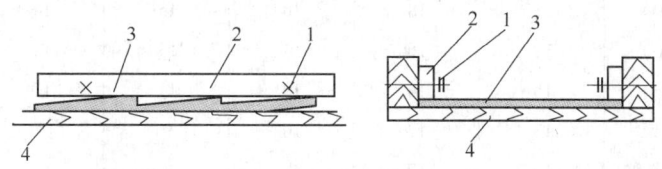

图 8-6　汞板连接方法

1—螺栓；2—压条；3—汞板；4—床面

汞板面积的确定主要依据所需处理的矿石量、矿石性质以及混汞作业在选金流程中的作用。正常混汞作业时，汞板面上矿浆流的厚度为 5~8mm，流速为 0.5~0.7m/s。在实践中，处理 1t 矿石所需汞板面积为 0.05~0.5m²/d。当混汞作业只是为了捕收粗粒金、混汞板设在氰化或浮选作业之前时，其生产定额可定为 0.1~0.2m²/d。

根据矿石性质和混汞在选金流程中的作用，汞板的生产定额见表 8-2。

表 8-2　汞板生产定额　　　　　　(m²/(t·d))

混汞在选金流程中的作业位置	矿石含金量			
	大于 10~15g/t		小于 10g/t	
	细粒金	粗粒金	细粒金	粗粒金
混汞作为独立的作业	0.4~0.5	0.3~0.4	0.3~0.4	0.2~0.3
混汞，然后再用溜槽扫选	0.3~0.4	0.2~0.3	0.2~0.3	0.15~0.2
混汞，其后有氰化或浮选作业	0.15~0.20	0.2~0.1	0.1~0.15	0.05~0.1

实践证明，混汞作业的效果主要取决于汞板的宽度，而其长度则不起决定性作用。适当的汞板宽度可使矿浆流变薄及均匀分布，有利于金的汞齐化。由于可混汞的金绝大部分是在混汞板的前部被捕收，所以混汞板过长没有实际意义。当混汞板作为内混汞的辅助设施以捕收流失的汞膏和汞时，其长度大约为 5~6m。混汞板设在磨矿分级闭路循环之中并只捕收粗粒金时，其长度可限制在 2~4m。

混汞板的倾斜度（也称坡度）与给矿粒度和矿浆浓度有关。当矿粒较粗、矿浆较浓时，倾角应大些；反之，则应小些。

矿石相对密度为 2.7~2.8 时，不同液固比的混汞板倾斜度见表 8-3。

表 8-3　汞板倾斜度

磨矿细度/mm(目)	矿浆液固比					
	3 : 1	4 : 1	6 : 1	8 : 1	10 : 1	15 : 1
	汞板倾斜度/%					
-1.651(-10)	21	18	16	15	14	13
-0.833(-20)	18	16	14	13	12	11
-0.417(-35)	15	14	12	11	10	9
-0.208(-65)	13	12	10	9	8	7
-0.104(-150)	11	10	9	8	7	6

注: 对于相对密度为 3.8 ~ 4.0 的矿石, 汞板倾斜度应为表中数值上限的 1.2 ~ 1.25 倍。

我国某金矿, 磨矿细度 60% 为 -0.074mm(-200 目)(球磨机排矿), 混汞矿浆浓度 50%, 汞板倾角 10°。我国铜井铜矿磨矿细度 55% ~ 60% 为 -0.074mm(-200 目)(分级机溢流), 混汞矿浆浓度 30%, 汞板倾角 8°。

8.3.2.2　振动混汞板

振动混汞板在国外已应用到混汞实践中, 目前, 有两种类型:

(1) 汞板悬吊在拉杆上;

(2) 汞板装置在挠性金属或木质的支柱上。

振动混汞板为木质床面, 由厚木板装配而成, 其上为汞板, 规格为 1.5m × 3.6m, 构造见图 8-7。

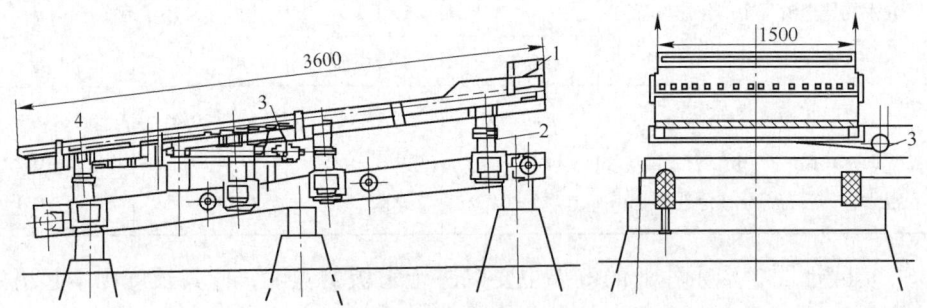

图 8-7　振动混汞板
1—矿浆分配器;2—支柱(弹簧);3—偏心机构;4—汞板

汞板 4 安设在挠性钢或木质的支柱(弹簧)2 上, 或悬挂在弹簧拉杆上, 倾斜为 10% ~ 12%。汞板靠凸轮曲柄机构或偏心机构 3 的驱使做横向摆动(很少有纵向摆动), 每分钟摆动次数为 160 ~ 200 次, 摆幅为 25mm, 消耗功率为 0.36 ~ 0.56kW。

这种混汞板处理能力大，每平方米负荷量 10～12t/d，设备占地面积小，适于处理含细粒金和大密度硫化物的矿石。必须说明，这种设备对于磨矿粒度较粗的物料（0.295～0.208mm(48～65 目)）不能进行混汞。

8.3.2.3 其他混汞设备

近年来，国外积极研究、制造各种混汞机械。有的用于处理脉金矿，有的则处理砂金矿和重选所得的含金精矿。这些设备形式繁多，构造不同，归结起来，目前国内外新研制成功的混汞机械有以下几种。

A 连续混汞筒

连续混汞筒是前苏联乌拉尔铜业研究设计院研制的连续混汞设备，见图 8-8。这是自球磨机排料口给料的旋转圆筒，内装可拆卸汞板（铜片），能连续作业。另外，还有用于微细金粒混汞的短锥水力旋流器，以及在溜槽和摇床上敷设混汞板等。

B 旋流混汞器

旋流混汞器是根据水力旋流器的原理制成的，在美国和南非的矿山用于第二段磨矿回路中。矿浆压送供入加汞的设备内并沿切线方向旋转，此时由于矿浆与汞受到强烈搅拌，在不断运动中促使金与汞接触，因而能强化混汞作业，故混汞效率较高。

C 连续混汞器

我国自行设计的离心式连续混汞器（见图 8-9）。是将矿浆给入混汞器内的汞床上，借离心式循环水泵的水压，使矿砂在汞床面上做旋转运动。此时，由于离心作用使矿砂分层，密

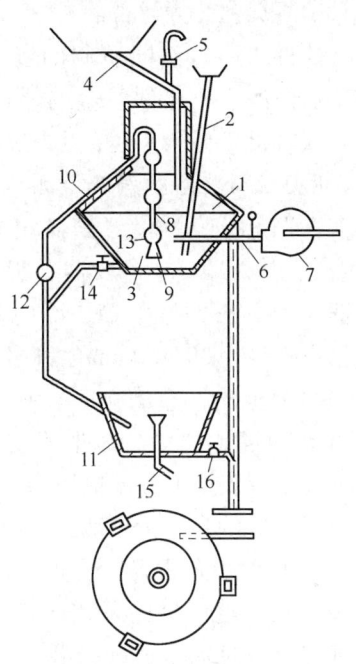

图 8-9 离心式连续混汞器

1—密封容器；2—加汞管；3—汞床；
4—给矿管；5，15—溢流管；6—供水管；
7—循环水泵；8—虹吸管；9—喇叭
吸入口；10—排料管；11—分离器；
12，14，16—阀门；13—球形室

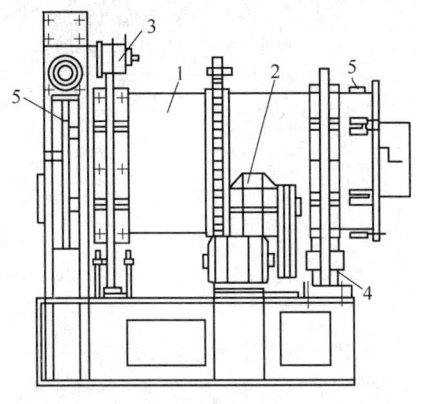

图 8-8 连续混汞筒

1—圆筒；2—传动机构；3—给汞器；
4—支撑辊；5—端盖

度大的金粒沉淀到汞床面上并扫刷汞层而被捕集混入汞内。混汞后，矿浆中的水、重砂和汞一道由喇叭口被虹吸进管内。当矿浆进入球形室时，因断面突然增大，汞在重力作用下开始回流，而密度小的水和重砂继续上升进入分离器中，由溢流管排走。生成的汞膏由于比新加入的汞密度大而沉入汞床的底部，定期从阀门放出。

美国研制的连续混汞器，矿浆由给矿管供入，在水力作用下旋流混汞，在旋流混汞过程中金粒表面受到摩擦。汞供循环使用，定期排出汞膏。矿浆混汞后通过虹吸管提升并从排矿管排出，从而实现了混汞作业的连续化。

D　干式电混汞器

美国研制的干式电混汞器，通过高压电流，促使呈悬浮状态的粉粒金与汞接触。这种混汞器能回收粉粒的或呈胶泥状态的微粒单体金。

E　电气混汞机械

电气混汞机械是一种借电路阴极连接在汞的表面，以降低汞的表面张力，活化汞的润湿性能，提高混汞效率的机械。国外已制成电气混汞板、电解离心混汞机、电气提金斗等设备。

此外，还有法国研制的混汞塔以及用于从滨海砂矿中回收金的便携式分选-混汞联合机，见图8-10，也很引人注目。

8.3.2.4　给矿箱和捕汞（金）器

在混汞板上端设置给矿箱（矿浆分配器），其末端安有捕汞器。所谓矿浆分配器，为一长方形木箱，面向混汞板一侧钻有孔径为30～50mm的许多小孔，矿浆自孔内流出，布满汞板。孔前最好钉有可动的菱形木块，以利调整矿浆流，使其在汞板表面上分布更加均匀。

捕汞器的作用是捕集自汞板上随矿浆流失的汞和金汞膏。它的工作原理是放缓矿浆流速，借助汞或汞膏与脉石的密度差异，使汞与汞膏沉落，脉石流走。一般捕汞器内上升的矿浆速度为30～60mm/s。当物料密度较大、粒度较粗时，从捕汞器下部补加水造成脉动水流（150～200次/min），可收到更好的捕集效果。

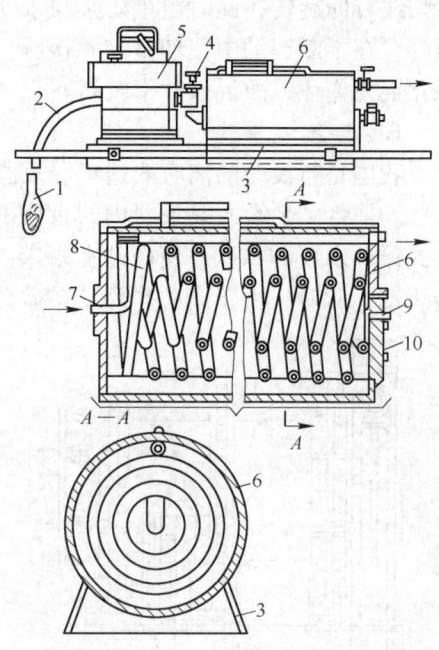

图8-10　分选-混汞联合机
1—进浆管；2—软管；3—机座；4—给矿阀；
5—泵；6—混汞器机体；7—内蛇形管；
8—外蛇形管；9—轻产品排出孔；
10—可拆换的端盖

捕汞（金）器类型很多。图8-11所示是最简单的箱形捕汞（金）器。箱内装有隔板，矿浆自混汞板直接流入箱内，又从隔板下边返上来，由溢流孔流出去。汞与汞膏沉到箱底，定期加以清除。带有补加水的水力捕汞（金）器也有很多种，图8-12为其中的一种。

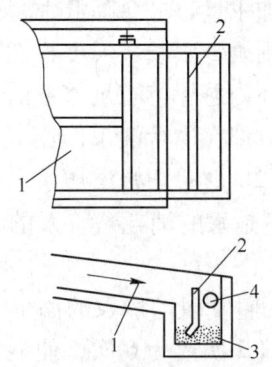

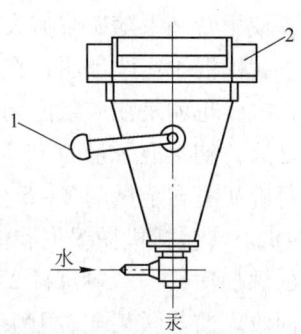

图 8-11　箱形捕汞（金）器　　　　　图 8-12　水力捕汞（金）器
1—溜槽；2—隔板；3—汞或汞膏；4—矿浆溢流孔　　　　1—给矿管；2—溢流口

8.3.2.5 混汞板操作

由于混汞在选金流程中，主要是捕收粗粒游离金，所以混汞板通常是设在磨矿分级循环之中，即直接处理球磨机的排矿产物。此时，混汞作业回收率较高，有的矿山可达60%～70%。我国某金矿在混汞板上曾捕收到1.5～2.0mm的粗粒金，这就足以证明了这种配置是合适的。有的金矿将混汞板安设在磨矿分级循环之外，即处理分级机溢流产品，这种配置不能完全捕收游离金。实践证明，混汞作业回收率偏低，有的金矿只能达到30%～45%。

要获得较高的混汞回收率，加强对混汞板的操作，提高管理水平，是必不可少的。在影响混汞板作业效果的诸因素中，给矿粒度、给矿浓度、矿浆流速、矿浆酸碱度、汞的补加时间与补加量、刮取汞膏的时间和预防汞板"生病"等是比较主要的因素。

混汞板给矿粒度不宜过大，粒度过大不但金粒难于从矿石中解离出来，而且较大的矿粒容易擦破汞板表面，造成汞与汞膏流失。适宜的给矿粒度为3.0～0.42mm。

混汞板给矿浓度也不可过大。矿浆浓度过大会使细粒金，特别是在磨矿过程中变成"船形"的微小金片难于沉落到汞板上。以混汞作业而言，混汞板的给矿浓度以10%～25%为好。但在实践中，常以下一作业的浓度要求来确定混汞板的给矿浓度。因此，生产中混汞板给矿浓度大多大于10%～25%，有时高达50%。

混汞板上矿浆流速一般为0.15～0.7m/s。当给矿量固定时，流速大则汞板上矿浆层变薄，重金属硫化物易沉积到汞板上，使作业条件变坏。

矿浆的酸碱度对混汞作业效果影响甚大。在酸性介质中，附着在汞表面上的贱金属表面洁净，能促进汞对金的润湿性能。但是，在酸性介质中却不能使矿泥凝聚，反而由于矿泥污染金粒，妨碍了汞对金的润湿。所以，通常是在碱性介质中进行混汞，以 pH = 8.0 ~ 8.5 为宜。

汞的添加量也是影响混汞效果的重要因素。加汞量过多会降低汞膏的弹性和稠度，易使汞膏和汞随矿浆流失；加汞量不足，则汞膏坚硬，失去弹性，降低捕金能力。我国混汞实践证明，在整个混汞作业循环内总保持有足够量的汞，有利于金的捕收，也就是在矿浆流动的全部过程中随时都在进行混汞作业。汞板再投入生产之后，初次混汞量为 15 ~ 30g/m²；隔 6 ~ 12h 之后开始添加汞，添加量原则上为每吨矿石含金量的 2 ~ 5 倍。汞的添加量不是汞的消耗量。汞的消耗量一般为 3 ~ 8g/t（包括机械损失和炼金损失）。

汞的添加次数，一般每日 2 ~ 4 次。近年来人们发现增加汞的添加次数有利于金的回收。前苏联某金矿山汞的添加次数由每日 2 次改为 6 次，使混汞作业金的回收率提高 18% ~ 30%。

混汞作业经过一定时间之后，应从汞板上刮取汞膏。通常刮取汞膏的时间是一致的。我国为了企业管理方便起见，一般是在每作业班刮取汞膏一次。刮汞膏时，应停止给矿，将汞板冲洗干净，用硬橡胶板自汞板下部往上刮。在国外的企业，刮汞膏前将汞板加热使汞膏柔软，以利刮取。我国的经验是，在刮取汞膏之前向汞板上再洒一些汞，同样会收到使汞膏柔软的效果。许多工厂的实践资料还表明，刮取汞膏时不要很彻底，在汞板上留下一层薄薄的汞膏是有益的，能防止汞板"生病"。

汞板"生病"即汞板失去或降低了捕金能力。就我国的生产经验，将"症状"及其预防方法简要介绍如下：

汞板干涸，汞膏坚硬。这多半是由于补汞量不足所致。经常检查汞板，及时补加适当的汞即可消除。

当汞板使用回收的汞时，有时会出现汞的微粒化现象。这时，汞不能均匀地铺展在汞板上，易被矿浆带走。这不仅降低了汞板的捕金能力，还由于在流失的汞内有溶解金，所以金的损失就更大。消除这种现象，必须事先检查汞的状态，如发现有微粒化现象时则不用。用金属钠可使微粒化的汞凝聚复原。

硫或硫化物与汞作业使汞粉化，在汞板上生成黑色斑点，使汞板丧失捕金能力，特别是矿石中含有硫化砷、锑和铋时，这种现象尤为严重。另外，矿浆中氧的存在能使汞氧化，在汞板上生成红色或黄红色的斑痕。处理这类情况，国外常常应用化学药剂，但比较麻烦。我国的经验是，加大石灰用量，提高矿浆的 pH 值，抑制硫化物的活性；加大汞的添加量，使已粉化的汞随过量汞一起流失；增大矿浆流速，利用矿砂擦掉汞板上的斑痕。

　　当矿石为含金多金属硫化物时，会经常发生金属硫化物附着于汞板上，恶化混汞过程。消除这种现象，往往是采用加大石灰用量，有时 pH 值需达到 12 以上才能解决。

　　机油混入矿浆，也将恶化混汞过程，严重者可中断混汞过程，操作时应特别注意。

8.3.3 内混汞设备与操作

　　美国和南非的一些金矿多采用捣矿机进行内混汞；前苏联的一些中小型金矿则采用辗盘机进行内混汞，在球磨机和棒磨机中进行内混汞的很少。近年来，由于新的混汞机械的出现，这些设备有被取代的趋势。我国内混汞作业应用的较少。我国二道甸子金矿曾采用捣矿机进行内混汞，此外，我国一些砂金矿山已采用混汞筒分离金与其他重矿物。

8.3.3.1 捣矿机混汞

　　捣矿机构造简单，制造容易，操作方便。由于它不能使细粒金从矿石中充分解离出来，因而混汞作业金的回收率较低，加之每台设备的处理能力也不大，所以，目前捣矿机只用于小型脉金矿山且处理粗粒嵌布的简单含金矿石。考虑到采用这种设备能使小型金矿，特别是"民办"金矿迅速生产，故做简要介绍。

　　捣矿机示意图见图 8-13。捣矿机主要由臼槽、机架、锤头和传动装置等部件组成。矿石给到臼槽 1 内，并加入水及汞。传动机构 5 带动靠凸轮 6 控制的、支撑在机架 4 上的锤头 2 做上下往复运动，不断打击矿石。臼槽排矿一侧装有筛网 7，而被击碎的小于筛孔的矿石呈矿浆流由筛网排出。矿浆流经混汞板，使在臼槽内形成的汞膏、过量汞和未汞齐化的金粒被捕收。混汞尾矿再经脱汞后由普通溜槽排出。溜槽沉砂用摇床精选，以回收与硫化矿物共生的金，可作为金精矿出售。捣矿机臼槽内的汞膏、金属硫化物和脉石，定期人工起出并经混汞板和摇床处理，获得金汞膏与含金重砂精矿。

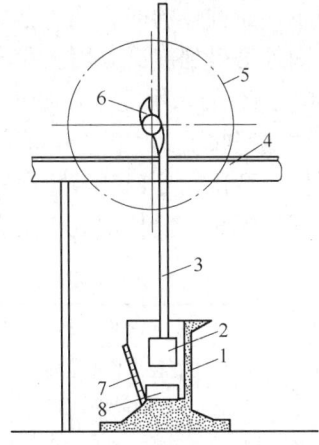

图 8-13　捣矿机示意图
1—臼槽；2—锤头；3—捣杆；
4—机架；5—传动机构；6—凸轮；
7—筛网；8—锤垫

　　我国二道甸子金矿使用的捣矿机，其规格以锤头质量计，即锤头重 225kg（500 磅）和 450kg（1000 磅）两种。捣矿机的给矿粒度小于 50mm，排矿粒度小于 0.4mm（39 目）。225kg 捣矿机处理能力为 295kg/（台·h）；450kg 捣矿机则为 610kg/（台·h）。臼槽内液：固 =6：1。石灰用量 0.5~1.0kg/t。汞的固定添加量：225kg 型捣矿机为 10g/t，450kg 型为 20g/t。此后，每隔 15min 补加汞一次，其补加量为原矿含金量的 5 倍。

8.3.3.2　球磨机混汞

应用球磨机进行内混汞，主要是从磨矿分级循环中捕收游离金。较为简单的方法是定期（每隔 15～20min）向球磨机内加入矿石含金量 4～5 倍的汞。在球磨机与分级机相连接的排料槽底上铺设苇席、于分级机溢流堰下部安设溜槽，用这样的设施来捕集在磨机内生成的金汞膏。据统计，金汞膏 60%～70% 沉落在球磨机排矿箱内，10%～15% 沉落到排矿槽内席子上，5%～10% 沉落到分级机溢流溜槽上。这些地方的汞膏，其清理工作每隔 2～3 天进行一次。在处理石英脉含金矿石时，汞的消耗量为 4～8g/t。由于矿石性质不同，金回收率波动范围为 60%～70%。这种方法操作简单，但汞膏流失严重是其最大缺点，因此，工业生产中已很少采用这一方法。

由于应用了较好的汞膏捕收设备，球磨机中内混汞又获得了新的发展。美国霍姆斯特克选金厂处理的矿石，用混汞法回收的游离金占含金总量的 70%～80%，该厂往球磨机内加入 14～17g/t 的汞。捕收汞膏是用安装在球磨机排矿端的克拉克-托德混汞机和混汞机后部的混汞板来实现的。用这些设备可以从每吨矿石中回收 15g 左右的汞膏。当原矿金品位为 10.7g/t 时，金混汞回收率为 71.6%。混汞尾矿送氰化厂处理，又回收 25.4% 的金，因此，该厂金总回收率为 97%。

8.3.3.3　混汞筒混汞

混汞筒是一种从含金重砂精矿中分离砂金的有效设备。这种设备不仅操作简单，而且金的回收率可达 98% 以上，在国外已得到广泛应用。我国某砂金矿 250L 采金船采用混汞筒处理摇床精矿，有效地回收了其中的金。前苏联已把混汞筒定型化，分轻型与重型两种，其示意图见图 8-14。技术规格见表 8-4。

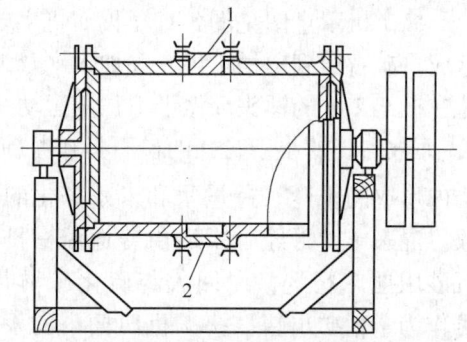

图 8-14　混汞筒示意图
1—装料口；2—卸料口

表 8-4　混汞筒技术规格

混汞筒形式		内部尺寸			一次作业装矿量	转速 /r·min⁻¹	所需功率 /kW	混汞筒质量（机座除外）/kg	装球量 /kg	球的直径 /mm
		直径 /mm	长度 /mm	容积 /m³						
轻　型		700	800	0.3	100～150	20～22	0.5～0.75	420	10～20	38～50
重型	0～31	600	800	0.233	100～150	22～38	0.3～2.1	1500	150～300	38～50
	0～36	750	900	0.395	200～300	21～36	1.7～3.75	2000	300～600	38～50
		800	1200	0.60	300～450	20～33	3～6	2600	500～1000	38～50

由重选法回收的含金重矿物中，金大部分呈游离状态存在，但金粒表面却有不同程度的污染，即所谓"锈金"，此外，还有一部分金其他矿物或脉石呈连生体。因此，用混汞法从重砂精矿中回收金时，通常都是往混汞筒内加钢球，以达到除去金粒表面氧化薄膜和把金粒从连生体中解离出来的目的。当处理含有表面洁净的游离金铁重砂精矿时，采用轻型混汞筒，装球量不多（10~20kg），球径较小。当处理含有金的连生体多、金粒表面污染严重的物料时，则采用重型混汞筒。这时，每处理1kg物料需装球1~2kg。国外根据处理物料的粒度、含金量的不同，混汞筒装料量与装球量的关系见表8-5。

表8-5 混汞筒一次装料量与装球量

精 矿 特 性	含金量/g·t^{-1}	装入的质量/kg·m^{-3}	
		物 料	φ50mm 钢球
由捕汞器或跳汰机所得的精矿	<500	500	800
	>500	400	1000
由绒面溜槽所得的粒度为0.5mm精矿	<500	500	100
	>500	400	500
由绒面溜槽所得的粒度为0.15mm精矿	<500	700	200
	>500	600	300

在非碱性介质中对重砂精矿进行混汞，有时会产生磁性汞膏，使铁矿物混入汞膏内。因此，内混汞多在碱性介质中进行。用石灰调整矿浆的碱度，其用量为装料量的2%~4%。

混汞筒内的装水量，一般为装料量的30%~40%，亦可按一般的磨矿浓度计算。

混汞筒的加汞量通常为物料含金量的9倍，但也随物料磨矿粒度的大小而有变化，其变化情况见表8-6。

表8-6 混汞筒加汞量

物料磨矿粒度/mm	干汞膏中含金量/%	提取1g金的注汞量/g
粗粒 +0.5	35~40	6
中粒 -0.5~+0.15	25~35	8
细粒 -0.15	20~25	10

汞可随物料同时加入混汞筒内，但生产经验证明，物料经磨碎一定时间之后再添加汞，会收到更好的混汞效果，而且汞的消耗量也最少。

混汞筒的转速是可调的，通常不加汞的磨碎阶段为30~35r/min，加汞后的混汞阶段为 20 ~ 25r/min。

混汞筒的转动时间取决于物料性质。有的物料只需 1 ~ 2h，而有的物料则需 10 ~ 12h，通常是由试验确定。

混汞筒工作为间歇作业。一个作业过程是由装料、运转、卸料等步骤组成。混汞筒产物用捕汞器、绒面溜槽和混汞板处理，以分别获得汞膏和重矿物。

混汞筒应安装在便于操作的适当高度上。一般安装情况见图 8-15。

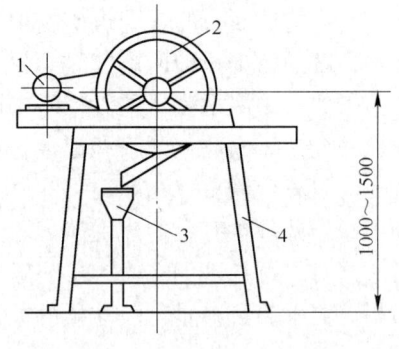

图 8-15 混汞筒安装示意图
1—电动机；2—混汞筒；3—捕汞器；4—支架

8.4 汞膏处理

汞膏处理包括洗涤、压滤、蒸馏三个主要步骤。汞膏处理结果，获得海绵金和回收汞。海绵金经熔炼后即成为可出售的金银合金。

8.4.1 汞膏洗涤

从混汞板、混汞溜槽、捣矿机和混汞筒获得的汞膏，特别是从捕汞器和混汞筒得到的汞膏混有大量重砂、脉石及其他杂质，需要很好地清洗。

从汞板上刮取的汞膏比较纯净，处理也比较简单，首先要有一个长方形的操作台。台面上敷设薄铜板，周围钉上 20 ~ 30mm 高的木条，防止在操作过程中流散的汞洒到地面上。台面上钻有下边接管的圆孔，管的下边设置承受容器。在操作结束时，将洗涤汞膏过程中流散的汞扫到圆孔处并沿管流到承受器中。从汞板上刮取的汞膏放在一个瓷盘内，加水反复冲洗，操作人员戴上橡皮手套，用手不断搓揉汞膏，将汞膏内的杂质洗净。为了除掉汞膏中的铁屑，可用磁铁将铁吸出。一般用热水洗涤汞膏时易洗得净、洗得快，但也容易造成汞蒸发，危害工人健康，如果没有确实可靠的安全措施，一般不宜采用。为使汞膏柔软，可再加汞稀释。含杂质多的汞膏呈暗灰色。因此，洗涤过程应洗到汞膏呈明亮光洁时为止，然后用致密的布将汞膏包好送去压滤。

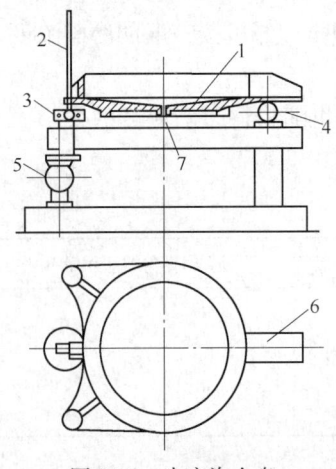

图 8-16 尖底淘金盘
1—尖底圆盘；2—拉杆；3—曲柄机构；
4—导辊；5—伞齿轮；6—流槽；
7—汞膏放出口

从混汞筒和捕汞器中获得的汞膏通常用短溜槽或淘金盘处理。由于汞膏的密度远远超过其他重矿物的密度，因此，用重选设备很容易使两者分开。近年来，国外普遍应用各种机械淘洗混汞筒内产生的汞膏。图 8-16 为南非许多金矿应用的尖底淘金盘。这种设备是一直径为 900 ~ 1200mm 的圆盘，盘底稍凹些，盘边高 100mm。圆盘 1 的尾部悬置在拉杆 2 上，并借助于曲柄机构 3 做水平圆周运动。盘的前端支撑在导辊 4 上，并在此辊上做平移运动。

曲柄机构的运动借助于伞齿轮 5 来带动。混汞筒内产物倒入淘金盘内，并在盘内由于旋转运动和水流的冲洗作用，将脉石带到前端，由流槽 6 流出。汞膏由于密度大而聚集在盘的中心，经汞膏放出口 7 放出。直径 1200mm 的尖底淘金盘每日可处理 2 ~ 4t 混汞筒产物。

国外还有一种称为汞膏与重砂分离器的设备，见图 8-17，亦具有很好的分离效果。先将需要分离的物料放入受料斗 1 中，通过筛网 2（筛孔可自定）将较大颗粒的脉石排出。小于筛孔的物料落入前端的捕集箱 3，在这里用水强烈冲洗，使脉石颗粒经阶段格条 5 进入末端捕集箱 7 中，而汞膏则留在前端捕集箱 3 和格条 5 中。用机械设备初步清理出来的汞膏，还需如前所述的洗涤汞板上的汞膏一样，再进一步处理。

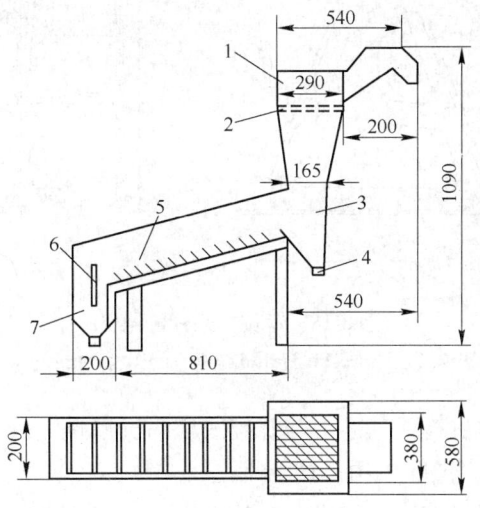

图 8-17　汞膏与重砂分离器
1—受料斗；2—筛网；3—前端捕集箱；4—螺帽；5—格条；6—闸门；7—末端捕集箱

8.4.2　汞膏压滤

汞膏压滤是为了将多余的汞分离出来并获得浓缩的金汞膏。根据生产规模的大小，汞膏压滤可以采取不同的方式。小规模生产需处理的汞膏量很少，多采用手工压滤，所用设备为螺旋式压滤机和杠杆式压滤机。大规模生产，汞膏量很大，则采用风动和水力压滤机。

螺旋式压滤机见图 8-18，由以下几个主要部件构成：铸铁圆筒、底盘（可拆卸并钻有圆孔）、螺杆、活塞、手轮和支架。操作时，汞膏用致密的布包好放在底盘 2 上，并与圆筒 1 固结。旋转手轮 4 使螺杆 3 带动活塞 5 向下移动挤压汞膏。多余的汞经底盘 2 上的圆孔流出来并收集在置于压滤机下面的容器中。拆卸底盘 2 即可取出固体汞膏。

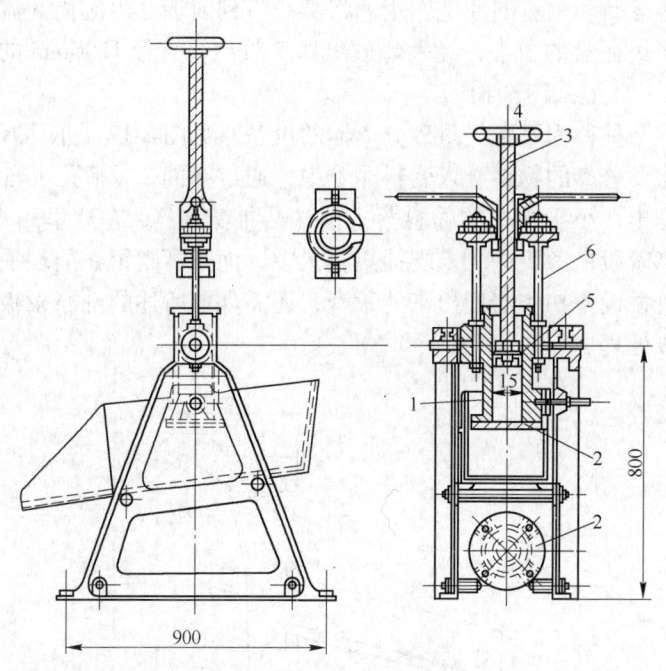

图 8-18   螺旋式汞膏压滤机
1—铸铁圆筒；2—底盘；3—螺杆；4—手轮；5—活塞；6—支架

风动和水力压滤机构造基本上与螺旋式压滤机相同，只是带动活塞的动力为风或水。压滤机构造简单，矿山均可自制。

固体汞膏的金含量取决于混汞金粒的大小，通常金含量为 30% ~ 40%。如混汞金粒较大，金含量可达 45% ~ 50%；如金粒较小，则金含量可降至 20% ~ 25%。

压滤出来的汞含有溶解金 0.1% ~ 0.2%，可用于再混汞。当混汞捕收的金粒极细和滤布不致密时，则压滤出来的汞含金很富，以致放置较长时间，金可沉淀于容器底部，这种汞在工业上称为"回收汞"，将其再用于混汞作业中效果比纯汞好。尤其当汞板"生病"时，用这种回收汞最好。

8.4.3   汞膏蒸馏

为使固体汞膏中的汞与金分离，借助汞的气化温度（356℃）与金的熔化温度（1063℃）相差悬殊的特点，通常采用蒸馏的方法分离。

固体汞膏可定期进行蒸馏。简单的操作过程是，将固体汞膏放在一个密封铁罐里，罐顶上连接有外边包着冷却水套的铁管，管的末端朝向冷却水盆。将铁罐放在焦炭炉子上加热。当罐内温度达到356℃时，汞便气化并沿铁管外逸，因铁管外边包有冷却水套，汞气受冷却的影响逐渐液化，最后至冷却水盆中达到完全液化。

蒸汞设备在小型矿山多用蒸馏罐，大型矿山则采用蒸馏炉。小型蒸馏罐见图8-19，其规格及处理能力见表8-7。

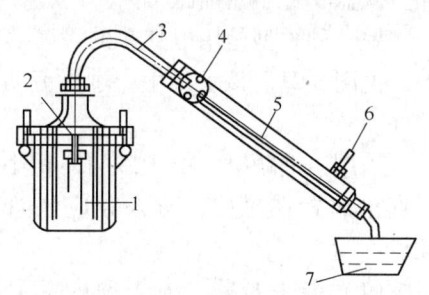

图 8-19　汞膏蒸馏罐
1—罐体；2—密封盖；3—引出铁管；4—出水口；
5—冷却水套；6—入水口；7—冷水盆

表 8-7　蒸馏罐技术规格

名　称	规格/mm		汞膏装入量/kg	设备质量/kg
	直　径	长　度		
锅炉形蒸馏罐	125～150	200	3～5	38
圆柱形蒸馏罐	200	500	15	70

蒸馏炉形式很多，图8-20是其中的一种。蒸馏缸1为圆柱形，用铸铁制成，直径为225～300mm，长900～1200mm。此缸装置在炉2内管支座7上。炉子用焦炭鼓风加热。在蒸馏缸1的前端有密封门3。为了排出汞蒸气，蒸馏缸的另一端设有引出铁管4。引出铁管4上带有冷却水套5，以使汞蒸气冷凝。固体汞膏

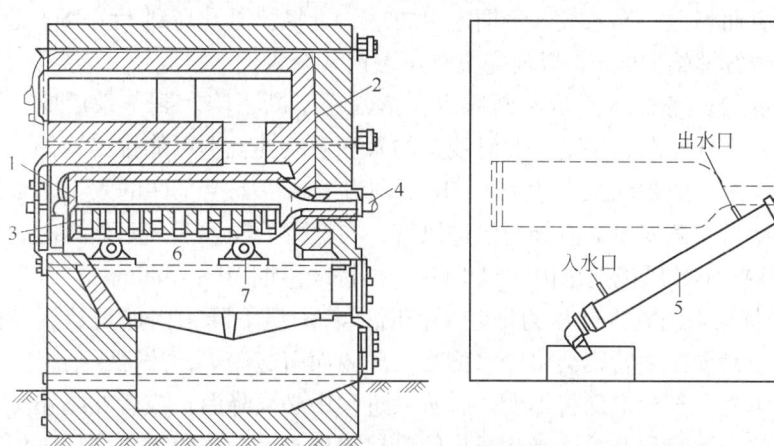

图 8-20　汞膏蒸馏炉
1—蒸馏缸；2—炉；3—密封门；4—引出铁管；5—冷却水套；6—铁盒；7—管支座

装入铁盒 6 中，并在铁盒上再盖多孔铁片。铁盒 6 置于蒸馏缸 1 内。

另一种炉型是用电加热的汞膏蒸馏电炉，见图 8-21。该炉型生产过程劳动条件较好。

当用蒸馏罐时，由于罐的体积小且汞膏直接放置在罐内，蒸汞时应注意如下几点：

（1）装汞膏前，先于罐内壁上涂一层糊状白垩粉、滑石粉、氧化铁粉，以防止蒸馏渣黏结罐壁。

（2）蒸馏罐中所装汞膏不宜过厚，一般为 40～50mm。过厚就需延长加热时间，容易造成汞不能全部消除；还容易在汞膏沸腾时，金从罐中喷溅出来。

（3）蒸馏的汞膏必须纯净，包装纸不可混入，否则当回收汞再次使用时会发生汞粉化现象。汞膏内混有重矿物和大量的硫时，容易使罐底穿孔，造成金的损失。

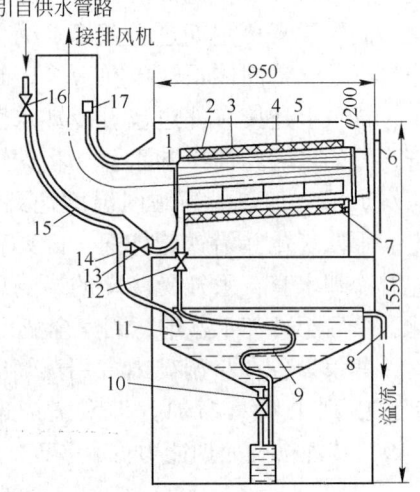

图 8-21   汞膏蒸馏电炉
1—热电偶；2—隔热外壳；3—加热元件；
4—蒸罐；5—箱体；6—箱门；7—盛料罐；
8—溢出管；9—蛇形管；10—溢流阀；
11—沉降槽；12，13，16—阀；
14—喷射器；15—管路；17—球形阀

（4）应缓慢升高炉温。汞与金的化合物——$AuHg_2$ 的分解温度为 310℃，而汞的沸腾温度为 356℃，两者非常接近。如果炉温一开始就急剧升高，容易造成汞激烈沸腾而喷溅。当汞大部蒸馏逸出之后，可将炉温升高到 750～800℃，并在此温度下继续蒸馏 30min，以便完全排出罐内残余汞。

（5）汞金经蒸馏含汞量不断减少，蒸气压不断下降。到蒸汞后期，罐内蒸气压与罐外大气压渐趋平衡，此时残余的汞和汞蒸气就不可能排出罐外，致使汞的蒸馏不完全，渣中含汞常达 2%～18%。为了减少下道工序的汞害，平度金矿在蒸馏罐的另一侧安设装有阀门的进风管，在蒸汞后期汞蒸气不外排时，打开阀门用 0.25kW 小鼓风机向罐内吹风 1min，再持续蒸馏 10～15min。

（6）蒸汞末期罐内外压力渐趋平衡时，若炉温下降罐内即呈负压，插入冷水盘中的液汞导出铁管则会将冷水倒吸入罐内而引起爆炸，故蒸汞后期炉温只能上升不能下降，至少应保持不变。若蒸汞过程中必须降温，或者在终止蒸汞作业前，应先将冷水盘移开，或者将导出管管口抬离水面一定距离再开始降温。此时管内还有少量汞蒸气排出，应防止汞害。

蒸馏回收的汞，经过滤除去颗粒状杂质后，用 5%～10% 的稀硝酸洗涤净化后返回混汞用，或用盐酸溶解除去其中的贱金属。

蒸馏产出的蒸馏渣，又称海绵金，其中金含量约为60%～80%（有些矿山的产品甚至高达80%～90%的），并含有银和少量汞、铜及其他金属。一般使用石墨坩埚于柴油或焦炭地炉中熔铸合质金锭，而一些含金、银较少，而含二氧化硅、铁等杂质多的蒸馏渣，可加入碳酸钠及少量硝酸钠、硼砂等进行氧化熔炼造渣，待除去大量杂质后再铸成合质金锭。在大型矿山，也有采用转炉或电炉熔炼蒸馏渣。此外，某些矿山对含杂质多的蒸馏渣，预先经过酸溶、碱浸等处理除去大量杂质后再熔炼铸锭。

含金、银总量在70%～80%以上的蒸馏渣，也可先熔铸成合金板，然后再进行电解提纯。

鉴于金、汞可互为固熔体，各厂用上述方法产出的海绵金含汞仍高达1%～18%，此海绵金即使再经过熔炼后铸锭，合质金锭中残汞量仍达0.01%～0.1%，个别高达2%左右。残余汞的存在必将给环境和金、银的精炼带来二次汞害。为此，使用坩埚真空蒸馏法，它可适应不同残汞量的原料，汞的蒸除率几近100%。图8-22为蒸馏设备示意图。本法具有设备简单，除汞彻底，无污染，易于操作等优点。所用焦炭炉为$\phi600mm \times 700mm$钢壳炉，汞金加入60号石墨坩埚中，埚口嵌入从废坩埚上锯下的封环，并与冷凝钢管一端的喇叭口对接。接口及封环用水玻璃加耐火泥密封。蒸汞开始，先通冷凝水，开动真空泵，再开动鼓风机升温蒸汞。随着温度的上升，汞蒸气由真空泵抽出并冷凝呈液汞滴入10L盛水玻璃瓶中。尾气经真空泵进入内装2%～5% KI和K_2MnO_4的10L玻璃瓶中，经净化除汞后排入空气中。蒸汞作业进行至坩埚呈暗红色（约600～700℃）后，维持0.5h，再升温至1200～1300℃，关闭鼓风机10min停止升温，然后再开鼓风机升温，如此反复进行至盛汞瓶内无浑浊气体时终止蒸馏。经浇铸后再进行金、银的分离提纯。

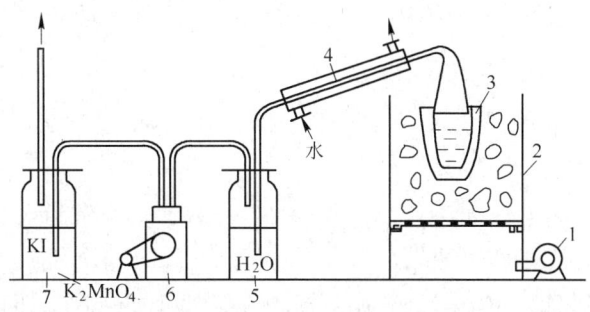

图8-22 真空蒸汞示意图

1—0.25～0.5kW鼓风机；2—焦炭炉；3—坩埚；4—冷凝钢管；5—盛汞瓶；
6—2X-4型真空泵；7—净化瓶

8.5 汞板制作

汞板制作及其投产前的细致准备对混汞作业效果影响甚大。对于这一环节的工作必须给予足够的重视。

汞板材料有三种：紫铜板、镀银铜板、纯银板。我国的生产实践证明，镀银铜板的混汞效果最好，金的回收率比紫铜板高 3% ~ 5%。

用紫铜板作汞板时，省去了镀银工艺，同时价格比纯银板低廉，但捕金效果较差。通常采用厚度为 3~5mm 的电解铜板，其纯度越纯越好。紫铜板在制作汞板之前，必须退火，使其表面疏松、粗糙，这样能挂住更多的汞。最好用木槌或砂轮来修正铜板的不平或其他缺陷，防止出现局部硬化。

纯银板在生产中应用的较少。生产实践证明，由于纯银板表面光滑，挂汞量不足，混汞效果不如镀银铜板好。

镀银铜板具有许多优点，铜板镀银后可以避免带色氧化铜薄膜及其衍生物的生成，从而避免了它们对混汞作业的危害。镀银铜板能降低汞的表面张力和改善汞对金的润湿。另外，汞在镀银铜板上首先形成银汞膏，使汞板表面具有很大的弹性和耐磨能力。同时，银汞膏比单纯的汞有较大的抵御矿浆中酸类和硫化物对混汞作业的干扰能力，因此，现在工业上普遍采用镀银铜板。

铜板镀银工艺包括铜板整形、电镀液配制和电镀三个主要步骤。

铜板整形即把铜板裁成需要的形状，用化学或加热的方法除掉其表面油污，用木槌把凸凹处打平，用银丝刷和纸把毛刺和斑痕除掉、磨光。

铜板镀银的电镀液为银氰化钾的水溶液。配制 100L 电镀液所需的原料：电解银 5kg，氰化钾（纯度 98% ~ 99%）12kg，硝酸（纯度 90%）9~11kg，食盐 8~9kg，蒸馏水 100L。

电镀液配制的基本原理：

$$2Ag + 4HNO_3 \longrightarrow 2AgNO_3 + 2H_2O + 2NO_2$$

$$AgNO_3 + NaCl \longrightarrow AgCl + NaNO_3$$

$$AgCl + 2KCN \longrightarrow KAg(CN)_2 + KGl$$

电镀液制备的程序：

（1）制取硝酸银（$AgNO_3$）：将 Ag 1 份、HNO_3 1.5 份和水 0.5 份混合加热至 100℃ 并蒸干得到硝酸银结晶。

（2）制取氯化银（AgCl）：将硝酸银加水稀释并在搅拌下加食盐水，直至溶液内不再出现白色沉淀，然后将沉淀物（AgCl）充分洗涤至中性。

（3）将氰化钾用蒸馏水稀释成氰化钾水溶液，然后加入氯化银。当溶液的银浓度为 50g/L、氰根浓度为 70g/L 时，即可作为电镀液。

电镀槽可用木板、陶瓷、水泥或塑料板等材质加工制成，形状为长方形槽，其容积随所需镀银铜板的数量而定。我国某金矿的汞板长 1.2m，宽 0.7m。该矿电镀槽用厚木板制成，长 1.6m，宽 0.5m，高 0.6m，容积 0.48m³。电镀所需的直流电可用直流发电机组成或硅整流器供给，亦可用解放牌汽车 12V 发电机供电。

电解槽电压 6~10V，电流密度为 1~3A/cm²。阳极为电解银板，质量为 8~10kg。电镀温度 16~20℃。铜板镀银层厚度应为 10~15μm。

8.6　混汞生产实践

我国黄金生产历史悠久，在混汞的生产实践方面积累了丰富的经验。下面分别介绍我国采用外混汞和内混汞选矿厂的生产实践。

8.6.1　外混汞生产实践

外混汞在金矿选矿厂很少单独使用，为了提高选矿技术经济指标，往往与浮选、重选、氰化法联合使用。有的处理含金多金属矿石的选矿厂，用外混汞来捕收粗粒自然金。

8.6.1.1　某金-铜-黄铁矿石金矿选矿厂

我国某金矿处理金-铜-黄铁矿矿石。金属矿物占 10%~15%，主要为黄铜矿、黄铁矿、磁矿及少量其他铁矿物。脉石矿物主要为石英和绿泥石片麻岩。原矿铜的平均品位为 0.15%~0.20%，铁品位为 4%~7%，金的平均品位为 10~20g/t，银的品位大约为金的 2.8 倍。金粒较细，平均粒径 17.2μm，最大为 91.8μm，表面洁净。大部分金呈游离状态存在，部分金与黄铜矿共生，少量金则与磁黄铁矿、黄铁矿共生。可混汞金约占 60%~80%。矿石中含有为数不多的铋，其硫化矿物会恶化混汞作业的效果。

原矿经一段磨矿处理，磨矿粒度为 60% −0.074mm(−200 目)。在球磨机与分级机的闭路循环内设置两段混汞板。第一段混汞板为两槽并列配置（每槽长 2.4m，宽 1.2m，倾角 13°），设置在球磨机排矿口前。第二段混汞板也是两槽并列配置（每槽长 3.6m，宽 1.2m，倾角 13°），设置在分级机溢流堰的上方。从球磨机排出的矿浆先经第一段混汞板，其尾矿流到集矿槽内，再用杓式给矿机提升给第二段混汞板，经二段混汞后的尾矿流入分级机。分级机溢流送往浮选处理。

该金矿的混汞板操作条件是考虑下一段浮选作业的要求而全面制定的。

混汞板的适宜矿浆浓度本应为 10%~25%，但为避免浮选前脱水的繁杂环节而规定为 50%~55%。

该矿为了避免矿石过粉碎给浮选作业造成困难，球磨机排矿粒度规定为 60% −0.074mm(−200 目)，因而，有的矿粒可达 5~10mm。

混汞板上的矿浆流速一般为0.5~0.6m/s，但该矿为1.0~1.5m/s。

将石灰添加到球磨机内，这是基于混汞与浮选作业的共同要求，矿浆pH值为8.5~9.0。

汞板每15~20min检查一次，并补加汞。汞的补加量一般为原矿金含量的5~8倍，汞消耗量为5~8g/t（包括混汞作业外损失）。每班刮取汞膏一次，此时，两列汞板轮流作业，交替刮取。如汞板发生变化或偶尔落入多量机油危害混汞作业时，则应立即刮取汞膏。汞膏要经充分洗涤，洗到不含铁渣和硫化物为止。必要时可加汞稀释或用肥皂清洗。

该金矿混汞操作的老工人经多年的生产实践，总结出了"一研、二勤、三均、四适当"的操作经验。"一研"为发现问题及时研究解决；"二勤"为勤检查，勤调整作业条件；"三均"为给矿均匀，汞添加均匀，汞板矿浆分布均匀；"四适当"为汞量适当，起金时间适当，给矿浓度和细度适当，石灰添加量适当。

该金矿金总回收率为93%，其中混汞金回收率为70%，浮选金回收率为23%，浮选铜精矿含金400~500g/t。

该金矿汞膏含汞60%~65%，含金20%~30%。经火法冶炼含金55%~70%的金银合金外售。

通常在磨矿分级循环内设置混汞板，因为已汞膏化但没被汞板挂住的金汞膏不可避免地会沉积在磨矿分级循环内。该金矿每月在此回路中可挖出约占原矿金含量为2%~5%的金汞膏。分级机返砂含金30~40g/t。因此，混汞金实收率的核算应是综合的累积回收率，不能只视当班或当天的回收率。

8.6.1.2　铜井金铜矿选矿厂

铜井金铜矿为采用混汞法提金效果较好的金矿山。该矿矿石中金属矿物主要有黄铜矿、斑铜矿、辉铜矿、铜蓝、黄铁矿、少量磁黄铁矿、黝铜矿、闪锌矿、方铅矿、孔雀石。脉石矿物主要有石英、方解石、重晶石及少量菱镁矿。金矿物以自然金为主，银金矿为次，少量金与黄铜矿、黄铁矿共生。金的粒径60%在0.15~0.04mm之间，个别粗粒金为0.2mm，最小金粒小于0.03mm。原矿中金的品位随开采深度的延深而降低，上部为7~8g/t，中部为4~5g/t，-170m为2g/t左右。

该矿1960年投产时，采用单一浮选法生产，金的回收率低。1963年末采用混汞-浮选流程，金的总回收率提高2%~5%。投产初期，混汞作业分别安设在球磨机排矿处和分级机溢流处进行两段混汞，1968年改为只有分级溢流处的一段混汞。混汞作业金回收率保持在40%~50%。

该矿混汞作业在单独的厂房内进行。分级机溢流用砂泵扬送至混汞板前的缓冲箱内，然后再分配到各列混汞板上进行混汞，其尾矿送入浮选作业。

原矿经一段磨矿后，粒度55%~60% -0.074mm（-200目）。混汞矿浆浓度

30%，汞板面积60m²，分10列布置，每列长6m，宽1m。汞板倾角8°。每班刮取汞膏一次，汞膏经洗涤后，用"千斤顶"作压力设备进行压滤，并送本矿炼金室冶炼。汞膏含金20%～25%，经火法冶炼、电解获得纯金。

该矿所用的汞板中，纯银板占1/2，其余为镀银紫铜板。镀银紫铜板放在混汞板给矿端时，可使用一个月；而放在尾矿端时，则可使用2个月。汞消耗量为7～8g/t（包括混汞作业外消耗）。

8.6.1.3 沂南金矿金场选矿厂

沂南金矿金场选矿厂所处理的矿石类型为矽卡岩型多金属矿石。矿石性质比较复杂，泥化也比较严重。矿石中的金属矿物有黄铜矿、斑铜矿、自然金、辉铜矿、磁铁矿及少量的蓝铜矿、黄铁矿等；脉石矿物有石榴子石、透辉石、方解石和绿帘石等。

金矿物中自然金占91.72%，其形态以枝杈状和角粒状为主，自然金嵌布粒度较粗，且不均匀，最大粒度为1.5mm，最小粒度为0.005mm，一般为0.074～0.01mm。金矿物中，有85.07%的金以粒间金形态赋存在金属矿物与脉石矿物之间，其次是包裹金，占11.56%，裂隙金占3.37%。

根据金矿物性质和嵌布程度，金矿物一旦原体解离，就可以应用混汞或重选法，优先选出粗粒金，而细粒金再用浮选法与铜一起选出。

该厂投产30多年，采用重选-浮选-磁选流程，产品有成品金、含金铜精矿和铁精矿。成品金是在磨矿分级回路中设置毛毯溜槽选出粗精矿，经溜槽精选在淘金盘中混汞得汞金，经冶炼后产出的。采用这种方法生产劳动强度大，黄金损失较多，成品金回收率为47%左右（见表7-17）。经进一步试验研究采用混汞法提金，混汞金回收率达58%，比原流程成品金回收率提高11%。因此，决定严格汞的防护措施，采用混汞选金工艺，于1988年将原流程改为混汞-重选-浮选流程，见图8-23。

图8-23流程中混汞作业所用汞板采用600mm×450mm×3mm黄铜板，表面镀30μm白银而成。平行安装两列，每列8块，按倾斜方向搭接或呈阶梯形。汞板总长3m，宽1.3m，有效混汞面积3.5m²，汞板坡度8.5°。混汞给矿粒度小于3mm，浓度45%左右，pH=8.5，矿浆流的厚度为5～7mm，流速为0.6～1m/s。视汞膏含金情况，作业班一班刮两次，刮后补汞，汞膏经洗涤、压滤得汞金。汞金含金33%～36%，蒸馏汞得毛金含金65%～70%，熔炼得成品金，含金80%左右。平均每吨矿石耗汞6g、耗银0.13g。混汞提金粒级回收情况见表8-8。

表8-8 混汞提金粒级回收情况

粒度/mm	+0.15	+0.074	+0.037	-0.037
粒级回收率/%	2.22	73.83	92.42	67.77

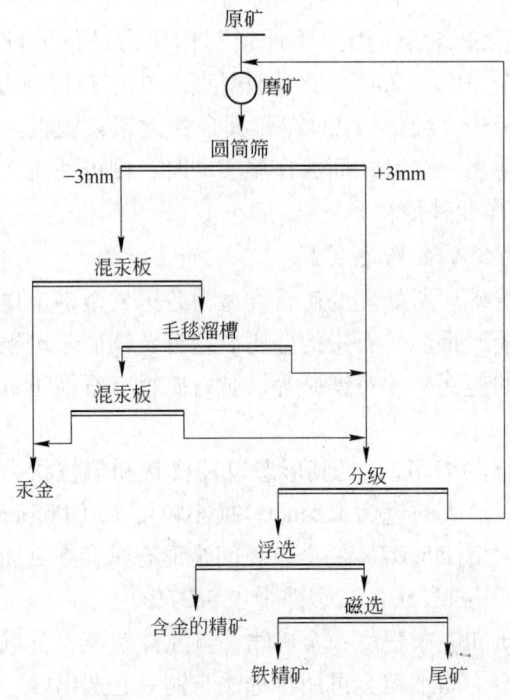

图 8-23   金场选厂混汞-重选-浮选流程

从表 8-8 可知，汞板对 + 0.15mm 大粒金的回收效果差，因此在汞板后面设置 1.9m² 的毛毯溜槽，回收了一部分粗粒金，通过流程考查，该作业对原矿金的回收率为 10.12%，同时又起捕汞器的作用。

通过混汞和毛毯溜槽对粗粒金的回收，使成品金的回收率有大幅度提高。单一毛毯溜槽重选成品金回收率为 47% 左右，经混汞后，混汞金回收率为 58%，比原流程成品金回收率提高 11%，从而提高了金总回收率。

8.6.1.4   康山金矿选矿厂

康山金矿选矿厂处理矿石的类型较多，生产矿石无类型控制，各种类型矿石均有不同程度的氧化。主要金属矿物为褐铁矿、黄铁矿，两者比例为 10：1，主要脉石矿物为石英，含量在 60% 以上，其次为高岭土和绢云母等。主要回收元素是金。为了提高金产量，矿山每年都生产部分富矿块，品位在 10g/t 以上，直接销售给冶炼厂。因此，进入选矿厂的矿石含金品位较低，一般为 2 ~ 3g/t，而且矿石性质变化也比较大，其特点主要是氧化程度深，基本上属于氧化矿及部分混合矿石；另外矿石来源不一。因此，矿石性质变化较大，很难掌握。

该选矿厂 1987 年扩建为 200t/d 的生产能力，选矿流程为混汞-浮选流程，金回收率约为 70%。为提高金的回收率，将流程改造为混汞-分支浮选流程代替原混汞-浮选流程，金回收率由70%提高到85%。

混汞作业设置在磨矿-分级之间，对及时回收解离金，提高金的选矿技术指标有利。所以，原流程和改造后的流程，都把混汞作业作为回收解离金的重要手段之一。混汞作业给矿粒度为-10mm，给矿浓度35%，矿浆pH值为5~6，汞板面积为2000mm×3000mm，汞板坡度为8°~11°。所得汞金含金品位为21.7%，汞金回收率高达59.3%。由此可见，混汞虽然有环境污染的问题，但由于其生产简单可靠，可以直接获得成品金，所以一些矿山仍在继续使用。只要严格管理，加强防护，注意安全，均能得到较好的效果。

8.6.1.5　哈图金矿选矿厂

哈图金矿是新疆目前较大的金矿之一，是投产最早的金矿，选矿厂于1983年建成投产，投产初期规模为200t/d。该厂所处理的矿石属含砷低硫的含金难处理矿石，主要来自两个矿床。第一个矿床是含金石英脉和含金蚀变岩矿石，矿石中金属矿物有黄铁矿、毒砂、自然金，此外还有少量黄铜矿、闪锌矿、磁黄铁矿、砷黝铜矿等。硫化物含量一般小于5%，金以自然金形式产出，粒度多小于0.1mm，呈浸染状赋存于石英脉和矿物裂隙及洞穴中。该矿床中毒砂含金124g/t，黄铁矿含金37g/t，矿石属于难选冶型。第二个矿床可分为含金石英脉型、含金蚀变围岩型、含金破碎带蚀变岩型三种类型矿石，后两类矿石约占总量的95%。该矿床中矿石含金品位为1~10g/t，矿石中物质组成较复杂，主要金属矿物有黄铁矿、毒砂，次要矿物有黄铜矿、褐铁矿、自然金和少量闪锌矿、方铅矿、磁黄铁矿、辉锑矿、磁铁矿。脉石矿物主要有石英、绢云母、方解石等。呈游离状态的微粒、超微粒自然金，均赋存在石英、黄铁矿和毒砂中。由于矿石中碳、砷、锑等含量比第一种矿床矿石的含量多，故该矿石更难处理。

根据上述矿石的性质，在进行大量选冶试验研究工作后，推荐了混汞-浮选-焙烧-氰化-锌置换联合工艺流程。该厂于1980年开始设计，1983年建成投产，1987年进行了扩建，形成了300t/d的处理能力。该厂在磨矿作业中设置汞板回收粗粒单体金，汞板回收金约为金厂总回收率的50%左右，其混汞效果好。在磨矿作业中设置汞板回收粗粒单体金，除在该矿得到了很好的应用之外，在新疆其他有关金矿应用也比较普遍，如哈密金矿、哈巴河金矿等。

8.6.2　内混汞生产实践

8.6.2.1　二道甸子金矿选矿厂

该矿生产历史悠久，早在明朝时期就开始人工淘金，1948年建成我国第一座采用水力捣矿机进行内混汞的选金厂，1958年又先后建成两座用捣矿机进行内混汞的选金厂。该矿是我国采用内混汞提金最早、最完善的内混汞提金厂。

该金矿矿床成因类型为岩浆后期热液充填型，矿石中金属矿物有黄铁矿、磁黄铁矿、方铅矿、闪锌矿、黄铜矿、自然金、毒砂及次生矿物铜蓝。脉石矿物有石英、方解石及少量的黑云母、透辉石、绿泥石等。矿石有原生矿和氧化矿两种，原生矿主要为含金石英脉，矿石致密、坚硬；氧化矿主要为金属硫化物被氧化而成。

原矿石采用地下开采，采出原矿石最大粒度为 350mm，经手选出大块废石后，经粗碎至 50mm，运至选金厂捣矿机前的矿仓，经往复式给矿机给入捣矿机，并于捣矿机内加入水银进行混汞，捣矿机排矿再给入混汞板，回收金及少量银，捣矿机排矿粒度小于 0.4mm，混汞板尾矿经木溜槽富集，溜槽沉砂用摇床回收部分含金精矿，溜槽溢流和摇床原矿汇集于一起，再用摇床回收含金精矿，其工艺流程及选矿技术指标见图 8-24。

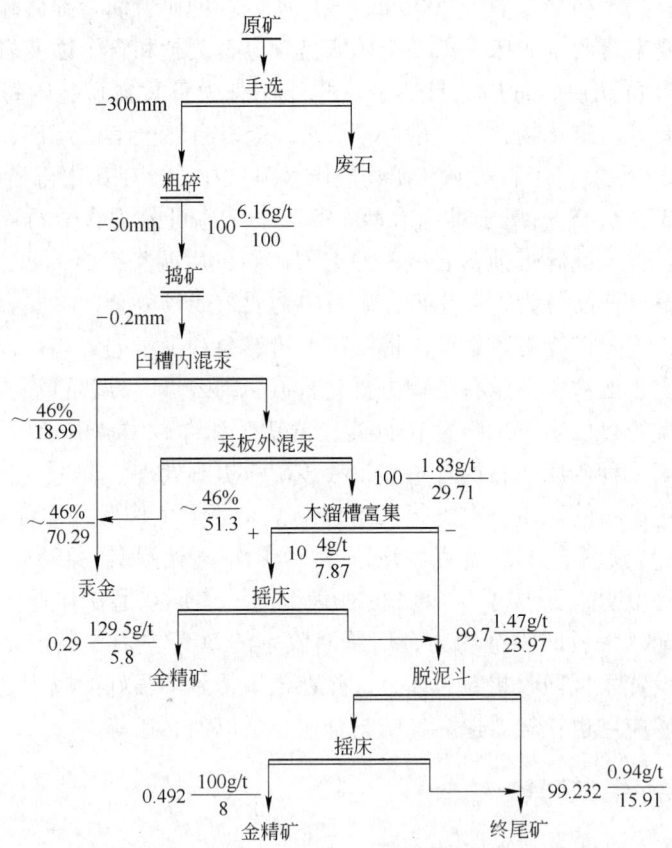

图 8-24 二道甸子金矿选金工艺流程及技术指标

$$\left(图例：产率（\%）\frac{金品位（\%，g/t）}{金回收率（\%）}\right)$$

从图 8-24 可知，该厂混汞所得汞金品位为 46%，内混汞金的回收率为 18.99%，外混汞金的回收率为 51.3%，混汞金的总回收率为 70.29%。混汞尾矿经摇床重选，获得含金品位为 100～129.5g/t 的金精矿，重选金的回收率为 13.8%。混汞加重选金的总回收率为 84.09%。

该厂所使用的捣矿机，其技术规格以锤头质量计，即 225kg（500lb）和 450kg（1000lb）两种，捣矿机给矿粒度小于 50mm，排矿粒度小于 0.4mm（39 目），225kg 捣矿机处理能力为 295kg/（台·h）；450kg 捣矿机处理能力为 610kg/（台·h），捣矿机臼内矿浆液：固 = 6：1。225kg 捣矿机矿石中石灰添加量为 10g/t，450kg 捣矿机为 20g/t，此后，每隔 15min 补加汞 1 次，其补加量为原矿金含量的 5 倍。汞损失率约 18%。

捣矿机排矿给入混汞板，每台捣矿机配 1 块混汞板，混汞板用镀银紫铜板，镀银层厚度为 10～50mm。225kg 捣矿机用 1400mm×4000mm 汞板，汞用量为 100g；450kg 捣矿机用 1400mm×5900mm 汞板，汞用量为 200g。汞板坡度 7°30′，流经混汞板矿浆浓度为 20%，呈鱼鳞形状流经汞板。混汞板上的汞齐每 24h 刮取 1 次。

8.6.2.2 扫子山矿区矿石

单一混汞法因工艺简单、操作简便、成果直观、投资少，广泛为中、小型矿业企业所用，但存在环境污染、综合回收率低、资源浪费严重等问题。为此，通过对甘肃西北部扫子山矿区矿石联合混汞法回收金的研究与实践，在解决上述问题方面取得了较大的突破。

扫子山矿区矿石中金属矿物主要为黄铁矿和褐铁矿，占金属矿物含量的 90% 以上，其次有辉锑矿、毒砂、方铅矿、黄铜矿、铜蓝、孔雀石等；脉石矿物以石英、绿泥石、绢云母为主，占脉石矿物的 85% 以上，次为绿帘石、方解石、阳起石等。矿石构造主要为浸染状构造，即黄铁矿或褐铁矿以自形、半自形、它形粒状晶体呈星散浸染状，分布于矿石中，次为网脉状构造。

矿床中自然金粒径为 0.001～0.01mm，均为显微金。自然金多赋存于黄铁矿、褐铁矿等矿物微裂隙中或分布于矿物颗粒之间，形成裂隙金及晶隙金。金的形态以圆状为主，次为角粒状。

综合矿山、矿石性质等各方面因素，宜采用联合混汞法提金。在碾盘机中进行内混汞、混汞板、氰化联合工艺处理这类矿石，在原矿中矿石含金品位为 10～15g/t 时，碾盘机内混汞金的平均回收率为 65%，混汞板金的回收率为 9%，氰化处理金的回收率约为 12%，金的综合回收率可达 86%，最高可达 94%。

碾盘机内混汞添汞次数为先加 5kg/台，以后每天加汞 1kg/台。清汞时间以 6 天为一个循环，即 6 天清汞一次。汞中 Hg-Au 含量的高低，直接影响金的混汞回收率，因清汞后的前 2 天在碾盘机中 Hg-Au 含量少。为使前 2 天金的回收率得到进一步提高，在碾盘机中需回投 Hg-Au 100g，回投后前 2 天金的回收率得到了较大的提高。由此可见，在活性汞中含一定量的 Hg-Au 有利于金回收率的提高。

混汞过程中，矿浆 pH 值控制在 10～13 之间，汞耗为 0.25kg/t。

8.7 混汞提金新技术

20 世纪 80 年代后期美国推出的强化混汞提金技术是最新技术之一。该法是在金封闭负压管道中进行强化提金的一整套完善工艺，作业时汞石不向空中挥发。它已在美国黄金生产中显示出优越性，生产费用大幅降低，大有取代重选-冶炼法和化学法的趋势。

"强化汞提金"实质上是向普通汞中添加某些试剂或离子团，经混合而成。这种强化汞捕收能力是普通汞的 300 倍，但随着时间的延长，添加物会逐渐失效，使捕收汞的能力下降，最后和普通汞一样，故需现用现配。

由于混汞过程中汞会被杂质污染，汞与空气和水接触容易氧化，不易与紫铜板结合而需预先镀银。为了克服这些缺点，美国还研制出了强化汞配套的清洁剂、正电剂、阻氧剂、镀汞剂及固强工艺等一系列配套工艺技术，如在汞中添加清洁剂（主要是铬酸盐）可使汞去污。正电剂能提高汞的捕金回收率，与我国淘金者在水中加入少量钾或钠的碳酸盐来提高金产量相似。阻氧剂可减缓或阻止汞板上汞的氧化。镀汞剂可使汞直接与紫铜板结合而不必先镀银。固强工艺则是通过向强化汞充电，使其恢复或保持强的捕金能力。

美籍意大利人还发明研制出一种微粒金回收剂，于 1988 年 2 月 19 日获得美国专利，将这种回收剂与锌粉一起加入汞膏中，可以大大增强捕集微细粒金的能力，提高金在汞膏中的回收率。

8.8 含汞蒸气、烟气和污水净化

含汞蒸气、烟气和污水必须经过净化处理。不经净化处理直接排放，会大面积毒化空气和江河湖海，破坏水产资源，危害人类及生物健康，后果极其严重。

据科学家的研究，水域中汞的毒害是由于废水中的无机汞化合物进入水域后，被水中的厌氧细菌还原成金属汞，金属汞再转变为甲基汞引起的。甲基汞能溶于水，浮游动植物吸收后，经过小鱼小虾吃浮游生物，大鱼吃小鱼的"食物链"一环一环地积累，使鱼体中的含汞浓度比水中的含汞浓度高一万倍，甚至十万、百万倍，人类吃了含高浓度汞的鱼及贝类等，经积累而中毒。

混汞作业过程中的直接汞害是汞蒸气及其化合物，其表现是慢性中毒。由于汞在常温下即具有很强的挥发性，据某选矿厂测定，正常混汞生产中，当室温在 27℃时，距离汞板头端、中间、板尾高 10cm 处测得的汞在空气中的浓度，分别为 $94\mu g/m^3$、$87\mu g/m^3$、$51\mu g/m^3$。汞板过道呼吸带的汞浓度略低于板面上的浓度。当通风不良时，车间作业空间的汞浓度大体呈均匀分布。在刮汞膏和撒汞时，距板面 50cm 处的汞浓度高达 $200～250\mu g/m^3$。混汞后的矿浆在进行浮选时，浮选机泡沫面上汞浓度为 $10\mu g/m^3$，浮选精矿和尾矿的澄清水中，分别含汞 $5\mu g/L$ 和 $11\mu g/L$。

为了预防汞害，许多国家都颁布了环境保护法规。英国规定排放污水中含汞应低于 $1mg/L$。前苏联和芬兰规定饮用水中的汞含量极限为 $0.005mg/L$。美国和加拿大规定鱼体中含汞超过 $0.5mg/kg$，瑞典规定超过 $1mg/kg$ 就禁止食用。我国《污水综合排放标准》(GB 8978—1988) 规定：污水中含汞最高允许排放浓度为 $0.05mg/L$。烟气中含汞允许排放极限浓度为 $0.01 \sim 0.02mg/m^3$。

各国对净化含汞污水和烟气进行了大量的试验研究工作，并取得了一定的成果。在生产上已广泛采用硫化钠共沉法、活性炭吸附法来净化含无机汞的工业污水。但硫化钠共沉法很难使污水中的汞含量降至 $1mg/L$ 以下，活性炭吸附过滤法，一般只适于处理汞含量低于 $5mg/L$ 的污水。此外，水葫芦生物净化除汞也有一定的效果。其他如还原法、氧化分解法、离子交换树脂吸附法、微生物和放射性分解法等，由于成本过高，在经济上不合算。至于含有机汞污水的净化，目前尚处于研究阶段。现今，从含汞烟气中除汞的重要方法有：芬兰奥托昆普的硫酸洗涤法；挪威锌公司的氯化汞法，又称欧达（Odda）法；瑞典波利顿公司的硒、炭过滤法；日本东邦公司的加碘化钾沉淀法和我国研制的碘铬合法等。以上各种方法，要因地制宜地合理选用。

现将含汞蒸气、烟气及污水的主要净化方法，分别介绍如下。

8.8.1 含汞空气净化

混汞作业含汞空气的净化方法很多，目前生产中最常用的方法有：氯化-活性炭吸附法和软锰矿吸收法。

氯化-活性炭吸附法，是使空气中的亚汞离子与氯气作用生成沉淀状氯化亚汞，即：

$$Hg + Cl_2 \Longrightarrow HgCl_2 \downarrow$$

然后由活性炭吸附回收残存的汞。使用这一方法，汞的吸附率可达 99.9%。

软锰矿吸附法，是用含软锰矿的稀硫酸溶液洗涤含汞空气，使其生成硫酸亚汞回收，即：

$$2Hg + MnO_2 \Longrightarrow Hg_2MnO_2$$

当有硫酸存在时，Hg_2MnO_2 能够按下列反应式生成硫酸汞。

$$Hg_2MnO_2 + 4H_2SO_4 + MnO_2 \Longrightarrow 2HgSO_4 + 2MnSO_4 + 4H_2O$$

软锰矿吸附法汞的吸附效率可达 95% ~ 99%。

软锰矿吸附法的作业程序，是将含汞空气或含液态细小汞珠的空气导入一个带砖格的洗涤塔中，向塔中送入含有磨细的软锰矿的稀硫酸液进行洗气，汞与软锰矿接触后被吸附并生成硫酸亚汞。洗涤液在塔内循环流动，当洗涤液中的硫酸亚汞浓度富集到约 $200g/m^3$ 时，即由塔中放出，加铁屑或铜屑置换，使汞沉淀回收。

8.8.2   含汞污水过滤、铝粉置换净化

含汞工业污水可以用滤布过滤和在碱性液中加铝粉置换的联合方法进行净化。我国某金铜选矿厂采用混汞-浮选流程，产出的铜精矿澄清水中含汞 7.28mg/L，先用滤布过滤，除去 81.51% 汞，再于溶液呈碱性的条件下加铝粉置换，汞的总除去率达 97.64%。

8.8.3   含汞污水硫化钠共沉法净化

硫化钠共沉法是向 pH=9~10 的含汞工业污水中加入硫化钠，使硫离子与污水中的亚汞离子结合，生成溶解度极小的硫化亚汞沉淀：

$$2Hg^{2+} + S^{2-} \Longrightarrow Hg_2S \downarrow \Longrightarrow HgS \downarrow + Hg$$

反应生成的硫化亚汞不稳定，易进一步分解成硫化汞和汞。硫化汞的溶解度为 $1.4 \times 10^{-24}g/L$，由于污水中汞含量不多，故生成的硫化汞多呈微粒，大部分悬浮在水中不易沉淀。为此，多使用加共沉淀剂和分级沉淀法处理，即首先投入略过量的硫化钠，与汞生成硫化汞，再投入适量的硫酸亚铁，使溶液中过量的硫生成硫化铁沉淀。这时，一部分亚铁也能与水中的氢氧离子生成 $Fe(OH)_2$ 沉淀。

由于硫化汞与硫化铁在 18℃ 水中的溶度积常数分别为 4×10^{-53} 和 6×10^{-18}，两者相差亿万倍。在加入 $FeSO_4$ 后，溶液中的硫必定先与汞生成 Hg_2S，然后方生成 FeS 沉淀。故硫酸亚铁的投入，不但能迅速除去污水中过量的硫离子，而且更主要的是作为共沉淀载体，使微粒的 Hg_2S 能吸附在 FeS 的絮状物表面上共同沉淀，从而达到完全沉淀出汞的目的。

我国某化工厂，用硫化钠共沉法处理来自乙醛车间含汞 5mg/L 酸性污水，其处理流程和条件为：

（1）混合中和。将酸性污水抽送至混合器，同时将搅拌槽中的石灰乳（或电石渣浆液）泵入混合器。当污水已达到每批处理量的一半后，停止给入石灰乳（或电石渣浆液），将混合液放入污水处理槽，并将另一半污水泵入槽中，污水处理槽中的混合污水在搅拌浆的搅拌下，经充分混合均匀后，测定 pH 值为 9 时，中和作业即先完成。

（2）共沉淀。先向污水中给入 3% 硫化钠溶液，充分搅拌约 10min，再加入 6% 的硫酸亚铁溶液，再充分搅拌约 15min，静置半小时，取上清液分析汞含量达到要求后，经离心机脱水，分离的汞渣集中处理，清液经加水稀释后排放。

使用上述流程处理含汞 5mg/L 的酸性污水，投药量为：硫化钠 30mg/L，硫

酸亚铁60mg/L。当中和后的溶液pH值在8~10范围时，此法可使污水中的无机汞较完全沉淀除去。

除硫化钠共沉淀法外，硫化钠共沉浮选法处理含汞污水也在日本获得成功。此法分为加三价铁盐浮选、加硫化钠浮选、加硫化钠同时加三价铁盐浮选三种方法。当废液的pH值约9时，加入三价铁盐，用硫酸钠进行三级浮选，或按污水中汞的总含量，加入化学计算量两倍的硫化钠浮选都是有效的。当废液的pH值为6.5~9.5时，加入三价铁盐40mg/L和含汞总量相等的硫化钠，用硫酸钠进行一段浮选也有效。使用硫化钠共沉浮选法净化含汞污水，经检验没发现汞。

8.8.4 含汞污水活性炭过滤、吸附法净化

上海医用仪表厂曾推荐活性炭吸附法净化含汞工业污水的两种具体方法，分述如下。

8.8.4.1 粒状活性炭柱过滤法

分别采用活性炭厂生产的条状活性炭、航标炭和自制的活性木炭，经破碎后粒度为2.262~1.397mm(8~12目)。试选择一含汞0.94~2.8mg/L的工业污水，另一含汞1~6mg/L的模拟工业污水。将炭粒装成柱状，污水以1m/h的速度通过单管、双管和三管串联的活性炭柱，汞的吸附率平均在98%以上。吸附炭经蒸馏汞后返回使用，但再次返回的活性炭对汞的吸附率稍有降低，其吸附率为96%。

8.8.4.2 活性炭粉吸附法

根据小型试验结果建立的含汞污水的三层处理池，其下层于地表以下，起集水和沉淀泥砂的作用，当污水充满下层池后，水泵自动把污水抽到含有活性炭粉的上层池，水满后，设在池底的压缩空气管自动压气搅拌，使水翻腾半小时。经沉淀取样化验，汞含量符合排放标准时，则将上清液排放；如不符合要求，则将它放入中层池，重复处理一次。经二次处理的污水，由水泵经微孔塑料过滤管排放。用此法处理过的污水，水质清而不含炭粉。处理作业可为间歇性的，每批处理含汞污水40t，处理过程需2~3h。

当处理的污水含汞为1mg/L时，每升需加入活性炭50g。处理后的污水含汞降至0.0215mg/L，除汞率达97%以上。载汞炭粉用蒸馏法回收汞。

8.8.5 含汞烟气碘配合法净化

碘配合法净化是将含汞和二氧化硫的烟气，经吸收塔底部进入填满瓷环的吸收塔内，并由塔顶喷淋含碘的吸收液来吸收汞。循环吸收汞的富液，定量地分批引出进行电解脱汞，产出金属汞。

用碘配合法来处理含汞和二氧化硫的烟气，除汞率达99.5%，尾气含汞小于

$0.05 \mathrm{mg/m^3}$，烟气除汞后刮得的硫酸含汞小于百万分之一。回收 1t 汞，消耗碘盐 200kg，耗电 56000kW·h。

8.8.6　含汞烟气硫酸洗涤法净化

芬兰奥托昆普用焙烧硫化锌精矿的烟气生产硫酸时，用硫酸洗涤法除去烟气中的汞，故此法又称奥托昆普除汞法。当精矿在 950℃ 左右焙烧时，精矿中的全部汞便挥发出来，经除尘器除尘后，一部分汞被除去，约有一半的汞进入洗涤塔中，余汞进入硫酸产品中。

烟气先经高温电收尘器除去烟尘，然后在装有填料的洗涤塔中用 85% ~ 93% 的浓硫酸洗涤，洗涤的酸由热交换器保持所需的温度。由于酸与汞蒸气反应，生成的沉淀沉降于槽中，沉淀物经水洗涤过滤后送蒸馏。冷凝的金属汞，经过滤除去固体杂质，纯度可达 99.999%。沉淀物中汞的回收率为 96% ~ 99%。

8.9　汞中毒与防护

8.9.1　汞中毒

汞能以液体金属、盐类或蒸气的形态侵入人体，汞蒸气主要是通过呼吸道侵入。汞能穿过胃肠道，也能穿过皮肤或黏膜侵入人体，其中以汞蒸气最易侵入人体。

汞能淤积于肾、肝、脑、肺、骸骨等中。汞从人体中向外排泄主要是经过肾、肠、唾液腺及乳腺，也通过呼吸器官排泄。

汞蒸气对人体的作用，可以引起急性的或慢性的毒害，前者极为稀少。根据汞中毒的轻重程度，患者可分为四期：

一期为汞吸收：在 24h 尿汞含量小于 $0.01 \mathrm{mg/L}$；

二期为轻度中毒：在 24h 尿汞含量大于 $0.01 \mathrm{mg/L}$，其主要症状是头疼、头晕、记忆力减退、多汗无力；

三期为中度中毒：其主要症状是易兴奋、胆怯、手指颤抖、精神症状加重、齿龈炎加重、有轻度贫血及慢性结肠炎；

四期为重度中毒：其主要症状是智力减退、汞毒性脑病、贫血、肠炎及肾损害。

我国规定，空气中汞含量不许超过 $0.01 ~ 0.02 \mathrm{mg/m^3}$，工业废水中汞及其化合物最高容许浓度为 $0.05 \mathrm{mg/L}$。

8.9.2　汞中毒的防护

严格遵守混汞厂的安全技术操作规程，可将汞蒸气和金属汞对人体的影响限制到最小程度。例如，我国某金矿自建国以来一直采用混汞-浮选流程选金，在混汞和炼金生产工人中除极少数人因操作不慎而患汞毒之外，其余很少发现有汞中毒现象。

多年来，我国混汞厂生产工人已创造出许多切实可行的预防汞中毒的措施，归结起来主要有以下几个方面：

（1）经常要对生产工人进行防汞安全思想教育，使人们加深认识"生产必须安全，安全为了生产"的重要意义，并自觉遵守混汞操作制度。装汞器皿要密闭，严禁汞蒸发逸出。进行混汞操作时，必须戴防护用具（穿工作服、戴橡皮手套、戴过滤口罩），尽量避免汞直接与皮肤接触。在有汞的房间内不许存放食物、吃东西、吸烟。

（2）混汞车间和炼金室不仅要有良好的通风措施，而且还应设有通风橱。汞膏的洗涤、压滤及蒸汞可参照图 8-25 的方式进行密闭。混汞板可按振动筛除尘装置的方式进行密闭和抽风。

（3）混汞车间和炼金室的地面不应吸汞。为此，地面应由聚氯乙烯塑料、酚醛塑料、石棉硬质橡胶、人造橡胶的油毡、辉绿岩板及花岗岩板等不吸汞的材料制成。墙壁与顶棚最好涂刷油漆（因为木料和混凝土是汞的良好吸附剂），并且定期用热肥皂水或高锰酸钾溶液（1∶1000）进行涮洗。

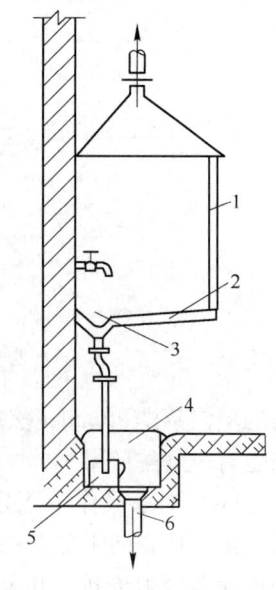

图 8-25　汞作业台结构
1—通风橱；2—工作台；
3—集汞孔；4—集水池；
5—集汞罐；6—排水管

（4）尽管精心操作，但也难免有小量汞泼洒在地面上。这种流洒汞除应立即用吸液管或混汞银板收集起来以外，也可用引射式吸汞器（见图 8-26）加以回收。另外，为了便于回收流散的汞，地面应保持光滑，并做成 1%~3% 的坡度。地面与墙可做成圆角，墙应附加墙裙，见图 8-27。

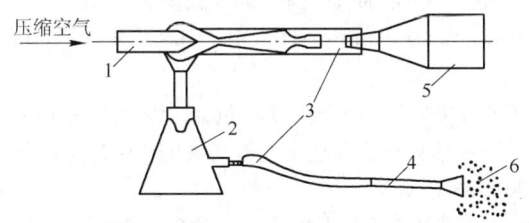

图 8-26　引射式吸汞器
1—玻璃引射器；2—集汞瓶；3—橡皮管；4—吸汞头；5—活性炭净化器；6—流散汞

（5）由于绸和柞蚕丝光滑、致密、吸汞能力差，所以汞操作工人的工作服应由绸和柞蚕丝类制作。而且，工作服应经常洗涤，较好的洗涤方法是用 4 个压

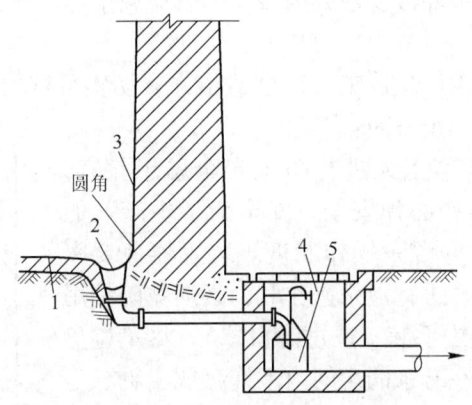

图 8-27　汞作业室地面结构

1—地面；2—地漏；3—墙裙；4—污水池；5—集汞罐

力的蒸汽蒸洗 20min，然后用烘干机烘干。如果不具备上述条件，可用洗衣粉洗涤也有较好的效果。

（6）对汞操作工人定期进行检查，操作室的气体浓度要经常分析和控制，并应定期检查防汞面具的安全性和吸汞剂的活性。如果有汞中毒情况发生，就必须迅速请医生诊断，并可将中毒患者带到空气新鲜的地方。

参 考 文 献

[1]《选矿手册》编辑委员会. 选矿手册（第八卷·第三分册）[M]. 北京：冶金工业出版社，1990：216～249.

[2] 吉林省冶金研究所. 金的选矿[M]. 北京：冶金工业出版社，1978：89～120.

[3] 孙戬. 金银冶金[M]. 北京：冶金工业出版社，1998：85～128.

[4] 马巧嘏，等. 黄金回收 600 问[M]. 北京：科学技术文献出版社，1992：256～274.

[5] И. Н. Ilnakouh. Memannynuua Snaavonoghhx Memannot ［M］.Uemannynuuna，1958：108～146.

[6] 邢国栋. 多金属矿混汞选金及汞毒防护[J]. 黄金，1993(2)：48～50.

[7] 冯国臣，高金昌. 采用混汞-分支浮选工艺提高康山金矿选矿回收率的工业实践[J]. 黄金，1990(10)：36～40.

[8] 赖声伟，李岳华. 新疆黄金选冶技术进展[J]. 黄金，1994(2)：45～48.

[9] 孙长泉. 二道甸子金矿生产概况[R]. 山东省矿山设计院，1962.

[10] 陈福，李德钧，张华. 联合混汞回收金的优化工艺设计及效果[J]. 金属矿山（增刊），2003：156～158.

9 浮选法选金

9.1 浮选原理

9.1.1 浮选过程

浮游选矿简称浮选，系根据矿物表面物理化学性质的不同，对磨碎的固体矿物进行湿式选别的一种方法。现在工业上普遍应用的浮选法实质上是泡沫浮选法。它的特点是矿粒选择性地附着于矿浆中空气泡上，并随同气泡一起浮到矿浆表面。浮选过程包括如下几个基本阶段：

（1）浮选前矿石应磨到一定粒度，其目的是使有用矿物和脉石矿物达到单体解离，同时控制粒度，使其适合浮选的要求。

（2）制备矿浆，包括调整矿浆浓度，加入浮选药剂，调整矿浆酸碱度，消除有害浮选过程中的离子，改变矿物表面性质，使之满足入选要求的条件。

（3）往浮选机中引入空气，形成大量气泡；矿粒向气泡附着，并随同气泡一起浮到矿浆表面形成泡沫层。

（4）刮出漂浮的泡沫产物，从而达到浮选的目的。

正常情况下，浮选的泡沫产物作为精矿产出，但有时也可以将脉石矿物浮入泡沫产物中，而将有用矿物留在矿浆中作为精矿排出。这种与正常浮选相反的浮选过程称为反浮选。

对于多金矿石的浮选，常用的方法有优先浮选、混合浮选、部分混合浮选、等可浮性浮选。优先浮选是依次分别浮选出各种有用矿物到泡沫产品中。混合浮选是将所有的有用矿物同时选入泡沫产品，然后再把混合精矿中的有用矿物逐一分开。部分混合浮选是先将两种有用矿物一起选入泡沫产品后再用全浮选回收难浮矿物到泡沫产品中。等可浮性浮选是根据矿物可浮性好坏，依次浮选出可浮性好的及可浮性差的矿物，然后再将各混合精矿依次分开。

浮选法被广泛地用来处理各种脉金矿石。大多数情况下，浮选法用于处理可浮性很高的硫化物含金矿石，效果最显著。因为通过浮选不仅可以把金最大限度地富集到硫化物精矿中，而且可以得到废弃尾矿，选矿成本亦很低。浮选法还用来处理多金属含金矿石，例如金-铜、金-铅、金-锑、金-铜-铅-锌-硫等矿石。对于这类矿石，采用浮选法处理能够有效地分别选出各种含金硫化物精矿，有利于实现对矿物资源的综合回收。此外，对于不能直接用混汞法或氰化法处理的所谓

"难溶矿石"，也需要采用包括浮选在内的联合流程进行处理。当然，浮选法也存在局限性。对于粗粒嵌布的矿石，当金粒大于 0.2mm 时，浮选法就很难处理；对难于获得浮选条件的矿石，比如不含硫化物的石英质含金矿石，调浆后很难获得稳定的浮选泡沫，采用浮选法就有一定的困难。在经济技术指标方面，由于浮选需要消耗大量药剂，所以浮选法的选矿成本较重选和混汞法高。因此，选矿方法的确定，必须根据客观实际，因地制宜、因矿制宜，根据矿区所在地的自然条件、矿石特征等因素，选择确定选矿方法，合理确定工艺流程，配置好流程结构，才能取得理想的选矿技术经济指标。

9.1.2 可浮性与润湿性

　　浮选过程中，分散在矿浆中的矿粒能够有选择性地附着在气泡上，比如自然金、黄铁矿、方铅矿颗粒很容易同气泡附着并一起浮游，而石英、长石、方解石等脉石矿物颗粒却难于和气泡附着，不能浮游。为什么矿物不一样，可浮性不一样呢？主要是由于矿物表面对水的润湿性不同造成的。所谓润湿性即是指矿物表面对水的亲和能力，也可称为亲水性或疏水性。矿物表面的润湿性可以通过下述试验来说明：把一滴水滴到一块平滑的石英表面上，水滴会很快扩张开形成扁平膜状；而将水滴滴到方铅矿表面上时，水滴却呈现凸起的球状，见图 9-1。说明石英表面具有较强的润湿性，能够被水湿润，是亲水矿物；而方铅矿表面具有较弱的润湿性，不易被水湿润，是疏水性矿物。在浮选过程中，亲水性矿物由于和水分子的亲和力强，水分子能在矿物表面呈紧密定向排列，并牢固地附着在矿粒表面上，形成一层很稳定的水化膜。当气泡与矿粒碰撞时，不易排开这层膜中的水分子，因此矿粒很难附着于气泡上，所以说亲水性矿粒难浮。相反，疏水性矿物表面与水分子亲和力很弱，水分子在矿粒表面附着很不牢固，不能形成稳定水化膜。当矿粒与气泡碰撞时，很容易排开水分子，促使矿粒表面的水化膜破裂，甚至露出"干面"，实现矿粒与气泡附着。由此可以得出疏水性矿物易浮的结论。

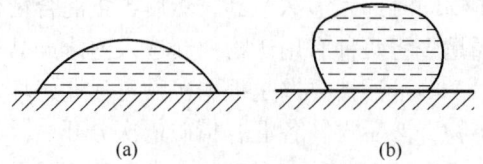

(a)　　　　　　　　(b)

图 9-1　水在不同矿物表面的润湿现象

(a) 亲水性矿物石英；(b) 疏水性矿物方铅矿

9.1.3 润湿接触角

　　润湿接触角是衡量矿物润湿性大小的标志。当液体在固体表面湿润后，就会形成由固体、液体和气体三相包围的一条环形接触线。这条线又称为三相润湿周边，这条边上的每一个点都是润湿接触点。从任意一点做一条切线得到一个平衡接触角 θ，见图9-2。

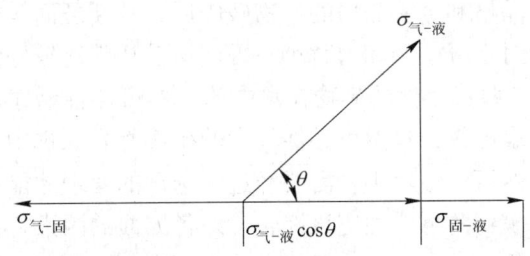

图9-2 湿润接触角与三相界面张力

在这一点处分别存在着三种表面张力。很明显，空气界面上的表面张力是与其他两个界面上的表面张力之和 $\sigma_{固-液} + \sigma_{气-液}\cos\theta$ 相平衡的。因此：

$$\sigma_{气-固} = \sigma_{固-液} + \sigma_{气-液}\cos\theta$$

$$\cos\theta = \frac{\sigma_{气-固} - \sigma_{固-液}}{\sigma_{气-液}}$$

式中　θ——矿物表面润湿接触角；

σ——相界面上的表面张力。

从上式可以看出，$\sigma_{气-固} - \sigma_{固-液}$ 差值越大，$\cos\theta$ 越大，θ 角越小，则矿物润湿性好，亲水性强，可浮性低。反之 $\sigma_{气-固} - \sigma_{固-液}$ 差值越小，$\cos\theta$ 越小，θ 角越大，则矿物润湿性差，疏水性强，可浮性好。$\cos\theta$ 值又可称为矿物的润湿度。通过测定，几种常见矿物的润湿接触角是：硫80°，石墨辉铜矿60°，方铅矿47°，黄铁矿33°，方解石23°，石英0°~4°，云母0°。矿物的润湿接触角可以通过加入各种药剂的方法来改变。例如纯净的方铅矿表面可以通过乙基黄药处理，接触角可以增大到60°。

9.1.4　润湿性与矿物晶格结构的关系

矿物表面的亲水性首先决定于矿物表面的物理化学性质，而其表面物理化学性质又决定于矿物本身的化学组成和晶格构造。

任何矿物都是由离子、原子、分子组成的。不同元素的质点在构成矿物结晶时可以处于离子状态、原子状态和分子状态。所处的状态不同，彼此结合成晶格的键力也不同。当它们是以离子状态结合时，其结合键力称为离子键，其晶格构造称为离子晶格。当它们是以原子状态结合时，其结合键力称为共价键，其晶格构造称为共价晶格。相应的还可分出由金属键联结的金属晶格和由分子键联结的分子晶格。在这种键力中离子键和共价键比较强，而金属键和分子键键力比较弱。因此，当具有离子晶格和共价晶格的矿物经破碎和磨碎后，其断裂面暴露出来的残余键力就比较强。键力强则对水分子的亲和力就大，因此该矿物就比较难浮选。当具有分子晶格和金属晶格的矿物破碎后，其断裂面暴露出来的残留键力比较弱，键力弱则对水分子亲和力就小，因此该矿物就比较好浮选。

表9-1列出了一些代表性的矿物在水中的自然可浮性顺序，并注明了各种矿物的晶格结构。由表可知，自然可浮性较大的矿物都是浮选中不常见的矿物，而一般常见矿物的自然可浮性较小，需要经过浮选剂的处理才能浮选。所以从实践的观点来看，所谓矿物的可浮性应该综合考虑各方面的因素，比如具有金属晶格和半金属晶格构造的自然金属（自然金、自然铜等）和重金属硫化物（方铅矿、黄铁矿等）在表9-1中属于可浮性小的矿物。但在实践中，这些矿物只要加入硫代化合物类浮选剂就会变成很好浮选的矿物。所以，为了提高矿物的可浮性，就要设法改变矿物的表面性质，使矿物与气泡接触时能实现选择性附着。对于其他非待浮矿物，如果不是亲水的，也要设法创造条件使矿物能够被水润湿。

表9-1 矿物在水中的可浮性顺序

可浮性顺序	举 例	晶 格 结 构
大	1. 萘、石蜡 2. 碘、硫	分子晶格
中	3. 石墨 4. 辉钼矿	片状晶格，断裂面以分子键为主
小	5. 自然金 6. 方铅矿、黄铁矿 7. 萤石 8. 方解石 9. 云母 10. 长石、石英	金属晶格 半金属晶格 单纯离子晶格 复杂离子晶格 层状离子晶格 共价晶格

9.1.5 矿粒在气泡上的附着

矿粒与气泡接触并实现附着的过程实质上是矿粒-气泡这一物质体系表面自由能变化的过程。矿物表面自由能如前述是受矿粒物理化学组成及晶格构造决定的，而气泡表面自由能主要是由于水化膜分子处于一种力的不平衡状态储备起来的。这种能的单位是每增加 $1cm^2$ 表面积所需的功，用 erg/cm^2 表示（$1erg = 10^{-7}$ J），通常可化作表面张力来表示（$dyn/cm(1dyn = 10^{-5}N)$）。根据热力学第二定理，"一切物体或物质体系都尽量使它的表面自由能减至最小限度；凡是使体系自由能减小的过程就会自动进行。"所以当矿粒与气泡碰撞后能不能实现附着，关键取决于矿粒表面与气泡表面自由能是否能够降低。

在浮选过程中，由于浮选机的搅拌作用和矿粒下落引起矿粒与气泡的碰撞和接触。当矿粒与气泡渐渐靠近时，首先是气泡表面的水化层和矿粒表面水层开始接触。OX_1即为这两层水膜的厚度，见图9-3。这时体系界面能处于a点，欲使矿粒进一步和气泡靠近，需通过外加的功打乱两层水膜里定向排列的水分子。可浮性矿物在外加功作用下，体系界面能可以上升至能峰b点，水化

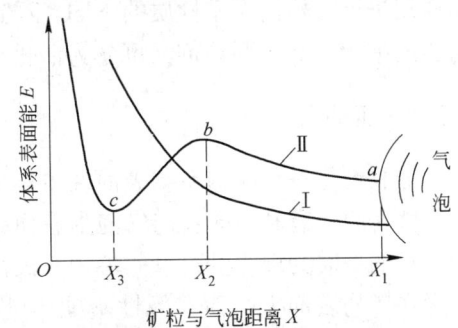

图9-3　矿粒与气泡距离和体系表面能的关系

层厚度减薄至OX_2。这时由于水化层的水分子的排列顺序已被打乱，必须重新排列，因此分子间的吸引力在这个时候起主导作用，于是矿粒与气泡凭本身的作用力自发靠近，水化膜很快变薄。体系界面能越过能峰，从b点自动降低至最低点。矿粒与气泡距离移至OX_3，至此水化膜破裂，成为残余水化膜留在矿粒表面上，而矿粒与气泡紧密结合实现了附着。亲水性矿粒由于它的表面对水分子具有较强的亲和力，水层分子紧密牢固地附着在矿粒表面，其排列顺序即使在外功作用下也难以打乱，所以亲水性矿粒向气泡靠近时，体系界面能不断上升，见图9-3曲线Ⅰ，过程不能自发进行，水化膜成为矿粒与气泡进一步靠近的障碍，所以亲水性矿粒难于附着在气泡上。

由上述可以看出，在实现气泡与矿粒附着之前需要一定的时间完成水化膜的减薄和破裂，这段时间成为吸附时间。同时在浮选矿浆中被强烈搅拌的矿粒与气泡发生碰撞时又有一段碰撞接触时间。显而易见，矿粒欲与气泡附着只有在附着时间小于接触时间才能够实现，附着时间越短，附着速度越快，表明矿粒随气泡上浮的可能性愈大。决定矿粒与气泡附着速度的因素是：矿粒表面性质、矿粒粒度和气泡尺寸等。

但是，要使矿化气泡上浮到矿浆顶部的泡沫层中，仅靠矿粒与气泡附着在一起是不够的，还要防止矿化气泡在上浮过程中由于受到机械力的作用使矿粒从气泡上脱落。这就要求矿粒在气泡上附着时要牢固，要具有一定强度。附着强度与附着面积和矿物润湿接触角的大小有直接关系。附着面积和接触角越大，则矿粒在气泡上的附着强度越大，矿粒也就越不容易从气泡上脱落。

9.2　浮选药剂

矿物表面的浮选性质是可以通过药剂的作用改变的。在浮选过程中添加各种

浮选药剂可以提高或降低矿粒的可浮性；加强空气在矿浆中的弥散程度；增加泡沫的稳定性；改善浮选矿浆的性质；消除有害浮选过程的离子，以保证浮选过程的顺利进行。根据作用性质的不同，浮选药剂一般可分为三大类：捕收剂、起泡剂、调整剂。其中调整剂又可分为活化剂、抑制剂和 pH 调整剂等。

9.2.1 捕收剂

捕收剂是一种能与矿物表面发生作用的有机药剂，它能在有用矿物表面生成疏水性薄膜，有利于矿粒与气泡附着而起捕集作用。捕收剂分子是一种异极性分子，它的一端为极性基，另一端为非极性基。当药剂与矿粒表面作用时，极性基吸附在矿物表面上，而非极性基朝向外，从而减弱了水分子对矿物表面的亲和力，提高了矿物表面的疏水性。根据药剂和矿物表面作用的极性基不同，捕收剂可分为：硫代化合物类捕收剂、烃基酸类捕收剂、胺类捕收剂、油类捕收剂。前两类捕收剂是阴离子的极性基与矿物表面作用，称为阴离子捕收剂。第三类捕收剂是阳离子的极性基与矿物表面作用，称为阳离子捕收剂。第四类捕收剂是一种非极性的油类。

硫代化合物类捕收剂主要有黄药、黑药、硫醇等，常用于浮选自然金属、有色金属硫化矿和硫化后的氧化矿。烃基酸类捕收剂主要有油酸、氧化石蜡皂等，常用于浮选氧化矿、碱土金属矿、硅酸盐矿等。胺类捕收剂主要用于浮选石英和铝硅酸盐矿石。油类捕收剂包括煤油、变压器油、太阳油等，用来浮选具有自然疏水性的矿物，如辉钼矿、石墨、自然硫等，也可作为辅助捕收剂浮选自然金。选金厂常用的捕收剂有黄药、黑药、铵黑药等。

9.2.1.1 黄药

黄药是浮选含金硫化矿物时最常见的捕收剂，化学成分为烃基二硫代碳酸盐。分子式为：ROCSSMe，其中 R 为 C_nH_{2n+1} 类烃基，Me 为金属钠或钾。乙基黄药结构式为：

$$CH_3 \cdot CH_2 \begin{matrix} | \\ OC \end{matrix} \begin{matrix} S \\ \diagup \\ \diagdown \\ SNa \end{matrix}$$

非极性基　　　极性基

黄药由醇、苛性钠、二硫化碳三种原料在一定温度（以 15~35℃ 为宜）条件下作用而成。反应式为：

$$C_2H_5OH + NaOH = C_2H_5ONa + H_2O$$

$$C_2H_5ONa + CS_2 = C_2H_5OCSSNa$$

$C_2H_5OCSSNa$ 即为乙基黄原酸钠。根据制备黄药时所用的醇的不同（乙醇、丁醇、戊醇等），所制得的黄药又分别称为乙基黄药、丁基黄药、戊基黄药。

黄药是一种淡黄色粉末状物，具有刺激性气味，有一定的毒性，溶于水，易氧化。吸潮后纯度降低。黄药的水溶液不稳定，可以离解成黄原酸离子，黄原酸离子水解又生成黄原酸。黄原酸为弱酸，不稳定，易分解成不起捕收作用的二硫化碳和醇。其反应式为：

$$C_2H_5OCSSNa \xrightarrow{离解} C_2H_5OCSS^- + Na^+$$

$$C_2H_5OCSS^- + H_2O \xrightarrow{水解} C_2H_5OCSSH + OH^-$$

$$C_2H_5OCSSH \xrightarrow{分解} CS^{2+} C_2H_5OH$$

为了防止黄药分解失效，必须防止黄原酸的生成。由水解反应式中可以看出，按照质量作用定律，只有增加 OH^- 浓度，才能使反应向左方向进行，以减少黄原酸的生成。因此，使用黄药作捕收剂时，必须调整矿浆 pH 值在 7 以上，即在碱性矿浆中使用。如果在酸性矿浆中使用，必须适当增大用量。

为了避免黄药变质、分解失效，黄药应贮存在密闭的容器中，置于阴凉、干燥、通风良好的地方。

黄药主要用来选别有色金属硫化矿物。高级黄药（通常指由丁醇、戊醇等高级醇类制成的黄药）亦用来选别有色金属氧化矿物。黄药溶于水时，极性基

$$OC \overset{S}{\underset{SNa}{\diagdown}}$$ 发生电离，离解出 $ROCSS^-$ 阴离子。这种离子与矿物表面作用时，把

它的极性部分（—$OCSS^-$）固着在矿物表面，而将非极性基 R 朝外定向排列。由于非极性基的疏水作用，从而提高了矿粒表面的疏水性。当这种附着有黄药阴离子的矿粒与气泡接触时，矿粒表面黄药的非极性基插入气泡，并随着气泡上浮到矿浆表面，见图9-4。

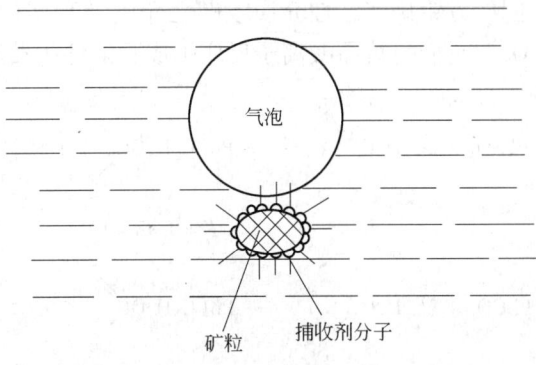

图9-4 矿粒依靠捕收剂附着于气泡上

这就是黄药捕收硫化矿的基本原理。但是，黄药如何与有色金属硫化矿作用而附着于矿物表面呢？对于这个问题主要有两种解释。首先人们注意到黄药能与许多金属阳离子互相作用并生成难溶的金属黄原酸盐这一特性。因此有人提出"化学假说"，认为黄药附着于矿物表面是由于黄药与矿物表面发生普通化学反应所致。这一假说能解释一些问题，比如同一金属的黄原酸盐的溶度积因黄原酸盐非极性基烃链长度和结构的变化而不同，烃链长，溶度积小，而溶度积越小的黄原酸盐浮选效果越好。浮选实践亦证实长链烃的高级黄药的捕收能力比低级黄药捕收能力强。

从表9-2可以看出，金属硫化物的溶度积远比相对应的黄原酸盐溶度积小，因此要生成黄原酸盐的沉淀是不可能的，也就是说化学假说不能解释这个问题。

表9-2 金属硫化物、黄原酸盐及二硫代磷酸盐（黑药）的溶度积

金属阳离子	溶度积 (25℃)				
	乙基黄药	二硫代磷酸盐（黑药）			硫化物
		二乙基	二丁基	二甲酚基	
Hg^{2+}	1.15×10^{-38}	1.15×10^{-32}	—	—	1×10^{-52}
Ag^+	0.85×10^{-18}	1.3×10^{-16}	0.47×10^{-18}	1.15×10^{-19}	1×10^{-49}
Cu^+	5.2×10^{-20}	5.5×10^{-17}	—	—	$1 \times 10^{-38} \sim 1 \times 10^{-44}$
Pb^{2+}	1.7×10^{-17}	6.2×10^{-12}	6.1×10^{-16}	1.8×10^{-17}	1×10^{-29}
Sb^{2+}	2.0×10^{-24}	—	—	—	
Cd^{2+}	2.6×10^{-14}	1.5×10^{-10}	3.8×10^{-13}	1.5×10^{-12}	3.6×10^{-29}
Ni^{2+}	1.4×10^{-12}	1.7×10^{-4}	—	—	1.4×10^{-24}
Zn^{2+}	4.9×10^{-9}	1.5×10^{-2}	—	—	1.2×10^{-23}
Fe^{2+}	0.8×10^{-8}	—	—	—	
Mn^{2+}	$< 10^{-2}$	—	—	—	1.4×10^{-15}

由于自然矿物的表面或多或少地被氧化，其表面氧化产物就有可能与黄药生成黄原酸盐沉淀。例如方铅矿在酸性介质或碱性介质（NaOH 或 CaCO$_3$）中便会生成 $PbSO_4$ 或 $PbCO_3$，它们与黄原酸离子反应生成不溶性的黄原酸铅：

$$PbSO_4 + 2C_2H_5OC\begin{smallmatrix}S\\\\S^-\end{smallmatrix} \longrightarrow Pb(C_2H_5OC\begin{smallmatrix}S\\\\S^-\end{smallmatrix}) + SO_4^{2-}$$

$$K = 0.98 \times 10^9$$

$$PbCO_3 + 2C_2H_5OC\begin{smallmatrix}S\\\\S^-\end{smallmatrix} \longrightarrow Pb(C_2H_5OC\begin{smallmatrix}S\\\\S^-\end{smallmatrix}) + CO_3^{2-}$$

$$K = 4.8 \times 10^8$$

于是黄药与矿物表面的作用机理被认为是黄药离子与被氧化了的硫化矿发生了化学反应，形成不溶性黄原酸盐薄膜罩，盖于表面而显出疏水性上浮。但是这个想法是不全面的，因为按照这个说法推想，自然界的铅矾矿（$PbSO_4$）、白铅矿（$PbCO_3$）等氧化矿应该比方铅矿等硫化矿好浮。但事实与此相反，而且很难浮。于是有人提出"半氧化假说"，认为黄药不是与表面完全氧化的产物发生反应，而是与表面经过轻微氧化生成与晶格紧密结合的硫化物——硫酸盐结合体发生反应：

$$Pb\underset{S}{\overset{S}{<>}}Pb \xrightarrow{(O)} Pb\underset{S}{\overset{S}{<>}}Pb \xrightarrow{(C_2H_5OCSS)_2^-} S\underset{PbC_2H_5OCSS}{\overset{PbC_2H_5OCSS}{<}} + SO_4^{2-}$$

方铅矿　　　　　硫化物——硫酸盐结合体

这样形成的不溶性黄原酸铅与晶格中的 PbS 相结合，形成稳固的薄膜罩，盖于矿粒表面使得矿粒疏水易浮。而铅矾或过度氧化的方铅矿表面之所以难溶是由于完全氧化物（如 $PbSO_4$）易溶于水，它与黄药反应生成的黄原酸铅薄膜不可能与矿粒牢固结合，因此不易浮选。实验表明：表面纯净的方铅矿无氧气存在时，不能用黄药浮选，可是，只要有少量氧气存在便能进行浮选。说明用"半氧化假说"来解释黄药捕集机理是比较正确的。

黄药用来处理含金硫化矿时，用量为 $50\sim150g/t$，具体用量取决于浮选的矿石性质、矿浆浓度等。在一般情况下，其用量随金属品位的提高而增加；随矿石氧化程度的提高而增加。提高矿浆浓度可以减少黄药用量。

9.2.1.2　黑药

黑药化学名称为烃基二硫代磷酸盐，通式为 $(RO)_2PSSH$。常用黑药的烃基为甲酚、二甲酚以及各种醇类。

甲酚黑药由甲酚和五硫化二磷在加热情况下反应生成，为黑褐色油状液体，密度为 $1.19\sim1.21g/cm^3$，有刺激性气味，人吸入能使呼吸道麻痹、头痛，有腐蚀性、遇热分解。我国某选矿药剂厂生产的黑药为二甲酚基二硫代磷酸盐，含 P_2S_5 25%，所以其商品牌号为 25 号黑药。

黑药除具有捕收性能外，还具有起泡能力，含游离甲酚愈多，起泡能力愈强。黑药与黄药相比，由于其磷核与硫的结合较强，极性减弱，与矿物晶格阳离子的作用亦减弱，所以捕收能力比相应的黄药低，但具有良好的选择性，捕收黄铁矿较弱，多用于浮选含黄铁矿的硫化铜矿以及铜铅锌多金属矿的优先浮选。黑药和黄药联合使用对于自然金的捕收效果有显著改善。我国某金铜矿原来使用黄药 100g/t，2 号油 120g/t。后来改为黄药 100g/t，黑药 100g/t，金的浮选回收率提高了 8%。黑药还适于作部分氧化含金矿石的捕收剂，与黄药联合使用，可以明显提高含金氧化矿石的选别指标。

丁基铵黑药是近年来研制成功的一种阴离子捕收剂，为白色固体，无味，有起泡性。对于铅、镍矿石和某些难选氧化矿有较强的捕收能力。对于含金石英脉矿石选别效果也很好。由于它同时具备捕收和起泡性能，所以在一些选金厂中正丁基铵黑药可以代替 2 号油与黄药一起使用。

9.2.1.3 咪唑

咪唑化学名称为 N-苯基-2-巯基苯骈咪唑，是紫黑色粉末，成分稳定，不易变质，使用时可以单独添加，也可以和黄药混合使用。咪唑的钠盐易溶于水，通常用热碱溶解配成 1% ~ 2% 的水溶液使用。咪唑作为一种捕收剂，主要用于代替高级黄药选别难选矿石。我国某金矿用咪唑代替黄药捕收自然金进行工业试验。结果表明，在用量为黄药一半时，选别指标及精矿品位均略高于黄药。

除了上述捕收剂外，烃基酸类捕收剂可以用来选别氧化金铜矿石；非极性的碳氢油如煤油、变压器油、太阳油在选金时可作辅助捕收剂。

9.2.2 起泡剂

浮选时泡沫是矿粒上浮的媒介。泡沫是空气在液体中分散后的许多气泡的集合体。泡沫分两相泡沫和三相泡沫。两相泡沫指由气体在液体中分散后形成的泡沫。适于浮选泡沫的气泡要求具备两个条件：一是要有一定强度，能在浮选过程中保持稳定。二是气泡尺寸大小要适当，过大，气液界面积减少，矿粒少，浮选效果低；过小，由于上浮力，气泡携带矿粒上浮速度慢，同样影响浮选效果。

在浮选矿浆中加入起泡剂的目的是使气泡形成大量而稳定的泡沫。起泡剂的作用原理在于它能降低水与空气界面的表面张力。常用起泡剂是异极性的表面活性物质，含有极性基如烃基—OH，羰基＝CO 等。起泡剂分子在矿浆中以一定的方向（见图9-5）吸附在气液界面上，极性基向水，非极性基向空气即气泡内部。由于亲水性基排列在气泡表面，所以在极性基周围会形成一层水化膜能

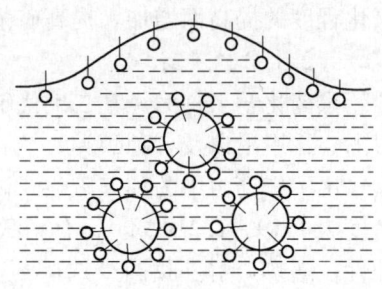

图9-5 起泡剂分子在气液界面定向排列

防止气泡兼并。另外，由于起泡剂分子定向吸附作用，气液界面表面张力降低，泡壁间水层不易减薄，气泡不易破裂。三相泡沫比两相泡沫稳定，是因为气泡表面黏附的矿粒好像包上一层"外壳"成为气泡互相兼并的障碍。

选金厂常用的起泡剂有 2 号油、松油、樟油、重吡啶、甲酚酸等，其中以 2 号油应用最广泛。

2 号油是最常用的浮选起泡剂，主要成分为烯醇（$C_{10}H_{17}$—OH），结构式约为

$$\text{CH}_3-\overset{\overset{\displaystyle\text{CH=CH}_2}{|}}{\underset{\underset{\displaystyle\text{CH}_2-\text{CH}_2}{|}}{\text{C}}}\quad\overset{\displaystyle\text{H}}{\underset{\underset{\displaystyle\text{CH}_3}{|}}{\overset{|}{\underset{|}{\text{C}}}}}\quad\overset{\displaystyle\text{OH}}{\underset{\displaystyle\text{CH}_3}{}}$$

2 号油以松节油为原料，以硫酸为催化剂，乙醇作乳化剂进行水化反应而得。目前，我国某选矿药剂厂制造的 2 号油以平平加（一种多级醚醇）作乳化剂代替乙醇，其起泡性能和浮选效果良好。2 号油为淡黄色油状液体，有刺激性，密度为 $0.9 \sim 0.915\text{g/cm}^3$，具有较强的起泡性能。在选别含金矿石时，其用量一般在 $20 \sim 100\text{g/t}$ 以上。

松油是直接馏分松根的产品，成分与 2 号油相似，过去曾一度被广泛使用。缺点是成分不稳定。

樟油是樟树枝叶及其根茎用水蒸气蒸馏得到的原油中提出樟脑后残余油分的总称，分白、红、蓝三种。白色油可代替松油使用，选择性能好，多用于获取高质量精矿及优先浮选作业中。我国某钨锑金流程中以樟油作起泡剂，用量为 90g/t。甲酚酸、重吡啶都是炼焦工业副产品，是常用的起泡剂，亦用于选金。

9.2.3 调整剂

在浮选过程中，调整剂的作用主要是为了改变矿物表面性质，提高浮选过程的选择性，加强捕收剂的效能，改善矿浆的浮选条件。根据药剂作用性质的不同，调整剂又可分为抑制剂、活化剂和介质调整剂。

9.2.3.1 抑制剂

抑制剂能够在矿物表面生成亲水性薄膜，阻止捕收剂与矿物表面相互作用，从而降低矿物的可浮性。比如，石灰对黄铁矿的抑制是由于石灰在矿浆中生成大量 OH^- 和氧化了的黄铁矿表面生成了亲水性的氢氧化铁薄膜。又如，水玻璃在矿浆中可能形成亲水性的 $HSiO_3^-$ 和硅酸胶粒，它们被吸附在硅酸盐矿物表面而造成抑制作用。有的抑制剂的作用机理与上述情况有所不同。在许多情况下，抑制剂在矿物表面生成亲水膜的过程，可看作是抑制剂与捕收剂在矿物表面竞争的过程。当矿浆中加入抑制剂后，它能够从矿物表面把吸附着的捕收剂离子排挤掉，并降低活性离子在矿浆中的浓度，使捕收剂难以在矿物表面重新生成捕收剂膜。

选金厂常用的金属矿物抑制剂有：石灰、氰化物、硫化钠、重铬酸盐。脉石矿物抑制剂有：水玻璃、淀粉、糊精等。

石灰（CaO）是一种常用的介质调整剂，又是矿泥的团聚剂和黄铁矿的有效抑制剂，并且对金也有一定的抑制作用。CaO 由石灰石焙烧而成，加入水中后生成氢氧化钙，解离而获得较强的碱。

$$CaCO_3 \xrightarrow{\text{焙烧}} CaO + CO_2 \uparrow$$

$$CaO + H_2O \longrightarrow Ca(OH)_2 \longrightarrow Ca^{2+} + 2OH^-$$

石灰对黄铁矿的抑制作用不仅由于 OH^- 与氧化后的黄铁矿生成亲水的氢氧化铁薄膜所致，而且 Ca^{2+} 能牢固地吸附在黄铁矿表面，使黄铁矿对黄药的吸附量大大降低，从而进一步加强了 OH^- 对黄铁矿的抑制过程。石灰用来抑制黄铁矿时，一般用量为 $1 \sim 5kg/t$。

硅酸钠、淀粉、糊精是石英脉含金矿石常用的脉石抑制剂，用于精选作业，可提高金精矿质量。氰化物是黄铁矿、硫酸锌及各种硫化铜矿物常用的抑制剂，使用时常与石灰或硫酸锌一起添加，效果很好。氰化物对金有强烈的抑制作用，还能溶解金银等贵金属，所以在优先浮选含金的多金属矿石时，最好不用氰化物做抑制剂，即使采用，其用量必须控制在最低水平，以免溶解金造成金的损失。

9.2.3.2　活化剂

活化剂的作用是在矿物表面生成促使捕收剂附着的薄膜，提高矿物的浮游能力，去除矿物表面抑制性薄膜并恢复矿物原来的浮游活性。例如硫化钠可以在含金的氧化铜矿石表面生成一层金属硫化物薄膜，使难浮的氧化矿石变得比较好浮，又如硫酸可以除掉黄铁矿表面的氢氧化铁薄膜，露出硫化铁新鲜表面，便于捕收剂附着。

选金厂常用的活化剂有硫化钠、硝酸铅、醋酸铅、硫酸铜等。国外广泛应用二氧化硫气体作黄铁矿浮选的活化剂。有的活化剂兼有抑制性能，比如硫化钠既是含金氧化矿的活化剂，同时对自然金和各种硫化矿物均有抑制作用。因此，使用时要掌握好用量，量不宜过大。最好分批添加。

9.2.3.3　介质调整剂

介质调整剂主要调整矿浆 pH 值和调整其他药剂的作用活度；消除有害离子的影响；调整矿泥的分散与团聚。

矿浆 pH 值表明矿浆中 H^+ 和 OH^- 浓度。pH 值等于 7，说明 H^+ 与 OH^- 浓度相等，矿浆呈中性。pH 值大于 7，矿浆呈碱性。pH 值小于 7，矿浆呈酸性。

矿浆 pH 值往往直接或间接地影响矿物的可浮性。在一定条件下（药剂制度、矿浆温度），矿物可浮与不可浮的 pH 值界限称为临界 pH 值。矿物的临界 pH 值随浮选条件改变而改变。在浮选实践中，各矿粒可浮性不一致，因此临界 pH 值不是一个点，而是一个范围。在这个范围内，矿物回收率随 pH 值变化而变化。常用的碱性矿浆调整剂是石灰、碳酸钠、苛性钠。酸性矿浆调整剂是硫酸。金的浮选多在碱性矿浆中进行。因为在碱性矿浆中黄药不易分解；硫化矿氧化速度慢；矿浆中不可溶性盐的不利作用可以降低；对设备腐蚀性小。但是，有时也需要在酸性矿浆中浮选。比如，对于某些黄铁矿和磁黄铁矿矿石在弱酸性矿浆中的浮选能力比在碱性矿浆中好些；氰化尾矿的浮选多在 pH 值为 6 的弱酸性矿浆中进行。例如，我国某选金厂对堆存老尾矿进行浮选试验表明，在酸性矿浆中浮选回收率要高一些。

矿浆中常含许多有害离子，大多数来自矿石中可溶性盐的解离，有的来自生产用水和药剂。这些离子对浮选过程影响很复杂，有活化作用，有抑制作用，并且消耗各种药剂。为消除其影响，常使用硫化钠、碱、苏打等使其生成难溶化合物沉淀，如：

$$Fe^{3+} + 3OH^- \longrightarrow Fe(OH)_3 \downarrow$$

$$Ca^{2+} + CO_3^{2-} \longrightarrow CaCO_3 \downarrow$$

$$Cu^{2+} + S^{2-} \longrightarrow CuS \downarrow$$

矿物细泥对浮选过程的干扰尤为显著，一方面，不同矿物彼此之间黏结，凝聚成团，破坏了整个浮选过程的选择性，使精矿质量降低；另一方面微细矿泥会大量吸附于有用矿物表面，形成矿泥薄膜，罩盖在矿粒表面上，阻止药剂与矿粒表面接触，降低了矿物可浮性，影响回收率。此外，矿泥比表面积大，消耗大量药剂，使矿浆中浮选药剂浓度降低。针对以上情况，可以采取机械分级的方法将矿泥脱除，或者添加分散剂消除矿泥的有害影响，如水玻璃、碳酸钠、硫化钠等能增强矿泥表面亲水性，加大微细颗粒相互彼此团聚的能力，从而减轻其絮凝和罩盖作用。这是改善浮选条件，提高细粒级选别回收率的有效途径。

9.2.4　选金厂常用浮选药剂

据统计，已研制出来的浮选剂在全世界达 6000 种，但是真正用于生产实践的只有 100 多种，使用的最普遍的不过数十种。我国选金厂常用浮选药剂见表9-3。

表9-3　选金厂常用浮选药剂

药剂名称	用　途	用量/g·t^{-1}	说　明
乙基黄药 ($C_2H_5OCSSNa$)	含金硫化矿捕收剂	50~200	选择性较好
丁基黄药 ($C_4H_9OCSSNa$)	含金硫化矿及氧化矿捕收剂	40~150	捕收性强
甲酚黑药 ($CH_3 \cdot C_6H_4O)PSSH$)	含金硫化矿及氧化矿捕收剂	30~150	有起泡性能，选择性好，常与黄药共用
油酸 ($R \cdot COOH$)	金-铜氧化矿捕收剂	100~300	选择性较差

药剂名称	用 途	用量/g·t⁻¹	说 明
丁基铵黑药 $(C_4H_9O)_2PSSNH_4$	硫化矿石辅助捕收剂	$50 \sim 150$	有较强的起泡性能,可代替起泡剂使用
2号油 (含 $C_{10}H_{17}OH$ 50%)	起泡剂	$40 \sim 150$	组成比较稳定
松 油	起泡剂	$40 \sim 150$	组成与2号油相近,但不稳定
樟 油 (按馏分温度分白、红、蓝三种)	起泡剂,可代替松油使用	$60 \sim 120$	白樟油选择性好,蓝樟油兼有捕收能力
甲酚酸 (酚、甲酚、二甲酚混合物)	起泡剂	$25 \sim 150$	有毒、易燃、有腐蚀性
重吡啶 (吡啶、喹啉等混合物)	用作起泡剂	$50 \sim 100$	兼有捕收性能,选硫化矿时可降低捕收剂用量
石灰 (CaO)	介质调整剂,强碱,对黄铁矿、金有抑制作用	$1 \sim 10kg/t$	使用时调成石灰乳,也可直接加入磨矿机
硫化钠 (NaS)	含金氧化矿石硫化剂,各种硫化矿物抑制剂	$20 \sim 100$,有时 $1 \sim 2kg/t$	对金有抑制作用;分批添加效果好
碳酸钠 (Na_2CO_3)	弱、中、碱性矿浆调整剂	$100 \sim 1000$ 或更高	
硅酸钠(水玻璃) (Na_2SiO_3)	硅酸盐及其他脉石矿物抑制剂,矿泥分散剂	酌情使用	
淀 粉	含金脉石抑制剂	$500 \sim 2000$	
糊精 (淀粉在稀盐酸中水解的产物)	含金脉石抑制剂	$100 \sim 300$	
三号凝集剂	多用于精矿浓缩过滤作业	$200g/m^3$	商品系含8%聚丙烯酰胺胶状物
过氧化氢 (H_2O_2)	在碱性矿浆中作黄铁矿、方铅矿抑制剂		
硫酸 (H_2SO_4)	黄铁矿抑制剂,酸性矿浆调整剂		
硝酸铅 $[Pb(NO_3)_2]$	用黄药浮选辉锑矿物活化剂	$200 \sim 700$	
醋酸铅 $[Pb(CHCOO)_2]$	用黄药浮选辉锑矿物活化剂		

药剂名称	用 途	用量/g·t^{-1}	说 明
硫酸铜（$CuSO_4$）	辉锑矿、闪锌矿、黄铁矿活化剂	100~500	
硫酸锌（$ZnSO_4$）	闪锌矿抑制剂	100~400	
氰化物（NaCN）	硫化铁、硫化锌、硫化铜矿物抑制剂，对金有强抑制作用，溶解金	10~100	在选金实践中 NaCN 与石灰合用抑制黄铁矿
重铬酸钾（K_2CrO_7）	方铅矿、黄铁矿抑制剂		
亚硫酸钠（$Na_2S_2O_3$）	黄铁矿、方铅矿抑制剂	100	
二氧化硫气体	国外广泛用来作为含金黄铁矿的活化剂		兼作介质调整剂

9.3 浮选机

9.3.1 对浮选机的要求及浮选机分类

浮选机是完成浮选过程的主要设备。选别时，把具备浮选条件的矿浆送入浮选机，在其中进行充气搅拌，并使表面已受捕收剂作用的矿粒向气泡附着，形成矿化泡沫层，用刮板刮出，即得泡沫产品。

浮选机应具备工作连续、可靠、电耗小、耐磨、构造简单等良好的力学性能，同时作为专门设备还应满足以下要求：

（1）充气作用：浮选机必须能够向矿浆中充入或压入足够数量的空气，使空气充分弥散成大小合适的气泡，并均匀分布在整个浮选槽中。

（2）搅拌作用：浮选机必须保证浮选槽内矿浆受到强烈而均匀的搅拌，使矿粒在槽中悬浮，防止矿砂在槽底沉淀。

（3）调节作用：应能调节矿浆水平面、循环量、充气量等。

自浮选机问世以来，约有100年的历史，我国建国前仅使用法格葛伦型和法连瓦尔德型浮选机，20世纪50年代中期，才开始研制仿苏米哈诺布尔的 XJ 型（即 A 型、XJK 型）浮选机，在此后较长时间里我国仅生产这种单一系列的浮选机。直到20世纪70年代后期，我国的浮选机研制技术才得到迅速发展，出现了几种先进的浮选机型，如 XJQ 型、BS-M 型和 JJF 型浮选机，XJZ 型浮选机，SF 型浮选机，棒形浮选机，XJC 型、CHF-X 型和 BS-K 型浮选机等，并且逐步向大型化发展，从槽体容积 $8m^3$ 发展到 $38m^3$，近年来，槽体容积已达到 $160m^3$、$200m^3$、$260m^3$、$320m^3$。目前，我国已能生产制造出各种类型和规格的浮选机达 140 多种，不但能满足国内各种矿物的选矿生产要求，还能出口到国外，现已赶上和超过了国外先进水平。

浮选机根据充气方式的不同，可分为三大类，即机械搅拌式、充气搅拌式和充气式，见表9-4。

表 9-4　我国生产浮选机分类表

充气方式	浮 选 机 型 号
机械搅拌式	XJ 型（又称 A 型）、XJK 型（XJ 型改进型）、XJZ（XJ 型改进型）、XJQ 型、JJF 型、BS-M 型（此三种为参照美国威姆科型）、SF 型、BF 型、SF 和 JJF 联合机组、GF 型、XJB 型（棒型）
充气搅拌式	XJC 型、CHF-X 型、JS-X 型、KYF（XCF）型、BS-K 型、CLF-4 型（粗粒浮选机）、LCH 型、XHP 型、BSP 型、YX 型（闪速浮选机）
充气式	KYZ-B 型浮选柱

机械搅拌式浮选机：矿浆的充气和搅拌都是由叶轮和定子组成的机械搅拌装置完成的，属于外气自吸式浮选机，一般是上部气体吸入式，即在浮选槽下部的机械搅拌装置附近吸入空气。根据机械搅拌装置的形式，可将这些浮选机分为不同的型号，如 XJ 型、XJQ 型、GF 型、SF 型、棒型等。这类浮选机的优点是：可以自吸空气和矿浆，中矿返回时易实现自流，辅助设备少，设置配置整齐，操作维护简单等，其缺点是充气量较小、电耗高、磨损较大等。

充气搅拌式浮选机：它既有机械搅拌装置，又利用外部特设的风机强制吹入空气。但是，机械搅拌装置一般只起搅拌矿浆和分布气流的作用，空气主要靠外部风机压入，矿浆充气与搅拌是分开的。因此，这类浮选机与一般机械搅拌式浮选机相比有下述特点：（1）充气量可根据需要增减，并易于调节，保持恒定，因而有利于提高浮选机的处理能力和选别指标；（2）叶轮不起吸气作用，故转速低、功率消耗少、磨损小，且脆性矿物不易产生泥化现象；（3）由于处理量大、槽子浅等原因，单位处理量的电耗较低。其缺点是需要外加一套压气系统，中间产品返回时要用砂泵扬送。这类浮选机有 CHF-X 型、XJC 型、BS-X 型、KYF 型、BS-K 型、LCH-X 型、CLF 型等。

充气式浮选机：其特点是没有机械搅拌器，也没有传动部件，由专门设置的压风机提供充气用的空气。浮选柱即属于此种类型的浮选机。其优点是结构简单，容易制造。缺点是没有搅拌器，使浮选效果受到一定影响，充气器容易结钙，不利于空气弥散。我国在 20 世纪 70 年代前后曾研制并应用了集中浮选柱，但由于存在较多缺点而基本被淘汰。近年随着国外浮选柱的重新兴起和成功应用，我国又研制了几种浮选柱，正在推广用于工业生产。

我国金矿选矿厂所使用的浮选机，都是机械搅拌式和充气机械搅拌式两类浮选机。

9.3.2 机械搅拌式浮选机

9.3.2.1 XJ 型（又称 A 型、XJK 型）

该机是 20 世纪 50 年代从苏联引进的，形式较老，虽经技术改进，但基本结构没变，且早已定型，形成系列。由于历史原因，这种浮选机在我国应用最广，近年来虽说已被一些新型浮选机所取代，但仍在广泛应用。

（1）结构及工作原理。XJ 型浮选机的基本结构见图 9-6，它由两个浮选槽构成一个机组，第一槽（带有进浆管）为吸入槽，第二槽为直流槽，此两槽之间有中间室。叶轮安装在主轴下端，主轴上端有皮带轮，用电动机带动旋转。空气由进气管吸入。每组浮选槽的矿浆水平面由闸门调节。叶轮上方装有盖板和空气筒（又称竖管）。空气筒上有开孔，用来安装进浆管、中矿返回管或用作矿浆循环，孔的大小可通过拉杆调节。

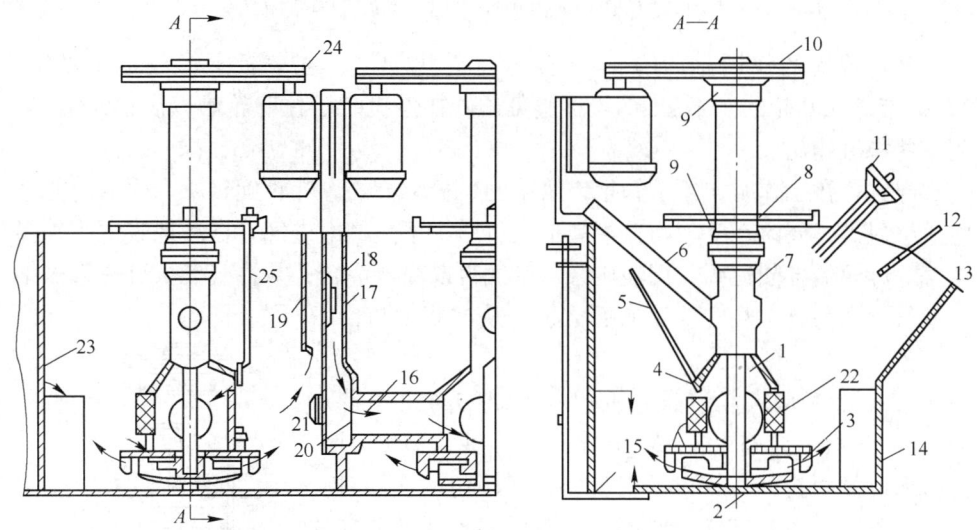

图 9-6　XJ 型浮选机结构

1—主轴；2—叶轮；3—盖板；4—连接管；5—砂孔闸门丝杆；6—进气管；7—空气管；8—座板；
9—轴承；10—皮带轮；11—溢流闸门手轮及丝杆；12—刮板；13—泡沫溢流唇；14—槽体；
15—放砂闸门；16—给矿管（吸浆管）；17—溢流堰；18—溢流闸门；19—闸门壳（中间室外壁）；
20—砂孔；21—砂孔闸门；22—中矿返回孔；23—自流槽前溢流堰；24—电动机及皮带轮；25—循环孔调节杆

叶轮一般是用生铁铸成的圆盘，圆盘上有 6 个辐射状叶片，在叶片上方 5~6mm 处装有盖板，其结构见图 9-7。

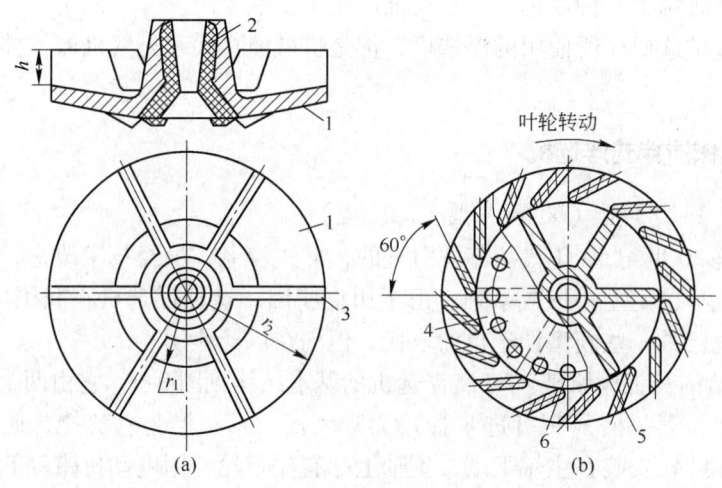

图 9-7 XJ 型浮选机
(a) 叶轮；(b) 盖板
1—叶轮锥形底盘；2—轮壳；3—辐射叶片；4—盖板；5—导向叶片（定子叶片）；6—循环孔
r_1—矿浆入口半径；r_2—矿浆出口半径；h—叶片外端高

叶轮盖板的作用是：1）当矿浆被叶轮甩出时，在盖板下形成负压吸气；2）调节进入叶轮的矿浆量；3）可避免矿砂在停机时压住叶轮难以启动；4）起到一些稳流作用。

浮选机在工作时，给矿管把矿浆给到盖板中心处，叶轮旋转所产生的离心力将矿浆甩出，同时在叶轮与盖板间形成负压，于是经由进气管自动地吸入了外界空气。叶轮的强烈搅拌作用使矿浆与空气得以充分混合，并将气流分割成许多细小的气泡。另外，在叶轮片的后方也会从矿浆中析出一些气泡。

（2）主要特点。该浮选机的主要结构与工作特点是：1）盖板上装有 18 ~ 20 个导向叶片（又称定子）。这些叶片倾斜排列，与半径成 55°~65°倾角，它们对叶轮甩出的矿浆流具有导向作用。在盖板上的两导向叶片之间开有 18 ~ 20 个循环孔，供矿浆循环使用，由此可增大充气量；2）叶轮与盖板导向叶片间的间隙一般为 5 ~ 8mm，过大会对吸入量和电耗造成不利影响。通常将叶轮、盖板、主轴、进气管和空气筒等充气搅拌零件组装成一个整体部分，见图 9-8，这样可使叶轮和盖板同心装配，以保证叶轮与盖板导向叶片之间的间隙符合要求，而且便于检修和更换；3）在空气筒下部，有一

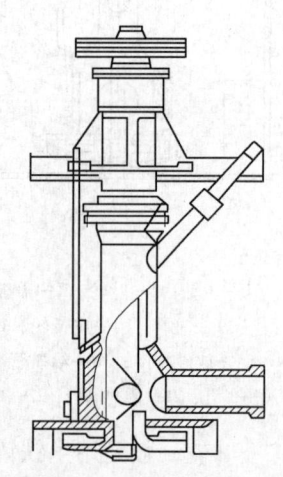

图 9-8 整体装配的充气器

个调节矿浆循环量的循环孔，并且用闸板控制循环量。因此，通过叶轮中心的矿浆量，可随外界给矿量的变化加以调节。在直流槽中，也可使用内部矿浆循环，以满足在最大充气量时所需的叶轮中心给矿量。

由于 XJ 型浮选机形式较老，故存在下述若干缺点：1）空气弥散不佳，泡沫不够稳定，易产生"翻花"现象，不易实现液面控制；2）浮选槽为间隔式，矿浆流速受闸门限制，致使流通压力降低，浮选速度减慢，粗而重的矿粒容易沉淀；3）叶轮盖板磨损较快，造成充气量减少且不易调节，难以适应矿石性质的变化，分选指标不稳定。

XJ 型机械搅拌式浮选机可广泛用于铁等黑色金属矿物，铜、铅、锌、镍、钼、金等有色金属和非金属矿物的粗选、精选、扫选和反浮选作业，但是不适用于大型浮选厂的粗选和扫选作业。

由于该浮选机 20 世纪 50 年代以来便形成系列，并一直在广泛使用，所以制造厂家较多。其技术性质见表 9-5。

表 9-5　XJ 型（XJK 型）浮选机技术性能参数

型号及规格	单槽有效容积/m³	生产能力/m³·min⁻¹	叶轮			叶轮用电动机			刮板转速/r·min⁻¹	刮板用电动机		单槽质量/kg
			直径/mm	转速/r·min⁻¹	圆周速度/m·s⁻¹	型号	功率/kW	台数		型号	功率/kW	
XJK-0.13	0.13	0.05~0.06	200	600	6.3	Y100L1-4	2.2	二槽一台		Y80L-4	0.55	
XJK-0.23	0.23	0.12~0.28	250	500	6.5	Y100L2-4	3	二槽一台		Y80L-4	0.55	
XJK-0.35	0.35	0.18~0.4	300	470	7.4	Y100L1-4	2.2	每槽一台	17.5	Y80L-4	0.55	430
XJK-0.62	0.62	0.3~0.9	350	400	7.4	Y132S-6	3	每槽一台	16	Y90L-6	1.1	864
XJK-1.1	1.1	0.6~1.6	500	330	8.2	Y132M2-6	5.5	每槽一台	16	Y90S-4	1.1	1200
XJK-2.8	2.8	1.5~3.5	600	280	8.8	Y160L-6	11	每槽一台	16	Y90L-6	1.1	1137
XJK-5.8	5.8	3.0~7.0	700	240	9.4	Y225N-6	22	每槽一台	17	Y100L-6	1.5	4015

型号及规格含义示例：XJ-1.1：X—浮选机（选），J—机械搅拌、叶轮式，1.1—单槽容积 1.1m³。

9.3.2.2　XJQ 型、JJF 型和 BS-M 型浮选机

这三种浮选机基本相同，系参考美国威姆科型浮选机研制而成的。

（1）结构和工作原理。XJQ 型浮选机和 JJF 型浮选机的结构见图 9-9，主要由槽体、叶轮、定子、分散罩、假底、导流管、竖筒、调节环等组成。

在叶轮旋转时，便在竖筒和导流管内产生涡流，此涡流形成负压，将空气从进气管吸入，在叶轮和定子区内与经导流管吸进的矿浆混合。该浆气混合流由叶轮形成切线方向，再经定子的作用转换成径向运动，并均匀地分布在浮选槽中。矿化气泡上升至泡沫层，单边或双边刮出即为泡沫产品。

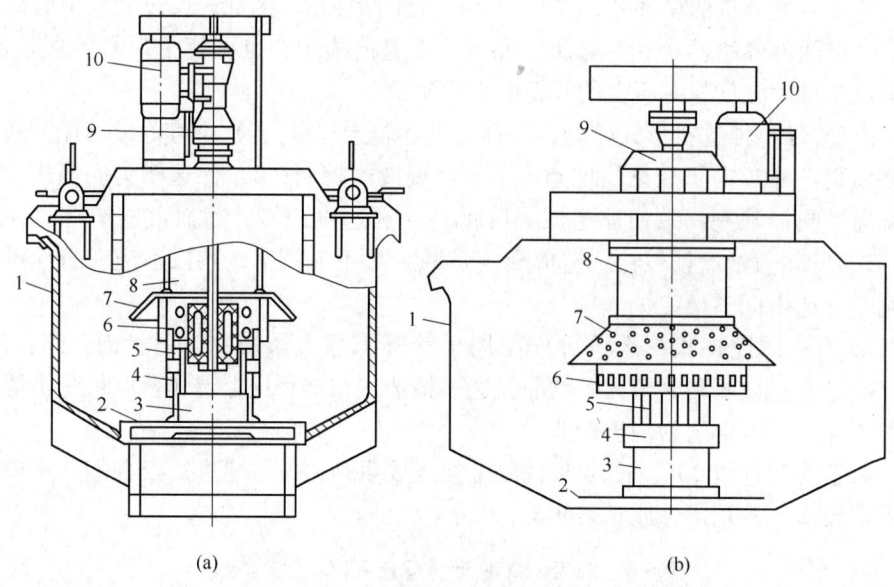

图9-9 XJQ型和JJF型浮选机结构示意图

(a) XJQ型；(b) JJF型

1—槽体；2—假底；3—导流管；4—调节环；5—叶轮；6—定子；

7—分散罩；8—竖筒；9—轴承体；10—电动机

（2）主要特点。这两种浮选机的结构和工作特点是：1）叶轮直径小，转速低，安装深度浅，电耗较低；2）叶轮和定子（见图9-10），之间有较大间隙，矿粒对二者的磨损减小。定子为带有椭圆孔的圆筒，可使空气与矿浆混合和分

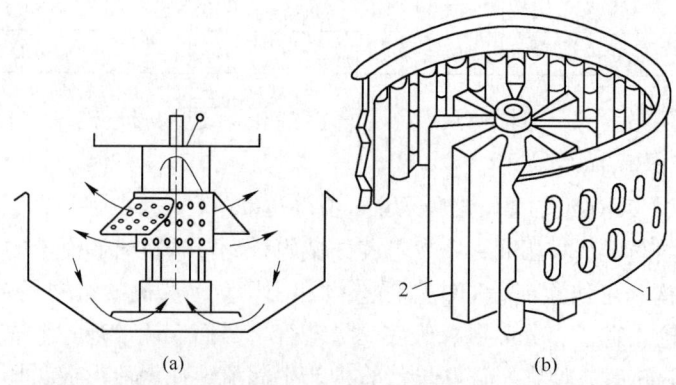

图9-10 XJQ型和JJF型浮选机的矿浆流动方式和充气搅拌槽

(a) 矿浆流动方向；(b) 矿浆搅拌器

1—定子；2—叶轮

散，故称为分散器；3）定子的高度比叶轮低，叶轮在定子下露出一段，这有利于矿浆的搅拌和循环；4）定子的伞形带孔分散罩用作稳定器，可使叶轮产生的涡流与泡沫层隔开，以便矿浆面保持平稳，并有利于实现自动控制；5）吸气量较大，并可在 $0.1 \sim 1 \mathrm{m}^3/(\mathrm{m}^2 \cdot \mathrm{min})$ 范围内调整充气量；6）槽底上方有一个假底，矿浆可在二者之间流过，并通过导流管进行循环，因此可使矿浆以固定的路线进行下部大循环，亦可使叶轮浸入矿浆的深度减小，并增大充气量，使气泡得以充分弥散；7）搅拌程度适中，固体颗粒悬浮良好，不沉槽，停车不用放矿。

该浮选机的其他优点是选矿回收率高，生产能力大，可处理的粒度范围宽，药剂用量少，维修费用低，性能可靠等。其缺点是不能自动吸浆，中矿返回时要用泡沫泵。

XJQ 型和 JJF 型浮选机是目前国内先进的新型浮选设备，可广泛用于有色金属、黑色金属和非金属矿物选别，适合于大、中型浮选厂的粗选和扫选作业。其技术性能参数见表9-6。

表 9-6 XJQ 型浮选机技术性能参数

型号	每槽容积/m³	处理能力/m³·min⁻¹	叶轮			叶轮高度与径向间隙/mm	刮板转速/r·min⁻¹	吸气量/m³·min⁻¹	减速机型号	电动机					
			直径/mm	转速/r·min⁻¹	圆周速度/m·s⁻¹					主传动		刮板		电动阀门	
										型号	功率/kW	型号	功率/kW	型号	功率/kW
XJQ-40	4	2~5	400	290; 315	6.1; 6.6	110	16	0.1~1	HWT-100	Y160L-6	11	Y90L-6	1.1	Y801-4	0.55
XJQ-80	8	4.2~10	560	205; 225	6; 6.6	160	20	0.1~1	—	Y200L2-6	22	BWD1.1-2.71	1.1	Y801-4	0.55
XJQ-160	16	8~20	700	170; 180	6.2; 6.6	185	16	0.1~1	HWT-100	Y250M-8 Y280S-8	30 37	Y100L-6	1.5	Y801-4	0.55
XJQ-280	28	14~35	760	160; 185				0.1~1	—		55				

型号及规格含义示例：XJQ-80：X—浮选机，J—机械搅拌式，Q—浅槽，80—槽体容积 $8\mathrm{m}^3$。

JJF-Ⅱ型浮选机，最初有 JJF-1Ⅱ、2Ⅱ、3Ⅱ、4Ⅱ四种规格，近几年规格不断增加，已有14种规格，容积达 $42 \sim 160 \mathrm{m}^3$，可与同规格的 JJF 型浮选机组成联合机组，同样可使作业间水平配置，不需要泡沫泵，而且操作维修更方便。JJF-Ⅱ型浮选机的特征如下：吸气量大；能量消耗小；空气分散好；磨损轻，维护保养费低；带负荷启动；药剂消耗少；结构简单，维修容易；先进的矿浆面控制系统，操作管理方便；该浮选机设计有吸浆槽，使浮选作业水平配置省去了泡沫泵。其技术参数见表9-7。

表 9-7　JJF-Ⅱ型浮选机技术性能参数

型　号	有效容积 /m³	处理能力 /m³·min⁻¹	安装功率 /kW	吸气量 /m³·m⁻²·min⁻¹	刮板电动机转速 /r·min⁻¹	槽体尺寸（长×宽×高）/m×m×m	单槽质量 /kg
吸入槽-1	1	0.3~1	5.5	1.0	18	1.1×1.1×1.0	1270
直流槽-1			5.5				1480
吸入槽-2	2	0.5~2	7.5	1.0	18	1.4×1.4×1.15	1750
直流槽-2			7.5				1960
吸入槽-3	3	1~3	11	1.0	18	1.5×1.85×1.2	2150
直流槽-3			11				2430
吸入槽-4	4	2~4	15	1.0	16	1.6×2.15×1.25	2585
直流槽-4			11				2790
吸入槽-8	8	4~8	30	1.0	16	2.2×2.9×1.4	4130
直流槽-8			22				4420
吸入槽-10	10	4~10	30	1.0	16	2.2×2.9×1.7	4500
直流槽-10			22				4830
吸入槽-16	16	5~16	45	1.0	16	2.85×3.8×1.7	8320
直流槽-16			37				8610
吸入槽-20	20	5~20	45	1.0	16	2.85×3.8×2	8670
直流槽-20			37				8950
吸入槽-24	24	7~24	45	1.0	16	3.15×4.15×2	8970
直流槽24			37				9180
吸入槽-28	28	7~28	55	1.0	16	3.15×4.15×2.3	9480
直流槽-28			45				9800
吸入槽-42	42	12~42	90/100	1.0	16	3.6×4.8×2.65	19400
直流槽-42			75/90				21000
吸入槽-85	85	由于浮选机槽体结构形式与以上诸规格区别较大，这里不再给出参数。如需采用，请与北矿院联系					
直流槽-130	130						
直流槽-160	160						

　　BS-M 型浮选机的技术性能与同规格 JJF-Ⅱ型浮选机相近，该类型浮选机规格不多，单槽容积只有 16、8、4、1.1、0.66m³ 等几种。

9.3.2.3　SF 型、BF 型浮选机组成联合机组

　　用 SF 型浮选机作每个作业的首槽，起自吸矿浆作用，以便不用阶梯配置和泡沫泵返回中矿；用 JJF 型浮选机作首槽的直流槽，以便获得高选别指标，由此

发挥各自的优势。后来，SF 型浮选机单独使用，效果也比较好。

（1）结构与工作原理。SF 型浮选机的结构见图 9-11，主要由槽体、装有叶轮的主轴部件、电动机、刮板及其传动装置等组成，容积大于 $10m^3$ 的设有导流管和假底。

SF 型浮选机在工作时，电动机通过 V 形带驱动主轴，使其下部的叶轮旋转。此浮选机的主要特点即表现在叶轮上。叶轮带有后倾式双面叶片，可实现槽内矿浆双循环。叶轮旋转时，上、下叶轮腔内的矿浆在上、下叶片（即主、辅叶片）的作用下产生离心力面而被甩向四周，使上、下叶轮腔内形成负压区。同时，矿浆盖板上的循环孔被吸入到上叶轮腔内，形

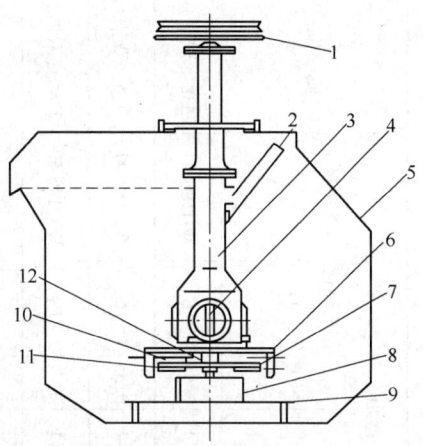

图 9-11　SF 型浮选机

1—带轮；2—吸气管；3—中心筒；4—主轴；
5—槽体；6—盖板；7—叶轮；8—导流管；
9—假底；10—上叶片；11—下叶片；12—叶轮盘

成矿浆上循环。而下叶轮腔内被甩出的矿浆比上叶片甩出的三相混合物密度大，因而离心力较大，运动速度衰减较慢，且对上叶片甩出的三相混合物产生了附加的推动力，使其离心力增大，从而提高了上叶轮腔内的真空度，起到了辅助吸气作用。下叶片向四周甩出矿浆时，其下部矿浆向中心补充，这样就形成了矿浆的下循环，而空气经吸气管、中心筒被吸入到上叶轮腔，与被吸入的矿浆混合，形成大量细小气泡，通过盖板稳流后，均匀地弥散在槽内，形成矿化气泡。矿化气泡上浮至泡沫层，由刮板刮出即为泡沫产品。

（2）主要特点。1）吸气量大，能耗小；2）有自吸空气、自吸矿浆能力，水平配置，不需要泡沫泵；3）叶轮圆周速度低，易磨损件使用寿命长，叶轮与盖板之间的间隙较大，叶轮与盖板因磨损而增大的间隙对吸入量影响较小；4）槽内矿浆按固定的流动方式进行上、下双循环，有利于粗粒矿物的悬浮。

根据工艺要求，作业机组可按实际需要配置，4 型浮选机每组最多为 8 槽，8 型、10 型浮选机最多为 6 槽，20 型浮选机每组最多为 5 槽。

用户需持浮选机流程配置图订货。该配置图中应注明：（1）浮选槽的数量与配置方案；（2）刮板传动装置的数量（左式或右式）；（3）给矿箱、中间箱和尾矿箱的数量；（4）中间箱和尾矿箱溢流闸板采用手动、电动或自动控制；（5）用户如有特殊要求，应在订货时提出。

SF 型和 JJF 型浮选机及其技术性能见表 9-8。

表9-8 SF型和JJF型浮选机技术性能参数

型号	单槽容积/m³	生产能力/m³·min⁻¹/m³	吸气量/m³·m⁻²·min⁻¹	主轴电动机 型号	主轴电动机 功率/kW	叶轮 直径/mm	叶轮 高度/mm	叶轮 转速/r·min⁻¹	叶轮 圆周速度/m·s⁻¹	刮板电动机 型号	刮板电动机 功率/kW	刮板转速/r·min⁻¹	减速机型号	质量/kg
SF-0.15	0.15	0.06~0.18	0.8~1.0	Y100L-6	1.5	200	57	536	5.6	Y80L-4	0.55	16	WHT80-41	538（双槽）
SF-0.37	0.37	0.2~0.4	0.8~1.0	Y90L-4	1.5	296	80	386	6.0	Y80L-4	0.55	16	WHT80-41	936（双槽）
SF-1.2	1.2	0.6~1.2	0.8~1.0	Y132M-6	5.5					Y90S-4	1.1	16	WXJ120-50	2745（双槽）
SF-4	4	2~4	1.0~1.2	Y200L-8	15	650	131	220	7.3	Y100L-6	1.5	16	WXJ-120-31	5165（双槽）
SF-8	8	4~8	0.9~1.0	Y250L-8	30	760	186	191	7.5	Y100L-6	1.5	16	WXJ-120-31	4129
SF-10	10	5~10	0.9~1.0	Y250L-8	30	760	186	191	7.5	Y100L-6	1.5	16	WXJ-120-31	4486
SF-20	20	5~20	0.9~1.0	Y250L-8	30	760	186	191	7.5	Y100L-6	1.5	16	WXJ-120-31	9823
JJF-4	4	2~4	0.9~1.0	Y160L-6	11	410	410	305	6.55	Y100L-6	1.5	16	WXJ-120-31	4606
JJF-8	8	4~8	0.9~1.0	Y200L-6	22	540	540	233	6.6	Y100L-6	1.5	16	WXJ-120-31	4500
JJF-10	10	5~10	0.9~1.0	Y200L-6	22	540	540	233	6.6	Y100L-6	1.5	16	WXJ-120-31	4820
JJF-20	20	5~20	0.9~1.0	Y280S-8	37	700	700	180	6.6	Y100L-6	1.5	16	WXJ-120-31	8500

BF 型浮选机是对 SF 型浮选机的改进型，见图 9-12，1994 年被推荐为优秀节能产品，1999 年获国家发明专利。（1）叶轮由闭式双截锥体组成，可产生强的矿浆下循环；（2）吸气量大，功耗低；（3）每槽兼有吸气、吸浆和浮选三重功能，自成浮选回路，不需任何辅助设备，水平配置，便于流程的变更；（4）矿浆循环合理，能最大限度地减少粗砂沉淀；（5）设有矿浆液面自控和电控装置，调节方便。

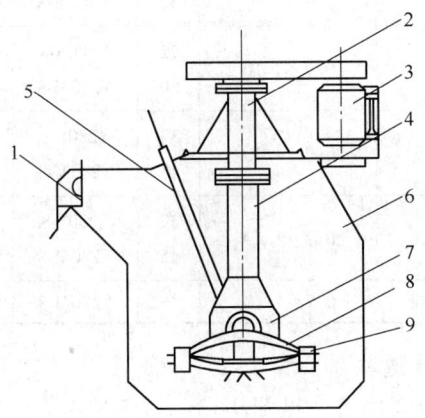

图 9-12　BF 型浮选机

1—刮板；2—轴承体；3—电动机；4—中心筒；5—吸气管；
6—槽体；7—主轴；8—定子；9—叶轮

BF 型浮选机技术性能参数见表 9-9。

表 9-9　BF 型浮选机技术性能参数

型号	槽容积 /m³	生产能力 /m³·min⁻¹	空气吸入量 /m³·m⁻²·min⁻¹	功率 /kW	电动机型号	内部尺寸（长×宽×高）/m×m×m	单槽质量 /kg
BF-0.15	0.15	0.06~0.16	0.9~1.05	2.2	Y112M-6	0.55×0.55×0.6	270
BF-0.25	0.25	0.12~0.28	0.9~1.05	1.5	Y100L-6	0.65×0.6×0.70	370
BF-0.37	0.37	0.2~0.4	0.9~1.05	1.5	Y90L-4	0.74×0.74×0.75	470
BF-0.65	0.65	0.3~0.7	0.9~1.10	3.0	Y132S-6	0.85×0.95×0.9	932
BF-1.2	1.2	0.6~1.2	1.0~1.10	5.5 / 4.0	Y132M2-6 Y132M1-6	1.05×1.15×1.10	1370
BF-2.0	2.0	1.0~2.0	1.0~1.10	7.5	Y160M-6	1.40×1.45×1.12	1750
BF-2.8	2.8	1.4~3.0	0.9~1.10	11	Y180L-8	1.65×1.65×1.15	2130
BF-4.0	4.0	2~4	0.9~1.10	15	Y200L-8	1.9×2.0×1.2	2585

型号	槽容积 /m³	生产能力 /m³·min⁻¹	空气吸入量 /m³·m⁻²·min⁻¹	功率 /kW	电动机型号	内部尺寸（长×宽×高）/m×m×m	单槽质量 /kg
BF-6.0	6.0	3 ~ 6	0.9 ~ 1.10	18.5	Y225S-8	2.2 × 2.35 × 1.3	3300
BF-8.0	8.0	4 ~ 8	0.9 ~ 1.10	22 / 30	Y225M-8 / Y250M-8	2.25 × 2.85 × 1.4	4130
BF-10	10	5 ~ 10	0.9 ~ 1.10	22 / 30	Y280S-8 / Y280M-8	2.25 × 2.85 × 1.7	4660
BF-16	16	8 ~ 16	0.9 ~ 1.10	37 / 45	Y280S-8 / Y280M-8	2.85 × 3.8 × 1.7	8320
BF-20	20	10 ~ 20	0.9 ~ 1.10	37 / 45	Y280S-8 / Y280M-8	2.85 × 3.8 × 2.0	8670
BF-24	24	12 ~ 24	0.9 ~ 1.10	45	Y280M-8	3.15 × 4.15 × 2.0	8970

9.3.2.4 GF型浮选机

该浮选机是粗颗粒浮选机，见图9-13，适于选别有色、黑色、贵金属和非金属矿物的中小型企业，所处理的物料粒度范围为0.074mm占45%~98%，矿浆浓度小于45%。其特点是：（1）自吸空气，自吸空气量可达1.2m³/(m²·min)；（2）自吸矿浆，能从机外自吸给矿和泡沫中矿，浮选机作业间可水平配置；

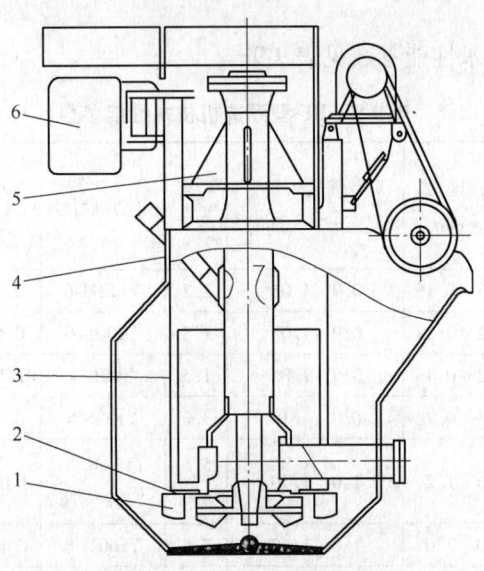

图9-13 GF型机械搅拌式浮选机结构示意图

1—叶轮；2—盖板；3—中心筒；4—槽体；5—轴承体；6—电动机

（3）槽内矿浆循环好，液面平稳，槽内矿浆无旋转现象，无翻花；（4）分选效率高，提高粗粒和细粒矿物的回收率；（5）功耗低，比同规格的同类浮选机节省功耗15%～20%，同时又能吸入足量的空气和矿浆；（6）易损件寿命长，特别是叶轮、定子的寿命比同类浮选机延长一倍以上。

GF 型浮选机技术性能参数，见表9-10。

表9-10 GF型浮选机技术性能参数

型号	槽容积 /m^3	生产能力 /$m^3 \cdot min^{-1}$	空气吸入量 /$m^3 \cdot m^{-2} \cdot min^{-1}$	安装功率 /kW	刮板电动机 功率/kW	槽体尺寸 （长×宽×高） /$m \times m \times m$	质量 /kg
GF-0.35	0.35	0.1～0.2	1.2	1.5	0.75	700×700×730	470
GF-0.7	0.7	0.1～0.4	1.2	3	1.1	900×900×900	932
GF-1.1	1.1	0.2～0.5	1.2	5	1.1	1100×1100×1100	1370
GF-2	2	0.3～1.0	1.2	7.5	1.5	1400×1400×1150	1750
GF-3	3	0.5～1.5	1.2	11	1.5	1500×1850×1200	2230
GF-4	4	0.5～2.0	1.2	15	1.5	1600×2150×1250	2585
GF-6	6	1.0～3.0	1.2	22	1.5	2000×2500×1300	3300
GF-8	8	1.0～4.0	1.2	30	1.5	2200×2900×1400	4130
GF-10	10	2.0～6.0	1.2	30	1.5	2200×2900×1700	4500
GF-16	16	3.0～8.0	1.2	45	2.2	2850×3800×1700	8320
GF-20	20	4.0～10.0	1.2	45	2.2	2850×3800×2000	8670
GF-24	24	5.0～12.0	1.2	55	2.2	3150×4150×2300	8970
GF-28	28	5.0～14.0	1.2	55	2.2	2150×4150×2300	9480
GF-42	42	8.0～12.0	1.2	75	3	3600×4800×2650	19400

9.3.2.5 XJZ 型浮选机

我国现有数千计的 XJ 型浮选机，这种老式浮选机具有吸气能力低、空气弥散不佳、浮选速度慢、泡沫层不够稳定等缺点，因此应加以改造。利用 XJ 型浮选机原有的槽体、电动机及其机架、刮板及其传动部件、给矿箱、尾矿箱及泡沫溜槽等零部件，采用了新式浮选机的（参考威姆科型）主轴部件、叶轮和定子作为充气搅拌器，并有分散罩、调节环、假底等，研制出改进型浮选机，这样便克服了充气能力容易衰减而影响选别指标等缺点。仍用 XJ 型浮选机作为首槽（吸入槽），而用其改进型作为后继的直流槽，由此便构成了 XJZ 型浮选机。它特别适合于国内中小型选厂对现有 XJ 型浮选机进行更新改造，改造后的结构图见图9-14，其技术性能参数见表9-11。

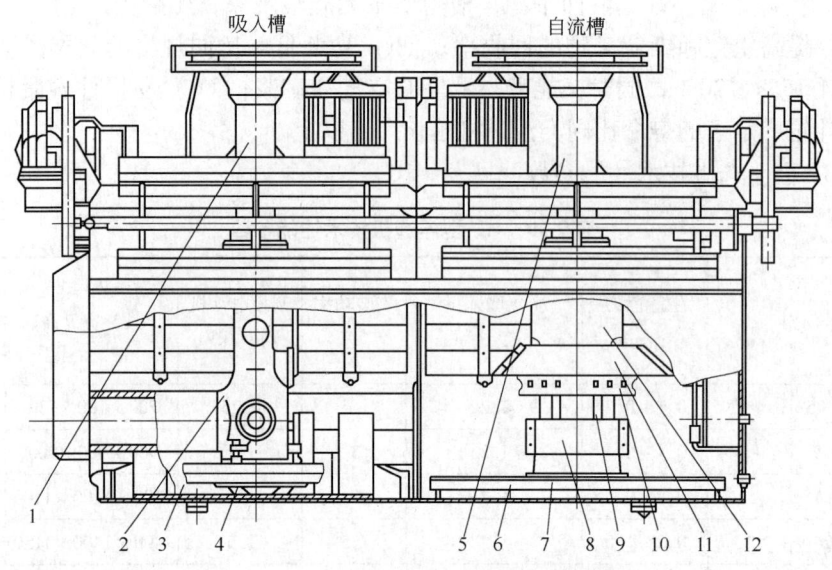

图 9-14 XJZ 型浮选机结构示意图

1, 5—轴承体；2—中心筒；3—盖板；4, 9—叶轮；6—假底；7—导流管；
8—调节环；10—定子；11—分散罩；12—竖筒

表 9-11 XJZ 型浮选机技术性能参数

型号规格	机槽容积 /m³	叶轮直径 /mm		生产能力 /m³·min⁻¹	叶轮转速 /r·min⁻¹		泡沫刮板转速 /r·min⁻¹	叶轮电动机		泡沫刮板电动机		单槽质量 /t
		吸入槽	直流槽		吸入槽	直流槽		型号	功率 /kW	型号	功率 /kW	
XJZ-11	1.1	500	300	0.6 ~ 1.6	330	454	20	Y132M-6	5.5	Y90S-4	1.1	1.24
XJZ-28	2.8	600	350	1.5 ~ 3.5	280	360	16.8	Y160L-6	11	Y90L-6	1.1	2.43

9.3.2.6 XJB 棒型浮选机

XJB 棒型浮选机与澳大利亚瓦曼型浮选机类似。

（1）XJB 棒型浮选机的结构和工作原理。其搅拌充气器由 12 根倾斜圆棒组成，故称为棒型浮选机。该机结构见图 9-15。

棒型浮选机有直流槽和吸入槽两种。在直流槽内装有中空轴（主轴）、棒型轮、凸台和弧形稳流板等主要部件。直流槽不能从底部抽吸矿浆，只起浮选作用，又称浮选槽。吸入槽是在棒型轮的下部装有一个吸浆轮，能像离心泵一样从底部吸入矿浆。在粗选、精选和扫选等各作业的进浆点，都要装吸入槽。

直流槽工作时，借助于中空轴下方的斜棒轮的旋转，使矿浆沿一定锥角强烈地向槽底四周冲射，于是在斜棒轮下部形成负压，外界空气便经中空轴而被吸入。在斜棒轮的作用下，矿浆与空气充分混合，同时，气流被切割弥散成细小的

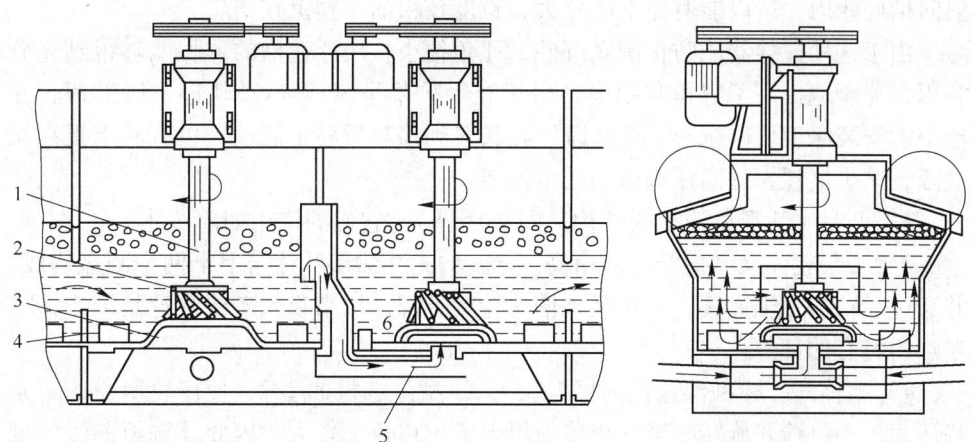

图 9-15 XJB-10 棒型浮选机结构

1—主轴；2—斜棒轮；3—凸台；4—稳流器；5—导浆管；6—底盘

气泡。凸台起导向作用，使浆气混合物迅速冲向槽底，经弧形稳流板的稳流作用而向槽体周边运动，并在槽内均匀分布，同时使旋转的浆气混合流变成趋于径向放射状运动的混合流。经稳流的矿浆，均从槽底转向液面徐徐上升。于是，浆气混合物在槽内呈现一种特殊的 W 形运动轨迹，使矿液面比较平稳。矿化气泡上浮至泡沫区，刮出便得到泡沫产品。

（2）主要特点。棒型浮选机的主要特点是用斜棒轮、凸台和弧形稳流板构成充气搅拌器组。

1）斜棒轮是由铸铁铸合在一起的圆盘和 12 根均匀分布的圆锥形帮条构成，见图 9-16(a)，可以衬胶，以增加耐磨性。每根帮条均与帮轮旋转相反的方向后倾 45°角，且自上而下又向外扩张成 15°的锥角。这种结构使其在旋转时，斜棒的线速度越往下越大，从而造成很强的搅拌作用，并形成倾斜向下的充气矿浆冲

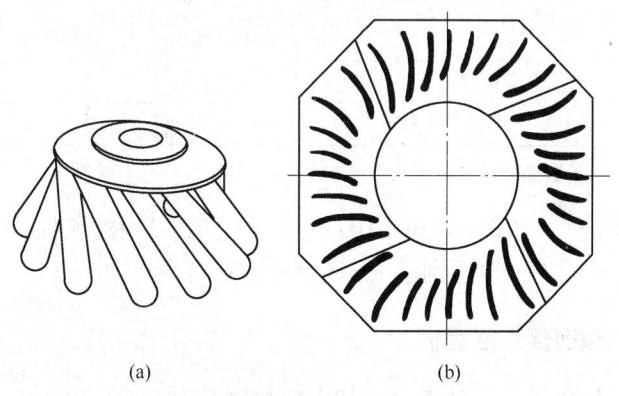

(a)   (b)

图 9-16 棒型浮选槽的结构特点

(a) 斜棒轮；(b) 凸台和弧形稳流板

射向槽底四周，所以能避免密度较大、粒度较粗的矿物沉在槽底。

由于这种搅拌器能防止槽底沉砂，死角很小，故浮选槽的容积能够得到充分利用，显著地提高了容积利用率。由于充气矿浆呈 W 形运动轨迹，所以帮轮在槽中的安装深度可以减小，这样既可在长时间停车后易于启动，也有利于提高充气量，减少电耗，提高浮选机的技术性能。

2）凸台和弧形稳流板的结构见图 9-16（b），它们的作用如前所述。

3）吸浆轮，又名提升轮，由高 50mm 的 4 片弧形叶片与上下两个圆盘构成，并通过短轴与主轴连接，装在吸入槽棒轮的下部，用来吸入矿浆。这是国产棒型浮选机特有的部件。

4）槽体浅。棒型浮选机的槽深仅为 XJ 型浮选机的 2/3，使棒轮所受的矿浆静压力较小，棒轮旋转时充气矿浆被甩射的出口速度较大，因此浮选机的吸气能力相应提高，电耗降低。

同时，该浮选机还具有结构简单、操作维护方便，以及气泡分散高、浆气接触机会多、混合均匀、浮选速度快等优点。

XJB 棒型浮选机适用于中小型选矿厂处理密度大、粒度粗的金属矿石，在各种浮选作业中均可采用，尤其是对铅、锌、铜、钼、硫和硅砂的选别效果最好。其技术性能见表 9-12。

表 9-12　XJB 棒型浮选机技术性能参数

型　号		每槽容积/m³	生产能力/m³·min⁻¹	轮直径/mm		间隙/mm		转速/r·min⁻¹		主轴用电动机		刮板用电动机	
				浮选轮	吸浆轮	浮选轮与凸台间	吸浆轮与底盘间	主轮	刮板	型号	功率/kW	型号	功率/kW
XJB-10	浮选槽	1	1.5~1.7	410	—	25~35		410	17；22	Y132M1-6	4	Y90S-4	1.1
（XJB-100）	吸入槽			—	400	20~25	5~10	440		Y132S-4	5.5		
XJB-20	浮选槽	2	1.5~4	540	—	35~45		360	12.5（16）	Y160L-6	11	Y90S-6	1.1
（XJB-200）	吸入槽			—	450	30~40	8~10	280		Y180L-6	15		
XJB-40	浮选槽	4	2~4	700	—								
（XJB-400）	吸入槽			—	510								

注：（）内为单边刮泡数据；每两槽中有一个浮选槽和吸入槽。

型号及规格含义示例：XJB-10D：X—浮选机，J—机械搅拌式，B—棒型，10—单槽容积 1m³，D—单边刮泡（双边刮泡不注）。

9.3.3　充气机械搅拌式浮选机

9.3.3.1　XJC 型、CHF-X 型、BS-X 型浮选机

这种浮选机是于 20 世纪 70 年代后期研制成功的，它们的结构和工作原理基

本相同，均类似美国丹佛 D-R 型浮选机。

XJC 型浮选机，见图 9-17。BS-X 型浮选机，见图 9-18。CHF-X 型浮选机，见图 9-19。

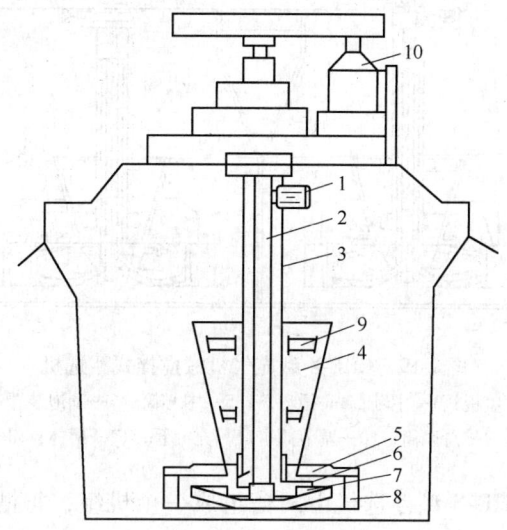

图 9-17　XJC 型浮选机

1—风管；2—主轴；3—套管；4—循环管；5—调整垫；6—导向管；
7—叶轮；8—盖板；9—连接筋板；10—电动机

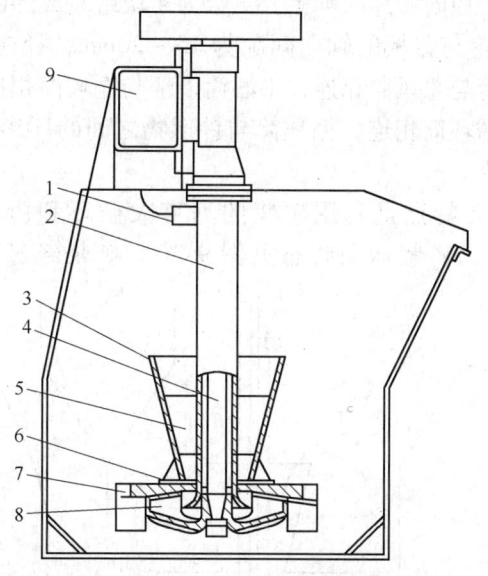

图 9-18　BS-X 型浮选机

1—风管；2—套管；3—循环管；4—主轴；5—筋板；
6—导向板；7—盖板；8—叶轮；9—梁兼风筒

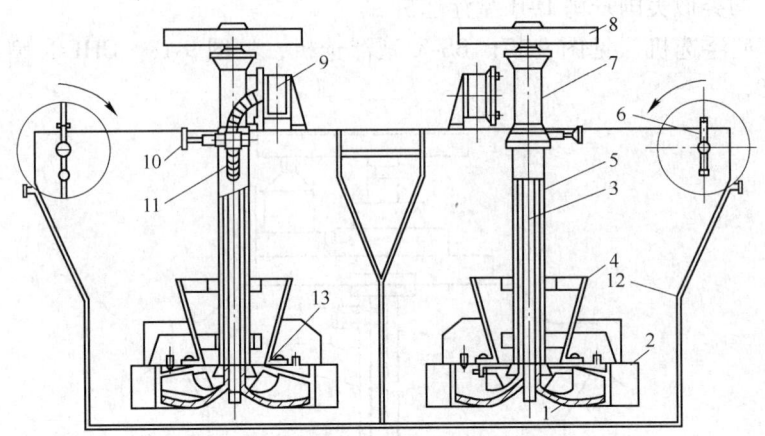

图 9-19　CHF-X 型充气机械搅拌式浮选机

1—叶轮；2—盖板；3—主轴；4—循环筒；5—中心筒；6—刮泡装置；7—轴承座；
8—带轮；9—总风筒；10—调节阀；11—充气管；12—槽体；13—钟形物

图 9-19 所示 CHF-X 型浮选机由两槽组成一个机组，每槽容积 7m³，两槽体背靠背相连，组成 14m³ 双机构浮选机。

（1）结构及工作原理。该浮选机的主要部件如图 9-19 所示，整个竖轴部件安装在总风筒（兼作横梁）上。

叶轮为带有 8 个径向叶片的圆盘。盖板为 4 块组装成的圆盘，其周边均布有 24 块径向叶片。叶轮与盖板的轴向间隙为 15~20mm，径向间隙为 20~40mm。中心筒上部的充气管与总风筒相连，中心筒下部与循环筒相连。钟形物安装在中心筒下端。盖板与循环筒相连，循环筒与钟形物之间的环形空间供循环矿浆用，钟形物具有导流作用。

该浮选机的主要特点是利用矿浆的垂直大循环和由低压鼓风机压入空气来提高浮选效率。矿浆运动状态见图 9-20。矿浆经过锥形循环筒和叶轮

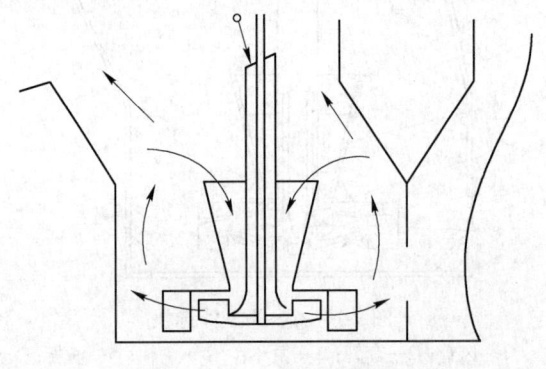

图 9-20　矿浆垂直循环状态

形成的垂直循环所产生的上升流，把粗粒矿物和密度较大的矿物提升到浮选槽的中上部，可避免矿浆在槽内出现分层和沉砂现象。鼓风机所压入的低压空气经叶轮和盖板叶片而被均匀地弥散在整个浮选槽中。矿化气泡随垂直循环流上升，进入浮选槽上部的平静分离区，于是同不可浮的脉石分离。矿化气泡上升到泡沫层的路程较短，也是该浮选机的一个特点。

（2）主要特点。1）设计为自流槽形式，矿浆通过能力大，浮选速度快；2）采用外部特设的鼓风机供气，可根据工艺要求调节充气量，且调节范围较大；3）占地面积小，单位体积质量轻；4）采用锥形循环筒，使矿浆垂直向上进行大循环，增大了浮选槽下部的搅拌能力，可有效地保证矿粒悬浮而不易沉槽，适合于要求充气量大、矿石性质较复杂的粗重难选矿物的选别；5）叶轮只用于循环矿浆和弥散空气，深槽浮选机的叶轮仍可在低转速下工作，故搅拌器磨损较轻，矿浆液面亦比较平稳；6）叶轮与盖板间的轴向和径向间隙都比 A 型浮选机大，且没有严格要求，故易于安装和调整；7）药剂和动力消耗明显降低，选别指标有所提高。

该浮选机的缺点是：需采用阶梯配置，无自吸气和自吸矿浆能力，需设置低压风机，中矿返回需设砂泵，不利于复杂流程的配置。该浮选机适用于大、中型浮选厂的粗、扫选作业。

XJC 型充气搅拌式浮选机，可广泛应用于金属矿物和非金属矿物的粗选、扫选和精选作业，对铜、镍、钼、铅、锌、金、银、磷酸盐、煤等矿物可进行有效的选别。其技术性能见表 9-13。

型号及规格含义示例：XJC-80：X—浮选机；J—机械搅拌式，C—充气式，80—槽体容积 8m³。

BS-X 型充气搅拌式浮选机适用于有色、黑色金属矿物及非金属矿物的选别。

该浮选机现有两个规格，制成成对双槽的，由 2、4、6 或 8 槽组成一列，每列最多 8 槽。每列配有一套刮板传动装置以及给矿槽、排矿槽和中间槽。它具有左右给矿和排矿两种形式；也可以背靠背形式配置，在两列之间设有检查平台，以减少占地面积。

该浮选机不能靠自吸返回泡沫和矿浆，需用长轴泵辅助完成。当一列与另一列需要阶梯配置时，阶梯高差为 300mm。

BS-X 型浮选机的技术性能见表 9-14，其中 BS-X8 型浮选机的背靠背配置方式允许连通或不连通，连通方式矿浆呈曲线运动，不连通方式矿浆呈直线运动，按用户要求确定。矿浆呈直线运动时每隔 6 槽设一阶梯。

CHF-X 型浮选机技术性能见表 9-15。

表 9-13 XJC 型充气搅拌式浮选机技术性能参数

型号	每槽容积/m³	处理能力/m³·min⁻¹	叶轮 直径/mm	叶轮 转速/r·min⁻¹	叶轮 圆周速度/m·s⁻¹	叶轮与定向间隙 轴向/mm	叶轮与定向间隙 径向/mm	刮板转速/r·min⁻¹	充气量/m³·min⁻¹	风压/kPa	减速机型号	电动机 主传动 型号	电动机 主传动 功率/kW	电动机 刮板 型号	电动机 刮板 功率/kW
XJC-40	4	3~6	700	190	7	12	20	18	2.3~3.5	8~12	HWT-100	Y160L-6	11	Y90L-6	1.1
XJC-80	8	4~8	900	170	7~8	12	20	18	6~8	10~15	HWT-100	Y200L2-6	22	Y90L-6	1.1
XJC-160	16	8~20	1000	160	8.4	15	24	25.4	6.3~9.5	12~18		Y250N-8	30	BWD1.1-2259	1.1

注：1. 该浮选机需阶段配置，订货时请提供配置图；
　　2. XJC-80 至少 2 槽配置，并按 2 槽速增；
　　3. XJC-160 如不注明，按电动调节阀供货。

表 9-14 BS-X 型充气搅拌式浮选机技术性能参数

型号	每槽容积/m³	生产能力/m³·min⁻¹	叶轮 直径/mm	叶轮 转速/r·min⁻¹	叶轮 圆周速度/m·s⁻¹	叶轮与定子间隙 轴向/mm	叶轮与定子间隙 径向/mm	充气量/m³·(min·槽)⁻¹	风压/MPa	主轴电动机 型号	主轴电动机 功率/kW	刮板电动机 型号	刮板电动机 功率/kW	刮板电动机 转速/r·min⁻¹	减速机型号
BS-X4	4	0.8~4	700	190	7	10~12	18	3~3.5	0.08~0.12	Y160L-6	11	JTC502A	1.5	18	
BS-X8	8	2~8	900	170	8	12	20	6~7	0.1~0.15	Y200L-6	22	Y90L-6	1.1	18	HWT-100-8-31.5

表 9-15 CHF-X 型浮选机技术性能参数

型号	每槽容积/m³	生产能力/m³·min⁻¹	充气量/m³·m⁻²·min⁻¹	矿浆循环量/m³·min⁻¹	风压/kPa	叶轮 直径/mm	叶轮 转速/r·min⁻¹	叶轮 圆周速度/m·s⁻¹	主轴电动机 型号	主轴电动机 功率/kW
CHF-X3.5	3.5	2~7	1.5~1.8	12	13	750	120	7	Y180L-8	11
CHF-X7	7	3~10	1.5~1.8	30	24.5	900	150	7	Y225S-8	18.5
CHF-X14	14	6~15	1.5~1.8	60	24.5	900	150	7	Y225S-8	18.5

9.3.3.2 KYF（XCF）型和 BS-K 型浮选机

这两种浮选机分别于 20 世纪 80 年代中期研制成功，均与芬兰奥托昆普 OK 型浮选机类似，同时吸收了美国道尔奥利弗型浮选机的优点，分别见图 9-21、图 9-22。XCF 型浮选机是与 KYF 型浮选机配套使用，二者的结构特点相似，外形尺寸相同。

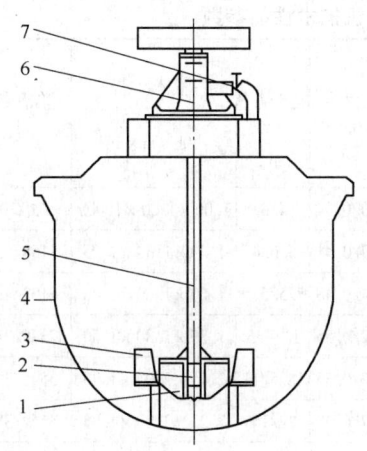

图 9-21　KYF 型浮选机

1—叶轮；2—空气分配器；3—定子；4—槽体；
5—主轴；6—轴承体；7—空气调节阀

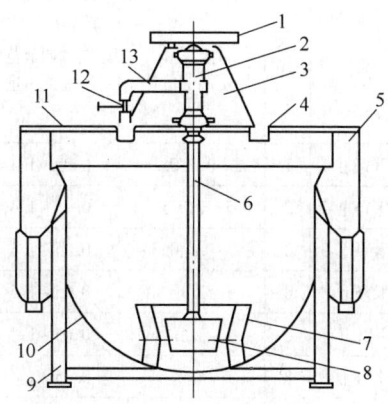

图 9-22　BS-K 型浮选机

1—带轮；2—轴承体；3—支座；4—风管；
5—泡沫槽；6—空心轴；7—定子；
8—叶轮；9—槽体支架；10—槽体；
11—操作台；12—风阀；13—进风管

KYF 浮选机采用 U 形槽体、空心轴充气和悬挂定子，尤其是采用了一种新式叶轮。这是一种叶片后倾一个角度的锥形叶轮，类似于高比转速的离心泵轮，扬送矿浆量大、压头小、功率低且结构简单。在叶轮腔中还装置了多孔圆筒形空气分配器，使空气能预先均匀地分散在叶轮叶片的大部分区域，提供了较大的矿浆-空气接触界面。

在浮选机工作时，随着叶轮的旋转，槽内矿浆从四周经槽底由叶轮下端吸到叶轮叶片之间，同时，由鼓风机给入的低压空气经空心轴和叶轮的空气分配器，也进入其中。矿浆与空气在叶片之间充分混合后，从叶轮上半部周边向斜上推出，由定子稳流和定向后进入整个槽子中。气泡上升到泡沫稳定区，经过富集过程，泡沫从溢流堰自流流出，进入泡沫槽。还有一部分矿浆向叶轮下部流去，再经叶轮搅拌，重新混合形成矿化气泡，剩余的矿浆流向下一槽，直到最终成为尾矿。

近年来，在原有的基础上，又进一步开发 KYF 型和 XCF 型浮选机，规格增加，容积扩大，最大已达 320m³，达到世界先进水平。其特点是：（1）能量消耗少；（2）空气分散好；（3）叶轮起离心泵作用，使固体在槽内保持悬浮状态；（4）磨损轻，维护保养费用低；（5）带负荷启动；（6）药剂消耗少；（7）结构简单，维修容易；（8）U形槽体，减少短路循环；（9）先进的矿浆液面控制系统，操作管理方便。该浮选机设计有吸浆槽，使浮选作业间水平配置，省去了泡沫泵，其技术性能见表9-16。

表9-16 XCFⅡ/KYFⅡ型浮选机技术性能参数

型 号	有效容积/m³	生产能力/m³·min⁻¹	充气量调节范围/m³·m⁻²·min⁻¹	最小进口风压/kPa	叶轮直径/m	安装功率/kW	槽体尺寸（长×宽×高）/m×m×m	单槽质量/kg
XCFⅡ/KYFⅡ-1	1	0.2~0.5/0.2~1	0.05~1.4	>11	0.40/0.34	4/3	1.00×1.00×1.000	920/1056
XCFⅡ/KYFⅡ-2	2	0.5~1/0.5~2	0.05~1.4	>12	0.47/0.41	5.5/4	1.30×1.30×1.25	1158/1346
XCFⅡ/KYFⅡ-3	3	0.7~1.5/0.7~3	0.05~1.4	>14	0.54/0.41	7.5/5.5	1.60×1.60×1.40	2172/2074
XCFⅡ/KYFⅡ-4	4	1~2/1~4	0.05~1.4	>15	0.62/0.55	11/7.5	1.80×1.80×1.50	2375/2100
XCFⅡ/KYFⅡ-6	6	1~3/1~6	0.05~1.4	>17	0.62/0.55	18.5/11	2.05×2.05×1.75	3545/3278
XCFⅡ/KYFⅡ-8	8	2~4/2~8	0.05~1.4	>19	0.72/0.63	22/15	2.20×2.20×1.95	4142/3857
XCFⅡ/KYFⅡ-10	10	3~5/3~10	0.05~1.4	>20	0.76/0.66	30/22	2.40×2.40×2.10	4894/4334
XCFⅡ/KYFⅡ-16	16	4~8/4~16	0.05~1.4	>23	0.86/0.74	37/22	2.80×2.80×2.40	6928/7545
XCFⅡ/KYFⅡ-20	20	5~10/5~20	0.05~1.4	>25	0.91/0.78	45/37	3.00×3.00×2.70	9200/8240
XCFⅡ/KYFⅡ-24	24	6~12/6~24	0.05~1.4	>27	0.93/0.80	55/37	3.10×3.10×2.90	10819/9820
XCFⅡ/KYFⅡ-30	30	7~15/7~30	0.05~1.4	>31	0.88/0.90	55/45	3.50×3.50×3.25	14810/13820
XCFⅡ/KYFⅡ-40	40	8~19/8~38	0.05~1.4	>32	1.05	75/55	3.80×3.80×3.40	18790/17097
XCFⅡ/KYFⅡ-50	50	10~25/10~40	0.05~1.4	>33	1.2/1.03	90/75	4.40×4.40×3.50	22000
XCFⅡ/KYFⅡ-70	70	13~50	0.05~1.4	>35	1.12	90	φ4.30×4.10	26200
XCFⅡ/KYFⅡ-100	100	20~60	0.05~1.4	>40	1.26	132	φ5.80×4.56	33500
XCFⅡ/KYFⅡ-130	130	20~60	0.05~1.4	>45	1.30	160	φ6.50×4.90	36200
XCFⅡ/KYFⅡ-160	160	20~60	0.05~1.4	>48	1.35	160	φ7.00×5.20	42500
XCFⅡ/KYFⅡ-200	200		0.05~1.4				φ7.50×5.60	
XCFⅡ/KYFⅡ-260	260		0.05~1.4				φ8.00×6.20	
XCFⅡ/KYFⅡ-320	320		0.05~1.4				φ8.60×6.40	

BS-K型浮选机结构及特点如下：（1）主轴部件侧挂在机架上，轴承体结构轻巧，安装方便，传动部件为可调式，便于维护调整和检修；（2）叶轮呈截圆锥形，定子为放射状，结构简单，容易制造，搅拌力强；（3）一般不设泡沫刮板装置，亦可保证精矿品位，且操作可靠，从而减小了维修工作量。在泡沫层薄的作业区也可安装刮板；（4）排矿采用两种形式锥形塞，一种是自动调整，合

理地配合自动化，另一种是手动调节，工作安全可靠，上下动作灵活。此外，还有一个手动调节闸板，配置合理，操作方便；（5）操作台在槽体上面，维修操作简便，安全感强，设备紧凑，占地面积小。U形槽减小了槽底积矿现象，槽体支撑合理，支座之间跨度大，设备稳定性好；（6）能耗低。单位容积总功耗（包括风机）为 $0.95 \sim 0.97kW/m^3$，BS-K38 浮选机比 JJF-16 浮选机、BS-K8 浮选机比 6A 浮选机均节电 50% 左右；（7）空气弥散好，气泡分散均匀，泡沫稳定；（8）矿粒悬浮好。由于叶轮搅拌力强，使矿浆得到充分搅拌。通过不同区域分层取样测定，+0.175mm（+80 目）及其他各粒级在整个浮选机内分布均匀，保持了良好的悬浮状态，不沉槽；（9）负荷启动容易；（10）选别效果好。经生产证明，在浮选时间短或相同情况下，均达到或超过原浮选指标；（11）BS-K38、BS-K24、BS-K8 浮选机操作台在槽体上，占地面积小，可大量节省基建投资。

该浮选机分为单槽、双槽、三槽、四槽、五槽、六槽几个单元，BS-K38、BS-K24 最多为 4 槽，BS-K16 最多为 5 槽，BS-K8 最多为 6 槽，BS-K4 最多为 8 槽，由几个单元组成一列。首部装有给矿箱，尾部装有排矿箱，单元之间装有中矿箱。设备还带有操作台、泡沫槽、栏杆及铺设电缆支架等。

此外，该浮选机不能靠自吸返回泡沫和矿浆，因此需用泵协助返回泡沫，使浮选机充分发挥浮选作用，这样可以节省电能，降低生产成本。每单元之间需阶梯配置。在每列浮选机之间还用操作台板连接起来，形成一个大的操作台面，便于行走和操作。

为了延长槽体、泡沫槽及叶轮、定子的使用寿命，槽内及叶轮、定子衬有耐磨材料。栏杆、泡沫槽的具体形式可由用户提出选择。考虑 BS-K4 型号小，槽体上面不设操作平台，也不带泡沫溜槽，其他规格全带。对泡沫溜槽有特殊要求时在订货时提出即可。BS-K 型浮选机及其技术性能见表 9-17。

表 9-17 BS-K 型浮选机技术性能参数

型号	有效容积/m^3	处理矿浆量/$m^3 \cdot min^{-1}$	充气量/$m^3 \cdot min^{-1}$	风 压		叶 轮			主轴电动机		刮板电动机		刮板转速/$r \cdot min^{-1}$
				大气压/MPa	水柱/m	直径/mm	转速/$r \cdot min^{-1}$	圆周速度/$r \cdot min^{-1}$	型号	功率/kW	型号	功率/kW	
BS-K2.2	2.2	0.5 ~ 3	2 ~ 3	0.015	1.6	420	260	5.57	Y160M-8	5.5	Y90L-6	1.1	16 ~ 18
BS-K4	4	0.5 ~ 4	0.5 ~ 4	0.017	1.8	500	230 220	5.54 5.3	Y160L-8	7.5	Y90L-6	1.1	16 ~ 18
BS-K6	6	1 ~ 6	1 ~ 6	0.027	2.8	650	197	6.7	Y200L-6	18.5	Y90L-6	1.1	16 ~ 18
BS-K8	8	1 ~ 8	1 ~ 8	0.021	2.2	650	180 190	6.12 6.46	Y180L-6	15	Y90L-6	1.1	16 ~ 18
BS-K16	16	2 ~ 15	2 ~ 15	0.027	2.8	750	160 170	6.28 6.68	Y225L-6	30	Y90L-6	1.1	16 ~ 18

续表9-17

型号	有效容积/m³	处理矿浆量/m³·min⁻¹	充气量/m³·min⁻¹	风压		叶轮			主轴电动机		刮板电动机		刮板转速/r·min⁻¹
				大气压/MPa	水柱/m	直径/mm	转速/r·min⁻¹	圆周速度/r·min⁻¹	型号	功率/kW	型号	功率	
BS-K24	24	7~20	7~20	0.029	3.0	830	154 159	6.7 6.9	Y280S-8	37	Y90L-6	1.1	16~18
BS-K38	38	10~30	10~30	0.034	3.5	910	141	6.72	Y280M-8	45	Y90L-6	1.1	16~18

9.3.3.3 CLF-4 型粗粒浮选机

CLF-4 型粗粒浮选机于1989年研制成功，其结构见图9-23。

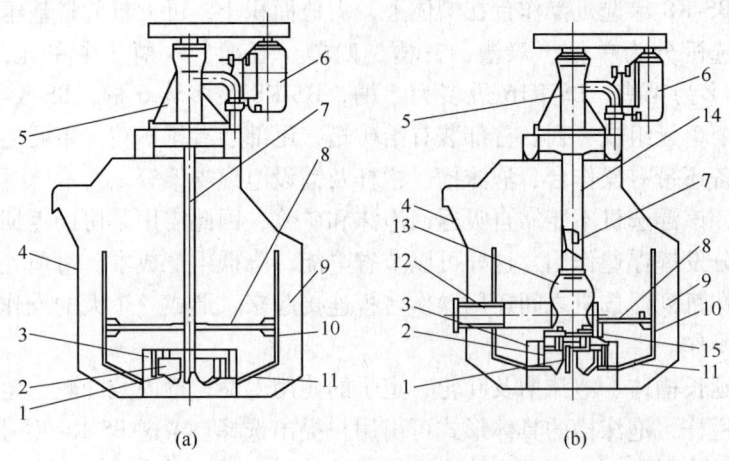

图 9-23　CLF-4 型粗粒浮选机

(a) 直流槽；(b) 吸浆槽

1—空气分配器；2—转子；3—定子；4—槽体；5—轴承体；6—电动机；7—空心主轴；8—格子板；
9—循环通道；10—隔板；11—假底；12—中矿返回管；13—中心筒；14—接管；15—盖板

CLF-4 型粗粒浮选机有直流槽和吸浆槽两种形式，其主要区别在于叶轮结构（见图9-24）。直流槽采用了单一叶片叶轮，它与槽体相配合可产生槽内矿浆大循环，分散空气效果良好。吸浆槽采用了双向叶片叶轮，它是在直流槽叶轮的基础上增加了吸浆作用的上叶片。这两种叶轮的叶片都后倾一定角度，但吸浆式叶轮的下叶片高度比直流式的小。实践证实这种叶轮搅拌力弱，而矿浆循环量较大，功耗低，与槽体和格子板联合作用，充分保证了粗粒矿物的悬浮及空气分散。

CLF-4 型粗粒浮选机的特点如下：(1) 采用了新式的叶轮、定子系统及全新的矿浆循环方式，在较低叶轮圆周速度下，粗粒矿物可悬浮在槽子中部区，而返回叶轮的循环矿浆浓度低，矿粒粒度细，这不仅有利于粗粒浮选，也有利于细粒

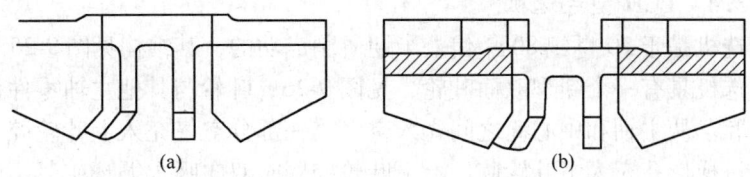

(a)　　　　　　　　　　　(b)

图 9-24　CLF-4 型粗粒浮选机叶轮结构
(a) 直流式叶轮；(b) 吸浆式叶轮

浮选；（2）槽内产生上升矿浆，有助于附着有粗粒矿物的矿化气泡上浮，减少了粗粒矿物与气泡之间的脱离力；（3）叶轮圆周速度低，返回叶轮的循环矿浆浓度低，粒度细，因此叶轮与定子磨损大大减轻，功耗低；（4）叶轮与定子间的间隙大，随着叶轮和定子的磨损，充气和空气分散情况变化不大，可保证选别指标的稳定性；（5）格子板造成粗粒悬浮层，并可减少槽上部区的紊流，有利于粗粒浮选；（6）采用外加充气方式，充气量大，气泡分散均匀，矿液面稳定，有利于粗粒上浮；（7）设计了吸浆槽，可使浮选机配置在同一水平上而不需要泡沫泵，且兼顾了细粒矿物的选别；（8）可处理粒度达 1mm 的粗矿粒而不会出现沉槽现象；（9）具有矿液面自动控制系统，易于操作和调整。

　　CLF 型粗颗粒浮选机现已有 4 种规格组成一个系列，其特点是：（1）处理最大矿物粒度达 1mm；（2）槽内设有格子板，使矿浆表面平稳，改善了技术性能；（3）空气分散好，充气量大，功率消耗低；（4）矿浆循环好，处理粗粒物料时不沉槽；（5）设有矿浆液面自动控制系统，操作管理容易；（6）粗颗粒浮选机设有吸浆槽，浮选作业间可水平配置，省去中矿返回用的泡沫泵。其技术性能见表 9-18。

表 9-18　CLF 型粗粒浮选机技术性能参数

型　号		有效容积 /m³	生产能力 /m³·min⁻¹	每槽空气消耗量 /m³·min⁻¹	鼓风机风压 /kPa	给料粒度 /mm	安装功率 /kW	槽体尺寸（长×宽×高）/m×m×m	单槽质量 /kg
CLF-2	吸浆槽	2	0.5~2	0~3	≥14.7	<1.0	7.5	1.2×1.6×1.25	1591
	直流槽			0~5			5.5		1418
CLF-4	吸浆槽	4	1~4	0~5	≥19.6	<1.0	15	1.6×2.1×1.5	3002
	直流槽			0~7			11		2702
CLF-8	吸浆槽	8	1~6	0~8	≥23.5	<1.0	22	1.9×2.5×1.95	5168
	直流槽			0~12			15		4654
CLF-16	吸浆槽	16	1~8	0~14	≥35	<1.0	45	2.5×3.2×2.4	9230
	直流槽			0~16			37		8970

9.3.3.4 LCH 型浮选机

该浮选机是于 20 世纪 80 年代上半期研制成功的，其结构见图 9-25。

该浮选机具有一个新型双面叶轮，见图 9-26，叶轮与其他主轴零件构成上下两个叶轮腔。从主轴和中心筒之间充入空气，一部分空气充入上叶轮腔，另一部分空气通过梯形孔充入下叶轮腔，上下叶轮腔同时双向吸入循环矿浆，所以，此叶轮能同时完成双向充气和双向循环。定子叶片由两段组成，一段沿叶轮转向与径向成4°角，另一段呈径向排列，两段之间用圆弧过渡。这种断面形状的定子叶片，使被湍流分散了的气泡与矿浆一同流出定子后，沿接近径向进入浮选槽的湍流区，克服了矿浆的打旋现象。

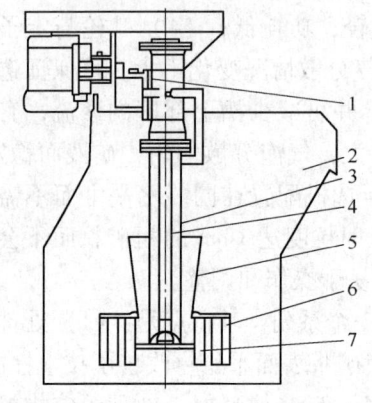 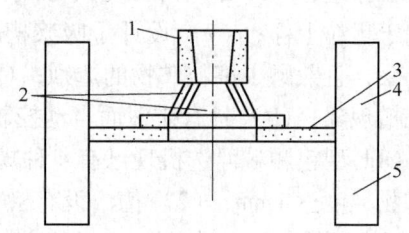

图 9-25 LCH 型浮选机
1—主风管；2—槽体；3—中心筒；4—主轴；
5—循环筒；6—定子；7—叶轮

图 9-26 双面叶轮
1—累毂；2—梯形孔；3—圆盘；
4—上叶片；5—下叶片

该浮选机主要有一种规格，其技术性能是：槽体有效容积 5.18m³，槽体长×宽×高为 1.8m×1.8m×1.6m，按矿浆计的生产能力为 2~10m³/min，主轴转速 191r/min、208r/min。叶轮圆周速度为 5.5m/s、6m/s，主轴电动机型号 JO_2-71-8，功率 13kW，最大充气量 2.08m³/(m²·min)，充气压力 16kPa。

9.3.3.5 XHF 型和 BSF 型浮选机

XHF 型和 BSF 型浮选机均为充气机械搅拌浮选机，两种浮选机都属深槽型浮选机。XHF 型浮选机有自吸浆能力，水平配置，不需泡沫泵，其叶轮直径大，主轴转速高。BSF 型浮选机单独使用可形成阶梯布置的浮选系统；与 XHF 型浮选机联合使用可形成水平布置的浮选系统；叶轮只起搅拌矿浆、循环矿浆和分散空气的作用；叶轮直径小，圆周速度低，叶轮与定子之间的间隙大，减轻了叶轮与定子的磨损。该机叶轮结构及叶片间隙流道设计合理，叶轮磨损较均匀，叶轮、定子使用寿命长。

XHF 型和 BSF 型浮选机的技术性能分别见表 9-19、表 9-20。

表 9-19　XHF 型浮选机技术性能参数

型号	有效容积 /m³	处理能力 /m³·min⁻¹	叶轮直径 /mm	叶轮转速 /r·min⁻¹	最大充气量 /m³·m⁻²·min⁻¹	鼓风机风压 /kPa	电动机功率 /kW 搅拌用	电动机功率 /kW 刮板用	单槽质量 /kg
XHF-1	1	0.2~1	400	358	2	≥12.6	5.5	1.1	1154
XHF-2	2	0.4~2	460	331	2	≥14.7	7.5	1.1	1659
XHF-3	3	0.6~3	540	266	2	≥19.8	11	1.5	2259
XHF-4	4	1.2~4	620	215	2	≥19.8	15	1.5	2669
XHF-8	8	3~8	720	185	2	≥21.6	22	1.5	3868
XHF-16	16	4~16	860	160	2	≥25.5	37	1.5	6520
XHF-24	24	4~24	950	153	2	≥30.4	37	1.5	8000
XHF-38	38	10~38	—	—	2	≥34.3	45	1.5	11000

表 9-20　BSF 型浮选机技术性能参数

型号	有效容积 /m³	处理能力 /m³·min⁻¹	叶轮直径 /mm	叶轮转速 /r·min⁻¹	最大充气量 /m³·m⁻²·min⁻¹	鼓风机风压 /kPa	电动机功率 /kW 搅拌用	电动机功率 /kW 刮板用	单槽质量 /kg	备注
BSF-2.2	2.2	0.5~3	420	260	2~3	≥15	5.5	1.1	1750	
BSF-4	4	0.5~4	500	230,220	3~6	≥17	7.5	1.1	2568	
BSF-6	6	1~6	650	197	4~10	≥21	18.5	1.1	3760	需阶梯配置
BSF-8	8	1~8	650	180,190	4~10	≥27	15	1.1	6463	
BSF-16	16	2~15	750	160,170	6~15	≥27	30	1.1	9231	
BSF-24	24	7~20	830	154,159	8~18	≥29	37	1.1		
BSF-38	38	10~30	910	141	10~20	≥34	45	1.1	12677	

注：充气浮选机最大充气量供选择风机时参考，生产时一般为 1.0m³/(m²·min)。

9.3.3.6　YX 型闪速浮选机

这是一种比较特殊的浮选机，适用于在磨矿分级回路中处理分级设备的返砂。其工作原理是提前拿出部分已单体解离的粗粒有价矿物或含有价矿物较多、较大的连生体，直接获得最终精矿产品或粗精矿进入下段再选，既可降低循环负荷，改善磨矿分级条件，提高磨矿机处理能力，又可减少矿物过磨，避免有价矿物细化和中间环节的损失，提高了有价矿物特别是金、银等贵重金属的回收率。其主要技术性能见表 9-21。

表 9-21　YX 型闪速浮选机主要技术性能参数

型　号	槽容积/m³	安装功率/kW	处理能力/t·h⁻¹
YX-2	2	15	40~80
YX-4	4	18.5	80~120
YX-6	6	22	120~160
YX-8	8	22	160~200

9.3.4　浮选柱

图 9-27 为国产 KYZ-B 型浮选柱结构示意图。它是一个高 12m 的圆柱体，底部装有喷射气泡发生器，利用超音速的气流制造气泡，喷嘴采用耐磨陶瓷衬里，使用寿命长，微孔充气器产生静态气泡，适用酸性矿浆，再生方便。两种充气器都可以在线检修和更换。给矿分散装置和气泡稳流装置保证矿浆和气泡均匀地分布于浮选柱的截面上，最大限度地提高气泡矿化概率。泡沫槽设有推泡锥装置，缩短泡沫的输送距离，加速泡沫的溢出。独特的尾矿阀门，保证尾矿管不堵塞，运行平稳，使用寿命长。矿浆液面自动控制系统技术性能稳定可靠，液位采用先进的非接触式激光传感器，无磨损测量，测量精度高。

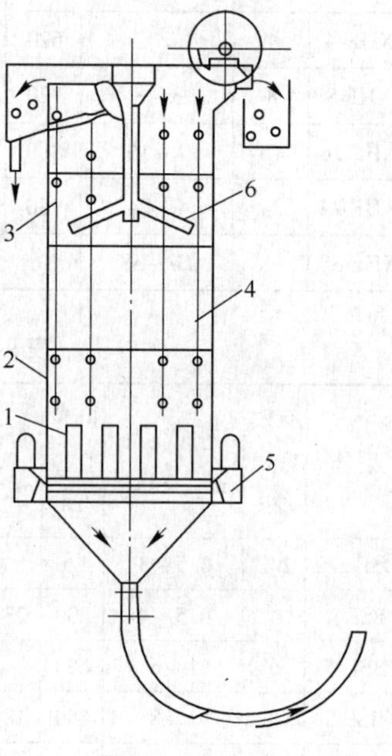

图 9-27　KYZ-B 型浮选柱
结构示意图

1—竖管充气器；2—下体；3—上体；
4—中间圆筒；5—风室；6—给矿器

浮选柱在我国的应用已有 20 多年的历史。实践证明，充气器堵塞是影响浮选柱推广的主要障碍。多金属硫化矿浮选作业往往是在碱性介质中进行的，微孔充气器结垢是经常出现的故障。

近年来，国内外对浮选柱进行了深入研究，新型充气器已用于工业生产。在众多的研究成果中最引人注目的有静态浮选柱和微泡浮选柱。国产 KYZ-B 型浮选柱技术性能见表 9-22。

表 9-22　KYZ-B 型浮选柱技术性能参数

型　号	浮选柱直径/mm	浮选柱高度/mm	所需气量/m³·min⁻¹	气源压力/kPa	生产能力/m³·h⁻¹
KYZ-B 0612	600	12000	0.2~0.4	500~600	4~8
KYZ-B 0812	800	12000	0.4~0.8	500~600	6~14

型　号	浮选柱直径 /mm	浮选柱高度 /mm	所需气量 /$m^3 \cdot min^{-1}$	气源压力 /kPa	生产能力 /$m^3 \cdot h^{-1}$
KYZ-B 0912	900	12000	0.5 ~ 1.0	500 ~ 600	8 ~ 18
KYZ-B 1012	1000	12000	0.6 ~ 1.2	500 ~ 600	10 ~ 22
KYZ-B 1212	1200	12000	0.9 ~ 1.7	500 ~ 600	14 ~ 32
KYZ-B 1512	1500	12000	1.4 ~ 2.7	500 ~ 600	22 ~ 50
KYZ-B 1812	1800	12000	2.0 ~ 3.8	500 ~ 600	32 ~ 72
KYZ-B 2012	2000	12000	2.5 ~ 4.7	500 ~ 600	40 ~ 90
KYZ-B 2512	2500	12000	3.9 ~ 7.4	500 ~ 600	60 ~ 140
KYZ-B 3012	3000	12000	5.7 ~ 10.6	500 ~ 600	90 ~ 200
KYZ-B 4012	4000	12000	10.1 ~ 18.8	500 ~ 600	160 ~ 360
KYZ-B 4312	4300	12000	11.6 ~ 21.8	500 ~ 600	180 ~ 420

9.3.5　浮选机的选择与计算

9.3.5.1　浮选机的选择

浮选机类型、规格、数量的选择与确定，与原矿石性质（矿石密度、粒度、含泥量、品位、可浮性等）、设备性能、选厂规模、流程结构、系列划分等因素有关。选择时，应注意以下几个方面的问题：

（1）矿石性质及选别作业要求。矿石密度大或粒度粗，一般采用高浓度浮选方法来降低颗粒的沉降速度，减少矿粒沉积。为适应这一特点，应选择高能量的机械搅拌式浮选机。高能量机械搅拌式浮选机不但传送矿浆速度快、搅拌能力强，停机后也易于再启动。在低品位硫化矿浮选过程中，低速充气对选别效果较为有利，不宜选择高充气量的浮选机。而对于在浮选过程中易于产生黏性泡沫的矿石，则应选用充气量较大的浮选机。精选作业主要在于提高精矿品位，浮选泡沫层应该厚一些，为脉石矿物更好的分离创造有利条件，需要更大充气量的浮选机，因此，精选作业的浮选机，应与粗、扫选作业的浮选机有所区别。

（2）根据矿浆流量合理选择浮选机规格。为保证浮选效果，必须保证每个浮选槽内矿浆有一定的停留时间，时间过短或过长，都会造成有用矿物的流失，降低作业回收率。因此，浮选机的规格必须与选矿厂的规模相适应。为尽量发挥大型浮选机的优越性，浮选系列应尽量减少。对某些易选矿石，在条件允许时，可以考虑单系列生产，按目前国产的浮选机系列，每个生产系列可达1000t/d。选用大型浮选机可以大幅度降低电耗，减少占地面积和厂房面积，节省基建投资和安装费,提高浮选作业回收率。

(3) 通过技术经济比较合理确定浮选机的型号、规格和数量。在技术经济方案比较中,应在选别技术指标、基建投资、能耗、水耗、设备质量、劳动生产率、生产成本、操作管理、维护检修等方面进行全面比较,科学合理地确定出浮选机的型号、规格和数量。

(4) 注意设备制造质量及备品、备件供应情况。在当前商品市场经济条件下,浮选机械制造厂有上千家,制造厂的规模,产品质量,备品、备件供应,社会诚信程度差别很大,所以,必须择优选择设备制造质量好、备品备件有来源、供应价格合理、社会诚信和售后服务好的厂家,以保证选矿厂的正常生产。

9.3.5.2 浮选机的计算

A 浮选时间的确定

通常,根据浮选试验结果,并参照类似矿石选矿厂生产实例确定浮选时间,浮选时间的长短对浮选槽容积的大小和浮选指标的好坏影响很大,必须慎重选取。由于试验是在间断给矿的单槽浮选机中进行的,而工业生产是在连续给矿的串联浮选槽中进行的,所以,试验的浮选时间,比工业生产的时间要短,故在选矿厂设计和生产中,应将试验浮选时间加长,国外通常是将浮选时间延长一倍,故乘以 2 的调整系数,国内延长 50%,故乘以 1.5 的调整系数。如新设计的选矿厂,所用浮选机的充气量与试验用浮选机的充气量不同,应按下式加以调整:

$$t = t_0 \sqrt{\frac{q_0}{q}} + \Delta t \tag{9-1}$$

式中 t——设计浮选时间,min;

   t_0——选矿试验浮选机的浮选时间,min;

   q_0——选矿试验浮选机的充气量,$m^3/(m^2 \cdot min)$;

   q——生产用浮选机的充气量,$m^3/(m^2 \cdot min)$;

   Δt——根据生产实践增加的浮选时间,或 $\Delta t = 0.5kt_0$,min;

   k——浮选时间调整系数,一般取 $k = 1.5 \sim 2$。

B 浮选矿浆体积

给入浮选机的矿浆体积取决于干矿的处理量和矿浆浓度,为方便计算,用液固比表示浓度,按下式计算:

$$W = \frac{K_1 Q \left(R + \frac{1}{r} \right)}{60} \tag{9-2}$$

式中 W——计算矿浆体积,m^3/min;

　　Q——进入作业矿石量（包括返砂量），t/h；

　　R——作业矿浆的液体与固体质量之比；

　　r——矿石的密度，t/m³；

　　K_1——处理量不均衡系数。当浮选前为球磨机时，$K_1=1.0$，当浮选前为湿式自磨机时，$K_1=1.3$。

　　C　浮选机槽数

浮选机槽数的计算和确定，按下式进行计算：

$$n = \frac{Wt}{VK_2} \tag{9-3}$$

式中　n——浮选机计算槽数；

　　　W——计算矿浆体积，m³/min；

　　　t——浮选时间，min；

　　　V——选用浮选机的几何容积，m³；

　　　K_2——浮选槽有效容积与几何容积之比。选别有色金属矿石时，$K_2=0.8\sim0.85$；选别铁矿石时，$K_2=0.65\sim0.75$；泡沫层厚时，取小值，反之取大值。

　　D　浮选机叶轮转速

浮选机叶轮转速直接影响浮选机的充气量。叶轮直径与浮选机槽子宽度和高度有一定的比例关系，一般机械搅拌式浮选机槽子宽度和叶轮直径之比为$2\sim3$。叶轮转速与叶轮直径至槽面的矿浆深度有直接关系。叶轮转速按下式进行计算：

$$n = \frac{189}{D}\sqrt{H} \tag{9-4}$$

式中　n——叶轮转速，r/min；

　　　D——叶轮直径，m；

　　　H——叶轮至槽面的矿浆深度，m。

目前，大多数浮选机的叶轮圆周速度在$8\sim10$m/s的范围内。

　　E　浮选机的功率

浮选机叶轮的传动功率是根据流经叶轮的矿浆上升到槽面所做的功来决定，按下式进行计算：

$$N = \frac{(Q_1+Q_2)Hr}{102\eta} \tag{9-5}$$

式中　N——浮选机的功率，kW；

　　　Q_1——吸入矿浆量，m³/s；

　　　Q_2——循环矿浆量，m³/s；

H——叶轮至槽面的矿浆深度，m；

r——矿浆密度，t/m^3；

η——叶轮的效率，$\eta = 0.6 \sim 0.8$。

F 浮选柱的计算

浮选柱断面为矩形时，按下式进行计算：

$$F = \frac{K_1 Q \left(R + \frac{1}{r} \right) t}{60H(1 - K_0)} \tag{9-6}$$

浮选柱断面为圆形时，按下式进行计算：

$$D = \sqrt{\frac{K_1 Q \left(R + \frac{1}{r} \right) t}{15\pi H(1 - K_0)}} \tag{9-7}$$

式中 F——浮选柱断面积，m^2；

D——浮选柱直径，m；

H——浮选柱高度，m；

K_0——浮选柱充气率，粗选 $K_0 = 0.25 \sim 0.35$；扫选 $K_0 = 0.20 \sim 0.25$；精选 $K_0 = 0.35 \sim 0.45$；泡沫层厚时取大值，反之取小值；

K_1——不均衡系数，浮选柱之前为球磨机时，$K_1 = 1.0$；浮选柱之前为湿式半自磨机时，$K_1 = 1.3$；

Q——进入作业矿石量，t/h；

R——作业矿浆的液体与固体质量之比；

r——矿石的密度，t/m^3；

t——浮选时间，min。

9.4 影响浮选过程的主要因素

9.4.1 粒度

浮选过程不但要求矿物充分单体解离，而且要求有适当的入选粒度。粒度太粗，即使矿物已单体解离，因超过气泡的浮载能力，而浮不起来。粒度过细，如小于 0.01mm，对浮选也不利。粗粒和极细粒（矿泥）都具有许多的物理性质和物理化学性质，其浮选行为与一般粒度不同。生产实践表明，各类矿物的浮选粒度上限不同，硫化矿物一般为 0.2 ~ 0.25mm，非硫化矿物为 0.25 ~ 0.3mm，对含金矿物而言，自然金颗粒在 0.01 ~ 0.25mm 范围内，仍具有良好的可浮性。因此，要求磨矿分级过程，要使矿物达到充分的单体解离，尽量减轻矿石的过粉碎和泥化现象，以满足浮选过程中对粒度的要求。

9.4.2　矿浆浓度

矿浆浓度是浮选过程中的重要工艺因素，它直接影响着选矿回收率、精矿质量、药剂用量、浮选时间和浮选机生产能力、水电消耗等指标。

矿浆浓度一般用矿浆中固体质量（或体积）所占的百分数表示，也可用矿浆中液体与固体的质量（或体积）之比来表示。对金矿而言，浮选粗粒金采用较高的矿浆浓度，浮选细粒金采用较低的矿浆浓度；粗选和扫选时采用较高的矿浆浓度，约为25%～35%；精选时采用较低的矿浆浓度，约为8%～20%。在磨矿和分级回路之间安装的选粗粒金的单槽浮选机，其浮选给矿浓度受磨矿条件的限制，可高达50%～70%。

9.4.3　药剂制度

加入浮选过程中的药剂种类和数量、加药地点和加药方式等总称加药制度。药剂制度是浮选过程中重要的工艺因素，合理的药剂制度可以保证有较高的浮选回收率和精矿质量。

9.4.3.1　加药地点

矿浆pH值调整剂和抑制剂加入球磨机中，活化剂加入浮选前的药剂搅拌桶或浮选机中，也可直接加入球磨机中。

9.4.3.2　加药方式

浮选药剂可采用一次添加和分段添加。对易溶于水和药效稳定的药剂可以一次添加；而对难溶的、易与矿浆发生化学反应的（如SO_2等）、易分解失效的药剂（如硫化钠等）可采用分段添加。

9.4.3.3　混合用药

对捕收剂混合使用可以强化浮选过程和改善浮选指标，如乙基黄药和丁基黄药混合使用，丁基黄药和丁胺黑药混合使用，比单独使用乙基黄药或丁胺黑药，提高2%～5%的金浮选回收率。各种药剂的混合比例与矿石性质有关，要根据小型试验或工业生产不断摸索确定。

调整剂的混合使用，多用于金属矿石的浮选分离，如氰化钠与硫酸锌混合使用用于闪锌矿，比单独使用氰化钠更有效。又如亚硫酸盐及硫代硫酸盐与硫酸锌配合使用，又称非氰化物抑制剂，是铜锌分选时锌的有效抑制剂。

9.4.4　浮选时间

在其他条件相同时，浮选时间直接影响浮选效果。生产实践证明，凡是与硫化矿物关系密切的金和单体金，浮选速度较快，因而所需要的浮选时间较短；而其他矿物的连生金，浮选速度较慢，因而所需要的浮选时间也较长。各种矿石最适宜的浮选时间，是通过选矿试验和工业生产实践来确定的。

9.4.5 浮选流程

浮选流程的选择与确定，必须满足矿石性质和精矿质量的要求。矿石性质主要是：原矿品位和物质组成；矿石中有用矿物的嵌布特征及共生关系；矿石磨矿难易程度及泥化情况；矿物的物理化学特性等。精矿质量的要求是：必须生产出符合国家质量标准要求的合格精矿。此外，选矿厂的规模、服务年限、技术经济条件，也影响着浮选流程。规模较小，技术经济条件较差的选矿厂，不宜采用比较复杂的流程；规模较大，服务年限较长，技术经济条件较好的选矿厂，为了最大限度地获得较好的技术经济效果，可以采用较为复杂的浮选流程。有时，矿石中含有粗粒自然金或多种有用矿物紧密共生，单一浮选流程就不能最大限度地综合回收各种有用成分，就须采用浮选与其他选矿方法的联合流程。

9.5 选金流程的选择

选金流程是由各种选金方法（混汞、重选、浮选、氰化）联合组成的从含金矿石中提取金的一种生产过程。选金流程的选择主要依据是矿石性质和对产品形态的要求。矿石性质包括矿石含金品位；金的嵌布粒度及共生关系；有价成分的种类、价值和含量；矿石泥化情况及矿物可浮性等。产品形态指选金厂生产的金是以金属形态（合质金、纯金）产出，还是以精矿粉形态产出。如果产出的是精矿粉，则精矿品位与粒度组成也是流程选择的依据。

选金流程对选金指标有很大影响。合理的选金流程应能在生产中用最低的生产成本来获得较高的选别指标，这是流程选择的基本前提。流程选择时还要考虑基建投资、建厂地区的技术经济条件和原材料供应等情况。要贯彻执行国家有关经济建设方针，经技术经济比较，因地制宜进行选择。

选金流程是根据矿石可选性试验提出来的，在设计时进行必要的修改，在生产实践中再做进一步完善和改进。用于生产实际的选金流程方案很多，通常采用的有如下几种。

9.5.1 单一混汞

此流程适于处理含粗粒金的石英质原生矿石或氧化矿石。单一混汞的显著特点是流程结构简单、投资少、生产费用低、收效快，适于小而富的金矿采用。尾矿一般不能废弃，可以暂时堆存，以后处理。

9.5.2 混汞-重选联合流程

此流程包括先混汞后重选和先重选后混汞两个方案。先混汞后重选流程用于处理简单石英脉含金硫化矿石。先用混汞法回收粗粒游离金，然后进行重选，选出含金的重金属硫化矿精矿。先重选后混汞流程适用于处理金粒大，但表面被污染或被氧化膜包裹不宜直接混汞的矿石，以及含金量低的砂金矿石。

9.5.3　重选（混汞)-氰化联合流程

这一流程适于处理石英脉含金氧化矿石。原矿先重选，经重选富集所得精矿进行混汞；或者原矿直接进行混汞，尾矿分级，泥沙分别氰化。

9.5.4　单一浮选

单一浮选流程适于处理金粒较细，可浮性高的硫化物含金石英脉矿石以及含有多种有价金属（铜、铅、锌）的含金硫化矿石和含碳（石墨）矿石等。这几种矿石，采用单一浮选流程处理，能把金和其他有价金属最大限度地富集到精矿中，而且可以获得废弃尾矿，生产成本亦很低。目前浮选法选金在我国选金厂中应用的比较普遍。

9.5.5　混汞-浮选联合流程

采用这一流程的基本前提是原矿中的粗粒金可以通过廉价而快速的方法即混汞法回收，然后混汞尾矿进行浮选。采用这一流程可以比单一浮选获得较高的回收率。它的使用范围除了单一浮选流程处理的矿石外，含金氧化矿石、伴生有游离金的矿石都适宜采用这一流程。

9.5.6　直接氰化（全泥氰化）

金以细粒或微细粒分散状态产出于石英质脉石矿物中，矿石氧化程度较深，并不含 Cu、As、Sb、Bi 及含碳物质，这样的矿石最适于采用直接氰化法处理。其优点是氰化物消耗少，浸出率高，生产效率高，过程便于自动控制。

9.5.7　浮选-氰化联合流程

9.5.7.1　浮选-精矿氰化流程

这一流程适于处理金与硫化物共生关系密切的石英脉含金矿石和石英-黄铁矿矿石。这两种矿石经浮选富集后，尾矿可以废弃。精矿用氰化法处理回收金；氰化尾矿或废弃或作制酸原料。浮选精矿氰化与全泥氰化流程比较具有以下优点：不需将全部矿石细磨，节省动力消耗，大型设备（洗涤、搅拌等设备）少，厂房面积小，基建投资少。

9.5.7.2　浮选-焙烧-氰化流程

此流程适于处理原矿硫化物特别高的金-黄铁矿矿石和难溶的金-砷金矿和金-

锑金矿等复合矿石。浮选精矿首先进行焙烧。在这里焙烧是氰化的准备作业，目的是除去有害氰化过程的砷、锑等。经焙烧处理的物料进行氰化，可以显著改善浸出效果。

9.5.7.3 浮选-尾矿氰化流程

此流程适于处理含有害于氰化物的含金矿石，这样的矿石包括含有多种硫化物的金-碲矿石、金-砷矿石、金-铜矿石等。对这类矿石先用浮选法分离出各种有害于氰化过程的组分，其精矿用特殊方法进行处理（如金-铜精矿用火冶，金-砷精矿焙烧后氰化），浮选尾矿采用氰化浸出。

9.5.8 浮选-重选流程

此流程适用于金与硫化矿物共生，并含有少量难浮硫化矿物的矿石，以浮选法为主，浮选尾矿用摇床、溜槽予以回收。

无论任何一种金矿石，在选择流程时都要注意这样一个问题：只要矿石中含有粗粒金，就应在选别物料进入浮选或氰化作业之前分别采用相应技术措施（跳汰、溜槽、单槽浮选或混汞）对粗粒金及时进行回收。

9.6 含金石英脉矿石选矿生产实践

石英脉含金矿石就其物质组成来看比较简单，主要由石英构成，其含量为50% ~95%。金属矿物含量0 ~15%，黄铁矿是最主要的硫化矿物，其次还有磁黄铁矿以及少量方铅矿、黄铜矿等。金矿物主要为游离自然金，赋存状态简单，绝大部分与石英和黄铁矿共生。矿石中除金外，其他元素一般无回收价值。根据矿石物质组成、氧化程度、金与其他矿物的共生关系将石英脉含金矿石可选性分类，见表9-23。

表9-23 石英脉含金矿石可选性分类

矿 石 类 型		特 征	可选性及选矿方法
含少量硫化物石英脉含金矿石	I 金与硫化物无密切共生关系	矿石中基本成分是石英（含量90%以上），金属矿物为自然金，几乎没有重金属硫化物，金粒以粗粒居多	粗粒嵌布的矿石很容易用混汞和重选法回收金；细粒嵌布的矿石用全泥氰化法处理，指标较高
	II 金与硫化物共生关系密切	金属矿物以黄铁矿为主，硫化物含量1% ~5%，脉石矿物以石英为主，自然金60%以上和硫化物共生，金以中细粒居多	属易选矿石，以氰化法和浮选法为主。浮选精矿氰化
	III 金与石英脉关系密切	金属硫化物含量较少，7%的金与石英等脉石矿物共生，粒度较细，矿石基本不含砷、锑、铜等不利于氰化的元素	选矿方法以氰化法和浮选法为主，混汞、重选辅助回收粗粒金；细粒贫矿石难选，全泥氰化是发展方向

矿石类型		特 征	可选性及选矿方法
含多量硫化物石英脉含金矿石	IV 黄铁矿含金石英脉矿石	矿石组成与矿石II相近，主要差别在于硫化物含量高（5%～15%），金75%～99%与黄铁矿密切共生	极易浮选，指标高达95%以上，浮选精矿含硫较高，可综合利用（制酸）
	V 黄铜矿及黄铁矿含金石英脉矿石	金主要赋存在黄铜矿和黄铁矿中	极易混合浮选，指标高达95%以上，分离浮选指标迅速下降。金、铜、硫均可综合利用
含金石英脉氧化矿石	VI 部分氧化矿石	主要金属矿物为褐铁矿，亦含少量黄铁矿，脉石为石英、玉髓质石英等，金赋存于脉石矿物和金属矿物之裂隙中。含有含金的氢氧化铁是该矿物组成的主要特点	选矿方法以重选（混汞）+氰化法为主，也可以用浮选法（加硫化钠硫化后浮选）处理
	VII 氧化矿石	不含硫化物，金大部分赋存在主要脉石矿物以及经风化后的金属氧化物残留颗粒中，含泥质	粗粒金用重选混汞回收，然后分级，矿泥搅拌氰化，矿砂渗滤氰化

9.6.1 金厂峪金矿选矿厂

金厂峪金矿位于河北省唐山市迁西县金厂峪镇，1958年8月建立县办小金矿，1963年7月50t/d选厂运行投产。1965年5月8日，归中国黄金矿产公司所属，1966年10月500t/d选厂建成投产，1984年又扩建一个500t/d的磨浮系统，现在选矿厂生产能力为1000t/d。

9.6.1.1 矿石性质

该矿属于含金硫化物中温热液矿床，矿石类型属于贫硫化物含金石英脉型。矿石化学多元素分析见表9-24。

表9-24 原矿多元素分析

元 素	Au[①]	Ag[②]	Cu	Zn	Pb	Fe	Mo	S
含量/%	3.5	1.5	0.013	0.013	0.021	5.19	0.001	1.24
元 素	Sb	Bi	As	C	SiO$_2$	CaO	MgO	Al$_2$O$_3$
含量/%	0.013	0.012	0.027	2.46	60.60	5.92	2.47	8.20

①②元素含量的单位为g/t。

该矿区矿石物质组成比较简单，金属矿物以黄铁矿为主，其次有闪锌矿及铁的氧化物等。脉石矿物有石英、碳酸盐、长石、白云母等。金银矿物有自然金（银金矿）和碲金矿、自然银等。其他矿物含量很少，见表9-25。

表 9-25 矿物组成及含量

金属矿物						脉石矿物	
金银矿物		硫化物		氧化物			
名 称	含量	名 称	含量/%	名 称	含量/%	名 称	含量/%
自然金	微	黄铁矿	1.62	褐铁矿	0.34	石 英	32.67
碲金矿	极微	闪锌矿	0.16	磁铁矿	0.17	碳酸盐	26.77
自然银	极微	方铅矿	0.03	赤铁矿	0.11	长 石	16.74
		黄铜矿	0.03	孔雀石	微	白云母	15.03
		辉钼矿	0.02			绢云母	2.27
		磁黄铁矿	微			磷灰石	1.38
		斑铜矿	微			金红石	0.32
		辉铜矿	微			屑 石	0.17
		辉铋矿	微			绿泥石	0.17
		铜 蓝	微			锆 石	微
合 计			1.86		0.62		97.52

矿物嵌布特性及金赋存状态：该矿区的金矿物以自然金为主（包括银金矿），相对含量为 97.66%；碲金矿含量为 2.54%。

自然金主要嵌布在黄铁矿及其裂隙中，占 79.81%；呈其他状态产出的约占 20%，所以该矿区黄铁矿为金的主要载体矿物。而碲金矿主要嵌布在方铅矿中，占 71.40%，见表 9-26。

表 9-26 金矿物嵌布状态

状 态	包裹金				裂隙金			粒间金			合计
	黄铁矿	脉石	方铅矿	其他矿物	黄铁矿	脉石	其他矿物	黄铁矿、脉石	方铅矿、黄铁矿	方铅矿、脉石	
自然金/%	43.78	8.76	0.24	0.03	36.03	2.20	0.38	5.66	2.92		100
碲金矿/%		3.18	71.4			0.18			4.54	20.20	约100

自然金：在矿石中主要以圆粒状、椭圆粒状、多粒状产出，其次为叶片状、细脉状等。自然金与黄铁矿极为密切，多产出在黄铁矿及其裂隙中，有少量的自然金产出在脉石中，多被脉石包裹；有极少量的自然金呈细脉状和细小脉状与方铅矿呈连晶体产于黄铁矿的裂隙中。

碲金矿：在矿石中呈极细的点滴状，细小颗粒集合体产出在方铅矿中及其边部，有极少量的碲金矿与自然金呈连生体产于脉石的裂隙及方铅矿中。

自然金颗粒很细，一般多在 $5 \sim 26 \mu m$ 之间，其中最大粒度为 $30 \mu m$，最小粒度为 $0.5 \mu m$，见表 9-27。

表 9-27 自然金粒度

粒度 /mm	粗 粒		中 粒	细 粒		微 粒		合计
	0.3～0.071	0.071～0.05	0.05～0.04	0.04～0.03	0.03～0.016	0.016～0.005	<0.005	
含量/%	6.9	12.4	10.4	17.1	46.0	6.5	0.7	100

矿石真密度：$2.74t/m^3$，矿石堆密度：$1.6t/m^3$。

9.6.1.2 工艺流程

选矿工艺采用一段磨矿、浮选-精矿氰化联合流程，生产成品金和成品银。选矿工艺流程见图 9-28。

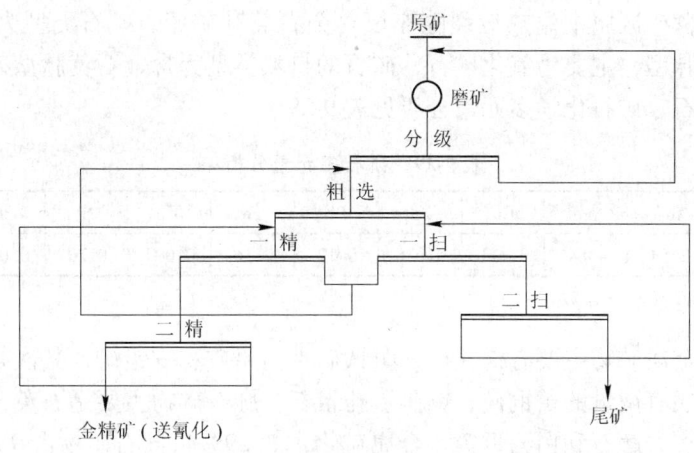

图 9-28 金厂峪金矿选矿工艺流程

破碎后的原矿石，进入球磨机进行一段闭路磨矿，其分级溢流浓度为 40% ±2%，细度为 -0.074mm（-200 目）大于 55%，给入浮选作业，经一次粗选、二次精选、二次扫选，选出金精矿和尾矿。金精矿给入氰化作业，生产成品金和成品银。

浮选作业药剂制度：丁基黄药 40g/t，丁基铵黑药 25g/t，分别在粗选和扫选按 7:3 加入，2 号油 25g/t 只加在粗选。

9.6.1.3 生产技术指标

浮选及氰化生产技术指标见表 9-28。

表 9-28 浮选及氰化生产技术指标

项目	浮选作业			氰化作业								
	品位/g·t⁻¹		回收率 /%	品位/g·t⁻¹					浸出率 /%	洗涤率 /%	置换率 /%	总回收率 /%
	原矿	精矿	尾矿		氰原	氰尾	氰渣	贵液	贫液				
指标	3.80	115.28	0.28	92.86	117.45		3.37	9.99	0.012	97.08	99.78	99.87	96.73

9.6.2 张家口金矿选冶厂

张家口金矿位于河北省张家口市宣化县葛峪堡乡，该矿由前马兰峪金矿搬迁而来，1970 年筹建，1975 年 50t/d 选厂正式投产，1976 年 6 月由北京有色冶金设计院设计的 500t/d 选矿厂动工兴建，1977 年 6 月 25 日第一系列投入试生产，1978 年 6 月 25 日第二系列投产，1978 年 12 月 5 日第三系列投产，到此 500t/d 选矿厂全部建成。1985 年由北京有色冶金设计研究总院与美国戴维麦基（Davey Mckee）公司联合设计，将其改为金泥氰化炭浸法流程，于 1987 年正式投产。

9.6.2.1 矿石性质

该矿小营矿区属中温热液裂隙充填含金石英脉矿床，矿石类型为贫-低硫化物含金石英脉型，主要为氧化矿石，矿石的自然类型为含金石英脉型矿石和含金蚀变岩型矿石。矿石化学多元素分析见表 9-29。

表 9-29 矿石多元素分析

元 素	Au[①]	Ag[②]	Cu	Zn	Pb	Fe	Mo	S	Sb	Te
含量/%	2.54	4.84	0.011	0.026	0.12	2.16	0.004	0.20	0.012	0.0004

①②元素含量的单位为 g/t。

矿石中金属矿物主要有褐铁矿、黄铁矿、白铅矿和方铅矿，其次是磁铁矿和黄钾铁矾，还有微量的黄铜矿、铜蓝、孔雀石。脉石矿物主要是石英，其次是绢云母、长石、方解石和白云母等。金属矿物占 3.29%，脉石矿物占 96.71%。金矿物中自然金占 99% 以上，碲金矿不到 1%。由于矿石经过强烈的氧化作用，黄铁矿和方铅矿分别氧化成褐铁矿和白铅矿。

矿石构造比较简单，原生矿石以浸染状构造为主，其次是团块状构造；而氧化矿石具有明显的蜂窝状构造。

金的嵌布粒度以细粒为主，一般为 0.012mm，最大为 0.058mm，最小为 0.001mm，还有一定数量粒径仅为 0.0005mm 左右的微粒金。

自然金绝大部分赋存于金属矿物中，约占 80%，其中以褐铁矿含金为主，达 3.7%，其次分布在黄铁矿、白铅矿和方铅矿之中。由于矿石为贫硫化物，自然金的金含量则以脉石金为主，达 88%，而金属矿物中的金含量仅占 12%。

矿石真密度：2.51t/m³，假密度：1.48t/m³，属于中硬矿石。

该矿石金粒细，品位低，是含金氧化矿石，泥化严重，是难浮选矿石。

9.6.2.2 工艺流程

选矿工艺采用一段磨矿、混汞-浮选流程，生产汞金和金精矿。选矿工艺流程见图 9-29。

破碎后的原矿石，给入球磨机进行一段闭路磨矿，其分级溢流浓度为27% ~

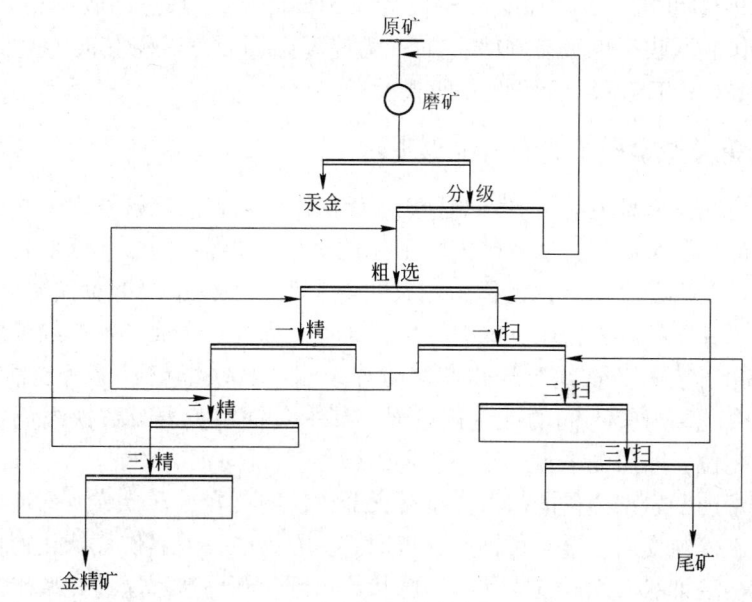

图 9-29 张家口金矿选矿工艺流程

30%，细度为 60% −0.074mm(−200 目)，给入磨矿分级回路中的混汞作业，汞板面积为 4m², 每班刮汞膏一次每班布汞两次，汞的消耗量为 2g/t, 白银消耗量为 0.5g/t。混汞后的矿浆给入浮选作业，经一次粗选、三次精选、三次扫选，选出金精矿和尾矿。

浮选作业药剂制度：药剂种类为丁基黄药和丁基铵黑药，配药浓度均为 10%，每班配药一次。粗选药剂加在搅拌槽，三次扫选分别加入浮选槽，药剂用量见表 9-30。

表 9-30　浮选药剂用量　　　　　　　　　　　(g/t)

加药地点	粗选搅拌槽	一扫	二扫	三扫	合　计
丁基黄药	120~150	30~50	30~50	20~30	240~280
丁基铵黑药	60~90	10~20	10~20	5~10	85~140

9.6.2.3　生产技术指标

混汞-浮选生产技术指标见表 9-31。

表 9-31　混汞-浮选生产技术指标

项目	原矿品位 /g·t⁻¹	总回收率 /%	混汞回收率 /%	浮选回收率 /%	浮选品位/g·t⁻¹			浮选作业 回收率/%
					分级溢流	精矿	尾矿	
指标	3.51	75.30	39.53	39.37	2.25	158.96	0.87	61.45

　　从表9-31可知，入选原矿品位仅为3.51g/t，历年来总回收率仅在75%左右，浮选作业回收率也只有60%左右，为提高金回收率，将其改为全泥氰化炭浸法流程（CIP工艺），于1987年正式投产。

9.7　蚀变岩型金矿石选矿生产实践

　　破碎带蚀变岩型金矿是20世纪70年代初在山东省焦家被发现，并逐渐引起普遍重视的一种金矿床类型，矿床产在区域较大断裂带中的破碎蚀变岩中，故名为破碎带蚀变岩型金矿床，也称为焦家式金矿床。蚀变主要有黄铁矿化、硅化、绢云母化，其次有碳酸盐化、绿泥石化、高岭土化等。形成了黄铁绢英岩、黄铁绢英质岩角砾岩、黄铁绢英岩化花岗质碎裂岩、黄铁绢英岩化（或绢英岩化）碎裂状混合花岗岩等不同的蚀变构造岩，其中黄铁绢英岩及黄铁绢英岩质角砾岩，尤其是位于断层泥下盘，往往是金矿赋存部位。

　　破碎带蚀变岩型金矿的矿石类型有含金黄铁绢英岩、含金黄铁绢英岩质碎裂层、含金破碎蚀变岩。金与黄铁矿、黄铜矿、方铅矿、闪锌矿等硫化物伴生，呈致密块状、浸染状、细脉浸染状、网脉状、角砾状等构造。这种类型矿床往往形成大型、特大型矿床，储量可达几吨至百吨以上。所以，这类金矿床是我国重要的金矿床，尤其在山东更重要。山东的焦家、新城、三山岛、河东、河西、仓上等，都是这种类型金矿，其中焦家金矿是这种类型金矿物的典型代表。

　　该类型金矿石的选矿特征是易磨易选，选别工艺流程简单，并能取得较好的选矿技术指标。

9.7.1　焦家金矿选矿厂

　　焦家金矿位于山东省莱州市金城镇，1975年筹建，一期工程于1980年正式投产，生产能力为500t/d，采用浮选＋精选氰化联合工艺流程；二期工程于1988年10月建成投产，生产能力提高到750t/d；1992年又进行了三期工程扩建，生产能力达到1500t/d，到2007年实际生产能力已达到2992t/d。为扩大生产能力，停原矿厂，另建新选矿厂，设计规模为6000t/d，于2010年建成投产，2011年实际生产能力已达到6977t/d。该矿是我国少有的特大型金矿之一，又是闻名中外的"焦家式"金矿床的典型代表。

9.7.1.1　矿石性质

　　该矿属中温热液蚀变花岗岩型矿床，为硫化物含金矿石。矿石化学多元素分析、矿物组成及含量见表9-32、表9-33。

表 9-32　原矿石多元素分析

元　素	Au[①]	Ag[②]	Cu	Pb	Zn	Fe	S
含量/%	5.33	8.33	0.005	0.041	0.044	1.72	0.45

元 素	As	Bi	CaO	MgO	Al₂O₃	SiO₂
含量/%	—	—	1.29	0.20	9.31	71.91

①②元素含量单位为 g/t。

表 9-33　矿石矿物组成及含量

矿 石 矿 物		脉 石 矿 物	
矿物名称	含量/%	脉石名称	含量/%
黄铁矿	5.49	石 英	45.00
黄铜矿	0.26	斜长石	14.23
方铅矿	0.34	正长石	13.85
闪锌矿	0.17	方解石	13.31
菱铁矿	0.06	绢云母	11.54
磁黄铁矿	0.01	绿泥石	1.15
钛铁矿	0.06	高岭土	0.38
金红石	0.03	重晶石	0.38
自然银	微	黑云母	0.15
自然金	微	磷灰石	微
银金矿	微	锆英石	微
脉 石	93.58		
合 计	100.00	合 计	约 100.00

从表 9-33 看出，矿石中主要金属矿物为黄铁矿，其次为黄铜矿、方铅矿、闪锌矿；脉石矿物主要为石英，其次为斜长石、正长石、方解石、绢云母等。

主要矿物嵌布粒度见表 9-34。

表 9-34　黄铁矿、黄铜矿嵌布粒度　　　　　　（%）

粒度/mm	>0.15	0.15~0.1	0.1~0.075	0.075~0.053	0.053~0.037	<0.037	合计
黄铁矿	71.77	7.43	5.56	5.22	3.78	6.23	99.99
黄铜矿		3.41	7.43	10.22	11.15	67.80	100.01

从表 9-34 看出，黄铁矿属粗粒嵌布，大于 0.15mm 粒级含量为 71.77%；小于 0.037mm 粒级含量为 6.23%。黄铜矿浸染粒度与黄铁矿相比较正相反，属于细粒嵌布，大于 0.1mm 粒级含量仅为 3.41%；小于 0.037mm 粒级含量为 67.80%。黄铁矿是银金矿的主要载体矿物，嵌布粒度粗，对选金有利。

主要矿物产出特征：

黄铁矿：黄铁矿是矿石中主要金属硫化物，多与其他金属硫化物共生，银金矿与黄铁矿关系密切，并与金、银一起作为目的矿物回收，黄铁矿多呈自形晶（立方体）、半自形晶和他形晶粒状产出。黄铁矿粗大颗粒多挤压破碎，裂纹比较发育，较晚期的金属硫化物以及银金矿沿黄铁矿颗粒孔洞裂隙充填交结，其关系密切。另外，细小自形晶的黄铁矿压碎现象不明显，常被其他金属硫化物交代溶蚀，形成包含状和残余结构，这种黄铁矿生成时间较晚。

黄铜矿、方铅矿、闪锌矿：这些矿物虽然含量较少，但分布较广，与银金矿有一定产出关系，并多选入精矿中。这些矿物呈他形粒状、不规则状、细脉状等集中产于黄铁矿和脉石矿物中。银金矿呈细粒状、细脉状沿上述矿物颗粒、接触边缘产出，并有的被包裹。

石英：石英是主要的脉石矿物，在其颗粒与裂隙中有银金矿、自然金产出，两者关系密切。石英多呈浑圆颗粒状、角砾状产出，也有不规则状和细脉状产出。细脉状多与绢云母集合晶体共生，为后期热液蚀变产物。

绢云母：在矿石中多呈细小鳞片状集合体产出，多交替长石，并沿石英颗粒间隙充填交结，为主要蚀变矿物，而且易泥化，对选矿有一定影响。

金银矿物主要为银金矿，次为自然金、自然银。其相对含量，银金矿为99.14%，自然金为0.63%，自然银为0.23%。

金银主要富集在黄铁矿中，尤其致密型黄铁矿含金比较高，金、银比例大约为2:1，见表9-35。

表9-35 黄铁矿单矿物金、银分析

矿 物	粒度/mm(目)	$Au/g \cdot t^{-1}$	$Ag/g \cdot t^{-1}$
黄铁矿	>0.208(65)	914.67	417.33
	>0.104(150)	890.67	484.00

金银矿物浸染粒度：银金矿粒度略粗于自然银，但均属粒状和细分散状。银金矿在黄铁矿中最大粒度为0.0483mm；最小粒度0.0042mm；银金矿在石英中的最大粒度为0.00735mm，最小粒度为0.00084mm。显然，银金矿在黄铁矿中的浸染粒度要大于在石英中的浸染粒度。从目前机械磨矿来看，若使银金矿完全单体解离，是比较困难的，尤其是与石英连生部分；若不能单体解离，极易损失于尾矿中，故该矿区银金矿浸染粒度细，成为与矿石难选因素之一。金银矿物浸染粒度见表9-36。

表9-36 金银矿物浸染粒度 （%）

粒度/mm	>0.037	0.037~0.01	0.01~0.005	0.005~0.001	<0.001	合计
银金矿	8.93	21.65	18.82	50.11	0.49	100.00
自然金			17.83	82.01	0.16	100.00
自然银			68.09	31.91		100.00

银金矿产出形态：根据矿物延展程度和颗粒外形，将银金矿划为四种形态，见表9-37。

表9-37 银金矿形态及分布率

延 展 率	形 态	分布率/%
1~1.5	粒 状	11.47
1.5~3	麦粒状	44.47
3~5	叶片状	11.12
>5	细脉及线状	32.94
合 计		100.00

金矿物赋存状态：金主要产于黄铁矿颗粒及其裂隙中，其次产于石英颗粒及其裂隙中，少量分布在方铅矿颗粒及其裂隙中，而金在矿物边部产出者，也多集中于黄铁矿与方铅矿和黄铁矿与脉石边部，见表9-38。

表9-38 银金矿赋存状态 （%）

赋 存 状 态	分布率	备 注
银金矿在黄铁矿颗粒及其裂隙中	89.16	
银金矿在方铅矿颗粒及其裂隙中	0.54	
银金矿在闪锌矿颗粒及其裂隙中	0.07	
银金矿在黄铜矿颗粒及其裂隙中	0.42	
银金矿在黄铜矿与方铅矿接触处	7.69	金银矿物在金属矿物中分布率为
银金矿在黄铁矿与闪锌矿接触处	0.11	98.06%，在石英中分布率为1.94%
银金矿在黄铁矿与黄铜矿接触处	0.03	
银金矿在石英颗粒及其裂隙中	1.08	
银金矿在方铅矿与闪锌矿接触处	0.04	
自然金在石英颗粒及其裂隙中	0.63	
自然金在石英颗粒中	0.23	
合 计	100.00	

新选厂分别按27∶23∶10的配比处理焦家、寺庄、望儿山三个矿区的矿石，矿石平均密度为2.74t/m³，松散系数为1.6，矿岩硬度系数 f：焦家 f = 7~10，寺庄 f = 6~14，望儿山 f = 6~14。

9.7.1.2 工艺流程

新选矿厂工艺流程，破碎采用三段一闭路，中碎前加洗矿工艺流程，选矿采用一段闭路磨矿、一次粗选、一次精选、三次扫选工艺流程，见图9-30。

粗碎：寺庄、望儿山两矿区矿石用1台C110颚式破碎机，焦家井下用1台C3054颚式破碎机，中碎前用2台YKR3060双层圆振筛洗矿，筛下 -10mm 矿用

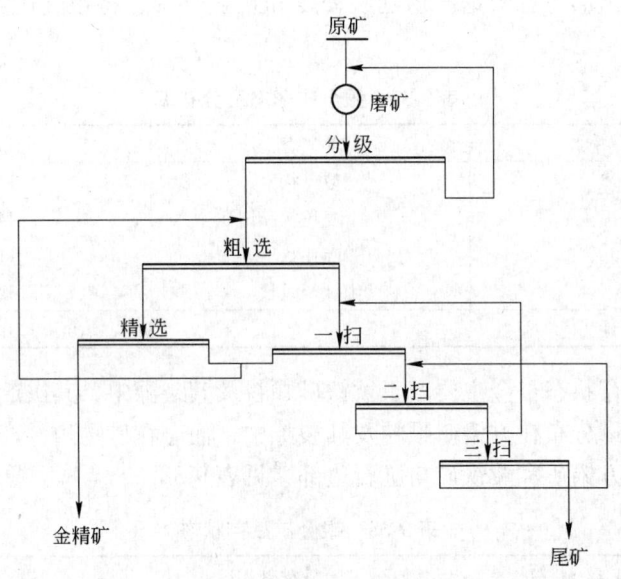

图 9-30 焦家金矿 6000t/d 新选矿厂工艺流程

1 台 2FG-30 高堰式螺旋分级机分级,其溢流用一台 φ24m 浓缩机脱水。中碎用 1 台 HP4G 圆锥破碎机,中碎后筛分用 2 台 YKR3060 双层圆振筛,筛上用 2 台 HP4SX 圆锥破碎机细碎。磨选分两个系统,4000t/d 系统用 1 台 MQY4361 球磨机与 φ660mm ×4 水力旋流器组成闭路,分级溢流细度为 - 0.074mm(- 200 目) 60%,用 1 台 φ4.5m ×4.5m 搅拌槽搅拌,浮选作业粗选、一、二、三扫分别用 5、3、2、2 台 30m³ 圆形浮选机。2000t/d 系列用 1 台 MQY3645 球磨机与 φ660mm ×2 水力旋流器组成闭路,分级溢流用 1 台 φ4.5m ×4.5m 搅拌槽搅拌, 浮选作业粗选、一、二、三扫分别用 4、2、2、2 台 20m³ 圆形浮选机,精选用 1 台 10m³ 圆形浮选机,金精矿用 1 台 φ24m 浓缩机和 2 台陶瓷过滤机进行脱水。

浮选作业药剂制度:粗选前搅拌槽加入丁基黄药和异戊基黄药,比例 1:2, 混合使用,用量 100g/t 左右,丁胺黑药 30 ~40g/t,2 号油 30 ~40g/t。

9.7.1.3 生产技术指标

该厂近年选矿生产技术指标见表 9-39。

表 9-39 选矿生产技术指标

选 厂	年 份	原矿品位 /g·t⁻¹	金精矿品位 /g·t⁻¹	尾矿品位 /g·t⁻¹	选矿回收率 /%	氰化回收率 /%
原选矿厂	2007	3.48	87.68	0.23	93.81	97.76
	2008	2.89	77.60	0.19	93.66	97.76
	2009	2.66	72.32	0.19	93.18	98.14

选 厂	年 份	原矿品位 /g·t⁻¹	金精矿品位 /g·t⁻¹	尾矿品位 /g·t⁻¹	选矿回收率 /%	氰化回收率 /%
新选矿厂	试 验	4.21	80.4	0.15	96.61	
	设 计	3.35	70.0	0.15	96.00	
	2010	2.51	80.46	0.18	93.06	98.02
	2011	2.50	75.12	0.18	93.19	98.05

9.7.2 河台金矿选矿厂

河台金矿位于广东省肇庆市高要市，1986年开始建设，1989年设计生产能力为250t/d选矿厂投产，1997年扩建新增一个系列，设计生产能力为500t/d全部建成投产，使选矿厂生产能力达到750t/d，1998年建成生产能力为100t/d金精矿氰化厂，从而使该矿成为采选冶联合企业，也是广东省最大的黄金矿山。

9.7.2.1 矿石性质

该矿床属含金蚀变岩型金矿床，矿石由含金硅化千糜岩、硅化糜棱岩、硅化糜棱岩化片岩等组成，为贫硫化物蚀变糜棱岩金矿石。矿石化学多元素分析见表9-40。

表9-40 矿石化学多元素分析

元素	Au①	Ag②	Cu	Pb	Zn	Fe	S	As
含量/%	4.50	5.39	0.297	0.016	0.019	3.53	0.99	0.003
元素	Sb	Bi	TiO₂	C	CaO	MgO	Al₂O₃	SiO₂
含量/%	0.0002	0.001	2.28	0.27	1.24	1.46	13.36	70.38

①②元素含量单位为g/t。

矿石中金属矿物含量较少，其含量仅占2.27%，主要有黄铁矿、黄铜矿、磁黄铁矿、自然金及银金矿，其次含少量闪锌矿、方铅矿与毒砂。脉石矿物含量占97.93%，主要有石英、绢云母，其次为方解石、长石等。

矿石中黄铜矿和金矿物绝大部分为显微粒，其粒度组成见表9-41。

表9-41 黄铜矿及金矿石粒度组成 （%）

粒度/mm	>0.074	0.074~0.037	0.037~0.01	<0.01	合 计
黄铜矿	5.20	12.3	28.4	54.1	100.00
金矿物		6.88	56.32	36.8	100.00

自然金主要呈粒间金嵌布在各矿物中，其嵌布关系见表9-42。

表 9-42 自然金的嵌布关系

嵌布特征	粒间金	包裹金	裂隙金	合 计
矿 物	磁黄铁矿与脉石	脉石、磁黄铁矿与黄铜矿	脉 石	
含 量	61.53	23.34	14.63	约100.00

9.7.2.2 工艺流程

选矿工艺采用二段连续磨、单一浮选流程,生产金精矿。其工艺流程见图 9-31。

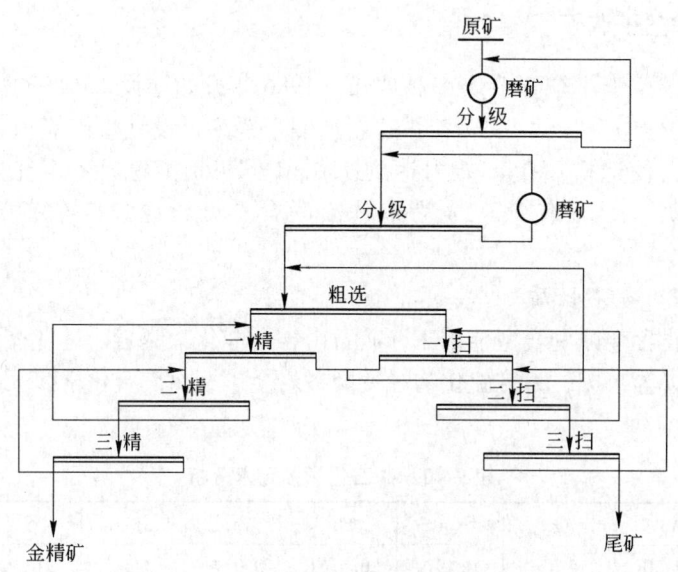

图 9-31 河台金矿选矿工艺流程

原矿石经二段一闭路破碎作业,将矿石破碎至 12mm 以下,给入磨矿作业。磨矿作业分为两个系列,一系列 250t/d,二系列 500t/d,均采用两段闭路磨矿。一系列磨矿系统,一段 MQG2122 型球磨机与 FL1500mm 型螺旋分级机构成闭路,二段 MQG2122 型球磨机与 ϕ300mm 水力旋流器构成闭路;二系列磨矿系统,一段 MQG2430 型球磨机与 ϕ350mm 水力旋流器构成闭路。要求水力旋流器溢流细度为 -0.074mm 占 85%,实际为 82% 左右,给入浮选作业,经一次粗选、三次精选、三次扫选。1998 年将原浮选机全部更换为 SF-4m³ 充气式浮选机,并对各系列浮选工艺流程进行适当配置,将一系列改为一次粗选、一次精选、一次扫选;二系列改为一次粗选、二次精选、二次扫选。

为提高生产能力,于 1998 年,改大筛分面积、减小筛孔尺寸,筛孔尺寸由原来的 16mm × 16mm 减至 12mm × 12mm,使其磨浮能力由 712t/d 增加到 821t/d,其关系见表 9-43。

表9-43 筛孔与破碎产品粒度及磨矿处理能力的关系

筛孔	各粒级的产率/%						磨矿处理量（细度85%
/mm × mm	>12	12~8	8~5	5~2	2~0.074	<0.074	-0.074mm)/t·d⁻¹
16×16	22.4	21.7	27.5	12.7	7.0	2.1	712
14×14	9.0	24.8	27.0	17.6	15.8	4.2	766
12×12	0.0	10.8	26.1	30.0	26.3	6.8	821

该矿矿石可磨性系数为0.767，属难磨矿石，所以，历年平均的钢球单耗在1.81~1.99kg/t，高于全国金属矿山钢球单耗。

磨矿细度对回收率有较大的影响，不论原矿品位高低，只要细磨就能降低尾矿品位，-0.074mm含量占83%能保证大部分金单体解离，85%以上才能保证回收率稳定在92%以上。

浮选药剂制度对生产技术指标有重要影响。该矿使用的药剂有丁基黄药、丁基铵黑药和起泡剂松醇油，其用药质量比约为丁基黄药：丁基铵黑药：松醇油 = 2.5：1：1，这样才能获得比较好的浮选回收率，使其达到90%以上。当原矿品位较低或较高时，应对药剂制度进行调整：品位低时，适当降低黄药用量而增加黑药用量；品位较高时，则适当增加黄药的用量，以达到提高选矿回收率的效果。

9.7.2.3 生产技术指标

根据历年统计，生产技术指标见表9-44。

表9-44 选矿生产技术指标

年 份	日处理量 /t·d⁻¹	原矿品位 /g·t⁻¹	精矿品位 /g·t⁻¹	尾矿品位 /g·t⁻¹	磨矿细度 /%	浮选回收率 /%
1994	362.9	4.30	91.85	0.73	81.8	83.68
1995	398.5	4.05	86.74	0.65	82.7	84.62
1996	560.7	3.62	80.06	0.65	80.7	82.62
1997	580.3	3.88	87.88	0.55	82.1	86.31
1998	602.9	5.51	99.92	0.57	80.5	90.23
1999	709.7	5.56	93.69	0.56	82.8	90.45
2000	778.1	5.08	80.51	0.53	87.8	90.16
2001	772.3	5.23	83.34	0.54	84.2	90.34
2002	786.5	6.26	97.22	0.48	84.9	92.90

从表9-44看出，原矿入选品位与浮选回收率关系密切，1997年之前原矿石入选品位均不到4.5g/t，浮选回收率均在90%以下，当矿石品位达6.0g/t时，浮选回收率超过92%。磨矿细度也直接影响浮选回收率，磨矿细度越高，尾矿

品位相应降低，从而提高了浮选回收率。该矿历年平均尾矿品位均在 0.5g/t 以上，与全国同行业水平 0.35g/t 相比仍有较大的差距。

9.8 石英脉、蚀变岩型金矿石选矿生产实践

含金硫化物石英脉型金矿和破碎带蚀变岩型金矿在同一矿区出现，故称为石英脉、蚀变岩型金矿床，也称复合型金矿。该类型金矿兼具有石英脉型金矿和破碎带蚀变岩型金矿的特征。招远金矿玲珑矿区是该类型金矿的典型代表，这类金矿石选冶性能较好，能够取得较好的选冶生产技术指标。

招远金矿玲珑选冶厂位于山东省招远市玲珑镇，该矿采金历史悠久，远在北宋景德年间（1004~1008 年）官府就派人开采，从此采金不止，历经兴衰。该厂始建于 1936 年，由日本侵略山东时所建。1966 年 6 月利用日本所建的原有厂房，改建成生产能力为 500t/d 的选冶厂正式投产，成为我国当时规模最大、技术先进的浮选 + 精矿氰化，逆流洗涤、锌粉置换的选冶厂。几经改造扩建，形成选矿系统 1600t/d、氰化系统 150t/d 的生产能力。目前包括灵山分矿在内，选矿实际生产能力，于 2011 年已经达到 3915t/d。

9.8.1 矿石性质

该矿属中低温裂隙充填型矿床，其类型分为交代石英脉型和蚀变花岗岩型。矿石类型为含金石英脉型和蚀变花岗岩型。根据硫的含量，该矿矿石属低硫矿石类型。矿石化学多元素分析见表 9-45。

表 9-45 矿石化学多元素分析

元素	Au[1]	Ag[2]	Cu	Pb	Zn	Fe	S
含量/%	5.33	9.15	0.066	0.039	0.026	3.225	2.33

元素	As	Bi	CaO	MgO	Al₂O₃	SiO₂	
含量/%	0.043	0.0045	0.95	1.27	9.75	72.317	

①②元素含量单位为 g/t。

矿石矿物组成比较复杂，矿物种类较多。金属矿物除黄铁矿外，其他矿物均为少量或微量；脉石矿物除石英、斜长石、绢云母、方解石外，其他矿物含量均不高。矿物种类及含量见表 9-46。

表 9-46 矿物种类及含量

金属矿物	含量/%	脉石矿物	含量/%
黄铁矿	5.00	石 英	34.34
方铅矿	0.04	绢云母	11.89
黄铜矿	0.21	斜长石	22.82

金属矿物	含量/%	脉石矿物	含量/%
磁铁矿	0.14	方解石	13.18
闪锌矿	0.11	绿泥石	3.41
磁黄铁矿	0.01	钾长石	1.45
白铁矿	0.02	铁闪石	0.06
赤铁矿	0.01	黑云母	2.53
褐铁矿	0.05	角闪石	3.63
板钛矿	0.03	高岭土	0.73
胶状黄铁矿	0.20	磷灰石	0.14
合 计	5.82	合 计	94.18

从表9-46看出，易泥化矿物绢云母含量较大，其次为高岭土，这些矿物不但对选矿有影响，而且对氰化也有一定影响，主要是堵塞滤布（堵孔），使滤布渗透性变坏，所以易泥化矿物对提金的影响是明显的。为此，应改变脱泥措施，减小泥化矿物对浮选和氰化的影响。

主要金属矿物浸染粒度可为选矿提供重要参考数据，见表9-47。

表9-47　主要金属矿物浸染粒度 （%）

粒度/mm	>0.15	0.15~0.10	0.10~0.075	0.075~0.056	0.056~0.037	<0.037	合计
黄铁矿	87.05	4.78	2.84	2.38	1.09	1.86	100
黄铜矿	42.89	14.22	8.14	9.94	5.73	19.08	100
方铅矿	79.09	5.60	3.21	3.47	2.90	5.73	100
闪锌矿	75.34	7.33	3.87	4.35	4.52	4.59	100
磁黄铁矿	99.14	0.27	0.20	0.26	0.04	0.08	100

从表9-47看出，主要金属矿物浸染粒度均很粗，易于单体解离，主要指与脉石矿物解离，这对浮选是有利的；当然对石英中的包裹金来讲，还应权衡磨矿细度。

主要矿物产出特征：

黄铁矿：该矿石中的黄铁矿为多期生成的矿物，早期阶段和晚期阶段生成的黄铁矿，结晶程度比较高，多以自形晶（立方体）和半自形晶产出，含金性较差；金-石英-多金属硫化物阶段生成的黄铁矿，结晶程度较低，多以他形粒状产出，含金性较好。黄铁矿生成过程中，伴随构造的多次活动，黄铁矿受压力作用强烈，使黄铁矿破碎。在黄铁矿颗粒及其裂隙中有黄铜矿、方铅矿、闪锌矿、磁黄铁矿、自然金、银金矿产出，其关系比较密切。

黄铜矿：在矿石中含量不多，但分布比较广泛，主要以他形不规则粒状、脉状及乳滴状等产于黄铁矿的压碎裂隙中，并与自然金、银金矿、方铅矿等一起分布在黄铁矿中；黄铜矿呈乳滴状分布在闪锌矿中，成为固溶体分离的乳浊状结构；黄铁矿在脉石中也有分布，主要呈浸染结构。

方铅矿：方铅矿在矿石中含量较少，主要以他形不等粒状产于黄铁矿的孔洞和裂隙中，并交代和交结黄铁矿。在方铅矿中有时包裹黄铁矿细小颗粒，两者关系密切。方铅矿与银金矿关系密切，后者常呈包裹金产出。方铅矿是金矿物的载体矿物。

闪锌矿：闪锌矿在矿石中含量不多，主要以他形不规则粒状产出，大部分分布在黄铁矿中。闪锌矿和黄铜矿关系密切，两者呈固溶体分离的乳浊状结构。闪锌矿与金矿物关系不如上述矿物紧密，包裹金未见到，仅见到有粒间金产出。

磁黄铁矿：磁黄铁矿在矿石中局部富集，呈致密块状构造，但多数磁黄铁矿呈他形粒状分布在黄铁矿中，与方铅矿、闪锌矿、黄铜矿关系密切。磁黄铁矿与金矿物无明显地接触关系，磁黄铁矿几乎不含金。

磁铁矿：磁铁矿在矿石中为早期生成的矿物，多呈粒状、不规则状产出，在磁铁矿粒间有金属硫化物和自然金分布，尚见到少量自然金包裹在磁黄铁矿颗粒中，但不是普遍产出。

石英：石英在矿石中为含量较多的一种矿物。石英为多期生成的矿物，一般多以粒状、不规则状、角砾状等产出，其粒度粗细不等，一般粒度在 0.057 ~ 0.57mm 之间。石英中见到有自然金、银金矿包裹，在其裂隙处也有分布。石英中的自然金成色较高，粒度较粗，这与金的地球化学性质有关。石英在矿石中主要与绢云母关系密切，与金属硫化物有成因上的关系，后期石英对金属硫化物有交代溶蚀和岩裂隙贯穿的现象，这对磨矿有较大的影响。常见金属与脉石的连生颗粒，主要是与石英连生。

绢云母（白云母）：绢云母在矿石中多为片状、薄片状、细小鳞片状产出，其颗粒细者呈绢云母，颗粒粗大者为白云母。绢云母为热液蚀变矿物，主要多产出在石英颗粒间和长石边部。绢云母在矿石中分布普遍，含量较多。矿石中的易泥物质主要是指绢云母和高岭土。

斜长石：斜长石在矿石中主要分布在花岗岩、煌斑岩、闪长岩等脉石或蚀变岩中，一般以粒状和不规则状分布。斜长石多蚀变成高岭土，使其颗粒表面模糊不清。

矿石结构构造：矿石结构构造比较简单，虽然成矿具多期性，但矿石结构构造并不复杂，这是该金矿矿石的一大特点。矿石结构主要以粒状结构、压碎结构、残余结构为主，次为交代溶蚀结构、包含结构和固溶体分离的乳浊状结构等。矿石构造主要以致密块状构造、浸染状构造为主，其次为网脉状构造、角砾状构造、斑杂构造及胶状构造等。

金矿物特征：矿石中含金矿物有银金矿和自然金。银金矿有自然银、银黝铜矿和硫锑铜银矿三种。金矿物主要以银金矿为主，少量自然金。不同矿体，含量各不相同，其总体含量见表9-48。

表 9-48　金矿物种类及相对含量

矿　　物	银金矿	自然金	合　　计
相对含量/%	86.02	13.98	100.00

金银矿物成分分析：金矿物成色差别较大，一般在58.84%~87.7%范围内变化。矿石中有银黝铜矿和硫锑铜银矿，见表9-49。

表 9-49　金矿物成色及银矿物成分分析

编号	矿　物	分析元素/%						金矿物成色/%
		Au	Ag	S	Sb	Cu	合计	
C-3	自然金	87.11	12.89				100.00	87.11
C-9	自然金	81.74	18.26				100.00	81.74
C-10	自然金	87.70	12.30				100.00	87.70
C-12	银金矿	74.83	25.17				100.00	74.83
C-19	银金矿	58.84	44.16				约100.00	58.84
C-19	银金矿	60.52	39.48				100.00	60.52
B-10	银黝铜矿		21.85	24.81	29.94	23.40	100.00	
B-10	硫锑铜银矿		70.70	16.70	10.50	2.10	100.00	

金矿物粒度：金矿物呈巨粒金、粗粒金、中粒金、细粒金及少量微粒金产出，其中以细粒金为主，但粗粒金和巨粒金占14%，为重选回收这部分金提供了数据。其粒度组成见表9-50。

表 9-50　金矿物粒度　　　　　　　　　（%）

粒度/mm	>0.30	0.30~0.074	0.074~0.056	0.056~0.037	0.037~0.01	0.01~0.005	0.005~0.001	<0.001	合计
金矿物	4.38	9.62	8.20	12.73	33.09	21.97	9.74	0.27	100

金矿物状态：根据金矿物的延展性及产出状态，将金矿物划分为四种类型，即粒状、麦粒状、叶片状和针线-脉状，其中以粒状、麦粒状和叶片状为主，见表9-51。

表 9-51　金矿物形态

形　　态	粒　　状	麦粒状	叶片状	针线-脉状	合　　计
分布率/%	29.55	30.18	29.11	11.16	100.00

　　金矿物嵌布状态：金矿物嵌布状态主要指金粒在矿石中与矿石构造及与其他矿物颗粒在空间位置上的接触关系。考虑各种金粒在磨矿过程中的表现行为，将金粒嵌存状态分为三类，即包裹金、裂隙金、粒间金。玲珑矿石中金粒主要以包裹金为主，多在黄铁矿及石英中包裹，尤其自然金更为明显，见表9-52。

表 9-52　金矿物在矿石中嵌存状态

类别	状　态	自然金/%	银金矿/%	金矿物在矿石中的分布率/%
包裹金	黄铁矿	71.91	23.84	30.42
	石　英	13.77	18.97	18.24
	黄铜矿		2.18	1.88
	方铅矿		0.67	0.57
	磁铁矿		0.02	0.02
	闪锌矿	0.03		0.01
	小　计	85.71	45.68	51.14
裂隙金	黄铁矿	2.67		22.53
	石　英	5.60		5.30
	小　计	8.27		27.83
粒间金	黄铁矿、方铅矿、石英			3.57
	黄铁矿、黄铜矿、闪锌矿			4.06
	黄铁矿、黄铜矿、方铅矿、石英			1.34
	磁铁矿、石英			0.18
	黄铁矿、石英	6.89		11.86
	磁铁矿、方铅矿、石英	0.13		0.02
	小　计	7.02		21.03

　　金银矿物产出特征：

　　自然金：矿石中金含量远不及银金矿，但在个别矿体中较富集，自然金多以粒状、脉状产于黄铁矿、石英及其裂隙中；粒状金多分布在早期黄铁矿中，并多呈包裹金产出；在石英中包裹的自然金多呈散粒状，甚至呈点滴状。

　　银金矿：在矿石中含量较多，一般多产于黄铁矿和石英中，在其他金属硫化物与黄铁矿的裂隙和粒间普遍分布，而在石英裂隙中较少；另外在黄铁矿及脉石粒间亦有产出。银金矿以麦粒状、叶片状、针线状、脉状、树杈状产出最多。银金矿的生成主要为金属硫化物阶段的产物，所以产出形状多样，并与金属硫化物关系比较密切。

　　银黝铜矿：银黝铜矿含银量较高，可作为银矿物加以回收。银黝铜矿多以粒状、多粒状产于方铅矿和金属硫化物中，与金属硫化物关系密切，但在矿石中含量不多。

自然银：自然银在矿石中以粒状产于石英中，粒度比较细小，在金属硫化物中分布较少。

硫锑铜银矿：硫锑铜银矿在矿石中主要以板条状和不规则状分布在方铅矿中，可作为银矿物加以回收，在其他金属矿物中未见到。

9.8.2 工艺流程

选矿工艺采用浮选-分离浮选流程，见图 9-32。破碎后的原矿石经棒磨开路和球磨闭路磨矿石，分级溢流给入混合浮选作业，经一次粗选、一次精选、一次扫选，选出混合精矿和最终尾矿。混合精矿经水力旋流器分级和再磨，旋流器溢流给入分离浮选作业，经一次粗选、三次精选、一次扫选，选出金铜精矿和含金硫精矿（送氰化浸出）。

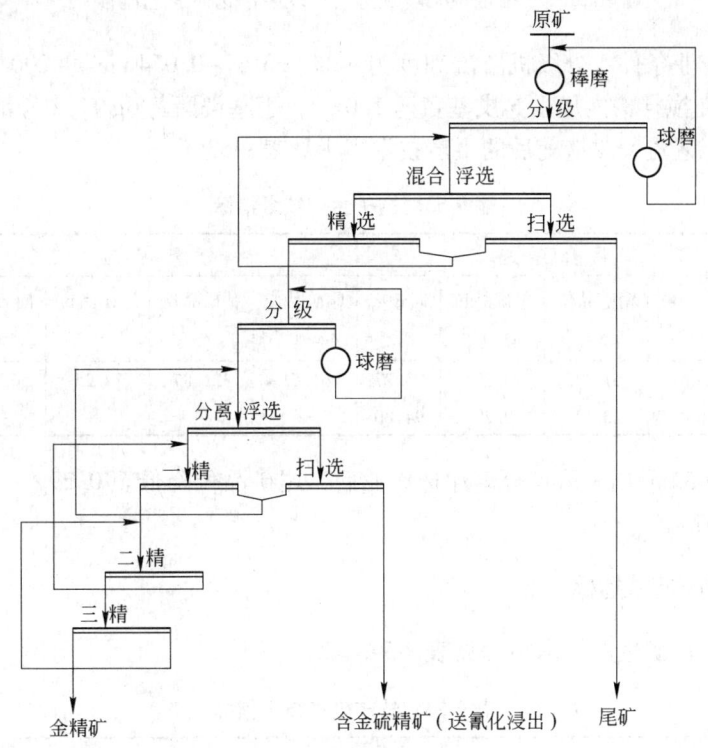

图 9-32 招远金矿玲珑选冶厂原选矿工艺流程

根据原矿石性质的变化，混合浮选作业精矿中铜品位为 0.49%，为此，于 1984 年对浮选工艺流程进行了改造，取消分离浮选作业，将混合浮选作业精矿全部给入氰化浸出作业，此后又对磨矿作业进行了扩建改造，取消了棒磨机，将棒磨开路和球磨闭路磨矿改为一段球磨闭路磨矿。选矿工艺流程见图 9-33。

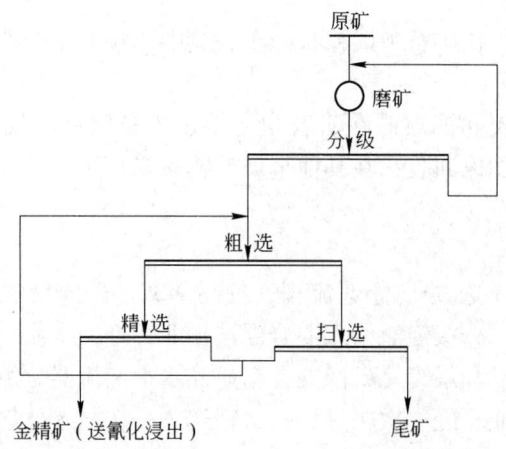

图 9-33   招远金矿玲珑选冶厂现生产选矿工艺流程

选别作业条件：分级机溢流细度为 48% ±3% −0.074mm(−200 目)、浓度为 38%，在搅拌槽内加入异戊基黄药 120g/t，丁基铵黑药 6g/t，2 号油 80g/t。

选矿工艺流程改造前后的生产技术指标见表 9-53。

表 9-53   选矿生产技术指标

项目	混 合 浮 选				分 离 浮 选				氰化回收率/%
	原矿品位/g·t⁻¹	精矿品位/g·t⁻¹	尾矿品位/g·t⁻¹	回收率/%	原矿品位/g·t⁻¹	精矿品位/g·t⁻¹	尾矿品位/g·t⁻¹	回收率/%	
改造前	6.68	61.71	0.50	93.27	61.71	321.87	27.25	56.89	88.60
改造后	6.08	33.21	0.29	94.80	—				97.68

从表 9-53 看出，取消分离浮选作业后，尾矿品位降低至 0.29g/t，金回收率提高了 1.57%。

9.8.3   生产技术指标

选矿厂选矿生产技术指标见表 9-54。

表 9-54   选矿生产技术指标

年份	原矿品位/g·t⁻¹	金精矿品位/g·t⁻¹	尾矿品位/g·t⁻¹	选矿回收率/%	氰化回收率/%
2007	2.59	84.06	0.14	95.28	98.41
2008	2.71	84.61	0.13	95.27	98.43
2009	2.48	83.38	0.12	95.40	98.46
2010	2.43	86.60	0.12	95.33	98.54
2011	2.39	81.29	0.12	95.27	98.48

9.9　次火山岩及矽卡岩型金矿石选矿生产实践

次火山岩及矽卡岩型金矿石有益元素除金、银外，在矽卡岩型金矿石中，还有铜、硫、铁等有益元素，可进行选别回收。次火山岩型金矿的矿石类型为含金铜镜铁矿、黄铁矿石英脉型。矽卡岩型金矿的矿石类型主要有金、铜、磁铁矿石，含铜斑岩矿石，以含铜磁铁矿石为主，此类矿石中含金品位均不高，但选别性能比较好。次火山岩型金矿有山东七宝山，矽卡岩型金矿有山东的铜井、龙头旺，湖北的鸡冠嘴等。

9.9.1　七宝山金矿选矿厂

七宝山金矿位于山东省五莲县七宝山镇，始建于 1975 年，设计原矿处理能力为 400t/d（4 个系列），实际原矿处理能力达到 500t/d。2011 年选矿厂实际处理能力已达到 1697t/d。

9.9.1.1　矿石性质

该矿属于次火山岩后期中低温热液网脉裂隙充填型矿质，矿石类型为含金铜镜铁矿、黄铁矿石英脉型。根据氧化程度划分为氧化矿石和硫化矿石两种类型，氧化矿石分布在氧化带中，为含金镜铁矿、褐铁矿石英脉，氧化深度 40 ~ 37.55m，平均 19.27m；硫化矿石在原生带，为含金铜镜铁矿、黄铁矿石英脉。

原矿石多元素分析见表9-55。

表 9-55　原矿石多元素分析

元　素	Au[①]	Ag[②]	Cu	Pb	Zn	Fe	S
含量/%	3.00	6.33	0.113	0.018	0.017	11.78	0.36
元　素	As	Sb	Bi	CaO	MgO	Al_2O_3	SiO_2
含量/%			0.020	0.44	0.313	10.44	56.20

①②元素含量单位为 g/t。

矿石矿物组成：金属矿物以黄铁矿、黄铜矿、镜铁矿、褐铁矿为主；脉石矿物以石英、绢云母、碳酸盐类、长石为主。矿物种类及含量见表9-56。

表 9-56　矿物种类及含量

金属矿物	含量/%	脉石矿物	含量/%
黄铁矿	19.42	石　英	31.59
镜铁矿	4.48	绢云母	14.22
黄铜矿	2.21	碳酸盐类	12.16
褐铁矿	2.77	长　石	4.06
赤铁矿	0.68	重晶石	1.47

续表 9-56

金属矿物	含量/%	脉石矿物	含量/%
斑铜矿	0.28	角闪石	1.35
锐钛矿	0.20	辉　石	1.32
方铅矿	0.11	锆英石	1.16
黝铜矿	0.08	绿泥石	0.98
磁铁矿	0.10	磷灰石	0.91
兰辉铜矿	0.05	黑云母	0.29
自然铜	0.05	其　他	0.06
合　计	30.43	合　计	69.57

原矿铜、铁物相分析见表 9-57。

表 9-57　原矿铜、铁物相分析

矿　物		铜物相分析			铁物相分析				
		硫化铜	氧化铜	总铜	磁铁矿	菱铁矿	赤铁矿、镜铁矿、褐铁矿	黄铁矿	总铁
品位/%	铜	0.241	0.016	0.257					
	铁				0.2	2.50	3.31	4.205	10.215
分布率/%		93.77	6.23	100	1.96	24.47	32.40	41.17	100.00

金、银矿物种类及相对含量见表 9-58。

表 9-58　金、银矿物种类及相对含量　　　　　　（%）

矿物种类	自然金	银金矿	自然银	辉银矿	合　计
金矿物	90.25	9.75			100.00
银矿物			10.56	89.44	100.00

金、银矿物赋存状态及分布率见表 9-59。

表 9-59　金、银矿物赋存状态及分布率

赋　存　状　态	分布率/%			
	自然金	银金矿	自然银	辉银矿
在菱铁矿中	30.59	10.42	78.31	
在石英中	15.80	68.94	21.49	
在镜铁矿中	1.16			
在黄铜矿中				9.72
在黄铁矿中	0.84			

赋 存 状 态	分布率/%			
	自然金	银金矿	自然银	辉银矿
在方铅矿中			0.21	2.93
在镜铁矿与石英之间	4.39			
在镜铁矿与菱铁矿之间	33.00	0.48		
在菱铁矿与石英之间	11.98	0.59		
在黄铁矿与石英之间	0.27	0.21		
在黄铜矿与石英之间	1.48	19.10		
在黄铜矿与方铅矿之间				48.28
在方铅矿石英之间		0.25		
在硫锑铅矿与石英之间				39.97
合 计	99.51	99.99	100.00	100.00

主要金属矿物嵌布粒度及分布率见表9-60。

表9-60 主要金属矿物嵌布粒度及分布率　　　　　　（%）

粒度/mm	>0.2	0.2~0.1	0.1~0.075	0.075~0.053	0.053~0.037	0.037~0.005	<0.005	合计
黄铁矿	50.1	19.53	11.88	9.35	5.49	3.63	0.03	100.01
铜矿物	55.95	17.62	8.56	7.51	4.80	5.29	0.27	100.00
镜铁矿		3.34	7.13	9.07	23.83	57.87	4.76	约100.00

注：铜矿物中包括黄铜矿、斑铜矿、黝铜矿、辉铜矿和兰辉铜矿。黄铜矿中包括白铁矿、胶状黄铜矿。

从表9-60看出，黄铁矿、铜矿物嵌布粒度粗大，属粗粒嵌布，镜铁矿属于细粒嵌布。

金、银矿物产出粒度及分布率见表9-61。

表9-61 金、银矿物产出粒度及分布率　　　　　　（%）

粒度/mm	>0.2	0.2~0.1	0.1~0.075	0.075~0.05	0.05~0.021	0.021~0.0126	0.0126~0.0084	0.0084~0.0042	0.0042~0.0021	<0.0021	合计
金矿物	0.22	2.28	0.83	21.20	26.51	21.67	12.86	8.7	5.42	0.31	100.0
自然银								78.51	20.66	0.83	100.0
辉银矿					40.90	16.43	35.73	0.94			约100.0

从表9-61看出，金矿物嵌布粒度呈不均匀的特性，大于0.075mm的粗粒只占3.33%，0.075~0.0126mm中的中细粒的分布率较多，占69.38%。

矿石结构和构造：矿石结构主要是自形晶、片状结构、交织结构、半自形-

他形晶粒状结构、碎裂结构，局部有交代残留结构、交代反应边结构、骸晶结构。矿石构造以脉状、网脉状构造为主，晶洞构造次之，局部见细脉浸染构造。

金、银矿物产出特征：

自然金：自然金多呈他形粒状、叶片状集合体，少许呈楔形状和弯曲脉状，主要产出在菱铁矿中及石英孔隙裂隙中或在两者交界处，其次产出在菱铁矿与镜铁矿的分界处，少许在镜铁矿中、赤铁矿的蜂窝中、褐铁矿中、黄铁矿裂隙中或石英与黄铁矿交界处，常出现在放射状的根部或束间的石英或菱铁矿中。

银金矿：银金矿含量较少，产出在菱铁矿中、石英中以及在黄铜矿与石英交界处。

自然银：自然银呈细小粒状、叶片状和不规则状，多在石英裂隙中和镜铁矿针束之间的菱铁矿中，少许在黄铜矿边部并交代溶蚀黄铁矿。

辉银矿（包括螺状硫银矿）：辉银矿呈他形粒状、偏条状，多产在黄铜矿中，并常与铅矿呈连晶，部分产在菱铁矿中并交代自然银，少许呈细脉状，在脆锑铅矿中。

金属矿物产出特征：

黄铁矿：一种黄铁矿呈自形、半自形立方体，他形粒状星散地分布在围岩中，其粒度一般比较细小，与绢云母蚀变成碳酸盐，与细粒石英关系密切；另一种黄铁矿呈细脉状、网状穿切近矿围岩并与含矿石英脉穿切，两者构成交错状构造。还有一种黄铁矿呈粗大的自形、半自形，多呈粗大他形粒状和不规则状、网状，主要在菱铁矿和石英中。黄铁矿边部有黄铜矿、斑铜矿及兰辉铜矿等，自然金沿黄铁矿裂隙交代。

黄铜矿与斑铜矿：黄铜矿与斑铜矿呈他形不规则状、粒状集合体在菱铁矿中，在石英晶洞之中及石英和黄铁矿裂隙中，或在菱铁矿与石英交界处，部分沿黄铁矿在碎裂隙中呈脉状和网状结构，黄铜矿表面多孔隙，包裹和交代自形黄铁矿，少许黄铜矿呈残余状分布在褐铁矿中，自然金沿边部交代黄铜矿。

黝铜矿：黝铜矿呈他形、不规则状产在石英孔隙中，呈细粒集合体产出在菱铁矿中，部分沿黄铁矿边部产出。

辉铜矿、兰辉铜矿和铜蓝：兰辉铜矿居多，是黄铜矿次生变化的产物，多沿黄铜矿、斑铜矿边部或裂隙中产出或呈反应边构造，呈细小他形粒状产出在石英孔隙中，呈细粒集合体产于菱铁矿、褐铁矿中。

镜铁矿：镜铁矿单体呈片状、针状、鳞片状，集合体呈放射状、高束状，绝大部分产在菱铁矿中，部分沿石英裂隙分布，少许穿插在黄铁矿、黄铜矿中。自然金常出现在放射状的根部或束间的石英或菱铁矿中。

赤铁矿：赤铁矿在近矿围岩中呈粒状，部分在斑铜矿及兰辉铜矿的边部产出。

褐铁矿：褐铁矿呈土状、皮壳状产在近矿围岩中，部分在菱铁矿和黄铁矿、黄铜矿及镜铁矿边部，其含量虽然不多，但分布广泛，尤其在菱铁矿中更为广泛。

自然铜：自然铜含量很少且局限，呈他形状产出在赤铁矿和褐铁矿中。

脉石矿物产出特征：

石英：石英产出特征有两种，一是围岩中的石英，呈他形细小粒状及显微晶质或雏晶状堆积产出，与围岩中的黄铁矿化学关系密切，石英粒度小于 0.07mm 居多。二是矿脉中的石英，呈脉状、网状沿围岩构造解理及裂隙分布，晶体呈粗大的自形晶、半自形晶，多呈他形粒状，与镜铁矿、菱铁矿、黄铁矿、黄铜矿、斑铜矿共生。其晶洞中、裂隙中及边部有铜矿物、金矿物和镜铁矿、菱铁矿。矿脉中石英粒度均大于 0.1mm，最大粒度 1mm，一般在 0.14 ~ 0.25mm 之间。

绢云母和白云母：绢云母和白云母呈细小鳞片状的集合密集体，少量绢云母产在矿脉中的石英与菱铁矿颗粒之间，是主要的泥矿矿物。白云母是绢云母进一步结晶而成的。

碳酸盐类矿物：围岩中的碳酸盐类矿物主要是方解石，呈他形粒状，多呈极不规则状和不定形状分布在石英中，与绢云母嵌布关系极为紧密，其粒度最小为 0.01mm，最大为 0.8mm，一般在 0.05 ~ 0.4mm 之间。含矿石英脉中的碳酸盐主要是菱铁矿，晶体呈他形不规则粒状，集合体为花瓣状、板状、放射状，与镜铁矿嵌布十分密切，绝大多数金、银矿物分布在菱铁矿中或其与镜铁矿的交界处和与石英交界处。菱铁矿最大粒度为 5mm，最小为 0.05mm，一般在 0.6 ~ 3mm 之间。

绿泥石：绿泥石呈细小片状、叶片状。纤维状集合体均在围岩的碎块中，与围岩中的绢云母、不定形碳酸盐矿物及石英嵌布紧密，粒度均小于 0.02mm。

土状物：土状物呈土状、雾状产出在围岩碎块中。它与长石及暗色矿物在蚀变过程中析出土状物质，有些土状物尚保存长石的假象。

9.9.1.2 工艺流程

选矿工艺采用单一浮选流程，生产金精矿。工艺流程见图 9-34。

破碎后的原矿石经一段闭路磨矿，分级溢流细度要求为 80% – 0.074mm（–200 目）（一段闭路磨矿很难达到），浓度为 27.6%，给入浮选作业经一次粗选、二次精选、二次扫选，选出金精矿和最终尾矿。

浮选作业条件：球磨机给矿处加入石灰 1000g/t，碳酸钠 2000g/t，排矿处加入水玻璃 1000g/t，矿浆 pH 值为 7。粗选前搅拌槽中加入丁基黄药 120g/t、丁基铵黑药 80g/t、2 号油 40g/t。一次扫选前加入丁基黄药 60g/t、丁基铵黑药 50g/t、2 号油 10g/t。

在生产过程中，对分级溢流和尾矿粒度分析发现，在 +0.074mm（+200 目）粒级中的金，在分级机溢流中为 37.61%，在尾矿中为 43.18%。由此可见，磨

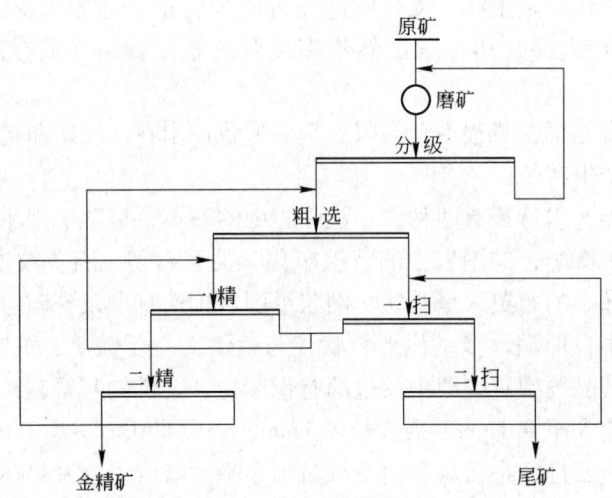

图 9-34　七宝山金矿原选矿工艺流程

矿细度不够, 并没达到要求的细度, 在尾矿中 +0.074mm(+200 目)粒级中, 金的损失较多。另外在长期生产实践中发现, 二次扫选精矿的粒度大于最终精矿粒度。根据这一情况, 将二次扫选精矿用水力旋流器分级, 其溢流返回至一次扫选, 沉砂与分级机返砂返回至磨矿, 进行再磨, 其改造后的工艺流程见图 9-35。

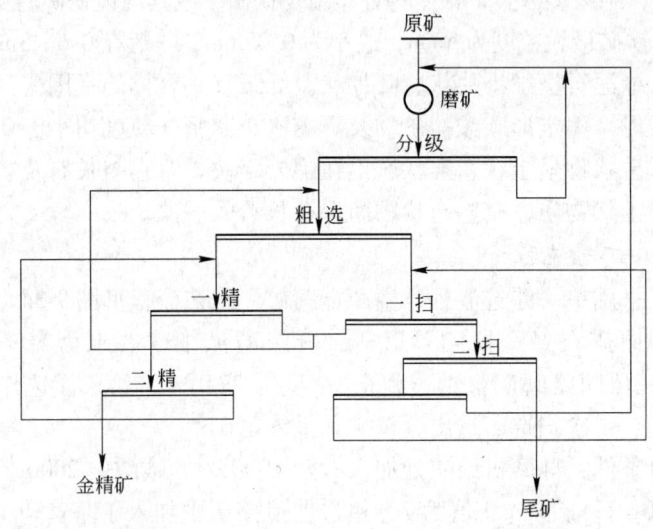

图 9-35　七宝山金矿改造后选矿工艺流程

9.9.1.3　技术指标

原工艺流程与改造后工艺流程的生产技术指标见表 9-62。

表9-62　工艺流程改造前后的生产技术指标

流　程	产　品	产率/%	金品位/%	回收率/%
	金精矿	2.02	47.00	81.31
原流程	尾　矿	97.98	0.22	18.69
	原　矿	100.00	1.17	100.00
	金精矿	1.98	51.00	82.46
改造后流程	尾　矿	98.02	0.21	17.54
	原　矿	100.00	1.17	100.00

从表9-62可见，在原矿含金品位相同的条件下，改造后的工艺流程，金精矿品位提高了4%，回收率增加了1.15%。

9.9.2　沂南金矿选矿厂

沂南金矿位于山东省沂南县，始建于1958年，目前有铜井、金厂、龙头旺三个矿区。1986年在铜井和金厂矿区分别建有300t/d生产能力的选矿厂，2001年租赁沂南县龙头旺金矿（改称金龙矿区），选矿生产能力300t/d，三个矿区选矿厂总生产能力为900t/d。2011年选矿厂实际总生产能力已达到1780t/d。

9.9.2.1　矿石性质

该矿属矽卡岩多金属含金矿床。原矿石化学多元素分析见表9-63。

表9-63　原矿石化学多元素分析　　　　（%）

元素	Au[①]	Ag[②]	Cu	Pb	Zn	Fe	S	As
铜井	2~3	9.23	0.86	0.10		23.41	2.08	
龙头旺	0.82	5.68	0.56	0.21	0.14	18.54	12.33	0.006

元素	Mo	Co	CaO	MgO	Al_2O_3	SiO_2	K_2O	Na_2O
铜井			15.74	5.02	4.12	23.34		
龙头旺	0.01	0.003	4.56	3.84	12.51	14.36	1.86	2.08

①②元素含量单位为g/t。

矿石中主要金属矿物有含铜磁铁矿、磁铁矿、黄铜矿、斑铜矿、黄铁矿、少量自然金等。脉石矿物主要有石榴子石、透辉石、方解石、绿泥石等。矿石性质较复杂。

矿石中主要有用矿物嵌布粒度各有不同。自然金嵌布粒度不均，以中细粒为主，主要分布在0.1~0.074mm之间，约占46%；0.074~0.053mm占41.5%；小于0.037mm占12.5%。黄铜矿为细粒嵌布，0.053~0.01mm约占73.6%，小于0.01mm占26.4%。黄铁矿以粗粒嵌布为主，0.3~0.074mm约占82.7%。磁铁矿嵌布粒度极不均匀，0.3～0.074mm 约占 43.5%，0.074～0.1mm 占 50.6%。

　　矿物结构构造比较简单，矿物之间共生关系密切。金主要赋存在黄铁矿及石英裂隙中，约占 73.87%，粒间金约占 12.06%，包裹金约占 14.07%。

9.9.2.2　工艺流程

　　A　铜井选矿厂

　　选矿工艺采用重选、浮选、磁选联合流程，分别选得成品金、金铜精矿、铁精矿。其工艺流程见图 9-36。

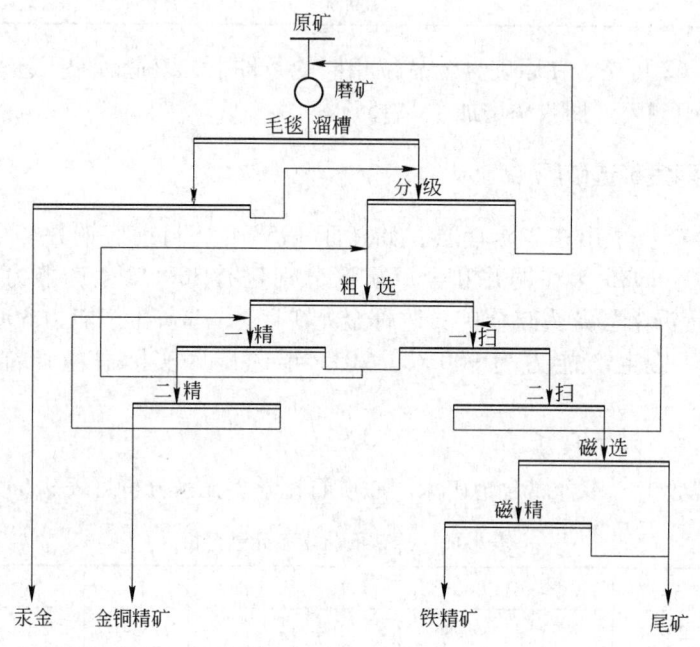

图 9-36　铜井选矿厂工艺流程

　　磨矿为一段闭路磨矿，在磨矿分级回路中设置重选作业，用古老而实惠的毛毯溜槽选金；浮选作业为一次粗选、二次精选、二次扫选，选得金铜精矿。浮选尾矿给入磁选作业，经一次粗选、二次扫选、精矿再磨再选得铁精矿。由于不同时期对产品的要求不同，加之矿石性质的变化，选矿工艺流程经过多次技术改造。该厂针对矿区供矿不足、矿石金属品位低、矿石中元素品种多、嵌布粒度不均等特点，提高磨矿细度，由 -0.074mm（-200 目）55% 提高到 66%，使浮选回收率提高了 6% 以上。当原矿石中含铜品位在 0.3%，仍浮选出铜精矿品位在 16% 以上的合格精矿，铜回收率达到 88% 的较高指标。在磨矿分级回路中应用毛毯溜槽选金，方法虽古老，但效果较好，毛毯溜槽金回收率达到 29% 以上，金总回收率提高 3.91%。浮选尾矿选铁，多年来用磁选法回收，效果很好，为提高铁精矿质量，增加一次精选，使铁精矿品位达到 64% 以上。

B 金厂选矿厂

金厂选矿厂采用混汞、浮选、磁选流程，分别选得成品金、金铜精矿、铁精矿，其工艺流程见图9-37。

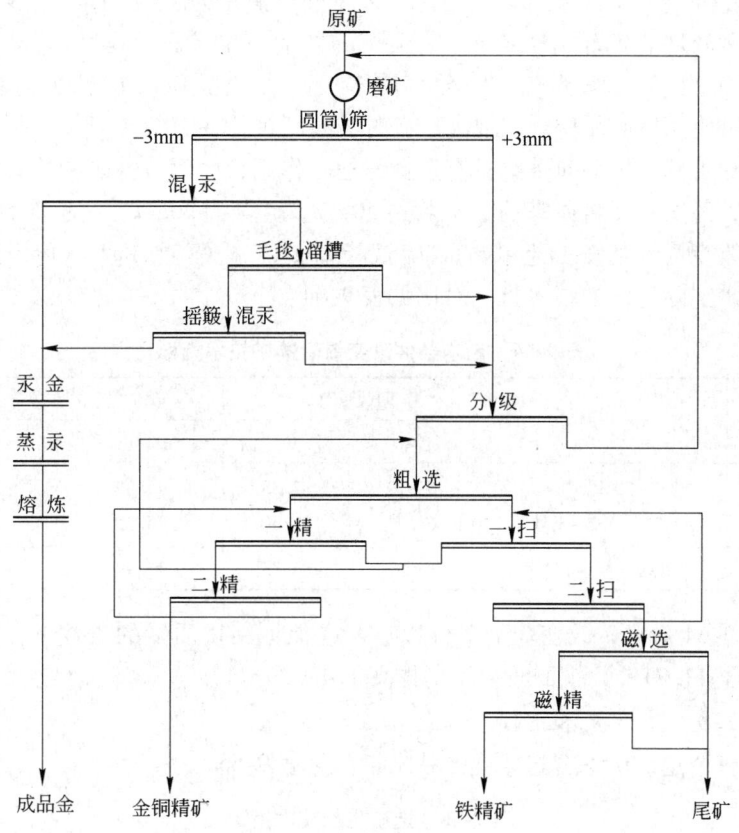

图9-37 金厂选矿厂工艺流程

磨矿为一段闭路磨矿，在磨矿分级回路中设置混汞和重选作业。球磨机排矿用圆筒筛分级，−3mm给入混汞作业，混汞尾矿用毛毯溜槽重选，其精矿用摇簸混汞，所得汞金，经蒸汞和熔炼后得成品金。毛毯溜槽和摇簸混汞尾矿与圆筒筛上产物给入分级作业，分级溢流给入浮选作业，经一次粗选、二次精选、二次扫选，选得金铜精矿，其尾矿给入磁选作业，经二次磁选，选出铁精矿和最终尾矿。

在磨砂分级回路中设置混汞作业，使金的总回收率提高了6.57%，为防止汞中毒，该厂加强了混汞防毒措施，增设捕汞器，力求把汞毒降到最低限度。

毛毯溜槽一般由木板或水泥制作，宽600～800mm，长有2m、4m、6m等。溜槽坡度6°～10°，在溜槽上铺上毛毯，单体金和重砂矿物留在毛毯上，每隔

20~40min 人工清洗一次。获得重砂经精选后用摇簸混汞，汞金经蒸汞、熔炼产出合质金。

　　C　龙头旺（金龙矿区）选矿厂

　　龙头旺（金龙矿区）选矿厂生产工艺流程与铜井选矿厂相同（图9-36）。

　　该厂所处理的矿石成分复杂，有自产的井下原生矿石，也有部分民采矿石。民采矿石出自多个采矿点，矿石性质多变，含硫品位波动较大，有时高达30.5%，致使铜精矿品位难以提高，有时长时间维持在10%~12%。针对这一情况，考虑到丁基铵黑药对黄铜矿有选择性捕收作用，而对黄铁矿的捕收能力较差这一特点，经试验，将原来的丁基黄药40g/t、硫氨酯20g/t、松醇油50g/t的药剂条件，改变为丁基铵黑药40g/t、硫氨酯20g/t、松醇油20g/t。药剂条件改变前后，选矿实际生产的技术指标对比见表9-64。

表9-64　药剂条件改变前后选矿技术指标

项　目	对比时间	回收率/%		品　位	
		Au	Cu	Au/g·t^{-1}	Cu/%
改　前	2002 年	63.10	82.35	14.38	19.54
	2003 年 1~3 月	63.94	81.30	15.20	18.51
改　后	2003 年 4~12 月	74.97	86.25	15.99	19.10

　　从表9-64看出，改变药剂条件以后，在保证精矿质量的条件下，金回收率平均提高了11.71%，铜回收率平均提高了4.09%。

9.9.2.3　生产技术指标

　　该矿三个选矿厂综合选矿生产技术指标见表9-65。

表9-65　选矿生产技术指标

年　份	原矿品位/g·t^{-1}	金精矿品位/g·t^{-1}	尾矿品位/g·t^{-1}	金回收率/%
2007	1.09	31.31	0.20	82.50
2008	1.04	34.84	0.19	81.80
2009	0.93	44.32	0.17	82.23
2010	0.99	49.92	0.17	82.61
2011	0.97	57.63	0.17	83.00

9.10　金-砷矿石选矿生产实践

　　含砷金矿石最常见的砷矿物是毒砂，其次为雄黄、雌黄等。毒砂与其他硫化矿物一样，是一种易浮矿物，易被黄药所捕收。雄黄和雌黄用硫酸铜活化后也可用黄药捕收。但毒砂与黄铁矿的可浮性相近，因此两者不易很好分离，所以对这种矿石的选矿处理,一般均采用混合浮选,以选出金-砷精矿或金-砷-黄铁矿精矿。如果混合浮选不能得到废弃尾矿,可对混合浮选尾矿进行氰化或者对全部矿石进行氰化,然后再从氰化尾渣中回收含金硫化物。

9.10.1 六梅金矿选矿厂

六梅金矿位于广西贵港市,原设计生产规模为 50t/d,几经改造实际生产能力达到 350t/d。

9.10.1.1 矿石性质

该矿床属中温热液充填破碎带蚀变岩型金矿床,矿石属高砷含硫含碳难选冶原生金矿石。矿石化学多元素分析见表 9-66。

表 9-66 矿石化学多元素分析 (%)

元 素	Au[①]	S	As	Fe_2O_3	FeO	MnO	TiO_2
含量/%	2.30	0.934	1.39	5.16	2.70	0.12	0.045
元 素	P_2O_5	K_2O	Na_2O	CaO	MgO_2	Al_2O_3	SiO_2
含量/%	0.32	3.20	0.54	2.09	1.65	10.65	62.35

①元素含量单位为 g/t。

矿石中金属矿物主要有毒砂、黄铁矿、黄铜矿、少量方铅矿、闪锌矿、黝铜矿等。脉石矿物有石英、绢云母、铁白云石、方解石、少量电气石、金红石、磷灰石及少量含碳物质。

黄铁矿和毒砂是金的主要载体矿物,二者伴(共)生关系密切,常见毒砂被黄铁矿边部交代,两者常形成相当稠密的星点状,不均匀分布于绢云母泥岩、碳质页岩、含粉砂泥质(细粒砂岩和泥质角砾岩)岩中。金主要呈微细粒被包裹在毒砂和黄铁矿中。

选矿试验入选原矿石金品位为 16.57g/t,磨矿细度为 81% −0.074mm(−200目)时,浮选试验指标见表 9-67。

表 9-67 浮选试验指标

产 品	产率/%	金品位/g·t^{-1}	回收率/%
金精矿	8.85	179.47	95.86
尾 矿	91.15	0.75	4.14
原 矿	100.00	16.57	100.00

9.10.1.2 工艺流程

选矿工艺采用单一浮选流程,生产金精矿。工艺流程见图 9-38。

破碎后的原矿石给入一段闭路磨矿,分级溢流细度为 60% −0.074mm(−200目),原生产工艺流程为一次粗选、二次精选、二次扫选。现由于原矿含金品位

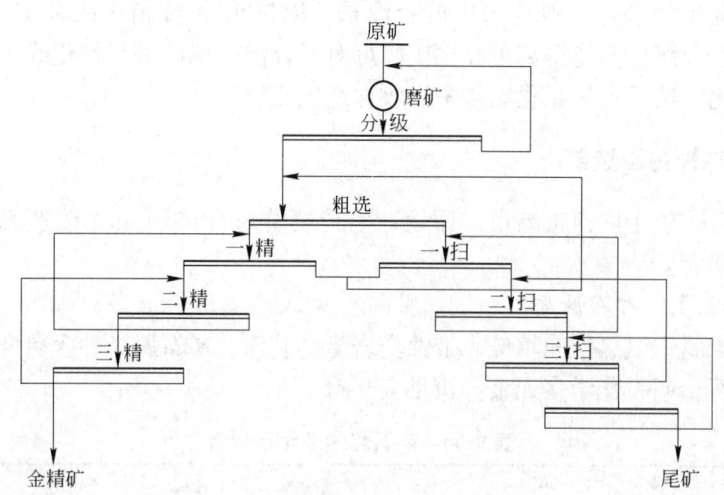

图 9-38　六梅金矿选矿工艺流程

下降等诸多原因，改为图 9-38 的工艺流程。

　　原实际生产过程中，在入选原矿含金品位为 5g/t 左右的情况下，金的回收率为 80% 左右，较之选矿试验指标差距甚大。该矿矿石含金品位逐渐降低，且含砷高，一直沿用常规的浮选药剂制度，即硫酸和硫酸铜为活化剂，丁基黄药和丁基铵黑药为捕收剂，2 号油为起泡剂。在该药剂制度下浮选金，药剂用量大、成本高、回收率低。由于使用大量硫酸（6.5kg/t）进行活化，矿浆酸性强，不仅对设备腐蚀严重，而且运输管理极不安全，但如果不使用硫酸或减少其用量，金的浮选回收率就会下降 10% ~ 20%。

　　为取代使用硫酸的原浮选药剂制度，降低生产成本，提高低品位金矿资源的利用率，采用新型捕收剂 C08 浮选金，可取消使用硫酸，浮选矿浆由酸性改变为碱性，用氢氧化钠调节矿浆 pH 值到 8 ~ 9，可以有效实现金的浮选。减少药剂用量，降低生产成本，提高金浮选回收率，其新的浮选药剂制度见表 9-68。

表 9-68　新的浮选药剂制度

药剂名称	氢氧化钠	C08		硫酸铜			丁基黄药	
用量/g·t⁻¹	1500	60	40	20	20	40	20	20
加药点	球磨机	球磨机	粗选	一扫	三扫	粗选	一扫	三扫

9.10.1.3　生产技术指标

　　C08 捕收剂自 2008 年 9 月在该厂应用以来，取得了较好的效果，生产指标稳定。浮选过程中，泡沫层丰富稳定，易于控制。新旧药剂制度的生产技术指标对比见表 9-69。

表9-69　新旧药剂制度生产技术指标对比

项　目	时　间	原矿品位 /g·t⁻¹	精矿品位 /g·t⁻¹	尾矿品位 /g·t⁻¹	回收率 /%
原药剂制度	2007 年平均	3.74	79.73	0.55	85.89
	2008 年 1~8 月平均	2.69	62.42	0.42	84.96
新药剂制度	2008 年 9 月	2.58	70.24	0.24	90.69
	2008 年 10 月	2.76	73.54	0.28	90.14
平　均		2.67	71.89	0.26	90.59

由表9-69看出，在使用新的浮选药剂制度后，金的回收率均在90%以上，比原药剂制度金的回收率提高了5.63%，精矿富集比提高了3.72。

9.10.2　罗马尼亚达尔尼选金厂

罗马尼亚达尔尼选金厂处理难溶金-砷矿石，选金厂生产能力为800t/d，原矿含金品位为6.2~7.0g/t。该厂采用单一浮选，精矿焙烧-氰化联合工艺流程，见图9-39。

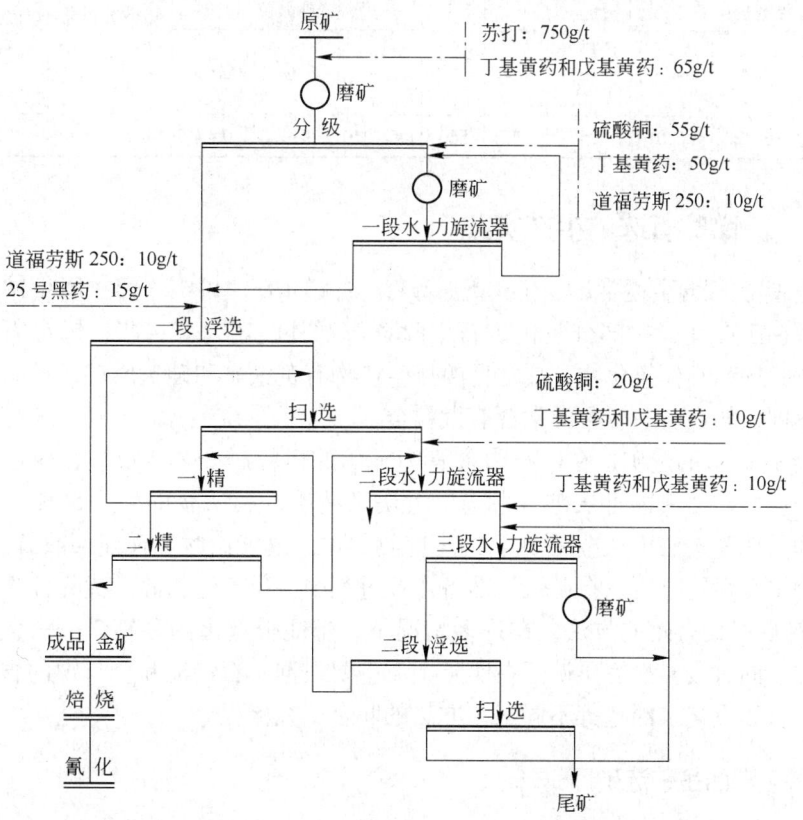

图9-39　罗马尼亚达尔尼选金厂金-砷矿石选矿流程

矿石经两段破碎后，先用 $\phi3.66m \times 7.1m$ 棒磨机，后用 $\phi2.4m \times 2.4m$ 球磨机与 $\phi600mm$ 水力旋流器组成闭路磨矿。水力旋流器溢流进行两段浮选，其药剂条件见图9-39中所示。

一段浮选的扫选尾矿用 $\phi457mm$ 的二段水力旋流器脱泥，沉砂用 $\phi1.67m \times 3.05m$ 管磨机与 $\phi304mm$ 的三段水力旋流器组成闭路磨矿进行再磨。总的磨矿细度为 $-0.074mm$ 占 $90\% \sim 95\%$。二段水力旋流器溢流细度为 $-0.044mm$ 占 $96\% \sim 98\%$，含金品位为 $0.58g/t$，二段浮选尾矿（含金品位为 $0.68g/t$）可废弃。

浮选精矿含金 $90 \sim 125g/t$、含硫 $16\% \sim 22\%$、含砷 6%，金的浮选回收率约 89%。

浮选金-砷精矿先用双室沸腾焙烧炉进行焙烧，焙烧进行氰化，金的氰化回收率为 $95\% \sim 97\%$。

金-砷精矿焙烧条件和氰化指标见表9-70。

表9-70　沸腾焙烧条件和氰化指标

浮选精矿			精矿焙烧量 /t·d^{-1}	焙烧段数	焙烧温度 /℃	焙砂品位			焙砂的氰化尾矿金品位 /g·t^{-1}	焙砂的氰化金回收率 /%
Au /g·t^{-1}	S/%	As/%				Au /g·t^{-1}	S/%	As/%		
$90 \sim 125$	$16 \sim 22$	6.0	25	2	560	$125 \sim 150$	$1.0 \sim 2.0$	$1.0 \sim 1.5$	$4.5 \sim 6.0$	$95 \sim 97$

9.11　金-锑矿石选矿生产实践

金-锑矿石含金通常不少于 $1.5 \sim 2g/t$，含锑 $1\% \sim 10\%$。锑在原生矿石中主要呈辉锑矿存在，在部分氧化矿石中除含辉锑外，还含有锑华、锑锗石、方锑矿、黄锑华和其他氧化物。最常见的伴生矿物有黄铁矿和砷黄铁矿。矿石中金的粒度不同，如在黄铁矿中常常含有微粒金。

金-锑矿石的选矿，在矿石中含有辉锑矿的粗粒浸染体或块矿，应进行手选和重介质选矿。手选可从矿石中选出大块锑精矿，其锑品位可达50%。采用跳汰法和其他重选法可从金-锑矿石的磨碎物料中，既能回收金又能回收锑。但是，锑矿物本身很脆，所以在矿石的准备作业过程中应避免过粉碎。优先浮选法是处理金-锑矿石最有效的方法，在许多情况下，都能分选出两种精矿——金精矿和锑精矿，同时废弃最终尾矿。在实际生产中要根据矿石特征和金与锑的含量及其形态，采用重选、浮选等不同工艺方法的联合工艺流程。

9.11.1　湘西金矿选矿厂

湘西金矿位于湖南省沅陵县，是一座有一百多年开采历史的老矿山，发展至今已成为采矿、选矿、冶炼的中型联合生产企业，选矿厂生产能力为800t/d。

9.11.1.1 矿石性质

该矿属中低温热液裂隙充填型锑金钨多金属矿床，矿石含金6~8g/t、含锑4%~6%、含三氧化钨0.4%~0.6%。

矿石中金属矿物主要有金、辉锑矿、白钨矿、黄铁矿，其次为闪锌矿、毒砂、方铅矿、黄铜矿、黝铜矿、辉钼矿、黑钨矿、褐铁矿等。脉石矿物主要为石英，其次为方解石、磷灰石、白云石、绢云母、叶蜡石、绿泥石、钠长石等。矿石含泥约3%，有用矿物呈不均匀状嵌布于脉石中。白钨矿多呈块状产出，亦有星点状，粗粒达6mm开始单体解离，细粒在0.07~0.1mm时基本解离。辉锑矿在粒度很粗时可手选出富锑矿。金从1mm开始出现单体，当矿石磨碎至-0.1~0.2mm时，金解离较完全。

9.11.1.2 工艺流程

该厂采用重选-浮选联合工艺流程，其生产工艺原则流程见图9-40。矿石进行重选获得一部分白钨精矿和金精矿，随后进行浮选得到金-锑精矿和白钨粗精矿。金-锑精矿送去冶炼，白钨粗精矿经浓缩、加温、水玻璃解吸、精选及脱硫后方得白钨精矿。该厂曾采用全浮选工艺流程回收金、锑和白钨，但其技术经济指标远不如现行的工艺流程指标好。该厂各浮选作业药剂条件如下：

金浮选作业（g/t）：黄药46，煤油8.2，硫酸46，氟硅酸钠91。

金-锑浮选作业（g/t）：黄药200，黑药80，2号油适量，硝酸铅100，硫酸铜70。

白钨浮选作业（g/t）：油酸120，碳酸钠3000~4000，水玻璃1000。

9.11.1.3 生产技术指标

生产技术指标列入表9-71。

表9-71 生产技术指标

指 标	产率/%	品 位			回收率/%		
		WO₃/%	Sb/%	Au/g·t⁻¹	WO₃	Sb	Au
J金含金	—	—	—	98.4%	—	—	13.75
金-锑精矿	7.43	0.21	40.66	61.25	2.47	96.59	72.87
白钨精矿	0.71	73.20	—		84.42		
尾 矿	89.74	0.081	0.076	0.8	11.02	3.23	12.88
废 石	2.12	0.045	0.17	1.41	0.69	0.18	0.50
原 矿	100.00	0.631	3.205	6.246	约100.00	约100.00	100.00

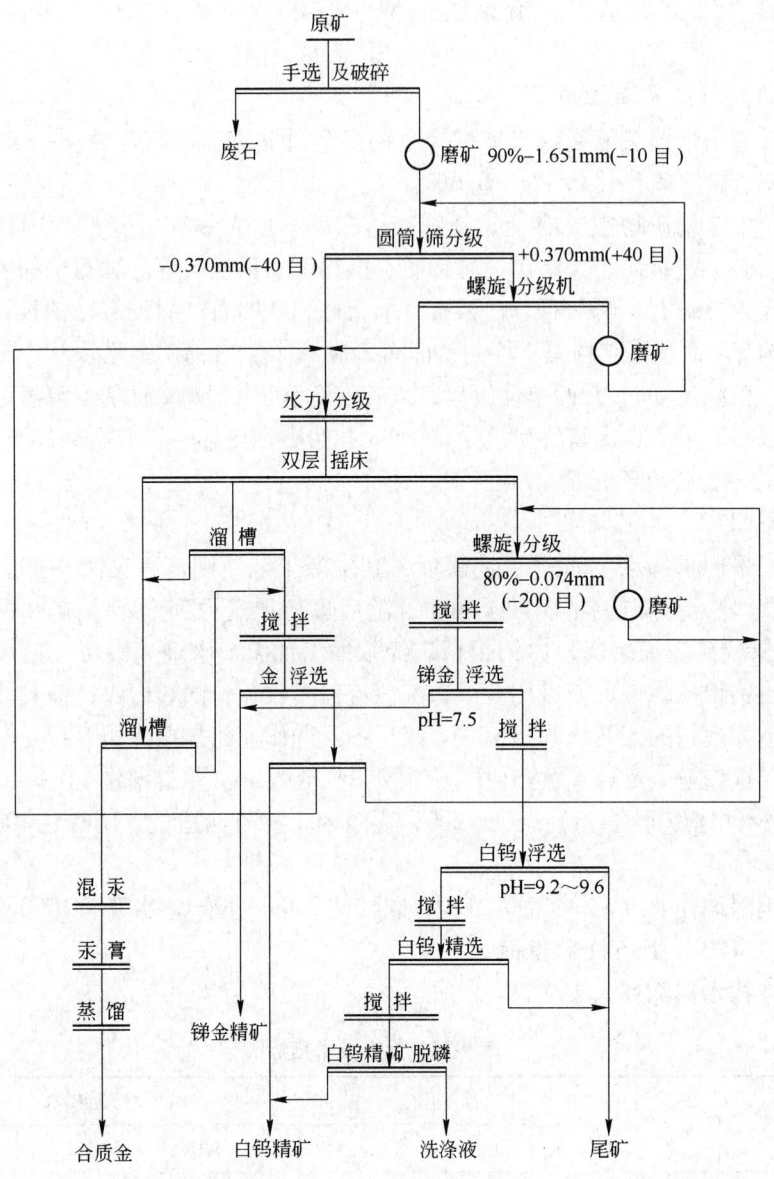

图9-40 湘西金矿选矿厂金-锑-白钨矿石选矿工艺原则流程

9.11.2 龙山金锑矿选矿厂

龙山金锑矿位于湖南省新邵县大芝庙乡,始建于1978年,选矿厂生产能力82t/d,目前生产能力为400t/d左右。

9.11.2.1 矿石性质

该矿属热液充填硅酸盐金锑矿床。矿石多元素分析见表9-72。

表 9-72　矿石多元素分析　　　　　　　（%）

元　素	Au[①]	Ag[②]	As	Pb	Fe	Sb
含量/%	2.1	4.5	0.3	0.015	2.44	1.46
元　素	S	K_2O	CaO	MgO	Al_2O_3	SiO_2
含量/%	1.80	2.1	1.52	1.25	12.78	62.36

①②元素含量单位为 g/t。

矿石中主要金属矿物为自然金、辉锑矿、黄铁矿、毒砂、锑华等；脉石矿物主要为石英、绢云母、方解石、绿泥石、黏土矿物等。原矿中锑质量分数为7.2%~1.6%，金品位为1.8~2.4g/t。

辉锑矿为主要含锑矿物，粒度极不均匀，呈粗粒为主的不均匀分布，集合体呈致密状、细脉状、团块状及不规则粒状，其中常包裹有毒砂、黄铁矿与脉石矿物的残体，极少量充填在毒砂、黄铁矿的微细裂隙中。辉锑矿中包裹有呈浑圆状的自然金，其粒径一般为1~20μm。

自然金主要与硫化矿物关系密切，绝大部分呈微细粒包裹在辉锑矿、毒砂、黄铁矿中，也有被脉石包裹。平均粒径在1~20μm之间，最大粒径为53μm。

黄铁矿呈单独粒状产出，少量与毒砂连生，粒径一般为0.02~0.1mm；其裂隙中有自然银充填其中，自然金粒径为10~20μm。

毒砂为主要含砷矿物，主要呈单独粒状产出，少量与黄铁矿连生，在辉锑矿颗粒中，包裹有被其交代的毒砂残体，粒径一般为0.05~0.1mm。毒砂是主要载金矿物，单矿物含金品位达159g/t。

脉石矿物包裹有少量金矿物。

9.11.2.2　工艺流程

该矿为锑、金、砷共生矿床，建厂以来一直采用混合浮选工艺流程（一次粗选、二次精选、二次扫选），获得了较好的浮选指标，金、锑浮选回收率分别可达75%~78%和85%~88%。但由于该工艺流程的局限性，在生产中不能针对矿石的泥化、部分氧化及金主要呈包裹体赋存于各种硫化矿物之间的矿石特征，而采取相应的措施。每遇到矿石变化较大时，回收率指标下降严重，影响矿山经济效益。为此，必须针对矿石特征，解决细泥干扰与金、锑、砷共生关系密切，矿物之间的"竞争吸附"使精矿品位达不到要求的这两个灌浆影响问题，同时兼顾矿石存在部分氧化这一实际情况。因此，采用分散矿泥、强力捕收措施及部分优先-混合浮选工艺流程，即先在弱碱性介质中选金，后在中性或弱酸性条件下选锑工艺，以减小矿泥影响，削弱"竞争吸附"，提高金、锑选矿回收率。工业试验结果表明，金的回收率提高幅度为8%~10%，锑的回收率提高多为3%~6%，经济效益明显。其优先-混合浮选工艺流程见图9-41，浮选闭路试验结果见表9-73，流程对比试验结果见表9-74。

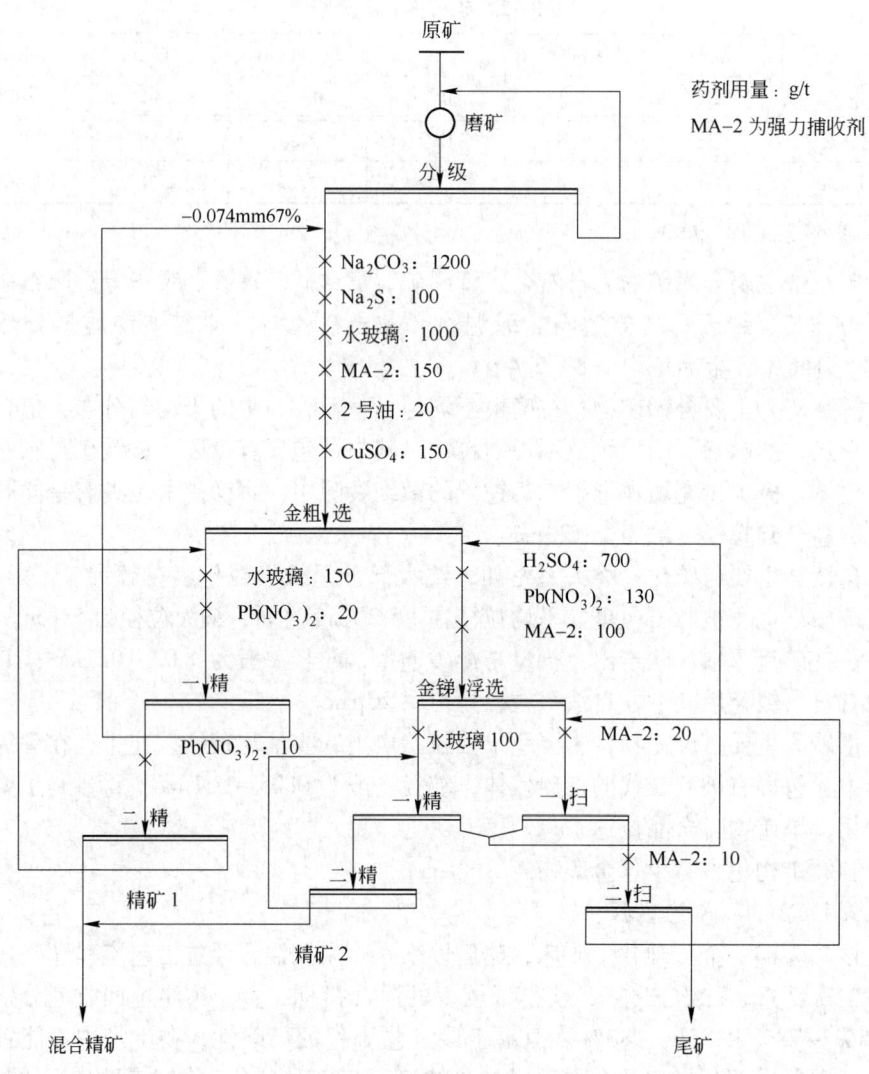

图9-41　龙山金锑矿选矿厂优先-混合浮选工艺流程

表9-73　浮选闭路试验结果

产品名称	产率/%	品　位		回收率/%	
		Sb/%	Au/g·t⁻¹	Sb	Au
精矿1	2.5	23.06	68.70	34.93	74.65
精矿2	2.3	41.30	15.00	57.57	15.00
尾矿	95.2	0.13	0.25	7.50	10.35
原矿	100.00	1.65	0.30	100.00	100.00

表 9-74 流程对比试验结果

工 艺 流 程	精矿品位		回收率/%	
	Au/g·t^{-1}	Sb/%	Au	Sb
原混合浮选工艺流程	37	34.7	82.88	94.56
改后优先-混合浮选流程	43	32.5	93.08	96.7

原混合浮选工艺与改后的优先-混合浮选工艺经小型试验对比之后,又进行了 3 天工业性对比试验,并于 2004 年应用于实际生产。其工业对比试验指标见表 9-75,生产技术指标见表 9-76。

表 9-75 工业对比试验指标

工艺流程	原矿品位		精矿品位		尾矿品位		回收率/%		备 注
	Au/g·t^{-1}	Sb/%	Au/g·t^{-1}	Sb/%	Au/g·t^{-1}	Sb/%	Au	Sb	
原工艺	2.70	1.32	53.17	29.77	0.63	0.15	77.58	88.91	中班
	2.40	1.31	55.18	32.98	0.45	0.14	81.92	89.69	白班
	2.30	1.43	52.53	39.10	0.58	0.14	75.62	90.53	中班
	2.40	1.07	60.27	30.62	0.58	0.14	76.57	87.25	白班
	2.20	1.32	55.76	36.72	0.58	0.14	81.08	89.00	中班
	2.20	1.39	40.31	28.52	0.43	0.13	81.32	91.06	白班
新工艺	2.00	1.28	44.65	31.16	0.33	0.11	84.12	91.73	晚班
	2.25	1.64	43.02	32.63	0.25	0.12	89.41	93.03	晚班
	2.20	1.42	51.19	34.58	0.25	0.10	89.08	93.23	晚班

表 9-76 新工艺流程 1~5 月生产技术指标

月份	原矿品位		精矿品位		尾矿品位		回收率/%	
	Au/g·t^{-1}	Sb/%	Au/g·t^{-1}	Sb/%	Au/g·t^{-1}	Sb/%	Au	Sb
1	2.21	1.27	54.34	33.55	0.33	0.11	85.58	91.95
2	2.32	1.27	54.61	32.54	0.39	0.12	83.77	91.19
3	2.43	1.30	51.35	34.66	0.40	0.12	84.18	92.05
4	1.83	1.28	44.17	33.12	0.31	0.14	83.67	89.67
5	2.00	1.26	46.22	31.05	0.32	0.13	84.59	90.21

从表 9-75、表 9-76 可以看出,针对该矿矿石含泥高,矿石性质变化较大的特点,采用分散矿泥、强化捕收、部分优先-混合浮选工艺,可以达到提高、稳定浮选指标的目的。工业性对比试验及实际生产证明,改进后的工艺生产稳定,金的回收率提高幅度为 8%~10%,锑回收率提高幅度为 3%~6%。

9.12 金-锑矿石选矿生产实践

金与银都能与碲结合成化合物,金的碲化物易浮,单用起泡剂就能使之浮游。由于碲化物很脆，所以在磨矿过程中容易泥化，从而给碲化物的浮选造成困难。因此，处理金-碲矿石时，必须进行多段浮选。

金-碲矿石的浮选原则流程为优先浮选和混合-优先浮选。优先浮选流程是在苏打介质（pH = 7.5~8）中，只用松节油和其他起泡剂，优先从矿石中回收金的碲化物和其他易浮矿物，其尾矿则用巯基补收剂浮选其他硫化矿物。混合-优先浮选流程是在苏打-氰化物介质中以碳氢油作为捕收剂，从混合精矿中分选出含碲产品。

澳大利亚莱克-维尤恩德-斯塔尔选金厂处理难溶金-碲矿石。该厂处理能力为1800t/d，矿石含金为7.5g/t，矿石中的金主要为碲化物的细粒包裹体，金的粒度由微细到5mm。该厂采用重选浮选和浮选精矿焙烧氰化以及浮选尾矿进行氰化的联合工艺流程，见图9-42。

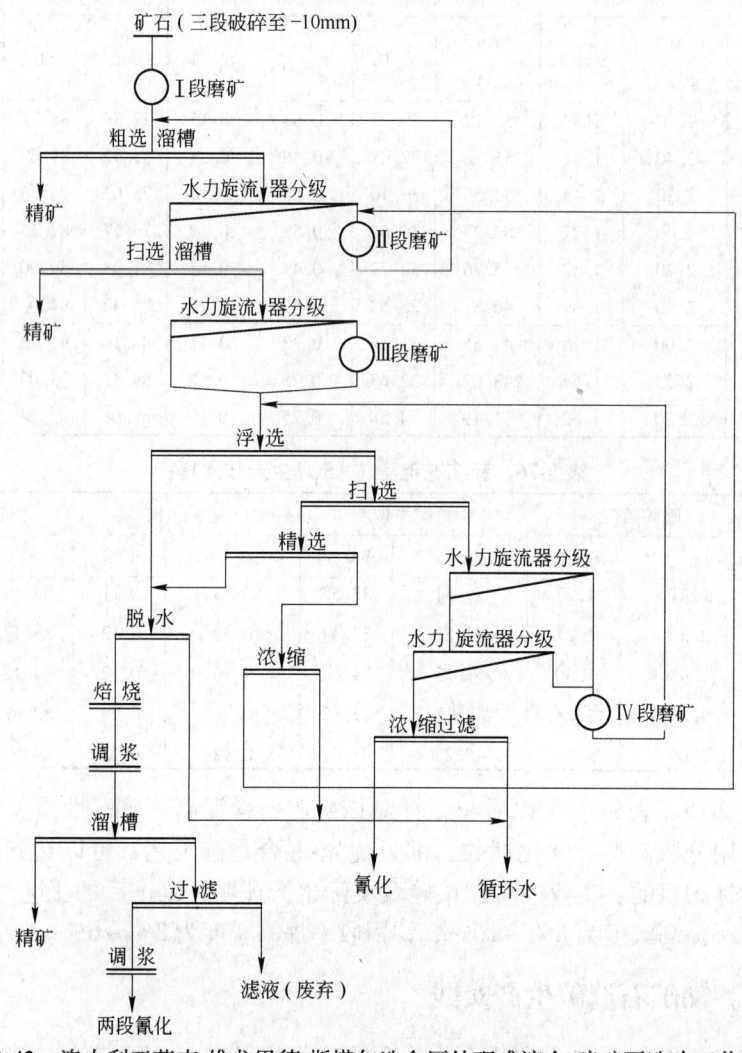

图9-42 澳大利亚莱克-维尤恩德-斯塔尔选金厂处理难溶金-碲矿石选冶工艺流程

矿石进行三段破碎至 −10mm 和四段磨矿，以防止碲化物过粉碎。在磨矿与分级循环中选用凸纹布面溜槽回收粗粒金，其粗选溜槽给矿粒度为 15% −1.65mm，扫选溜槽给矿粒度为 20% +0.074mm。磨碎后的矿石用浮选法回收难溶金。浮选精矿进行脱水并用艾德瓦尔斯炉进行焙烧，焙烧温度为 500 ~ 550℃，以此解离含金硫化物和碲化物，以便使之适合于进行氰化。由于浮选精矿硫含量很高，所以进行自生焙烧，其焙砂先用溜槽回收单体金，而后进行两段氰化，并在两段氰化中间进行两次倾析和过滤。焙砂总氰化时间为 80 ~90h。氰化时 NaCN 溶度为 0.07%、CaO 溶度为 0.02%。另外，对不含难溶金的浮选尾矿进行氰化时，NaCN 溶度为 0.02%、CaO 溶度为 0.002%，氰化时间为 5h。

重选精矿进行混汞。该厂金的总回收率为 94.2%，其中：原矿重选溜槽选别回收率为 13.02%，焙砂重选溜槽选别回收率为 20%，焙砂氰化回收率为 57.60%，浮选尾矿氰化回收率为 3.60%。

9.13 含泥、含碳矿石选矿生产实践

含泥金矿石，矿泥（ −10μm 的粒子）对金矿石的浮选和氰化均有不良影响。对含泥金矿石浮选时：（1）增加浮选药剂的消耗量；（2）使金-硫化物浮选过程复杂；（3）降低精矿质量；（4）降低选金回收率。对含金矿石氰化时：（1）使矿浆的浓缩和过滤产生困；（2）降低金的溶解速度；（3）因矿泥能吸附已溶金，因而对含金溶液的洗涤和锌粉置换或炭吸附均不利；（4）降低金的洗涤率、置换率或吸附率。因此，在生产实践过程中，要采取相应的技术措施和手段，消毒或减弱矿泥的有害影响，如对矿石进行脱泥、抑制矿泥浮游、改善矿石的凝缩性和过滤性、实行分段浮选、进行泥砂分选等。

高碳金矿石在自然界中并不多，在世界黄金储量中所占比例不到 2%。在矿石中含有碳质物质时，因能吸附氰化溶液中的贵金属，从而增加金、银的损失。因此，在对含碳金矿石氰化时，可以采取用高浓度氰化物溶液浸出，应用对碳物质的吸附能力具有抑制作用的药剂预先处理、分段氰化、强化洗涤，用浮选法回收吸附金的活性炭，用有机氰化物浸出，应用联合工艺流程等，来解决含碳金矿石的处理问题。

9.13.1 乌拉嘎金矿选矿厂

乌拉嘎金矿位于黑龙江首嘉荫县乌拉嘎镇，于 1982 年建成处理量为 500t/d 金泥氰化厂，1992 年建成处理量为 1400t/d 浮选、精矿氰化-锌粉置换工艺选矿厂。从 1999 年起选矿处理量为 1600t/d，炭浆处理量 600t/d。2010 年 2 月开始转入地下开采，生产规模为 1000t/d，选矿工艺为原矿浮选 + 金精矿焙烧 + 氰化提金。

9.13.1.1 矿石性质

该矿矿石为石英黄铁矿型、碳酸盐黄铁矿和玉髓质石英黄铁矿型，该矿石属难选冶矿石。原矿石多元素分析见表9-77。

表9-77 原矿石多元素分析

元　素	Au[①]	Ag[②]	Cu	Pb	S	Fe	As
含量/%	3.55	8.10	0.0067	0.0074	1.62	3.05	0.085
元　素	Bi	Mn	TiO_2	CaO	MgO	Al_2O_3	SiO_2
含量/%	0.003	0.023	0.3	1.03	0.69	11.526	69.69

①②元素含量单位为 g/t。

矿石中主要金属矿物为黄铁矿、白铁矿及少量黄铜矿、褐铁矿、赤铁矿，偶见磁铁矿、闪锌矿、方铅矿。脉石矿物主要有绢云母、高岭土、白云母、绿泥石等。脉石矿物中易泥化矿物的含量较多，由此产生大量的细泥，对浮选和氰化造成了不利的影响。

自然金赋存状态及粒度组成分别见表9-78、表9-79。

表9-78 自然金赋存状态

赋存状态	包 裹 金		裂隙金	粒间金	合　计
矿　物	黄铁矿　白铁矿	脉石	脉石	黄铁矿与脉石	
金分布率/%	21.61	36.06	10.90	31.43	100.00

表9-79 自然金粒度组成

粒度/mm	>0.08	0.08~0.074	0.074~0.056	0.056~0.037	0.037~0.01	0.01~0.005	0.005~0.001	<0.001	合计
含量/%	5.87	13.02	11.05	23.42	35.49	8.91	2.15	0.09	100.0

金矿物嵌布是以包裹金为主，与脉石矿物和黄铁矿嵌布关系密切，脉石含金占62.68%，金属硫化物含金占37.32%。金矿物嵌布粒度以细粒为主，粒度小于0.037mm的占46.64%。

综上所述，由于金矿物以包裹金为主，嵌布粒度细小，以及矿泥的影响等因素所致，该矿石成为难选冶矿石。

9.13.1.2 工艺流程

原选矿工艺流程为二段连续磨矿、单一浮选流程，生产金精矿送氰化作业，其工艺流程见图9-43。

由于矿石中含有大量细泥，恶化了浮选过程，应用电化学控制浮选工艺技术，不但提高了浮选回收率，而且提高了精矿品位。其工艺流程见图9-44。

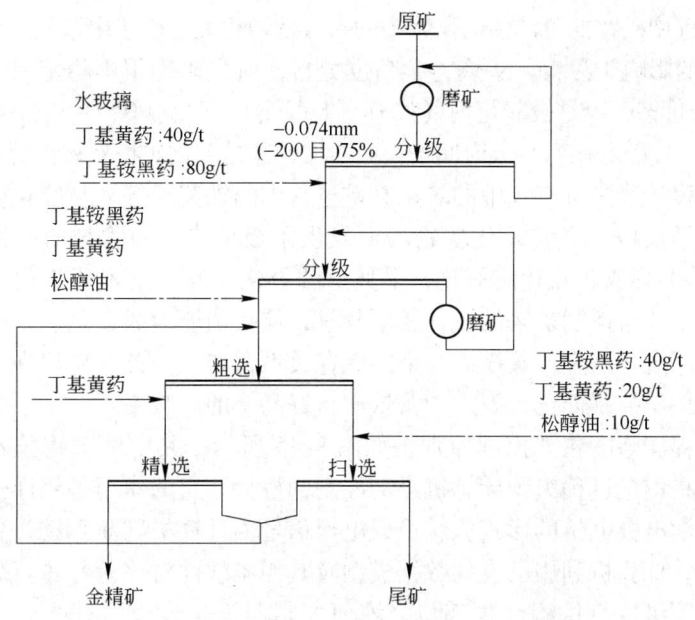

图 9-43 乌拉嘎金矿原浮选工艺流程

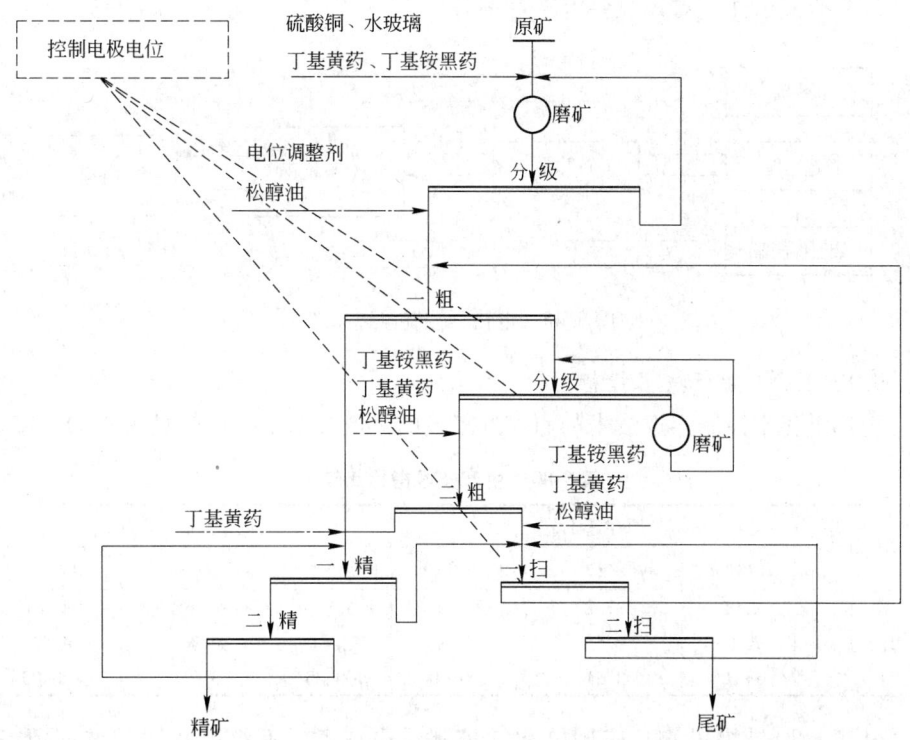

图 9-44 乌拉嘎金矿电化学控制浮选工艺流程

浮选过程中矿物的可浮性与矿浆中的条件密切相关，矿浆中氰化还原气氛对硫化矿物浮选的影响非常大。从热力学角度分析，硫化矿物很不稳定，因为硫处于 −2 价的最低价态，容易被氧化剂（如 O_2、Fe^{3+} 等）氧化成 0、+2、+4 和 +6 价。硫化矿浮选难度随着矿石存放时间增长而增加，这是硫化矿物易氧化所致。

浮选过程矿浆中有空气中的氧，磨矿过程中的铁离子等，与硫化矿物产生一系列的电化学反应。通常硫化矿物表面发生阳极反应、捕收剂的阳极氧化、金属/捕收剂盐的形成、硫化矿氧化，最典型的电化学反应是黄药氧化成双黄药的反应。因此，适当控制矿浆的氧化还原气氛，使黄药能生成双黄药，此时就有利于黄铁矿的浮选。该金矿黄铁矿与金的赋存关系密切，因此，可以在粗选、扫选阶段利用电化学控制浮选矿石中的黄铁矿，提高金的回收率。

浮选过程实施电化学控制原理，如图 9-45 所示，其中的关键技术为电化学传感器，它是浮选过程组织计算机自动控制的桥梁。它的作用是将浮选过程的状态，以电化学电极电位的形式，转换成电子信号为计算机判断浮选过程的状态提供监测手段。计算机利用已有的数据模型及其控制软件对该信号进行处理，并自动寻优，为下级执行机构（加药机、液面控制器等）发出执行指令。执行机构依照计算机的指令进行工作，从而实现浮选过程的电化学控制。这种过程能适应浮选过程的复杂性，对环境要求不苛刻。

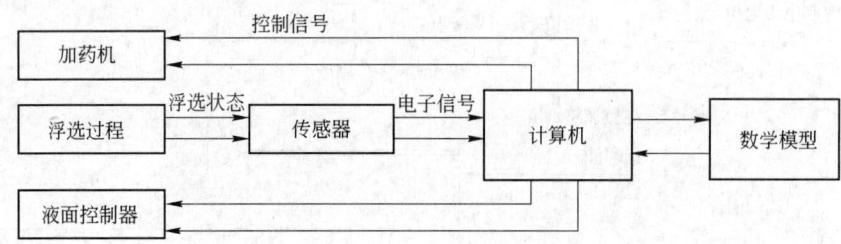

图 9-45　电化学控制浮选原理

9.13.1.3　生产技术指标

应用电化学控制浮选技术与原浮选工艺的生产技术指标比较见表 9-80。

表 9-80　生产技术指标比较

项　目	原浮选工艺			电化学控制浮选工艺		
	产率/%	品位/g·t^{-1}	回收率/%	产率/%	品位/g·t^{-1}	回收率/%
精　矿	7.95	37.2	85.61	5.59	56.67	90.18
尾　矿	92.05	0.55	14.39	94.41	0.36	9.82
原　矿	100.00	3.51	100.00	100.00	3.51	100.00

从表 9-80 结果可知，应用电化学控制浮选技术，不仅提高了浮选回收率，而且提高了精矿品位。

9.13.2　加纳阿丽斯顿-高尔德-马英慈选金厂

加纳阿丽斯顿-高尔德-马英慈选金厂处理含碳金矿石，该厂生产能力为
1200t/d。矿石中金属矿物主要有金、毒砂、黄铁矿，其次有闪锌矿、黄铜矿、
磁黄铁矿。脉石矿物主要有石英，其次有方解石、铁白云石、金红石以及碳质片
岩（或碳质千枚岩）。矿石含金 9~11g/t 含碳 1%。一部分金是游离状态被包裹
在石英之中，而其余部分则与黄铁矿和毒砂共生。该厂采用重选-浮选和浮选精
矿焙烧-氰化联合工艺流程，见图 9-46。

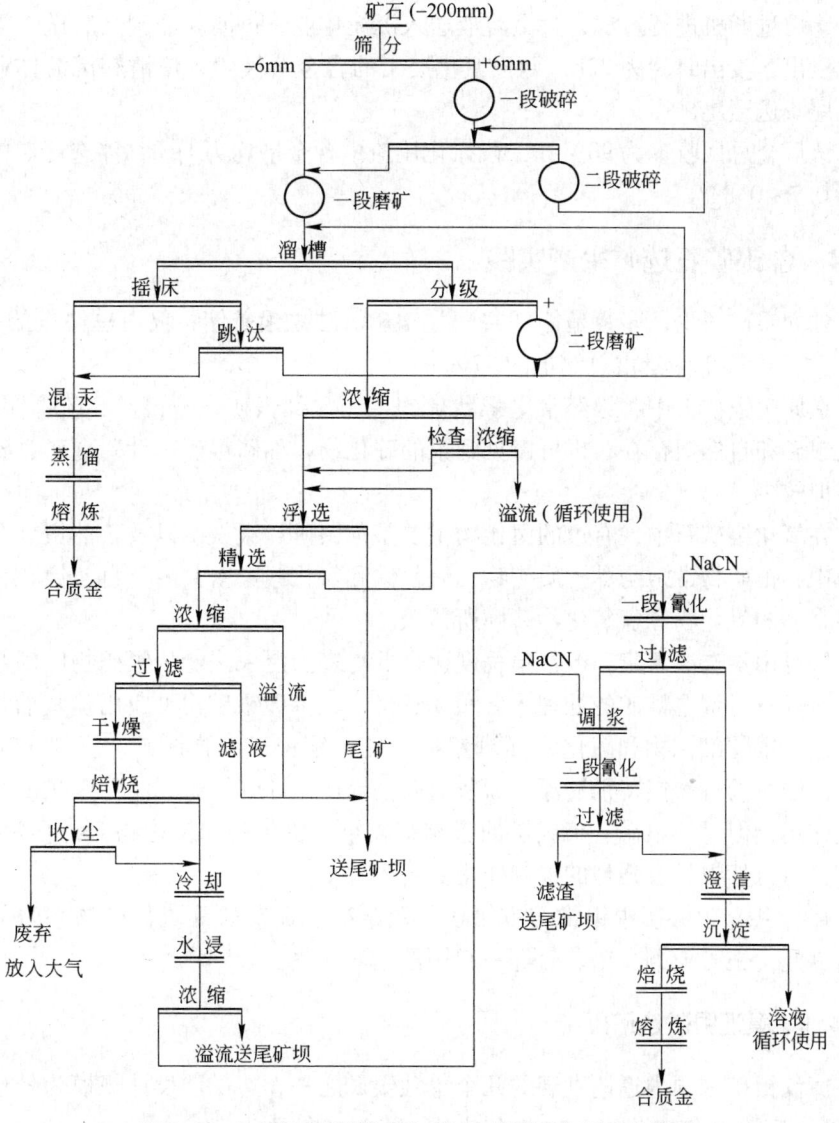

图 9-46　加纳阿丽斯顿-高尔德-马英慈选金厂工艺流程

矿石经两段破碎至 -6mm，然后进行两段磨矿（一段磨至 55% -0.074mm）磨至 65% -0.074mm，在磨矿分级循环中用溜槽、摇床和跳汰机回收游离金，金回收率约 60%。然后，重选尾矿后二段磨矿分级、浓缩后进行浮选，浮选精矿进行氧化焙烧，焙烧进行氰化。在浮选和氰化过程中回收了 30% 的金。浮选精矿除含金 85g/t 外，还含有大量的硫化矿物和炭质物质。浮选精矿先进行浓缩、过滤和干燥，然后用艾德瓦尔斯双动焙烧炉进行氧化焙烧，焙烧炉排料温度为 800℃。焙砂用圆筒冷却机进行冷却，并用水进行冲洗。浓缩产品用搅拌浸出槽进行第一段氰化浸出，NaCN 浓度为 0.08%，浸出时间为 24h，一段氰化浸出后的矿浆用过滤机进行过滤，含金溶液送入沉淀作业，过滤并经调浆后送入第二段氰化浸出，浸出时间为 72h。两段氰化浸出的含金溶液给入澄清和沉淀作业，而氰化尾渣送至尾矿厂。

该厂金总回收率为 90%，二段氰化尾渣中含金平均为 1g/t，浮选尾矿中金品位为 0.7~0.8g/t。

9.14   含银矿石选矿生产实践

独立银矿很少，多数是伴（共）生银矿。独立银矿储量仅占总储量的 13%，伴（共）生银矿储量占总储量的 87%。

在原生银矿石中，银经常呈螺状硫银矿、深红银矿、脆银矿、硫锑铜银矿、淡红银矿和自然银存在；也可以见到银的碲化物，如碲银矿、针碲金矿、碲金银矿，但较少。

在氧化银矿石中，有银的卤化物主要是角银矿、银铁矾以及自然银。在这些矿石中，银矿物常常与黏土质矿物、氧化铁和氧化锰紧密共生，自然银颗粒常被一些金属的氧化物和氢氧化物薄膜所覆盖。

银可用重选法富集，但富集程度比金低得多。混汞法能从银矿物中回收自然银，所以只对重选精矿的处理才有实际意义。大多数银矿物可应用巯基捕收剂进行浮选，银的碲化物和硫化物（辉银矿、硫锑铜银矿、脆银矿、淡红银矿）以及表面洁净的自然银特别易浮。石灰对硫铜银矿、深红银矿和淡红银矿的浮游有抑制作用，但对辉银矿、碲银矿的影响却较小。硫化钠和氰化物对许多银矿物，特别是对自然银具有强烈的抑制作用。

伴（共）生银矿中银常与方铅矿、黄铜矿、黄铁矿等硫化矿物共生关系密切。因此，银可随铜、铅、硫等一起用浮选法回收。

9.14.1   廉江银矿选矿厂

廉江银矿是国内近期发现的几个单独银矿之一，选矿厂设计规模为处理矿石 25t/d，于 1993 年底建成，1995 年完成工业试验转入生产。

9.14.1.1 矿石性质

该矿属中、低温热液破碎带裂隙充填石英脉硫化矿床，其矿石多元素分析见表9-81。

表9-81 矿石多元素分析

元素	An[①]	Ag[②]	Cu	Pb	Zn	S	CuO	MgO	Al$_2$O$_3$	SiO$_2$
含量/%	0.4	346	0.03	0.75	0.52	0.81	0.32	0.38	6.31	78.67

①②元素含量单位为 g/t。

矿石矿物组成比较简单，主要回收金属元素为银，伴生的金、铜、铅和锌的含量甚少，均未达到综合回收指标。脉石矿物主要为石英，次为绢云母等。

矿石中银主要以辉银矿-螺状硫银矿、硫锑铜银矿的形态存在。含银矿物的嵌布粒度属中等偏细，最细者达 0.5μm。银的可见细粒矿物存在者居多，以方铅矿、黄铜矿包裹形式产出者次之，也有少量处于石英、闪锌矿和黄铁矿裂隙内。银在主要矿物中的分布见表9-82。

表9-82 银在主要矿物中的分布

矿物名称	银矿物	方铅矿	闪锌矿	黄铁矿	黄铜矿	脉石	合计
矿物量/%	0.0338	1.3152	0.76	1.12	0.109	96.357	99.695
矿物含银/g·t^{-1}	782400	2100	2000	1400	1600	20	345.43
分布率/%	76.56	8.42	4.40	4.54	0.50	5.58	100.00

9.14.1.2 工艺流程

根据矿石性质，结合国内外单一银矿的选矿生产实践，分别进行了五种工艺方案的研究，即混合浮选、优先浮选、混合浮选-浸出-浮选、优先浮选-锌混合精矿浸出-浮选、原矿金泥氰化-浮选。其研究结果见表9-83。

表9-83 各流程选别产品指标及药剂费用比较

序号	流程	产品名称	产率/%	Ag/g·t^{-1}	Pb/%	Zn/%	银回收率/%	个别	对流程比值
1	混合浮选	银精矿	3.90	8949	18.09	13.95	92.14	1.64	1.00
2	优先浮选	银铅精矿 银锌精矿	1.24 1.07	20555 2176	41.82 2.04	6.26 34.18	80.23	2.42	1.47
3	混合浮选-浸出-浮选	贵液 银铅精矿 银锌精矿	 1.35 1.15	600mg/L 3791 781	 42.33 8.78	 10.33 32.76	7.33 13.51 2.37	17.08	10.41

表头说明："品位"列下含 Ag/g·t^{-1}、Pb/%、Zn/%；"药剂费用/元·t^{-1}"列下含"个别"、"对流程比值"。

序号	流　程	产品名称	产率/%	品　位			银回收率/%	药剂费用/元·t⁻¹	
				Ag/g·t⁻¹	Pb/%	Zn/%		个别	对流程比值
4	优先浮选-锌混合精矿浸出-浮选	银铅精矿贵　液银锌精矿	1.24 1.06	20555 200mg/L 1052	41.82 0.73	6.26 39.30	80.23 7.50 3.51	11.34	6.91
5	原矿金泥氰化-浮选	贵　液银铅精矿银锌精矿	0.90 1.03	60mg/L 2900 1126	54.80 5.51	2.21 43.20	84.83 7.31 3.25	30.10	18.35

　　从表9-83看出，就流程的繁简程度、银的回收率高低、药剂费用比值等因素的比较分析，并从我国国情出发，采用银回收率较高、工艺流程简单、生产经营费用低的混合浮选工艺流程。采用一段闭路磨矿，浮选为一次粗选、一次精选、二次扫选流程，见图9-47。

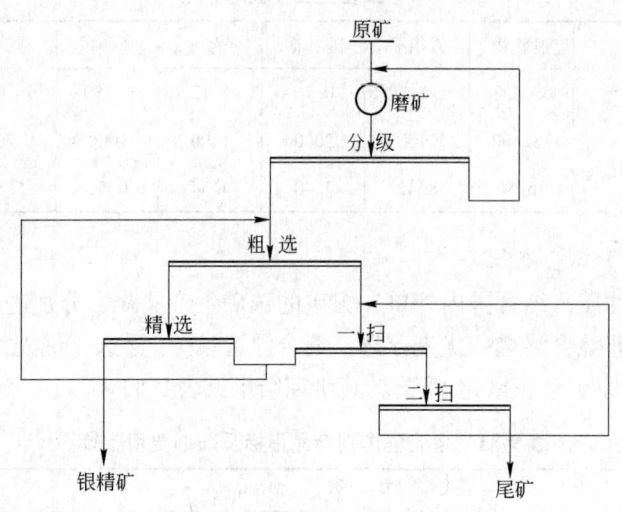

图 9-47　廉江银矿选矿工艺流程

　　磨矿作业条件：循环负荷 200% ~230%，负荷率 90% ~96%，回旋分级效率 76% ~ 86%，回旋分级溢流细度 - 0.074mm 为 70% ~ 75%，浓度为 41% ~47%。

　　浮选作业给药地点及药剂用量（g/t）：添加于粗选作业，水玻璃 54 ~94，硫酸铜 59 ~76，丁基黄药 18 ~23，丁基铵黑药 4 ~6，松醇油 39 ~52；添加于扫选作业：丁基黄药 11 ~14，丁基铵黑药 4 ~5。

所采用的工艺流程及作业条件具有两个明显的特点：一流程简单，不仅最大限度地回收银，也综合回收了伴生金、铅和锌。二生产管理方便，所应用的浮选药剂种类少，加入量不多，又是普通常用药剂。

9.14.1.3 生产技术指标

该厂自从1995年工业试验转入生产应用后，流程中存在一些问题，使生产指标未能达到工业试验平均指标，为此于1996年开展了生产调试工作，将分级溢流细度由过去的 −0.074mm 占66%~68%提高到74%~78%，从而改善了银矿物及其载体矿物的单体解离程度，有利于银的浮选回收。应用自动给药机代替人工加药，使浮选给药量的准确性和稳定性明显改善，使银精矿质量和回收率均得到了提高。主要生产技术指标见表9-84。

表9-84 主要生产技术指标

指　标	原矿含银/$g \cdot t^{-1}$	精矿含银/$g \cdot t^{-1}$	回收率/%
1995 年生产指标	404	11352.8	88.4
1996 年生产调试后指标	553	12884.6	93.43

从表9-84看出，该选矿厂通过1996年生产调试后，银精矿的质量及回收率均得到了提高，其回收率提高了5.03%。

9.14.2 丰宁银矿选矿厂

丰宁银矿位于河北省丰宁县，始建于1989年7月，1992年春选矿厂正式投产运行，其生产能力为350t/d。

9.14.2.1 矿石性质

该矿矿石有益组分主要以银为主，伴生有益组分为金，其他伴生组分有铅、锌、铜、钼、硫、钛等以及其他硫化矿物。矿石中银平均品位为300g/t、金品位为1.63g/t。矿石中的银金矿物以独立矿物存在，约占总储量的95%；银矿物以辉银矿为主，约占银矿物量的90.4%，均嵌布在脉石矿物中，但作为银矿物载体的硫化物中银含量较低。黄铁矿、褐铁矿的嵌布粒度较粗，银矿物嵌布粒度较细。

9.14.2.2 工艺流程

选矿厂采用阶段磨矿、阶段浮选工艺流程，生产银金矿进入氰化作业。其工艺流程见图9-48。

破碎后的原矿进入磨矿后，由MQG2130格子型球磨机与FG-2000mm高堰式回旋分级机组成闭路磨矿，磨矿细度和浓度分别控制在 −0.074mm 占55%~60%和45%左右，进入一次粗选作业。一次粗选作业由10台SF1.2浮选机组成。一次粗选尾矿进入由4台（2用2备）ϕ250mm水力旋流器和MQY2130溢流型球

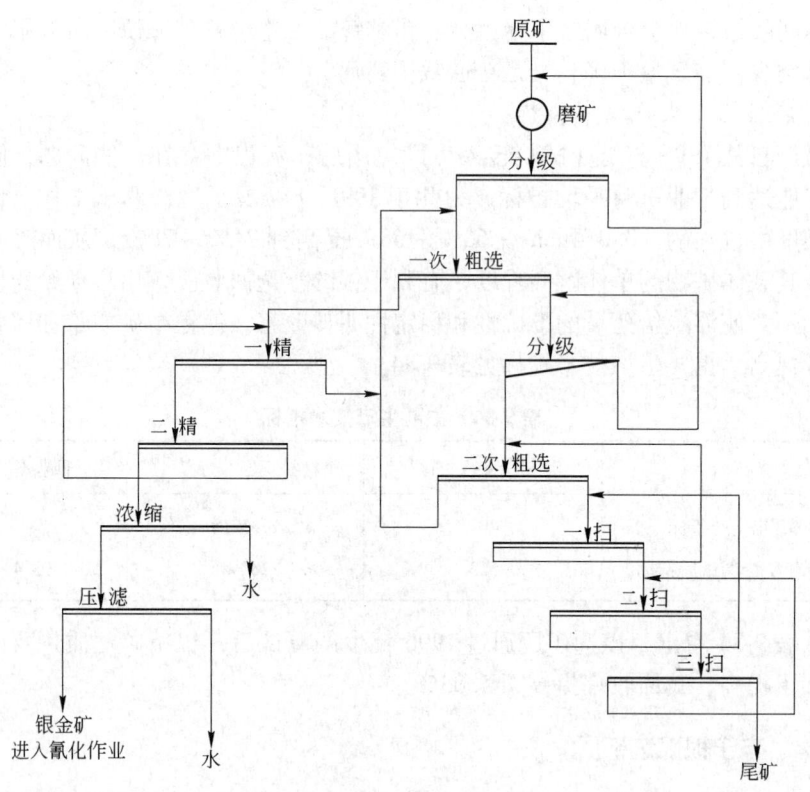

图 9-48　丰宁银矿选矿厂工艺流程

磨机组成的闭路磨矿，水力旋流器溢流细度为 -0.074mm 占 85% ~90%，浓度在 40% 左右，进入二次粗选作业。二次粗选作业由 10 台 SF1.2 浮选机组成。二次粗选尾矿进入由 6 台 SF1.2 浮选机和 8 台 5A 型浮选机组成的一次扫选和二、三次扫选作业，最终尾矿排到尾矿场中。

　　二次粗选精矿给入一次粗选，一次粗选精矿进入由 4 台 SF1.2 浮选机组成的一次精选和由 3 台 SF1.2 浮选机组成的二次精选，其精矿进入 φ9m 浓缩机，底流经 120m² 压滤机压滤后，经调浆磨矿进入氰化作业。

　　选矿厂自 1992 年投入生产以来，使用的捕收剂主要是丁基黄药和丁基铵黑药，经多年生产实践，其回收率低、精矿品位不高，精矿沉降效果差，易跑浑，时常造成大量金属流失。1996 年开始用 FZ-9538 代替黑药和水玻璃，生产效果有明显改善，1997 年以来，与 1993 ~1995 年三年平均值相比，银回收率提高 5.73%，金回收率提高 16.22%，还提高了精矿品位，同时改善了银金矿的沉降效果。改变前后的药剂制度见表 9-85。

表9-85　改变前后的药剂制度　　　　　　　　　g/t

应用时间	加药点	一粗选	二粗选	一扫选	二扫选	三扫选	备　注
1993~1995 改造前	黄药	50	50	30	20	20	矿浆 pH = 8.5 ~ 9.5,黄药、黑药浓度10%,松醇油原液
	黑药	50	30	20	10	10	
	松醇油	30	11	6	6	6	
	水玻璃	配比浓度10%,精选用100g/t					
1996~今 改造后	黄药	75	50	20	20	15	矿浆 pH = 8.5 ~ 10,黄药与FZ-9538 的配置浓度为10%
	FZ-9538	50	30	15	10	10	
	松醇油	40	15	10	8	7	

9.14.2.3　生产技术指标

药剂制度改变前后的生产技术指标见表9-86。

表9-86　生产技术指标

年　份		原矿品位/g·t⁻¹		精矿品位/g·t⁻¹		回收率/%	
		Ag	Au	Ag	Au	Ag	Au
改变前	1993	365.53	1.89	4703.30	21.13	80.19	69.64
	1994	250.00	1.93	3762.10	25.50	80.85	70.83
	1995	251.5	1.60	4112.45	21.60	80.20	66.45
	平　均	296.52	1.82	4162.62	22.77	80.41	68.97
改变后	1996	374.16	1.70	6194.05	26.15	87.48	81.19
	1997	281.85	1.47	6401.38	33.18	86.14	85.19
	1998	303.16	1.34	5967.50	26.43	85.35	85.53
	1999	348.63	1.31	6569.04	21.61	90.03	88.42
	2000 年 1 ~ 8 月	426.64	1.42	6451.61	21.66	91.50	89.59

参 考 文 献

[1] 孙长泉,孙成林. 选矿工艺设备安装与维修[M]. 北京:冶金工业出版社,2010:211 ~ 239.

[2] 马巧碾,张明朴,姬民锋. 黄金回收600问[M]. 北京:科学技术文献出版社,1992:177 ~ 255.

[3] 山东省黄金协会. 山东省志·黄金志(初稿)[M]. 济南:山东省黄金协会,2011:173 ~ 200.

[4] 山东省黄金公司. 山东省黄金历史资料汇编(1986 ~ 1990)[G]. 山东省黄金公司,1991:349 ~ 413.

[5] 河北省黄金公司. 河北省黄金选冶厂资料汇编[G]. 河北省黄金公司, 1985: 6~56.

[6] 黄振卿. 简明黄金实用手册[M]. 长春: 东北师范大学出版社, 1991: 303, 304.

[7] 《选矿设计手册》编委会. 选矿设计手册[M]. 北京: 冶金工业出版社, 1988: 212~226.

[8] 《选矿手册》编委会. 选矿手册(第八卷·第三分册)[M]. 北京: 冶金工业出版社, 1999: 233~245.

[9] 吉林省冶金研究所. 金的选矿[M]. 北京: 冶金工业出版社, 1978: 45~74.

[10] 周为民. 提高浮选回收率的生产实践[J]. 有色金属(选矿部分), 2006(6): 22~25.

[11] 刘怀礼, 艾汐乾. 李子金矿碎石子主矿体矿石磨矿、浮选工艺参数的优选[J]. 黄金, 2009(1): 44~46.

[12] 马风钟. 特高银金矿氰化实践及其特点[J]. 黄金, 1992(1): 21~26.

[13] 相奉兰, 高耀升, 等. 提高金回收率的选矿研究与生产实践[J]. 金银工业, 1997(2): 11~15.

[14] 荣成林, 赵荣江. 珲春金铜矿矿石选矿生产实践[J]. 黄金, 1993(8): 47~51.

[15] 宋建斌. 低品位金矿石的浮选生产实践[J]. 黄金, 2005(4): 38~41.

[16] 孙长绿. 变岩型含金矿石选矿特点[J]. 有色金属(选矿部分), 1990(2): 17~22.

[17] 晋怀露, 沈玉绿, 张淑霞. 新城金矿选矿厂技术改造实践[J]. 金属矿业, 2008(6): 150, 151.

[18] 陈丽红, 戚艳玲, 李和平, 赵明林. 河西金矿选冶工艺技术改造与生产实践[J]. 有色金属(选矿部分), 2007(5): 24~27.

[19] 崔学奇, 栾兴风, 王培福, 王彩霞, 李进友. 夏甸金矿浮选工艺流程技术改造生产实践[J]. 黄金, 2001(9): 34~36.

[20] 邝金才. 磨浮条件与浮选指标的关系研究及实践[J]. 有色金属(选矿部分), 2003(2): 14~17.

[21] 高峰, 王玉强, 刘敬东, 张兰玲. 七宝山金矿选矿工艺流程的发展[J]. 有色矿冶, 2000(3): 12~14.

[22] 马世收. 七宝山金矿扫选精矿的分级再磨改造[J]. 金属矿业, 2003(4): 59~60.

[23] 孙长泉. 矽卡岩金矿综合利用的探讨[C]//第四届全国金银选冶学术会议论文集, 1993: 396~400.

[24] 孙长泉. 矽卡岩型铜铁矿伴生低品位金选矿工艺特征的研究[J]. 金银工业, 1995(2): 22~27.

[25] 孙长泉. 铜铁矿石伴生金银的综合回收[J]. 中国矿业, 1999(4): 54~56.

[26] 刘风霞, 韦根远, 陈建华, 刘长坚, 韦连军. 新型捕收剂C08在六梅金矿的应用[J]. 黄金, 2009(3): 47~50.

[27] 丁大森, 等. Y89-3黄药提高湘西金矿锑金回收率的研究与应用[J]. 黄金, 2001(5): 35~37.

[28] 王文凡. 龙山金锑矿部分优先-混合浮选新工艺的研究与应用[J]. 黄金, 2005(1): 37~40.

[29] 张高民. 提高苗龙金矿石浮选回收率的试验研究及生产实践[J]. 黄金, 2009(2): 40~42.

[30] 安士杰. 电化学控制浮选在乌拉嘎金矿生产中的应用[J]. 黄金，2001(11)：36～38.

[31] 梁泽来，闫铁石，孔杰. 某金砷、锑及有机碳难处理金矿石浮选工艺改造生产实践[J]. 黄金，2009(5)：40～43.

[32] 陈志中. 廉江银矿选矿工艺研究及生产应用[J]. 金银工业，1997(3)：5～7.

[33] 王鹤峰，贾振清. FZ-9538 在丰宁银矿的应用实践[J]. 有色金属（选矿部分），2000(5)：33～37.

[34] 胡善友. 维权分公司选矿厂提高选矿回收率的生产实践[J]. 有色金属（选矿部分），2004(1)：24～26.

[35] 张德鑫. 桐柏银矿设计及改造后的选矿工艺特点[J]. 金银工业，1996(3)：22～30.

[36] 孙长泉. 硫化铜铅锌矿石伴生金银的综合回收[J]. 有色矿山，2001(2)：29～33.

[37] 山东黄金集团烟台设计研究工程有限公司. 山东黄金矿业股份有限公司焦家金矿采选6000t/d扩建工程初步设计书. 2007，7.

10 氰化法提金

金可溶于氰化物溶液，是在 18 世纪发现的，并首先用于电镀。1884 年，A. P. 普颖斯（Price）用金属锌从浓氰化钾电镀液中回收残余金。1886 年，F. M. 弗雷斯特和 W. 弗雷斯特（Fovrest）兄弟用浓氰化钾液浸出矿石中的金，用锌块从浸出液中置换沉淀金。在英国格拉斯哥实验室，J. S. 麦克阿瑟（MacArthur）采用浓度很低的氰化钾溶液浸出金，用锌屑置换沉淀金和预先将锌粉浸入醋酸铅溶液中形成锌-铅电池，再用于置换沉淀金，这就是麦克阿瑟-弗雷斯特法。在此基础上，经过生产技术和工艺设备等方面的不断完善，在 19 世纪 80 年代，氰化法的研究取得了进展，于 1890 年，在南非威特沃特斯兰德金矿正式应用。

氰化法是从矿石、精矿和尾矿中直接提金的最经济而又简便的方法，具有成本低、回收率高和对矿石类型适应性广等优点，所以得到了广泛的应用。根据提金方式的不同，目前工业生产上的方法有：常规氰化法（CCD），即氰化浸出-逆流洗涤-锌粉置换的传统工艺。炭浆法（CIP）：用活性炭从氰化浸出矿浆中吸附金的工艺方法。炭浸法（CIL）：向矿浆中加活性炭同时进行浸出和吸附金的工艺方法。树脂浆法（RIP）：用阴离子交换树脂从氰化浸出矿浆中吸附金的工艺方法。

10.1 氰化原理

10.1.1 金、银溶解反应式

金、银在氰化物溶液中，如有氧（或氧化剂）存在时，可以生成一价金、银的配合物而溶解。有关溶解的化学反应式有不同见解，主要有以下几种。

10.1.1.1 埃尔斯纳（Elsener, 1846 年）的氧论

该理论认为，金在氰化物溶液中溶解时，必须有氧参加反应，用下列反应式表示：

$$4Au + 8NaCN + O_2 + 2H_2O \longrightarrow 4NaAu(CN)_2 + 4NaOH$$

银的溶解可以用类似的反应式表示：

$$4Ag + 8NaCN + O_2 + 2H_2O \longrightarrow 4NaAg(CN)_2 + 4NaOH$$

10.1.1.2 博德兰德（Bodlander. 1896 年）的过氧化氢论

该理论认为，金在氰化物溶液中溶解时，依次发生下式两项反应：

$$2Au + 4NaCN + O_2 + 2H_2O \longrightarrow 2NaAu(CN)_2 + 2NaOH + H_2O_2$$

$$H_2O_2 + 2Au + 4NaCN \longrightarrow 2NaAu(CN)_2 + 2NaOH$$

上式两项反应的总和与前面引述的反应式是一样的。过氧化氢是由于溶解于水中的氧发生还原作用而生成的。对银的溶解同样可以写出类似的反应式。

10.1.2 金溶解机理

近几年来，关于金和银在氰化溶液中溶解动力学问题发表了许多学术论文，有些论点还存在争论。其中扩散学说指出，将金浸入氰化溶液时，金的表面便立刻溶解，并在金的表面产生饱和溶液，此饱和溶液逐渐向溶液的内部扩散。由于扩散，使金周围已饱和了的溶液浓度下降，随之金则更进一步溶解，以补充此溶液的浓度，金的溶解作用就是这样逐渐进行的。金的溶解速度虽然快，但被饱和层所阻碍，因而支配溶解速度的毕竟还是溶液层的扩散速度。如果上述说法成立，那么溶液内部与饱和溶液之间就会有扩散层存在。

溶解过程的研究如同研究电化学过程一样，在溶解过程中金属从其表面的阳极区中失去电子，与此同时，氧从金属表面的阴极区中得到电子。发生电化学溶解如图 10-1 所示。

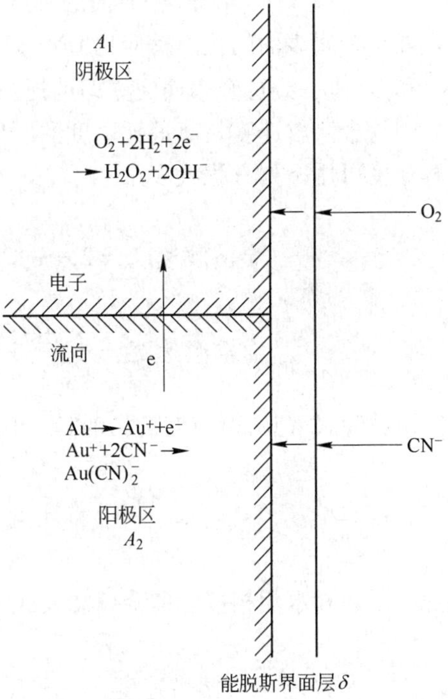

图 10-1 金在氰化溶液中溶解的图解说明

此时，阳极反应是

$$Au \longrightarrow Au^+ + e^-$$

$$Au^+ + 2CN^- \longrightarrow Au(CN)_2^-$$

而阴极反应是

$$O_2 + 2H_2O + 2e^- \longrightarrow H_2O_2 + 2OH^-$$

根据菲克定律：

$$\frac{d(O_2)}{dt} = \frac{D_{O_2}}{\delta}A_1\{[O_2] - [O_2]_i\} \tag{10-1}$$

$$\frac{d(CN^-)}{dt} = \frac{D_{CN^-}}{\delta}A_2\{[CN^-] - [CN^-]_i\} \tag{10-2}$$

式中 $\dfrac{\mathrm{d}(\mathrm{CN}^-)}{\mathrm{d}t}, \dfrac{\mathrm{d}(\mathrm{O}_2)}{\mathrm{d}t}$ ——CN^- 和 O_2 的扩散速度，mol/s；

$\qquad D_{\mathrm{CN}^-}, D_{\mathrm{O}_2}$ ——氰化物和已溶氧的扩散系数，cm^2/s；

$\qquad [\mathrm{CN}^-], [\mathrm{O}_2]$ ——在单位体积溶液中 CN^- 和 O_2 的浓度，mol/mL；

$\qquad [\mathrm{CN}^-]_i, [\mathrm{O}_2]_i$ ——在单位金表面上 CN^- 和 O_2 的浓度，mol/mL；

$\qquad A_1, A_2$ ——发生阴极和阳极反应的表面面积，cm^2；

$\qquad \delta$ ——界面层厚度，cm。

如果金属表面的化学反应比 CN^- 和 O_2 通过不动层的扩散速度快的话，那么 CN^- 和 O_2 刚一到达金表面便立即消耗掉，也就是说 $[\mathrm{O}_2]_i = 0$，$[\mathrm{CN}^-]_i = 0$。

因为金溶解速度是氧消耗速度的两倍，是氰化物消耗速度的一半，所以金的溶解速度可用下列方程式表示：

$$\text{金溶解速度} = 2\frac{\mathrm{d}(\mathrm{O}_2)}{\mathrm{d}t} = 2\frac{D_{\mathrm{O}_2}}{\delta}A_1[\mathrm{O}_2] \tag{10-3}$$

$$\text{金溶解速度} = \frac{1}{2}\frac{\mathrm{d}(\mathrm{CN}^-)}{\mathrm{d}t} = \frac{1}{2}\frac{D_{\mathrm{CN}^-}}{\delta}A_2[\mathrm{CN}^-] \tag{10-4}$$

由方程式（10-3）和式（10-4）可以得出达到平衡时的方程式：

$$2\frac{D_{\mathrm{O}_2}}{\delta}A_1[\mathrm{O}_2] = \frac{1}{2}\frac{D_{\mathrm{CN}^-}}{\delta}A_2[\mathrm{CN}^-] \tag{10-5}$$

但是，因为和水相相接触的金属总表面 $A = A_1 + A_2$，因此，

$$\text{金溶解速度} = \frac{2AD_{\mathrm{CN}^-} - D_{\mathrm{O}_2}[\mathrm{CN}^-][\mathrm{O}_2]}{\delta\{D_{\mathrm{CN}^-}[\mathrm{CN}^-] + 4D_{\mathrm{O}_2}[\mathrm{O}_2]\}} \tag{10-6}$$

当氰化物浓度低时，和分母的第二项相比，其第一项可以忽略不计，因此，方程式（10-6）可简化为

$$\text{金溶解速度} = \frac{1}{2}\frac{AD_{\mathrm{CN}^-}}{\delta}[\mathrm{CN}^-] = K_1[\mathrm{CN}^-] \tag{10-7}$$

这与实验结果完全相符（图10-2），即氰化物浓度低时，金的溶解速度仅取决于氰化物浓度。

同样，由方程式（10-6）可见，当氰化物浓度高时，和分母的第一项相比，其第二项也可以忽略不计，因此，方程式（10-6）可简化为：

$$\text{金的溶解速度} = 2\frac{AD_{\mathrm{O}_2}}{\delta}[\mathrm{O}_2] = K_2[\mathrm{O}_2] \tag{10-8}$$

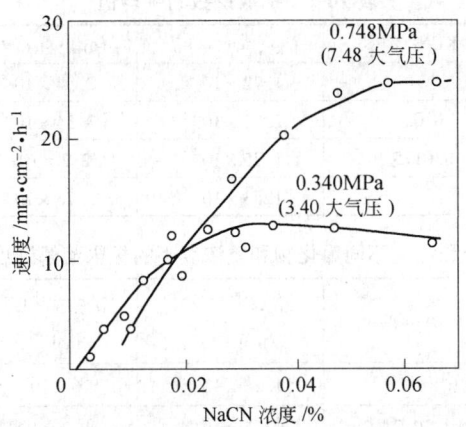

图 10-2　在不同氧气压力和不同 NaCN 浓度下,
在 24℃ 银的溶解速度

这也和实验结果（图 10-2）相符, 即氰化物浓度高时, 金溶解速度仅由氧浓度
而定。

$$D_{CN^-}[CN^-] = 4D_{O_2}[O_2] \qquad (10-9)$$

由方程式 (10-6) 可以得出:

$$\text{金溶解速度} = \sqrt{\frac{D_{O_2}D_{CN^-}}{2\delta}A[O_2]^{0.5}[CN^-]^{0.5}} \qquad (10-10)$$

将方程式 (10-9) 可以写成下列方程式:

$$\frac{[CN^-]}{[O_2]} = 4\frac{D_{O_2}}{D_{CN^-}} \qquad (10-11)$$

由表 10-1 查得扩散系数的平均值, 即

$$D_{O_2} = 2.76 \times 10^{-5}\,cm^2/s$$

$$D_{KCN} = 1.83 \times 10^{-5}\,cm^2/s$$

其比值 $D_{O_2}/D_{CN^-} = 1.5$ 代入方程式 (10-11), 当

$$\frac{[CN^-]}{[O_2]} = 6$$

时, 金溶解速度达到极限值, 此速度称为极限溶解速度。进行金银溶解速度实验
所得的数据列入表 10-2。表 10-2 中所示的 $[CN^-]$ 和 $[O_2]$ 之比值在 4.6 ~ 7.4
之间, 这与理论值是很吻合的。

表 10-1　扩散系数的平均值

温度/℃	KCN/%	$D_{KCN}/cm^2 \cdot s^{-1}$	$D_{O_2}/cm^2 \cdot s^{-1}$	D_{O_2}/D_{KCN}
18	—	1.72×10^{-5}	2.54×10^{-5}	1.48
25	0.03	2.01×10^{-5}	3.54×10^{-5}	1.76
27	0.0175	1.75×10^{-5}	2.2×10^{-5}	1.26
平均值		1.83×10^{-5}	2.76×10^{-5}	1.5

表 10-2　金和银在不同氰化物和氧浓度下的极限溶解速度实验数据

金属	温度/℃	p_{O_2}/atm	溶液中 $[O_2]$ /mol · L^{-1}	溶液中 $[CN^-]$ /mol · L^{-1}	$[CN^-]/[O_2]$
金	25	1	1.28×10^{-3}	6×10^{-3}	4.69
	25	0.21	0.27×10^{-3}	1.3×10^{-3}	4.86
	35	1	1.1×10^{-3}	5.1×10^{-3}	4.62
银	24	7.48	9.55×10^{-3}	56×10^{-3}	5.85
	24	3.4	4.35×10^{-3}	25×10^{-3}	5.75
	35	2.7	2.96×10^{-3}	22×10^{-3}	7.4
	35	1	1.1×10^{-3}	8.1×10^{-3}	7.35
	25	0.21	0.27×10^{-3}	2×10^{-3}	7.4

注：1atm = 0.1MPa。

当应用方程式（10-6）时，式中代入扩散系数值后，根据许多实验数据确定了 δ。求得的 δ 值波动在 $2.0 \times 10^{-3} \sim 9.0 \times 10^{-3}$ 之间，它表示扩散-控制过程中界面层的厚度，其值取决于搅拌速度和搅拌方法。

在室温和大气压力下，1L 水溶解 8.2mg 氧，这相当于 0.27×10^{-3} mol/L。因此，极限溶解速度出现在 KCN 浓度等于 $6 \times 0.2 \times 10^{-3}$ mol/L 或 0.01% 的溶液中。

从工艺观点来看，实际重要的是既不仅仅是溶解氧的浓度（亦即溶液的充气程度），也不仅仅是游离氰化物浓度，而是两者浓度之比。因此，如果只致力于获得理想的充气而溶液中缺少游离氰化物，这显然是无效的，而且氰化速度也不能达到最大值。反过来也一样，如果加入过量的氰化物而溶液中的氧含量低于理论值，则该过量的氰化物显然是浪费的。因此，必须同时分析和控制溶液的游离氰化物和溶液的氧含量，使其摩尔比等于 6。

10.1.3　保护碱

在水治过程中氰化物的损耗有机械和化学方面的原因。

机械原因：矿浆装入容器过满或不密闭而泄漏、喷散，矿浆的脱水和洗涤的不完全以及被含氰污水带走等。

氰化物损失的化学原因：（1）氰化物的水解；（2）因 CO_2 的作用生成挥发

性的 HCN；（3）矿石中的其他矿物与氰化溶液作用生成硫氰化物及其络盐。

氰化钾或其他氰化物在水解时会发生下列可逆反应：

$$KCN + H_2O \rightleftharpoons KOH + HCN \uparrow$$

或

$$CN^- + H^+ \rightleftharpoons HCN \uparrow$$

所生成的 HCN 一部分从溶液中挥发出来，造成了氰化物的损失并污染车间空气。当把碱加入到溶液中时，氰化物的水解作用减小了，因为此时平衡系统移往生成 KCN 的方向（向左）。KCN 水解反应的平衡常数如下：

$$K = \frac{[KOH] \cdot [HCN]}{[KCN]}$$

已知 $K_{18℃} = 2.54 \times 10^{-5}$，从而可以计算出不同浓度 KCN 水解的数量。例如，溶液中含有 0.016% KCN 时，其水解程度约 10%。当溶液中含有浓度为 a 的游离碱时，等式可写成：

$$[HCN] = \frac{2.54 \times 10^{-5}[KCN]}{[KOH + a]}$$

如果溶液中含有 0.004% NaOH，那么含 0.016% KCN 溶液的 KCN 水解程度下降至 2.44%；而含有 0.008% NaOH 时，KCN 的水解程度则下降至 1.2%。由此可见，使溶液含有 0.01% NaOH，即可以防止氰化溶液水解。

在溶液中存在的 CO_2 和因硫化物氧化所生成的酸（H_2SO_4、H_2SO_3）也与氰化物作用生成 HCN：

$$2KCN + H_2CO_3 \rightleftharpoons K_2CO_3 + 2HCN \uparrow$$

$$2KCN + H_2SO_4 \rightleftharpoons K_2SO_4 + 2HCN \uparrow$$

$$2KCN + H_2SO_3 \rightleftharpoons K_2SO_3 + 2HCN \uparrow$$

碱的加入使酸被中和，于是阻止了这种作用的进行：

$$H_2SO_4 + Ca(OH)_2 \rightleftharpoons CaSO_4 + 2H_2O$$

黄铁矿氧化时，除生成 H_2SO_4 以外，还会生成 $FeSO_4$，它与 KCN 作用也会造成氰化物的损失：

$$FeSO_4 + 6KCN \rightleftharpoons K_4Fe(CN)_6 + K_2SO_4$$

溶液中如有碱和氧时，$FeSO_4$ 便氧化为 $Fe_2(SO_4)_3$；而 $Fe_2(SO_4)_3$ 再与碱作用会生成 $Fe(OH)_3$ 沉淀。$Fe(OH)_3$ 不与 KCN 发生作用。

从以上论述可见，在氰化溶液中加碱，可以使氰化物不分解或者防止氰化物与 $FeSO_4$ 发生作用，即可以保护氰化物而免其损失。所以，把加入氰化溶液中的碱称为保护碱。

但碱过高会降低金的溶解速度（图 10-3）并在置换沉淀作业中使锌消耗增加，亦增加氰化溶液对某些矿物的活度。因此，必须用实验方法确定最适宜的碱浓度，以获得金和银的最大溶解度。

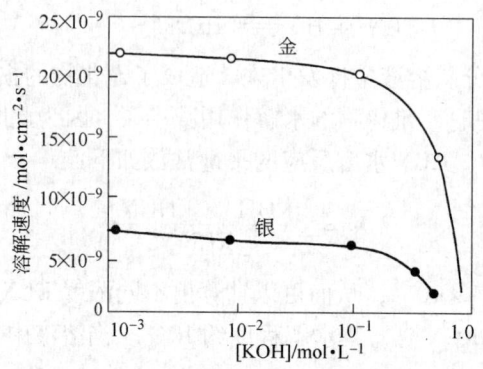

图 10-3   pH 值对金银在 KCN 溶液中溶解速度的影响

在生产实践中，通常是把 pH 值控制在 11 ~ 12 范围内，并主要用石灰作保护碱，因为它比 NaOH 和 KOH 便宜。氰化提金厂通常采用的石灰（CaO）浓度为 0.03% ~ 0.05%。

10. 1. 4 影响金溶解速度的因素

10. 1. 4. 1 氰化物及氧浓度

氰化物和氧的浓度是决定金溶解速度的两个最主要的因素。金、银的溶解速度与氰化物浓度的关系见图 10-4。

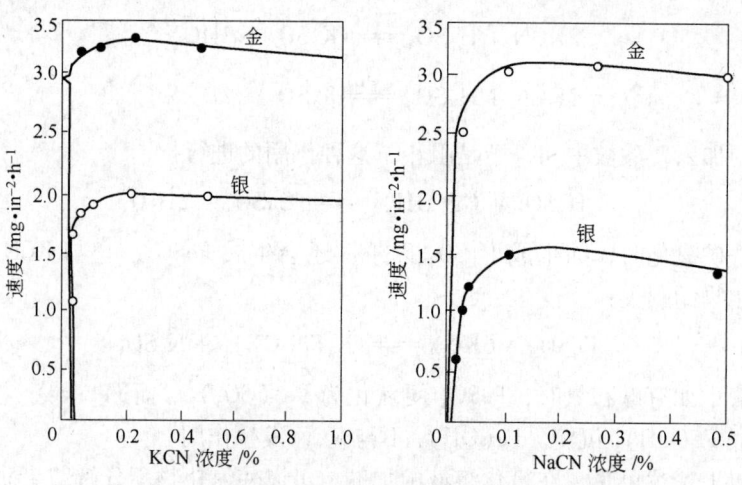

图 10-4   氰化物浓度的影响

$(1 in^2 = 6.45 \times 10^{-4} m^2)$

从图 10-4 可以看出，当氰化物的浓度在 0.05% 以下时，金的溶解速度随着溶液中氰化物浓度增大而增大到最大值，以后则随氰化物浓度的增大而缓慢上升，直至氰化物浓度增大到 0.15% 时为止。此后再继续增大氰化物浓度，金的溶解速度反而略有下降。金在低浓度氰化物溶液中溶解速度很大的原因，是氧在其中的溶解度较大以及氧和溶剂在稀溶液中扩散速度较大所致。氧在低浓度氰化物溶液中的溶解度几乎是恒定不变的，同时，随着溶液中氰化物浓度的增大，扩散速度降低得并不多。用低浓度氰化物溶液处理金矿时，金与银的溶解度都很大，但各种非贵金属的溶解度却很小，使氰化物的消耗减少了，有利于金的溶解。

在金因电化学作用而溶解的场合，氧与 CN^- 的扩散作用有很大意义。在金的溶解过程中，首先是消耗环绕金粒周围的一层溶液中的 O_2 和 CN^-，这一层溶液浓度因此而减低。为了使金的溶解以同样作用继续下去，必须有数量大致相等的氧及 CN^-，从邻近的溶液层扩散到环绕金粒周围的一层溶液。如果氧及 CN^- 的扩散速度不够大，则金的溶解速度将减缓。另外，氧的扩散速度与 CN^- 的扩散速度必须有一定的比例，因为氧气不足将使金的溶解度减小。在正常状况下，氧在氰化溶液中的溶解度为每升 7.5~8.0mg，在稀薄氰化溶液中则达到某一恒定值。因此氰化物浓度增大或超过某一限度的时候，氰化物浓度与氧浓度比例即被破坏，会使过多的氰化物保留下来而不能被有效地利用。

当氰化物浓度低时，金的溶解速度只取决于氰化物溶液的浓度；相反，氰化物溶液的浓度高时，金的溶解速度与氰化物浓度无关，而仅由氧的浓度而定（见图 10-2），所以在氰化过程中，任何引起氰化溶液中氧浓度的降低，都将导致金溶解速度的降低。例如，在某些矿石中所伴生的大部分白铁矿、磁黄铁矿及部分黄铁矿很容易氧化，以致消耗大量氰化物和溶液中的氧，使金的溶解度降低。为了防止这些有害杂质的影响，往往在氰化浸出之前，向碱性矿浆中通入空气进行强烈搅拌，以使硫化铁矿氧化呈 $Fe(OH)_3$ 沉淀。因为 $Fe(OH)_3$ 不与氰化物发生作用，亦不能再吸收溶液中的氧，有利于提高氰化浸出指标。

因此，强化金溶解过程的基本因素就是提高氧在溶液中的浓度，这可以用渗氧溶液或在高压下进行氰化来实现。例如，在空气压力为 0.7MPa（7atm）时，根据各种矿石特性的不同，金的溶解速度可提高为原来溶解速度的 10 倍或 20 倍，甚至 30 倍，并能提高金回收率约 15%。

多数生产实践认为，在常压条件下，金的最高溶解速度是在氰化物浓度为 0.05%~0.10% 的范围内；而在某些情况下是在 0.02%~0.03% 的范围内。一般来说，当进行渗滤氰化和处理磁黄铁矿等杂质较多的矿石以及循环使用脱金溶液（贫液）时，采用较高的氰化物浓度；处理浮选精矿的氰化浓度要高于原矿全泥氰化的浓度。

10.1.4.2　温度

金的溶解速度是随着温度的升高而增大，即在85%左右为最大。金的溶解速度与温度的关系如图10-5所示。但从另一方面来说，随着温度的升高，溶液中的氧含量则降低，于100℃时为零。氧在这种情况下，已经没有在极化作用强烈的情况下所起的作用（与氢化合的作用）。

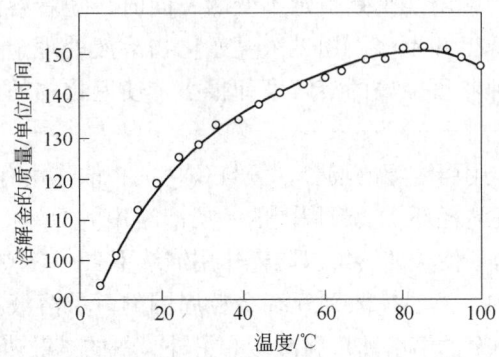

图10-5　在0.25% KCN溶液中温度对金溶解速度的影响

实际上若提高矿浆温度会引起许多不良影响。例如，能提高非贵金属与氰化物的化学反应速度；增加碱金属氰化物和碱土金属氰化物的水解速度，从而可造成氰化物消耗量的增加。此外，加温矿浆要消耗大量燃料，提高了处理矿石的氰化成本。

在工业上一般不采用加温矿浆的方法来处理矿石，因为使金提取率的提高及处理时间的缩短抵偿不了所需的加热费用。冬季仅在寒冷地区，氰化厂只采取保温措施，使矿浆温度一般维持在15~20℃。

10.1.4.3　金粒大小及形状

金粒大小是决定金溶解速度一个很主要的因素。当处理含金量相同但金粒大小不同的矿石时，其溶解速度是不一样的。金粒越大，其溶解速度越慢，这给提金过程带来很大影响。

根据金粒在氰化工艺过程中的行为，基本上可以分为如下三种粒度：粗粒金（大于70μm）、细粒金（70~1μm）和微粒金（小于1μm）。有时在粗粒金中也可分出特粗粒金（大于0.5~0.6mm）。虽然在大多数情况下，矿石中的金主要是呈细粒和微细粒存在，但也有部分金粒是较大的。粗粒金在氰化溶液中溶解得很慢，需要很长的浸出时间才能使其完全溶解，因而会延长浸出过程。

细粒金在磨矿后，一部分呈游离状态存在，另一部分则与某些矿物呈连生体状态存在。上述两种状态的细粒金，在氰化过程中都会很好地被溶解。

微粒金在磨矿过程中被解离得并不多，其大部分仍将残留在矿物中，这种金在重选和浮选过程中会自然地与其他矿物一起被回收。如果金包裹在硫化物中，那么只有在硫化物被分解之后——通常是经过氧化焙烧之后，方能用氰化法回收。致密的非硫化矿物（常常为石英）中的金，只有经过熔炼方可回收。在某些矿石中，微粒金是被包裹在多孔的非硫化物——铁的氢氧化物和碳酸盐里，通常进行粗磨并用氰化法从粗磨的物料中浸出金。

微粒金的含量通常是随着矿石中的硫化物含量的增加而增加。这种微粒金在金-黄铁矿矿石中平均占 10% ~ 15%；在金-铜矿石、金-砷矿石和金-锑矿石中可达 30% ~ 50%，而在某些金-多金属矿石中所含的金几乎都是微粒金。所以在这些矿石的处理工艺中，浮选、焙烧和熔炼的作用增大了，而重选和氰化法的意义减少了。

另外，金以微粒金状态存在时，也使得金矿石处理不经济，因为这样细的金粒即使经过最强烈的磨矿也不能使其完全暴露出来，而且过度粉碎使生产费用增加。此外，还会给浸出后的过滤作业带来很多技术上的困难，物料过细使含金溶液与固体难以分离，以致会造成氰化物和已溶金大量损失。所以，可以认为，矿石中金粒大小是决定氰化法提金有无成效的重要因素之一。

金粒的形状亦对金的溶解过程有很大影响。金粒呈薄片状时，转入氰化溶液中的金量与溶解时间长短成直线关系。如果金粒分布在脉石矿物中且其溶解作用仅从一边发生，那么溶解作用与时间的关系是随金粒与溶液接触面积的变化而变化的。当金粒为球体形状时，在溶解过程中球体直径逐渐减小，因此，被溶解的金量也在逐渐减少，其溶解曲线开始一直上升，随后斜率逐渐减小。而当金粒为不同大小的球体形状时，小球要比大球溶解得快，并且球的总数在逐渐减少，其溶解曲线的斜率要比球体均匀时的斜率更大。具有内孔穴的金粒，因其溶解表面积逐渐在扩大，所以溶解速度亦在加快。

除金粒大小和形状外，金粒在磨矿过程中被暴露的程度，对溶解过程也具有重大的意义。在浸出时，只有将金粒表面暴露出来才有可能使其与氰化溶液接触，以达到浸出目的。

10.1.4.4 矿浆浓度和矿泥

在氰化时，矿浆浓度和矿泥的含量会直接影响扩散速度、金粒与溶液和其他矿物的接触。矿浆中，结晶部分和胶体部分的比例，以及液体与固体的相对关系影响矿浆黏度。矿浆黏度取决于矿浆中高度分散微粒的含量。这些微粒的大小接近于胶体，呈原生矿泥和次生矿泥进入矿浆。原生矿泥是高岭土一类的矿物，存在于原来的矿床中。次生矿泥是矿石在磨矿时生成的，其组成为极度分散的石英、硅酸盐、硫化物及一些金属粉末。这些矿泥在矿浆中生成一种极难沉淀并呈胶体状态的微粒，有时可长时间地呈悬浮状态。这种矿泥能使矿浆黏度增大、降低金的溶解速度及吸附已溶金。

矿浆溶度越低，则矿浆黏度越小，氰化溶液中的氰离子和氧向金粒表面的扩散速度就越大，从而能提高金的溶解速度和浸出率。虽然采用低浓度矿浆进行浸出时，会相对缩短浸出时间，但也会引起一些不良的后果，例如，必须增大设备的体积，成比例地增加浸出时所用的药剂量。因此，最适宜的矿浆浓度是通过实验来确定的。一般来说，对粒状矿物进行氰化时，为提高矿浆中离子的扩散速度及在溶液中的最初溶解度，必须采用较低的矿浆浓度，通常在 25% 以下。

10.1.4.5　金表面生成的薄膜

在氰化过程中，金的表面会生成阻碍金与氰化溶液接触的各种薄膜，降低金的溶解速度。金表面生成的薄膜有以下几种。

A　硫化物薄膜

在氰化溶液中，硫离子溶度只要达到 0.5×10^{-4}% 就会降低金的溶解速度（图 10-6）。这可视为在金的表面生成了一层不溶的硫化亚金薄膜而阻碍了金的溶解速度。

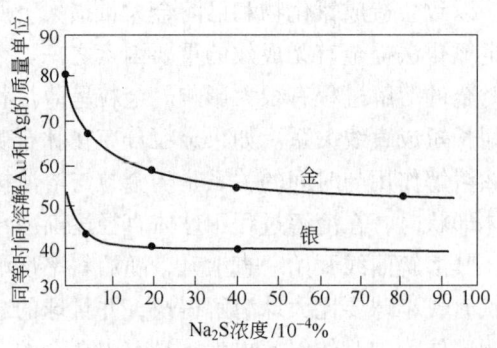

图 10-6　在 0.25% KCN 溶液中 Na_2S 对金和银溶解速度的影响

B　过氧化物薄膜

用 $Ca(OH)_2$ 作为保护碱使矿浆 pH > 11.5 时，比用 NaOH 和 KOH 作保护碱对金的溶解有显著的阻碍作用（图 10-7）。这是由于在金的表面生成了过氧化钙

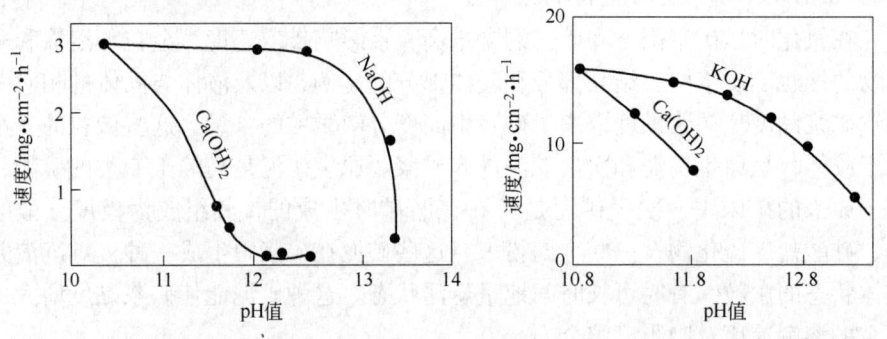

图 10-7　高碱性溶液中由于钙离子引起的阻滞效应

薄膜，从而阻碍了金与氰化物作用的缘故。过氧化钙被认为是由于石灰和积累在溶液中的 H_2O_2 按下式反应所生成的：

$$Ca(OH)_2 + H_2O_2 \longrightarrow CaO_2 + 2H_2O$$

C　氧化物薄膜

在氰化溶液中加入臭氧时，能降低金的溶解速度，这主要是因为在金的表面生成了一层砖红色的金氧化物薄膜所致。

D　不溶的氰化物薄膜

铅离子（Pb^{2+}）对金的溶解过程起到一种独特的作用：当加入适量的铅盐时，对金的溶解有增速效应（图10-8）。这是由于铅与金生成原电池，金在原电池中成为阳极，因此金转入溶液。反之，当铅盐过量时，则引起阻滞效应，这是由于沉积在金表面的不溶 $Pb(CN)_2$ 薄膜所致。因此，在使用铅盐（硝酸铅、醋酸铅）时必须通过实验确定其最佳用量。

E　黄原酸金薄膜

对浮选精矿氰化时，金的溶解速度随着氰化溶液中乙基黄药的溶度超过

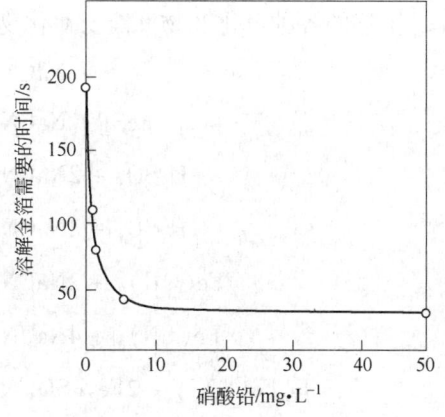

图 10-8　在 0.1% NaCN 溶液中铅离子对金溶解的影响

$0.4 \times 10^{-4}\%$ 而降低。例如：某选金厂在对金矿石的浮选过程中，将黄药用量由 25g/t 增至 120g/t 时，金的浮选回收率由 82.7% 增至 87.1%；但氰化的指标则相反，由于在氰化溶液中黄药浓度由 33mg/L 增至 110mg/L，金的浸出率由 74.2% 降至 55.6%。因而，金的回收率也从 61.4% 降至 48.4%，这主要是由于在金的表面生成黄原酸金膜所致。因此，为了克服浮选药剂对氰化指标的不利影响，在保证金浮选回收率的前提下，应尽量降低浮选药剂的用量；而金精矿在进行氰化之前，通常采用浓缩机、过滤机或其他方式进行脱药。

10.1.5　伴生矿物在氰化过程中的行为

采用氰化法从含铅金矿石中提取金银时，石英及硅酸盐等矿物不与氰化溶液发生反应；而各种非贵金属的化合物——硫化物、氧化物、硫酸盐和氢氧化物等，其中大部分与氰化物发生反应，阻碍了金银的溶解，降低了金银的沉淀效果，使氰化物消耗增大。

10.1.5.1　铁矿物

在氰化过程中，赤铁矿、磁铁矿、针铁矿、菱铁矿和硅酸铁等氧化铁矿物不被氰化溶液所溶解。相反，氰化溶液不仅能与硫化铁矿发生反应，而且还能与硫

化铁矿的氧化产物发生反应。通常遇到的硫化铁矿物主要有黄铁矿、白铁矿和磁黄铁矿等，黄铁矿和白铁矿的氧化过程可以划分为下列各阶段：

（1）FeS_2 因风化作用或在湿磨矿时部分分解为 FeS 和 S。

（2）游离的 S 因氧化生成 H_2SO_3 和 H_2SO_4，而 FeS 则氧化生成 $FeSO_4$。

（3）$FeSO_4$ 氧化生成 $Fe_2(SO_4)_3$，它进一步氧化时生成碱式硫酸铁 $2Fe_2O_3 \cdot SO_3$，最后生成 $Fe(OH)_3$。

上述的各种氧化产物都能与氰化物发生反应，使氰化物消耗量增大，例如：

$$S + NaCN == NaCNS$$

$$FeS_2 + NaCN == FeS + NaCNS$$

$$H_2SO_3 + 2NaCN == Na_2SO_3 + 2HCN$$

$$H_2SO_4 + 2NaCN == Na_2SO_4 + 2HCN$$

$$Fe(OH)_2 + 2NaCN == Fe(CN)_2 + 2NaOH$$

$$Fe(CN)_2 + 4NaCN == Na_4Fe(CN)_6$$

$$3Na_4Fe(CN)_6 + 2Fe_2(SO_4)_3 \longrightarrow Fe_4[Fe(CN)_6]_3 + 6NaSO_4$$

磁黄铁矿在有水和空气的条件下立刻分解成硫酸、硫酸亚铁、碱式硫酸铁、碳酸亚铁和氢氧化亚铁等，这些产物也都能使氰化物消耗增加。此外，磁黄铁矿含有的一个结合得不牢固的硫原子，与氰化物发生反应生成硫氰酸盐和硫化亚铁：

$$Fe_5S_6 + NaCN == NaCNS + 5FeS$$

而这一硫化亚铁易被氧化成硫酸盐，并与氰化物发生反应生成亚铁氰化物：

$$FeS + 2O_2 == FeSO_4$$

$$FeSO_4 + 6NaCN \longrightarrow Na_4[Fe(CN)_6] + NaSO_4$$

必须指出，大部分黄铁矿在矿床中氧化得很慢，并在堆放、磨矿和氰化过程中不易氧化，而只在矿浆中通入空气和与溶液长期接触时才会氧化分解，因而对金银氰化的影响较小。但大部分白铁矿和磁黄铁矿（有时一部分黄铁矿）在矿床、堆放、磨矿和氰化过程中均易氧化分解，尤其是磁黄铁矿氧化时，所生成的硫酸盐最多，氧的消耗也最大，所以它的存在对于金银氰化是极为不利的。在这种情况下，易氧化的硫化铁矿在氰化之前应实行氧化焙烧和洗矿；而难氧化的硫化铁矿则应先用碱液浸出使亚铁变成 $Fe(OH)_3$ 沉淀。

此外，在矿石的破碎和磨矿过程中，因机械的磨损而混入矿浆中的金属铁粉（每吨矿石 0.5 ~ 2.5kg）将缓慢地与氰化溶液发生作用：

$$Fe + 6NaCN + 2H_2O == Na_4Fe(CN)_6 + 2NaOH + H_2$$

其结果是使氰化物的消耗增加。

10.1.5.2 铜矿物

矿石中不同种类的化合物和金属铜,例如:氧化亚铜、氧化铜、氢氧化铜及碱式碳酸铜(孔雀石、蓝铜矿)都能与氰化物发生反应生成铜氰络盐而消耗氰化物。例如:

$$2CuSO_4 + 4NaCN = Cu_2(CN)_2 + 2Na_2SO_4 + (CN)_2\uparrow$$

$$Cu_2(CN)_2 + 4NaCN = 2Na_2Cu(CN)_3$$

$$2Cu(OH)_2 + 8NaCN = 2Na_2Cu(CN)_3 + 4NaOH + (CN)_2\uparrow$$

$$2CuCO_3 + 8NaCN = 2Na_2Cu(CN)_3 + 2Na_2CO_3 + (CN)_2\uparrow$$

$$2Cu_2S + 4NaCN + 2H_2O + O_2 \longrightarrow Cu_2(CN)_2 + Cu(CNS)_2 + 4NaOH$$

$$Cu_2(CNS)_2 + 6NaCN \longrightarrow 2Na_3Cu(CNS) \cdot (CN)_3$$

各种铜矿物在氰化溶液中的溶解度列于表 10-3。由表 10-3 可知,在氰化溶液中,蓝铜矿、赤铜矿、孔雀石和金属铜等较容易被溶解甚至完全溶解;硅孔雀石和黄铜矿的溶解度最小。硫砷铜矿和黝铜矿能消耗大量的氰化物,砷、锑的溶解度则使氰化溶液被污染。通常铜矿物的溶解度随温度的下降而下降。

表 10-3　铜矿物在 0.099% NaCN 溶液中的溶解度

矿物名称	分子式	铜溶解率/%		矿物名称	分子式	铜溶解率/%	
		23℃	45℃			23℃	45℃
金属铜	Cu	90.0	100.0	黄铜矿	CuFeS	5.6	8.2
蓝铜矿	$2CuCO_3 \cdot Cu(OH)_2$	94.5	100.0	斑铜矿	$FeS \cdot 2Cu_2S \cdot CuS$	70.0	100.0
赤铜矿	Cu_2O	85.5	100.0	孔雀石	$CuCO_3 \cdot Cu(OH)_2$	90.2	100.0
硅孔雀石	$CuSiO_3$	11.8	15.7	硫砷铜矿	$3CuS \cdot As_2S_5$	65.8	75.1
辉铜矿	Cu_2S	90.2	100.0	黝铜矿	$4Cu_2S \cdot SbS_3$	21.9	43.7

由于氰化溶液与许多铜矿物之间的作用非常强烈,因此,当有过量的铜矿物存在时,很难用氰化法提金。铜矿物的特性是在氰化物浓度降低时,铜矿物与氰化溶液之间作用的强烈程度急剧下降。因此,在工业生产中,一般采用低浓度氰化溶液来处理含铜的金矿石,这是以铜矿物的这种特性为根据的。

为便于氰化顺利进行,在生成过程中将氰化原矿中铜的含量控制在 0.1%以下。

10.1.5.3 锌矿物

通常在金矿石中锌的含量较低。氧化的锌矿物很容易溶解于氰化溶液中,未氧化的硫化锌(闪锌矿)会轻微地与氰化物溶液发生作用生成锌氰酸盐和硫氰酸盐。各种锌矿物在氰化溶液中的溶解度列于表 10-4。一般来说,锌矿物对金溶解的影响不如铜矿物强烈，但已溶锌在氰化溶液中的含量达 0.03% ~ 0.10% 时对金银的溶解有影响。

表 10-4 锌矿物在氰化溶液中的溶解度

矿 物 名 称	分 子 式	锌含量/%		锌溶解率/%
		原 矿	浸 渣	
闪锌矿	ZnS	1.36	1.11	18.4
硅锌矿	$ZnSiO_4$	1.22	1.06	13.1
水锌矿	$3ZnCO_3 \cdot 2H_2O$	1.36	0.78	35.1
异极矿	$H_2Zn_2SiO_5(Fe,Mn,Zn)O$	1.19	1.03	13.4
锌铁尖晶石	$(Zn,Mn)FeO_4$	1.19	0.95	20.2
红锌矿	ZnO	1.22	0.79	35.2
菱锌矿	$ZnCO_3$	1.22	0.73	40.2

闪锌矿在氰化溶液中溶解时为可逆反应：

$$ZnS + 4NaCN \rightleftharpoons Na_2Zn(CN)_4 + Na_2S$$

当不存在氧时，反应向右方向进行程度与氰化物的浓度成正比，并且硫化钠的氧化程度对反应速度有影响。硫化钠遇水分解成硫氢化钠和苛性钠：

$$Na_2S + H_2O \rightleftharpoons NaSH + NaOH$$

而 $NaSH$ 与 Na_2S 如有氧存在，又能与氧及 $NaCN$ 发生反应生成硫代氰酸钠和苛性钠：

$$2Na_2S + 2O_2 + H_2O = Na_2S_2O_3 + 2NaOH$$

$$2NaSH + 2O_2 = Na_2S_2O_3 + H_2O$$

$$2NaSH + 2NaCN + O_2 = 2NaCNS + 2NaOH$$

$$2Na_2S + 2NaCN + 2H_2O + O_2 = 2NaCNS + 4NaOH$$

由上述反应可知，闪锌矿在氰化溶液中溶解时，也要消耗氧及氰化物，影响了金银的溶解速度。

氧化锌矿物易溶于氰化溶液中，生成锌氰酸盐、碳酸钠或苛性钠：

$$ZnO + 4NaCN + H_2O = Na_2Zn(CN)_4 + 2NaOH$$

$$ZnCO_3 + 4NaCN = Na_2Zn(CN)_4 + Na_2CO_3$$

$$ZnSiO_4 + 4NaCN + H_2O \longrightarrow Na_2Zn(CN)_4 + Na_2SiO_3 + 2NaOH$$

因此，也同样会使氰化物消耗增加。

10.1.5.4 汞及铅矿物

金属汞在氰化溶液中溶解得很慢，但其化合物却溶解得很快，即汞及其化合物在溶解过程中要消耗氧及氰化物：

$$HgO + 4NaCN + H_2O \Longrightarrow Na_2Hg(CN)_4 + 2NaOH$$

$$2HgCl + 4NaCN \Longrightarrow Hg + Na_2Hg(CN)_4 + 2NaCl$$

$$Hg + 4NaCN + H_2O + 1/2O_2 \Longrightarrow Na_2Hg(CN)_4 + 2NaOH$$

方铅矿经常在金矿中遇到，在其未氧化的情况下与氰化物的作用很弱，但若长时间接触能生成 NaCNS 和 NaPbO$_2$。为了消耗铜和铁等的硫化物对金溶解的有害影响，以及置换沉淀金时在锌表面形成锌-铅局部电池，往往加入适量的铅盐（醋酸盐、硝酸盐），以提高浸出和置换的指标。亚铅酸盐及汞的化合物对氰化作业还有积极作用，因为它们可以从溶液中消耗碱金属硫化物。白铅矿 PbCO$_3$ 被碱溶解成 CaPbO$_2$，它能与可溶性硫化物发生反应，但其浓度若超过置换沉淀时的需要量则会增加锌粉的消耗，并降低金泥的品位。

10.1.5.5 砷、锑

砷、锑矿物对金银氰化过程极为有害。用氰化法直接处理含砷、锑高的矿石是很困难的，有时甚至是不可能的。

砷在金矿中经常以硫化物（雄黄、雌黄、毒砂等）形态存在。

雄黄（As$_2$S$_3$）和雌黄（As$_2$S$_2$）易溶于碱性氰化溶液中：

$$2As_2S_3 + 6Ca(OH)_2 \longrightarrow Ca(AsO_3)_2 + Ca_3(AsS_3)_2 + 6H_2O$$

$$Ca_3(AsS_3)_2 + 6Ca(OH)_2 \longrightarrow Ca(AsO_3)_2 + 6CaS + 6H_2O$$

$$2CaS + 2O_2 + H_2O \longrightarrow CaS_2O_3 + Ca(OH)_2$$

$$2CaS + 2NaCN + 2H_2O + O_2 \longrightarrow 2NaCNS + 2Ca(OH)_2$$

$$Ca_3(AsS_3)_2 + 6NaCN + 3O_2 \longrightarrow 6NaCNS + Ca(AsO_3)_2$$

$$As_2S_3 + 3CaS \longrightarrow Ca(AsS_3)_2$$

$$6As_2S_3 + 3O_2 \longrightarrow 2As_2O_3 + 4As_2S_3$$

$$6AsS_2 + 3O_2 + 18Ca(OH)_2 \longrightarrow 4Ca(AsO_3)_2 + 2Ca(AsS_3)_2 + 18H_2O$$

毒砂（FeAsS）在氰化溶液中很难溶解，但它与黄铁矿相似，能被氧化生成 Fe(SO$_4$)$_3$、As(OH)$_3$、As$_2$O$_3$ 等，而 As$_2$O$_3$ 在缺乏游离碱的情况下，能与氰化物作用生成 HCN：

$$As_2O_3 + 6NaCN \longrightarrow NaAsO_3 + 6HCN\uparrow$$

辉锑矿虽然不直接与氰化溶液作用，但能很好地溶于碱，生成亚锑酸盐及硫代亚锑酸盐：

$$Sb_2S_3 + 6NaOH \longrightarrow NaSbS_3 + NaSbO_3 + 3H_2O$$

$$2NaSbS_3 + 3NaCN + 3H_2O + 1\frac{1}{2}O_2 \longrightarrow Sb_2S_3 + 3NaCNS + 6NaOH$$

锑的硫化物又重新溶于碱中进一步吸收氧。只有当全部的硫化物变成氧化物后，这些反应才能结束。

综上所述：（1）砷、锑硫化物的分解会消耗矿浆中的氧及氰化物，从而降低了金的溶解速度。（2）砷、锑的硫化物在碱性矿浆中分解所生成的亚砷酸盐、硫代亚砷酸盐、亚锑酸盐、硫代亚锑酸盐，它们都与金表面接触，并在金的表面上生成薄膜，从而严重阻碍了金、氧、CN^- 三者之间的相互作用。

如果用氰化法处理含砷、锑矿物较多的金矿石时，一般采用预选氧化焙烧的方法除掉砷和锑，然后才能用氰化法进行浸出。

10.1.5.6　硒、碲矿物

金属硒是不溶于氰化溶液的，但其化合物在常温下却能溶解，并生成硒氰化物，例如生成 NaCNSe。当硒的含量很高时将会增加氰化物的消耗。

在金银矿石中，伴生的碲矿物有含金的碲金矿（$AuTe_2$）和不含金的碲铋矿（BiTe）。碲铋矿不溶于氰化溶液中。一般来说，碲矿物在氰化溶液中很难溶解，但碲矿物若以微粒级状态存在时则较容易溶解。锑溶解后生成碲化碱 Na_2Te，继而生成亚碲酸盐，结果会使氰化物分解并吸收溶液中的氧，因此，碲矿物对氰化法提金是很不利的。近来一些选金厂采用提高磨矿细度、添加过量石灰的方法使碲溶解，也可以采用预先氧化焙烧的方法除碲。

10.1.5.7　含碳矿物

用氰化法处理含碳（或含石墨）矿石时，曾发现已溶金过早沉淀，并随尾矿流失，这主要是因为碳对已溶金 $Na_2Au(CN)_2$ 吸附作用的结果。

消除碳对氰化的不良影响，可采用下述方法：

（1）在氰化之前加入少量的煤油、煤焦油或其他药剂，使含碳矿物表面形成一种能抑制其吸附已溶金的薄膜。

（2）在氰化之前，将氰化原矿实行氧化焙烧。

（3）预先用次氯酸钠处理含碳矿石，其条件如下：在碱性介质中，次氯酸钠用量9kg/t，温度 50~60℃，时间 3~4h。

（4）应用炭浆法（clp）和炭浸法（cll）处理。

10.1.6　各种氰化物的应用

碱金属氰化物和碱土金属氰化物都能作为氰化法提取金银的药剂。在选用氰化物时，必须考虑对金的相对溶解能力、稳定性、价格以及所含杂质对金溶解的影响。常用的氰化物有 NaCN、KCN、NH_4CN、$Ca(CN)_2$ 四种。这些氰化物对金的相对溶解能力取决于单位质量氰化物中氰根的含量，亦取决于氰化物中金银的

原子价和氰化物的相对分子质量。上述四种氰化物对金的相对溶解能力比较列于
表 10-5 中。

表 10-5　氰化物的相对溶解能力

分子式	相对分子质量	金属的原子价	获得同等溶解能力时的相对消耗量	对 KCN 的相对溶解能力（以 KCN 为 100）
NH_4CN	44	1	44	147.7
NaCN	49	1	49	132.6
KCN	65	1	65	100.0
$Ca(CN)_2$	92	2	46	141.3

这四种氰化物按它们在含有 CO_2 的空气中的稳定性大小可排列如下：KCN、
NaCN、NH_4CN、$Ca(CN)_2$。若按它们的价格来说，则以 KCN 最贵，NaCN 次之，
而 $Ca(CN)_2$ 最便宜。虽然用氰化法提金时最初使用的是 KCN，但因其相对溶解
能力较低，且价格很高，所以逐渐被 NaCN 所取代。近来工业上采用一种称为氰
溶物的药剂，它就是将 $Ca(CN)_2$、食盐和焦炭的混合物在电炉内融化而得到的。

氰溶物通常含 $Ca(CN)_2$ 约 45%，并含有一些对氰化过程有害的杂质，例如，
可溶性硫化物、碳以及不溶的杂质。为了在使用氰溶物之前清除这些杂质，须先
向氰溶物中强烈充气以破坏可溶性硫化物，或者往溶液中添加铅盐（醋酸铅、硝
酸铅和一氧化铅）使其转变为硫化铅（PbS）沉淀，然后，将硫化铅、碳和其他
不溶杂质用澄清方法加以分离。澄清后的溶液用于氰化浸出。氰化钙在有氧存在
时，按照下述反应式溶解金：

$$2Au + 2Ca(CN)_2 + \frac{1}{2}O_2 + H_2O == Ca[Au(CN)_2]_2 + Ca(OH)_2$$

用氰溶物时，其消耗量通常为 NaCN 的 2～2.5 倍，但因其价格低，所以能
抵偿较多的消耗以及在运输和保存方面的费用。

生产中最常用的 NaCN 含杂质较少，其纯度达 94%～98% 左右。

理论上氰化钠的消耗量（根据金溶解的最基本公式）是 1g 纯金需要消耗
0.49g 氰化钠，而实际消耗量为理论消耗量的 20～200 倍。这样大的消耗量是由
于处理矿石时，氰化溶液的泄漏损失、洗涤后残留在尾矿中的损失以及矿石中相
对含量大得多的各种矿物及其分解产物与氰化物相互作用造成的结果。

10.2　常规氰化法（CCD）提金

10.2.1　常规氰化法（CCD）提金工艺流程

常规氰化法是指氰化浸出-逆流洗涤-锌粉置换的传统提金工艺。目前，国内

采用常规氰化法的氰化工艺主要有全泥氰化和浮选金精矿氰化两类。其主要工艺过程包括：浸出原料制备及预处理；搅拌氰化浸出；逆流洗涤及固液分离；浸出液净化和锌粉置换；金泥熔炼和铸锭；含氰污水处理等作业。其原则工艺流程见图 10-9。

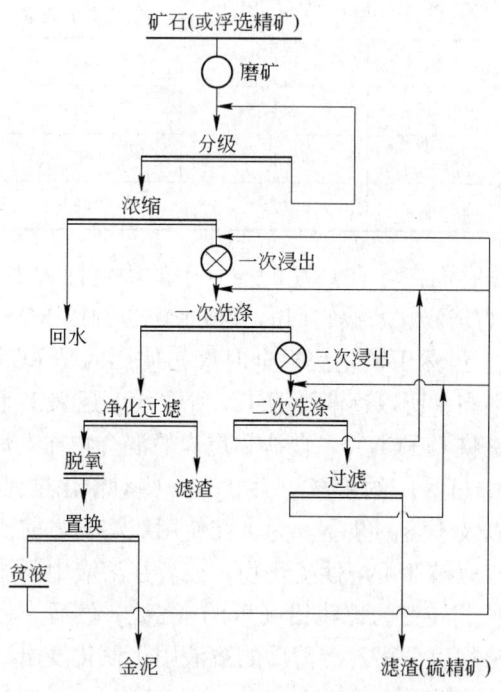

图 10-9　常规氰化法原则工艺流程

全泥氰化和浮选金精矿氰化的工艺条件，因浸出原料的性质不同而异，应根据矿石性质、选厂试验资料、有关选厂的生产实践经验，进行研究和方案比较后而确定。

全泥氰化适用于贫硫化矿物含金石英脉氧化矿石。这类矿石金的镶嵌粒度相对较粗，磨矿细度一般在 80% -0.074mm 左右；矿石密度小，浸出矿浆浓度应在 35% ~40% 之间；矿石往往因氧化含泥多，洗涤作业很关键，洗涤率不能定得太高；因原矿含金品位不高，一般采用一浸一洗流程即可；贵液量大且品位不高时，对贵液、净化设备及置换压滤机等的富裕度要大些；全泥氰化矿浆中氰化物浓度低，有害杂质浸出率低，因此置换贫液绝大部分返回磨矿、浸出和洗涤作业；含氰污水通常用碱氯法处理。采用常规氰化法的全泥氰化厂有团结沟、赤卫沟、柴胡栏子、撰山子、太白等金矿。

浮选金精矿氰化适合于易浮含黄铁矿类型矿石。由于原矿经浮选富集，含金品位较高，但有害氰化的其他硫化矿物也得到富集，因此需要细磨和高氰化物浓度浸出，通常磨矿细度在95% - 0.043mm左右，氰化物消耗量在6~10kg/t或更高；精矿密度大且不含泥，浸出矿浆浓度可在40%~50%之间；为了排除有害离子的影响，通常采用两段浸出两段洗涤流程；洗涤率很高，可达99.7%；置换贫液含氰高，含有害离子也高，不能大量返回洗涤作业；含氰污水（贫液）通常用酸化法处理，并回收部分氰化钠循环使用。几乎全部浮选金精矿氰化厂都采用常规氰化法，如金厂峪、五龙、大水清、三山岛、焦家、新城、招远、罗山、乳山等金矿。

地区性的集中氰化厂，因矿石或金矿来源于各个矿山，矿石性质各异，对氰化的技术经济指标有较大影响，建厂时须充分考虑此种特点。目前正在生产的地区性集中氰化厂有莱州、招远等。

10.2.2 浸出作业条件

浸出作业条件通常根据试验报告确定。一般试验规模小，浸出过程中矿泥及有害杂质的影响未能充分反映出来，应在充分研究矿石性质基础上根据国内外同类金矿的生产实践，对试验报告给出的作业条件做适当修正。

10.2.2.1 浸出段数

全泥氰化厂用一段浸出，浸出槽不应少于4个，通常为4~8个；浮选金精矿氰化厂用两段浸出，每段的浸出槽不应少于3个。

10.2.2.2 磨矿细度

全泥氰化厂磨矿细度通常为85% - 0.074mm左右；浸出矿浆浓度在35%~40%之间，浓度过高矿浆流动性不好。浮选金精矿氰化厂磨矿细度一般在95% - 0.043mm，甚至更细；浸出矿浆浓度在40%~50%或更高，这样可减少浸出设备和降低氰化物的消耗。

10.2.2.3 矿浆pH值

一般用石灰乳在预浸槽调整pH值至10.5~11。

10.2.2.4 矿浆氰化物浓度

全泥氰化矿浆氰化物浓度为0.03%~0.05%，氰化物消耗量在1kg/t左右，超过2kg/t则全泥氰化就不经济了。浮选金精矿氰化的氰化物浓度为0.05%~0.1%，一般不超过0.1%，过高有害杂质的浸出率也高，给置换和金泥熔炼带来困难，氰化物消耗量通常为6~10kg/t。

10.2.2.5 浸出时间

国内氰化厂的浸出时间通常为24~48h。考虑到矿量、矿浆浓度的波动，矿石性质的变化，设计选用的浸出时间应比实验值大8~12h。国内多采用低氰化浓度（0.01%~0.03%）长浸出时间（48~72h）的工艺。

10.2.2.6　充气量和风压

各种浸出槽充气量和风压的经验数据列于表10-6。

表10-6　浸出槽充气量和风压

浸出槽形式	充　气　量		计示压力 /kPa（kg/cm^2）
	按槽表面积/$m^3\cdot(m^2\cdot min)^{-1}$	按槽容积/$m^3\cdot(m^2\cdot min)^{-1}$	
机械搅拌槽	0.1～0.2		58.8～147 （0.6～1.5）
空气搅拌	0.15～0.2	0.013～0.025	（245～343） （2.5～3.5）
双叶轮中空轴 进气搅拌槽		0.002	98.1 （1.0）

10.2.3　洗涤及固液分离

10.2.3.1　洗涤

氰化浸出使金生成 $Au(CN)_2^-$ 进入溶液，洗涤是用置换贫液后清水将附着在固体颗粒上的含金溶液洗出。

堆浸和渗滤氰化的洗涤比较简单。堆浸是浸出、洗涤、置换反复多次循环，浸出与洗涤阶段无明显界限；渗滤浸出的物料滤干后所含水分极低，洗涤效率很高，无需进行多段逆流洗涤。

连续搅拌氰化（即CCD流程）的洗涤方式有很多种。国内用多台单层浓密机或多层浓密机进行多级洗涤。

采用浓密机进行多级逆流洗涤，应根据处理量、给矿浓度、物料粒度、沉降速度、排矿浓度等因素，选择浓密机的沉降面积和高度；还要根据对洗涤效率的要求、给矿浓度、洗水量、洗水含金品位及氰化流程的特点，按逆流洗涤效率的公式计算选择洗涤级数。逆流洗涤具有设备简单、操作维护方便等特点，因而应用广泛。但逆流洗涤水量大，贵液含金品位低，增加了置换作业的处理量；其逆流洗涤浓密机占地面积大，在北方寒冷地区要保温，基建投资大。

浮选金精矿氰化采用多级逆流洗涤时，最后一级应用过滤机洗涤，最后排放的氰化渣是过滤机滤饼，含水分较低，一般作化工原料销售，可减少对环境的污染。

10.2.3.2　洗涤效率计算

A　多级逆流洗涤效率计算公式

假设条件：各级洗涤作业的排放量与给矿量相等；洗水和各级洗涤的溢流所

含固体忽略不计；在洗涤作业中没有浸出作用，液体中的金不发生沉淀。根据逆流洗涤流程的液体量平衡、液体含金量平衡原理，可导出各级逆流洗涤效率的公式：

$$E_1 = \frac{F + L - R}{F + L} \tag{10-11}$$

$$E_2 = \frac{F + L - R}{F + L - \dfrac{FR + KF^2}{F + R} + KF} \tag{10-12}$$

$$E_3 = \frac{F + L - R}{F + L - \dfrac{FR(F + R) + KF^3}{(F + R)^2 - FR} + KF} \tag{10-13}$$

$$E_4 = \frac{F + L - R}{F + L - \dfrac{RF(F + R)^2 - (FR)^2 + KF^4}{(F + R)(F^2 + R^2)} + KF} \tag{10-14}$$

$$E_5 = \frac{F + L - R}{F + L - \dfrac{RF(F + R)^3 - 2FR(F + R) + KF^5}{(F + F)^4 - 3FR(F + R)^2 + (FR)^2} + KF} \tag{10-15}$$

B 计算实例

图 10-10 为一段浸出、四级逆流洗涤流程。

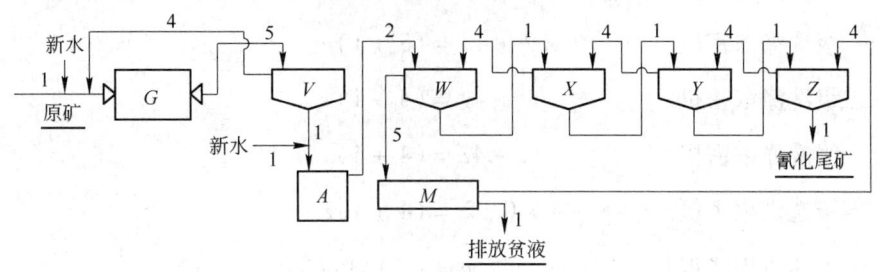

图 10-10 一段浸出、四级逆流洗涤流程

（图中数字表示处理1t氰化原矿的液体量，m³）

G—球磨机；V—单层浓密机内液体含金，g/m³；

W—第一级洗涤浓密机液体含金，g/m³；X—第二级洗涤浓密机液体含金，g/m³；

Y—第三级洗涤浓密机液体含金，g/m³；Z—第四级洗涤浓密机液体含金，g/m³；

A—浸出作业液体含金，g/m³；M—置换作业贵液含金，g/m³

【例一】 浸出矿浆浓度33.33%，洗涤浓密机排矿浓度50%，稀释后再给入下一级洗涤浓密机，新水不含金。求各级洗涤效率。

根据已知条件可得出：$L = 2$，$R = 1$，$F = 3$，用计算公式（10-11）和式（10-15）计算出各级洗涤效率如下：

洗涤级数	二	三	四	五
洗涤效率/%	94.12	98.11	99.38	99.79

【例二】   氰化原矿含金 52g/t，浸出率 96.15%，求采用 2~5 级逆流洗涤时的贵液和排液品位。

以三级逆流洗涤为例：$E_3 = 98.11\%$，   排液中已溶金的损失量为

$$52 \times 96.15\% \times (1 - 0.9811) = 0.945g$$

又氰化渣排放浓度为 50%，即排放 1t 渣带走 1m³ 排液，所以排液含金品位为 0.945g/m³；处理 1t 原矿产出 4m³ 贵液，则贵液品位为

$$(52 \times 96.15\% - 0.945)/4 = 12.264g/m^3$$

同样可计算出其他各级洗涤的贵液和排液品位如下：

洗涤级数	二	三	四	五
排液品位/g·m⁻³	2.94	0.945	0.31	0.105
贵液品位/g·m⁻³	11.765	12.264	12.243	12.247

【例三】   按图 10-10 四级逆流洗涤流程，当氰化原矿含金 6.5g/t，洗涤浓密机内不再溶解，贫液含金 0.02g/m³，求各洗涤浓密机内液体含金品位。

一级洗涤浓密机 $3 \times 2 + 4x = (5 + 1)w$

二级洗涤浓密机 $w + 4y = (4 + 1)x$

三级洗涤浓密机 $x + 4z = (4 + 1)y$

四级洗涤浓密机 $y + 4 \times 0.02 = (4 + 1)z$

解上述方程式得： $w = 1.31435g/m^3$

$$X = 0.47129m^3$$

$$Y = 0.12745m^3$$

$$Z = 0.04149m^3$$

10.2.4   贵液净化及锌置换

10.2.4.1   锌置换

从含金溶液中沉淀金的方法有吸附法、电解法、置换法等。吸附法是将溶液

中的金吸附到作为载体的吸附剂上，然后从载体上将金洗脱下来，再用沉淀剂或电解法从洗脱液中提取金。常用的吸附剂有活性炭和树脂等。电解法是直接电解含金溶液得到电金。置换法是在贵液中加入电位序较金为负的金属，将金置换出来，得到含金较高的金泥，然后冶炼。最常用的置换剂是金属锌，故称为锌置换法。

锌置换分锌丝置换和锌粉置换两种。锌丝置换法锌耗高，金泥质量差、成本高，劳动强度大，现多被锌粉置换法所代替。锌粉置换工艺由贵液净化、脱氧和锌粉置换三个工序组成，其设备连接见图10-11。

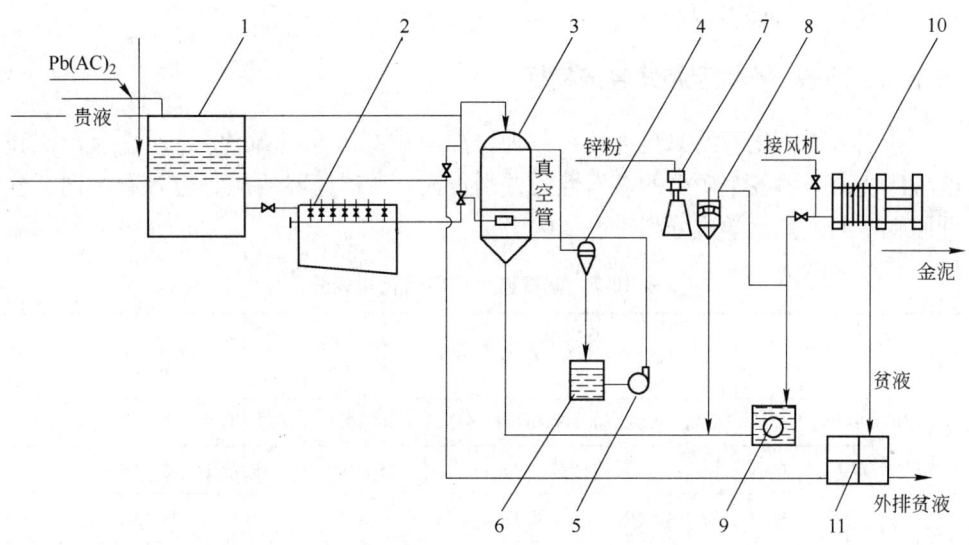

图 10-11 锌粉置换设备连接图

1—贵液贮池；2—澄清槽；3—脱氧塔；4—水力喷射泵；5—水泵；6—水池；
7—锌粉加料机；8—锌粉混合器；9—水封泵；10—板框压滤机；11—贫液池

10.2.4.2 锌置换工艺条件

（1）氰与碱浓度。氰离子浓度不得低于0.02%，生产中通常在0.03% ~ 0.06%之间；碱的浓度在0.01%左右。

（2）氧浓度。溶液中氧对置换有害，氧可使沉淀金返溶，影响置换效果；氧的存在增加锌耗，产生大量氢氧化锌和氧化锌而影响置换，所以在锌粉置换前需脱氧。生产中一般要求溶液中的溶氧量在0.5mg/L以下。

（3）锌用量。影响锌用量的因素较多，溶液中氰和碱的浓度、被置换的金属量、置换时间以及锌粉质量都对锌的用量有影响。锌粉置换的锌用量一般为15 ~ 50g/m³。锌粉含锌大于95%，细度95% － 0.043mm，不受潮结块，避免与空气接触被氧化。

(4) 铅盐用量。铅在置换过程中的主要作用在于形成锌-铅电偶使金溶解。铅离子还具有除去溶液中杂质的作用,如溶液中硫离子与铅离子反应,可生产硫化铅沉淀而被除去。生产中常用的铅盐是硝酸铅和醋酸铅,一般全泥氰化用量为 $5 \sim 10 g/m^3$,浮选金精矿氰化为 $50 \sim 100 g/m^3$。

(5) 温度。锌置换金的反应对温度无严格要求,但温度低于15℃时,置换效率将受到影响。生产中一般保持在 15 ~ 30℃之间。

(6) 贵液清洁度。贵液中的悬浮物、矿泥在置换中污染锌的表面,降低锌的置换速度;矿泥进入置换压滤机堵塞滤布;降低金泥质量。生产中要求贵液中悬浮物含量在 5mg/L 以下。

10.2.5 原料、产物及技术经济指标

我国常规氰化厂的原料大致有三种,即原矿石(全泥氰化)、浮选金精矿和硫酸厂烧渣。因各个矿山的矿石性质差别很大,所以原料的成分也各有不同。各种原料中的主要化学成分列于表10-7。

表 10-7 常规氰化厂原料化学成分

原料	厂名	Au /g·t⁻¹	Ag /g·t⁻¹	Cu/%	Pb/%	Zn/%	Fe/%	CaO /%	MgO /%	SiO₂ /%	Al₂O₃ /%	S/%	C/%	As/%
全泥氰化厂原矿石	柴胡栏子	5.80	6.46	0.012	0.043	0.162	6.34	1.30	2.53	60.3	12.46	1.48	0.64	
	赛乌素	6.05		0.01	0.08	0.08		2.25	0.41	80.85	5.12	0.14	0.47	
浮选金精矿氰化厂浮选金精矿	焦家	80.9	90.2	0.668	0.405	0.175	30.59					33.194		
	金厂峪	117.5	43.17	0.18	0.09	0.05	26.26	2.60		25.16	6.80	25.46		0.01
	招远玲珑	90.0	53.0	0.83	0.29	0.31	27.80					31.60		0.02
	三山岛	59.0	90.0	0.22	1.25	0.82	38.27	0.02	0.168	11.06	13.31	39.18		1.0
	新城	82.5	121.0	0.67	0.98	0.21	43.15					43.72		
	河西	163.3	86.34	0.105		0.31	22.59			37.77	4.99	23.02		
	五龙	72.5	21.43	0.27		0.06	22.91	1.77	1.44	33.4	6.09	20.67		0.16
	遂昌	98.7	2984	0.37		2.05	30.27	0.476	0.182	23.85	6.89	33.37		
	河台	96.0	34.0	4.7	0.038	0.038	0.10	20.21	8.95	0.02	44.92	0.89	14.08	0.34
硫酸厂烧渣	乳山化工厂	4.38	10.0	0.067	0.029	0.028	21.12	2.51	0.65	39.90	5.39	0.53	0.09	

产物有金泥、贫液和氰渣,贵液是中间产物。金泥送熔炼提取合质金;金泥氰化厂的氰渣和部分排放贫液经污水处理后排放;浮选金精矿氰化厂的贫液经污水

处理后排放,氰渣经过滤销售给化工厂。贵液和贫液成分见表10-8,金泥成分见表10-9。常规氰化厂技术指标及主要材料消耗见表10-10。

表10-8 贵液和贫液主要成分 （g/m³）

项目	厂名	Au	Ag	Cu	Pb	Zn	Fe	CaO	SiO$_2$	CN$^-$	CNS$^-$	悬浮物
贵液	新城	10.30	12.86	256	0.07	16				340	320	
	金厂峪	13.41		340		86	3.8	300	116	476	1120	119
	玲珑	10.12		761						1293	1465	200
贫液	金厂峪	0.045	0.63	294	9.0	139	2.07	400	95	520	800	
	玲珑	0.04		739				380		1285	1443	

表10-9 金泥成分 （%）

厂 名	Au	Ag	Cu	Pb	Zn	Fe	S	SiO$_2$	CaO	MgO	Al$_2$O$_3$
金厂峪	17.96	3.57	8.57	7.63	42.26	0.45	0.45	0.43	0.11	0.024	0.082
新 城	21.59	23.42	2.86	5.32	29.30	1.2	6.31				
大水清	4.72	6.08	38.0	5.35	12.86	1.15	1.75	2.5	2.78	0.15	0.72
赤卫沟	1.929	3.39	0.91	8.27	16.75	1.4	0.16	20.78	19.84		
乳山化工厂	20.23	30.97	12	8.36	5.4	2.88	1.43	3.81	3.39	0.52	0.57

表10-10 常规氰化厂技术指标和主要材料消耗

厂 名	氰化原矿含金 /g·t^{-1}	氰渣含金 /g·t^{-1}	贵液含金 /g·m^{-3}	贫液含金 /g·m^{-3}	浸出率 /%	洗涤率 /%	置换率 /%	氰化总回收率 /%	主要材料消耗/kg·t^{-1}				电耗 /kW·h·t^{-1}
									氰化钠	锌粉	醋酸铅	石灰	
金厂峪	137.42	3.56	17.87	0.016	97.29	99.79	99.91	97.0	6.51	0.60	0.18	7.7	
玲珑	53.76	1.38	9.03	0.01	97.43	99.85	99.73	97.02	8.16	0.24			22.64
新城	81.13	1.64	10.03	0.02	97.98	99.28	99.81	97.09	5.7	0.4	0.003	9	30.1
五龙	100.00	5.45	42.26	0.6	94.46	98.86	98.58	93.12	5.18	1.17			
焦家	108.00	1.74			98.34	99.73	99.95	98.03	6.44	0.44			34.2
大水清	84.30	2.29	4.75	0.18	97.16	99.44	98.93	95.58	12.94	0.79	0.06	5.5	
三山岛	55.15	1.91	10.0	0.02	96.53	99.28	99.75	95.59	3.79	0.33	0.03	4.0	40
遂昌	66.46	0.51			98.39	99.92	99.29	94.92	9.0	4			

厂名	氰化原矿含金 /g·t⁻¹	氰渣含金 /g·t⁻¹	贵液含金 /g·m⁻³	贫液含金 /g·m⁻³	浸出率 /%	洗涤率 /%	置换率 /%	氰化总回收率 /%	主要材料消耗/kg·t⁻¹				电耗 /kW·h·t⁻¹
									氰化钠	锌粉	醋酸铅	石灰	
赤卫沟	3.84	0.31	1.65	0.04	91.90	97.26	97.70	87.32	1.6	0.67		6.5	79
柴胡栏子	4.31	0.28	1.13	0.02	93.49	98.38	99.38	91.43	0.88	0.32	0.04	12.6	
塞乌素	6.01	0.31	2.66	0.02	95.39	98.21	99.25	92.98	0.61				
乳山化工厂	3.76	1.21	0.67	0.01	67.68	95.05	97.16	62.47	1.08	0.05	0.002		47

10.2.6 氰化工艺流程及指标计算

10.2.6.1 工艺流程及指标计算

图 10-12 为二段浸出、二段洗涤的氰化工艺流程。其特点是：为了消除有害离子对浸出的不利影响，第二段浸出补加清水，第一段浸出补加部分贫液；第二段洗涤溢流作为第一段的洗水，第二段洗涤全部用贫液。该流程每天排放部分贫液。

为便于计算方便，假设下列条件：

（1）氰化原矿中液体不含金。

（2）磨矿、浸出、洗涤作业的给矿量和排矿量相等。

（3）贵液、贫液、洗水中固体很少，忽略不计。

（4）统一溶液分别进入不同作业，含金品位不变。

（5）金泥量很少，忽略不计。

计算所需的原始数据包括：

Q——氰化原矿量，t/d；

$\beta_{固}$——氰化原矿（氰原）含金品位，g/d；

$\beta_{固1}$——第一段浸出后矿浆，经清水充分洗涤后固体（浸渣₁）含金品位，g/d；

$\beta_{固3}$——第二段浸出后矿浆，经清水充分洗涤后固体（浸渣₂）含金品位，g/d；

$\beta_{固2}$——第一段洗涤排矿经充分洗涤后，固体（氰渣₁）含金品位，g/d；

$\beta_{液2}$——第一段洗涤排矿中液体（排液₁）含金品位，g/m³；

$\beta_{固4}$——第二段洗涤排矿经充分洗涤后，固体（氰渣₂）含金品位，g/d；

$\beta_{液4}$——第二段洗涤排矿中液体（排液₂）含金品位，g/m³；

$\beta_{液5}$——置换后液体（贫液）含金品位，g/m³；

$\beta_{液6}$——进入置换作业液体（贵液）含金品位，g/m³；

W_5——贫液返回量，m³/d；

W_7——第二段洗涤洗水量，m³/d；

R_1——第一段浸出矿浆液固比；

R_2——第一段洗涤矿浆液固比；

R_3——第二段浸出矿浆液固比；

R_4——第二段洗涤矿浆液固比。

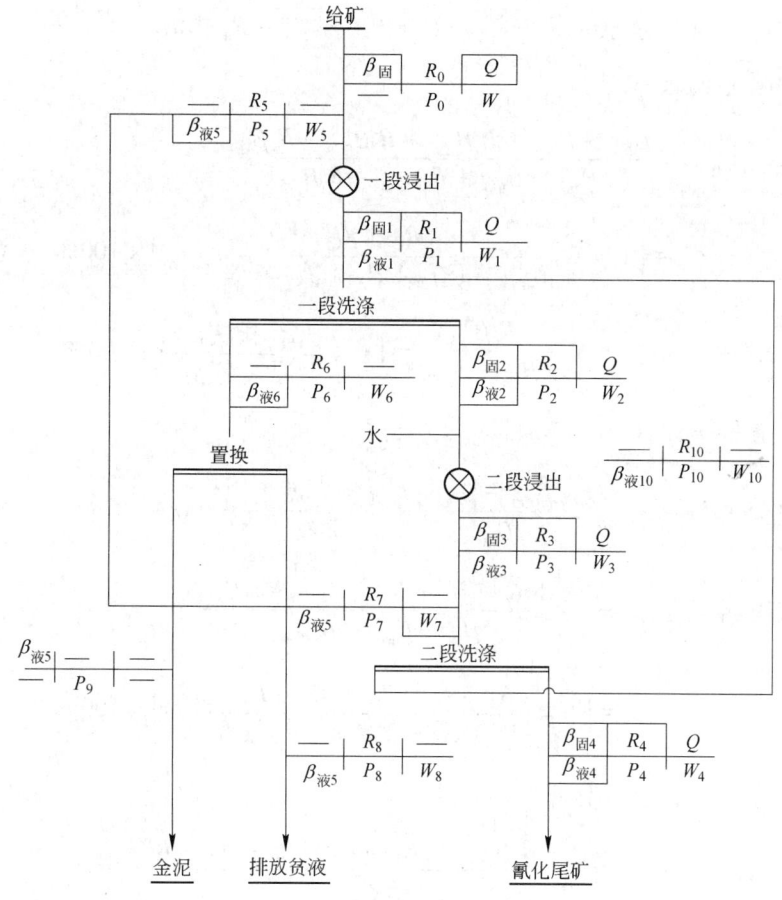

图 10-12 二段浸出氰化厂工艺流程及取样点

A 浸出率计算

一段总浸出率：
$$\varepsilon_{总浸1} = \frac{\beta_{固} - \beta_{固1}}{\beta_{固}} = \frac{氰原 - 浸渣_1}{氰原} \times 100\% \quad (10\text{-}16)$$

二段总浸出率：
$$\varepsilon_{总浸2} = \frac{\beta_{固2} - \beta_{固4}}{\beta_{固2}} = \frac{氰渣_1 - 氰渣_2}{氰渣_1} \times 100\% \quad (10\text{-}17)$$

总浸出率：
$$\varepsilon_{总浸} = \frac{氰原 - 氰渣_2}{氰原} \times 100\% \qquad (10\text{-}18)$$

B　洗涤率计算

一段作业洗涤率：

$$\varepsilon_{作洗1} = \frac{(R_1 + R_3 + R_7 - R_4 - R_2)\beta_{液5}}{\beta_{固} - \beta_{固4} + (R_5 + R_7)\beta_{液5} - R_4\beta_{液4}}$$

$$= \frac{(R_1 + R_3 + R_7 - R_4 - R_2)贫液}{氰原 - 氰渣_2 + (R_5 + R_7)贫液 - R_4 排液_2} \times 100\% \qquad (10\text{-}19)$$

二段作业洗涤率：

$$\varepsilon_{作洗2} = \frac{\beta_{固2} - \beta_{固4} + R_2\beta_{液2} + R_7\beta_{液5} - R_4\beta_{液4}}{\beta_{固2} - \beta_{固4} + R_2\beta_{液2} + R_7\beta_{液5}}$$

$$= \left(1 - \frac{R_4 排液_2}{氰渣_1 - 氰渣_2 + R_2 排液_1 + R_7 贫液}\right) \times 100\% \qquad (10\text{-}20)$$

总洗涤率：$\varepsilon_{总洗} = 1 - \dfrac{R_4\beta_{液4}}{\beta_{固} - \beta_{固4}} = \left(1 - \dfrac{R_4 排液_2}{氰原 - 氰渣_2}\right) \times 100\% \qquad (10\text{-}21)$

C　置换率计算

作业置换率：$\varepsilon_{作置} = \dfrac{\beta_{液6} - \beta_{液5}}{\beta_{液6}} = \dfrac{贵液 - 贫液}{贵液} \times 100\% \qquad (10\text{-}22)$

总置换率：$\varepsilon_{总置} = 1 - \dfrac{(R_1 - R_2 + R_3 - R_4 - R_5)\beta_{液5}}{\beta_{固} - \beta_{固4} - R_4\beta_{液4}}$

$$= \left[1 - \frac{(R_1 - R_2 + R_3 - R_4 - R_5)贫液}{氰原 - 氰渣_2 - R_4 排液_2}\right] \times 100\% \qquad (10\text{-}23)$$

D　氰化总回收率计算

$$\varepsilon_{氰总} = \frac{\beta_{固} - \beta_{固4} - R_4\beta_{液4} - (R_1 + R_3 - R_2 - R_4 - R_5)\beta_{液5}}{\beta_{固}}$$

$$= \frac{氰原 - 氰渣_2 - R_4 排液_2(R_1 + R_3 - R_2 - R_4 - R_5)贫液}{氰原} \qquad (10\text{-}24)$$

$$= \varepsilon_{总浸} \times \varepsilon_{总洗} \times \varepsilon_{总置}$$

10.2.6.2　计算实例

图 10-13 为二段浸出六级逆流洗涤的阶段浸吸流程。

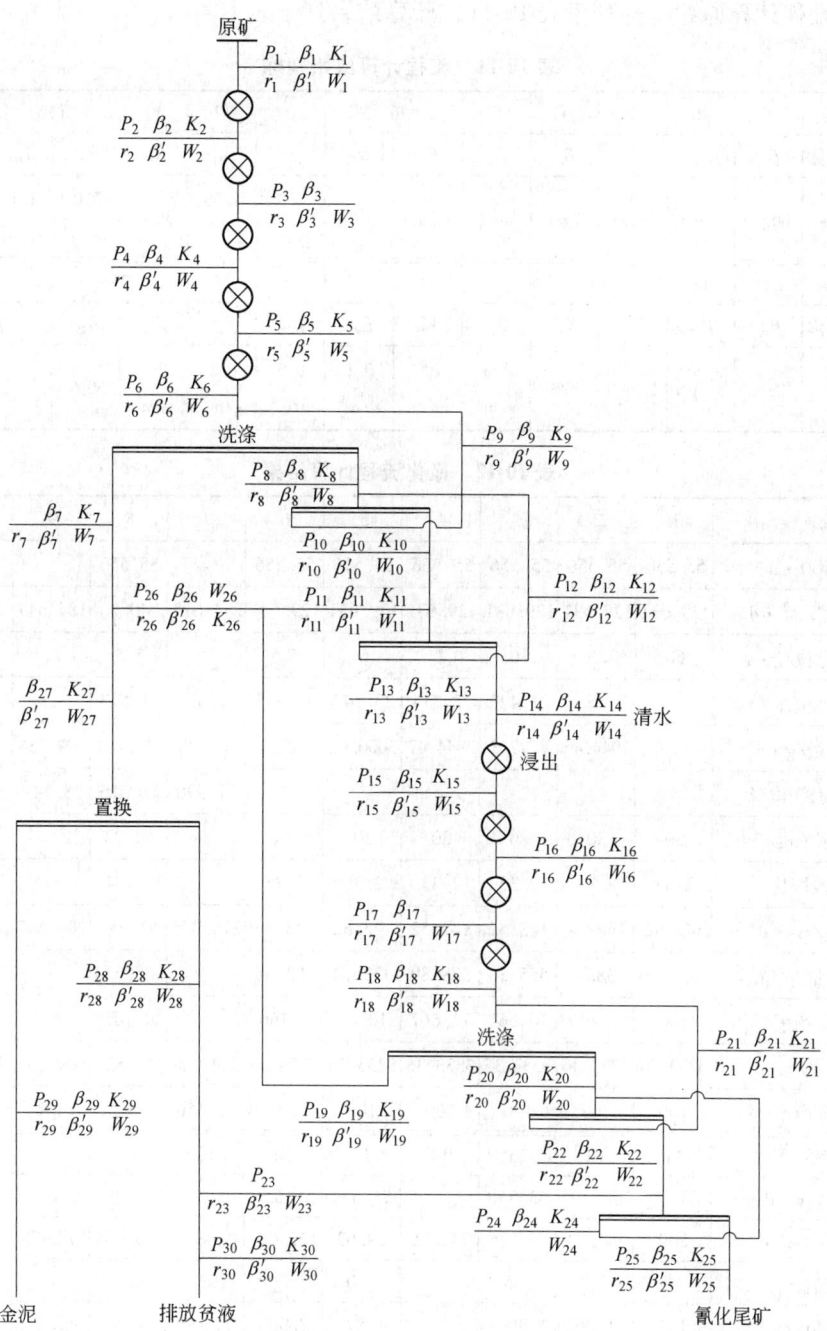

图 10-13　二段浸出六级逆流洗涤流程

P—液体含金量，g/d；K—矿浆浓度，%；β—固体含金品位，g/t；W—液体量，m³/d；

β'—液体含金品位，g/m³；r—液体金产率，%

流程计算原始指标列于表 10-11，计算结果列于表 10-12。

表 10-11　流程计算原始指标

取样点	1	2	3	4	5	6		9	12	13	11		15
指标名称	β_1	β_2	β_3	β_4	β_5	β_6	K_6	β_9	β_{12}	K_{13}	W_{11}	β'_{11}	β'_{15}
数据	60g/t	25g/t	10g/t	7g/t	6g/t	5.5g/t	30%	3.3 g/m³	1.36 g/m³	50%	200 m³/d	1.1 m³/d	3g/t
取样点	16	17	18		23		21	24	25		29		
指标名称	β_{16}	β_{17}	β_{18}	K'_{18}	β'_{18}	W_{23}	β'_{23}	β'_{21}	β'_{24}	β'_{25}	K_{25}	β_{29}	
数据	2g/t	1.7g/t	1.5g/t	30%	2.3 g/m³	200 m³/d	0.1 g/m³	0.5 g/m³	0.2 g/m³	0.3 g/m³	50%	20%	

表 10-12　氰化流程计算结果

编　号	1	2	3	4	5	6	7	8	9	10
矿量/t·d⁻¹	55.556	55.556	55.556	55.556	55.556	55.556		55.556		55.556
液体量/m³·d⁻¹	129.631	129.631	129.631	129.631	129.631	129.631	274.075	40.2	184.647	26.996
固金品位/g·t⁻¹	60	25	10	7	6	5.5		5.5		5.5
液金品位/g·t⁻¹		15	21.429	22.714	23.143	23.357	11.573	11.573	3.3	3.3
液金量/g·d⁻¹		1944.46	2777.8	2944.47	3000.02	3027.81	3171.88	465.264	609.336	89.078
液金产率/%							97.596	14.316	18.749	2.741
矿浆浓度/%	30	30	30	30	30	30		58.02		67.3
液固比	2.33	2.33	2.33	2.33	2.33	2.33		0.724		0.486
流量/m³·d⁻¹	143.52	143.52	143.52	143.52	143.52	143.52	274.075	54.089	184.647	40.885
固金量/g·d⁻¹	3333.36	1388.9	555.56	388.89	333.34	305.55		305.558		305.558
固金产率/%	100	41.667	16.667	11.667	10.00	9.166		9.167		9.167
总金量/g·d⁻¹	3333.36	3333.36	3333.36	3333.36	3333.36	3333.36	3171.88	770.822	609.336	394.636
总金产率/%	100	100	100	100	100	100	95.156	23.124	18.28	11.839
编　号	11	12	13	14	15	16	17	18	19	20
矿量/g·d⁻¹			55.556		55.556	55.556	55.556	55.556		55.556
液体量/m³·d⁻¹	200	171.44	55.556	74.075	129.631	129.631	129.631	129.631	274.074	114.815
固金品位/g·t⁻¹			5.5		3.0	2.0	1.7	1.5		1.5
液金品位/g·t⁻¹	1.1	1.36	1.3667		4.891	2.083	2.196	2.3	1.1	1.1
液金量/g·d⁻¹	220	233.159	75.928		214.418	269.974	284.641	298.149	301.482	126.296
液金产率/%	6.769	7.174	2.336		6.597	8.307	8.758	9.174	9.276	3.886
矿浆浓度/%			50		30	30	30	30		32.609

编 号	11	12	13	14	15	16	17	18	19	20
液固比			1		2.33	2.333	2.333	2.333		2.067
流量/m³·d⁻¹	200	171.44	69.445	74.075	143.52	143.52	143.52	143.52	274.074	128.704
固金量/g·d⁻¹			305.558		166.668	111.112	94.445	83.334		83.334
固金产率/%			9.167		5.0	3.333	2.833	2.5		2.5
总金量/g·d⁻¹	220	233.159	381.486		381.086	381.086	381.086	381.086	301.482	209.63
总金产率/%	6.6	6.995	11.444		11.432	11.432	11.432	11.432	9.044	6.289

编 号	21	22	23	24	25	26	27	28	29	30
矿量/g·d⁻¹		55.556			55.556				16.09	
液体量/m³·d⁻¹	259.259	85.185	200	229.629	55.556	74.074	348.149	348.149		148.149
固金品位/g·t⁻¹		1.5			1.5				20%	
液金品位/g·t⁻¹	0.5	0.5	0.1	0.2	1.3	1.1	8.469	0.1		0.1
液金量/g·d⁻¹	129.620	42.594	20	45.927	16.667	81.482	3253.363	34.815		14.815
液金产率/%	3.988	1.311	0.615	1.413	0.513	2.507	100.103	1.071		0.456
矿浆浓度/%		39.474			50					
液固比		1.533			1					
流量/m³·d⁻¹	259.259	99.074	200	229.629	69.445	74.074	348.149	348.149		148.149
固金量/g·d⁻¹		83.334			83.334				3218.548	
固金产率/%		2.5			2.5				96.556	
总金量/g·d⁻¹	129.62	125.928	20	45.927	100.001	81.482	3253.363	34.815	3218.548	14.815
总金产率/%	3.889	3.778	0.60	1.378	3.0	2.444	97.60	1.004	96.556	0.444

表 10-12 中：

$$流量 = W_n + \frac{Q_n}{\delta}$$

式中 δ——氰化原矿密度，本次流程考察结果 $\delta = 4$，$n = 1 \sim 30$。

$$固金量 = \beta_n Q_n$$

$$固金产率 = \frac{\beta_n Q_n}{Q\beta_1} \times 100\%$$

$$总金量 = W_n \beta'_n + Q_n \beta_n$$

$$总产金率 = \frac{W_n \beta'_n + Q_n \beta_n}{Q\beta_1} \times 100\%$$

A 浸出指标计算

$$\varepsilon_{浸1-1} = \frac{\beta_1 - \beta_2}{\beta_1} \times 100\% = \frac{(60 - 25)}{60} \times 100\% = 58.33\%$$

$$\varepsilon_{浸1-2} = \frac{\beta_2 - \beta_3}{\beta_2} \times 100\% = \frac{(25 - 10)}{25} \times 100\% = 60\%$$

$$\varepsilon_{浸1-3} = \frac{\beta_3 - \beta_4}{\beta_3} \times 100\% = \frac{(10 - 7)}{10} \times 100\% = 30\%$$

$$\varepsilon_{浸1-4} = \frac{\beta_4 - \beta_5}{\beta_4} \times 100\% = \frac{(7 - 6)}{7} \times 100\% = 14.29\%$$

$$\varepsilon_{浸1-5} = \frac{\beta_5 - \beta_6}{\beta_5} \times 100\% = \frac{(6 - 5.5)}{6} \times 100\% = 8.33\%$$

式中 $\varepsilon_{浸1-1}$, $\varepsilon_{浸1-2}$, $\varepsilon_{浸1-3}$, $\varepsilon_{浸1-4}$, $\varepsilon_{浸1-5}$——分别为第一段浸出 1~5 号浸出槽的单槽浸出率。

$$\varepsilon_{浸2-1} = \frac{\beta_{13} - \beta_{15}}{\beta_{13}} \times 100\% = \frac{(5.5 - 3)}{5.5} \times 100\% = 45.45\%$$

$$\varepsilon_{浸2-2} = \frac{\beta_{15} - \beta_{16}}{\beta_{15}} \times 100\% = \frac{(3 - 2)}{3} \times 100\% = 33.33\%$$

$$\varepsilon_{浸2-3} = \frac{\beta_{19} - \beta_{17}}{\beta_{19}} \times 100\% = \frac{(2 - 1.7)}{2} \times 100\% = 15\%$$

$$\varepsilon_{浸2-4} = \frac{\beta_{17} - \beta_{18}}{\beta_{17}} \times 100\% = \frac{(1.7 - 1.5)}{1.7} \times 100\% = 11.73\%$$

式中 $\varepsilon_{浸2-1}$, $\varepsilon_{浸2-2}$, $\varepsilon_{浸2-3}$, $\varepsilon_{浸2-4}$——分别为第二段浸出 1~4 号浸出槽的单槽浸出率。

$$\varepsilon_{浸1} = \frac{\beta_1 - \beta_6}{\beta_1} \times 100\% = \frac{(60 - 5.5)}{60} \times 100\% = 90.83\%$$

$$\varepsilon_{浸2} = \frac{\beta_6 - \beta_{18}}{\beta_6} \times 100\% = \frac{(5.5 - 1.5)}{5.5} \times 100\% = 72.73\%$$

式中 $\varepsilon_{浸1}$, $\varepsilon_{浸2}$——第一段和第二段浸出作业的浸出率。

$$\varepsilon_{总浸} = \frac{\beta_1 - \beta_{13}}{\beta_1} \times 100\% = \frac{(60 - 1.5)}{60} \times 100\% = 97.5\%$$

式中 $\varepsilon_{总浸}$——氰化厂总浸出率。

B 洗涤指标计算

$$\varepsilon_{洗1-上} = \frac{P_7}{P_6 + P_9} \times 100\% = \frac{3171.88}{3027.81 + 609.336} \times 100\% = 87.208\%$$

$$\varepsilon_{洗1-中} = \frac{P_9}{P_8 + P_{12}} \times 100\% = \frac{609.336}{465.264 + 233.159} \times 100\% = 87.245\%$$

$$\varepsilon_{洗1-下} = \frac{P_{12}}{P_{11} + P_{10}} \times 100\% = \frac{233.159}{220 + 89.087} \times 100\% = 75.435\%$$

式中 $\varepsilon_{洗1-上}$, $\varepsilon_{洗1-中}$, $\varepsilon_{洗1-下}$——第一段逆流洗涤浓密机上、中、下层的洗涤效率。

$$\varepsilon'_{浸1-上} = \left(1 - \frac{P_8}{P_6 + P_{11}}\right) \times 100\% = \left(1 - \frac{465.264}{3027.81 + 220}\right) \times 100\% = 85.675\%$$

$$\varepsilon'_{浸1-中} = \frac{P_8 - P_{10}}{P_6 - P_{11}} \times 100\% = \frac{465.264 - 89.087}{3027.81 + 22} \times 100\% = 75.274\%$$

$$\varepsilon'_{浸1-下} = \frac{P_{10} - P_{13}}{P_6 - P_{11}} \times 100\% = \frac{89.087 - 75.928}{3027.81 + 220} \times 100\% = 0.405\%$$

式中　$\varepsilon'_{浸1-上}$，$\varepsilon'_{浸1-中}$，$\varepsilon'_{浸1-下}$——第一段逆流洗涤三层浓密机上、中、下层的绝对洗涤率。

$$\varepsilon'_{洗2-上} = 1 - \frac{P_{20}}{P_{18} + P_{23}} \times 100\% = 1 - \frac{126.296}{298.149 + 20} \times 100\% = 60.303\%$$

$$\varepsilon'_{洗2-中} = \frac{P_{20} - P_{22}}{P_{18} + P_{23}} \times 100\% = \frac{126.296 - 42.594}{298.149 + 20} \times 100\% = 26.309\%$$

$$\varepsilon'_{洗2-下} = \frac{P_{22} - P_{25}}{P_{18} + P_{23}} \times 100\% = \frac{42.594 - 16.667}{298.149 + 20} \times 100\% = 8.149\%$$

式中　$\varepsilon'_{洗2-上}$，$\varepsilon'_{洗2-中}$，$\varepsilon'_{洗2-下}$——分别为第二段逆流洗涤三层浓密机的上、中、下绝对洗涤率。

$$\varepsilon_{洗1} = \frac{P_7}{P_{11} + P_6} \times 100\% = \varepsilon'_{洗1-上} + \varepsilon'_{洗1-中} + \varepsilon'_{洗1-下}$$
$$= \frac{3171.88}{220 + 3027.81} \times 100\% = 85.675\% + 11.583\% + 0.405\% = 97.663\%$$

$$\varepsilon_{洗2} = \frac{P_{19}}{P_{18} + P_{23}} \times 100\% = \varepsilon'_{洗2-上} + \varepsilon'_{洗2-中} + \varepsilon'_{洗2-下}$$
$$= \frac{301.482}{298.149 + 20} \times 100\% = 60.303\% + 26.309\% + 8.149\% = 94.761\%$$

式中　$\varepsilon_{洗1}$，$\varepsilon_{洗2}$——第一段和第二段洗涤效率。

以上各式中的 P_n 均可用相应的液金产率 r_n 代替。

$$\varepsilon_{总洗} = 1 - \frac{P_{25}}{Q(\beta_1 - \beta_{25})} \times 100\% = 1 - \frac{16.667}{55.556 \times (60 - 1.5)} \times 100\% = 99.487\%$$

C　置换率的计算

作业置换率 $\varepsilon_{作置}$ 的计算：

$$\varepsilon_{作置} = \frac{\beta'_{27} - \beta'_{28}}{\beta'_{27}} \times 100\% = \frac{8.469 - 0.1}{8.469} \times 100\% = 98.819\%$$

总置换率 $\varepsilon_{总置}$ 的计算：

$$\varepsilon_{总置} = 1 - \frac{P_{30}}{Q(\beta_1 - \beta_{25}) - P_{25}} \times 100\% = 1 - \frac{14.815}{55.55 \times (60 - 1.5) - 16.667} \times 100\%$$
$$= 99.542\%$$

D 氰化总回收率的计算

氰化总回收率 $\varepsilon_{总}$ 可用两种方法计算，结果一致。

$$\varepsilon_{总} = \varepsilon_{总浸} \times \varepsilon_{总洗} \times \varepsilon_{总置} = \frac{Q(\beta_1 - \beta_{25}) - P_{25} - P_{30}}{Q\beta_1} \times 100\%$$

$$= 97.5\% \times 99.487\% \times 99.542\%$$

$$= \frac{55.556 \times (60 - 1.5) - 16.667 - 14.815}{3333.36} \times 100\% = 96.56\%$$

10.2.7 氰化工艺主要设备

10.2.7.1 浸出槽

氰化搅拌浸出槽有机械搅拌式和空气搅拌式两类。我国参考国外先进设备研制出几种大型新式节能浸出槽，如 $\phi 3.5 m \times 8 m$ 空气搅拌浸出槽，$\phi 3 m \times 5 m$ 轴流式机械搅拌槽；尤其是双叶轮中空轴进气机械搅拌浸出槽，容积大，功率低，与旧设备相比节能动力 60% ~ 70%。中空轴进气，空气通过叶轮能更好地弥散到矿浆中，可提高浸出效果，并降低风压和风量，减少空压机功率。北京有色冶金设计研究总院研制的双叶轮中空轴进气机械搅拌浸出槽系列产品技术性能列于表 10-13。

表 10-13 双叶轮中空轴进气机械搅拌浸出槽技术性能

技术性能		SJ-2×2.5	SJ-2.5×3.15	SJ-3.15×3.55	SJ-3.55×4	SJ-4×4.5	SJ-4.5×5	SJ-5×5.6
直径×高度 /mm×mm		2000×2500	2500×3950	3150×3550	3550×4000	4000×4500	4500×5000	5000×5600
有效容积/m³		6	13	21	34	48	72	98
叶轮转速/t·min⁻¹		73	57	47	40.85	36	31	28
矿浆浓度		<45	<45	<45	<45	<45	<45	<45
矿浆密度		≤1.4	≤1.4	≤1.4	≤1.4	≤1.4	≤1.4	≤1.4
涡轮减速机	型号	ZW-L	ZW-H	ZW-G	ZW-F	ZW-C	ZW-B	ZW-A
	速比	12.95	16.44	20.44	23.5	26.7	30.6	34.46
电动机	型号	Y112M-6-B3	Y112M-6-B3	Y132M1-6-B3	Y132M1-6-B3	Y132M2-6-B3	Y160M-6-B3	Y160M-6-B3
	功率/kW	2.2	2.2	4	4	5.5	7.5	7.5
	转速 /r·min⁻¹	940	940	960	960	960	970	970
设备总重/kg		2800	3371	5628	6646	8285	10803	14430

浸出槽总容积按下式计算：

$$V = \frac{Q\left(R + \dfrac{1}{\delta_t}\right)t}{24K} \tag{10-25}$$

式中　V——浸出槽总容积，m^3；

　　　Q——日处理矿量，t/d；

　　　t——浸出时间，h；

　　　δ_t——矿石密度，t/m^3

　　　R——浸出矿浆中液体与固体质量之比；

　　　K——浸出槽容积利用系数，查表 10-14。

表 10-14　浸出槽容积利用系数 K

浸出槽规格/mm	浮选金精矿	全　泥	备　注
≤ϕ2500	0.8 ~ 0.83	≤0.92	当金精矿浆属浮选泡沫产品时，K 应取小值
ϕ3000	0.83 ~ 0.86	0.92 ~ 0.93	
≥ϕ3500	0.86 ~ 0.88	0.93 ~ 0.95	

　　根据总容积与所选浸出槽容积计算浸出槽台数。一般氰化槽应不少于 4 台。

10.2.7.2　洗涤设备

A　浓密机

　　洗涤浓密机有单层和多层两种，多层浓密机洗涤效率高，生产维护费用低，占地面积省，基建费用低，在黄金氰化厂得到了广泛应用。北京有色冶金设计总院设计的 $\phi 7 \sim 15m$ 五种规格的三层洗涤浓密机已在生产中应用。

　　图 10-14 是三层浓密机的结构简图。浓密机的槽体用钢筋混凝土捣制或用钢板焊制，槽中有两层层间隔板将槽体分为三层，每层相当于一个单层浓密机，每层都有给矿口、排矿口、溢流口和耙子。上、中、下层的耙子都固定在中间竖轴上，通过传动机构带动竖轴和耙子转动。与单层浓密机在结构上不同之处：一是二层中间有泥封槽；二是上部有 2~3 个调节水箱。

　　三层浓密机的给料从上层给入，最后由下层排出，而洗涤水给入下层，下层溢流通过调节水箱给入第二层，中层溢流通过水箱给入上层，上层溢流即为贵液。每层浓密机的矿浆通过转动的耙子给入槽底泥封槽排入下层，泥封槽的构造见图 10-15。

　　圆环形泥封槽的里圈是矿浆排入下一层的通道，外圈连接在中间层隔板上，泥封罩固定在竖轴上，与轴一起旋转。它插在泥封槽的矿浆中，形成砂泥密封，使上层浓密矿浆不是直接流入下一层，而是在泥封槽内走一个横卧的 S 形路程，从而达到强制排矿的目的。

　　由于矿浆中粗粒矿砂在泥封槽内沉积，S 形通道会逐渐堵塞，内外刮板的作用就是不断清理 S 形通道使其不致堵塞，并保证均衡排矿。

　　三层浓密机的计算与单层浓密机相同。三层浓密机尚无国家定型标准。目前生产中使用的三层浓密机的技术性能列于表 10-15。

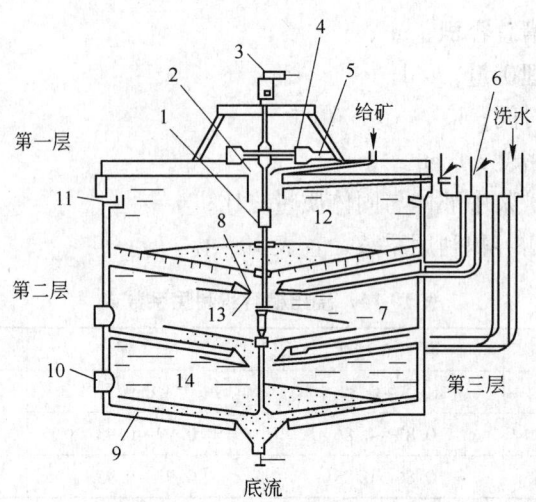

图 10-14 三层浓密机结构简图

1—竖轴;2—给矿筒;3—提轴螺旋;4—减速机;5—电动机;6—调节水箱;7—耙子;

8—泥封槽;9—池体;10—人孔;11—溢流;12—筛板;13—混料室;14—隔板

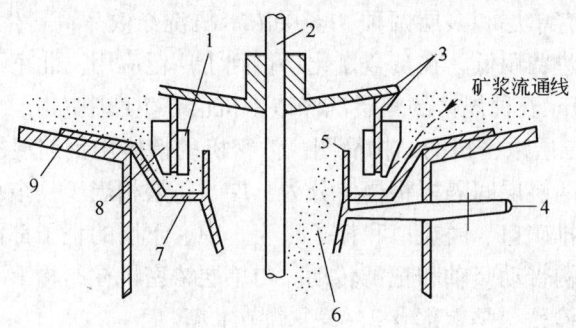

图 10-15 泥封槽的构造简图

1,8—刮板;2—竖轴;3—泥封罩;4—冲洗水;5—豁口;6—混料室;7—泥封池;9—中间层隔板

表 10-15 三层洗涤浓密机技术性能

规格/m	内径/m	深度/m	沉淀面积/m²	耙架转速/r·min⁻¹	传动电动机 型号	传动电动机 功率/kW	制造厂家
φ7	7.0	2.4×3	38.5	0.24		2.2	烟台黄金机修厂
φ9	9.0	2.0×3	63.5	0.221		4	承德矿山机械厂
φ11	11.0	2.3×3	95	0.154		7.5	五龙金矿
φ12	12.0	2.55; 2.2; 2.48	113	0.2	Y132-M2-6	5.5	烟台黄金机修厂
φ15	15.0	2.7; 2.35; 2.75	186	0.15	Y160-M2-6	5.5	烟台黄金机修厂

B 过滤机

国外常将过滤机用于洗涤作业，国内较少，但浮选金精矿氰化最后一级洗涤必须使用过滤机，以便将氰化渣（硫精矿）销售给化工厂。以往多用圆筒真空过滤机，为降低氰化渣水分，防止氰化物污染环境，有的已改用自动压滤机，如遂昌金矿等。

水平带式真空过滤机能完成多级洗涤作业，在国内几个黄金冶炼厂的氰化中已得到广泛应用，如招远、中原黄金冶炼厂等。

按下式计算所需过滤机面积，并结合现有设备规格、工厂生产经验以及配置等因素确定过滤机台数。

$$F = \frac{G}{q} \tag{10-26}$$

式中 F——需要的过滤面积，m^2；

G——需过滤的干矿量，t/h；

q——过滤机单位面积处理量，$t/(m^2 \cdot h)$，根据试验或生产指标选取。氰化厂氰化渣过滤建议取 $0.1 \sim 0.2 t/(m^2 \cdot h)$。

10.2.7.3 贵液净化设备

A 板框式真空过滤器

板框式真空过滤器是一个长方形槽，内装有若干片过滤板框，板框一端与槽外真空汇流管相接，其结构见图10-16。

板框外套以滤布袋，生产时滤布外先吸附一层 $1 \sim 2mm$ 厚的硅藻土作助滤剂，当贵液给入槽内时，滤液通过滤布经汇流管吸出进到脱氧塔，固体悬浮物留在滤布表面，溶液即被净化。当滤片阻力增大，流量减少到不能维持正常生产时，先用高压水冲掉滤泥，再用稀盐酸（5%）洗掉滤布上的结垢。

板框式真空过滤器结构简单，制作容易，净化效果好；但滤布清理不便，每周须逐片取出冲洗，劳动强度大。新建氰化厂较少采用，而多用效果更好的管式过滤器。使用板框式真空过滤器应配有硅藻土挂浆槽、滤泥冲洗槽和酸洗槽。

根据工厂实践，板框式真空过滤器的单位处理量可取 $2.7m^3/(m^2 \cdot d)$。

B 管式过滤器

管式过滤器是目前使用较多的贵液净化设备，主要由下锥圆桶形罐体和若干根过滤管组成。过滤管与罐外聚流管相接，其结构见图10-17。

多孔过滤管外套滤布袋。过滤时，溶液由罐体下部侧面进液管压力给入，通过滤布进入管内，滤渣留在滤布上，滤液由滤管上部的聚流管排出。卸渣时以压缩空气从聚流管的排液口向滤管内反吹，使滤饼从滤布上卸下并从锥底的排渣口排出。$20m^2$ 管式过滤器的技术性能列于表10-16。

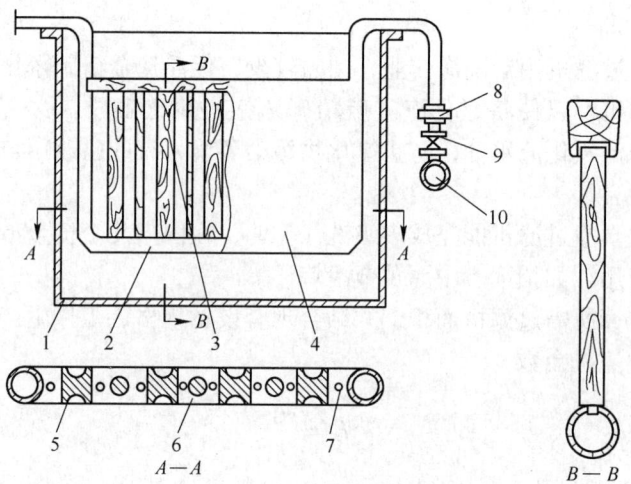

图 10-16   板框式真空过滤器

1—槽体；2—U 形管架；3—上口横梁；4—滤布袋；5—工字形箅条；
6—圆形箅条；7—进液口；8—活节；9—环阀；10—真空吸液管

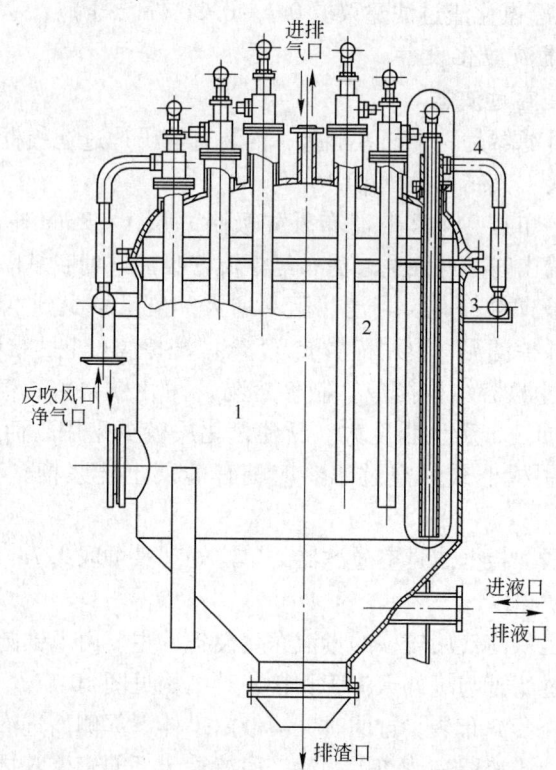

图 10-17   管式过滤器

1—罐体；2—过滤管；3—聚管流；4—连接支管

表 10-16　20m² 管式过滤器技术性能

过滤面积/m²	筒体体积/m³	过滤量 /m³·(m²·h)⁻¹	过滤管数	质量/kg	过滤最大记示压力 /kPa(kg/cm²)
20	5	1.0~1.2	36	3156	392(3.0)

C　脱氧塔

目前普遍采用的脱氧设备是真空脱氧塔，见图 10-18。

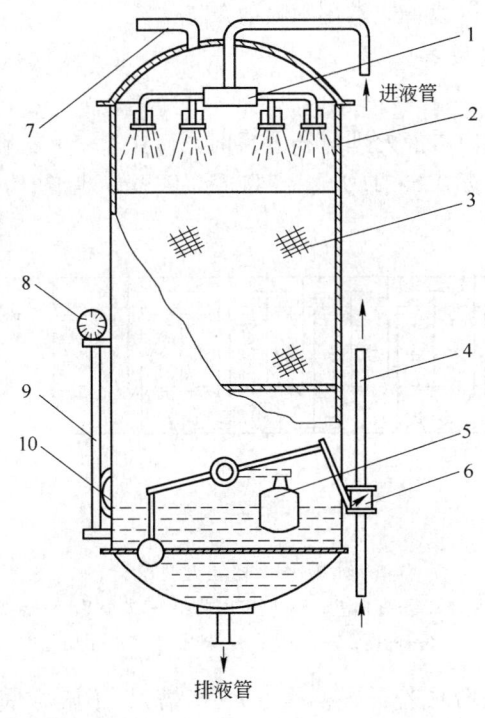

图 10-18　脱氧塔

1—淋液器；2—外壳；3—点波填料；4—进液管；5—液位调节系统；
6—蝶阀；7—真空管；8—真空表；9—液位指示管；10—入孔口

塔内上部装有溶液喷淋器，中部填装塑料点波填料层，由筛板支撑，筛板下为脱氧液储存室，设有液面控制设置。脱氧塔进液管装有蝶形阀，通过连杆与塔内液面浮漂相连，当液面上升时，浮漂上浮，带动连杆使蝶形阀开口减小，则流量减少；反之蝶形阀开口增大，流量增加，以此保持塔内液面稳定。由脱氧塔内真空作用从储槽将贵液吸入到塔顶，经喷淋器淋洒，穿过填料层汇集塔底，过程中液内气体受真空作用而脱出，即为脱氧。脱氧液由排液泵吸出送到置换压滤机。

生产中脱氧塔记示压力为 5~11kPa 时，脱氧率可达 95% 以上，脱氧液氧含量在 0.5mg/L 以下。脱氧塔高度一般不小于 3m，截面积按下式确定：

$$S = W/q$$

式中　S——脱氧塔截面积，m^2；

　　　W——需脱氧的溶液量，m^3/d；

　　　q——单位截面积溶液处理量，由试验确定，无资料时可取 $q = 400 \sim$
　　　　　 $900 m^3/(m^2 \cdot d)$。

目前国内氰化厂使用的脱氧塔有：$\phi 1000mm \times 3500mm$；$\phi 1200mm \times$
$3600mm$；$\phi 1500mm \times 3600mm$；$\phi 1800mm \times 4000mm$ 等几种规格。

脱氧塔的配套真空设备通常用水喷射泵。

10.2.7.4　置换设备

A　锌丝置换箱（金柜）

锌丝置换箱大小由贵液处理量和置换时间（$0.5 \sim 2h$）确定。一般用钢板制
作，箱长 $3.5 \sim 7m$，宽 $0.5 \sim 1.0m$，高 $0.75 \sim 0.9m$，见图 10-19。

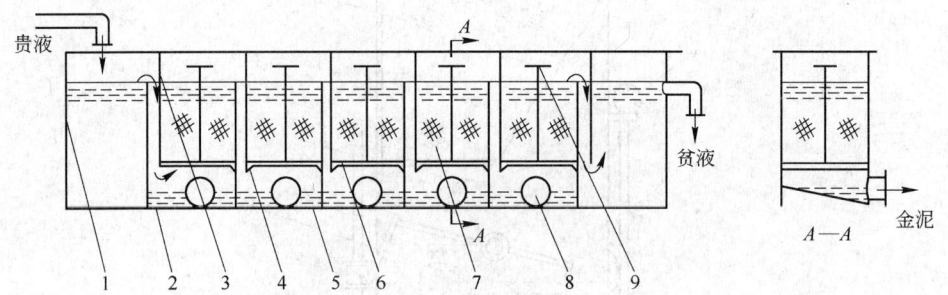

图 10-19　锌丝置换箱
1—箱体；2—横向壁；3—间壁上端；4—铁框架；5—金泥；
6—筛网；7—锌丝；8—排放口；9—手柄

箱内由上下隔板分成若干置换槽（$7 \sim 9$ 槽），下隔板底端与箱底焊接，上
端低于箱顶约 $50mm$；上隔板上端与箱顶平，下端距箱底 $150mm$。上下隔板之
间形成液体从上向下流通的间隙约 $50 \sim 70mm$。每个置换槽中放置一个带手柄
的筛网筒，筛孔 $1.4 \sim 3.3mm$，筛网上放置锌丝。贵液先流入不放锌丝的第一
槽（澄清槽），然后通过流通间隙从第二槽的底部向上通过筛网和锌丝层进行
置换后再流入下槽中。置换后的贫液由最后一槽排出，金泥沉在置换槽底，定
期清出。

B　锌粉置换压滤机

板框式压滤机分明流和暗流两种，工作原理相同，都是间歇式操作。压滤机
由交替排列的滤框和滤板以及电动压紧装置、止推板和横梁等部分组成，见图
10-20。

压滤机工作前需将滤框和滤板的压紧面清洗干净，再涂上黄油，套两层滤
布，压紧后先在滤布上挂 $2 \sim 3mm$ 厚硅藻土助滤层，然后再挂一定量锌粉，最后

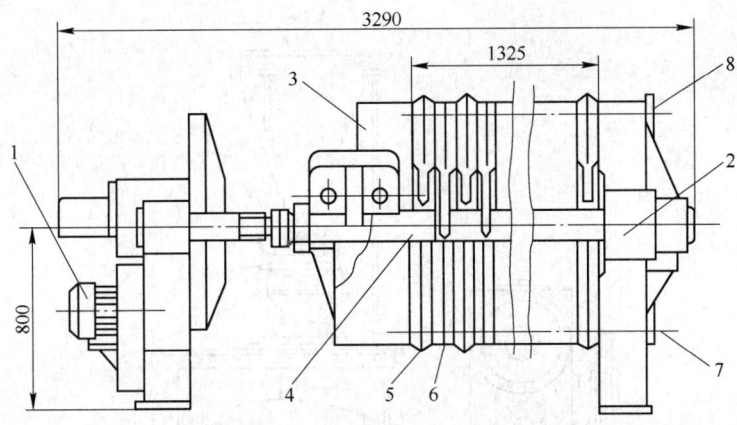

图 10-20　BAJ-635 型暗流板框压滤机

1—电动机；2—止推板；3—压紧板；4—横梁；5—滤框；

6—滤板；7—进液法兰；8—出液法兰

用泵将脱氧塔内的贵液抽出，并加入锌粉，压入压滤机，置换反应在滤层完成。压滤机每月拆洗 1～2 次取出金泥（滤饼）。

10.2.7.5　加锌粉设备

A　加锌粉机

常用的有胶带加料机和圆盘加料机，见图 10-21、图 10-22。

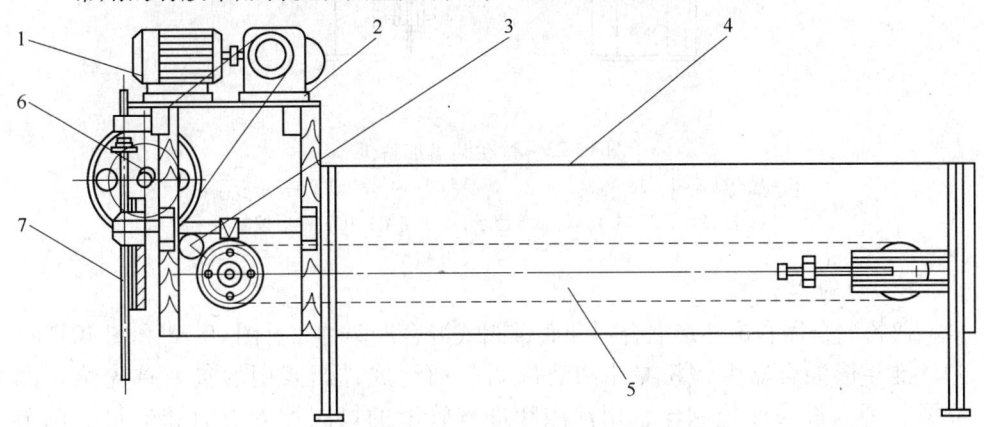

图 10-21　锌粉胶带加料机

1—电动机；2—减速器；3—锌粉刮板；4—密封罩；5—胶带运输机；6—凸轮；7—混合器阀杆

胶带加料机带宽为 150～250mm，速度为 150～200mm/h。优点是操作方便，锌粉能连续均匀加入；缺点是带速很低，减速比大，减速装置复杂。

圆盘加料机直径 ϕ120mm，转速 1r/min。

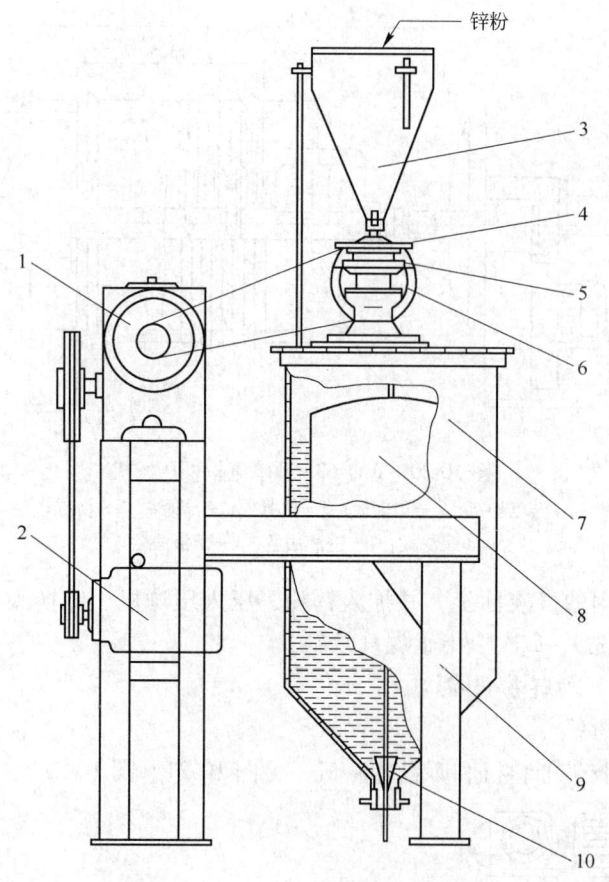

锌粉

3

4

5

6

1

7

2

8

9

10

图 10-22 锌粉圆盘加料机
1—涡轮减速机；2—电动机；3—锌粉漏斗；4—圆盘；5—伞形齿轮；
6—皮带轮；7—混合器；8—浮子；9—支架；10—锥形控制阀

B 锌粉混合器

锌粉混合器有锥斗形混合器和底锥阀式混合器两种，见图 10-23 和图 10-24。

锥斗形混合器由锌粉漏斗和液位调节桶组成，调浆用的贫液首先给入调节桶，桶内设液面控制器，用浮漂和进液管上的蝶阀控制液面和流量。调节桶和锌粉漏斗用管连通，锌粉给入漏斗调成锌浆，斗内有阀杆控制锌浆排放，阀杆由锌粉加料机上装设凸轮带动上下运动，使锌粉间歇排出，自流到置换压滤机水泵的吸入管，一般每分钟排放 20~30 次，此装置工作稳定可靠。

底锥阀式混合器桶体为底锥形圆筒，桶底排浆口有锥形阀，连杆与锥形橡胶阀体及液面控制装置相连，液面由连杆连接的浮漂和锥形阀塞控制。随着进液量

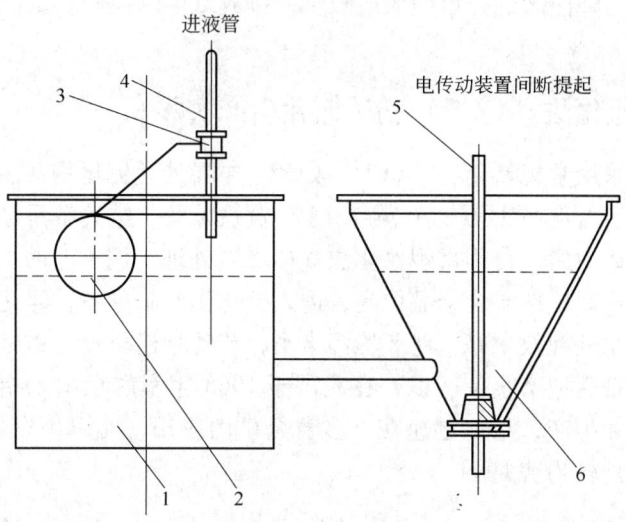

图 10-23 锥斗形混合器

1—液位调节桶；2—浮漂；3—蝶形阀；4—进液管；5—阀杆；6—锌粉漏斗

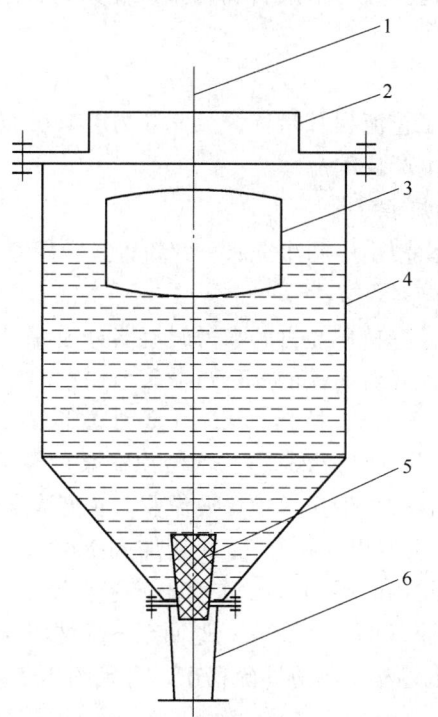

图 10-24 底锥阀式混合器

1—连杆；2—固定支架；3—浮漂；4—槽体；5—橡胶阀体；6—阀母

的增减，液面升降使阀的开口增大或减小，排放量得以控制。该混合器加锌粉连续可靠。

10.3 常规氰化法（CCD）精矿氰化生产实践

浮选精矿采用常规氰化法（CCD）处理，主要处理硫化物共生关系密切的石英脉含金矿石、石英-黄铁矿、石英-黄铜矿-黄铁矿石，这类矿石经浮选将金富集到硫化矿物精矿中后，再用常规氰化法（CCD）处理。该工艺的主要特点是：金矿石经浮选富集后，精矿含金品位高，进入氰化作业矿量少，氰化物耗量低，酸化法对含氰废水处理效果好，对环境污染小，节省基建投资，占地面积小，降低生产成本，实现就地产金。所以，在我国于1966年率先在山东招远、玲珑和灵山金矿用于工业生产，从此迅速在许多黄金矿山应用，尤以山东、河北、河南、辽宁、吉林等地较为普遍。

10.3.1 招远玲珑选冶厂

招远玲珑选冶厂始建于1936年，是一座有70多年厂龄的老厂。1966年5月正式投产后，几经改造扩建，形成目前的生产能力为：选矿系统1600t/d，氰化系统150t/d。

10.3.1.1 概述

矿石性质、选矿工艺流程及指标详见9.8.1.1节矿石性质，9.8.1.2节选矿工艺流程及9.8.1.3生产技术指标。

10.3.1.2 工艺流程

该厂目前采用两次浸出—两次洗涤—锌粉置换常规氰化工艺流程，其工艺流程见图10-25。

原氰化流程为：浮选精矿经再磨水力旋流器分级后，自流至φ18m浓缩机脱水、脱药，其底流给入6台串联的φ3.5m×3.5m浸出槽进行一次浸出，分别向第1、2、4、6槽加入NaCN，控制NaCN浓度为0.08%、氧化钙浓度为0.03%、矿浆浓度为30%，浸出时间为23h，一次浸出矿浆用泵抽至φ9m三个浓缩机进行一次洗涤，其溢流含金贵液送锌粉置换作业。底流浓度约50%，送入4台串联φ3.5m×3.5m进行二次浸出，在第7、9槽加入NaCN，氰化钠、氧化钙和矿浆浓度同第一段浸出，浸出时间2h。二次浸出矿浆自流至另一台φ9m三层浓密机进行二次洗涤，其溢流（即二次贵液）返回至一次洗涤作业，其底流自流进入1台10m²折带式过滤机过滤，滤渣即硫精矿，含硫约30%，过滤机滤液返回二次洗涤。

当浸出浮选精矿品位为Au 65.2g/t，Cu 0.91%时，10台浸出槽考察结果和氰化钠消耗情况见表10-17和表10-18。

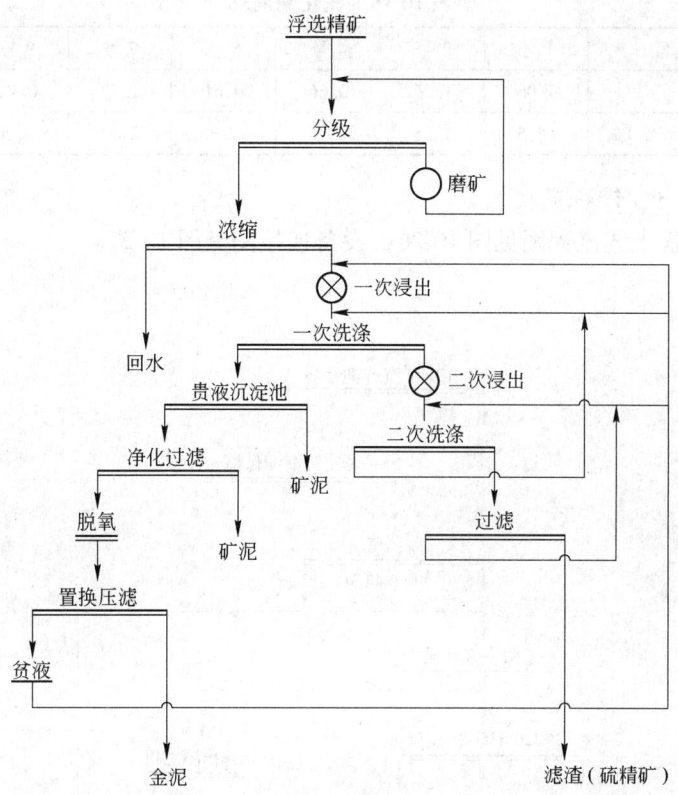

图 10-25 招远玲珑氰化工艺流程

表 10-17 浸出槽考查数据

浸出槽编号	液 体			氰渣含金 /g·t^{-1}	单槽浸出率 /%	累计浸出率 /%
	Au/g·m^{-3}	Cu^{2+}/mg·L^{-1}	CNS^{-}/mg·L^{-1}			
1	14.46	305	391	16.49	64.03	64.03
2	15.11	385	568	15.17	8.0	66.91
3	16.03	422	653	13.38	12.33	70.99
4	18.16	456	741	8.98	32.48	80.41
5	18.7	502	848	7.88	12.25	82.81
6	19.36	504	939	6.544	16.95	85.72
7	2.95	107	297	1.1	83.19	97.6
8	2.98	117	373	1.033	6.06	97.75
9	3.0	138	438	1.029	0.39	97.76
10	3.06	148	450	0.992	3.6	97.84

表 10-18 氰化钠消耗

浸出槽编号	1 号	2 号	4 号	6 号	7 号	9 号	合 计
氰化钠消耗/kg·t⁻¹	4.06	1.06	0.66	0.61	1.77	0.21	8.33
氰化钠消耗分配率/%	48.5	12.5	7.9	7.3	21.2	2.6	100

10.3.1.3 锌粉置换

锌粉置换工艺流程图见图 10-26，设备连接图见图 10-27。

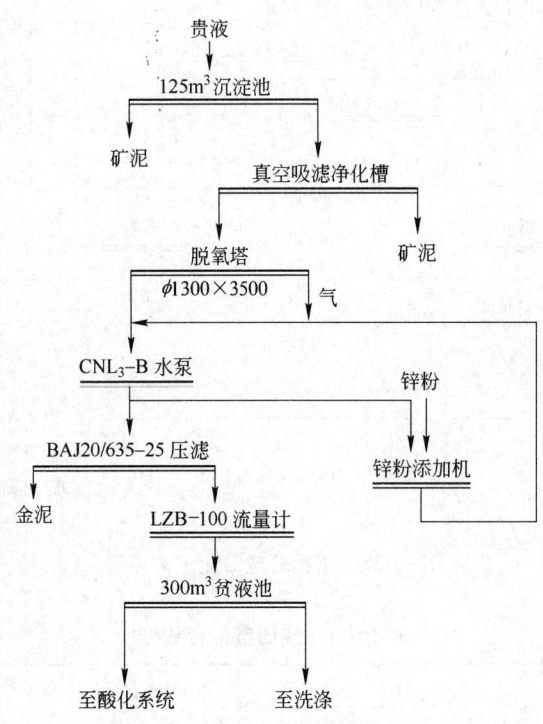

图 10-26 玲珑选厂锌粉置换流程

贵液净化：贵液先经贵液池（125m²）沉淀，悬浮物由 200 ~ 300mg/L 降至 60mg/L 左右，然后进入两台板框式真空过滤器净化，其规格为 1.6m × 2.1m × 1.5m，两台同时使用，净化液含悬浮物 5mg/L 以下。

（1）脱氧：净化后贵液由真空吸入脱氧塔脱氧，脱氧塔规格为 φ1300m × 3500m，配 ZSB-60 型水喷射泵真空装置，脱氧塔内放置 1800 ~ 2000mm 高的塑料点波填料，贵液脱氧后氧含量由 8mg/L 降至 1.5mg/L 以下。脱氧液用 GNL-B 型立式离心水泵压入置换压滤机。

（2）置换：采用 BAJ20/635 × 25 型压滤机 2 台，生产中交替使用。加锌粉设备由胶带加料机与斗式混合器组成。

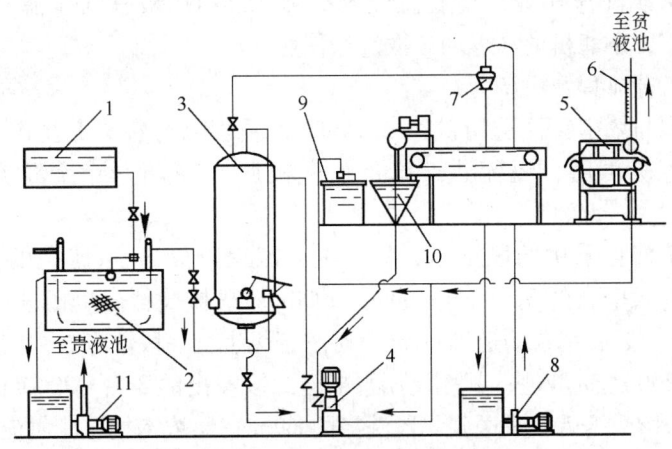

图 10-27 玲珑矿锌粉置换设备连接图

1—贵液池；2—净化槽；3—脱氧塔；4，8，11—水泵；5—压滤机；6—流量计；
7—水力喷射泵；9—液压调节桶；10—锌粉漏斗

（3）工艺条件及技术指标：

贵液量：330m³/d

氰化钠浓度：0.03% ~0.05%

氧化钙浓度：0.03%

锌粉耗量：30g/m³

醋酸铅耗量：5.5g/m³

净化液悬浮物含量：5mg/L 以下

脱氧后氧含量：1.5mg/L

贵液含金：3.424g/m³

贫液含金：0.0283g/m³

置换率：99.17%

金泥含量：7.992%

1993 年，该厂对氰化系统又进行了改造，在原两浸两洗工艺流程不变的条件下，对原有设备进行了调整，新增加了 4 台 ϕ4.5m×5.0m 双叶轮搅拌浸出槽和 2 台 ϕ9m 三层浓缩机，改造后使整个氰化系统的处理能力达到 150t/d。

改造后的氰化流程为：浮选金精矿先经 ϕ18m 的浓缩机脱水、脱药，其底流给入 ϕ3.5m×3.5m 碱浸出槽进行碱浸，然后 9 台串联的 ϕ3.5m×3.5m 浸出槽进行一次浸出，一次浸出矿浆用泵送至 2 台 ϕ9m 三层浓缩机进行一次洗涤，其溢流即含金贵液。贵液通过 ϕ12m 浓缩机浓缩后，溢流进入贵液池进一步澄清后，送锌粉置换作业，底流送入 4 台串联的 ϕ4.5m×5.0m 双叶轮搅拌浸出槽进行二次浸出，然后再送入另 2 台 ϕ9m 三层浓缩机进行二次洗涤，其溢流（即二次贵液）返回至一次洗涤作业，其底流经 MZ240/1500-60 板框式压滤机压滤脱水，滤渣即硫精矿，压滤机滤液返回二次洗涤作业。

原氰化工艺流程及设备为：

精矿再磨与浓密：浮选精矿经 ϕ125mm 旋流器组分级，底流进 ϕ1500mm × 3000mm 球磨机再磨，溢流进 ϕ12m 浓密机脱水脱药。旋流溢流细度 95% −0.043mm。

浸出与洗涤：采用两段浸出、两段洗涤流程。ϕ12m 浓密机的排矿调浆至 33% 浓度，进入串联的 3 台 ϕ3000mm × 3000mm 机械搅拌浸出槽进行一段浸出，浸出时间 24h，然后用泵扬送到 ϕ9m 三层浓密机进行一段洗涤，浓密机溢流（贵液）自流至 200m^3 贵液池；其底流用泵扬至二段浸出的 3 台 ϕ3000mm × 3000mm 浸出槽浸出 24h，然后用泵送到二段洗涤的 ϕ9m 三层浓密机，其溢流返至一段洗涤浓密机，底流经 10m^2 过滤机过滤得硫精矿。

贵液净化：贵液在贵液池沉淀后，可使其固体悬浮物由 200 ~ 300mg/L 降至 65 ~ 80mg/L，再经管式过滤器过滤，溶液中悬浮物可降至 1mg/L。目前生产上使用的 20m^2 管式过滤器筒体直径 1800mm，容积 5m^3。过滤前，先将部分贫液和硅藻土（一次加入 40 ~ 80kg）搅拌成料浆，然后用泵由下部进料口压力给入管式过滤器内，同时打开上部进气管，使料液迅速进入筒体内。当筒内注满硅藻土液时，关闭进排气管，同时打开聚流管排口返液阀门，使料液返回硅藻土搅拌槽进行循环。当返回液变清时，说明过滤介质硅藻土已均匀覆盖在过滤管滤布上形成助滤层。一般循环 30 ~ 40min，贵液过滤时，先关闭扬送硅藻土的泵、阀门及返液阀，打开进净液的排液阀门，然后再开动送贵液的泵，进行贵液过滤净化。过滤工作压力小于 49 × 10^{3}Pa，过滤速率 0.4 ~ 0.75m^3/h（即每台 8 ~ 15m^3/h），最大过滤速度可达 1.5m^3/(m^2 · h)。

当管式过滤器内的滤饼逐渐增厚，过滤压力高达 49 × 10^{3}Pa，过滤能力下降到 6m^3/(台 · h) 时，就要进行排渣。首先停止进贵液，关闭出液阀门，同时打开回液阀和上部进气管，使贵液返回至贵液池，然后打开排渣阀，关闭回液阀，从净液出口处压入贫液（或压缩空气）进行反洗反吹，使滤渣脱落由过滤器底部排渣阀排出。

脱氧：采用 ϕ1500mm × 3600mm 脱氧塔一台，其真空系统由 2BA-9 水泵和 ZSB-60 水力喷射泵组成，真空度可达 (9.06 ~ 9.73) × 10^{3}Pa。脱氧后贵液溶氧量可降至 1mg/L。

置换：采用液压锁紧 BAY20/635-25 压滤机一台。在出金泥时为降低金泥水分，需往压滤机吹风而配一台 1V-3/8 型压风机；挂浆配有 ϕ1500mm 搅拌槽及 2PNJ 砂泵组成的挂浆循环系统。

生产中挂锌粉初始层的过程称为挂浆。挂浆一般用贫液，锌粉与醋酸铅以

10∶1 添加，锌粉初始量 20kg，挂完浆即可进行置换。生产初期要每隔 30min 进行贫液含金快速分析，当品位降到 $0.02g/m^3$ 时才可排放贫液。

在置换过程中，要保持 NaCN 浓度不低于 0.03%，CaO 浓度不低于 0.02%，否则置换指标会明显下降。生产初期没有贫液返回而用清水洗涤，从而稀释了溶液中的 NaCN 和 CaO 浓度，因此需往洗涤浓密机或贵液池内加入一定量的 NaCN 和保护碱。

置换时随着压滤机框内金泥的增加，阻力增大，表压由 $3.92 \times 10^3 Pa$ 增加到 $24.5 \times 10^3 \sim 26.5 \times 10^3 Pa$，泵的流量下降到 $6m^3/h$ 时，应将压滤机内的金泥卸出。卸金泥之前，为了降低金泥水分，要往压滤机内吹风 $2 \sim 4h$，风压 $(29.4 \sim 39.2) \times 10^3 Pa$，金泥水分可降到 35%。

卸开压滤机将滤框内金泥清理后，要将滤框放置在水槽中，清除进液口中的金泥，把压紧面洗净擦干涂上一层黄油，防止生锈而造成泄漏，一般 2h 可卸完金泥和装好新滤布。

含氰污水处理：采用酸化法处理。含氰污水加热至 35℃ 左右后与硫酸混合进入发生塔，在塔内氰氢酸气体被空气带至另一个喷淋碱液的吸收塔进行酸碱中和而制得氰化钠，发生塔废液进行浓密、干燥，以回收其中的氰化亚铜供外销，整套污水处理能力为 $200m^3/d$。

氰化浸出工艺流程改造后，增加了浮选精矿浓缩底流压滤作业，用 XAZ240-4GF 厢式压滤机对浓缩机底流进行压滤脱水，滤饼经贫液调浆后进入一次浸出作业。

10.3.2 河林矿产品加工厂（金精矿氰化厂）

河林矿产品加工厂位于河南省灵宝市川口乡，始建于 1999 年 3 月，是一座处理复杂高硫金精矿能力为 50t/d 的氰化厂。

10.3.2.1 矿石性质

该厂处理的金精矿来自高硫化物含金石英脉型原生矿石。矿石中主要元素为硫，铅含量较低，铜为微量。金精矿主要成分为：金 $24.36 \sim 43.8g/t$、银 $80 \sim 200g/t$，铜 0.1% ~ 3.5%，铅 2.3% ~ 4.7%。该厂金精矿来源不一，成分复杂多变。

10.3.2.2 工艺流程

原工艺流程为一段磨矿，两浸，两洗，氰尾浮选回收铅。2001 年对原生产工艺流程进行了局部改造，在一段洗涤后增加二段磨矿作业，形成了二段磨矿，两浸，两洗工艺流程，其工艺流程见图 10-28（图中框内为改造部分）。该厂生产工艺采用的是生产污水零排放工艺，即置换后的贫液和浮选尾砂压滤后的滤液全部返回生产流程。

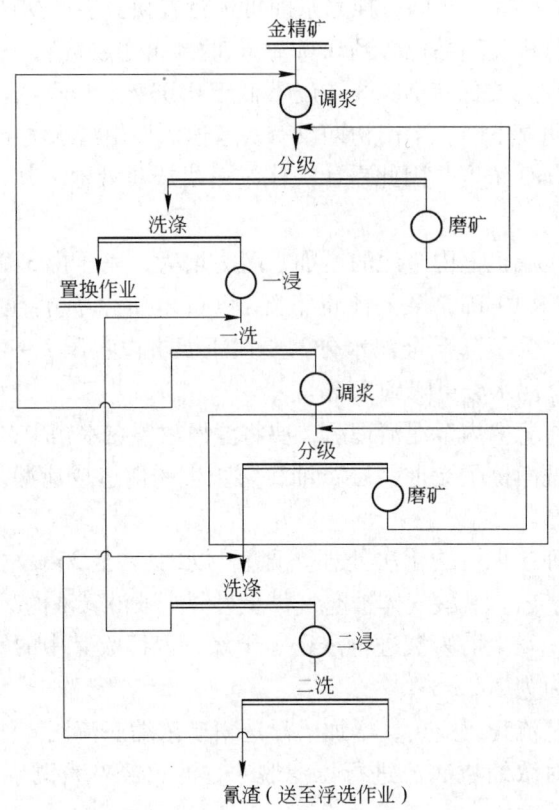

图 10-28　河林矿产品加工厂生产工艺流程
(图中框内为改造部分)

　　该厂按常规氰化浸出，氰化物消耗居高不下，氰化物单耗高达 21.3kg/t，浸渣品位也均在 6~7g/t，金浸出率仅为 80% 左右。为此，实验室进行了反复试验，采取对原料用石灰预处理，使氰化物消耗降低了 2.51kg/t，氰尾渣金品位降至 2~3g/t。由于该厂的生产工艺是污水零排放工艺，所有贫液及滤液全部返回流程，所以不具备碱预处理的条件，只能在原料场采用在金精矿中加入石灰捂晒的方法，也能起到一定的预处理作用。这一方法在高品位金精矿（常规氰化后氰尾渣品位为 19g/t）的处理中，通过对原料用灰捂 24h，氰化物消耗降低了 4.32kg/t，氰尾渣金品位降至 4~5g/t。这些都是利用生石灰遇水分解放热反应，使原料中所含消耗氰化物的贱金属进行氧化，减少了它们对氰化物的消耗。

　　针对含铜、银金精矿，实验室用氨氰作为浸出剂，不仅可以降低氰化物的消耗，使氰化物消耗降低了 1.2kg/t，还可以提高金银回收率，减少金泥中杂质含量。对含铁较高的金精矿，可以加大石灰用量或加大浸出充气量，减少贱金属消耗氰化物。对含硫高的金精矿，可适当补加铅盐以降低氰化物的消耗。

生产实践过程中，在保证较高浸出率的条件下，减少氰化物消耗，选择最佳的氰化物控制浓度，用低氰浸出不用高氰浸出，因为随着溶液中氰化物控制浓度的提高，贱金属溶解度均逐渐上升。对含铜较高的金精矿，溶液中氰化物浓度与铜的比例应保持最佳，总氰化物与铜的比例至少 4:1，此时金总回收率较高。选择最佳氰化物加入方式：加入点要选择在贱金属影响最小点，以保证氰化物瞬间消耗最小，并采取分段加药。两段浸出的新鲜氰化钠加入量，在生产中一段加入量一般控制在总量的 60%~70%，二段一般控制在总量的 30%~40%；一段浸出氰根浓度低一些，有利于减少贱金属浸出，二段氰根浓度高一些，有利于难溶金的浸出。在同一段浸出中，各槽氰化钠添加量也不相同，前槽加入量要高于后槽，以减少氰化钠短路损失，这在一定意义上保证了浸出时间。

为了提高氰化浸出指标，减少氰化物消耗，该厂于 2001 年在一段洗涤后增加二段磨矿作业，两段磨矿不仅有利于加强边磨边浸作用，而且有利于降低氰化物消耗。根据该厂生产实践，在达到相同细度和浸出率的前提下，分段磨矿比一段磨矿节约氰化钠约 2kg/t 左右，也就是说选取合适的加药点、采取分段加药，可以提高氰化物的有效利用率，减少氰化浸出液疲劳现象的发生。二段磨机选用了以磨剥力量为主的塔式磨浸机，使浸渣中的连生金及包裹金得到了更充分的剥磨，污染金表面的污染物得到了擦洗，为金的溶解创造了良好条件，氰化尾渣品位由原来的 4~5g/t 降到 2.2~2.8g/t，氰化物单耗由 17.49kg/t 降至 15.21kg/t。

10.3.2.3 生产技术指标

生产工艺流程改造前后的生产技术指标见表 10-19。

表 10-19 工艺流程改造前后的生产技术指标

项目	工艺流程	处理量 /t·d^{-1}	氰原金品位 /g·t^{-1}	氰渣品位 /g·t^{-1}	浸出率/%	金浸洗回收率/%	氰化物消耗 /g·t^{-1}
改造前	一磨两浸	48.58	43.8	4.0	90.9	90.4	17.49
改造后	两磨两浸	53.18	43.2	2.7	93.8	93.3	15.21

从表 10-19 看出，生产工艺流程由一段两浸改造为两段两浸后，处理量增加了 4.6t/d，氰渣品位降低至 2.7g/t，浸出率提高了 2.9%，浸洗回收率提高了 2.9%，氰化物单耗减少 2.28kg/t。

10.4 常规氰化法（CCD）金泥氰化生产实践

金泥氰化提金工艺，是从矿石中提取黄金的重要工艺方法之一，在我国应用已近 40 年的历史。1981 年吉林省赤卫沟金矿 75t/d 金泥氰化厂及 1982 年黑龙江乌拉嘎金矿 500t/d 金泥氰化厂的建成投产，为常规氰化法（CCD）金泥氰化在工业生产中的应用提供了生产实践经验。金泥氰化工艺适用于矿石严重风化，矿泥含量大，矿浆沉降速度慢，固液分离困难，铜和其他贱金属含量低，矿石中银金比小于5：1的矿石。常规氰化法（CCD）逆流洗涤锌粉置换工艺，在我国对浮选金精矿的处理上，已得到了广泛的应用，随着炭浆法（CIP）、炭浸法（CIL）、树脂法（RIP、RIL）的应用，金泥氰化工艺在我国黄金选冶厂的应用，将会不断扩大。

10.4.1 赤卫沟金矿氰化厂

赤卫沟金矿位于吉林省汪清县东光乡，于1980年9月正式投产，生产规模为100t/d，是我国黄金生产的第一个金泥氰化厂。

10.4.1.1 矿石性质

该矿属方解石-石英脉型金矿，矿石中主要金属矿物有银金矿、辉银矿、黄铁矿，其次为黄铜矿、闪锌矿、方铅矿、硬锰矿、褐铁矿。主要脉石矿物有石英、方解石，其次为明矾石、冰长石、绢云石、绿泥石等。

银金矿：浅黄金色，为半自形晶和他形晶，不规则粒状、树枝状、八面体，粒度大部分介于0.01~0.07mm之间，平均为0.056mm。金纯度较低，一般在5%左右，多嵌布于石英颗粒间隙，或石英与方解石颗粒间隙中。

辉银矿：灰白色，他形颗粒，片状或细粒集合体，粒径0.01~0.03mm，呈稀疏浸染状分布于石英颗粒间隙中。

金：呈自然金和硫化物状态，赋存于银金矿、自然金、针硫金矿中，黄铁矿中含微量金，以银金矿为主，一般品位3~5g/t，最高达78g/t。

银：自然元素和硫化物，赋存于银金矿、自然银、辉银矿中，一般品位2-10g/t，最高达46g/t。

矿石以稀疏浸染结构为主，银金矿、辉银矿、黄铁矿及其他金属硫化物呈细粒稀疏浸染状分布于脉石矿物颗粒间隙中，也常见方解石脉、方解石石英脉。石英脉呈角砾状、块状构造。矿石结构类型主要为他形-半自形晶、粒状嵌布结构、交代矿石结构。

10.4.1.2 工艺流程

根据矿石特征，经两段一闭路破碎后的原矿石，采用两段全闭路磨矿，金泥氰化流程，见图10-29。

原矿石经二段一闭路破碎至12~0mm，采用两段全闭路连续磨矿，第一段为MQY1530溢流型球磨机与FLC-1200沉没式单螺旋分级机构成闭路，磨矿细度为-0.074mm（-200目）含量75%，处理原矿量3.5t/h，利用系数0.465t/（m³·h）。分级机返砂比约96%。第二段磨矿为ϕ1200mm×2400mm球磨机与ϕ200mm水力旋流器构成闭路，生产中未使用旋流器而用ϕ1200mm分泥斗代替，磨矿细度-0.074mm（-200目）含量85%~90%，分泥斗溢流浓度约24%。

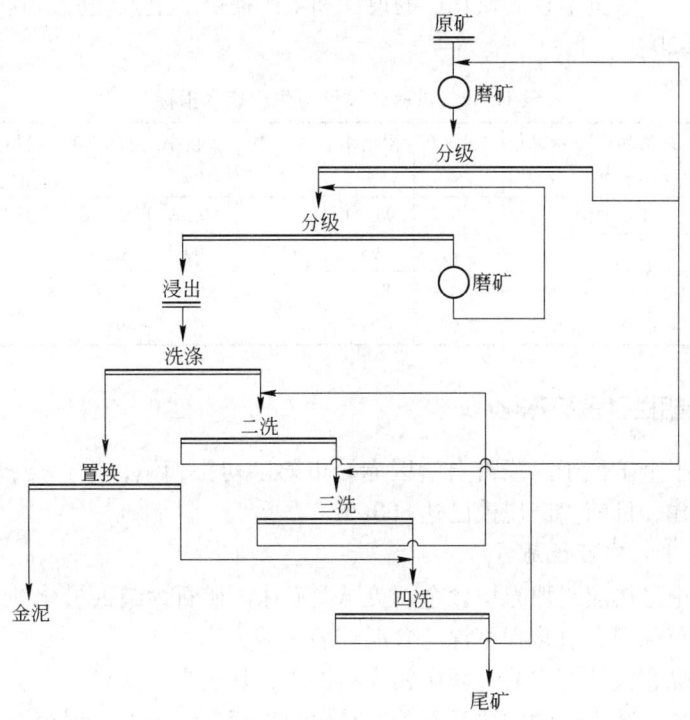

图 10-29 赤卫沟金矿金泥氰化工艺流程

氰化浸出采用金泥氰化流程，分两次加药浸出，贫液返回磨矿系统并向球磨机加氰化钠浸出，磨矿的浸出率大约在 50% 左右。二段磨矿分泥斗的溢流给入 5 台 ϕ3500mm × 3500mm 机械搅拌浸出槽浸出，浸出浓度 22% ~ 24%，浸出时间 8 ~ 9h，氰化钠浓度 0.037% ~ 0.042%，pH 值 10 ~ 11，浸出率 87% ~ 93%。洗涤采用四段浓密逆流洗涤，浸渣先经 TNZ-9 单层浓密机作第一段洗涤，洗液即贵液，送置换作业，洗渣用泵打到 ϕ9m 三层浓密机作三段逆流洗涤。因为单层浓密机跑浑，贵液浑浊度高，品位低，所以为了加速矿泥的沉降，需加 3 号中性凝聚剂 100g/t 左右，这样单层浓密机的排矿浓度由 30% 提高到 52%。同时使三层浓密机也得到了改善，底流浓度由 30% 提高到 48%，洗涤率由 92% 提高到 98%，从而使氰化厂总回收率由 71% 提高到 84%。

置换仍沿用锌粉置换法，贵液经澄清、砂滤后送金柜进行置换。贵液池和贫液池的容积均为 115m³。因为锌粉的质量达不到要求，要求锌粉厚 0.02mm，实际为 0.07mm，因此置换率不高，仅为 92% ~ 97%，而锌的消耗量达 0.62kg/t。置换时间约为 1h。

10.4.1.3 生产技术指标

该厂是我国黄金生产的第一个金泥氰化厂，生产技术指标已接近设计指标，其生产实践为我国黄金金泥氰化厂的设计和生产提供了宝贵经验，其生产技术指标，见表10-20。

表 10-20 试验、设计与生产技术指标

项目	原矿品位/g·t⁻¹	尾渣品位/g·t⁻¹	贵液品位/g·t⁻¹	贫液品位/%	浸出率/%	洗涤率/%	置换率/%	总回收率/%	材料消耗/kg·t⁻¹ 氰化钠	锌粉
试验	7.7	0.3			96.09		99.76	95.86	0.75	
设计					95	97.5	99	88.95		
生产	3.58 ~ 6.24	0.31 ~ 0.48	1.65 ~ 2.22	0.04 ~ 0.05	81 ~ 93	99	90 ~ 97	82.4 ~ 91.3	1.6	0.62

10.4.2 柴胡栏子金矿氰化厂

柴胡栏子金矿位于内蒙古自治区赤峰市郊区初头朗镇，采选规模为150t/d，几经改造扩建，目前生产规模已达800t/d。

10.4.2.1 矿石性质

该矿属中温热液裂隙充填含金石英脉型矿床。矿石为绢云母化蚀变岩及贫硫化物含金石英脉型，氧化程度深，含泥较多。

矿石中除金银外，主要金属矿物为褐铁矿，其次为黄铁矿，并有少量赤铁矿和微量黄铜矿。脉石矿物主要是石英，其次为长石、绿泥石、绿帘石、云母和方解石等。

自然金主要赋存在脉石矿物中，与金属矿石共生关系不密切。金嵌布粒度较细，粒径均小于0.037mm。

矿石密度2.65t/m³，堆积密度1.6t/m³，属中硬矿石。原矿成分的分析列于表10-21。

表 10-21 原矿成分分析

元素	Au	Ag	SiO$_2$	CaO	MgO	Fe	Mn	Cr	Sn
含量%	5.8g/t	6.46g/t	60.3	1.3	2.53	6.34	0.14	0.014	0.16

元素	Al$_2$O$_3$	TiO$_2$	Mo	Cu	Pb	Zn	S	C
含量/%	12.46	0.92	0.002	0.012	0.043	0.162	1.48	0.64

10.4.2.2 工艺流程

该厂采用二段一闭路破碎，二段连续闭路磨矿，一段浸出，六次逆流洗涤金泥氰化。其工艺流程见图10-30。

碎矿：采用两段一闭路流程。原矿仓矿石经600mm×500mm槽式给料机给入250mm×400mm颚式破碎机粗碎；粗细碎排矿送到900mm×1800mm振动筛筛分；筛上产品返回150mm×750mm细碎型颚式破碎机细碎，筛下产品送到粉矿仓。碎矿最终产品粒度18～0mm。

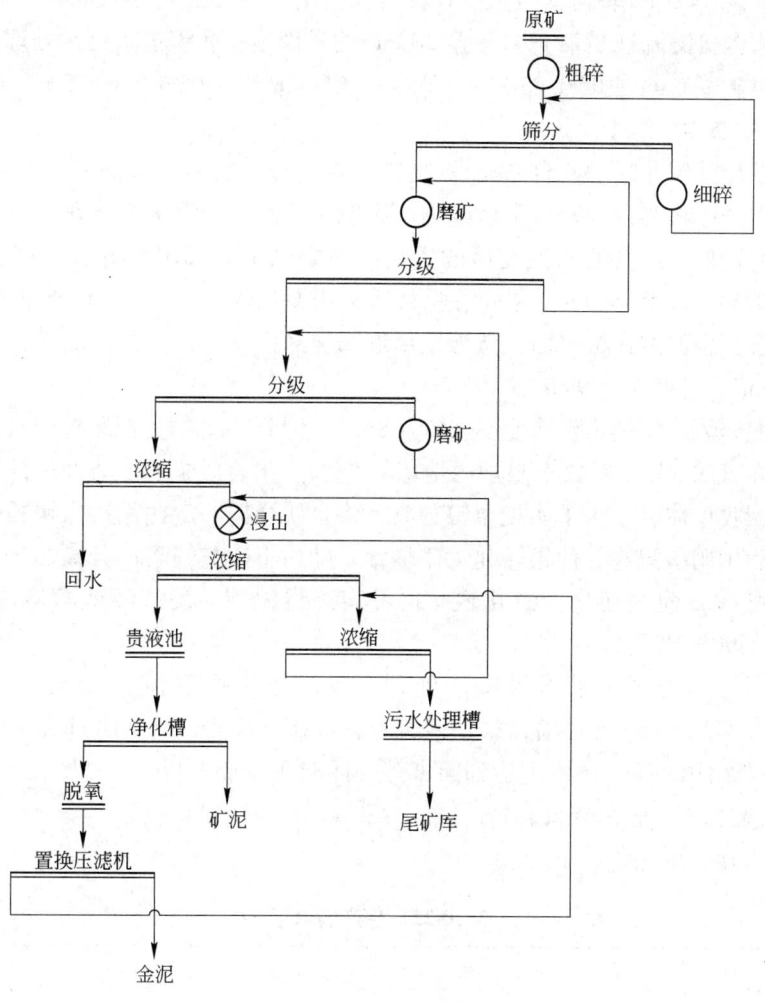

图 10-30　柴胡栏子金矿金泥氰化工艺流程

　　磨矿及浓密：采用两段闭路磨矿流程。一段由一台 φ1500mm × 3000mm 球磨机与 φ150mm 螺旋器组成闭路。一段分级机溢流与二段球磨机排矿合并泵扬送给旋流器分级，旋流器底流入二段球磨机，溢流自流到 φ15m 浓密机，浓密机溢流水返回磨矿系统，底流由泵扬送浸出作业。为了稳定旋流器给矿压力，在旋流器分级作业后设置一个 1000mm × 1000mm 矩形倾斜板浓密箱，旋流器溢流经浓密箱后再流到 φ15m 浓密机，并在浓密箱底部接一条 φ50mm 回流管，用闸阀控制，把一部分矿浆返回泵池，以满足泵扬量的需要，稳定旋流器给矿压力，保持磨矿系统水量基本平衡，从而保证浸出矿浆细度达到 95% − 0.074mm。

　　浸出与洗涤：φ15m 浓密机的底流浓度调至 40% 左右，由泵扬到 8 台串联的

ϕ3000mm×5000mm 轴流式机械搅拌浸出槽浸出，然后由泵送到ϕ9m 三层浓密机洗涤，浓密机溢流（贵液）自流至200m³ 的贵液池，底流进入污水处理系统。

浸出矿浆 CaO 浓度 0.03%～0.05%，CN^-浓度 0.03%～0.05%，浸出时间 32h，浸出率在 92% 以上。

原设计采用并联的两台 ϕ9m 三层浓密机进行三级逆流洗涤，洗涤率在 93% 左右；生产中将两台浓密机串联改为六级逆流洗涤，洗涤率提高到 98% 以上。

锌粉置换：经贵液池沉淀后的贵液，用 2100mm×2100mm 真空吸滤净化器过滤、ϕ1500mm×3600mm 脱氧塔脱氧后，用泵扬至 BMS20-635/25 板框压滤机进行置换，金泥留在板框内，贫液全部返回洗涤作业。在正常情况下，贫液品位 0.015g/m³，置换率在 99% 以上。

金泥熔炼：置换金泥含金约 6%～8%，经烘干加入适量熔剂混匀，装入石墨坩埚在 RJX-37-13 箱式电阻炉内熔炼 1.5h，产出合质金。炉渣经破碎、磨矿和重选，回收单体金。为了实现金银分离，将合质金按一定比例掺入银粉熔化、水淬，然后用硝酸浸泡，使银转化为硝酸银，随后将硝酸银溶液分离出来，加入食盐（或盐酸）使之转化为氯化银，再经熔炼得银锭。浸渣经洗净熔炼成金锭，其成色在 90% 以上。

含氯污水处理：采用氯碱法处理。三层浓密机底流自流至 3 台串联的 ϕ2000mm×2000mm 搅拌槽，第一槽通入氯水和石灰乳，经搅拌 1h 后由泵送到尾矿库。矿浆中的 CN^-浓度可达到国家排放标准 0.5mg/L 以下。

10.4.2.3 生产技术指标

生产技术指标见表 10-22。

表 10-22　生产技术指标

项　目	单　位	指　标	项　目		单　位	指　标
处理矿石量	t/d		总回收率		%	90.05
原矿品位	g/t	4.31		钢球	kg/t	3.64
贵液品位	g/m³	1.13		氰化钠	kg/t	0.88
贫液品位	g/m³	0.02		石灰	kg/t	12.6
排液品位	g/m³	0.13		锌粉	kg/t	0.32
浸渣品位	g/t	0.28	每吨原矿主要消耗	醋酸铅	kg/t	0.03
浸出率	%	93.49		液氯	kg/t	0.94
洗涤率	%	98.38		絮凝剂	kg/t	0.07
置换率	%	99.38				
氰化回收率	%	91.43		水耗	t/m³	5
冶炼回收率	%	98.5		电耗	kW·h/t	68

参 考 文 献

[1] 孙长泉. 氰化物用量平衡的分析与研究[J]. 山东黄金, 1995(1):34~38.

[2] 孙戬. 金银冶金[M]. 2版. 北京:冶金工业出版社, 1998:129~159.

[3] 吉林省冶金研究所. 金的选矿[M]. 北京:冶金工业出版社, 1978:120~141.

[4] [苏] N. H. 马斯列尼茨基,等. 贵金属冶金学[M]. 北京:原子能出版社, 1992:57~112.

[5] 徐天允,徐正春. 金的氰化物冶炼[D]. 沈阳:沈阳黄金专科学校.

[6] 《山东省志 黄金志》编辑部. 山东省志 黄金志[M]. 济南:山东省黄金协会, 2011, 10:161~195.

[7] 《山东省黄金工业志》编纂委员会. 山东省黄金工业志[M]. 济南:济南出版社, 1990:197~212.

[8] 冶金工业部河北黄金公司. 河北省黄金选冶厂资料汇编[G]. 1985, 5:6~19.

[9] 陈丽红,盛艳玲,李和平,赵明林. 河西金矿选冶工艺技术改造与生产实践[J]. 有色金属(选矿部分), 2007(5):24~27.

[10] 马风钟. 特高银金矿氰化实践及其特点[J]. 黄金, 1992(1):21~26.

[11] 孙晓. 利用选择性絮凝脱泥提高金精矿氰化浸出率的生产实践[J]. 黄金, 2001(4):34~36.

[12] 杨振兴,孙中健. 空气搅拌氰化浸出槽的应用实践[J]. 黄金, 2002(9):34~37.

[13] 孙晓,薛长山. 锌粉置换工艺中脱氧塔维护实践[J]. 黄金, 2004(8):34~35.

[14] 杨振兴. 难处理金矿石选冶技术现状及发展方向[J]. 黄金, 2002(7):31~34.

[15] 曾妙先. 含铜金精矿提金和氰渣浮铜试验研究与生产实践[J]. 有色金属(选矿部分), 2003(3):6~8.

[16] 杨纬,邱冠周,覃文庆,张泰. 降低氰化物消耗的生产实践[J]. 黄金, 2004(6):42~44.

[17] 杨纬,张玮琦. 增加二段磨矿作业的试验研究与生产实践[J]. 黄金, 2003(11):40~42.

[18] 杨纬. 酸化法在氰化零排放工艺中的应用[J]. 有色金属(选矿部分), 2004(1):27~29.

[19] 刘学杰,于宏业. 金泥氰化提金工艺设计与实践[J]. 黄金, 2006(6):40~43.

[20] 谢长春. 金泥氰化法在赤卫沟金矿的生产实践[J]. 采金技术, 1984(1):24~28.

[21] 文杨思,梁艺中. 广西龙头山金矿选矿厂的技术改造实践[J]. 黄金, 2009(7):50~53.

[22] 赵喜民,程春艳. 新桥金银矿氰化厂试生产实践[J]. 黄金, 1991(2):37~38.

[23] 胡春融,李海. 老柞山难浸金矿石提金工艺生产实践[J]. 黄金, 1994(6):41~43.

11 炭浆法提金

11.1 炭浆法提金的应用

　　该法是在全泥氰化锌粉置换提金工艺的基础上发展起来的，主要由浸前浓密、浸出炭吸附、炭解吸电解、炭酸洗及热再生、药剂制备、污水处理、金熔炼等工序组成。这种方法的主要特点是省去了全泥氰化后的固液分离部分。

　　目前有炭浆法和炭浸法两类：

　　炭浆法（CIP），其特点是浸出与炭吸附分成两部分，即矿石浸出后再进行吸附。

　　炭浸法（CIL），这种方法的特点是浸出与炭吸附两个作业同时进行，节省搅拌槽，投资少。近年来新建的炭浆厂多用此种工艺，特别对规模大的矿山更为有利。

　　炭浆工艺还可与其他工艺相配合组成联合流程，如堆浸炭吸附工艺；金精矿焙烧氰化炭浆工艺；加压氧化氰化炭浆工艺；金精矿直接氰化炭浆工艺；浮选尾矿炭浆工艺；泥砂分选，泥矿部分用炭浆工艺。

　　炭浆法适用于处理低硫含泥多的氧化矿。对含银高的金矿不合适，一般金、银比在 1∶5 以内可以考虑用炭浆法。

　　生产实践证明，只要用高强度、密度大、吸附力强、活性好、粒度适宜的炭，炭的损失可减少到最小。

　　国内使用炭浆法的最优条件是：pH = 10.5 ~ 11；氰化钠浓度不低于 0.015%；活性炭的粒度 1 ~ 3.35mm；炭的种类为椰壳炭；浸出矿浆浓度 40% ~ 45%。

　　从 1984 年以后，我国用炭浆法提金得到迅速发展，特别对低品位矿、氧化矿、大规模的金矿山更为有利，其经济效益显著。

11.2 氰化浸出前的准备工作

　　采用炭浆提金工艺时，在氰化浸出之前，首先将矿石破碎、磨碎，然后进行除屑、矿浆浓缩和添加除垢剂。

11.2.1 除屑

　　木屑及杂物易于堵塞管道和筛网，而且木屑是吸附金的，因此浸前必须除去，特别是地下开采的矿山更应加以重视。

一般除杂屑要进行两次：一次是一段磨矿分级溢流，二次是二段磨矿分级溢流。除屑一般用中频直线振动筛比较好，一次除屑也有用螺旋筛和圆筒筛的。一次除屑筛的筛孔为 0.6mm 左右，二次除屑筛的筛孔为 0.4mm 左右。

11.2.2　浸前浓密

磨矿后分级溢流细度为 65%~95%-0.074mm，多为 85%~95%-0.074mm，溢流浓度一般为 15%~25%，不适于直接浸出，必须进行矿浆浓密。

浓密可以采用普通浓密机，也可采用高效浓密机，要根据工程建设的具体条件，如气候、厂址、投资及经营费等综合比较后确定。

11.2.3　添加除垢剂

为了减少炭粒表面和筛子上结垢，在矿浆浸出前添加磷酸盐除垢剂。这种药剂一般用轮式给药机加到炭浸回路中。添加的量根据结垢情况确定，一般为10~30g/t。

11.3　浸出与炭吸附

浸出金的条件与常规氰化法相同，所不同的是浸出后的矿浆要用4~7段吸附槽加炭进行吸附。在每个吸附槽上都装有隔炭筛，以分离炭和矿浆。活性炭与矿浆逆向流动，即新鲜炭从最后一台吸附槽加入，而吸金的载金炭从第一台吸附槽排出。经筛分冲洗后载金炭含金 3~7kg/t（干炭）。吸附后的矿浆溶液含金一般为 0.01~0.03g/m³。炭浆法提金工艺流程见图 11-1，炭浸法提金工艺流程见图 11-2。

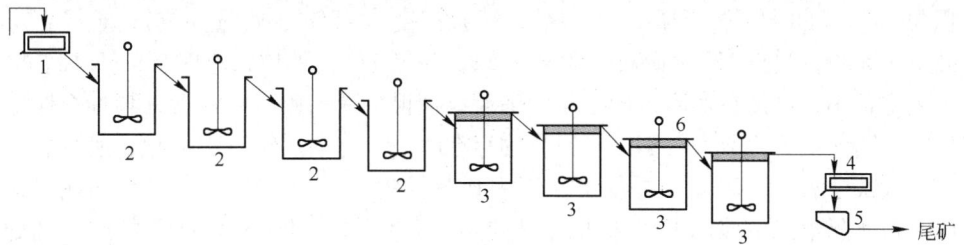

图 11-1　炭浆法（CIP）提金工艺流程
1—取样机；2—预浸调浆槽；3—浸吸槽；4—安全筛；5—泵池；6—隔炭桥筛

11.3.1　氰化浸出

在浸出过程中，氰化物用于浸出矿石中金和银，生成金和银的氰化配合物。石灰是用来保持高的 pH 值，以防止生成有毒的氰氢酸气体。在自动化水平较高

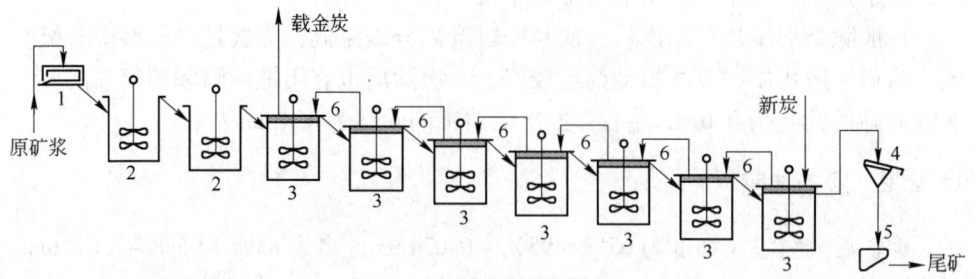

图 11-2　炭浸法（CIL）提金工艺流程

1—取样机；2—预浸调浆槽；3—浸吸槽；4—安全筛；5—泵池；6—隔炭桥筛

的炭浆厂中，设有氢氰酸测定器，安装在浸出和吸附区。探测器的警报点一个设在现场，一个设在控制室音响信号装置上。

在温度比较低或海拔很高的地方，金、银在氰化物中不易溶解，因为氧的浓度低，所以，在寒冷的地方更应在室内进行槽浸。

浸出的主要参数是：

矿石的磨矿细度　　65%～95% −0.074mm

矿浆浓度　　　　　40%～45%

氰化物浓度　　　　不低于0.015%

矿浆 pH 值　　　　10～11

$1m^3$ 矿浆充气量　　0.002～0.003m^3/min

浸出段数　　　　　4～10

金、银在氰化溶液中溶解是耗氧的，每克金理论耗氧量为 0.04g，如果用容积为 100m^3 的浸出槽，内装 65t 金矿，矿浆浓度为 45%（质量分数），金矿含金品位为 5g/t，浸出 12h，矿石共含金 325g，耗氧 13g，平均每小时耗氧 1.1g。这个数字很小，可是在实际生产中氧的消耗要大得多。因矿石中常含有各种金属硫化物，其含量要比金大得多。在氰化物存在时，常与金、银一起氧化，所以它们占去大部分氧量。因此，在浸出流程中耗氧量大小主要决定于矿石中的耗氧杂质。在实际生产中多用 100kPa 的中压空气，从浸出、吸附槽搅拌器的中空轴处供入，这样也可以减少矿浆中空气管出口的堵塞。空气流量一般用转子流量计控制和计量。

强化浸出和减少氰化物消耗是氰化工艺两个关键性技术经济指标。常规炭浆工艺（CIP、CIL），矿浆中的氧是靠鼓风机或压风机将空气充入矿浆中得到的。空气中的氧含量不高，因而对某些矿石浸出效果并不理想，为此，近年来发展一些新的氰化工艺。

充氧炭浸法（CILO）。为提高金、银在氰化过程中的溶解速度，在炭浸法

（CIL）过程中充富氧。研究表明，采用了 6 个小尺寸的密闭式 CILO 搅拌槽代替常规 CIP 工艺所需的 12 个浸出吸附搅拌槽。为了使矿浆中的氧接近饱和状态，通过喷射器或空压机从槽底部充入氧气。CIL 与 CILO 工艺试验结果见表 11-1。

表 11-1　CIL 与 CILO 工艺试验对比结果

试 样	浸出时间/h	工 艺	浸出率/%	NaCN 消耗/kg · t^{-1}
南非 A 矿 含 Au 6.78g/t	24	CILO	93.1	0.1135
	24	CIL	90.2	0.06
	5	CILO	89.5	0.0154
南非 B 矿 含 Au 3.44g/t	24	CILO	98.1	0.077
	24	CIL	95.4	0.054
	5	CILO	95.7	0.077
南非 C 矿 含 Au 5.8g/t	24	CILO	91.6	0.118
	24	CIL	90.1	0.091
	5	CILO	89.6	0.0245
加拿大（尾矿 D） Au 2.06g/t	96	CILO	74.2	0.313
	96	CIL	68.1	0.256
	20	CILO	68.3	0.1185

使用 CILO 法的主要优点是：

（1）在同样浸出时间的条件下，比常规的 CIL 法能提高浸出率，降低氰化物消耗。

（2）不用单独的浸出系统，工艺过程中的金积存量低。

（3）与 CIL 法相比，槽子可减少到原先的 1/4 ~ 1/5，可减少炭的磨损和积存量。在不增加或不更换设备的情况下，能增加原 CIL 工艺的生产能力。

（4）能有效地浸出含有高耗氧矿物的矿石。

我国张家口金矿在改扩建过程中，曾做了小型工业试验，在原有设备不变的情况下，充富氧，能力可提高一倍。

过氧化氢（H_2O_2）的应用。当矿浆黏度较高时，即使强烈充气，也不可能使矿浆中溶解的氧浓度达到很高或处于饱和状态。所以，不能使金完全溶解，而用 H_2O_2 代替充空气就能克服上述缺点。

用 H_2O_2、纯氧或压缩空气，对南非金矿的试验结果表明，加 H_2O_2 的矿浆 14min 后氧含量达 12×10^{-4}%；用纯氧充入 3h 后，溶解氧量只有 8×10^{-4}%；强烈充压缩空气 1h 后，矿浆中最大氧含量仅达 4.3×10^{-4}%。这说明 H_2O_2 活性氧利用率最高，比纯氧高 6 倍，比利用空气中的氧高 80 倍。

对同一种矿石加入 H_2O_2 后，浸出 2 ~ 4h，金的浸出率高达 95% ~ 96%，而采用强烈充压缩空气，浸出 2 ~ 4h 后，金的浸出率为 85%；充气 48h，金浸出率方可提高到 96%。

在南非 Fairview 金矿用 H_2O_2 对含金约 2.8g/t 的浮选尾矿进行了工业试验。在氰化过程中充气24h金的浸出率为62%，当使用 H_2O_2 时，6h后金的浸出率可达96%。由于浸出率提高而带来的经济效益是 H_2O_2 和设备投资费用的4倍。

国内许多金矿都做了试验，现在在内蒙古、山西一些金矿在应用，效果也比较好。

11.3.2　活性炭吸附

活性炭对不同离子的吸附能力有一定顺序：$Au(CN)_2^- > Ag(CN)_2^- > Ni^{2+} > Cu^{2+}$。

影响金、银吸附的主要因素有：

(1) 矿浆浓度，过高过低都不好，一般控制在40%~45%。

(2) 一般矿浆经预先氰化处理，有利于炭吸附，但在处理含碳矿石时，应把炭吸附与氰化结合起来。

(3) 一般吸附段数为4~5段，有时品位高要增加到7~8段。

(4) 目前使用的炭粒度为3.32~0.991mm（6~16目），在前几段矿浆中炭密度一般为10~15g/L（矿浆），后两段为15~40g/L或更高些。

(5) 在矿浆不沉淀的条件下，应尽量减少搅拌转数，以减少炭的磨损。

(6) 在吸附过程中有害物质为碳酸盐类——赤铁矿、机油、黄油、浮选剂、絮凝剂等。

(7) 炭在矿浆中吸附后应加安全筛，回收吸附过程中形成的细粒炭，以减少金的损失。

11.3.3　活性炭

活性炭有许多种，多选用吸附量大、价廉、机械强度大、来源广、密度大的活性炭。过去炭浆厂用过的活性炭，其吸附效果比较见表11-2。

表 11-2　活性炭吸附效果比较

名　称	用量/g	贵液量/L	贵液品位/g·m⁻³	贫液品位/g·m⁻³	吸附量/kg·t⁻¹	吸附率/%	产　地
粒状杂木炭	1	1	25.9	24.5	1.4	5.4	黑龙江
粉状活性炭	1	1	25.9	6.5	19.4	74.9	西　安
椰壳炭	1	1	25.9	9.5	16.4	63.3	北　京
粒状松木炭	1	1	25.9	13.0	12.9	49.8	福　建

张家口金矿试验室对美国、菲律宾、北京、赤峰所产活性炭性能进行了测定，详见表11-3。

表 11-3　四种活性炭性能测定结果

产　地	水分/%	灰分/%	容积密度 /kg·m⁻³	3.962~0.916mm (5~18目)	矿浆磨后炭 损失率/%	浸出24h后炭 吸附率/%
美　国	6	1.90	454.55	99.96	1.5	99.06
菲律宾	5.6	2.7	465.12	99.41	1.6	99.81
北　京	12.6	4.4	341.3	95.28	2.7	99.62
赤　峰	6.47	6.0	571.43	92.12	2.8	98.38

在工业生产中用椰壳炭的技术参数：

粒度：3.327~0.991mm（6~16目）；R 值：最大 0.05；

K 值：最小 30；水分：最大 3%；

堆积密度：480kg/m³；硬度数：98%；

灰分：最大 4%；筛下产品：最大 3%。

11.3.4　检测与控制

添加 NaCN，加大石灰乳量。分散剂用自动加药机添加，添加量一般为600L/h。

11.4　载金炭解吸与电积

载金炭及矿浆一起用提炭泵或空气提升器扬送到炭分离筛，筛孔为 0.589mm（28 目）。在筛上用清水冲洗使炭与矿浆分离，炭自流到载金炭贮槽，矿浆和冲洗水自流到第一段吸附槽。

载金炭解吸有几种方法，但我国常用扎德拉（Zadra）法，解吸及电积同时进行。解吸、电积工艺流程见图 11-3。

11.4.1　载金炭解吸

近年来已出现了四种主要解吸方法。

11.4.1.1　常压扎德拉法

该法是用 0.1% NaCN 和 1% NaOH 溶液，在温度 85~95℃ 常压条件下操作，解吸时间为 24~60h。该法简单，投资及生产费用低，适于小规模炭浆厂生产使用。

11.4.1.2　加压解吸法

该法是用 0.1% NaCN 和 1% NaOH 溶液，在温度 135~160℃ 和 350kPa 的压力条件下，解吸时间 2~6h。采用加压解吸可以减少试剂消耗和炭的积存量，解吸设备体积可以减小，但提高解吸压力和温度要增加设备费用。

11.4.1.3　酒精解吸法

炭解吸是用 0.1% NaCN 和 1% NaOH 溶液和 20%（体积分数）乙醇

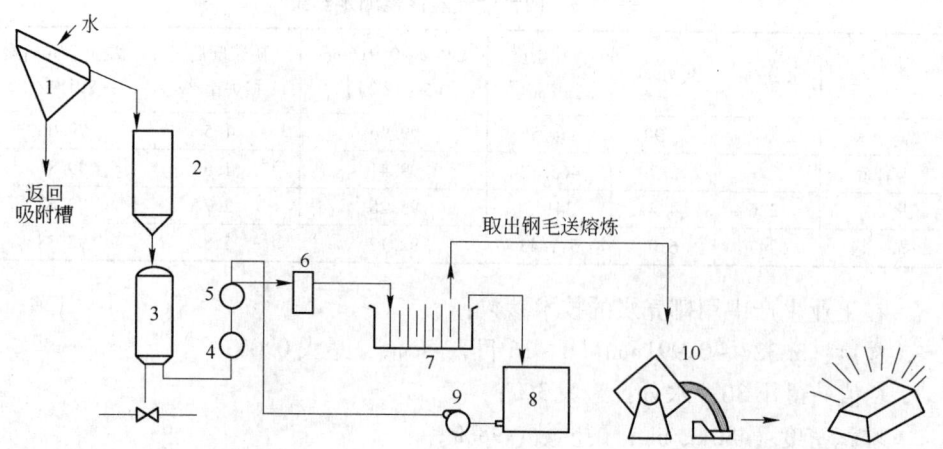

图 11-3　炭解吸、电积工艺流程

1—载金炭分离筛；2—载金炭贮槽；3—解吸柱；4—电加热器；5—热交换器；
6—细炭过滤器；7—电解槽；8—解吸液制备槽；9—计量泵；10—冶炼中频电炉

（O_2H_5OH）溶液，在温度 80℃ 常压条件下操作，解吸时间可减少到 5~6h。其最大的优点是可以减小解吸设备体积，但乙醇易燃、危险性大，另外，挥发损失会造成生产费用增加。

11.4.1.4　AARL 解吸法

该法是由南非约翰内斯堡英美研究所（African Anglo-American Research Laboratory，即 AARL）开发的，是用 0.5 个床层体积的 5% NaOH，加入 1% NaCN 预处理 0.5~1h，然后用 5 个床层体积的热水，以每小时 3 个床层体积的流量进行解吸。操作温度 110℃，压力 50~100kPa，总解吸时间（包括酸洗在内）为 9h，比常压解吸时间短。优点是不用乙醇、解吸时间短，缺点是温度高，流程复杂。

11.4.2　含金溶液电积

从解吸作业中得到贵液，可用常规电积方法处理，过去的电积设备多用钛板作阴极，把金全部电积在钛板上，刮取比较困难，同时用的槽数也比较多，生产效率低。目前多数炭浆厂都改用钢棉或碳纤维作阴极。该法比较先进，电积效率高，可达 99% 以上，电积槽数少，操作简单，劳动条件好。电积后的金沉积在阴极上，呈细泥状，含金品位一般在 70%~85%。复杂矿石金泥品位在 40% 以上。

11.4.3　炭解吸和电积主要技术参数

我国炭浆厂炭解吸、电积作业的主要技术参数是：

常压解吸：温度 85~95℃；解吸液 1% NaON，1%~3% NaCN；解吸时间 24~48h。

压力解吸：温度 135℃；解吸液 1% NaCN，1% NaON；解吸时间 18～20h；解吸压力 310kPa；解吸液循环流量 0.84L/s；炭的堆积密度 450～480kg/m³；解吸后炭含金 50～100g/t。

电积贵液：pH=10～10.5；品位一般为 100～200g/m³；密度 0.95～0.965t/m³。

电积：阴极数 20/槽；电积液流量 0.84L/s；电积液温度 65～90℃；电积液停留时间 34min；电流密度 53.8A/m²；电流 1000A（直流）；槽电压 1.5～3V。

炭解吸与电积是金银回收的重要环节，炭解吸率应在 99% 以上，电积率应在 99.5% 以上。

11.4.4 炭浆厂金回收率

金回收率高低主要取决于浸出率。技术水平高的炭浆厂，金的总回收率低于浸出率 1%。由于设备效率低和操作水平不高，金的总回收率要低于浸出率 3%～5%。

浸出率：全泥氰化一般在 85%～95% 之间；精矿氰化一般在 96%～98%。

吸附率：在正常条件下，应达到 99%～99.8%。如果炭活化条件不好，要降低到 97%～98%。有的厂不进行热力再生是造成吸附率低的重要原因。

解吸率：载金炭的解吸率在正常条件下，应达到 99.5%～99.8%，有的厂设备效率低，一般只达到 99～99.5%。每批炭都有解吸直收率的指标。但解吸后的炭经酸洗、热力再生以后，又返回系统中使用，未被解吸出来的金没有完全损失，只有筛去的碎炭中的金才视为损失。所以，在金属平衡计算中，该回收率应根据实际情况适当调整高些。

电解率：一般在正常条件下，每解吸一批炭的贵液电解率应达到 99.1%～99.5%。电解后的贫液返回吸附系统回收，在平衡计算中也可适当调高一些。但在实际操作中，从电解槽取金泥，过滤和向炼金室运输，机械损失不可避免，所以，设计不能视为 100%。

冶炼回收率：一般应达到 99%～99.9%，冶炼渣要破碎、重选，尾矿返回磨矿回路，如果管理得好，实际损失很少。

金的总回收率：是上述几个回收率的连乘积。

11.5 炭再生

从炭浆厂生产污染炭的研究中发现，活性低的炭含有大量钙、镁和氧化硅，也含有一些残金属。用酸洗法可以去掉大量钙镁离子，改善炭对金的吸附性能，但要恢复到最初的新鲜炭的活性则还须热力再生，去掉吸附的有机物。在实际应用中，恢复到最初炭的活性会引起炭的软化，所以，只应恢复到不致使磨耗增加的状态为宜。

11.5.1 炭再生流程

11.5.1.1 酸洗

来自解吸柱的解吸炭，用人工或水力喷射器将其输送到解吸炭贮槽，然后从贮槽自流到酸洗槽。

在酸洗槽内用浓度5%的硝酸或盐酸，对炭进行清洗，洗后将酸排入剩余酸贮槽，然后用清水冲洗，洗水排放，再用稀的 NaOH 清洗，最后装满水。

炭酸洗后，经炭分级筛筛分，筛下细炭脱水贮存，合格炭（3.327 ~ 0.991mm，即6 ~ 16目）返回吸附回路重用。

11.5.1.2 热力再生

一般炭酸洗3~5次就得热力再生。再生用卧式或立式窑两种。在窑排料端进行窑外喷水冷却，然后进入水淬槽。

水淬后的炭进行筛分，筛下产品脱水贮存，筛上产品返回吸附回路再用。

酸洗及热力再生流程见图11-4。

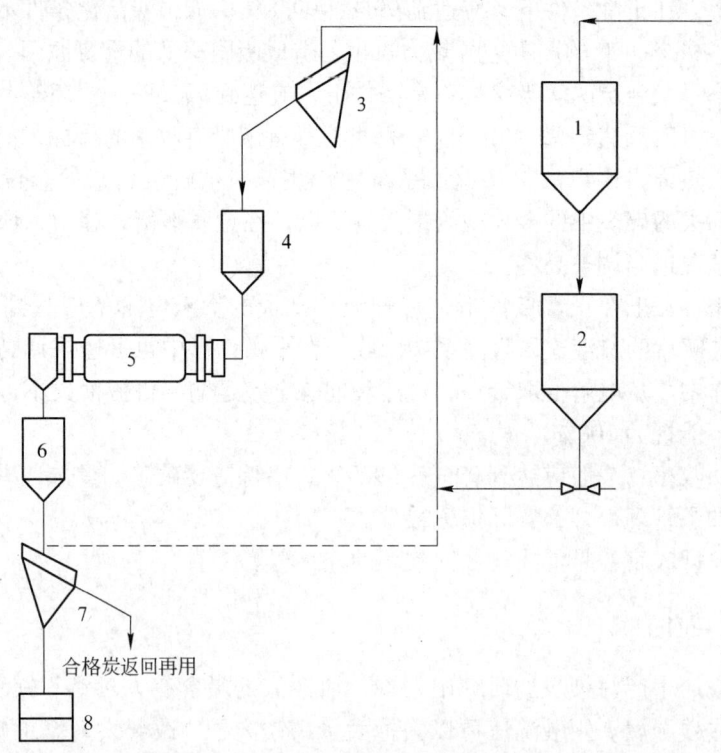

图 11-4　酸洗和炭再生
1—解吸炭贮槽；2—酸洗槽；3—脱水筛；4—炭贮槽；5—卧式再生窑；
6—水淬槽；7—炭分级筛；8—细炭过滤器

11.5.2　炭再生主要技术操作条件

酸洗：酸浓度5%；NaOH浓度1%；酸洗时间2.5～3h；温度为室温。

热力再生：再生温度，卧式窑1区650℃；2区810℃；3区810℃；实际生产中650～700℃即可达到恢复活性的目的。

作业时间：24h。

炭分级筛上层4.699mm（4目），下层0.833mm（20目），筛上产物浓度45%。

解吸后的炭夹带少量NaCN，在酸洗过程中有少量HCN气体生成。往炭中加硝酸也会产生一氧化氮与二氧化碳气体。为防止上述气体放出，酸洗槽、酸洗残渣槽与酸洗洗涤器另一端抽风。洗涤器内有NaOH溶液，使HCN气体转化为NaCN，一氧化氮也被中和。

11.6　炭浆厂主要设备

11.6.1　氰化浸出前准备作业设备

11.6.1.1　除屑筛

一般一次除杂屑用螺旋筛，也有用圆筒筛的。国内现有螺旋筛为600mm×1300mm，1.1kW。二次除屑多用直线振动筛，其性能及主要技术参数见表11-4，其结构见图11-5。

表11-4　直线振动筛性能及技术参数

| 型　号 | 筛分面积/m² | 振幅/mm | 振次/r·min⁻¹ | 振动电机 | | | | 质量/kg |
				型号	功率/kW	转速/r·min⁻¹	电压/V	
ZS-0.4×1.5	0.4×1.5	3	930	ZDS21-6	0.4	930	380	940
ZS-0.7×1.8	0.7×1.8	3	930	ZDS21-6	0.4	930	380	1531
ZS-0.85×2.4	0.85×2.4	3	930	ZDS21-6	0.8	930	380	1740

该设备的特点是：能耗低，安装功率一般为自定中心筛的1/5；向地基传递动负荷小，适于在楼板上安装；结构简单，没有传动部件，维修工作量小，工作可靠；振幅可调。

11.6.1.2　高效浓密机

高效浓密机主要用于矿浆脱水、浓密和金氰化厂洗涤作业。该机体积小，效

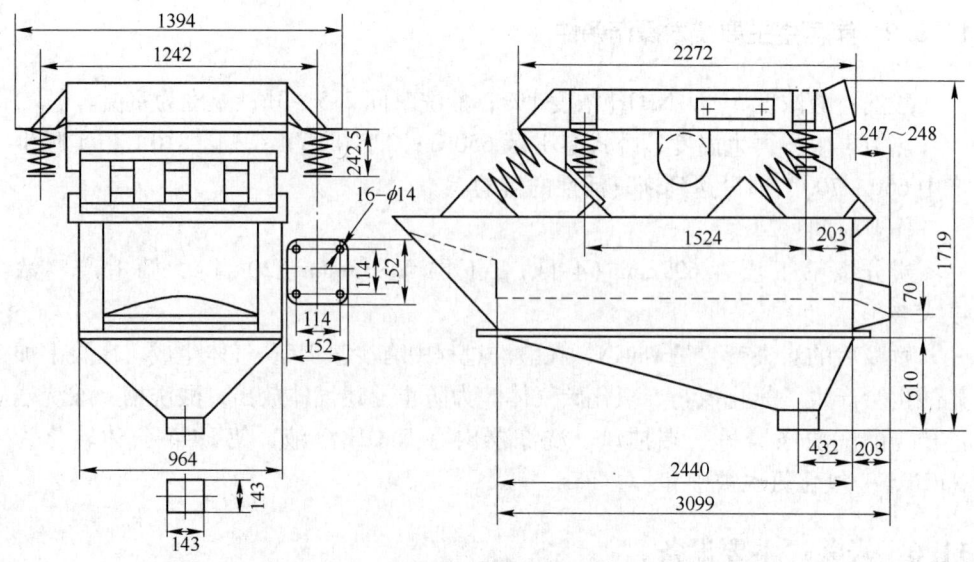

图 11-5   ZS 型 0.85×2.4 直线振动筛结构图

率高，一般比普通浓密机可提高 10～20 倍。其结构图见图 11-6。

高效浓密机的技术性能见表 11-5。

表 11-5   高效浓密机技术性能

规 格	槽体内径/m	槽体高度/m	沉降面积/m²	处理能力/t·h⁻¹	耙子速度/r·min⁻¹	耙子提升高度/m	驱动电机			提耙功率/kW	设备质量/kg
							型号	功率/kW	转速/r·min⁻¹		
φ3.6m	3	1.7	10	2～9	1.1	0.2	Y100L	1.5	960	0.8	6600
φ5.0m	5	2.1	20	6.25～18	0.8	0.3	Y132M	4.0	960	0.8	10500
φ9.0m	9	2.8	63.6	18～35	0.42	0.3	Y132M₂	5.5	960	0.8	13000
φ12.0m	12	3.6	110.0	25～35	0.30	0.4	Y132M₁	4.0	960	0.8	16000

在北方寒冷地区或地方狭小的改扩建企业选择高效浓缩机更为适宜，投资少，效率高，但增加生产经营费用。

选用高效浓缩机必须注意：添加絮凝剂；高效浓缩机给料方式及结构与普通浓缩机不同；提高自动化程度，物料界面与浓度要控制；在给料前要加脱水气槽。

计算该机能力，一般要根据添加絮凝剂的多少确定该机面积。如无试验资料，可根据类似企业生产资料确定。

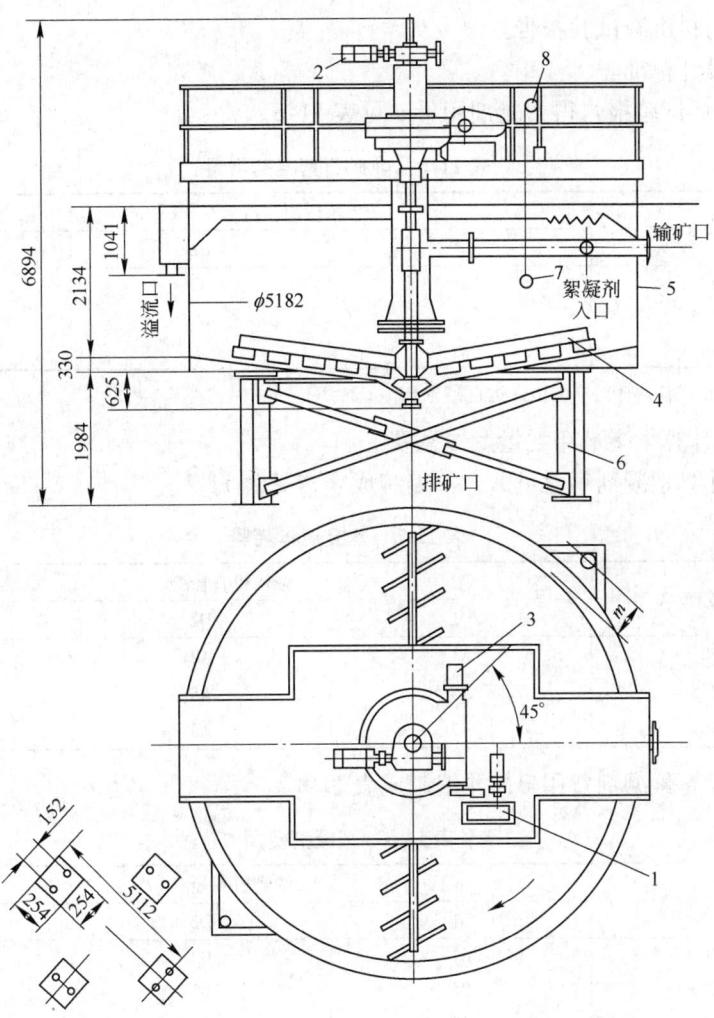

图 11-6　高效浓密机的结构图（φ5m）

1—驱动装置；2—提耙机构；3—过载机构；4—耙架；5—槽体；
6—支架；7—浮球；8—LA 型变送器

高效浓密机选择与比较：

（1）计算条件及依据：

1）矿石日处理量 Q，t。

2）浓密机给料浓度 P，%（固体）。

3）固体密度 δ。

4）要求浓密机底流浓度，一般为 50% ~ 55%。

5）磨矿细度 -0.074mm（-200 目）占比，%。

6）絮凝剂单价，元/kg。

7）物料沉降试验报告。

8）设计标准。

（2）从试验报告得絮凝剂用量 a 见表 11-6。

表 11-6　吨矿石絮凝剂用量　　　　（g）

底流浓度/%	单位面积流量/m³ · min⁻¹		
	q1	q2	q3
50	a1	a2	a3
52.5	a4	a5	a6
55	a7	a8	a9

注：与 q1、q2、q3 对应的浓密机直径为 D1、D2、D3。

（3）计算絮凝剂年耗量及经营费。

1）计算絮凝剂年耗量 A，并编制成表，见表 11-7。

表 11-7　絮凝剂年耗量　　　　（kg）

底流浓度/%	浓密机直径/m		
	D1	D2	D3
50	A1	A2	A3
52.5	A4	A5	A6
55	A7	A8	A9

2）计算絮凝剂费用 B，并编制成表 11-8。

表 11-8　絮凝剂费用　　　　（万元）

底流浓度/%	浓密机直径/m		
	D1	D2	D3
50	B1	B2	B3
52.5	B4	B5	B6
55	B7	B8	B9

（4）综合技术经济比较。絮凝剂试验要确定厂家品种和用量，选定用量少效率高的高分子絮凝剂。用量多浓密机直径可小些，用量小直径可大些，要经过综合比较确定。

当确定底流浓度为 50% 时，对不同设备的投资及生产费用比较见表 11-9。

表 11-9　不同设备投资及生产费用比较

方　案	I	II	III
絮凝剂用量/g · t⁻¹	a1	a2	a3
浓密机直径/m	D1	D2	D3
单位面积流量/m³ · min⁻¹	q1	q2	q3
设备投资/元			
年生产费用/元			

11.6.2 浸出与炭吸附设备

双叶轮低转速节能搅拌槽的特点是转动轴是空心的，并在轴上安有两层低剪切力轴流式叶轮，每个叶轮安有 4 个包胶的水翼式叶片。低转速、低剪切力不仅减少设备功耗，而且还可以减少用炭浆法时炭的损耗。

空气从中空轴上部充入，从下部叶轮处出口排出。这样空气进入矿浆中很快均匀分散，以满足浸出吸附过程所需氧气。充气压力为 80～100kPa。

目前，国内氰化厂大部分选用节能搅拌槽，共有 7 种系列规格。

在选用时要注意，表内转速是适于矿石细度 -0.074mm（-200 目）占 85%～95%，矿石密度为 2.6～2.8t/m^3。如果入浸原料密度较大，如浮选精矿，就应适当加大转速，以免造成矿浆在槽内沉积或分层。

浸出矿浆浓度最大为 45%，浸出与吸附槽基本是一致的，二者不同的是吸附槽上部设有隔炭筛。浸出及吸附搅拌槽结构见图 11-7。浸出及吸附搅拌槽性能见表 11-10。

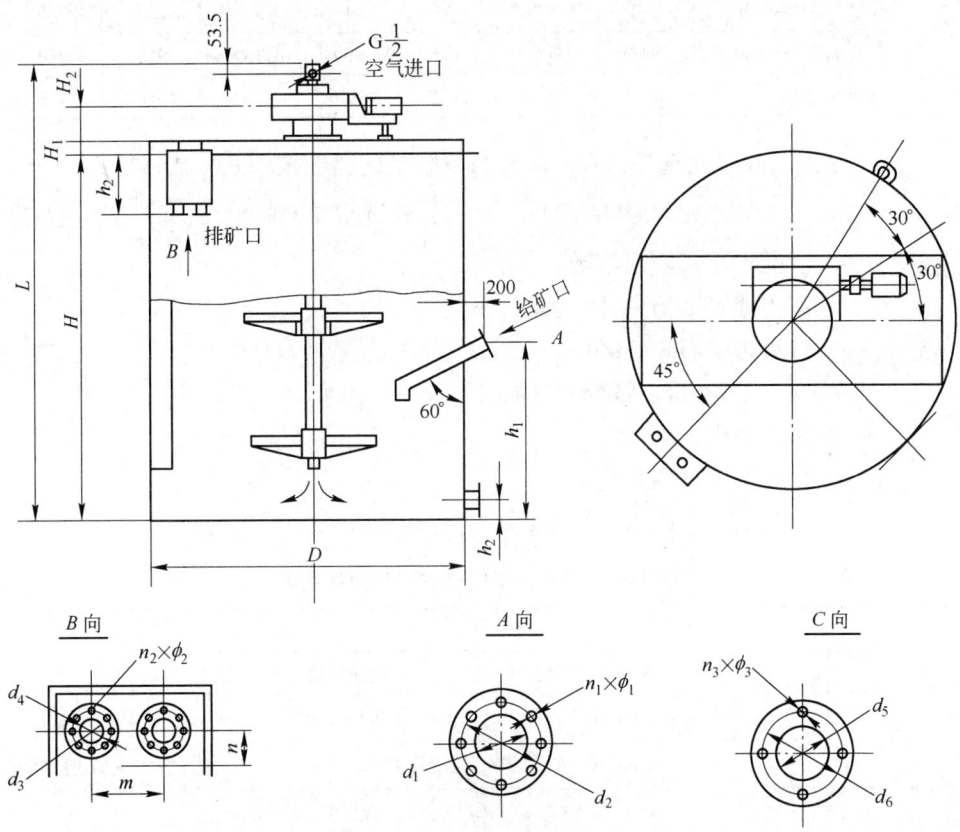

图 11-7　浸出及吸附搅拌槽结构示意图

表 11-10　浸出及吸附搅拌槽性能

名　称		SJ-2 × 2.5	SJ-2.5 × 3.15	SJ-3.15 × 3.55	SJ-3.55 × 4	SJ-4 × 4.5	SJ-4.5 × 5	SJ-5 × 5.5
直径×高度/mm×mm		2000 × 2500	2500 × 3150	3150 × 3550	3550 × 4000	4000 × 4500	4500 × 5000	5000 × 5600
有效容积/m³		6	13	21	34	48	72	98
叶轮转速/r·min⁻¹		73	57	47	40.85	36	31	28
矿浆浓度/%		<45	<45	<45	<45	<45	<45	<45
矿浆密度/t·m⁻³		≤1.4	≤1.4	≤1.4	≤1.4	≤1.4	≤1.4	≤1.4
涡轮减速机	型　号	ZW-L	ZW-H	ZW-G	ZW-F	ZW-C	ZW-B	ZW-A
	速　比	12.95	16.44	20.4	23.5	26.7	30.6	34.46
电动机	型　号	Y112M-6-B3	Y112M-6-B3					
	功率/kW	2.2	2.2	4	4	5.5	7.5	7.5
	转速/r·min⁻¹	940	940	960	960	960	960	970
设备总重/kg		2800	3371	5628	6646	8285	10808	14430

（1）浸出与吸附槽选择计算。浸出与吸附槽的槽数按下列公式计算：

$$n = Qt \div (24 \cdot V_o \cdot K) \times (1/\delta + R) \tag{11-1}$$

式中　n——所需浸出或吸附槽数；

　　　V_o——浸出或吸附槽的几何容积，m³；

　　　Q——日处理矿石量，t/d；

　　　t——设计矿石浸出或吸附时间，h；

　　　δ——矿石密度，t/m³；

　　　R——矿浆浓度（液固比）；

　　　K——浸出槽或吸附槽利用系数；见表 11-11。

表 11-11　浸出、吸附槽容积利用系数 K

槽直径/m	容积利用系数 K		备　注
	浮选金精矿氰化	金泥氰化	
≥3.5	0.86~0.88	0.93~0.95	已考虑充气所占的体积
3	0.83~0.86	0.92~0.93	
≤2.5	0.8~0.83	≤0.92	

浸出或吸附槽单位充气量、风压见表 11-12。

表 11-12　浸出或吸附槽单位充气量、风压

槽 类 型	单位面积充气量/m³·min⁻¹	单位体积充气/m³·min⁻¹	风压(表压)/kPa
机械搅拌型	0.1~0.2	0.002~0.003	60~150
充气搅拌型	0.15~0.2	0.013~0.025	250~350

（2）隔炭筛（极间筛）选择与计算。一般采用桥式筛，分为槽形桥式筛和筒形桥式筛。筛孔尺寸为 0.701mm（24 目），大于 1mm（16 目）的粗粒炭留在浸吸槽中。为了避免筛孔堵塞，在大型厂用 35kPa 的低压空气，不定期清扫筛面。

每个浸吸槽所需桥筛的总长可按下式计算：

$$L = \frac{Q}{Q_0} \qquad (11-2)$$

式中　L——每个槽所需桥筛的总长度，m；

　　　Q——矿浆流量，m³/h；

　　　Q_0——每米长筛网所能通过的矿浆量，桥筛一般为 0.701mm（24 目）筛网，

　　　　　其矿浆流量取 15~20m³/(m·h)。

所需桥筛数量按下式计算：

$$n = L/L_0 \qquad (11-3)$$

式中　n——每个槽所需桥筛的数量，块；

　　　L_0——选用的每块桥筛的长度，m。

为了减少更换筛网时有大量炭流出，每个槽的桥筛数量一般不大于 4 块。若采用周边筛，要求筛网长度不小于槽周长的 15%。

（3）低压风机选择及风量计算。规模较大的厂都用低压风清理桥式筛筛面，以防止筛面堵塞。一般用 35kPa（0.35 大气压）压力的低压风，风机多选用罗茨风机。根据桥筛的总长度来确定风量，其定额为 1.0m³/(min·m)。按筛子总长度计算出标准状态下所需的风量，然后换算成计算压力下的风量来选择低压风机。

（4）中压风机选择及风量计算。浸出及吸附槽在生产中需向槽内矿浆充入空气，其充气计算压力为 100kPa。充气定额为每立方米矿浆每分钟充入 0.002m³。

根据槽内矿浆总量，计算出标准状态下的总风量，按此来选择中压风机，可用水环式或活塞式，也可用罗茨风机。选用水环式风机要增加气水分离器，罗茨风机要消音，活塞式（往复式）投资较大，需根据炭浆厂设计时的具体情况，通过比较确定。

（5）提炭泵（串炭泵）选择与计算。炭浆厂提炭设备有的用空气提升器，

有的用提炭泵。提炭泵选用隐式离心泵，其结构简单、对炭磨损小、功耗低、工作可靠，近年来国外多用此泵。

提炭时所需提升的矿浆量按下式计算：

$$Q = \frac{Q_c \times 10^3}{24 \times R \times t \times 60}$$

式中　Q——需要提升的矿浆量，L/s；

　　　Q_c——每日所需提炭量，kg/d；

　　　R——吸附槽中炭的浓度，g/L；

　　　t——每小时内所需提升的时间，min。

按扬送矿浆所需的总扬程 H_o，折合清水总扬程为

$$H = H_o \delta$$

式中　H——清水扬程，m；

　　　H_o——扬送矿浆所需总扬程，m；

　　　δ——矿浆密度，t/m³。

一般槽间串炭用小扬程的泵，向金回收工序扬送的矿浆和炭需大扬程，这就根据设备配置的具体条件确定。泵的具体技术特性见表 11-13，提炭泵的外形尺寸见图 11-8。

表 11-13　提炭泵（串炭泵）技术特性

排出管径 /mm	主轴转速 /r·min⁻¹	扬程 /m	流量 /L·s⁻¹	电 动 机			质量/kg
				型　号	功率/kW	转速/r·min⁻¹	
50	516	3	-1.6	Y100L1-4	2.2	1420	630
50	817	7	-1.6	Y112L1-4	4	1440	640

11.6.3　解吸与电解设备

11.6.3.1　解吸柱

1985 年以后，采用炭浆法提金工艺逐渐增加。该法金回收系统中的解吸柱是关键设备，一般具有下列特点：

(1) 有的载金炭需压力解吸，其解吸柱属压力容器。

(2) 炭解吸温度在 95 ~ 135℃要求设备耐温，在炭浆厂设计中对设备外表面增设保温措施。

(3) 因设备在强碱条件下工作，需耐碱腐蚀。

(4) 要求设备制造精细，生产中不能滴漏损失金。

吸柱有加压与常压两种，解吸柱的结构及外形见图 11-9。

目前，我国的解吸柱尚未定型。北京有色冶金设计研究总院和长春黄金设计

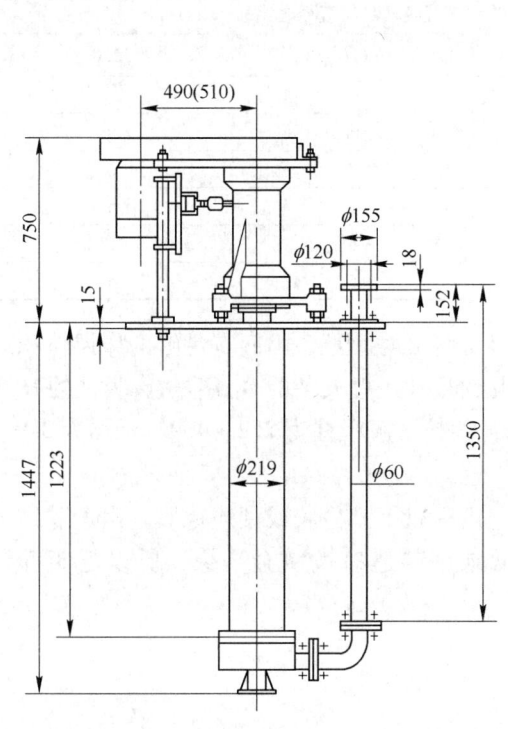

图 11-8　提炭泵外形尺寸图　　　　　图 11-9　解吸柱简图

院设计的解吸柱技术规格见图 11-9 及表 11-14。

表 11-14　接管

符　号	用　途	接管管径/mm	符　号	用　途	接管管径/mm
a	炭粒入口管	100(50)	g	压力指示接管	50
b	炭粒出口管	100(50)	h	压力安全装置接头	80
c	溶液入口	40(25)	i	水平开关	80
d	溶液出口	80	j	备用接头	80
e	温度计接头	40	k	排水管	80
f	温度电极插座	40	l	侧　孔	150

A　解吸柱的尺寸

炭解吸的好坏与解吸柱尺寸有很大关系。用 AARL 法解吸，表 11-15 为在解吸 45% 金的条件下，解吸柱的高与直径比（H/D）对所需床层体积的影响。

表 11-15 解吸柱高与直径之比对所需床层体积（m³）的影响

解吸温度/℃	解吸柱高与直径之比		
	3.0	6.0	12.0
90	19	14	12
100	14	11	9
110	10	7	6
120	8	6	5
130	7	6	5
140	6	5	4

这种关系也适用于扎德拉法，但该法解吸时间长，因而有足够的床层体积通过量，解吸柱可以选择适宜于安装的几何尺寸。已安装的 AARL 法解吸柱的 H 与 D 之比为 6.0 ~ 15.7，平均为 7.4。而扎德拉法解吸柱为 2.2 ~ 4.9，平均为 3.9。

B 解吸柱结构材料

以前所用解吸柱均用低碳钢制造，内衬以丁基橡胶或硬质橡胶。由于黏结剂实效，导致解吸柱衬里的损坏。用低碳钢制造有镀敷金现象，所以近年都用 316L 型不锈钢制造。

C 解吸柱计算

（1）计算解吸每批炭的床层体积。

$$V = q/\delta$$

式中 V——解吸每批载金炭床层体积，m³；

$\quad\quad q$——解吸每批载金炭的质量，kg；

$\quad\quad \delta$——载金炭的松散密度，kg/m³。

（2）计算解吸液流量。

一般可选用每小时二倍床层体积：

$$Q = 2V$$

式中 Q——解吸液流量，m³/h；

$\quad\quad V$——解吸每批载金炭床层体积，m³。

（3）计算每批解吸炭膨胀后的床层体积。

$$V_{胀} = \lambda V$$

式中 $V_{胀}$——炭膨胀后的床层体积，m³；

$\quad\quad \lambda$——炭线膨胀系数，一般为 1.02 ~ 1.05。

（4）计算解吸柱几何尺寸。

解吸柱直径按下式计算：

$$V = \frac{\pi}{4} \cdot D^2 \cdot H$$

式中　D——解吸柱直径，m；

　　　H——解吸柱高度，m，一般取 $H = 2 \sim 6D$。

解吸柱高度按下式计算

$$H = H_1 + H_2 + H_3 + H_4 + H_5$$

式中　H_1——炭的床层高度，m，$H_1 = \dfrac{4V}{\pi D^2}$；

　　　H_2——炭层膨胀高度，m，$H_2 = \dfrac{4(V_胀 - D)}{\pi D^2}$；

　　　H_3——载金炭膨胀后的床层顶部距解吸柱的上部解吸液出口的安全距离，一般取 $H_3 = H_2$；

　　　H_4——解吸液出口管中心线距上部封盖的距离，一般取0.15~0.3m；

　　　H_5——底部筛板距下部封盖的距离，一般取 0.1~0.15m。

（5）验算解吸柱内液流线速度。

$$v = \frac{Q}{3.6A}$$

式中　v——解吸液流经柱内的线速度，mm/s；

　　　A——解吸柱内径截面积，m^2。

为了不使柱内炭粒被解吸液带走，计算的线速度 v 应不大于 3.4mm/s。

图 11-10 为解吸柱几何尺寸示意图。表 11-16 为解吸柱技术性能表。

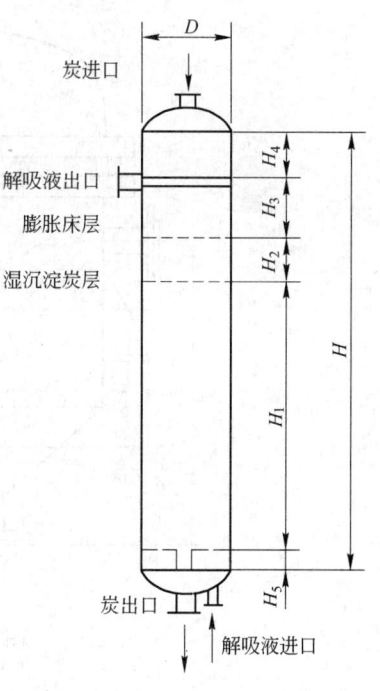

图 11-10　解吸柱几何尺寸示意图

表 11-16　解吸柱技术性能表

规格/mm × mm	技术条件				
	容积/m^3	设计压力/kPa	温度/℃	能力/kg·d^{-1}	材　质
ϕ300 × 1200	0.1	100	100	150	A_3
ϕ500 × 3000	0.588	250	100	250	A_3
ϕ700 × 3800	1.46	250	100	500	A_3
ϕ700 × 4800	1.85	750	135	700	1Cr18Ni9Ti
ϕ800 × 1650	1.0	100	100	300	A_3
ϕ900 × 4200	3	500	135	1000	1Cr18Ni9Ti

11.6.3.2　细炭过滤器

炭解吸出的贵液，先经细炭过滤器过滤，然后经热交换器进入电解（电积）槽，以保证电积效率。北京有色冶金设计研究总院设计的 $\phi600\text{mm}$ 过滤器见图 11-11，管口表见表 11-17，技术特性为：

操作压力 $\leqslant500\text{kPa}$；操作温度 $\leqslant135℃$；

反吹风压力 $\leqslant250\text{kPa}$；过滤面积 2m^2；

平均过滤速度 $1\text{m}^3/(\text{m}^2\cdot\text{h})$；设备质量 347kg。

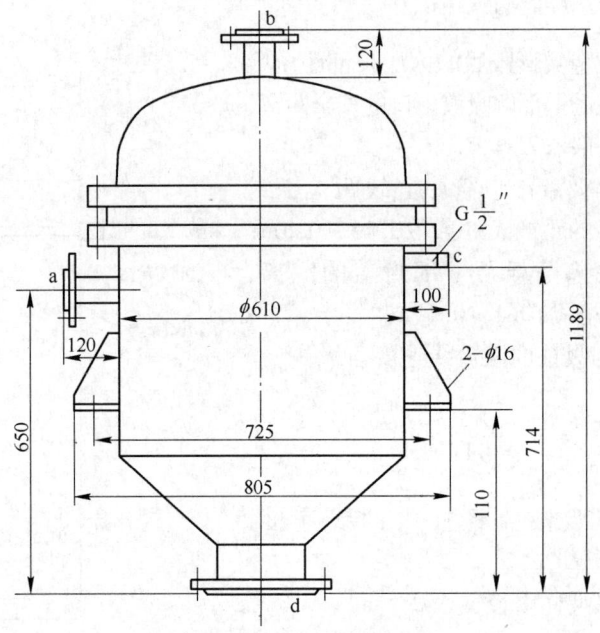

图 11-11　管式过滤器

表 11-17　管口表

代　号	名　称	连接方式	规　格
a	溶液入口	平面法兰	Dg40 Pg10
b	滤液出口	平面法兰	Dg40 Pg10
c	放气口	管螺纹	G1/2″
d	排渣口	平面法兰	Dg200 Pg16

11.6.3.3　电热器

关于炭解吸过程的加热，有的用热点循环液体或蒸汽供给，有的用燃烧燃料或电热元件供给热量。

我国的炭浆厂几乎都用电加热器。该设备适于配在解吸柱下方,当停车时加热器柱内注满液体,以防烧坏设备。北京有色冶金设计研究总院设计的加热器外形图见图 11-12,技术性能见表 11-18。

电加热器功率计算公式:

$$W = Mc_{\mathrm{p}}\Delta T$$

式中　W——电加热器功率,kW;

　　　M——解吸液流量,kg/s;

　　　c_{p}——解吸液定压比热容,可取 4.18kJ/(kg·℃);

　　　ΔT——解吸作用开始时解吸液温度与需要的解吸温度之差。

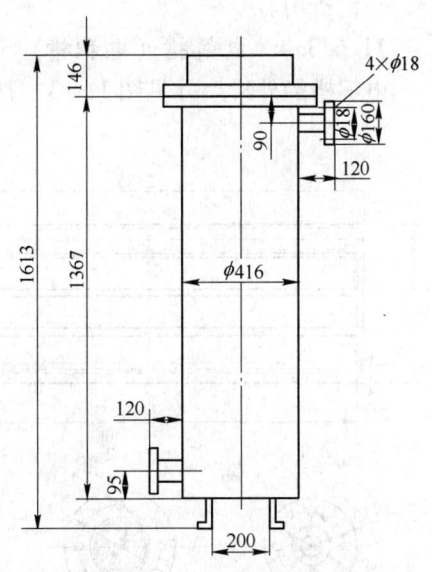

图 11-12　加热器外形图

在解吸回路中有热交换器时,电加热器功率可减小到 1/2~1/3。解吸作业开始时 2 台同时加热,达到要求的解吸温度时自动关闭一台。

表 11-18　电加热器技术性能

名　称	单　位	24kW	36kW
设计压力	Pa	29.4×10^4	88.2×10^4
操作压力	Pa	9.8×10^4	34.3×10^4
设计温度	℃	180	180
操作温度	℃	135	135
试验压力	Pa		112.7×10^4
介质入口温度	℃	85	90
介质性质		NaCN1%	NaCN1%
焊缝系数		0.7	0.7
容器类型		II	II
有效容积	m³	0.166	0.167
圆筒材料		1Cr18Ni9Ti	1Cr18Ni9Ti
腐蚀程度		2mm	2mm
外形尺寸	mm × mm	$\phi400 \times 1606$	$\phi612 \times 1613$

为了电加热器安全,设计中应加保护系统,温度和流量要自动控制。当柱内温度稳定和解吸液流量过小时,应自动切断电源。设计时一般选用 2 台,一台生

产，一台备用。

11.6.3.4　电解槽（电积槽）

电解槽的外形尺寸见图 11-13，其技术性能见表 11-19。

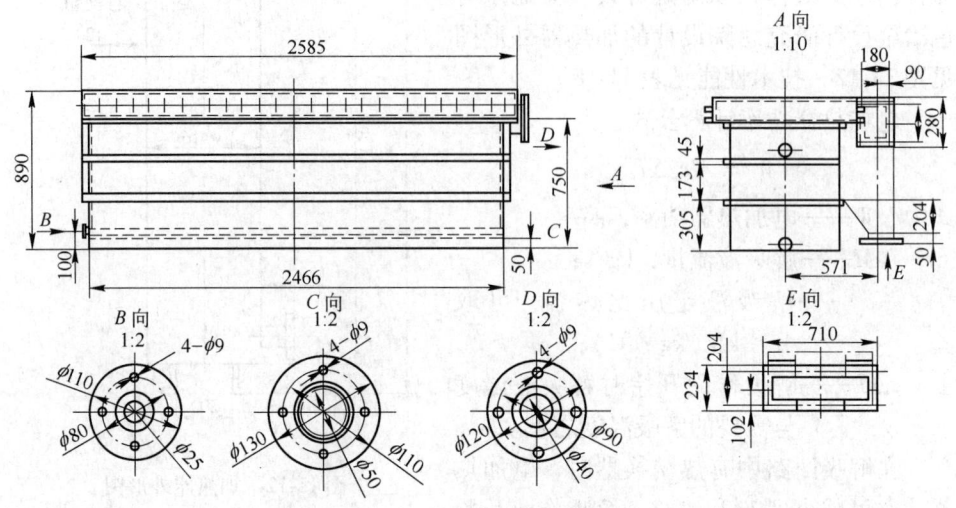

图 11-13　电解槽外形图

表 11-19　电解槽技术性能

名　称	指　标	名　称	指　标
容积（长×宽×高）	2440mm×750mm×610mm	阳极板板数	21
结构材料	聚丙烯塑料	阳极结构材料	不锈钢冲孔板
阴极板规格	620mm×610mm	电解液量	1116.5L
阴极板间距	111mm	电解液流量	0.45L/s
阴极板板数	20	电解液温度（最高）	120℃
阴极框架材质	聚丙烯塑料	阴极板电流密度	53.8A/m^2
阳极板规格	620mm×610mm	电　流	1000A
阳极板间距	111mm	槽电压	1.5～3V

该设备是按国际上先进的电解槽仿制的，目前炭浆厂应用的较多。其特点是：（1）结构简单，体积小，电解效率高；（2）槽体用聚丙烯板制成，质量轻，耐温，耐腐蚀；（3）密封式，不污染环境；（4）操作方便。

设计电气设备必须有良好的接地装置，电流必须稳定。在生产中如停电过长，应将阴极提出，供电再放入。

电解（电积）槽容积计算：

（1）根据法拉第电解定律，求出电解每批含金、银的贵液，所需的总电量：

$$Q_{总} = Q_{Au} + Q_{Ag} = \frac{m_1 \cdot F \cdot V_1 \cdot 10^2}{M_1} + \frac{m_2 \cdot F \cdot V_2 \cdot 10^2}{M_2}$$

式中　$Q_{总}$——电积每批贵液所需的总电量，C；

　　　Q_{Au}——电积每批贵液含金量所需电量，C；

　　　Q_{Ag}——电积每批贵液含银量所需电量，C；

　m_1，m_2——电解每批贵液含金量、含银量，kg；

　　　F——法拉第电解常数，9.65×10^4C；

　V_1，V_2——化合价，对 Au、Ag，$V = 1$；

　M_1，M_2——金和银的相对原子质量，Au 196.97，Ag 107.9。

（2）计算电积槽所需电流：

$$I = \frac{Q_{总}}{3600 \times t}$$

式中　I——电积槽所需的有效电流，A；

　　　t——每批电积作业所需时间，h。

（3）计算直流电源电流。

在电解过程中，大量电能消耗在做无用功，有少部分电解用于电积金、银，考虑直流电源输出总电流为：

$$I' = \frac{I}{\eta}$$

式中　I'——直流电源输出总电流，A；

　　　η——电流效率，取3%～6%。

（4）槽电压及极间距。

槽电压一般选2.5～3.5V，其整流装置输出电压为0～6V。异极间距可选用20～40mm。

（5）阴极面积及钢面增加量。

阴极面积　　　　　　　　　$$A = \frac{I'}{D_k}$$

式中　A——所需阴极面积，m^2；

　　　D_k——电流密度，可选10～20A/m^2。

钢棉添加量　　　　　　　　$$W = \frac{A}{A'}$$

式中　W——钢棉添加质量，kg；

　　　A'——钢棉比表面积，m^2/kg，钢棉粗细不同，比表面积也不同，一般取

2 ~ 8。

（6）总阴极框数

$$n = \frac{W}{P \cdot V}$$

式中 n——阴极总箱框数，个；

P——钢棉在阴极箱框内装填密度，一般为 30 ~ 50kg/m³；

V——每个阴极箱框的有效容积，m³。

11.6.3.5 热交换器

现在炭浆厂所用热交换器多为板式。该设备价廉、耐用，易于拆卸。但在生产中易结垢，易被细纤维、塑料和细炭堵塞。设计时在交换器前需设过滤器。

我国热交换器厂所产标准设备都可选用，但在压力解吸条件下，选用设备须注意，质量不好的会漏液而损失金。

设计热交换器的目的，主要是节约能源，减少热的损失。

热交换器的计算：

（1）计算冷热液体交换的热流量。如果没有热量损失，即热流体损失的热流量等于冷流体所得到的热流量，可用热流体损失的热流量进行计算：

$$Q = M_H (C_P)_H (T_{H(进)} - T_{H(出)}) \tag{11-4}$$

式中 Q——热流体损失的热流量，kJ/h；

M_H——热流体流量，kg/h；

$(C_P)_H$——热流体的定压比热容，kJ/(kg·℃)，解吸液可取 4.18J/(kg·℃)；

$T_{H(进)}$——热流体进口温度，℃；

$T_{H(出)}$——热流体出口温度，℃。

（2）计算板式热交换器的面积

$$A = \frac{Q}{F_i \cdot u \cdot \Delta T_m}$$

式中 A——所需板式热交换的面积，m²；

F_i——温度修正系数，取 0.5 ~ 0.9；

u——热交换器表面传热系数，是热交换器给定点参数，W/(m²·K)；

ΔT_m——对数平均温差，℃，可按下式计算：

$$\Delta T = \frac{\Delta T_1 - \Delta T_2}{\ln \dfrac{\Delta T_1}{\Delta T_2}}$$

ΔT_1——热交换器热进口与冷进口温差，℃；

ΔT_2——热交换器热出口与冷进口温差，℃。

若 ΔT_1，ΔT_2 相同，或者相差不大于一倍，则其平均温差可按它们之间的算术平均值进行计算，即：

$$\Delta T_m = \frac{\Delta T_1 + \Delta T_2}{2}$$

11.6.4 炭再生设备

11.6.4.1 酸洗槽

该槽为圆形锥体，带有搅拌器，其规格可根据洗一批炭的量进行设计。

搅拌器的转数既不能太高，也不能太低。速度快炭损失多，转数低搅不起来，酸洗效果差。最好设计变速的，可按炭的性质调节。

目前，我国炭浆厂使用的酸洗槽规格及技术条件见表 11-20。图 11-14 为酸洗槽几何尺寸示意图。

表 11-20　酸洗槽规格及技术条件

型　号	BC1.5×1.5	型　号	BC1.5×1.5
小叶轮形式	轴流式	传动形式	三角皮带
叶轮直径	380mm	速　比	3.72
叶片数	3	功　率	0.8kW

（1）酸洗槽的直径可按下式计算：

$$D = \sqrt{\frac{Q}{0.75\delta}}$$

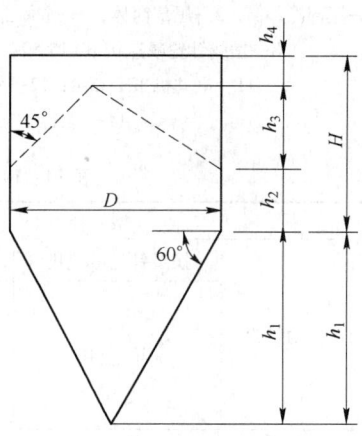

式中　D——酸洗槽直径，m；

　　　Q——酸洗每批炭的干重，kg；

　　　δ—— 炭 的 堆 积 密 度，kg/m^3，一 般 为 460。

（2）圆柱形槽体部分的高度：

$$H = D + h_4$$

式中　H——圆柱形槽体部分的高度，m；

　　　h_4——安全富余系数，一般取 0.3m。

（3）酸洗槽的容积：

图 11-14　酸洗槽几何尺寸示意图

$$V = \frac{\pi D^2}{4} \cdot H + \frac{\pi D^3}{24} \cdot \tan 60°$$

式中　V——酸洗槽容积，m^3。

现在一些小厂不用酸洗槽洗炭，而用槽车在解吸柱下部接取解吸的炭，然后在槽车内加酸用人工清洗。

11.6.4.2 热力再生窑

目前，热力再生窑有卧式和竖式两种，近年来国外炭浆厂趋向于竖式窑。我国江苏启东活性炭再生设备厂生产的 WYS 型竖式窑，在内蒙古金厂沟梁金矿、北京市京都黄金冶炼厂使用，生产效果较好。

北京有色冶金设计研究总院设计的卧式再生窑简图见图 11-15。主要技术特性见表 11-21。

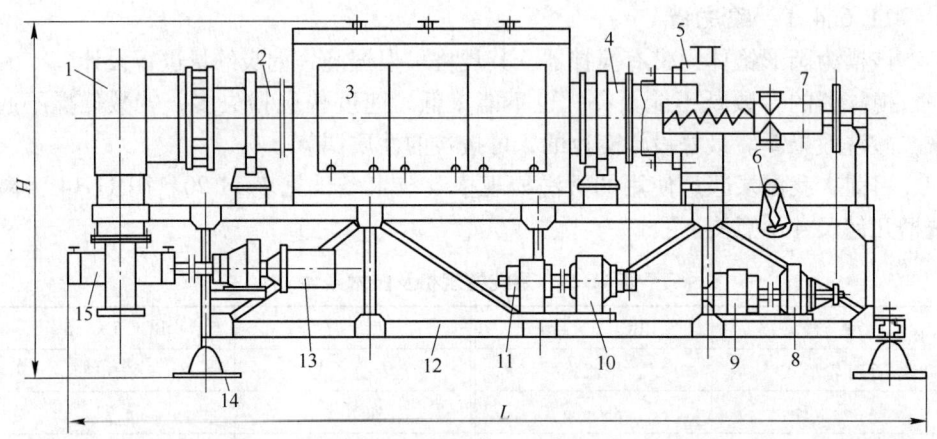

图 11-15 卧式再生窑简图

1—尾部冷却筒；2—尾部筒体；3—窑体部分；4—头部筒体；5—头部罩；6—测角器；7—螺旋给料机；

8—摆线针轮减速机 BW15-59；9—电动机 JZT-11-4；10—主传动减速器 BW27-71；

11—电动机 JZT-32-4；12—架子；13—星形排料机电机减速机 BWY15-59-6；

14—底座（与调节螺栓连接）；15—星形排料机

表 11-21 卧式再生窑主要技术特性

型 号			BS-j81	BS-j54
筒体传动装置	摆线针轮减速机	型号，功率	BW27-71，3kW	BW15-50，2.2kW
	箱电机	速比型号功率转速	71 JZT-32-4 3kW 1200~120	50 JZT-31-4 2.2kW 1200~120
最大给料量		kg/d	700	450
工作温度		℃	600~800	600~800
筒体可调角度		(°)	0~3	0~3
筒体转速		r/min	0.35~3.5	0.35~3.5
电热体总功率		kW	81	54
总 重		kg		
窑的规格		mm×mm	$\phi460\times5800$	$\phi300\times3800$

卧式再生窑是从外部加热的，筒体由锅炉钢板制造，窑的转数为 1 ~ 3.5r/min，工作温度最高为800℃。

灵湖金矿和赤卫沟金矿使用 TS-20 型回转式电加热再生窑，能力为 10 ~ 20kg/h，功率为30kW。张家口和潼关金矿使用电热回转窑，功率为81kW。

这种再生窑炭的损失较大，给料用的是螺旋给料机，易于搅碎炭，加料困难，排料用星形排料器，有时易堵塞。现在张家口金矿已改进，生产比较正常。

1991 ~ 1992 年，内蒙古金厂沟梁金矿试用了立式再生窑（竖式），生产效果较好，已通过了生产鉴定，现应用它的金矿逐渐增多，其规格性能见表11-22。WYS 型活性炭干燥器安装尺寸见图11-16，再生炉安装尺寸见图11-17，带有干燥器的活性炭再生系统见图11-18。

表 11-22　炭竖式再生窑（炉）规格及性能

系列	名　称		间歇炉		连续炉		连续炉	
	型　号		WYS-Ⅰ		WYS-Ⅱ		WYS-Ⅲ	
特性	操作方式进炭（干基）		间歇加热		连续运转		连续运转	
	含水量/%		无严格限制		无严格限制		<25	
	每千克炭电耗/kW·h		<0.8		<0.7（包括干燥能耗）		<0.3	
	适用条件		适宜于含水量较大的净化水质的活性炭再生，有人工操作 A 及自动控制 B 两种产品		适宜于含水量较大的净化水质的活性炭再生，带干燥装置		适用于净化气体的活性炭再生	
规格	再生量		配电功率/kW	炉体外形（长×宽×高）/m×m×m	配电功率/kW	炉体外形（长×宽×高）/m×m×m	配电功率/kW	炉体外形（长×宽×高）/m×m×m
	kg/h	kg/d						
	25	600	30	0.6×0.6×1.70	30	干燥炉 0.9×0.35×1.70 再生炉 0.6×0.6×1.70	30	0.6×0.6×1.70
	50	1200	60	0.7×0.6×1.85	60	干燥炉 0.9×0.45×1.70 再生炉 0.7×0.6×1.9	60	0.7×0.6×1.85
	100	2400	120	0.8×0.75×1.94	120	干燥炉 1.1×0.55×1.70 再生炉 0.8×0.75×2.09	120	0.8×0.75×1.94

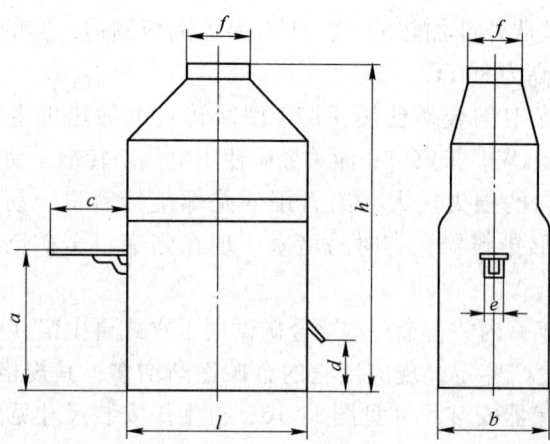

干燥量/kg·h^{-1}	l	b	h	a	c	d	e	f
25	900	350	1700	800	400	250	80	300
50	900	450	1700	800	400	250	80	300
100	1100	550	1700	800	400	250	80	300

图 11-16 WYS 型活性炭干燥器安装尺寸图

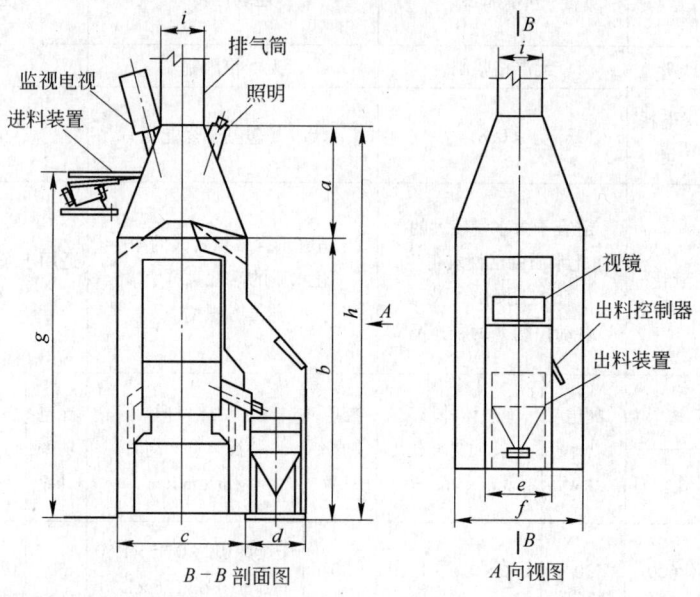

$B-B$ 剖面图 A 向视图

再生量/kg·h^{-1}	a	b	c	d	e	f	g	h	i
25	400	1300	500	300	350	600	1450	1700	300
50	400	1500	700	300	350	600	1550	1900	300
100	450	1040	800	350	400	750	1940	2090	300

图 11-17 WYS 型活性炭再生炉安装尺寸图

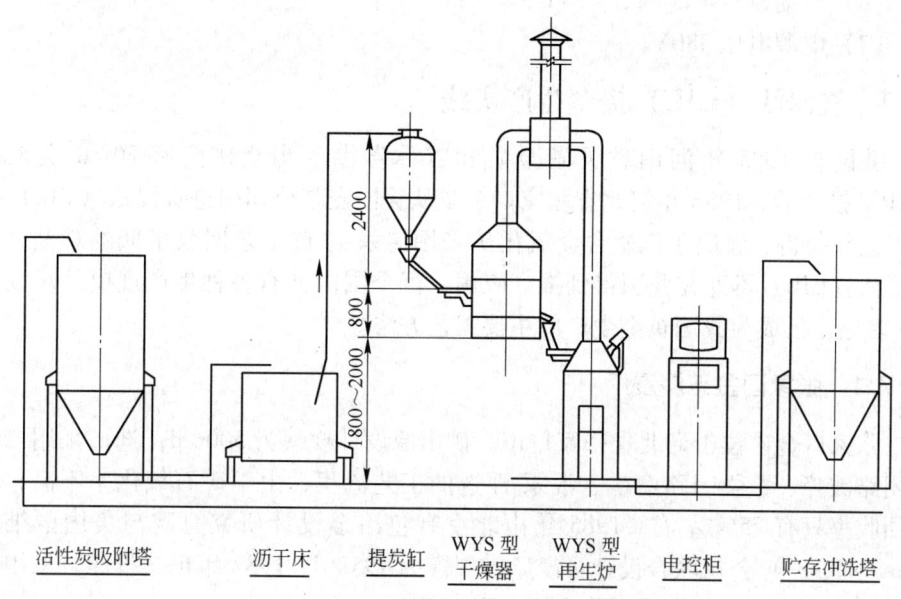

| 活性炭吸附塔 | 沥干床 | 提炭缸 | WYS 型
干燥器 | WYS 型
再生炉 | 电控柜 | 贮存冲洗塔 |

图 11-18 带有干燥器的活性炭再生系统

立式再生窑的特点是：

（1）能将吸附的有机物气化、炭化。

（2）放电形成紫外线，使炭粒间空气中的氧部分产生臭氧，对吸附物起放电氧化作用。

（3）放电弧空气中的气体热游离和电锤效应使活性炭吸附物被瞬间电离而分解。

（4）吸附的水在瞬间形成过热水蒸气，与炭进行水性氧化反应。不需通入水蒸气等活性气体。

（5）炉体不需要基础。

本设备可使炭在较短时间内，迅速再生炭化，恢复其吸附性能，并使干燥、焙烧、活化三个阶段一次完成。其构造简单、体积小、再生效率高、炭损失小、操作及维修方便、基建投资少、节能显著、生产费用低。

主要技术特性：

（1）再生时间 5~10min。

（2）再生温度 850℃。

（3）再生炭损失率 <2%。

（4）吸附恢复率 95%（以碘值计）。

（5）能耗。干炭（干基含水率 6%）每千克炭电耗量为 0.18~0.2kW·h，湿炭（含水率 7%）每千克炭耗电 <0.8kW·h。

（6）启动及停炉时间 5～10min。

（7）电源电压 380V。

11.7 炭浸法（CIL）提金生产实践

我国自 1985 年河南省灵湖金矿和吉林省赤卫沟金矿两座 50t/d 炭浆厂（CIP）投产后，1986 年河北省张家口金矿从美国麦基公司引进炭浸法（CIL）提金工艺和装备，解决了该矿含金氧化矿采用混汞-浮选工艺回收率低的难题，使炭浸法（CIL）迅速在我国得到推广应用，至今国内拥有各种生产规模的炭浸厂100 多座，已成为我国黄金生产的主要工艺方法。

11.7.1 张家口金矿炭浸厂

张家口金矿位于河北省张家口市。矿山原设计规模为 500t/d，选矿采用二段一闭路破碎、一段闭路磨矿、混汞-浮选的工艺流程，由于矿石氧化率不高，金的回收率只有 75% 左右。1985 年由北京有色冶金设计研究总院与美国戴维基（DaveyMckee）公司联合设计炭浸厂，规模为 495t/d，1987 年正式投产，采用金泥氰化炭浸法流程，金的回收率提高到 90% 以上。

11.7.1.1 原矿性质

该矿属于中温热液裂隙充填含金石英脉型矿床。矿石为低硫化物含泥多的氧化矿，又分为含金石英脉型和含金蚀变岩型矿石。

矿石中自然金占金矿物 99% 以上，碲金矿不到 1%。由于矿石经过强烈的氧化作用，矿石中的黄铁矿和方铅矿分别氧化成褐铁矿和白铅矿。矿石中除了含金矿物外，主要金属矿物为褐铁矿、黄铁矿、白铅矿和方铅矿，次之为磁铁矿、黄钾铁矾，并有微量的黄铜矿、铜蓝、斑铜矿和孔雀石。主要脉石矿物为石英，其次为绢云母、长石、方解石和白云母等。矿石中脉石矿物占 96.71%，金属矿物占 3.29%。

氧化矿石具有明显的蜂窝状构造。金的嵌布粒度以细粒金为主，一般为0.012mm，最大为 0.058mm，最小为 0.001mm，并含有一定量的微粒金，粒径为0.0005mm 左右。自然金绝大部分赋存于金属矿物之中，约占 80%。其中以褐铁矿含金为主，其次是黄铁矿、白铅矿和方铅矿，但由于矿石为贫硫化物，所以金属矿物含金仅占 12%，而脉石矿物中金含量占 88%。矿石的密度为 2.51t/m³，视密度为 1.48t/m³，属于中硬矿石。矿石的组成分析见表 11-23。

表 11-23 矿石化学多元素分析

元素	Au[①]	Ag[②]	Al$_2$O$_3$	CaO	Co	Cu	Fe	Ga
含量/%	3.5	3.4	5.59	1.68	0.002	0.02	3.32	0.0012

元素	MgO	Mn	Mo	Pb	S	SiO$_2$	TiO$_2$	Zn
含量/%	0.75	0.042	0.003	0.32	0.102	82.8	0.25	0.005

①②元素含量单位为 g/t。

11.7.1.2 炭浸厂工艺

炭浸厂由磨矿与浓缩，炭浸，载金炭解吸、电解及熔炼，炭酸洗与热力再生，污水处理五部分组成。炭浸厂工艺流程和主要设备见图 11-19、图 11-20。

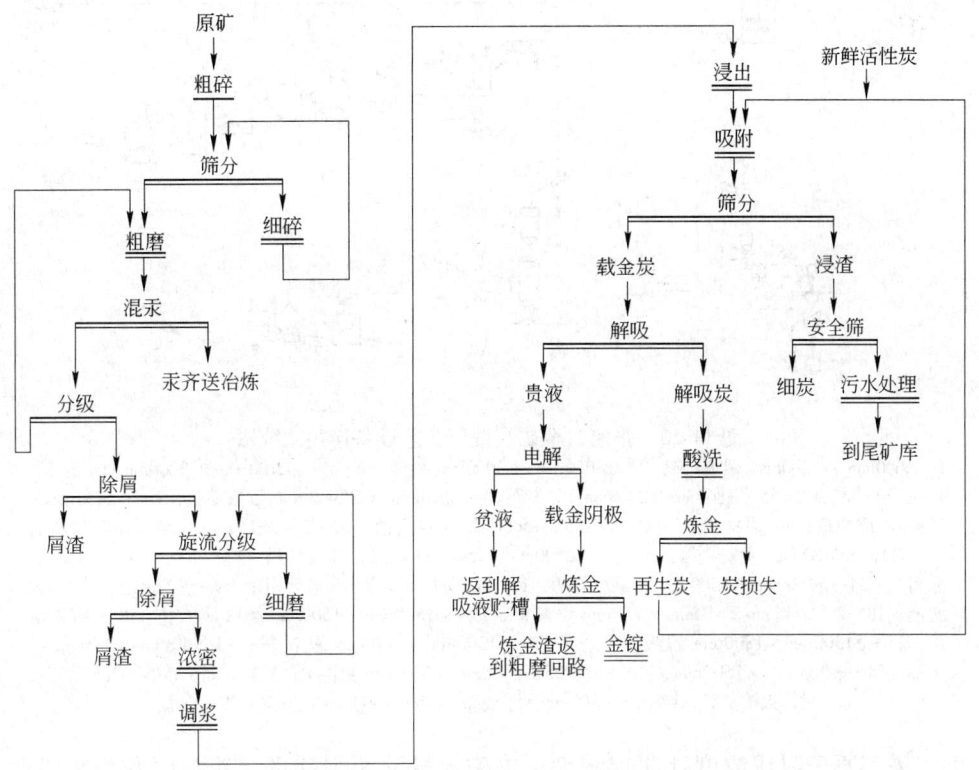

图 11-19 张家口金矿炭浆法提金工艺流程

磨矿与浓缩：矿石在原有选厂经两段一闭路破碎和一段磨矿后，由溜槽自流至炭浸厂，矿浆经过螺旋筛除去碎屑杂物后进入 6m³ 的筛泵池，由 4PNJ 泵扬至 φ350mm 旋流器分级，旋流器底流进 φ2100mm×3000mm 球磨机再磨。旋流器溢流浓度 20%，细度 90%～95% -200 目，经 864mm×2438mm 直线筛除屑后进入 φ1000mm×1000mm 除气槽，以清除矿浆中的空气，然后进入 φ5182mm×2134mm 的高效浓缩机给矿管。为加速矿浆在浓缩机中的沉降，稀释后的絮凝剂经浓缩机的给矿管分几点加入。浓缩机底流浓度 50%，由 75CL 卧式离心泵送到 φ5150mm×5650mm 缓冲槽。向缓冲槽内添加石灰乳，将 pH 值调至 11，再将矿浆调至 40% 的浓度由泵送到炭浸回路的取样机。

高效浓缩机、除屑筛和絮凝剂添加设备为国外引进设备。在检测和控制方

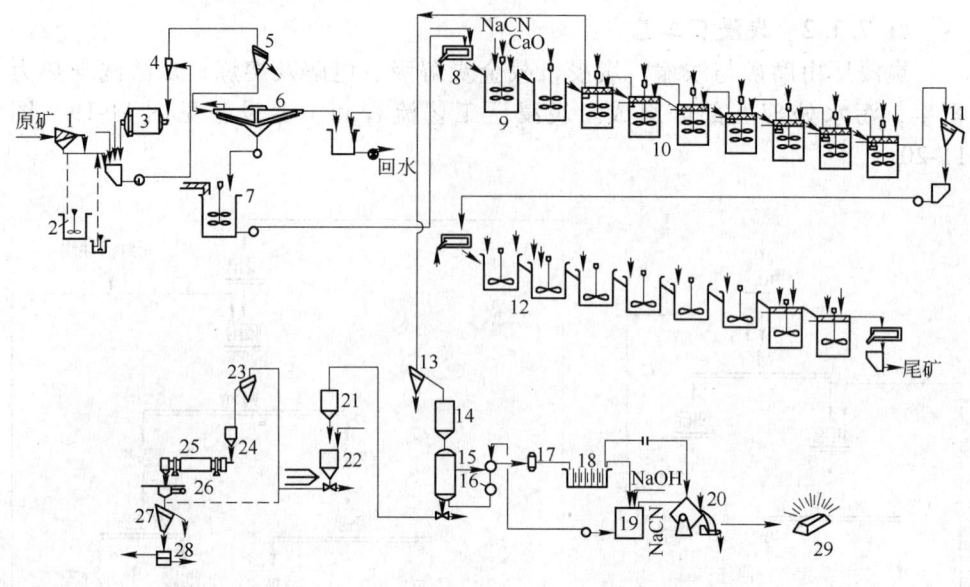

图 11-20 张家口金矿炭浸厂工艺设备连接系统图

1—φ600mm × 1300mm 螺旋筛；2—φ3000mm × 3000mm 缓冲槽；3—φ2100mm × 3000mm 球磨机；4—φ350mm旋流器；5—φ864mm×2438mm 除屑筛；6—φ5182mm×2134mm 高效浓缩机；7—φ5150mm × 5650mm 缓冲槽；8—取样机；9—2 - φ5150mm×5650mm 浸出槽；10—7 - φ5150mm×5650mm 炭浸槽；11—711mm×1829mm 炭安全筛；12—8 - φ2500mm×2500mm 污水处理搅拌槽；13—406mm×1254mm 炭分离筛；14—φ1500mm×1500mm 载金炭贮槽；15—φ700mm×4800mm 解吸柱；16—热交换器；17—过滤器；18—2 - 2440mm×610mm × 762mm 电解槽；19—φ1500mm×1600mm 解吸液贮槽；20—中频电炉；21—φ1500mm×1800mm 解吸炭贮槽；22—φ1300mm × 1600mm 酸洗槽；23—400mm×800mm 脱水筛；24—φ1500mm×1600mm 炭缓冲槽；25—φ460mm×5800mm 炭再生回转窑；26—φ750mm×750mm 炭淬火槽；27—400mm×800mm 炭分级筛；28—φ800mm 过滤盘；29—金锭

面，采用原子射线浓度计测定浓度；电磁流量计测定流量；砂泵用变频装置调速；按浓缩机的底流量用电磁阀调节石灰乳的给量来控制 pH 值；高效浓缩机设有液位、浓度自动控制和报警装置等。

炭浸：从缓冲槽用泵扬送来的矿浆经取样机取样后，加入石灰乳氰化钠、除垢剂，进入串联的九台 φ5150mm × 5650mm 浸出炭吸附槽，前两槽为浸出槽，后七槽为炭吸附槽浸出槽，每个炭浸槽内装有桥筛和提炭泵。浸出矿浆浓度40% ~ 50%，pH = 10.5 ~ 11，NaCN 浓度 0.03% ~ 0.05%，浸出时间24.6h，桥筛筛孔 0.707mm（28 目），矿浆中炭浓度10g/L。在炭吸附浸出系统，新鲜炭加入最后一个槽，用提炭泵依次向前一槽串炭，从第一个槽提取载金炭。载金炭载金量为6kg/t。为了不使矿浆堵塞桥筛筛孔，要用低压风（35kPa）定时吹洗桥筛，其定额为每米筛长 1.0m³/min（标态）。最后一个炭浸槽的矿浆通过711mm×1829mm 直线振动筛（筛孔 0.68mm）回收细粒炭后，由泵扬送污水处理回路。

炭浸槽和提炭泵是国外引进设备。炭浸槽的搅拌器有两个特殊设计的低剪切力的轴流式叶轮，每个叶轮有四个包胶的水翼式叶片，能减少炭的机械磨损；串炭泵是一种凹形叶轮式离心泵，虽然泵的效率低，但机械磨损所产生的炭损失量最少。

氰化物添加量由转子流量计计量；在石灰乳添加点设有 pH 值探头，由传感器和控制器自动控制石灰乳添加量；厂房设有氢氰酸气体的检测器和警报器。

载金炭解吸、电解及熔炼：从第一个槽提取的载金炭与矿浆，由提炭泵送到 406mm×1524mm（筛孔 0.595mm）的炭分离筛冲洗，矿浆自流到炭浸槽，载金炭进入 ϕ1500mm×1500mm 缓冲槽。炭解吸分批进行，每批 700kg，装入 ϕ700mm×4800mm 解吸柱。配制好的解吸液（1% NaCN，1% NaOH）贮存在 ϕ1500mm×1600mm 贮存槽内，解析液用泵扬送，经取样、热交换器、电加热器后，温度提升到 135℃，由解吸柱下部进入解吸柱，在 310kPa 压力下解吸，含金银贵液由解吸柱顶部流出，经取样、过滤，再通过热交换器使贵液冷却至 90℃，进入电解槽中电解，金银沉积在阴极钢棉上，贫液自流到解吸液贮槽，然后再回到解吸回路。一个解吸循环需 20h。解吸完后，解吸柱中的炭用水冷却和冲洗，用水喷射泵送到解吸炭缓冲槽。载金阴极加入硝酸钠、硼砂、石英等溶剂，用中频电炉熔炼得成品金。

整个解吸电解回路采用电子计算机进行程序控制。

炭酸洗及热力再生：解吸炭缓冲槽中的炭自流到 ϕ1500mm×1500mm 酸洗槽，先用 5% 硝酸洗涤，以除掉碳酸钙及其他杂质，排除硝酸洗液，再用水洗，最后用 1% NaOH 溶液清洗，排除洗液后再装满水，用水喷射泵送到炭脱水筛。脱水后的炭进入缓冲槽，用螺旋给料机将炭连续加入 ϕ460mm×5800mm 的回转窑再生，窑内温度 750℃，供电功率 81kW，炭在窑内停留 30min 后排到 ϕ750mm×750mm 淬火槽，然后由 400mm×800mm 双层炭分离筛筛分，合格炭进入炭贮存仓，筛下部经过滤回收，细粒炭送熔炼。

炭酸洗循环用电子计算机程序控制。

污水处理：分三段处理。来自炭浸回路的矿浆经取样后进入九个串联的 ϕ2500mm×2500mm 机械搅拌槽，在前四个槽内给入石灰乳，控制 pH 值为 11，通入氯气 2~2.2kg/t，以除去矿浆中的氰化钠；在随后的两个槽内加入硫氢化钠，以除去余氯和重金属离子；在最后的两个槽中，加活性炭或树脂，吸附重金属离子、铁氰配合物等。经过三段处理，总处理时间为 2h，处理前 CN^- 含量为 150~200mg/L，处理后为 0.5mg/L。

11.7.1.3 生产技术指标

生产技术指标见表 11-24。

表 11-24 张家口金矿炭浸厂生产技术指标

指标名称	单位	设计指标	生 产 指 标				
			1987 年	1988 年	1989 年	1990 年	1991 年
处理矿量	t/a	148500	151783	167305	176738	176738	197000
原矿品位	g/t	3.5	3.83	3.84	3.76	3.74	3.02
尾渣品位	g/t	0.29	0.23	0.18	0.18	0.17	0.21
尾液品位	g/m³	0.0064	0.021	0.035	0.041	0.043	0.03
选矿总回收率	%	90.3	93.08	93.47	93.45	93.79	91.72
其中：混汞			33.12	33.16	35.23	33.43	32.47
炭浆			59.96	60.31	58.22	60.36	59.25
炭浆作业回收率	%	90.3	89.65	90.23	89.89	90.68	89.74
其中：浸出率		91.71	91.15	92.46	92.59	93.01	97.57
吸附率		99.7	98.81	98.11	97.57	97.86	98.15
解吸率		99.8	99.72	99.15	99.79	99.77	99.89
电解率		99.1	99.82	99.72	99.71	99.86	99.96

11.7.2 美国麦克劳克林金矿（McLaughlin）加压氧化-炭浸厂

麦克劳克林（McLaughlin）金矿位于美国加利福尼亚州，是霍姆斯特克采矿公司（Homestake Mining Co.）的一个矿山。1983 年建设，1985 年投产，设计规模 2077t/d，总投资 2.7 亿美元。

11.7.2.1 矿石性质

麦克劳克林矿床是典型的浅成热液矿床。自然金与银矿物及辉锑矿、黄铁矿、重晶石、方解石等赋存在玉髓质网状石英脉中。矿石根据金、硫、碳酸盐的含量分为 12 种类型。矿石中主要硫化物为黄铁矿，有少量黄铜矿和闪锌矿，此外还含有辰砂（HgS）。金以自然金和银金矿形式存在，银矿物除银金矿外，还有银锑矿、辉锑银矿（AgSbS₂）、硫锑铜银矿[(Ag,Cu)₁₆Sb₁₂S₁₁]和硫锑银矿（Ag₃SbS₃）。金的嵌布粒度很细，约 0.02mm，呈浸染状与细粒硫化物（约 0.04mm）共生，与银锑矿的共生关系更为密切。

有些矿石类型中含有碳质矿物和黏土，氰化时会吸附金的配合物。接近地表的矿石中，金的表面覆盖有赤铁矿和黄钾铁矾[KFe₃(SO₄)₂(OH)₆]的薄膜，氰化时阻碍氰化物与金的接触。由于矿石中含金品位和干扰氰化的因素不同，直接氰化的金回收率介于 5%~80% 之间。采用浮选-氰化，浮选精矿焙烧-氰化，氰化焙烧、硫脲法、硫代硫酸盐法、次氯酸盐法等方法，金的回收率都不高。通过试验，采用加温加压氧化，然后进行氰化浸出，取得了满意的效果，金的回收率提高到 90% 以上。

11.7.2.2 工艺流程

该厂加压氧化-炭浸工艺流程见图 11-21。

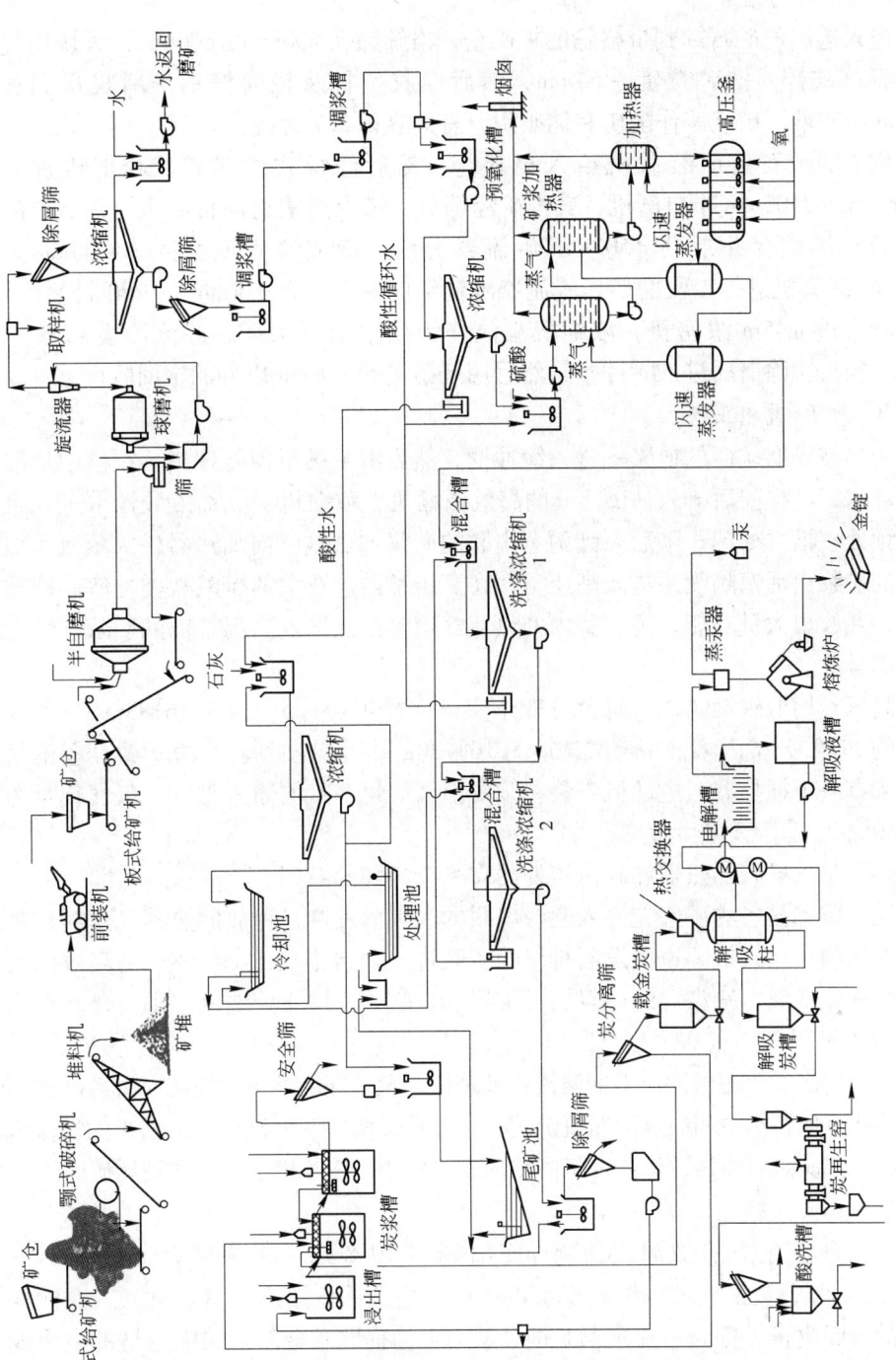

图 11-21 麦克劳克林金矿逆矿工艺流程

A　破碎与磨矿

进入选厂的矿石卸到带格筛的粗矿仓，格筛筛孔 600mm×600mm，大块用气动碎石机破碎，排矿粒度 –64mm，然后经胶带机及径向摆动堆料机送到长 49.2m 的矿堆。矿堆兼作配矿和储矿用，有效容积 2.7 万吨。

堆矿的矿石由前装载机给入集料仓，然后经板式给矿机、胶带机进入 $\phi 6700mm×2100mm$ 半自磨机，其排矿经筛分，筛上产物返回自磨机；筛下产品与球磨机排矿合并泵到 $\phi 500mm$ 旋流器分级，旋流器底流给入 $\phi 4700mm×6700mm$ 球磨机进行二段磨矿。旋流器溢流细度 80% –0.074mm（–200 目），经除屑筛后进 $\phi 45m$ 浓密机，浓缩机溢流作为回水返回磨矿，底流浓度 42% ~48%，经再次除屑后进入缓冲槽，然后用泵扬送到 7.8km 以外的金回收厂。

B　加压氧化工艺

来自破碎磨矿厂的矿浆先进入缓冲槽，然后由泵扬至预处理槽，在槽中加酸性循环水，经搅拌后排入 $\phi 16.8m$ 的高效浓缩机，浓缩机底流加入酸性水进入第二个预处理槽再处理，随后泵到两个串联的矿浆加热器，向加热器通入蒸汽，加热后的矿浆由活塞隔膜泵进入高压釜，在高压釜内矿石中的碳酸盐类分解、硫被氧化，释放出大量热能，高压釜内的热蒸气用来预热进入高压釜前的矿浆，然后由烟囱排放。

高压釜用低碳钢制成，每台分四个室，内径 4203mm，内长 16183mm，釜内温度约 177℃，釜内溶液中硫酸浓度为 10~20g/L，反应时间 60min，高压釜的每个室都有一个搅拌器，电动机安装在釜的上面；每个室均通入氧气，氧气耗量为 40~50kg/t，制氧站能力为 27t。

高压釜、矿浆加热器和闪速蒸发器有三个相同的系列。

从高压釜排出的矿浆先进入两台串联的闪速蒸发器，释放的热蒸气送到矿浆加热器预热矿浆，从闪速蒸发器排出的矿浆进入两台串联的 $\phi 16.8m$ 的高效浓缩机进行逆流洗涤，洗涤后的矿浆加石灰将 pH 值调到 10.8。洗涤水和石灰乳化用水均为回水。

逆流洗涤的浓缩机溢流返回两段预处理槽，预处理浓缩机的溢流含有硫酸和多种可溶盐，加石灰中和后送浓缩机沉淀石膏和重金属的氢氧化物，浓缩机的溢流送回水冷却池，然后作为洗涤浓缩机的洗水循环使用，浓缩机的底流送到尾矿库。

C　炭浆法提金工艺

第二台洗涤浓缩机的底流将 pH 值调到 10.8 后，进入两台 $\phi 8100mm×6000mm$ 的氰化浸出槽，每槽容积 450m³ 加氰化钠进行浸出，然后进入八台同样规格的炭吸附槽，椰壳炭加进第 8 槽，从第 1 槽提取载金炭。炭吸附槽的炭浓度为 20g/L，炭载金量为 3450g/t 炭。

载金炭分批进入 $\phi 2234mm×7010mm$ 解吸柱，用热的氰化钠和氢氧化钠浓溶液解吸，贵液进电解槽电解，汞、金和银沉积在阴极钢棉上，钢棉在真空蒸汞器中蒸汞，汞蒸气冷凝后装瓶，除汞后的钢棉经炼金炉熔炼得合质金（含银约20%）。解吸炭在 φ901mm×10668mm 回转窑内再生后返回炭浆系统。

选厂设计生产能力为 2700t/d，金回收率 92%。现实际生产能力达到 3000 t/d，金回收率平均为 92%，均已超过设计指标。

11.8 炭浆法（CIP）提金生产实践

炭浆法（CIP）是先氰化后吸附的提金工艺方法，1985 年 1 月在河南省灵宝市灵湖金矿 50t/d 氰化炭浆厂投产后，又相继建设了吉林省赤卫沟金矿等炭浆厂；后由于炭浸法提金工艺的应用成功，两者相比，由于基建和设备投资、厂房面积、金属滞留在生产过程中的时间等因素，使炭浆法（CIP）的应用受到了一些影响。目前仍有一些金矿应用炭浆法（CIP）提金。

11.8.1 灵湖金矿炭浆厂

灵湖金矿位于河南省灵宝市，该矿有两座氰化炭浆厂，第一个氰化炭浆厂于1985 年 1 月投产，生产规模为 50t/d；第二个氰化炭浆厂于 1989 年投产，生产规模为 150t/d，经技术改造，其生产规模已达到 350t/d。

11.8.1.1 矿石性质

该矿为少硫化物蚀变岩石英脉型金矿石。原矿石化学成分见表 11-25。

表 11-25 原矿石化学成分

元　素	Au[①]	Ag[②]	Cu	S
含量/%	4.7	4.93	0.02	0.28

① ② 元素含量单位为 g/t。

矿石中的金属矿物主要为黄铁矿，次为磁铁矿，少量的方铅矿、闪锌矿、褐铁矿，微量铜蓝、赤铁矿、自然金等。脉石矿物主要为石英，次为钾长石、斜长石，少量绿泥石、云母等。矿石组成比较简单，矿石中主要回收金属为金，其他元素无综合回收价值。

金与黄铁矿关系密切，金的嵌布粒度以细粒、微细粒为主，-0.037~+0.01mm在金的粒级中质量分数为 50% 以上。

11.8.1.2 工艺流程

在原有工艺设备的基础上，对生产流程的某些环节进行改造，使其实际生产能力由 150t/d 提高到 350t/d。

A　破碎成分

PEF400×600 颚式破碎机和 PYZB-900 标准型圆锥破碎机生产能力可以

满足生产需要。为了降低破碎产品粒度，将原 PYZB-900 标准型圆锥破碎机更换为 PYD-900 断头圆锥破碎机；将闭路循环筛的筛网用 $\phi 3mm$ 冷拔丝编制而成，筛孔尺寸为 12mm × 24mm，提高了筛分效率，破碎产品粒度达到 – 12mm。

B　磨矿分级

磨矿采用二段闭路磨矿，粗磨由 MQG2100 × 2200 格子型球磨机与 FLG-1200 型高堰式螺旋分级机形成一段闭路，磨矿产品细度为 – 0.074mm（ – 200 目）占 65% ~70%。细磨由 MQY1500 × 3000 溢流型球磨机与 $\phi 350mm$ 水力旋流器组成二段闭路，为保证磨矿细度要求，用 1 台 $\phi 350mm$ 水力旋流器对细磨 $\phi 350mm$ 水力旋流器溢流进行控制分级，旋流器溢流细度为 – 0.074mm（ – 200 目）占 95% 以上。

11.8.2　西非 Poura 金矿选冶厂

Poura 金矿位于布基纳法索共和国原加杜西南 180km 的加纳边界附近。生产能力 600t/d，是一座选冶厂，用跳汰机回收粗粒金，浮选精矿氰化，最后用炭浆法（CIP）和 Zadra 法回收金。该厂于 1984 年 10 月正式建成投产。

11.8.2.1　矿石性质

原生矿石是一种块状及碎屑状的乳石英脉，脉石中金主要赋存在裂隙中。从地表至 20m 间，硫化物（黄铁矿）氧化成褐铁矿，还有闪锌矿、蓝铜矿、砷黄铁矿和方铅矿。深部，硫化物充填在裂隙中，黄铁矿和砷黄铁矿以粒状产生，粒度可达几毫米。闪锌矿、方铅矿、黄铜矿与砷黄铁矿以包裹状或独立矿物存在。脉石矿物主要为石英。

金主要是自然金，有时成细微状被包裹在黄铁矿或砷黄铁矿中。原矿石含金 14.9g/t。

11.8.2.2　工艺流程

该厂采用在磨矿分级回路中用跳汰机回收粗粒金，采用二段磨矿、一次粗选、一次精选、一次扫选，浮选金精矿用氰化炭浆法（CIP）回收金。其工艺流程见图 11-22。

A　破碎筛分

原矿粒度小于 500mm，粗碎用一台 Babitles BP21 型，直径 2m、宽 0.5m 的圆锥破碎机，将矿石破碎至 – 100mm，设备生产能力为 200t/h。粗碎产品卸到 500t 的缓冲仓内，经两台振动给矿机给到一条 500mm 宽的胶带运输机，经金属探测后，给入一台 Bergeaud 1.2m × 4m 的双层振动筛上，分大于 30mm、30 ~ 12mm、小于 12mm 三种粒级，大于 30mm 由 0.91m(3ft) 标准西门子圆锥破碎机破碎到 15mm，30 ~ 12mm 用 0.91m(3ft) 短头西门子圆锥破碎机破碎到 12mm，这

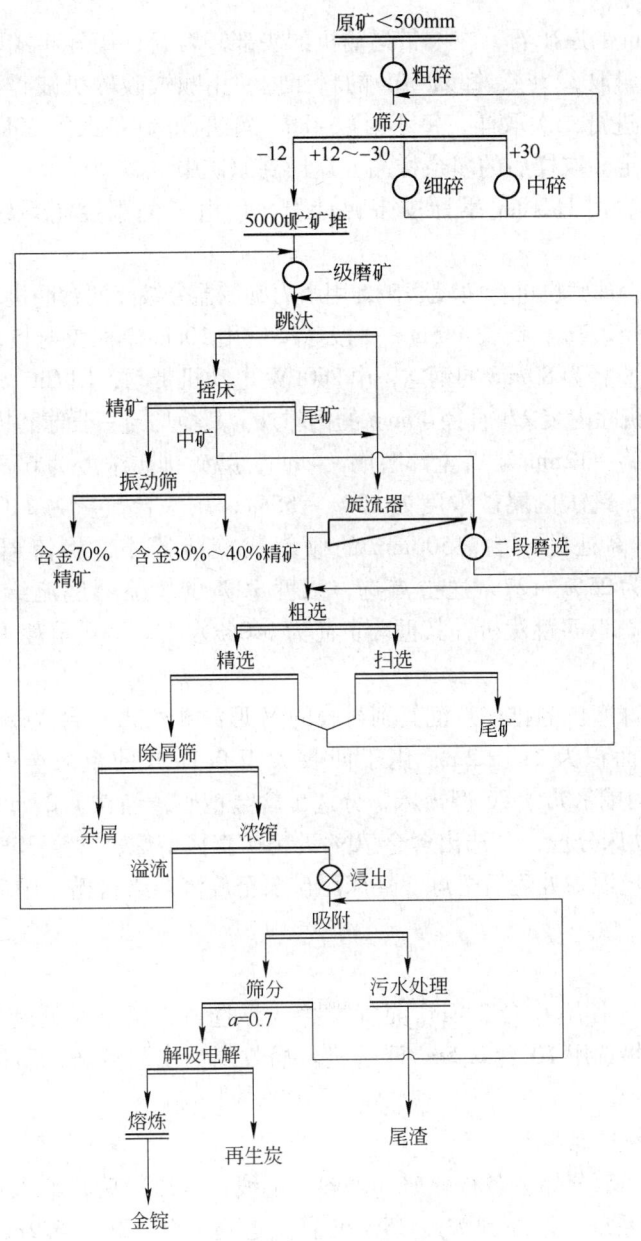

图 11-22　西非 Poura 金矿选冶厂工艺流程

两种破碎产品集中到同一条胶带运输机折回到 Bergeaud 筛上进行检查筛分。小于
12mm 的最终产品送到容积为 5000t 的贮矿堆。破碎电耗为 8kW·h/t，中细碎衬
板破碎 1.5 万吨矿石更换。

B   磨矿分级

小于 12mm 的原矿石，在胶带运输机的头部卸料处，用旋斗式取样器进行一次取样，每小时取 325kg，卸入 50L 的料斗内，用颚式破碎机破碎至 −3mm，用旋转式取样器进行二次取样，每小时取 4kg，每班 8h 制备大约 30kg 样品，进行原矿含金量测定。取样后的多余样品，返回到原矿中。

磨矿机给砂用 Hassler 累计皮带秤计量，用电子伺服控制系统调整磨机给矿量。

磨矿用两台球磨机进行两段磨矿，用水力旋流器分级。两台磨机均为哈丁型双锥球磨机，直径 2.7m，筒长 4.5m。一段球磨机用 10cm 厚橡胶衬板，转速为 19r/min，内装 22t 直径为 80mm 的钢球，由 260kW 电动机带动，用 Citroen 型减速器耦合。二段球磨机除内装 22t 直径 40mm 的钢球外，其他均与一段球磨机相同。

一段磨矿将 −12mm 矿石全部磨成 −4mm，磨矿排矿浓度为 65%，给入跳汰机回收粗粒金，跳汰机尾矿浓度为 50% ~ 55%，用一台流量为 110m³/h 的衬胶泵，扬至 10m 高处的一台 φ500mm 的倾斜式旋流器中，旋流器溢流粒径为 0.2mm，浓度为 25% ~ 27% 送去浮选，浓度 70% 的旋流器底流给入二段磨矿，将其磨至 1mm，返回跳汰机，其循环负荷为 140% 左右。磨矿电耗为 15kW·h/t。

C   重选

一、二段球磨机的排矿，汇集到衬胶的 V 形漏斗给入一台 Yuba 型双室跳汰机，每个室的面积为 1m × 2m，用于回收大于 0.1mm 的粗粒金。跳汰精矿用 4.7m × 1.8m 的威尔弗莱 76 型摇床，分选出含金精矿，经在 1.27m × 0.61m 小型 Wilfly1313 振动床分选，分选出含金 70% 的精矿直接熔炼；含金 30% ~ 40% 的含黄铁矿精矿，经混汞处理后熔炼。摇床尾矿泵至旋流器给料槽，中矿返回二段球磨机。

D   浮选

粗选和扫选各用 6 台 2.8m³ 充气搅拌式浮选机，每小时处理约 80m³ 浓度 25% 的矿浆。精选用 10 台 0.5m³ 浮选机。捕收剂为戊基黄药，用量 250g/t，起泡剂用量 100g/t。

E   浮选精矿氰化

浮选精矿经筛分除去各种碎屑（塑料、电线、木片）后，给入 φ7m 浓缩机，溢流返回磨矿系统，浓缩到浓度 35% 的底流送到一台 φ2m × 6.2m 的容积 13m³ 帕丘卡槽中用氰化钠浸出，将含 300g/L 氰化钠浸出液加到矿浆中，氰化钠用量为每吨精矿 30 ~ 50kg，或每吨原矿 0.08 ~ 0.12kg，为使矿浆中的 pH 值保持在 11，每吨精矿添加石灰（或水泥）5 ~ 10kg，浸出时间 24h。

F   吸附及解吸

浸出后的矿浆用泵送到 6 台 5m³ 帕丘卡槽中进行吸附，每槽装有 250 ~ 300kg

活性炭，吸附时间为 8~10h。吸附完成后由第 1 槽排出载金炭，末槽排出尾渣。载金炭平均含金为 5000g/t（在 3000~6000g/t 之间波动），活性炭消耗为每吨精矿 4kg。载金炭用筛孔 0.7mm 的振动筛筛分，分出载金炭和矿浆。

载金炭经洗涤后贮存在 1.1m³ 不锈钢槽中，用 80℃ 含 15% 乙醇的 1% 苏打溶液进行分批解吸，每批 500kg，解吸 36h，含金解吸液进行电解回收金。电解完成后，取出电解槽中阴极，称重和加熔剂（碳酸钠、二氧化硅、硼砂、硝酸钠），在 1100~1200℃ 的 Wabi 炉中冶炼、铸锭，金锭含量 95%。

参 考 文 献

[1] 冶金工业部河北省黄金公司. 河北省黄金选冶厂资料汇编[G]. 1985：38~57.

[2] 北京有色冶金设计总院，等. 重有色金属冶炼设计手册·锡锑汞贵金属[M]. 北京：冶金工业出版社，2008：523~530.

[3] 赵志新，蔡世军，陈增仁，王华东，童银平. 富氧氰化浸出在老柞山金矿的应用[J]. 黄金，2001(5):28~40.

[4] 蔡世军，赵志新，赵安龙. 老柞山金矿高砷、铜金矿石的氰化浸出研究与实践[J]. 黄金，2003(5):38~39.

[5] 刘成江，张国刚，陈增仁，高清江，蔡世军. 提高老柞山金矿选矿回收率的工业实践[J]. 黄金，2001(4):37~40.

[6] 王立岩. 高龙金矿选矿工艺技术改造与生产实践[J]. 黄金，2001(7):30~33.

[7] 王坚. 论三台山金矿提金工艺[J]. 金银工业，1996(3):30~35.

[8] 张晓霞. 炭浸提金在红花沟金矿的应用与实践[J]. 金银工业，1996(4):24~26.

[9] 夏国进. 提高水银洞金矿选矿回收率的生产与实践[J]. 有色金属（选矿部分），2008(2):26~27.

[10] 胡良章. 含泥氰化炭浸法在紫金山金矿的应用[J]. 金属矿山（增刊），2005：174~177.

[11] 华炎生. 紫金山金矿低品位矿石选矿工艺优化研究[J]. 黄金，2007(3):41~44.

[12] 李忠英，肖宏林，南聪平，刘永军. 灵湖金矿选矿厂工艺技术改造生产实践[J]. 黄金，2004(11):44~46.

[13] 《选矿手册》编辑委员会. 选矿手册·第八卷·第三分册[M]. 北京：冶金工业出版社，1990：268~280.

[14] 赵婕，乔繁盛. 黄金冶金[M]. 北京：原子能出版社，1988：197~208，229~241.

[15] 《黄金矿山实用手册》编辑组. 黄金矿山实用手册[M]. 北京：中国工人出版社，1990：1262~1281.

[16] 付展能. 银铜坡金矿金泥氰化炭浆厂设计特点[J]. 黄金，1989(5):27~30.

[17] 王金华. 浮选金精矿与原矿混合氰化炭浆法提金工艺的研究与实践[J]. 黄金，1991(12):48~50.

12 树脂矿浆法提金

12.1 树脂矿浆法提金的应用

　　树脂矿浆法提金是在氰化过程从氰化溶液或矿浆中用离子交换树脂吸附回收金的工艺方法。树脂矿浆法和炭浆法一样，也分先浸出后吸附法（RIP）和边浸边吸附法（RIL）。

　　前苏联是氰化树脂矿浆法提金工艺应用的首创国，研究合成了多种类型的阴离子交换树脂，从中筛选出 AM-25 型双官能团大孔径阴离子交换树脂作为主要应用品种。在现今的乌兹别克共和国穆龙陶大型露天金矿建设了第一座 RIP 提金工厂，该厂于 1967 年进行试生产，1974 年正式投产，现今年产黄金可能已超过 120t。而后在乌兹别克安哥萨（2000t/d 规模）和俄罗斯西伯利亚的北叶民寨（2500t/d 规模）、乌拉尔的别列佐夫斯基（2000t/d 规模）、南乌拉尔的卡奇克勒（2000t/d 规模）等金矿建设了 RIP 提金工厂。前苏联已广泛采用树脂矿浆法提金，除前苏联外，加拿大等国家也开始用树脂矿浆法提金。

　　树脂矿浆法与炭浆法，除吸附剂、载金树脂解吸不同外，其他工序大致相同。

　　树脂和活性炭相比，树脂的吸附速度快，吸附容量大，但对金、银的选择性吸附远低于活性炭。与活性炭相比，树脂的主要优点是从饱和吸附剂上解吸金的过程简单，在 50 ~ 60℃温度下，用碱液（NaOH 10g/L，NaCN 1g/L）处理，一次即能达到目的。而活性炭要加热到 95 ~ 135℃方能进行解吸，还要经过酸洗和热力再生两个工序；而树脂再生比较容易。树脂不吸附钙，而活性炭则吸附碳酸盐类，如 $CaCO_3$ 等。

　　树脂比活性炭耐磨，因而磨损少，一般每吨消耗 10 ~ 20g，而活性炭消耗 50 ~ 100g。

　　树脂对 CN^- 吸附容量大，有利于污水处理。但树脂的价格高，比活性炭贵 3 ~ 4 倍。生产中使用的树脂比活性炭的粒度细，树脂一般为 1mm 左右，活性炭为 1 ~ 1.35mm。

　　树脂对金、银有较好的选择性解吸的特性，如矿石中含有铂，可以分批选择性地解吸金，而不解吸铂族中的任何金属，使其留在树脂上，经过 20 ~ 30 批后，再从树脂上选择性地回收铂族金属，并以金属形式析出，然后使它们溶解，再添加另外一种离子交换树脂，用适当的解吸液把它们分开。由于这些元素价值高，而这一工序很容易进行，所以此法将成为提取贵金属的好方法。

12.2 离子交换树脂

目前国内外生产的离子交换树脂种类很多，采用树脂矿浆法提金时，所选择的树脂，应满足以下要求：

（1）化学稳定性好：在常温或高温条件下，不溶于水或酸、碱的水溶液，且能多次重复使用。

（2）机械强度大，有良好的耐磨性。

（3）对金的选择性好、吸附容量高：对金和总杂质的吸附容量比要大，应选择用弱碱性树脂。

（4）应用含有几种活性基因的多功能阴离子交换树脂。

（5）树脂为规则的球粒，粒度在 0.2~1.2mm。

近年来，美国、英国和南非进行了许多研究工作，以选择有效吸附金的弱碱性阴离子交换树脂。比较好的是 Doulite A-7（DA-7），曾在南非做过半工业试验。阴离子交换树脂 DA-7 在 pH≤9 时，吸附金的情况良好，而在 pH = 10~11 时，其吸附容量降到80%~90%。

前苏联国立稀有金属科学研究院伊尔库茨克分院，从20世纪80年代初开始对吸附贵金属有效的弱碱性阴离子交换树脂进行筛选工作。经过对近百种阴离子交换树脂进行试验，最后仅选取了两种，DA-7 与 OⅡ-1、OⅡ-2、AM-2B 的比较见表12-1。

表 12-1 DA-7 与 OⅡ-1、OⅡ-2、AM-2B 的比较

指 标 名 称	OⅡ-1	OⅡ-2	DA-7	AM-2B
饱和阴离子树脂金含量/mg·g^{-1}	5.6	6.4	5.4	8.9
前5个解吸液中金含量/mg·L^{-1}	355.0	405.0	362.0	3.1
后几个解吸液中金含量/mg·L^{-1}	7.8	8.9	2.1	0.9
解吸液平均含金/mg·L^{-L}	176.0	200.0	175.8	1.9
解吸后阴离子交换树脂金含量/mg·L^{-1}	0.06	0.07	0.06	8.6
解吸率/%	99.0	99.0	98.9	3.4

从表12-1可以看出，前苏联选用的阴离子交换树脂（OⅡ-1和OⅡ-2）解吸率与DA-7接近，而在相同的条件下，AM-2B的解吸率不足4%。

长春黄金研究所采用强碱性717号树脂和弱碱性704号苯乙烯型树脂，

对含金硫精矿进行 10 段连续逆流氰化浸出—吸附，然后用硫氰酸钠、苛性钠溶液解吸。试验表明，金浸出率 97.5%，吸附率 99.5%，树脂载金量达 13.1 ~ 24.7 kg/t(树脂)。弱碱性 704 号树脂的吸附选择性较强碱性 717 号要好。

12.3 树脂吸附过程的工艺参数

离子交换树脂吸附过程的工艺参数有吸附时间、树脂加入量、吸附周期、吸附容量、吸附级数以及树脂和矿浆流量等。这些工艺条件彼此相互影响。

12.3.1 吸附时间

吸附时间是指金、银在离子交换树脂中的吸附回收率达到最大时，金、银一次溶解和吸附所需时间。当氰化与吸附同时进行时，吸附时间由金、银的溶解速度决定。如果供吸附的矿浆是先经过氰化的，则吸附过程的时间决定于离子交换速度。

吸附时间是离子交换过程的重要参数，必须控制准确。否则，将不可避免地造成部分已溶金、银随尾矿浆的废弃而损失。

吸附时间通常由实验确定，多在 8 ~ 24h 范围内变动。在生产实践中，吸附时间，按下式进行计算。

$$t = Vn/Q \tag{12-1}$$

式中　t——吸附时间，h；

　　　V——吸附设备容积，m^3；

　　　n——吸附设备参数，台；

　　　Q——矿浆流量，m^3/h。

但在生产过程中，由于帕丘卡槽的下部常为矿砂充塞或者在低的矿浆液位下操作，致使槽的有效容积得不到充分利用，故有时即使在最小的矿浆流量下，也很难控制所要求的吸附时间。

12.3.2 树脂加入量

吸附过程中的树脂一次加入量，是各吸附槽中在同一时间内矿浆中所含的树脂数量（浓度）。加入的数量以体积百分数表示，即矿浆中所含树脂的百分数。生产实践证明，在吸附全泥氰化矿浆时，一次加入的树脂量以 1.5% ~ 2.5% 为好；在吸附精矿氰化矿浆时，由于精矿含金品位比原矿高得多，故以 3% ~ 4% 为好。在正常吸附过程中，为使树脂对已溶金、银的吸附率达到最大值，就必须使每个吸附槽中保持相同的树脂浓度，此时，每个吸附槽溶液中的金属浓度依次递减。

12.3.3　吸附周期

树脂的吸附周期，是指树脂从最后一台吸附槽中加入，而逆流运行到从第一台吸附槽卸出呈饱和状态的树脂全过程在槽中所停留的时间，按下式进行计算。

$$t = E/q \tag{12-2}$$

式中　t——一个树脂吸附周期所需的总时间，h；

　　　E——树脂一次加入量，L；

　　　q——树脂流量，L/h。

12.3.4　树脂流量

在逆流吸附金、银的过程中，矿浆与树脂的流量是相互关联的。树脂流量由处理矿石的能力决定，按式（12-3）、式（12-4）进行计算。

$$q = 2.5QC_p/(A_H - A_P)\varepsilon \tag{12-3}$$

式中　q——树脂流量，kg/h；

　　　Q——矿浆流量，m^3/h；

　　　C_p——矿浆含金量，g/m^3；

　　　A_H——树脂再生前的吸附容量，g/kg；

　　　A_P——树脂再生后的吸附容量，g/kg；

　　　ε——金属回收率，%；

　　2.5——树脂从干基到湿基的换算系数。

当矿石的氰化与树脂过程同时进行时，公式（12-3）中的矿浆流量 $Q(m^3/h)$用矿石处理能力 $P(t/h)$ 代替，矿浆中含金量 $C_p(g/m^3)$ 用原矿中含金品位 $C(g/t)$ 代替，此时公式（12-3）变为公式（12-4）。

$$q = 2.5PC/(A_H - A_P)\varepsilon \tag{12-4}$$

式中有关符号同公式（12-3）。

树脂流量是调节吸附过程的基本参数。新生或再生树脂要用给料机均匀连续加入，通常每1h根据计算的流量等量加入一批树脂。为了取得好的吸附指标，树脂在各吸附槽间的转送也要均匀，不应有急剧的变化。

12.4　吸附工艺流程

吸附流程基本与炭浆法一样，将磨细的矿浆浓密到40%～50%的浓度，进入浸吸槽。矿浆在浓密前经除屑筛，除去木屑和其他杂物。

吸附一般为 5~8 段, 吸附前加 2~3 槽作为预浸槽。当边磨边浸时, 可以不设预浸槽。

在浸出吸附系统中, 矿浆与树脂呈逆向流动。从最后一个槽排出尾矿, 然后经安全筛回收细粒载金树脂, 以免造成金的损失。从第一浸出槽提出载金树脂和矿浆, 再经树脂分离筛, 筛上树脂用清水冲洗。筛下矿浆返回浸吸槽。载金树脂再给入跳汰机, 使大于 0.4mm 的粗矿砂与树脂分离。树脂吸附工艺流程见图 12-1。

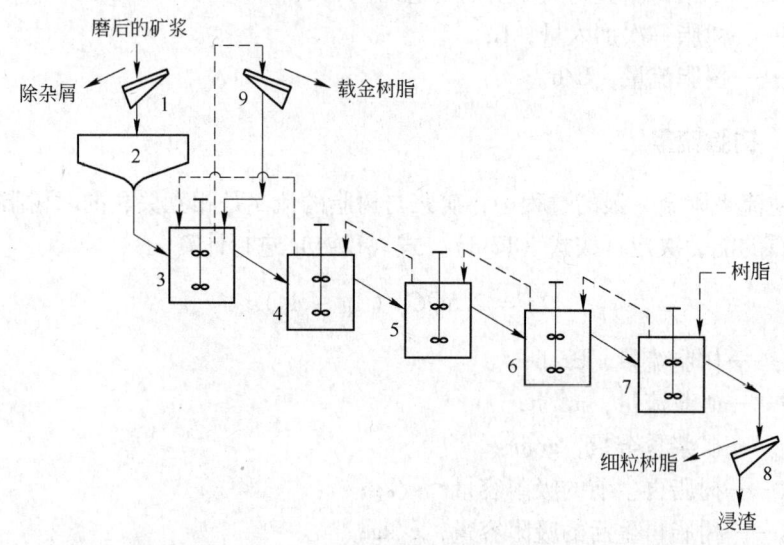

图 12-1　树脂吸附工艺流程

1—除屑筛; 2—浓密机; 3~7—浸吸搅拌槽; 8—安全筛; 9—载金树脂分离筛

浸出吸附工艺条件:

(1) 矿石细度: -0.074mm 占 85%~95%。

(2) 矿浆浓度: 40%~45%; 浸出、吸附时间按矿石性质试验确定。

(3) NaCN 浓度: 0.01%~0.02%。

(4) pH 值: 10~11。

(5) 树脂消耗: 10~20g/t。

(6) 树脂载金量: 一般为 5~20kg(贵金属)/t。

12.5　浸出吸附及再生设备

12.5.1　浸出吸附槽

浸出槽, 国内大部分采用双叶轮高效节能搅拌槽。前苏联用帕丘卡槽 (即空气搅拌槽），并在槽的上部安装筛子，用空气提升器和筛子（隔树脂筛）实现矿浆树脂呈逆向流动。前苏联用帕丘卡槽的工作原理如图 12-2 所示。

矿浆与其中的树脂混合搅拌是通过循环器 1 进行的。矿浆由空气提升器 2 送到下一段吸附槽，而树脂送到上一段浸吸槽。通过倾斜筛 4 分离矿浆与树脂，该筛子的筛孔小于树脂的粒径，但要大于被浸矿浆的粒径。筛上的树脂进入溜槽 5 到上一段浸吸槽中，筛析产品通过斜溜槽 3 进入下一段浸吸槽。

帕丘卡槽结构见图 12-3。

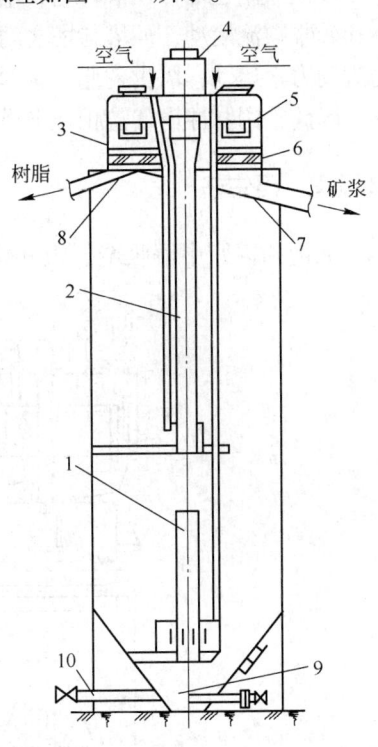

图 12-3 浸出吸附帕丘卡槽结构示意图
1—矿浆气动循环器；2—空气提升器；
3—脱水筛；4—折返板；5—分配器；
6—脱水槽；7—斜溜槽；8—出料槽；
9—扩散器；10—事故出口

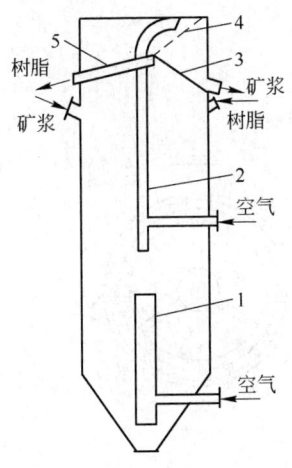

图 12-2 浸出吸附帕丘卡槽的工作原理
1—循环器；2—提升器；3—斜溜槽；4—倾斜筛；5—溜槽

脱水筛作为附加装置放在槽盖上。含树脂的矿浆通过空气提升器 2 被送到脱水筛 3，再借折返板 4 向下流入分配器 5。含树脂的矿浆经分配器出口流入倾斜式不锈钢筛网的脱水槽 6，其孔径 0.4mm。

根据帕丘卡槽的体积大小，脱水筛数量为 2 ~ 12，其总面积为 1 ~ 15m²。筛网用活动木框拉伸，两排平行，向吸附槽中心倾斜。

脱水筛的单位处理能力非常高，处理石英脉矿时，每平方米筛网每小时为 50m²，甚至可处理 100m³ 矿浆。处理泥质矿石时为 20 ~ 25m³/(m² · h)。输送每立方米矿浆的空气量为 1.5 ~ 3m³。

矿浆通过筛网后，流入筛下的两个斜溜槽 7，然后排入下一段浸吸槽。树脂由每排端头筛网上流入短出料槽 8，再由此流入上一帕丘卡槽。在帕丘卡槽底设有搅动沉积渣的扩散器 9 和矿浆事故排出口 10。

氰化预处理在普通帕丘卡槽内进行。

浸出吸附也可以用脉冲塔，塔内设有分离矿浆和树脂的脱水装置。每个塔内树脂和矿浆顺流运动，而塔与塔之间逆流运动。由于强烈搅拌以及接近理想交换状态的流动力学运动，塔内树脂与矿浆之间的近似平衡率大大高于帕丘卡槽内的平衡率。因此，用脉冲塔代替帕丘卡塔，可以显著减少吸附级联的设备数量和体积。

12.5.2　再生柱

从饱和树脂中解吸金、银并使树脂再生的再生柱结构见图12-4。

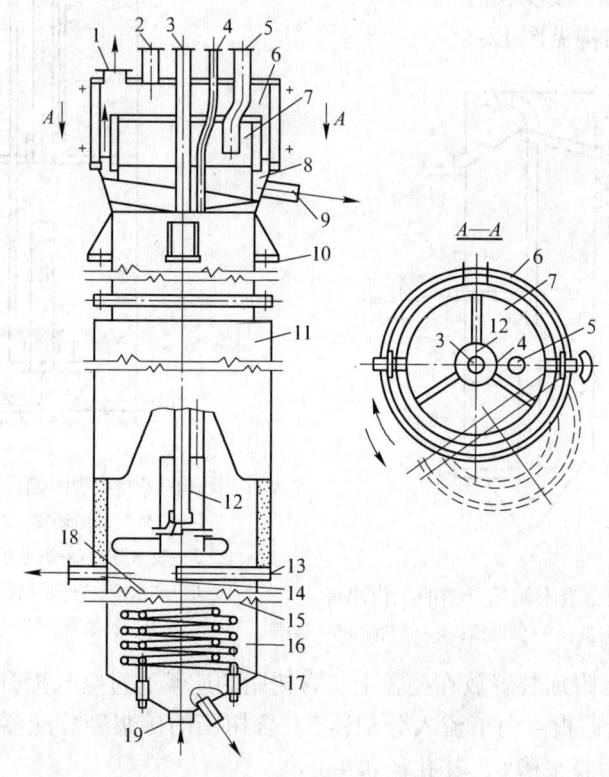

图 12-4　树脂再生柱结构示意图

1—排风管；2—液位计孔；3—空气提升器树脂排出孔；4—空气提升器压缩空气管；
5—加树脂和取样孔；6—圆柱体；7—排料装置；8—变径柱体；9—溢流管；
10—固定在工作平台的支座；11—再生柱圆形壳体；12—中心空气提升器；13—热电
偶套管；14—树脂事故放空管；15—10～15mm 孔径金属筛板；16—变径柱段；
17—蛇形管；18—0.4mm 孔径聚丙烯筛网；19—洗脱液给液管

再生柱圆形壳体 11 由一节或几节筒体经法兰盘连接而成，上部的截头圆锥形变径柱体 8 是为了增大面积使上升液流速度降低。再生柱由 4 只支座 10 固定在工作台上。柱顶为带盖的圆柱体 6，通常用有机玻璃或透明乙烯料制成，以便于观察柱内情况。由于有机玻璃内壁很易沾污，不便清理，故有些筒体改用透明侧门，通过柱盖孔在筒内设置照明灯较为有利观察。圆筒盖上焊有几个管口，分列作为排风管 1、液位计孔 2、空气提升器树脂排出孔 3、空气提升器压缩空气管 4、加树脂和取样孔 5。

圆柱体 6 供洗树脂用，并设置有从柱中排出溶液的排料装置 7，装置上固定有由两个活扣的半环形组成的易于拆卸的聚丙烯筛框，以便于筛网损坏时易于更换，溶液通过筛网经溢流管 9 排出。

柱下部变径柱段 16 装有蛇形管 17，向蛇形管中通入蒸汽或热水供加热柱中溶液至所需温度。变径柱段 16 的下端呈锥形，它的作用是使溶液按柱截面均匀分布。变径柱段 16 和圆形壳体 11 之间的法兰盘间装有孔径 10~15mm 的金属筛板 15，并在筛板上铺设有孔径 0.4mm 的聚丙烯筛网 18。溶液可在筛网上自由通过，但树脂不会漏下去以免堵塞下部给液管 19。筛板上部有供插测温度计的套管 13 和事故放空管 14。再生柱中心设有空气提升器 12。

再生柱的操作过程：树脂从管中加入柱中，溶液置于高出再生柱工作平台 3~4m 的高位槽中，经管 19 自流给入再生柱中，经过树脂层和上部装有筛网的排料装置，再经溢流管排出柱外，溶液通过柱内的流速取决于各项作业的进行时间，一般在 0.5~4m/min 之间，树脂经再生处理后用空气提升器 12 经孔 3 退到下一柱中。

12.6 金的解吸

12.6.1 树脂解吸

树脂除了吸附金、银络离子外，还吸附有铜、铁等金属杂质的络阴离子和 CN^- 离子。为了使金、银最大限度地解吸出来，并得到金属杂质较少的贵液，解吸前先用清水洗掉树脂上的矿泥及其杂质，然后进行分步解吸。

12.6.1.1 氰化处理

当树脂吸附铜和铁的量已达到较高程度，并影响到金的吸附容量时，方进行氰化处理。氰化处理是基于 CN^- 离子取代铜、铁络阴离子的交换反应。但这个过程只能除去 80% 的铜和 50%~60% 的铁，并消耗 5 倍于树脂体积的 4%~5% NaCN 溶液，处理时间长达 30~36h。同时树脂中 15% 左右的金也解吸下来，所以，解吸处理的溶液要返回氰化回路。处理作业有毒性。氰化处理后再用 5 倍树脂体积的水洗涤 15~18h，除去树脂上残留的氰化物。洗涤时间不宜太短，洗涤水可用作配置新鲜氰化液。

12.6.1.2 酸处理

为了除去锌、钴杂质，用 0.5%~3% 的硫酸水溶液处理，使 SO_2^{2-} 取代锌、钴络阴离子，并使氰化物挥发除去。

用 6 倍于树脂体积的上述浓度的硫酸水溶液，处理 30 ~ 36h，处理后的溶液用碱中和后排入尾矿中。

12.6.1.3 解吸

用 9% 硫脲和 3% 的硫酸水溶液作解吸剂，用量为 1 ~ 1.5 倍树脂体积，解吸时间为 75 ~ 90h。解吸作业的好坏，直接影响到金总回收率和树脂再生的质量。

硫脲和金能产生稳定的阳离子配合物 $[AuCS(NH_2)]_2^{2+}$，阴离子交换树脂不能吸附这种阳离子，所以它能转入溶液中。

一般解吸是在串联的解吸柱中逆向进行。解吸后再用 3 倍于树脂体积的清水洗涤，除去树脂上的硫脲，洗液用于配制解吸液重复使用。

12.6.1.4 碱处理

洗涤后除去硫脲的树脂，再用 3% ~ 4% 的氢氧化钠溶液处理，其量为 4 ~ 5 倍树脂体积。目的是除去树脂上的硅酸盐等不溶物，并使树脂从 SO_4^{2-} 型转化为 OH^- 型。碱处理排出的液体可用来中和酸处理排出的溶液，然后废弃。碱处理后仍用清水洗涤，洗液可用来配制碱液。

12.6.2 从含金硫脲解吸液中回收金

12.6.2.1 置换法

用电位序低于贵金属的某些金属（如铅、锌、铝）从溶液中置换沉淀出贵金属。该法能沉淀完全，但沉淀物金银含量不高，一般为 10% ~ 20%。置换物消耗大，硫脲溶液中金属积累多，导致返回使用硫脲解吸液，金银解吸速度下降；更换时，硫脲消耗量增大。

12.6.2.2 碱液沉淀法

使金以溶解度低的氢氧化物形态与铜、铁等一道进入沉淀物中。沉淀物经过滤、熔炼，得含贵金属 35% ~ 50% 的产品。该法简单，贵金属可得到完全沉淀，但金泥品位不高，且硫脲在碱性溶液中有部分分解，酸及硫脲消耗量增大。而且由于溶液中硫酸钠的积累，返回使用的硫脲溶液解吸能力下降。

12.6.2.3 电解法

电解法是较广泛采用的方法。电解是在串联电解槽内进行，贵液从高位槽按规定的流速流入电解槽。在阴极沉积金，贫液用于配制解吸液。

电流密度为 20 ~ 60A/m² 。为了提高电解效率，增大阴极表面积很重要。前苏联使用的是带有阴离子交换隔膜、由多孔石墨作阳极、钛网作阴极的高效电解槽。目前我国有的电解槽及技术参数与炭浆法生产的贵液电解基本相同。

12.6.3 从碱性溶液中解吸金

用硫脲在酸性介质中解吸，不仅投资大，成本也高。目前多使用在弱碱性溶液中解吸金，效果比较好，即用 NaOH 和硫氰酸盐作树脂解吸剂，向电解后排出的贫液中补加一定量的硫氰酸盐，以保持 SCN⁻ 的浓度，反复循环使用。

12.7 树脂再生

树脂再生比活性炭再生简单，无需热力再生，只用酸、碱处理即可。

12.7.1 用硫脲解吸树脂再生

解吸后的树脂，用水洗和碱处理，可使树脂恢复到原有的吸附状态。树脂再生流程见图 12-5。

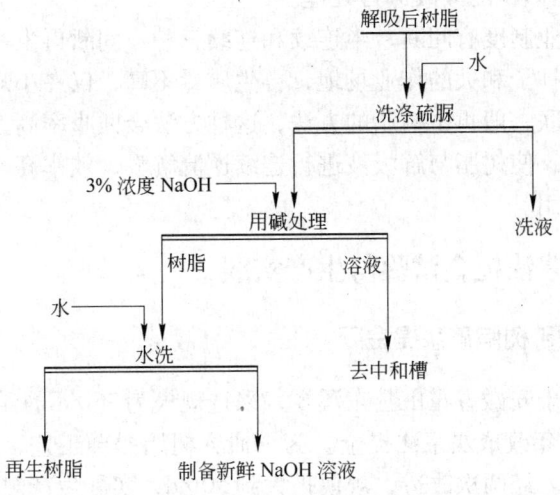

图 12-5 树脂再生流程

12.7.1.1 水洗硫脲

解吸金、银之后，在树脂相中及表面上都残留有硫脲。这部分硫脲若带回吸附过程，会在树脂相中生产难溶的硫化物，降低树脂的吸附速度。所以要洗除硫脲，并加以回收。洗水用量为树脂体积的 3 倍。

12.7.1.2 碱处理

该工序的目的是除去树脂相中不溶的化合物，如硅酸盐等，并使树脂由 SO_4^{2-} 型转换成 OH⁻ 型，以返回再使用。一般用 3% ~4% 的氢氧化钠溶液处理，溶液的耗量为树脂体积的 4~5 倍。

12.7.1.3 水洗除碱

用新鲜水洗去树脂中过剩和残留的碱，排出的溶液用于配制新鲜的碱液，树脂返回吸附工序。

12.7.2 用硫氰酸盐解吸的树脂再生

采用硫脲解吸工艺比较复杂，酸性时设备腐蚀性很强。近年来都改用硫氰酸盐解吸。这样吸附在树脂上的 SCN^- 不易被其他阴离子所置换，树脂返回使用时，会明显降低交换容量，所以，解吸后的树脂必须进行再生处理，才能返回使用。一般用 NaCN、HNO_3、KCl 处理解吸树脂，都能使树脂的吸附容量几乎能恢复到新鲜树脂的水平。

当处理含银高的矿石并用树脂进行吸附时，解吸后的树脂可用 6 倍树脂体积的硫酸液（3%～5%浓度）进行处理，除去锌和镍外，还有 30%～40% 的银以 AgCN 胶体的形态转入溶液中。当树脂中锌和镍含量低时，为使银留在树脂上，可用 2～3 倍树脂体积的酸液进行处理。

树脂再生作业制度有间断、半连续和连续三种。间断再生在一个或几个柱中进行，不用许多柱子和大的作业场地，再生质量不高，仅在小规模工厂使用。半连续再生是前苏联一般再生树脂的方法，这种方法金回收率高。连续再生是在一些特制再生柱中，使树脂与解吸液进行连续逆流解吸，效率高，能实现常规自动化，在大型厂使用。

12.8 树脂矿浆法提金试验与生产实践

12.8.1 东溪金矿树脂矿浆提金厂

东溪金矿位于安徽省霍山县东溪乡，采选规模为 25t/d 的浮选厂，于 1984 年投入生产，1986 年改成炭浆法提金。为了研究树脂提金工艺，于 1986 年又改成树脂矿浆法提金。经两次改造，规模扩大到 50t/d，实际生产规模为 70t/d，入选品位 4.5～8g/t。

12.8.1.1 矿石性质

矿石分为大脉型和细脉带型。大脉型矿石中脉石矿物以石英为主，并有少量方解石和斜长石等，细脉带型矿石中脉石矿物以石英、斜长石、角闪石为主，并有少量的方解石等。该矿属石英脉含金贫硫化矿物矿石类型。原矿石主要来自南关岭坑口，其原矿石多元素分析见表 12-2。

表 12-2 原矿多元素分析

元素	Au[①]	Ag[②]	Cu	Pb	Zn	As	S	Fe	Mn	Cr	TiO$_2$	SiO$_2$	CaO	MgO	Al$_2$O$_3$	烧失量
含量/%	10.0	9.75	0.011	0.01	0.01	0.0001	0.14	2.03	0.044	0.004	0.2901	74.33	1.95	1.85	8.38	4.54

①②元素含量单位为 g/t。

矿石中除金、银外，尚有微量的硫铁矿、赤铁矿、褐铁矿等。大脉型矿石中金矿物粒度相对较粗，细脉带型金矿物粒度较细。矿石中金矿物主要以银金矿为主，其次为金银矿，并有少量自然金，金矿物粒度较细，均在 0.053mm 以下，0.037mm 以下的粒度占 80% 以上。矿石组成简单，有害杂质少，属易浸矿石。

12.8.1.2 工艺流程

A 生产工艺

（1）碎矿。原矿经汽车运输给入受矿仓，然后由 600mm×1300mm 自同步振动给矿机给入 250mm×400mm 颚式破碎机碎至 30mm 以下。二段破碎采用 900mm×1800mm 振动筛与 150mm×750mm 颚式破碎机构成闭路碎矿，最终产品粒度 20%~25%。

（2）磨矿。采用 1500mm×1500mm 格子型球磨机，作为一段磨矿并与 φ1000mm 单螺旋分级机构成闭路。二段磨矿采用 φ150mm 旋流器与 φ1200mm× 2400mm 溢流型球磨机构成闭路；溢流细度为 -0.07mm 占 90%。旋流器溢流经 0.4m×1.5m 直线筛除屑。

（3）浸出与吸附。矿浆经除屑后给入 φ9m 浓密机，溢流作为回水，底流浓度为 40% 自流到 4 台 φ2500mm×2500mm 浸出槽，加入氰化钠的浓度为 0.02%~ 0.03%，预浸出 7h。预浸后的矿浆自流到 9 台 φ2500mm×2500mm 吸附槽，同时加入树脂边浸边吸。桥筛筛孔为 0.542mm（30 目）。浸吸后的矿浆经 0.4m× 1.5m 安全筛回收细粒树脂后进入尾矿处理工序。用空气提升器进行串联输送树脂，从前部浸吸槽提出的载金树脂送去解吸。浸吸设备连接图见图 12-6。

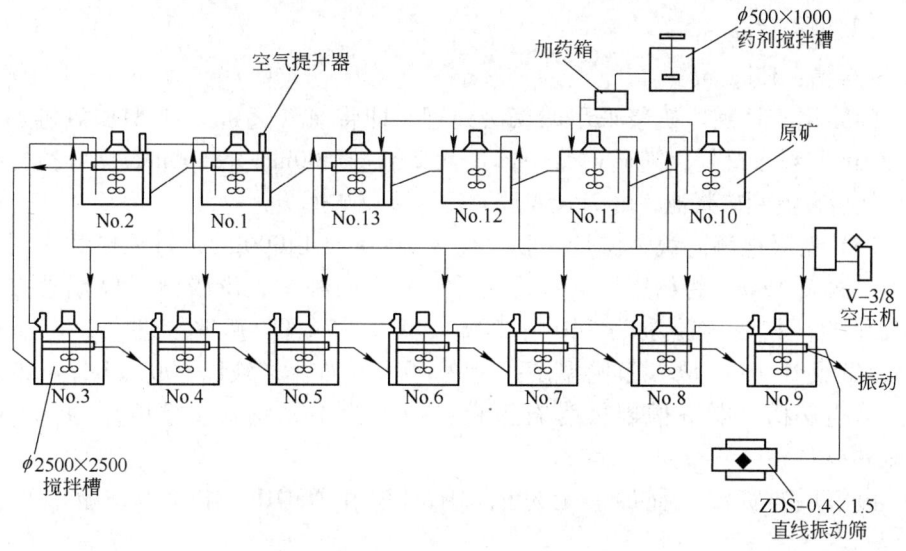

图 12-6 浸出吸收段设备连接图

浸出吸附作业条件：

磨矿细度：$-0.074mm$ 占 90%

矿浆浓度：40% ±3%

矿浆流速：$5.5m^3/h$

氧化钙用量：10kg/t（pH = 10.5 ~ 12）

氰化钠浓度：0.02% ~ 0.03%

氰化钠用量：0.5kg/t

预浸时间：7h

浸吸时间：23h(包括预浸7h)

浸出段数：4 段

浸吸段数：9 段

充气量：$0.02m^3/(m^3 \cdot min)$

树脂型号：NK884 大孔弱碱性阴离子交换树脂

矿浆中树脂浓度：

1 号槽：$20kg/m^3$

2 号槽：$15kg/m^3$

3 号槽：$15kg/m^3$

4 号槽：$15kg/m^3$

5 号槽：$15kg/m^3$

6 号槽：$15kg/m^3$

7 号槽：$15kg/m^3$

8 号槽：$15kg/m^3$

9 号槽：$15kg/m^3$

（4）尾矿处理。矿浆采用碱氯法处理，即将氯气通过 ZJ-1 型加氯机加到 2.5PNJF 胶泵入口处，随同矿浆一起扬入 2 台 $\phi1500mm \times 1500mm$ 反应搅拌槽中，然后自流到矿浆池，由 2PNJA 胶泵扬送到尾矿库。

（5）解吸电解。载金树脂一般含金为 10000 ~ 14000g/t，每天提载金树脂 45kg，两天 90kg。将树脂用清水洗涤后加入解吸柱中，解吸液为硫氰酸铵和氢氧化钠，其浓度分别为 140 ~ 150g/L 和 4 ~ 7g/L。解吸流量为 3000mL/min，解吸时间为 48h，解吸温度控制在 40℃左右。贵液以 3000mL/min 的流量进入电解槽，电解槽阳极为石墨板，阴极为不锈钢片。槽电压为 5.6V，电流 80A。

电解后的贫液，补加一定量的 NH_4SCN 和 $NaOH$，作为下次解吸的解吸液。

解吸柱中的树脂解吸 48h 后，用清水洗涤 2 ~ 3 次，洗涤水约 400kg，洗涤水含金为 0.06g，排入尾矿库。解吸后的树脂送去再生。解吸电解系统见图 12-7。

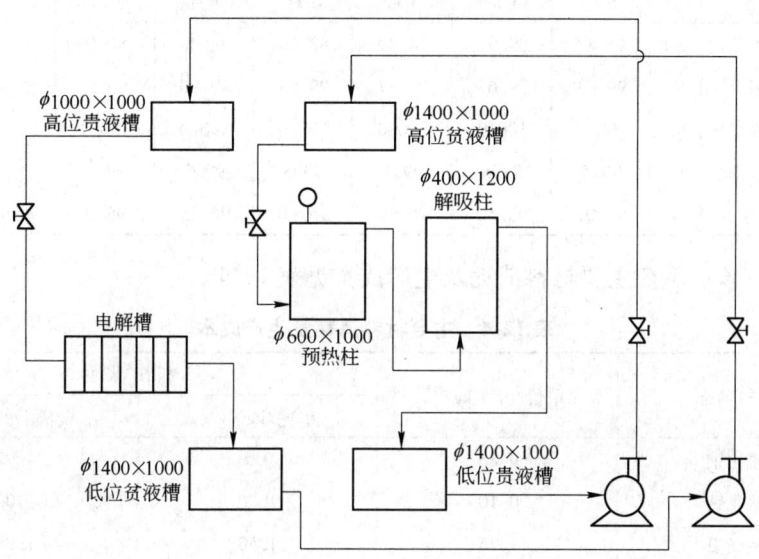

图 12-7 解吸电解系统图

（6）树脂再生。90kg 的解吸树脂用清水洗涤后，再用 1m³ 5% 的盐酸溶液浸泡 24h，然后用 3m³ 的清水洗涤干净，再用 2% 氢氧化钠溶液 1m³ 浸泡 24h，用清水洗涤干净，用固定筛筛去碎树脂，将筛上再生树脂重新返回浸出吸附回路循环使用。

B 生产技术经济指标

（1）生产技术指标 1991 年 3 月开始正式投产，其生产技术指标见表 12-3。

表 12-3 生产技术指标

项 目	单位	1991 年						1995 年	1996 年
		3 月	4 月	5 月	6 月	7 月	8 月		
开车时间	h	578.28	643.24	508.46	620	505.14	589.9		
处理矿量	t	1270.37	1448.39	1328.06	1899.42	1561.66	1844.7		
原矿品位（Au）	g/t	4.38	6.18	4.37	5.24	5.26	7.13	6.31	5.78
浸渣品位（Au）	g/t	0.18	0.18	0.15	0.15	0.15	0.23	0.18	0.19
尾液品位（Au）	g/t	0.005	0.003	0.003	0.0002	0.0001	0.07		
浸出率	%	95.89	97.09	96.56	97.14	97.15	96.7	97.15	96.70
吸附率	%	99.68	99.88	99.83	99.99	99.99	99.5	99.78	99.84
载金量（Au）	g/t	12339.09	18724.77	15063.85	14661.32	20004.94	24208		

项　目	单位	1991 年						1995 年	1996 年
		3 月	4 月	5 月	6 月	7 月	8 月		
解吸后树脂品位	g/t	45.87	60.91	34.49	88.66	90.5	80.0	96.53	94.82
解吸率	%	99.63	99.67	99.77	99.59	99.90	99.5		
电解回收率	%	100.0	100.0	100.0	100.0	100.0	100.0		
冶炼回收率	%	99.5	99.5	99.5	99.5	99.5	99.5		
总回收率	%	95.01	95.50	96.49	95.90	96.25	95.0	96.94	96.54

（2）该厂生产主要材料消耗及生产成本见表 12-4。

表 12-4　主要材料消耗及生产成本

材料名称	单价/元·kg^{-1}	树脂矿浆法	
		单耗/kg·t^{-1}	金额/元·t^{-1}
氰化钠	9.83	0.5	4.92
氧化钙	0.10	10.0	1.00
液氯	1.25	1.50	1.88
活性炭	18.0		
树脂	39.5	0.02	0.80
氢氧化钠	3.50	0.08	0.28
盐酸	0.40	0.15	0.06
硫氰酸铵	9.20	0.24	3.68
絮凝剂	0.80	0.077	0.05
钢球	1.80	4.5	8.10
水	0.05 元/m³	6m³/t	0.3
电	0.20 元/(kW·h)	53kW·h/t	10.6

12.8.2　前苏联穆龙陶金矿树脂矿浆提金厂

该矿树脂矿浆法提金厂第一期工程于 1970 年建成投产，年产金 80t。

矿石用 10 台直径为 10m 的半自磨机磨矿，磨后的矿浆先用摇床重选，以回收粗颗金。摇床尾矿送双螺旋分级机分级，其返砂返到磨矿，溢流经除屑筛给到 6 台 φ50m 浓密机进行浓密。浓密机溢流作为磨矿的补给水，其底流浓度为 40% ~ 50%，送给 30 台帕丘卡槽进行氰化。

氰化后的矿浆送入吸附工序，尾矿用碱氯法处理。载金树脂用筛子与矿浆分离，并用清水洗涤，筛下产品返回吸附槽，筛上产品送给跳汰机进行跳汰，将大于 0.4mm 的矿砂与树脂分离。跳汰精矿经摇床精选后给到磨矿系统，树脂送去解吸和再生。

树脂解吸回收金银的工艺流程见图 12-8，载金树脂解吸后的再生工艺流程见图 12-9。

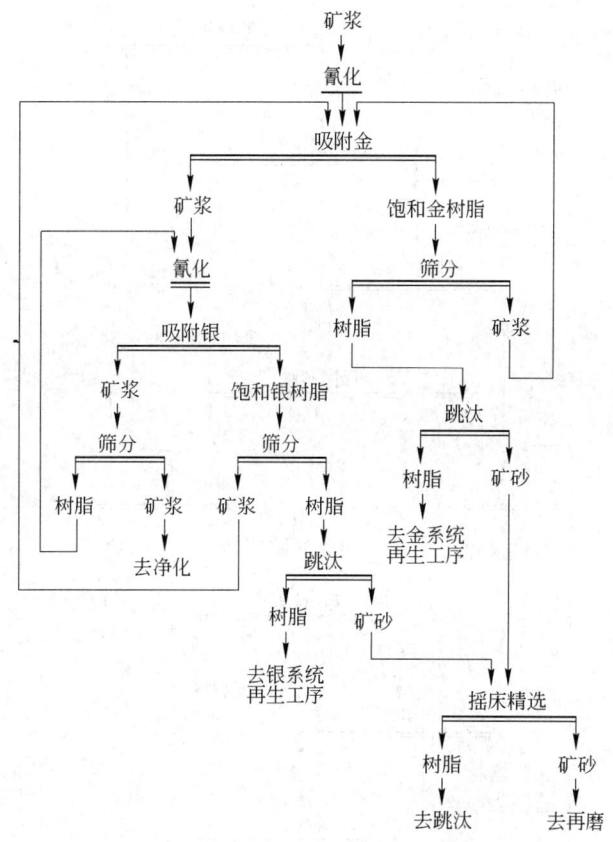

图 12-8 穆龙陶金矿吸附回收金、银工艺流程

重选能选出占总金量 30% 的粗粒金，然后重选尾矿经磨矿再进入浸出、吸附作业，浸出后尾渣品位 0.18～0.2g/t，总回收率在 95% 以上。

12.8.2.1 载金树脂解吸

先将载金树脂送到解吸柱中，然后用清水洗涤 3～4h，最好用热水，洗水返回氰化作业。

（1）解吸铜和铁。解吸在树脂上的铜、铁氰配合物，用 4%～5% 的氰化钠溶液解吸 30～36h。每个体积的树脂用 5 个体积的氰化钠溶液解吸，解吸后的溶液返回氰化工序。铜的解吸率为 80%，铁的解吸率为 50%～60%。

（2）解吸锌和钴。用 3% 浓度的硫酸溶液，解吸在树脂上的锌氰配合物 $[Zn(CN)_4]^{2-}$ 和部分钴，使其生成不被树脂吸附的 CN^- 和金属离子。酸处理需

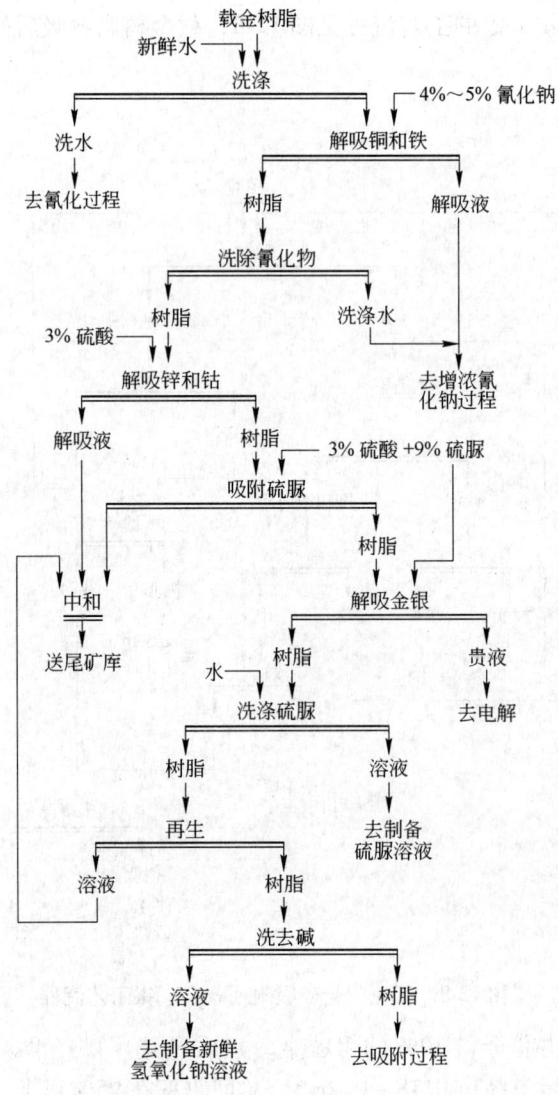

图 12-9 穆龙陶金矿载金树脂解吸后再生工艺流程

要 30~36h，每个体积的树脂要用 6 个体积的稀硫酸溶液。

（3）解吸金。从树脂上解吸金用 3% 硫酸和 9% 硫脲溶液，该工序分两个部分——吸附硫脲和解吸金。因为开始用 1.5~2 个体积的解吸液解吸时，存在一个吸附硫脲的过程，即排出的溶液不含金，也不含硫脲。另外，分两部分解吸也是防止贵液稀释。吸附硫脲时要 30~36h，解吸金需 75~90h。解吸金时，让金生成带正电荷的金硫配合物离子进入溶液，树脂转换成 SO_4^{2-} 型。

12.8.2.2　树脂再生

用 3%~4% 氢氧化钠溶液洗涤树脂上不溶化合物和硅酸盐，并使树脂转变成 OH⁻型，然后返回吸附工序。

12.8.2.3　贵液电解

含金硫脲溶液进入电解，电解工艺流程见图 12-10。

电解工艺技术条件：

电解温度：50℃

电流密度：20~50A/m²

电压：0.3~0.4V

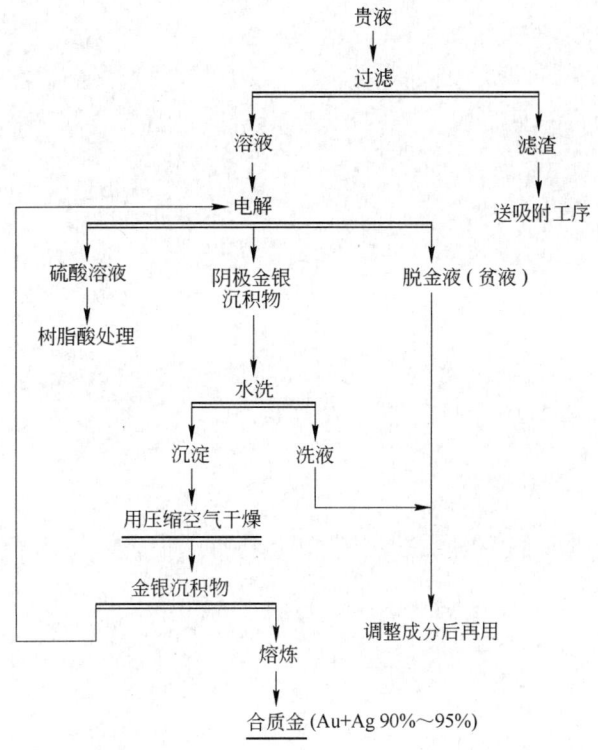

图 12-10　穆龙陶金矿用电解法从贵液中回收金、银工艺流程

参 考 文 献

[1] 北京有色冶金设计研究总院，等. 重有色金属冶炼设计手册·锡锑汞贵金属卷[M]. 北京：冶金工业出版社，2008：551~561.

[2] 《选矿手册》编辑委员会. 选矿手册·第八卷·第三分册[M]. 北京：冶金工业出版社，

1990：288～293.

[3] 王兰起. 银坊金矿树脂矿浆法金生产实践[J]. 湿法冶金，1994(1):4～8.

[4] 孙戬. 金银冶金[M]. 北京：冶金工业出版社，1998：264～307.

[5] ［苏］И. Н. 马斯列茨基. 贵金属冶金学[M]. 北京：原子能出版社，1992：171～217.

[6] 张处俊. 在新疆阿希金矿选矿车间座谈会上的发言提纲（未发表著作），2002.

[7] 华金仓. 论树脂矿浆法在我国黄金选矿中的应用[J]. 金银工业，1998(1):29～32.

[8] 《矿产资源综合利用手册》编辑委员会. 矿产资源综合利用手册[M]. 北京：科学出版社，2000：389～390.

[9] 韩卫江. 新疆阿希金矿选矿工艺技改经历[J]. 新疆有色金属，2011(3):31～34.

[10] 《黄金矿山实用手册》编写组. 黄金矿山实用手册[M]. 北京：中国工人出版社，1990：1290～1299.

13　堆浸法提金

13.1　堆浸法提金的应用

　　堆浸是一项古老而又年轻的工艺，早在 1752 年，西班牙里奥延罗就对风化的铜矿堆进行酸浸，从浸出的液中用铁置换铜；后来发展成为铁细菌浸出萃取工艺，直接处理硫化铜矿石，成为现代工艺。用堆浸法处理低品位金矿的工艺，是美国矿务局 1967 年发展起来的。由于该法工艺简单，投资少，见效快，基建投资和成本低，当首先用于美国科特兹（Corez）金矿后，取得了很好的效果，而被人们广泛重视，它的出现，给早期被认为无经济价值或许多低品位的金、银矿带来了生机，也使从早期采矿废弃的含金废石中提金成为可能。20 世纪 70 年代后期金价的猛长，更加速了此法的发展。以美国为例，至 1982 年止，在内华达州、科罗拉多州和蒙大拿州等地较大的堆浸厂已发展到 27 个，金、银产量分别占美国 1982 年矿产金、银总量的 20% 和 30%。此后，堆浸法提金在加拿大、南非、澳大利亚、印度、津巴布韦、俄罗斯等国家也得到了广泛应用。堆浸法提金工艺流程，可以分为：矿石的预处理、堆浸与溶液提金三个步骤，其典型的工艺流程见图 13-1。

　　堆浸工艺具有以下特点：

　　（1）工艺简单，容易操作。

　　（2）占地面积小并可因地制宜。

　　（3）可处理低品位矿石，表外矿石，含金银尾矿。

　　（4）规模可大可小，便于因地制宜。

　　（5）投资省，一般为氰化厂的 20%～25%。

　　（6）生产费用低，约为氰化厂的 40%。

　　因此，可以看出堆浸法具有很强的生命力与发展前途。堆浸技术的发展趋势是：

　　（1）堆浸规模越来越大。在采用露天采矿的矿山，一般实行贫富分别处理。目前堆浸最大规模可达 20000t/d。

　　（2）堆浸处理的矿石品位越来越低。可以处理低至 0.57g/t，边界品位为 0.3g/t。

　　（3）制粒技术广为采用，金属回收率可达 60%～70%，高的可达75%～

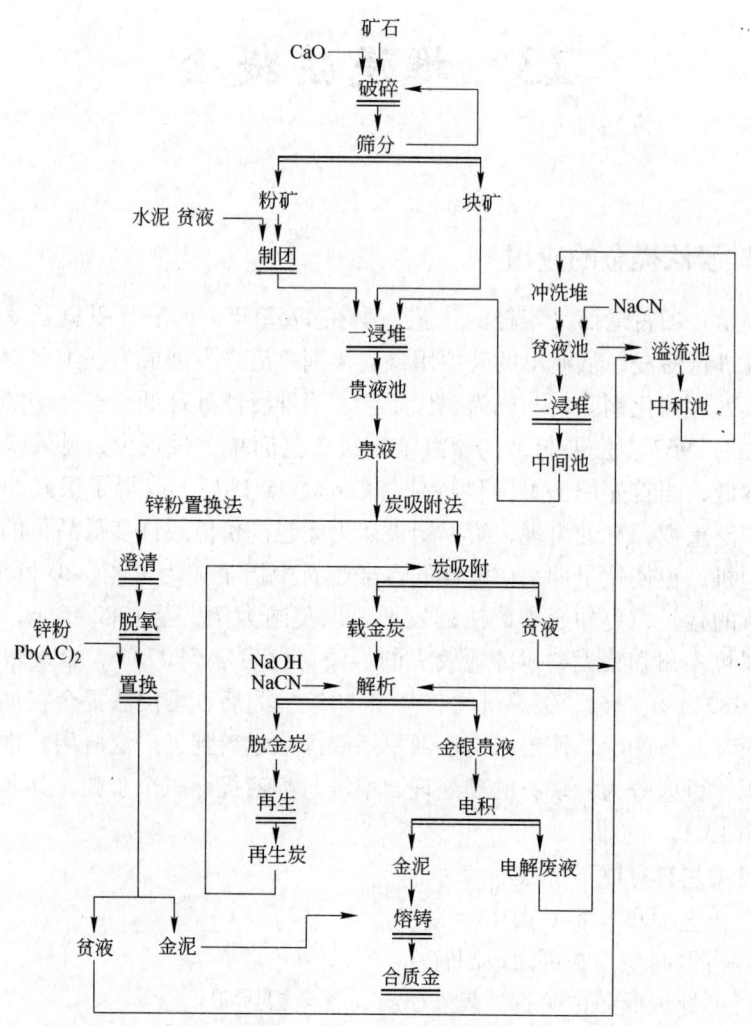

图 13-1 堆浸提金工艺流程

85%或更高。

(4) 出现了一些进一步降低生产成本的方法,如分层筑堆、边堆、边喷、边浸、滴淋等。

(5) 研制了一些新的设备和材料,如摇臂筑堆机、土工布等。

(6) 由于堆浸技术的发展,使处理物料的范围扩大到老选厂尾矿堆浸、银矿石堆浸等领域。也突破了气候条件的限制,在降雨量很大的地区和寒冷地区都可以进行堆浸作业。

13.2 堆浸工艺

13.2.1 矿石的预处理

13.2.1.1 破碎与制粒

绝大多数金、银矿石在堆浸前都需要破碎到 25~50mm。目前国内采用细碎型颚式破碎机，一段开路破碎的产品粒度可以控制在 30mm 左右。如果要求把矿石破碎到 -20mm 或 -12mm 时，一般需要采用两段或三段破碎流程。

堆浸法的成功关键之一，在于采用制粒的方法处理含大量黏土质的金银矿石和破碎时不可避免地产生的粉矿。因为 < 50μm 的矿泥将使渗透速度减慢，在堆内产生沟流或静止区；特别在喷淋时细小矿石在较大的矿石中流动穿行，也会造成浸出液阻力不均，在大块中形成沟流，在细矿或矿泥积聚处形成死区。因此，矿石制粒十分必要。破碎制粒造成成本和投资的增加，因此在建厂时要认真考虑其必要性。

矿石制粒堆浸主要是为了提高浸出液的渗透速度，制粒使得低成本的堆浸技术可应用于金银矿石，甚至也可用于不能用传统方法经济上合理处理的尾矿。

13.2.1.2 制粒工艺

制粒是将矿石包含的黏土和细颗粒黏结到粗颗粒上，形成一层外壳。若矿石仅含少量细颗粒，使其粘到粗颗粒上仅需添加液体就可以了。而当细颗粒很多时，例如 -0.074mm(-200 目)的颗粒超过 10% 则需加入黏结剂。

(1) 仅用溶液颗粒。仅利用水的表面张力制粒。当仅用溶液（没有黏结剂）时，制粒的力相对较弱，因此必须控制喷在堆顶的溶液量。如果喷淋强度增强到大约 $4L/(m^2 \cdot h)$，大量溶液通过矿堆渗滤使得细粒从粗粒上离开，并在矿堆中向下移动。如果堆顶管路破裂，则也会发生这种现象。但是，如果喷淋量保持在 $0.12 \sim 0.24L/m^2$ 的范围，则颗粒表面的液膜缓慢移动的动量不足以使颗粒移动。

物料润湿后的水分一般在 10%~15% 质量比的范围，如果矿石非常干净也可低于6%。

(2) 使用黏结剂制粒。使用溶液和黏结剂制粒时，粗细颗粒间的结合十分强固。美国矿务局的结论认为，2 号硅酸盐水泥是最好的黏结剂。每吨矿石一般加入量为 0.9~4.5kg 水泥。石灰是一种低效黏结剂。这两种物料都起到了保护碱的作用，从这一点上看，石灰要更好一些。

黏结剂必须添加到相当干的矿石中，在混合物润湿之前，黏结剂与矿石彻底混合。黏结剂应加入破碎系统，这样在矿石破碎时就可与矿石混合。黏结剂也吸收一些矿石中过量的水分，这样使得矿石容易从破碎车间运出，不粘在筛子上或堵住运输溜槽。

　　根据美国矿务局认为，对矿石、黏结剂和溶液的新混合物至少须固化 8h 以产生强的粘合。含有大量矿泥的矿石需要大量的黏结剂，而处理时间可能需要 2d 或 3d。如果单独使用溶液制粒，则不需要固化时间和特殊的固化设备。新混合的矿石可放在堆上固化 8～24h，然后安装喷淋系统开始喷淋。

　　为了节约，一些公司使用煤灰和回转窑烟尘代替水泥和石灰。但应将制粒效果的比较试验和以吨矿成本为基础放在一起评价替代黏结剂的应用。

13.2.1.3　制粒设备

A　圆筒制粒机制粒

　　制粒设备对矿石的给入量、矿石的性质及溶液和黏结剂的加入量的变化很敏感，设计中须考虑连续监控。

　　最常用的是圆筒制粒机（图 13-2）。它的容量大，使得制粒机能够调节矿石-水分和加料速度变化的影响。黏结剂和水分的添加量与矿石的质量成正比，它要求按比例控制，最佳办法是在制粒机旁常有操作人员进行调节。

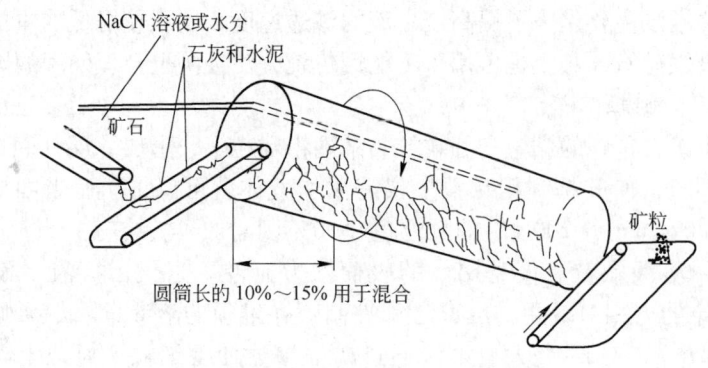

图 13-2　圆筒制粒机示意图

　　圆筒制粒机有三个可调操作变量。第一是圆筒的转动速度可通过链轮、皮带轮或可变速传动装置进行调节；第二是圆筒的水平倾角，一般在 1°～4°之间；第三是隔板或挡料圈，一般在加料端，有时也在卸料端。物料在圆筒制粒机内足够的停留时间为 1～4min。少量粗粒物料只需 1min，对于需要一定量黏结剂和水分的粉矿而言，停留时间为 4min，停留时间的长短可通过调节三个变量来确定。

　　圆筒制粒机出料的运输机要与圆筒的轴线垂直，以避免卸料滑落和堆积在溜槽壁上。有时矿石会粘在滚筒的内壁上，一般在圆筒内部安装松弛的长链条解决粘壁问题，但是这常会产生要比它所消除的还要多的黏结。沿长度方向安装稍微起皱的橡皮带（薄的运输皮带）可较好地解决这一问题。橡皮带的折曲使得黏结在筒壁上的矿石脱落，橡皮带用金属螺栓固定在筒壁上。

大多数制粒机以临界速度的20%~60%运转，较慢的速度有利于制粒，因为物料是滚动式而不是跳动状态下制粒。临界速度按下式计算：

$$C_s = 42.32/D^{1/2} \qquad (13\text{-}1)$$

式中　C_s——临界速度，r/min；

　　　D——筒内径，m。

圆筒制粒机尺寸一般用回转干燥机停留时间的公式来确定：

$$T = 1.77 \times \theta^{1/2} \times L/(S \times D \times N) \qquad (13\text{-}2)$$

式中　T——最小停留时间，min；

　　　θ——矿粒的安息角（一般为45°）；

　　　L——圆筒的直径，m；

　　　S——圆筒的倾斜角，（°）；

　　　N——圆筒的转速，r/min。

此公式适合于数台生产的圆筒制粒机，通常圆筒的长度与直径之比为2.5~5。

B　圆盘制粒机制粒

圆盘制粒机适合于细粒物料的制粒。它具有数个可变操作控制以适于处理各种矿石。圆盘的倾斜角一般为40°~65°，转速为30~50r/min，这取决于圆盘的直径和倾角。圆盘的深度为46~91cm，这取决于矿石粒度和圆盘的直径。

Holley（1979）认为，溶液喷嘴的位置，新矿石加入圆盘的位置，犁的位置也都相当重要。如果水喷在较大的矿粒上，则矿粒趋于长大；如果水和物料是在细粒上方或附近加入，则矿粒趋于变小。图13-3为圆盘制粒示意图。

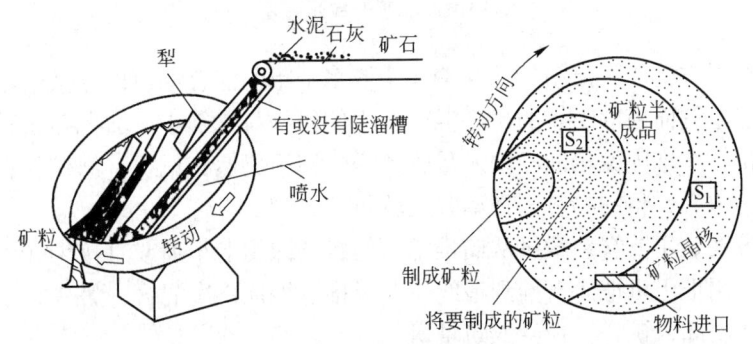

图13-3　圆盘制粒示意图

S_1—成核喷雾位置；S_2—矿粒形成的喷雾位置

美国矿务局圆盘制粒机半工业试验表明，雾化喷雾和大量湿润矿石对用破碎矿石制粒是有效的，而粗喷淋通常对细磨尾矿制粒最有效。由于贵重金属矿所含的细粉粒较少而粗粒较多，所以用于贵重金属矿石圆盘制粒机的生产能力高于铁矿石制粒。一台6.1m直径的圆盘制粒机的处理能力可高达90t矿石/h，其动力大约需要93kW。

圆盘制粒机必须安装在室内以避免阵风引起的灰尘问题。

C　堆矿造粒

这是最简单的制粒方法，适于细粉不多的矿石。一台运输机把从粉碎车间运来的矿石在离地面4.6~6.1m高处卸下，储堆应足够高以便在它的斜坡上有一长段距离能使矿石向下滚动和混合。从运输机落下的矿石流被前后两个方向上的一个或多个喷嘴喷雾，喷嘴和供应溶液的软管和支架安装在运输机框架上，喷嘴应能喷出粗的雾滴，而不用雾化器。图13-4为堆矿造粒示意图。

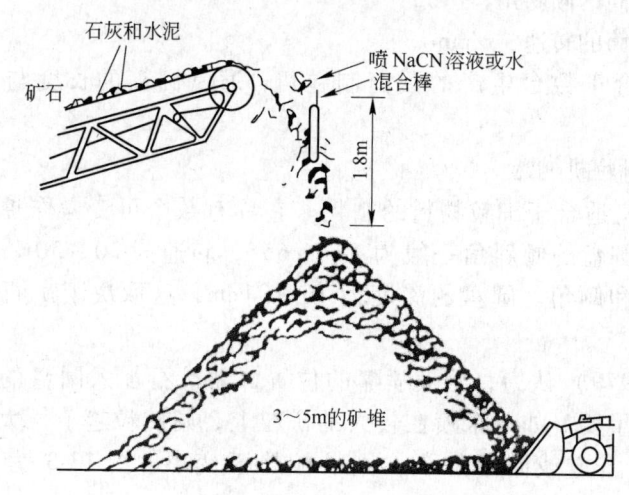

图13-4　堆矿造粒示意图

在喷嘴下方的矿石流中，悬挂着一个或多个粗的混合棒，以分散落下的矿石流，使外层湿润而内部干燥的矿石混合，也使粗物料比细小矿石抛射得远些，还可以减少矿石在堆中偏析的倾向，尽管这样，储堆仍然有偏析，细矿粉在运输机一侧及堆的中心，粗的物料则在离开运输机的一侧。

一个方案是用前端装载机从储堆挖起物料，卸到卡车上或直接倒在堆上再次混合矿石，用推土机把矿石推到最终位置或推过堆顶再次混合，另一方案是将装载机上的物料卸入矿仓，再给入筑堆机。

D　皮带运输机制粒

物料通过四个运输机转运点混合，在转运点下落的矿石流中悬挂粗金属混合棒。混合矿石转运点的个数取决于矿石中矿粉的含量。含 5% -0.147mm(-100 目)矿粉的物料仅需 2~3 个混合转运点;但是 10% 或 15% -0.147mm(-100 目)矿粉将需要 4~5 个混合点;而超过 15% -0.147mm(-100 目)的矿石则应在圆筒制粒机或圆盘制粒中制粒。

每一个转运点都要安装喷头和混合棒。转运点应装上外罩以容纳喷雾、灰尘及少量液滴或泄漏。这些设备应装配在室内,即使在大风的环境中也可使用。

皮带的倾角一般为 15°,倾角可以减小,但运输机的长度必须加长以满足升坡需要。卸料皮带轮一端和接料皮带之间的垂直距离约为 1.8m,使全部喷液都应喷到下落的矿石上,并满足喷嘴和混合棒安装的需要,给予矿石足够混合的机会。倾角可陡斜到只要矿石不从皮带上滚下来的程度。图 13-5 为皮带制粒示意图。

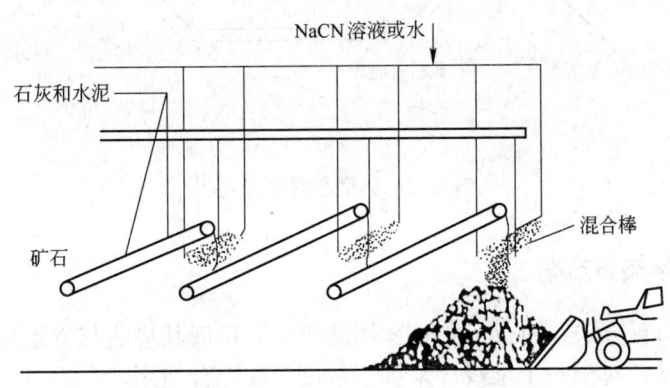

图 13-5 皮带制粒示意图

13.2.2 筑堆场址选择

在布置堆浸场时,首先要选择合适的地貌,使施工时挖填方量少而且平衡。施工场地不要选在离基岩太近的地方,否则造成施工困难。图 13-6 为典型场地断面图,图 13-7 为典型矿堆布置图,图 13-8 为典型贮液池布置图。

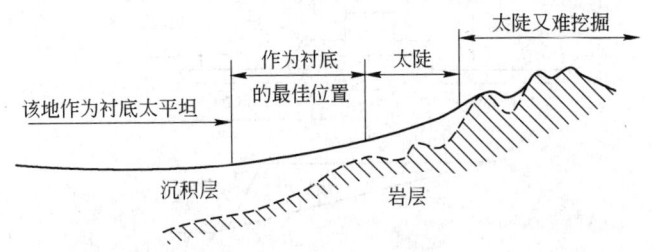

图 13-6 典型场地断面图

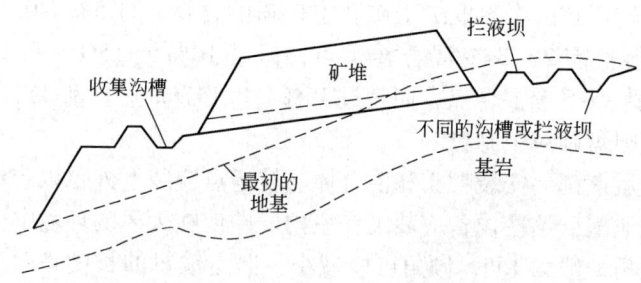

图 13-7　典型矿堆布置图

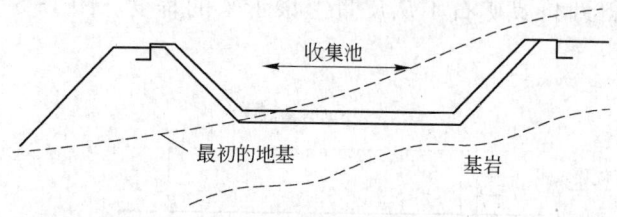

图 13-8　典型贮液池布置图

13.2.3　筑堆布置方案

堆浸的布置方法，可分三种：复用基垫法、扩展基垫法与谷地建堆法。三种方法特点各异，对于一个堆浸厂来讲，常可三法综合使用。

13.2.3.1　复用基垫法

复用基垫法如图 13-9 所示，即在固定的基垫上，浸出、洗涤、中和（如果必要的话）与卸载，重复使用基垫。

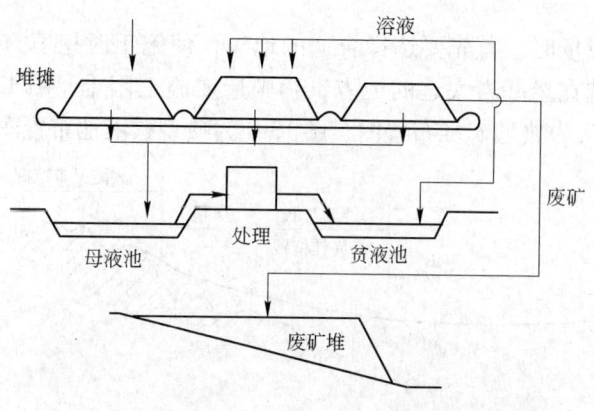

图 13-9　复用基垫法示意图

复用基垫法具有以下特点：

（1）入浸矿石的浸出周期须较短（60d 以内）。

（2）矿石的可浸性一致（浸出速率比较一致）。

（3）有一定平坦的场地。

（4）有适宜的浸后废料堆放地。

（5）有相对坚固耐久的垫衬材料（沥青或混凝土基面）。

（6）能适应气温的变化（干冷与温和）。

（7）场地面积小，有可能在阴雨天气加罩。

（8）洪水的影响小，因而所需的贮液池较小。

（9）矿石须二次搬运。

（10）无"熟化"矿石能力（无灵活性，使矿石无再浸与"熟化"机会）。

（11）适应于平地较小的地区。

13.2.3.2 扩展基垫法

扩展基垫法如图 13-10 所示，在基垫上放置矿石，浸出之后矿石仍留在原处进行再浸出、洗涤或中和，然后在矿堆上再覆加新矿层，或对废矿修正等。

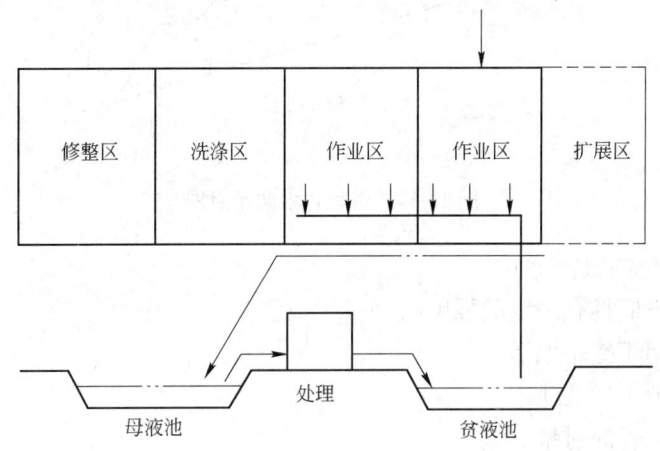

图 13-10 扩展基垫法示意图

这种方法需要有较大的面积，有适合的地形，一般坡度小于 10%，最好小于 5%。这种方法比较灵活，能处理浸出周期长短不一的矿石及不同成分的矿石。此法的垫衬材料，也可采用渗透性低的天然材料或经改良的土质。目前扩展基垫，已有高达 80m 者，因此要考虑不同堆高对基层所施压力大小来选取不同厚度的薄膜。

扩展基垫法的特点如下：

（1）需要大块的面积。

（2）有比较平坦的地形。

（3）有一定的蒸发量，以维持水的平衡，无需排放。

（4）由于面积大，要有较大贮液池，以应付洪水与暴风雨。

（5）能适应浸出周期不同的不同成分的矿石。

（6）对衬垫的要求比较简单。

（7）衬垫的成本增大。

（8）初期投资低。

13.2.3.3 谷地建堆法

谷地建堆是在拦堤坝后面堆放矿石，浸出后矿石留在原处修整，覆盖新矿石，浸出时间可以很长，甚至几年。图 13-11 为谷地建堆法示意图。

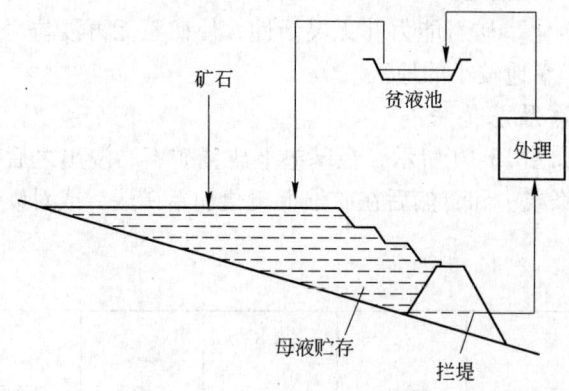

图 13-11 谷地建堆法示意图

谷地建堆法的特点如下：

（1）矿石应具有一定的强度。

（2）适用于陡峭地形。

（3）取消了贵液池。

（4）有完善的衬垫。

（5）有稳定的筑堆工艺。

（6）要建拦堤坝。

（7）能在各种气候条件下作业。

（8）可允许较长的浸出时间，甚至几年。

目前已实践的筑堆最大高度达 60m。

13.2.4 衬垫和衬里

13.2.4.1 衬垫和衬里的选择

堆浸的矿堆底部需铺不透水的衬垫；堆浸的各种溶液需衬不透水的衬里。由

于堆浸作业中，溶液种类的不同，承受负荷不同，暴露于自然环境的不同，操作
情况不同，因而要求衬垫与衬里也不同。表13-1为不同条件下的衬里选择。

表13-1 不同条件下的衬里选择

条 件	扩展式衬底	复用式衬底	废水池	贫液池	贵液池
溶液种类	高 pH CN 液	高 pH CN 液	变化的	高 pH CN 液	高 pH CN 液
承受负荷	筑 堆	筑堆与卸堆	水位波动 消除固体	水位波动	液体流动
暴露于自然环境	筑堆初期暴露	空底时暴露	阳光、风、湿度	阳光、风、湿度	阳光、风、湿度
操作条件	筑 堆	堆的装卸	抗自然损伤、 低负荷、干表面	抗自然损伤低负荷	抗自然损伤 液体运动
可供选择的衬里	高密度聚乙烯 氯磺酰化聚乙烯 聚氯乙烯 黏 土	沥 青 防护合成 黏 土	高密度聚乙烯 氯磺酰化聚乙烯 防护黏土		高密度聚乙烯 氯磺酰化聚乙烯 防护黏土 沥 青 水 泥 混凝土

13.2.4.2 衬里材料

衬里材料可以归纳成两类：一为合成衬里（或称地膜），另一为土衬里和改
性土衬里。

（1）合成衬里。衬里材料包括：

1）聚氯乙烯（PVC）。

2）氯磺酰化聚乙烯（Hypalon，用溶剂黏结）。

3）高密度聚乙烯（HDPE，用热焙黏结）。

4）普通聚乙烯（CPE）。

5）沥青/基酰氯（HAC）和其他材料。

6）土工布（Geo-Textile）。

选用合成衬里时，要考虑以下因素：

1）材料的规格、性能（厚度、强度、耐用性）。

2）衬底材料和覆盖材料（覆盖细砂或卵石）。

3）铺设与接缝方法。

（2）土衬里和改性土衬里内容如下：

1）当地的次表土层。

2）从别处取来的次表土层。

3）上述两种土的混合物。

4）膨润土混合物。

5）掺和土混合物。

在选用土衬里时，需要考虑以下因素：

1）材料来源。

2）土的性质：渗透性（最佳值为 10^{-6} 或 10^{-7} cm/s）；细粒土成分（含细砂的黏土更适合衬里）；塑性（高塑性黏土比低塑性黏土更合适）；可加工性（高塑性黏土施工比低塑性黏土困难）；化学稳定性（浸出液与衬里发生化学反应的可能性）。

13.2.4.3　衬里结构

（1）衬里厚度：根据渗透系数决定。

（2）备料-混合。

（3）压实：使空隙最小，含水量最佳，填土厚度。

（4）防护。

黏土衬里出现问题，主要由以下三方面原因造成：

（1）基础不均匀下沉，导致衬里上的局部开裂。

（2）黏土衬里被风干，造成微小裂缝的不断扩大。

（3）由于衬里和浸出液间发生化学反应，使衬里的渗透性发生变化。

为防止以上事故，首先在场地准备时要把次表土层压实。黏土非常柔软，在一定程度上可以承受不均匀移动而不致破裂。其次，阻止衬里脱水开裂的办法是不让衬里干燥，可以定期洒水，最好的办法是施工完了立即用细砂或尾矿覆盖在衬里上面，层厚 15cm，可达到长期防止开裂的效果。对化学反应造成的渗漏，只有做长期测试检验。

目前许多堆浸厂的衬里采用双层衬里。可以是一层为土衬里，一层为合成材料；也可以是两层均为合成材料。双层衬里系统，通常采用干净的细砂或卵石，铺成过滤层，在不影响溶液通过的情况下，做浸液的过滤收集系统。在衬垫上，铺设带孔的输水管道，一般为 $\phi 50 \sim 65$ mm，作为收集浸出后液使用，管道集中在一起与主管、分配箱相连。此外，沿堆边小路，铺设 PVC 的浸出液管道。

为了保护衬垫，在衬垫上及管道上，铺一层 350mm 厚 -25mm 的块矿。我国许多产金地区的小堆浸场基本是"土法上马"，各种设施都很简陋。一般都有固定的堆浸场地，场地平整后用两层农用塑料薄膜中间夹一层建筑用油毛毡作为衬垫，堆高 $2 \sim 3$ m，卸堆后要重新铺设衬垫，并再筑新堆。贵液池和贫液池多用砖砌成，表面用防水水泥砂浆抹面。一般用炭吸附柱吸附金，载金炭送附近炭浆厂用带料加工方式回收金。这种方法投资少，衬垫材料容易购买，对小型堆浸场较适用。

13.2.5　浸出、溶液收集与贮液

浸液是从矿堆顶部喷下来的。典型的喷淋强度是 $2.0 \times 10^{-6} \sim 3.4 \times 10^{-6}$ m³/

$(m^2 \cdot s)$，实际上随矿石与条件不同而有很大差异。矿堆的渗透性至少要达到 $10^{-6}m^3/(m^2 \cdot s)$。浸液可以是喷到矿堆上，也可以是埋在矿堆的上部矿石中进行滴灌入堆的。后一方法在寒冷地区或蒸发过大的干旱地区可以缓解矛盾。图 13-12 为溶液收集管道示意图。

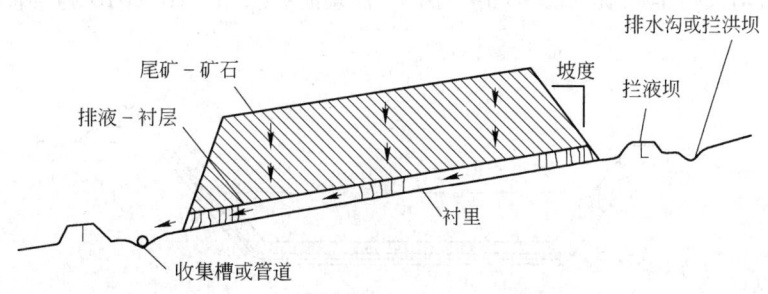

图 13-12　溶液收集管道示意图

喷头的形式有喷洒式和回转式。有的矿上水质含 Ca^{2+} 较多，在高 pH 值下容易结垢。事实上在堆浸系统中结垢是不可免的。结垢可发生在系统中任何部位：矿石表面、贮液池底及壁、输液泵、管道、过滤器及活性炭上，结垢严重影响浸出作业。结垢是由浸出液过饱和引起的。控制方法有两个：一是控制操作方法，防止发生过饱和（控制化学反应，Ca^{2+}、CO_2^{2-}、SO_4^{2-} 的浓度）；二是返液中加入 $(2 \sim 5) \times 10^{-4}\%$ 的多磷酸盐（如多磷酸钠），可以有效防止结垢。

去垢是困难的，简便方法是更换管道；否则用机械法，或用盐酸，或氨基磺酸清洗，但这样做可能产生致命的 HCN 气体。

浸出堆矿石的粒度与矿石的性质、浸出率和浸出时间有关。

含银的矿石，由于银与其他元素生成多种银矿物，粒度大时难于浸出。粒度小时，在一定时间内的实收率要高一些，反之粒度大在一定时间内的实收率要低一些。

粒度与安息角有关，即与矿堆的坡度有关。高矿堆要维护边坡的稳定，需分阶段控制整体坡度。图 13-13 为矿堆堆积示意图。

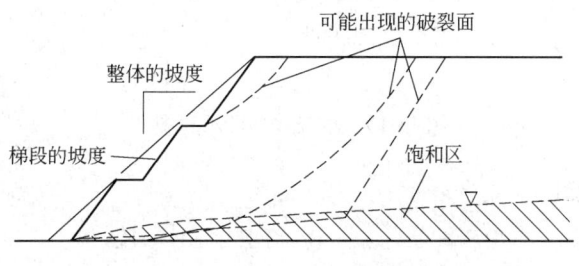

图 13-13　矿堆堆积示意图

浸出的喷淋可间断进行，以保持浸出所需的氧量。一般喷淋 2h，停喷 1h，但也有连续喷淋的。在矿堆的最上面铺一层布，使喷淋水滴落在布上，再渗入堆内，以免水滴直接冲刷团矿造成破坏团矿与结块的后果。

贮液装置，包括贵液、贫液等均用溶液池来收集与贮存。池的边坡为 2.5 ~ 3.1，池内均设衬里系统。图 13-14 为溶液收集池示意图，图 13-15 为堆浸水循环示意图。

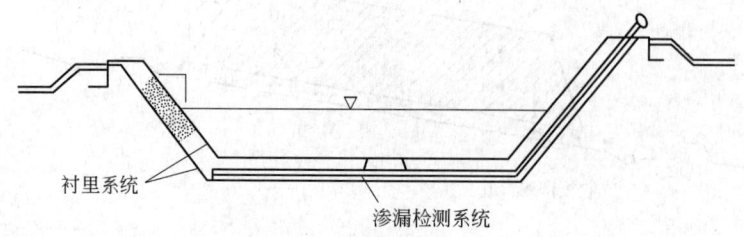

图 13-14   溶液收集池示意图

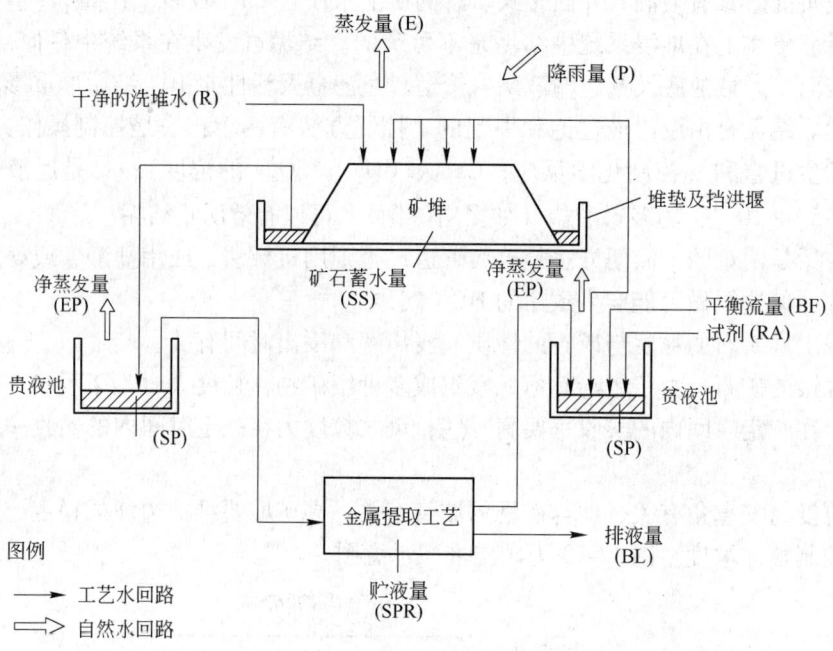

图 13-15   堆浸水循环示意图

堆浸水的平衡以下式来表示：

$$BF = P - E + R - EP - BL + RA \qquad (13-3)$$

式中   BF——系统补充水；

P——矿堆上降雨量；

E——矿堆上蒸发量；

R——洗堆水；

EP——贵液池和贫液池的蒸发损失；

BL——排水量；

RA——加入试剂带入水。

当计算结果 BF 为负值时，应给系统补充水；当 BF 为正值时，表示系统中有溶液积存，须排掉。堆浸开始操作时需液量按下式计算：

$$SWR = SS + SP + SPR \tag{13-4}$$

式中 SWR——开始操作时需液量；

SS——开始贮水量；

SP——正常操作时贵液池、贫液池贮液量；

SPR——设备中贮水量。

从堆浸贵液中提取金银有两种方法，即锌置换法及活性炭吸附法，锌置换法详见第 10 章氰化法提金；活性炭吸附法详见第 11 章炭浆法提金。

13.3 堆浸法提金生产实践

13.3.1 萨尔布拉克金矿 10 万吨级堆浸试验

13.3.1.1 矿区地理位置及地质概况

萨尔布拉克金矿位于新疆富蕴县境内，地处偏僻荒漠，属大陆性气候，常年干旱多风（风速一般 5～6m/s，最大 18m/s），年降雨量 150mm，年蒸发量达 1734mm，最高气温 39℃，最低温度零下 49℃，无霜期 140 天，一年有 5～6 月为冰冻期。已探明地表氧化矿石储量 80 万吨，品位 2.5～4g/t，矿厚 6～10m（最薄 2～3m，最厚 15m），矿体埋藏浅，适宜于露天开采，目前，地质工作还在进行中。

金的矿化主要与毒砂、黄铁矿、褐铁矿密切相关，其中 2 号矿体金主要赋存在毒砂中，5 号矿体金多赋存于黄铁矿中。

13.3.1.2 矿石物质组成及性能

A 矿石矿物学特征

矿石中主要矿物有英石、长石、高岭石、风化长石、方解石、云母及火山玻璃等，约占总量的 96%。次要矿物有褐铁矿、黄铁矿、风化毒砂及毒砂等，约占总量的 2.8%。矿石中的高岭石及风化长石演变，仍保留长石晶形，破碎后不易泥化。

在氧化矿石中，金的载体矿石黄铁矿氧化为褐铁矿，毒砂风化为臭葱石，仅残余极少量黄铁矿及毒砂。

现已探明的上部矿石主要是氧化矿石，金的嵌布粒度细，裂缝发育，矿石风化破碎，泥化程度低，影响氰化的有害杂质少，有利于氰化溶液渗透和浸出，适宜于用氰化堆浸提金。原矿化学全分析的结果见表13-2。

表 13-2　原矿化学分析结果

元　素	Au①	Ag②	S	Cu	Pb	Zn	As	Pt③
含量/%	3.42	0.075	0.021	0.008	0.004	0.043	1.22	0.007
元　素	Al₂O₃	Fe₂O₃	TiO₂	K₂O	Na₂O	SiO₂	CaO	Pd④
含量/%	15.53	6.57	0.82	1.55	5.25	58.59	3.57	0.003
元　素	MgO	P₂O₅	MnO₂	CO₂	H₂O⁺	Sb⑤	Se⑥	
含量/%	1.08	0.107	0.12	2.04	2.47	19.2	0.31	

①~⑥元素含量单位为 g/t。

B　矿石的浸出性能

通过对8种不同粒度进行12次室内柱浸试验表明：

（1）各种不同粒度的矿石均具有较好的浸出结果。平均品位在 2.55 ~ 3.43g/t，浸出率为 83.6% ~ 90.3%，接近全泥氰化指标（91.1%），很适合采用堆浸法提金。现场堆浸采用 -40mm 粒度，可以不进行制粒。其不同粒度柱浸试验结果见表13-3。

表 13-3　不同粒度柱浸试验结果

试　样	第一次采样							第二次采样		
矿石粒度/mm	-20	-15	-10	-5	-15	-15	-5	-100	-50	-35
矿石质量/kg	20	20	20	15	20	28	10	36.4	24.7	24.6
浸出时间/d	36	36	36	36	26	26	26	46	46	46
石灰耗量/kg·t⁻¹	4	4	4	4	3	3	3	3.3	3.4	3.4
水泥耗量/kg·t⁻¹					0	1.2	2			
氰化钠耗量/g·t⁻¹	402	335	378	484	250	250	320	301	274	239
原矿品位/g·t⁻¹	3.43	3.28	3.34	3.4	2.7	2.7	2.7	2.56	3.37	3.20
尾渣品位/g·t⁻¹	0.44	0.46	0.43	0.39	0.37	0.37	0.35	0.42	0.33	0.31
全浸出率/%	87.2	86.0	87.1	88.5	86.3	86.3	87.0	83.6	90.2	90.3
备　注	部分制粒							制粒		

（2）矿石中影响氰化浸出的有害杂质含量低，氰化钠消耗量不高，金的成色高（951.2‰ ~ 966.6‰）。

（3）在破碎作业中加入石灰作保护碱，提高 pH 值，用以缩短堆浸周期。

13.3.1.3 堆浸提金试验工艺

A 原则流程

整个矿山的提金原则流程包括露天开采、破碎、筑堆……直到电解和熔炼，炼出合质金。

矿石破碎后，筑堆在防渗漏性能好的堆浸场底垫上，然后用控制 pH 值的氰化物溶液喷淋（或滴淋）溶解矿石中的金。从矿堆中流出的含金富液被收集到富液池内，用活性炭吸附富液中的金，吸附后的贫液补充氰化钠溶液后返回喷淋，形成闭路循环。载金炭中的金用解吸-电解工艺使其沉积在阴极钢棉中，通过熔炼得到合质金。解吸后的活性炭再生后返回吸附作业继续使用。污水和尾渣经处理达标后分别排放及送到尾渣库，其工艺流程示意见图 13-16。

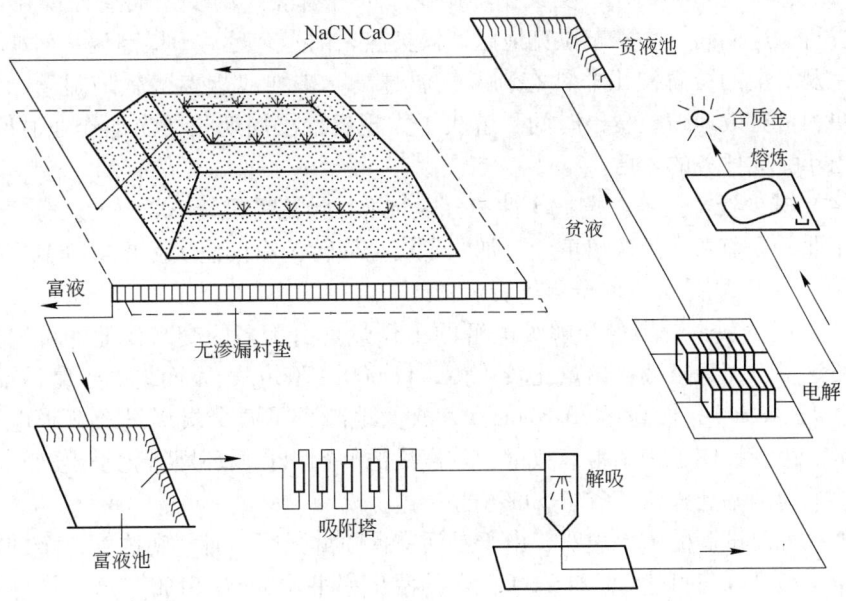

图 13-16 堆浸提金工艺流程示意图

B 系统工程设计

考虑到堆场地处高寒地区，风大、干旱缺水、冰冻期长（全年作业时间只200 天）。因此，要求高质量、高水平，当年完成 10 万吨级堆浸试验，且必须当年出金。

在试验过程中，系统地解决了以下关键技术问题：为了要当年完成 10 万吨级堆浸试验任务，运用系统工程原理，创造"一堆多区交叉循环浸出法"。将 11 万吨矿区分区筑堆，共建六个堆区，平均每区堆高约 5m，可堆矿石 2 万 ~ 3 万吨。整个堆浸场范围，东西长 354m，南北宽 60m，堆场总的有效面积为

17501m²。每区分别进行筑堆、浸出，而破碎、富液收集、吸附及富液贫液池又都是属于完整的一个系统。各堆区即可独立操作，又是相互联系，构成一有机的整体。这种布置形式具有如下优点：

（1）提高了作业效率，由于分区筑堆、边堆、边浸、边吸附、边提炼，堆浸浸出和提炼黄金时间提前了60d，包括采矿、堆场、打井和溶液池等基建在内，整个11万吨堆浸试验的现场工作时间，仅用了7个月。

（2）节省了用水。分区浸出对作业时间可以进行科学安排。采用分区交叉循环，错开用水高峰，使喷淋、洗矿用水多次循环使用，矿区最大日用水量由2600m³降至600m³左右，用水量节约67%，投资节约40余万元。

（3）缩短了浸出时间。交叉循环作业，可将喷淋（滴浸）周期控制在7~9月份进行，这期间，萨尔布拉克地区气候炎热，阳光充足，干燥高温，对矿石表面氧化及对金的溶解浸出非常有利。气温越高，矿堆"烟囱"效应显著，浸出速度快，可有效地缩短浸出时间，解决了大规模堆浸周期长与当地作业时间短、不易当年完成任务的矛盾。

（4）减少资金投入。按一次性不分区筑堆，预算需投资700万元。分区交叉循环作业，提前两个月产出黄金，加快了资金周转，不仅使实际投资降到370万元，并于当年10月份收回全部投资。

（5）减少载金炭用量和解吸电解的工作量。由于多区交叉作业，可以灵活掌握喷淋量，每天富液排出量比较均衡，仅600~700m³，因而提高了富液品位，平均达17.4mg/L，最高达30.81mg/L，大大地减少了载金炭用量及解吸电解的工作量。由于控制了排出富液数量，贫富液池的容积和循环用氰化浸出液相对减少，溶液池的基建投资节省了50%。

现在堆浸试验的结果表明，由于灵活掌握喷淋强度、时间和浓度，金的浸出速度快，最高峰值可达38.24mg/L，金的浸出率平均为90.61%。这一指标与实验室试验相一致。室内柱浸与现场堆浸对比见图13-17。

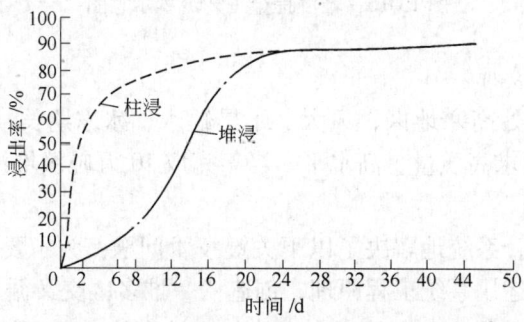

图13-17　室内柱浸与现场堆浸对比曲线

C 矿石粒度、筑堆方式和堆型构造选择

（1）粒度：通过实验室柱浸试验和1989年2.4万吨现场堆浸试验，破碎后入堆粒度，-40mm占90%以上，粉矿等的产率均很小，故选用-40mm的粒级入堆。

（2）筑堆方式：在矿石特性易浸、粒度适中、粉矿不多的情况下，堆浸效果主要取决于矿堆的渗透性，取决于合理的筑堆方式，以防止堆中矿石层压实和产生偏析。

根据当地的设备条件，采用全面机械化筑堆。露天开采的矿石，经250mm×400mm老虎口破碎后，用500mm宽多段带式运输机，传送至堆场，并采用可调提升高度的移动式带式运输机，配合履带式推土机采用一米一层平行推移法筑堆，日筑堆矿石量达1000~2000t，筑成的矿堆结构良好，矿堆各部渗透性均匀，没有产生"人工池"，每天可以保证喷淋7~8h以上。实际筑成各堆的浸堆高度、浸出率、尾渣品位等情况见表13-4，破碎、筑堆流程示意见图13-18。

表13-4 各浸区堆高、渣品位及浸出率

项 目	I区	II区	III区	IV区	V区	VI区	VII区（滴淋）
矿石量/t	5680	17999	18328	18483	20258	28276	1141
堆高范围/m	4.4~6.3	2.9~6.5	3.2~6.3	3.0~6.5	3.9~6.9	4.5~7.4	2.7~3.4
平均堆高/m	5.27	4.51	4.64	4.76	5.37	5.81	3.08
尾渣品位/$g \cdot t^{-1}$	0.31	0.29	0.26	0.22	0.38	0.48	0.24
浸出率/%	87.03	92.33	93.72	94.57	88.16	86.05	94.17

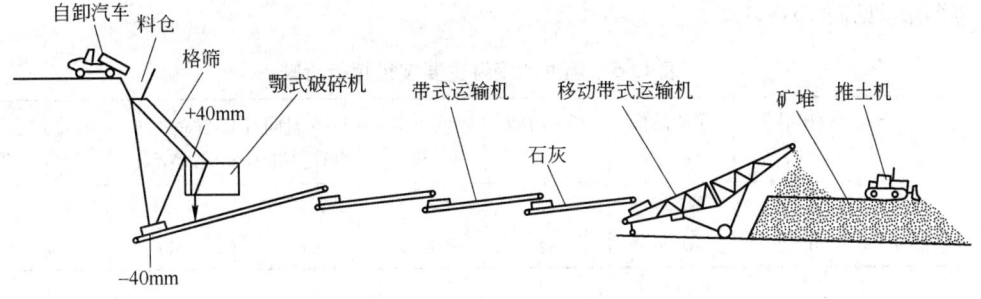

图13-18 破碎、筑堆流程示意图

（3）堆型构造：堆型设计和喷淋、滴淋的管理铺设相适合，试验堆高最高为7.37m，平均5m，边坡一直稳定，没有产生塌坡情况，同时喷淋均匀，没有死角和沟流，矿堆的渗透性良好。各浸区不同堆高，上下底层及边坡尾渣品位接近。

D 矿石预处理

为避免在矿石表面生成 $CaSO_4$ 沉淀妨碍金的浸出，应根据可溶性盐的种类及数量，采用具有不同 pH 值的溶液洗矿，预先清除有害杂质以降低氰化钠消耗，有助于改善矿石渗透性，提高金浸出率。

E 布液方式、氰化钠浓度、喷淋强度

（1）布液方式是堆浸作业提高浸出率的关键。布液不均匀，会造成矿堆出现干点和死角，矿石无法浸出，浸出率下降。实际试验中测试了对喷淋和滴淋两种方式。

喷淋布液浸出采用由金矿堆浸中心自行研究、设计、仿制的旋转摇摆式喷头，其特点是：喷淋半径大、喷洒均匀、喷出的液滴大、不雾化、不易堵塞、装卸方便，可以反复使用，主要不足是由于喷淋液在空气中滞留的时间长，在高温和刮风情况下溶液有蒸发和漂浮损失。

滴淋布液浸出，不同于常规喷淋，它是通过安放在矿堆表面上的滴液发射管，在一定压力作用下使溶液一滴一滴均匀而缓慢地滴入矿堆，滴液堆矿表面产生的冲击力很小，整个矿堆是由毛细作用在横向和纵向上被浸液润湿，使矿堆中细颗粒迁移和沟流现象降至最低限度，可保证矿堆良好的浸透性。另外，滴液与空气接触的时间短，溶液的蒸发损失和氰化钠消耗减少，而且避免了风力夹带，改善了环保条件，但管路对过滤系统的要求较高，安装时较费工时。

滴淋浸出在国内尚属首次，只有一个堆区与喷淋进行对比试验。

两种方式的管路、喷头和滴淋发射管全部采用塑料件，安装了控制装置，可以根据气温、风向灵活调节浸出液的压力、方向和强度。实践证明两种方式均未产生"人工池"，也未发现矿堆有干点和边坡死角沟流现象。两种方式的主要技经指标见表 13-5。

表 13-5 喷淋和滴淋主要技经指标比较

布液方式	原矿品位 /g·t⁻¹	尾渣品位 /g·t⁻¹	浸出时间 /d	浸出率 /%	7~9月间日均蒸发量/%	管路系统投资/元	铺设工时 /h
喷淋	3.78	0.29	77	92.33	27~30	1450	144
滴淋	4.12	0.24	32	94.17	≤6	800	168

两种不同的布液方式都取得了较好的结果，但滴淋优于喷淋。

（2）优化了浸出氰化钠的浓度、喷淋强度等工艺及参数。一般认为，氰化钠浓度太低将使浸出时间延长，浓度太高会使杂质溶解量增大、耗量增加。试验中，控制较低的氰化钠浓度，在浸出开始时采用 0.1% 浓度，浸出中间采用 0.05%，到后期保持在 0.02%，整个浸出时间的平均浓度控制在 0.03% 左右，并根据矿堆在不同浸出阶段的具体情况，动态控制调节喷淋强度为 8~15

L/(m² · h)。喷淋时间按照 1h, 停 2h, 风大停喷, 风停多喷的原则掌握。最终氰化钠平均耗量降到 181g/t, 达到了国际先进水平。同时也抑制了矿石中杂质的溶出, 降低了富液中的杂质含量, 合质金成色达 982‰以上。

F　配套设备材料的研制开发

（1）成功地采用国产渗透系数低于 1×10^{-12} cm/s 的 PVC 软板作为堆浸底垫材料, 在国内首次铺设了独具特色的最大规模的整体防渗漏性能好的堆场底垫。实践证明, 这种 PVC 软板防刺、耐压性能好, 可以多次使用, 黏结简单, 修补方便, 经济合理, 可有效地防止富液渗漏, 保证了浸出率, 避免了环境污染。

（2）喷淋（滴淋）系统用强度高、安装方便的聚乙烯盘形管作主管道, 聚氯乙烯硬管作支管, 由旋转摇摆式喷头或农用滴片的布液器、离心泵及潜水泵和各种计量、监控装置组成。喷淋（滴淋）系统全部管道化, 并可灵活调节浸出液的压力、喷淋方向和强度, 保证矿堆各部都能均匀有效地喷淋浸出, 以适应气候变化。

（3）自行设计 ϕ1200mm × 2000mm 规格的大型吸附塔（每塔装炭量达 400 ~ 500kg）, 五塔串联逆流吸附, 吸附流速为 25 ~ 30m/h, 炭载金量在 10 ~ 28g/kg, 构成了连续吸附的吸附系统。其特点是装卸活性炭和吸附操作均由阀门控制, 操作简单灵活, 劳动强度小, 检修方便, 最终吸附率达 99% 以上。

（4）每批可处理载金炭 500kg 的解吸-电解设备。解吸、电解、熔炼率指标都在 99% 以上。

G　载金炭解吸-电解及熔炼

载金炭解吸-电解及熔炼按封闭式管理要求在富蕴县城内的解吸电解中心进行。其设备有两套, 一套为长春探矿机械厂制造的 JG-B 型, 每批处理量为 80kg, 另一套是自行设计并由新疆地矿局探矿机械厂制造的 JD-500-A 型, 每批处理炭量 400 ~ 500kg。熔炼设备是上海实验电炉厂制造的。实际试验结果为:

解吸率 99.35%; 电解回收率 99.32%; 熔炼回收率 99.09%; 总计回收合质金共 350kg, 金回收率 87.75%。

13.3.1.4　尾渣及污水处理

矿堆浸出完毕后喷 pH 值为 8 左右的氢氧化钠水溶液洗涤 4 ~ 5d, 回收矿堆中残留的已溶金。洗涤后的矿堆, 用漂白粉溶液喷淋。从矿堆排出的污水经阿勒泰地区环保处及环境监测站监测, 证实各区堆浸后排放的污水及尾渣均低于国家规定 0.5mg/L 的排放标准。

13.3.1.5　主要技术经济指标

A　各浸区各项参数及浸出结果

在矿石粒度 -40mm, 石灰耗量 5.4kg/t 和氢氧化钠耗量 18g/t 的情况下, 各浸区最终各项参数及浸出结果见表 13-6。

表 13-6   各浸区各项参数及浸出结果

项　目		Ⅰ号	Ⅱ号	Ⅲ号	Ⅳ号	Ⅴ号	Ⅵ号	Ⅶ号	合计
矿石量/t		5689	17999	18328	18483	20258	28276	11.41	110174
平均堆高/m		5.27	4.51	4.64	4.76	5.37	5.81	3.08	
NaCN 耗量/g·t⁻¹		227	153	153	153	153	202	153	181
浸出时间/d		39	77	55	53	70	76	32	
原矿品位/g·t⁻¹		2.39	3.78	4.14	4.05	3.21	3.24	4.12	3.62
尾渣品位/g·t⁻¹		0.31	0.29	0.26	0.22	0.38	0.48	0.24	0.34
浸出率/%	液计	88.70	92.10	93.80	94.40	88.40	85.9	(滴浸)	
	渣计	87.03	92.33	93.72	94.57	88.16	86.05	94.17	90.61

B 堆浸试验的实际成本（见表 13-7）

按原设计每吨矿石成本为 50 元，而实际最终成本为 45.77 元。

表 13-7   实际成本计算表

项目名称	单耗	单价/元·t⁻¹	成本/元·t⁻¹	占总经费/%
采、碎、运、堆		24.42	24.42	53.35
卸尾渣		5.00	5.00	10.92
氰化钠/g·t⁻¹	181	9933.12	1.70	3.91
氢氧化钠/g·t⁻¹	18	2855.93	0.05	0.11
石灰/kg·t⁻¹	5.434	200.00	1.09	2.38
漂白粉/g·t⁻¹	262	1350.34	0.35	0.76
活性炭/g·t⁻¹	30	10700	0.32	0.70
防结垢剂/g·t⁻¹	4.5	26400	0.12	0.26
化　验			0.15	0.33
水、电			0.91	1.99
土地费			0.18	0.39
交通运输			0.94	2.05
工资及管理费			3.30	7.21
综合折旧（包括大修）			4.08	8.91
其他材料			0.35	0.76
解吸、电解、熔炼		1.5 万元/t 炭	2.72	5.94
合　计			45.77	100.0

C 投资分析

按照设计，10 万吨级堆浸经费共需 700 万元，其中流动资金 500 万元（以每吨矿石成本 50 元计），基建和固定资产投资 200 万元。最终 11 万吨堆浸实施所需的流动资金实际投入 300 万元，基建和固定资产投资 70 万元，实际投入经费 370 万元。初期资金占用量减少了近一半。

D 主要技术经济指标

11 万吨堆浸项目的主要技术经济指标见表13-8 和表13-9。

表13-8 试验最终技术指标

项 目	单位	指 标	项 目	单位	指 标
堆浸规模	万吨	11.0174	载金炭品位	kg/t	10 ~ 28
原矿平均品位	g/t	3.62	吸附率	%	99.05
日筑堆矿石量	t	1000 ~ 2000	解吸率	%	99.35
入堆矿石粒度	mm	−40 占90%	电解回收率	%	99.32
各区矿堆平均高度	m	4.51 ~ 5.81	熔炼回收率	%	99.09
石灰耗量	kg/t	4 ~ 5	尾渣平均品位	g/t	0.34
氢氧化钠耗量	g/t	18	金浸出率	%	90.61
喷淋液 pH 值		10.5 ~ 12	金回收率	%	87.75
氰化液浓度	%	0.1 ~ 0.05 ~ 0.02	浸出率与回收率差值	%	2.86
喷淋强度	L/(m² · h)	8 ~ 15	黄金产量	kg(两)	349.978(11200)
氰化钠耗量	g/t	181(56.79kg/kg 黄金)	金成色	‰	982
浸出时间	d	32 ~ 37	排放污水中 CN⁻ 浓度	mg/L	<0.2

表13-9 主要经济指标

项 目	单位	指标	项 目	单位	指标
设计预算项目总投资	万元	700①	每两黄金收入	元/两	330
实际项目总投资	万元	370②	投资产值率	%	454
黄金产量	kg(两)	349.98(11200)	投资利润率	%	318
黄金收购价	元/g(两)	48(1500)	产值利润率	%	70.0
黄金成色	‰	982	投资回收期	a	当年
总产值	万元	2184	临界品位	g/t	1.18
总成本	万元	504.23	劳动生产率, 按处理矿石计	t/(人·a)	1669
总利税	万元	1175.77	劳动生产率, 按黄金产量计	两/(人·a)	169
每吨矿石产值	元/t	152.49	劳动生产率, 按产值计	万元/(人·a)	36.4
每吨矿石生产成本	元/t	45.77	劳动生产率, 按利润计	万元/(人·a)	17.8
每吨矿石生产利润	元/t	106.72			
每两黄金生产综合成本	元/两	450.21			
每两黄金生产利润	元/两	1049.79			

注: 表 13-9 为 1990 年试验时指标。

① 设计预算总投资 700 万元, 包括流动资金 500 万元, 基建投资 200 万元, 未计科研补助 10 万元。
1 两 = 31.2g;

② 实际总投资 370 万元, 包括流动资金和基建投资, 未计科研补助 10 万元。

13.3.2 萨尔布拉克金矿滴淋法堆浸

滴淋法浸金是国际上 20 世纪 80 年代后期发展起来的一项适用于金矿堆浸的

新技术。由于其具有成本低、维修简便、可以保持矿堆原有渗透性减小溶液蒸发损失、有利于环境保护以及在冬季也可浸出等优点，因此这项技术问世以来很快得到应用推广，经过不断地改进和完善，已有取代常规喷淋的趋势。目前，美国80%以上的金矿堆浸厂都用滴淋法浸金。

国内最近几年在堆浸技术方面已经有了很大的进展，滴淋法作为一项金矿堆浸的实用技术则是刚刚起步。1990年地矿部金矿堆浸中心在我国新疆富蕴县萨尔布拉克金矿首次将滴淋技术应用于金矿堆浸提金实践，试验获得了成功。

这次滴淋提金是在10万吨级堆浸常规喷淋提金的相同条件下（矿石粒度 −40mm）进行的对比试验。筑堆矿石平均品位4.12g/t（稍大于喷淋筑堆平均品位3.78g/t），滴淋浸出时间29d，金的浸出率达94.17%。实验证实滴淋的优点（相对喷淋而言）是：具有堆浸溶液可以进行最佳条件控制；溶液日蒸发损失由27%降至6%；减少实际消耗和风力夹带；可以改善滴淋系统周围环境的安全条件；能够缩短浸出时间，滴淋浸出23d即可达到喷淋77d、92%的浸出率。在条件适宜的地区，冬季可将液滴发射器埋入矿堆，继续浸出，这使生产周期延长，可以全年进行堆浸提金。

继滴淋在我国干旱少雨的新疆首次试验取得成功后，1991年又在南方多雨地区浙江湖州和新疆哈巴河堆浸场进行推广应用，亦获得了成功。

13.3.2.1 滴淋提金的简要原理

对堆浸提金而言，矿堆的布液方式是提高浸出率的关键，过去堆浸几乎全世界都采用"Wobblers"喷淋设备，因为它喷淋均匀，产生的液滴大小相当稳定，但它的缺点是对矿堆表面的冲击力大，1987年美国罗彻斯特金矿首次采用滴淋设备浸金，其后这一技术迅速发展，现在喷淋设备几乎完全被滴淋设备所取代。滴淋不同于常规喷淋，它是通过安装在毛管上的液滴发射器，在一定压力作用下将溶液一滴一滴地均匀而又缓慢地滴入矿堆。由于液滴是连续缓慢入堆，对矿堆表面产生的冲击力很小，整个矿堆是由毛细作用在横向和纵向上被浸液湿润，这样就使细颗粒迁移和沟流现象降至最低限度。因此，在浸出时间内，矿堆基本上保持原来的渗透性，另外，液滴发射管放在矿堆的表面，液滴与空气接触时间短，这就减少了溶液的蒸发损失，降低试剂消耗，同时避免了风力夹带，改善了矿堆周围的环保条件。

13.3.2.2 滴淋设备的选择和管路布置

A 滴液发射管的选择

滴浸能否成功，渗透均匀是关键，这就要求液滴发射管出水均匀，流量大小可以调节，结构要简单，抗堵塞性能好，便于安装和维修，价格低廉，最好能反复使用。国内现有的滴灌设备具备上述条件，为本试验所选用。

B 滴孔间距的选择

根据入堆粒度、流量大小和渗透范围，经过试验，确定了滴孔间距为70cm，毛管间距60cm，滴头流量调节范围为2~20L/h。

C 过滤设备的研制

确保滴淋的正常进行，解决在滴淋浸金过程中最易出现的堵塞问题，试验采用了自行设计研制的过滤器，采用0.124mm(120目)过滤筛网，配以压力表、水表和反冲洗装置，满足了滴淋的需要。

D 供液泵

供液水泵选用扬程25m、流量15m³/h的普通潜水泵，反冲洗泵与常规喷淋清水泵相连，全部操作由阀门控制。

E 管路系统布置

滴淋系统管路的安装布置，是根据滴淋强度的需要，选择 ϕ50mm 的聚乙烯管作主管道，向两侧双向供液，毛管选用 ϕ10mm 的专用滴淋毛管，配以自制的过滤器，确保滴淋的正常进行。管路系统布置见图13-19。

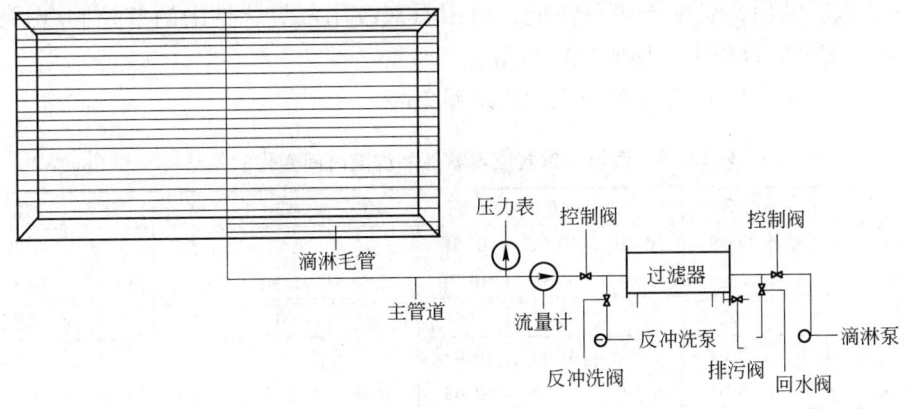

图13-19 管路系统布置图

13.3.2.3 滴淋工艺参数的优化

A 滴淋强度和时间选择

试验的滴淋强度是根据矿堆含金贵液的浓度来调节的，前期因金的浸出速度快，溶液含金品位高，滴淋强度也相对较大，为18L/(m²·h)，后期溶液含金品位下降，滴淋强度也相应调整为2~8L/(m²·h)，同时滴淋时间也由前期的10~12h/d调整为后期的8h/d左右。由于矿石经过初期浸出后的浸出速率与滴淋速率无关，当溶液流过矿堆时可连续地浸出贵金属，这样减小流程中的溶液贮量，降低溶液流量，将能增加贵液的浓度，提高炭吸附时的载金量。因新疆地区的昼夜温差大，为减少溶液的蒸发损失，滴淋时间一般安排在傍晚进行，这种方法滴淋日均蒸发量在 6% 左右（周期常规喷淋日均蒸发量为 27% ~ 30%）。

  B 氰化钠浓度的控制

  氰化钠浓度是根据矿堆流出贵液的含金品位的高低进行调节，范围一般在 0.1% ~ 0.02% 之间，整个浸出期间的氰化钠浓度控制在 0.03% 左右，溶液的 pH 值始终在 10 ~ 11 之间。

  由于氰化钠浓度控制合理，加之选择了合理的工艺参数，采取了洗矿、减少蒸发量等项措施，试验氰化钠的消耗量大为降低，平均每吨矿石消耗氰化钠 151g。

  C 防结垢剂的添加效果

  因矿区水质硬度较大，为防止滴淋系统及矿堆结垢，试验开始时在滴淋溶液中添加了国产 601 防结垢剂，但由于 601 防结垢剂不能完全分解水中的有机物质，反而产生一种絮状物，当这种絮状物随溶液滴淋至矿堆上时，在矿堆表面产生钙盐结垢物，时间一长在滴孔口产生结垢，影响了效果，这证明选择 601 防结垢剂不适合本矿区水质，应该用其他防结垢剂，因此在试验后期未再采用。另外，为减轻结垢，还根据矿石性能，由用石灰改用氢氧化钠来调节控制合适的 pH 值，使试验过程中未形成严重结垢。

  D 金的浸出速度（见表 13-10 及图 13-20）

表 13-10 滴淋与常规喷淋富液品位随时间变化的关系   （mg/L）

时间/d	1	2	4	6	8	10	12	14	16	18
滴淋	6.88	9.59	20.10	19.08	7.51	3.44	1.82	1.54	1.26	0.79
喷淋	0.88	2.98	2.80	8.51	16.70	21.86	22.30	18.42	13.55	10.66

时间/d	20	22	24	26	28	29	40	50	60	77
滴淋	0.70	0.57	0.48	0.93	0.47	0.37				
喷淋	8.78	6.62	4.54	3.56	2.49	2.34	1.46	1.14	0.66	0.38

  注：滴淋时间为 29d，常规喷淋时间为 77d。

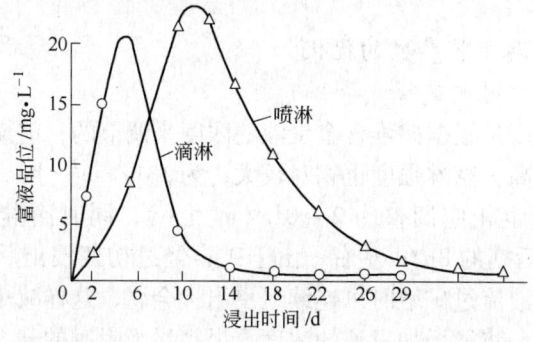

图 13-20 滴淋与喷淋富液品位随时间变化对比曲线

从表 13-10 和图 13-20 看出，采用滴淋后，金的浸出速度明显比喷淋快，第 1 天就有 6.88mg/L，第 4 天富液含金品位达到高峰 20.10mg/L，而常规喷淋第 1 天只有 0.88mg/L，直到第 12 天才达到高峰为 22.30mg/L，比滴淋滞后了整整 8 天。

E　金的浸出率（见表 13-11 及图 13-21）

表 13-11　滴淋与喷淋金浸出率随时间变化的关系

类型	粒级/mm	品位/g·t⁻¹		金浸出率/%						
		原矿	尾渣	2d	4d	10d	16d	23d	29d	77d
滴淋	-40	4.12	0.24	7.8	32.2	84.8	90.3	92.3	94.17	
喷淋	-40	3.78	0.29	0.4	1.4	25.5	65.4	81.7	82.2	92.33

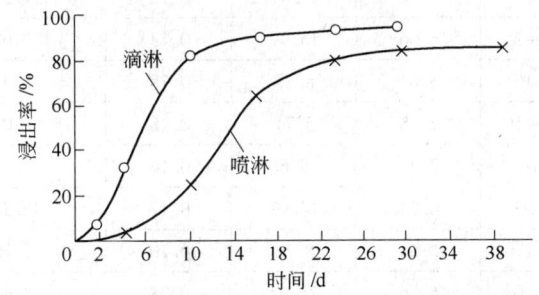

图 13-21　滴淋与喷淋金浸出率随时间变化对比曲线

通过滴淋和喷淋的对比表明，采用滴淋法浸金，不仅能获得良好的渗透性，提高金的浸出速度和浸出率，而且减少了蒸发损失和风力夹带，降低了成本，更重要的是大大缩短了浸出周期。从表 13-11 和图 13-21 中可以看出，滴淋浸出 16d，金的浸出率为 90.3%，而同期进行的常规喷淋浸出率只有 65.4%，最终滴淋 29d，浸出率 94.17%，而在相同条件下常规喷淋最终 77d 的指标为 92.33%。在新疆萨尔布拉克多风干寒地区和气候条件下，野外工作时间短，年有效工作日才 200d，缩短浸出周期，就意味着多产黄金，增加效益。

F　尾渣结果分析

尾渣采样按照所布置的样点进行采集，由挖掘机在卸堆时予以配合，边卸边采，为纵向和横剖面的刻槽取样，同时取粒度不同的一个大样进行筛析分析，所有尾渣样品送新疆有色研究所进行外检，合格率 100%，尾渣平均品位为 0.2g/t（见表 13-12）。

表 13-12   矿堆尾渣品位统计结果

项 目	尾渣平均品位/g·t⁻¹			
采样位置	上层	下层	边坡	总平均值
采样个数	3	3	3	
每层平均品位/g·t⁻¹	0.27	0.24	0.20	0.24

从滴淋情况看，矿堆的面、底、边坡都没有发现人工池、死角和沟流，渗透性良好。从尾渣分析结果看，矿堆的上、下底层及边坡的尾渣品位都比较接近，说明矿堆各部位都得到了比较好的浸出。

G 尾渣筛析结果（见表 13-13）

表 13-13   尾渣筛析结果

编 号	粒级/mm	质量/kg	产率/%	品位/g·t⁻¹	相对金含量/g·t⁻¹	分布率/%
XCC₁	+40	4.78	11.47	0.12	1.38	7.94
XCC₂	−40 +25	6.66	15.97	0.13	2.08	11.97
XCC₃	25 +15	3.64	8.73	0.18	1.57	9.03
XCC₄	−15 +10	2.38	5.71	0.18	1.03	5.93
XCC₅	10 +6	7.78	18.66	0.14	2.61	15.02
XCC₆	−6 +3	6.24	14.97	0.14	2.54	14.61
XCC₇	3 +1	3.55	8.52	0.20	1.70	9.78
XCC₈	−1 ~0	6.66	15.97	0.28	4.47	25.72
合 计		41.69	100.00	0.17	17.38	100.00

筛析结果表明，矿堆中各粒级的尾渣品位相差不大，说明采用滴淋法后，整个矿堆渗透比较均匀，而且堆中各粒级的矿石都得到了比较好的浸出。

滴淋与喷淋技术指标和投资及工时比较见表 13-14。

表 13-14   滴淋与喷淋技术指标和投资及工时比较

项 目	布液方式		项 目	布液方式	
	滴淋	喷淋		滴淋	喷淋
原矿平均品位/g·t⁻¹	1.12	3.78	浸出率/%	94.17	92.33
矿石粒度/mm	−40	−40	7~9 月份日平均蒸发量/%	≤6	27~30
滴（喷）淋强度/L·(m²·h)⁻¹	2~18	2.5~9.5	管路系统投资/元·m⁻²	2.05	3.64
滴（喷）淋浸出时间/d	29	77	管路安装工时/h·m⁻²	0.12	0.10
尾渣平均品位/g·t⁻¹	0.24	0.29	NaCN 耗量/g·t⁻¹	151	181

滴淋浸金的优缺点概况如下：

（1）可以调节滴淋强度达到 $18L/(m^2 \cdot d)$（不会产生人工池），同时为减少稀释，在滴淋后期，可采用低至 $2\sim8L/(m^2\cdot d)$ 的滴淋强度，采用流速范围宽的液滴发射管使得流量易于控制和管理。

（2）液滴发射管减轻了维修劳动，消除结垢方便，只要平时经常注意观察矿堆表面发射管路的运行情况，并及时控制结垢和采用浸液过滤净化系统，滴淋的蒸发结垢一般不影响整个滴淋系统的正常进行。

（3）在干旱少雨地区采用滴淋法，可急剧减少浸出液的蒸发损失，同时也克服了风吹液滴所引起的环保问题。

（4）采用滴淋法减少了喷头本身固有的蒸发和紫外线降解的氰化物损失。

（5）将滴淋管路埋入矿堆中，可延长冬季的浸出时间，在南方的多雨季节把防雨设备覆盖在滴淋管路上，可以照常进行滴淋浸出。

（6）滴淋的不足之处是液滴发射管易被堵塞，所以要选用合适的液滴发射器和过滤器，并针对不同水质采用合适的防结垢剂，以减少管路的堵塞和结垢。

（7）采用滴淋浸出，矿石粒度不宜太大，否则将影响浸润半径，增加管路投资，另外滴淋管路须布置合理，以减少未浸出矿的死角。

13.3.3 美国烟谷（Smoky Valley）金矿堆浸

烟谷（Smoky Valley）金矿位于美国内华达州园山的西北侧，尼县托诺帕以北96km处。堆浸厂投资1800万美元，经两年建设，于1977年开始堆浸生产黄金，当年产金1.152t。该矿现为美国第四大矿，筑堆量为1800t/d。

13.3.3.1 矿石性质

烟谷金矿堆浸矿石采自园山金矿床，该矿床属于火山成因类型，矿物组成简单，属易处理矿石，金以金银矿形式存在。矿床中含有少量的汞、砷和其他碱金属，这些元素没有回收价值。原生金矿有两类：类型Ⅰ为金银矿；类型Ⅱ为金银矿赋存于硫化矿缝隙中或包裹在黄铁矿中。次生氧化矿仍含有金银矿和含有金银矿的褐铁矿，矿床中有65%的氧化矿，其余为不完全氧化矿，是氧化矿和硫化矿的混合矿。

致密熔岩区域的金粒度变化幅度较大，从6.35mm(1/4in)到5mm；在贫熔带的金粒非常细，大小也很不均匀，从3.17mm(1/8in)到2mm。

13.3.3.2 破碎

矿山为露天开采，采出的矿石经三段开路破碎，原矿处理量大约为14000t/d，其产品粒度为9.5mm(3/8in)。

粗碎用一台阿利斯-查默斯1.066m×1.651m(42in×65in)旋回破碎机，将矿石破碎至152mm(6in)，用一台1.8m×3.6m(6ft×12ft)振动筛筛出小于9.5mm(3/8in)的筛下产品不经二段、三段破碎；其筛上产品给入一台2.1m(7ft)的诺德柏格重型圆锥破碎机，排矿粒度小于50.8mm(2in)，用两台1.8m×3.6m(6ft×

12ft)振动筛筛分。筛出 9.5mm(3/8in)产品,将大于 9.5mm(3/8in)的筛上产品给入两台 2.1m(7ft)的诺德柏格重型短头圆锥破碎机进行第三段破碎,用 1.8m×3.6m(6ft×12ft)振动筛筛出大于 38.1mm(1½in)的产品,筛下产品送至 32000t 的储矿仓内,供作浸垫表面保护层用。

矿石破碎后加入生石灰,其加入量为 1.36kg(3zb/t),并在胶带运输机运送到装载仓的过程中喷水。

13.3.3.3 堆浸场

堆浸场地总长约 960m(3200ft)、宽 84m(280ft),面积为 72000m²(800000ft²)。堆浸场地的浸垫厚度为 178mm(7in),其结构为下面铺设由橡胶板和沥青组成的厚 50mm 隔水层,上面再涂敷沥青。浸垫向集液沟倾斜 4%,集液沟向南倾斜 1%。在堆浸前,首先将筛出的大于 38.1mm(1½in)的矿石铺设在浸垫表面上,以防止大型设备损坏浸垫,同时有助于贵液排放,用粉矿筑成的运输道路高出沥青浸垫660mm,将场地分隔成 5 个堆浸场,每个堆浸场可堆浸矿石 4.5 万吨,4 堆进行浸出,1 堆进行洗涤、出渣和装矿筑堆。出渣和筑堆约需 5d。筑堆量为 18000t/d,其中包括 14000t 被破碎的矿石和 4000t 贫矿,两种矿石平均品位为 1.12g/t(0.036oz/t)。用 1 台 d-9L 推土机筑堆,堆高 10.5m(35ft),并整平。

浸出后的废石由 2 台装载机和 5 辆 45t 卡车运往废石场。由于废石场临近堆浸场,故 28h 即可运完。为了保护堆浸场沥青浸垫不受损坏,矿堆底部留下200~250mm 厚一层废石不运走。为检验浸出液是否会通过浸出场地渗入地下,在堆浸场下部开挖一眼深井,定期取样检验。

浸出液含 0.045% NaCN、0.04% CaO。浸出液经总管由 4 条塑料管给入每个浸出堆。塑料管上每隔 12m 装一组巴格达摆动喷射管。喷射管由长 228mm、直径 φ6.35mm 的医疗胶管组成,喷洒半径 9m。每个浸出堆约设 84 只喷嘴,供液速度 2.7~3.4mL/(m²·s)。喷洒面积 116m²,每小时喷液约近 1500L。浸出周期27d,在堆浸过程中,每天取样监测各浸出堆排出的浸出液,当金的浸出量低于所规定的指标时,便关闭浸出液,再用水洗涤 2d。

13.3.3.4 吸附、解吸、活化

浸出的含金贵液,用涡轮泵泵运吸附-解吸-活化车间。含金液以 6056L/min 的速度通过串联的 5 个活性炭吸附槽,经吸附后产出含金、银约 7775g/t 的载金炭。浸出液与炭粒呈逆向运行,每天从 1 号槽取出载金炭 1t 送解吸,同时向 5 号槽加入活性炭 1t。经吸附后的贫液由 5 号槽排出,加入氰化钠和石灰调整后,返回浸出过程循环使用。

载金炭于吸附槽中在 88℃的热 NaOH 和 NaCN 液中进行洗脱。解吸后的炭粒于密封的 irotech 窑内活化后返回循环使用。富含金、银的洗脱液在 3 台电解槽电积,在钢棉阴极回收金银。

参 考 文 献

[1] 李瑾明，巫汉泉．我国首次十万电极低品位金堆浸提金试验获得成功[C]//首届全国浸矿技术研讨会论文集，1992：265～267.

[2] 北京有色冶金设计研究总院，等．重有色金属冶炼设计手册·锡锑汞贵金属卷[M]．北京：冶金工业出版社，2008：562～589.

[3] 孙戬．金银冶金[M]．北京：冶金工业出版社，1998：324～346.

[4] 中国科学院化工冶金研究所编译．黄金提取技术[M]．北京：北京大学出版社，1991：201～341.

[5] 王义平，任鱼华，姚香．大型堆浸工艺设计施工及应用经验[J]．金属矿山（增刊），2005：169～173.

[6] 贺日应，张勇．紫金山金矿堆浸工艺参数优化实践[J]．黄金，2006(12):51～54.

[7] 中国黄金总公司科技处．堆浸技术文集[C].1988：53～212.

[8] 胡立嵩，尚友发．蛇屋山金矿提金生产工艺技术改造实践[J]．金属矿山（增刊），2004，8：356～359.

[9] 巫汉泉，林源．龙塘金矿堆浸工艺特点[J]．黄金，2002(10):34～35.

[10] 张先学，卢恋峰．广西龙塘金矿地质特征及区域找矿[J]．黄金地质，2003(4):23～26.

[11] 周会武．低碱度堆浸在花崖沟金矿的应用[J]．金属矿山（增刊），2005，8：178～180.

[12] 刘耀文，邓红玲．庙岭金矿低品位氧化矿石堆浸实践及发展方向[J]．黄金，2004(3):36～40.

[13] 苟文勇，张邦胜．氧化堆浸技术在低品位银矿提取银生产中的应用[J]．矿冶，2007(4):49～50.

[14] 袁廷芬，汤琦．制粒堆浸在龙王山金矿的生产实践[J]．黄金，1994(5):39～42.

14 生物氧化预处理——氰化提金

14.1 生物氧化预处理的应用

生物氧化法又称细菌氧化法，是指用微生物催化氧化硫化物的生物化学方法。生物氧化法用于难选冶金矿石，其目的是利用细菌的作用，使硫化物、砷化物氧化分解，破坏其晶格，使被硫化物包裹的金解离出来，将硫化物和亚铁离子氧化成硫酸盐和高铁，以利于氰化浸出，同时达到除砷的目的。

随着易处理金矿资源的日益减少，难处理金矿石已成为提金的重要资源。据统计，目前世界上黄金总产量的1/3左右是产于难处理金矿石。在我国已探明的黄金储量中，有30%~40%属于难处理硫化金矿。难处理硫化金矿在我国分布很广，在云南、贵州、陕西、甘肃、广东、广西、新疆、四川、湖南、河南、吉林和黑龙江等10余省、区均有不同程度的分布，特别是桂、云、贵、川、陕、甘等地区，难处理硫化金矿资源更加丰富。

"难处理金矿石"或"难处理金矿资源"，一般指矿石具有难选、难冶的特性。这类矿石在开发利用过程中，采用常规或单一的选冶方法难于达到有效提取金、银的目的。主要表现在三个方面：金银选冶回收率低，开发利用经济效益差，工艺技术受环保限制。因此，自20世纪70年代以来，难处理金矿资源的开发利用技术已成为科学技术研究攻关的重点。

"难处理金矿石"既有难选的特性，又有难冶的特征，其难选冶的原因有以下五个方面：（1）金矿物微细，小于0.01mm，并以浸染状或包裹状赋存的金矿物所占比例很大，一般的机械磨矿不能较彻底地打开这种赋存状态；（2）金矿物的浮选载体硫化物少，或金与脉石矿物共生关系密切，一定比例的金矿物与硅酸盐或碳酸盐共生或被包裹，影响金的浮选富集；（3）金与不利于氰化浸出的黄铁矿、砷黄铁矿等矿的共生，或赋存于这类矿物的晶格中，不经过预处理消除及打开包裹，金几乎无法提取；（4）矿石中含有一定量的砷、锑、铋、汞、铅等有碍于氰化浸金的成分；（5）矿石中含有"劫金"性物质，造成金在氰化浸出过程中被吸附劫取，这种"劫金"物大都为有机碳或部分石墨炭，也有一部分黏土类矿物。典型的这类"难处理金矿资源"有贵州的紫木函、甘肃的阳山、陕西的镇安、云南的镇沅、广西的金牙、四川的东北寨等金矿。

根据"难处理金矿石"难选、难冶的特性，通常对这类矿石进行预处理后再用氰化法处理。目前工业生产应用的预处理方法，主要有熔烧、加压氧化和生物氧化（或细菌氧化）三种方法。熔烧法和加压氧化法工艺复杂，技术要求高，对环境有污染；生物氧化法同前两种相比，具有环境友好，对复杂的含砷、含硫、微细包裹型金精矿或含金矿石适应性强，生产工艺运行稳定可靠，操作易于掌握，投资少，成本低等优点，为处理难选冶金矿石开辟了一条新的途径。自20世纪80年代以来，我国开始推广应用生物氧化法，并得到了很快的发展。据不完全统计，目前国内已建设的生物氧化法提金厂约有20余座，其数量位居世界首位。

14.2　生物预氧化作用机理

微生物对难浸硫化金矿的作用主要有两方面，即直接作用和间接作用。

14.2.1　直接作用机理

直接作用是指微生物细胞细菌与金属硫化物固体之间直接紧密接触，通过微生物细菌体内特有的铁氧化酶和硫氧化酶直接氧化金属硫化物而释放出金属。微生物细菌对黄铁矿、砷黄铁矿等载体硫化矿物的直接酶解氧化反应如下：

$$2FeS_2 + 7O_2 + H_2O \xrightarrow{\text{微生物}} 2FeSO_4 + 2H_2SO_4 \qquad (14\text{-}1)$$

$$4FeAsS + 13O_2 + 6H_2O \xrightarrow{\text{微生物}} 4H_3AsO_4 + 4FeSO_4 \qquad (14\text{-}2)$$

在直接作用过程中，黄铁矿、砷黄铁矿等载体硫化矿物经微生物（细菌）氧化，转化成了可溶性硫酸盐。

14.2.2　间接作用机理

间接作用是指在酸性条件下，微生物（细菌）将直接作用过程中生成的硫酸亚铁迅速氧化成硫酸高铁 $Fe_2(SO_4)_3$；而硫酸高铁是湿法冶金中的一种常用的强氧化剂，可与金属硫化物起氧化还原反应，反应后硫酸高铁被还原为硫酸亚铁或元素硫，金属则以硫酸盐的形式溶解；而硫酸亚铁又被氧化为硫酸高铁，元素硫被微生物（细菌）氧化成硫酸，从而形成了一个氧化还原的循环浸出体系。含有黄铁矿、砷黄铁矿等载体硫化矿物的金矿石或金精矿的微生物（细菌）间接作用氧化反应如下：

$$2FeAsS + Fe_2(SO_4)_3 + 3/2O_2 + 3H_2O \longrightarrow 6FeSO_4 + 2H_3AsO_3 + 2S \quad (14\text{-}3)$$

$$FeS_2 + 7Fe_2(SO_4)_3 + 8H_2O \longrightarrow 15FeSO_4 + 8H_2SO_4 \qquad (14\text{-}4)$$

$$2FeSO_4 + H_2SO_4 + 1/2O_2 \xrightarrow{\text{微生物}} Fe_2(SO_4)_3 + H_2O \qquad (14\text{-}5)$$

$$S + 3/2O_2 + H_2O \xrightarrow{\text{微生物}} H_2SO_4 \qquad (14\text{-}6)$$

$$H_3AsO_3 + 1/2O_2 \xrightarrow{\text{微生物}} H_3AsO_4 \tag{14-7}$$

$$Fe_2(SO_4)_3 + 2H_3AsO_4 \longrightarrow Fe_2AsO_4 + 3H_2SO_4 \tag{14-8}$$

在微生物（细菌）氧化硫化矿物过程中，直接作用和间接作用是同时存在的，即所谓联合作用。不过有时以直接作用为主，有时又以间接作用为主。无论是直接作用还是间接作用，都会发生由微生物（细菌）作用导致的二价铁的氧化，目前对这种氧化的机理还没有完全搞清楚。

通过以上反应生成的硫酸高铁和硫酸是许多硫化物和氧化物的良好浸出剂，可将硫化矿物完全分解，完全溶解载金矿物，从而使被包裹的金解离。

14.3　细菌种类

浸矿细菌是一类化学能自养菌，其特点是从氧化硫化矿物、亚铁离子、还原态硫获得能量，以二氧化碳、水为主要原料，吸收氮、磷、钾等合成细胞物质并进行分裂繁殖。目前，已知的生物冶金微生物有硫杆菌属、钩端螺族菌属和硫化叶菌属等。根据浸矿细菌的生长温度，可以分为以下几类。

14.3.1　嗜中温细菌

嗜中温细菌适宜生长温度为 30 ~ 40℃，包括氧化亚铁硫杆菌（T·f）、氧化硫杆菌（T·t）、氧化亚铁钩端螺族菌（L·f）。

14.3.2　中温嗜热细菌

中温嗜热细菌适宜生长温度为 45 ~ 55℃，有硫化芽孢磺杆菌（S·c）。

14.3.3　高温嗜热细菌

高温嗜热细菌适宜生长温度为 60 ~ 95℃，有叶硫球菌（S）、叶琉球古细菌（S·i）。

14.4　菌液制备

选用氧化砷黄铁矿、黄铁矿能力强、繁殖快的菌株作菌种，菌种可从金属硫化矿，煤矿的酸性矿坑水中或铁置换铜后的尾液中或通过国际间技术合作获得。在含菌的培养液中加入足够量的培养基培养，使菌种对硫化物原料做适应性处理，然后接种。这样培养的细菌对砷浓度变化的耐受力及分解砷黄铁矿的能力强。

在工业生产中，采用数槽串联的细菌连续培养氧化装置，加入工业级硫酸铵、磷酸盐，以含硫酸、氧化亚铁硫杆菌的浸出液作为菌种，连续培养出浸矿剂供生物浸出。

14.5 生物预氧化处理工艺

生物预氧化处理工艺主要有微生物筑堆氧化工艺（堆浸）和微生物搅拌氧化工艺（槽浸）两种。

14.5.1 微生物筑堆氧化工艺

微生物筑堆氧化工艺通常是利用斜坡地形，将适当粒度的金矿石堆在不透水的地面上，形成一定形状的矿石堆，然后在矿堆表面喷淋富含氧化亚铁杆菌的酸性硫酸高铁溶液对矿石进行氧化预处理，在矿堆低处建集液池收集渗出液，喷淋周期从十天至数百天。当微生物氧化阶段结束后，再用碱性溶液洗涤矿堆，使其呈碱性，最后进行常规的氧化堆浸提金。硫化金矿石的微生物筑堆氧化工艺流程见图 14-1。

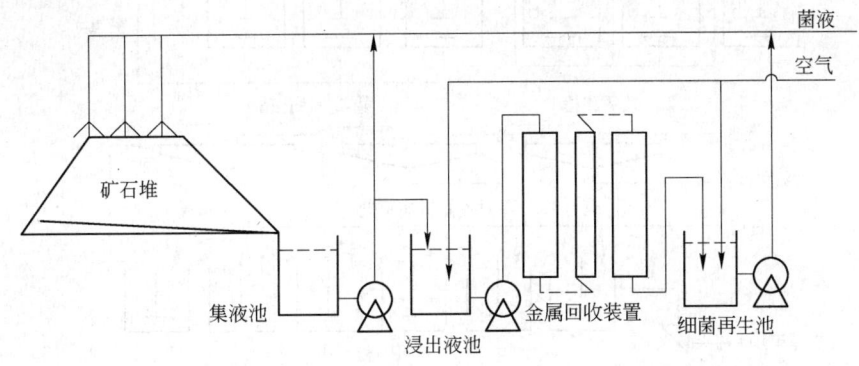

图 14-1 硫化金矿石微生物筑堆氧化工艺流程

从图 14-1 看出，难浸金矿石的堆浸，只不过是在易浸金矿石堆浸的基础上，增加一个细菌氧化作业和洗涤作业而已。其他与常规堆浸作业基本一致。

14.5.2 微生物搅拌氧化工艺

微生物搅拌氧化工艺主要用来处理较富的金矿石或金精矿。主要的工艺过程为：（1）将金精矿或经细磨的原矿在调浆槽中用 H_2SO_4 把 pH 值调到 2.0~2.5，并注入营养液。（2）将已调好的矿浆（浓度一般较低，20% 左右）导入微生物浸出槽，接种微生物，并对槽中的矿浆进行搅拌和充气氧化。氧化过程中还应注意控制温度，一般浸矿微生物的适宜生长温度在 30℃ 左右。（3）氧化结束后，将矿浆送到浓密机中，浓缩后的矿浆进行过滤，滤饼经碱化调浆后可进行常规氰化提金。浓密机溢流和滤液添加石灰中和，除去金属和部分硫酸根离子后，清液送微生物再生装置，再生后返回利用（也可直接返回利用）。微生物搅拌氧化工艺的典型流程见图 14-2。

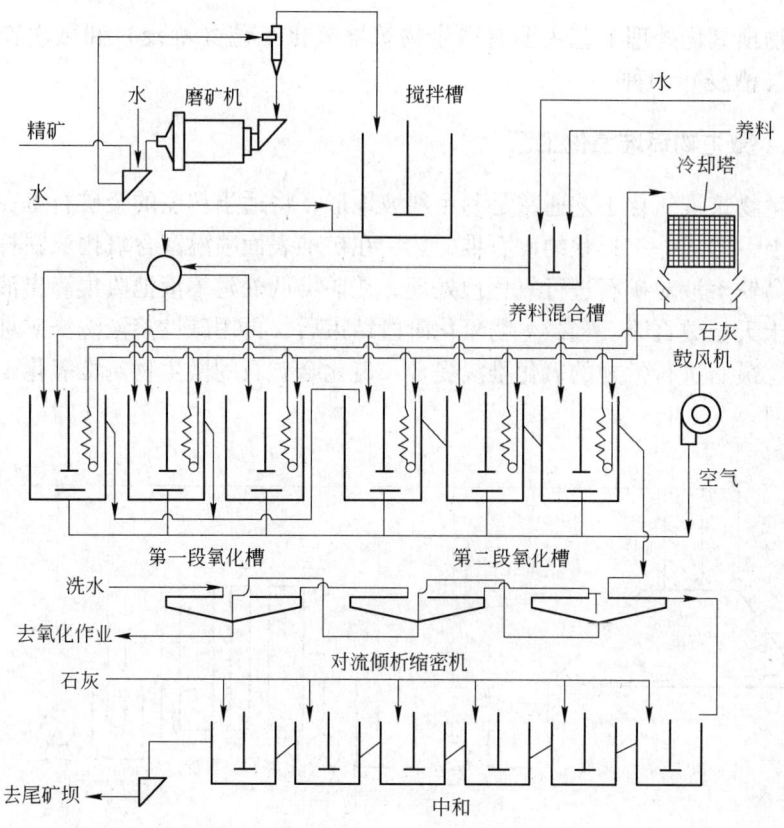

图 14-2 微生物搅拌氧化工艺的典型流程

14.6 生物预氧化处理影响因素

14.6.1 生物预氧化堆浸影响因素

生物预氧化堆浸过程中，影响细菌氧化速率、矿石的氧化率和金的浸出率的因素有矿石的粒度、菌浸时间、细菌的数量、活性和适应性、矿石中有害杂质的含量及菌液中抑制性组分除去程度，pH 值、Eh、温度、充气量和营养盐的加入等。

14.6.1.1 矿石的粒度

矿石的粒度越细，表面积越大，细菌与硫化物接触的机会增多，这样有利于细菌从矿石中吸取营养，增强繁衍能力和活性，从而加快硫化物的分解速度。但是，最适宜的入堆矿石粒度的确定，应通过试验或参照相类似的矿石的堆浸生产实践，经技术经济比较后确定。

14.6.1.2 菌浸时间

菌浸时间和矿石的粒度息息相关，粒度细可以缩短浸出时间。不同矿石、不同载金矿物、矿石粒度不同的矿石，所需的氧化时间各不相同。一般地，菌浸7~10d 后，即可观察到细菌的氧化现象。随后，矿石的氧化率随浸出时间呈直线上升，约40~50d 后，氧化速率变慢。菌浸总时间随矿石性质的不同变化很大，有的矿石只需50~60d，而有的矿石长达200~300d。需要强调的是，矿石中硫化物的硫只需浸出30%~50%时，即可开始浸金，这时对金浸出率基本上没有影响。

14.6.1.3 细菌的数量、活性和适应性

细菌接种量越多，单位体积菌液中细菌个数越多，活性越高，则矿石的氧化速率越快，接种量一般控制在40~60g/L；细菌个数不低于 10^8~10^9 个/mL。经过驯化后的细菌的耐砷能力明显提高，活性增加，对矿石的氧化速率加快。细菌浓度为浸出液体积的3%~5%。

14.6.1.4 矿石中有害杂质的含量

金矿石中常含砷、铜、铅、锌等杂质，在菌浸过程中，亦会或多或少溶解，抑制细菌的生长和活性，致使矿石的氧化速率变慢。此时，应采取中和法和部分换液的办法控制介质中有害杂质的含量，使浸出介质中砷含量最好不要超过4g/L，最大15g/L。

14.6.1.5 pH 值和 Eh(氧化还原电位)

浸出介质的 pH 值和 Eh 不仅要适宜细菌的生长，而且要保证 $Fe_2(SO_4)_3$ 不水解，$FeAsO_4$ 不沉淀。介质的初始 pH 值控制在1.8~2.2时，细菌生长良好，随着细菌氧化进行，pH 值为1.5左右时的细菌氧化速度最快，pH 值进一步降低，氧化速度变慢。因此，介质的 pH 值最好控制在1.5~2.0范围内，这时介质的 Eh 为450~680mV。

14.6.1.6 温度

氧化亚铁硫杆菌（T·f）生长的最佳温度为28~32℃。温度过高，细菌活性降低，氧化速度变慢。但是，堆浸受大气温度的制约，即使温度偏低，菌淋照样进行，只不过氧化速度慢一些，只要堆内温度不低于2~3℃，细菌就不会死。氧化亚铁小细旋杆菌属中温菌，在45~55℃时仍很活跃，可以承受较高的温度。

14.6.1.7 空气及营养盐

氧化亚铁硫杆菌（T.f）属需氧菌，要求在浸出过程中供给足够的空气。因此，在筑堆时在堆底部和中部要装上供氧管，用空压机鼓入空气。

在浸出初期，需向菌液里补充 $(NH_4)_2SO_4$、$MgSO_4$、KH_2PO_4 等营养盐，使细菌顺利苗壮生长。

14.6.2   微生物搅拌氧化影响因素

微生物搅拌氧化影响因素，除与微生物堆浸影响因素有关部分类同之外，尚需注意以下影响因素。

14.6.2.1   氧化温度

工业浸矿菌种的生长温度是生物氧化提金技术的重要参数，目前生物氧化应用的多为嗜中温细菌，如目前世界上已建成的生物氧化提金厂大多采用南非 Geneor 公司的 BIOX 工艺，该工艺细菌的适宜生长温度为 35 ~ 40℃。氧化温度应根据细菌种类适宜生长温度的要求，结合环境温度、水质和矿石性质等诸多因素的相互影响，合理选择确定，一般氧化温度为 35 ~ 45℃。

14.6.2.2   菌种耐砷能力

微生物氧化过程中，液相中过高的砷离子浓度对细菌的生长繁殖具有抑制作用。目前国外建成的生物氧化提金厂处理的含砷难浸金精矿砷含量一般都低于 5%。而在我国蕴含丰富的含砷难处理金矿石资源中砷的含量较高，特别是我国中西部地区生产的难浸金精矿中砷含量高达 10% 以上。为了提高菌种的适应性，拓宽生物氧化提金技术的应用范围，应加强对浸矿菌种耐砷能力的培养驯化。

14.6.2.3   矿业浓度

浸矿细菌在生物氧化过程中，通过氧化分解金属硫化物获取自身生长繁殖所需的能量，因此，生物氧化速度与介质中单位体积内矿物颗粒表面吸附的细菌数量成正比。所以，氧化矿浆浓度是影响生物氧化提金的重要参数。提高矿浆浓度可以节省设备投资、降低生产成本；但是，提高氧化矿浆浓度后存在均摊于矿物颗粒表面的细菌数量减少而影响氧化速度，同时还存在矿物颗粒在搅拌过程中相互的摩擦作用导致细菌脱落、活性降低的可能性。因此，生物氧化矿浆浓度一般控制在 18% ~ 20%。

14.6.2.4   矿浆 pH 值

生物氧化过程中，主要硫化矿物氧化总反应式为：

$$4FeS_2 + 15O_2 + 2H_2O \longrightarrow 2Fe_2(SO_4)_3 + 2H_2SO_4 \qquad (14-9)$$

$$4FeS_2 + 9O_2 + 2H_2SO_4 \longrightarrow 2Fe_2(SO_4)_3 + 2H_2O \qquad (14-10)$$

$$4FeAsS + 7O_2 + H_2SO_4 + 2H_2O \longrightarrow 2H_3AsO_4 + Fe_2(SO_4)_3 \qquad (14-11)$$

由反应式可知，黄铁矿的完全氧化结果产生硫酸，而磁黄铁矿和毒砂的氧化程度耗酸。如果金精矿中黄铁矿含量相对较高，其氧化结果产生的硫酸有余，使矿浆的酸性大，需要往氧化槽中加入石灰或石灰石，以保持适宜的 pH 值，实际生产中出现这种情况较多。但是，如果金精矿成分中以毒砂为主时，则需要辅加硫酸。为此，在实际生产过程中经常实测反应槽中的 pH 值，以保证生物氧化过程的正常进行。

14.6.2.5 细菌氧化时间

生物氧化提金过程中，直接影响金的浸出速度和除砷效果。新疆哈图金矿金精矿细菌氧化-氰化提金试验，细菌氧化时间由 4d 增加到 6d 时，金的氰化浸出率逐渐增加，氧化时间大于 6d 后，金的氰化浸出率不再增加。

14.6.2.6 矿石磨矿细度

矿石的磨矿细度，直接影响生物氧化过程的效果。所以，在技术经济合理的条件下，应适当细磨，细磨能增加细菌与硫化物的接触机会，加快硫化物的分解速度，加快生物氧化脱砷效果。江西省万年银金矿所产浮选银金精矿，银的平均品位为 5525g/t，金品位为 15g/t，含砷品位为 12% ~ 13%，最高达 20% 以上，所以，必须将其先充分脱除，才能进行银金提取。经磨矿细度试验，金精矿细度为 −0.043mm(−325 目)为 55.3%，氧化时间 7d，脱砷率为 93.2%；将精矿再磨至 −0.043mm(−325 目)占 100%，氧化时间 7d，脱砷率达 98.5%。

14.6.2.7 充气量

生物氧化过程中，细菌的生长和硫化矿物的氧化需要大量的氧。矿浆中溶解氧的浓度应保持在 2mg/L 以上，才能维持细菌的正常生长。1t 黄铁矿完全氧化所需的化学计量耗氧量约为 700m^3 氧气（标准状态下的体积），相当于 3380m^3 空气中的氧含量。生物氧化过程中，向反应槽通入空气，以提供氧化所需要的氧空气中所含的二氧化碳，也是细菌的生长所需要的。通入空气的气泡越小，气泡在矿浆中保持的时间越长，氧与二氧化碳进入矿浆的机会越多，越有利于细菌生长和硫化矿物的氧化。在生产实践中，应根据矿物成分适当调整充气量。

14.7 生物氧化充气量计算

14.7.1 硫化矿物生物氧化需氧量

硫化矿物生物氧化需氧量用硫化矿物氧化反应式进行计算，可不考虑氧化过程中细菌的作用及其他代谢的影响。

生物氧化过程中涉及的一些常见硫化矿物的完全氧化反应式如下：

黄铁矿、白铁矿 $FeS_2 + 15/4O_2 + 1/2H_2O \longrightarrow Fe_2(SO_4)_3 + 1/2H_2SO_4$ (14-12)

磁黄铁矿 $FeS + 9/4O_2 + 1/2H_2SO_4 \longrightarrow 1/2Fe_2(SO_4)_3 + 1/2H_2O$ (14-13)

砷黄铁矿

$$FeAsS + 7/2O_2 + 1/2H_2SO_4 + H_2O \longrightarrow 1/2Fe_2(SO_4)_3 + H_3AsO_4 \quad (14\text{-}14)$$

黄铜矿

$$CuFeS_2 + 17/4O_2 + 1/2H_2SO_4 \longrightarrow CuSO_4 + 1/2Fe_2(SO_4)_3 + 1/2H_2O \quad (14\text{-}15)$$

辉铜矿

$$Cu_2S + 5/2O_2 + H_2SO_4 \longrightarrow 2CuSO_4 + H_2O \quad (14\text{-}16)$$

铜蓝

$$CuS + O_2 \longrightarrow 2CuSO_4 \quad (14\text{-}17)$$

斑铜矿

$$Cu_5FeS_4 + 37/4O_2 + 5/2H_2SO_4 \longrightarrow CuSO_4 + 1/2Fe_2(SO_4)_3 + 5/2H_2O \quad (14\text{-}18)$$

闪锌矿

$$ZnS + 2O_2 \longrightarrow ZnSO_4 \quad (14\text{-}19)$$

由以上反应式，可以计算出矿物完全氧化的耗氧系数 K_{O_2}，见表 14-1。

表 14-1 硫化矿物完全氧化的耗氧系数 K_{O_2}

序号	矿　物	分子式	含硫量/%	单位硫含量耗氧量 $K_{O_2}/kgO_2 \cdot kg^{-1}$	单位矿物耗氧量 $K_{O_2}/kgO_2 \cdot kg$ 矿物$^{-1}$
1	黄铁矿、白铁矿	FeS_2	53.45	1.871	1.000
2	磁黄铁矿	FeS	36.47	2.245	1.498
3	砷黄铁矿	$FeAsS$	19.69	3.493	0.688
4	黄铜矿	$CuFeS_2$	34.94	1.121	0.741
5	辉铜矿	Cu_2S	20.14	2.495	0.505
6	铜蓝	CuS	33.54	1.996	0.669
7	斑铜矿	Cu_5FeS_4	25.56	2.308	0.590
8	闪锌矿	ZnS	32.96	1.996	0.657

由表 14-1 中的耗氧系数 K_{O_2}，可计算硫化矿物完全氧化的需氧量，计算式如下：

$$Q_{O_2} \cdot i = K_{O_2} \cdot q_i \quad (14\text{-}20)$$

式中　$Q_{O_2} \cdot i$——硫化矿物 i 完全氧化的需氧量，kg；

　　　K_{O_2}——硫化矿物 i 的单位矿物耗氧量，kgO_2/kg 矿物；

　　　q_i——硫化矿物 i 的质量，kg。

实际矿物原料中含有多种硫化矿物，而且各矿物的氧化率不同，此时氧化物所需的总需氧量的计算式为：

$$Q_{O_2} = \Sigma \varepsilon_i \cdot \beta_i \cdot K_{O_2} \cdot Q_T \quad (14\text{-}21)$$

式中　Q_{O_2}——生物氧化物料的总需氧量，kg；

　　　ε_i——硫化矿物 i 的氧化率，%；

　　　β_i——物料中硫化矿物 i 的质量分数，%；

K_{O_2}——硫化矿物 i 的单位矿物耗氧量，kgO_2/kg 矿物；

Q_T——生物氧化的物料总量，kg。

14.7.2 生物氧化需氧量

矿物原料的生物氧化过程中，一般用鼓风机鼓入空气的方式供氧，空气中除含有氧和氮之外，还含有 CO_2。鼓风不仅可达到供氧的目的，还为细菌生长繁殖提供碳源——CO_2。生物氧化所需充气量是根据生物氧化的需氧量进行计算。

生物氧化硫化矿物所需要的充气空气体积总量按下式计算：

$$Q_A = Q_{O_2}/(\eta_{O_2} \cdot Q_{O_2} \cdot \delta_A) \qquad (14\text{-}22)$$

式中 Q_A——生物氧化硫化矿物所需要的空气体积总量，m^3；

Q_{O_2}——生物氧化硫化矿物的总需氧量，kg；

η_{O_2}——充气的氧利用率，%，实际生产中 $\eta_{O_2} = 20\% \sim 28\%$；

Q_{O_2}——空气中的氧质量分数，%，标准状况下 $Q_{O_2} = 23.15\%$；

δ_A——空气密度，kg/m^3，标准状态下 $\delta_A = 1.2929kg/m^3$。

14.7.3 单位时间充气量

生物氧化过程的连续作业中，单位时间的充气量按下式计算：

$$Q_{A/m} = Q_{O_2/d}/(1440 \cdot \eta_{O_2} \cdot Q_{O_2} \cdot \delta_A) \qquad (14\text{-}23)$$

式中 $Q_{A/m}$——连续作业中单位时间的充气量，m^3/min；

$Q_{O_2/d}$——连续作业中按日给矿量计的总需氧量，kg；

1440——将日换成分；

其他符号意义同公式（14-22）。

14.7.4 单位容积充气量

生物氧化过程的连续作业中，生物氧化反应槽中单位容积充气量按下式计算：

$$q_{A/v \cdot m} = Q_A/(n \cdot V) \qquad (14\text{-}24)$$

式中 $q_{A/v \cdot m}$——连续作业的生物氧化反应槽中单位矿浆体积的充气量，$m^3/(m^3 \cdot min)$；

Q_A——生物氧化硫化矿物所需要的空气体积总量，m^3；

n——生物氧化槽数量；

V——生物氧化反应槽单槽有效容积，m^3。

14.8　生物氧化提金生产实践

生物氧化与焙烧、加压氧化和化学工艺提金相比，具有环境友好，对复杂的含砷、含硫、微细包裹型金精矿或含金矿石的适应性强，而且生产工艺运行稳定可靠，操作易于掌握，投资少，成本低等优点。所以，自 20 世纪以来，生物氧化成为黄金生产技术领域中发展最迅速和最有应用前景的一项高新技术，且日趋完善和成熟。我国的生物氧化提金技术已进入国际先进水平，同时我国也是拥有生物氧化提金厂数量最多的国家。据不完全统计，我国生物氧化提金生产厂见表14-2。

表 14-2　我国已建设的生物氧化提金生产厂

序号	工厂名称	地址	规模	投产时间	技术支持	目前状况
1	陕西中矿生物矿业工程有限责任公司	陕西西安	10t/d	1988 年 8 月	国内技术	
2	烟台黄金冶炼厂	山东烟台	80t/d	2000 年	cccR1	从 50~80t/d
3	黄金冶炼厂	山东莱阳	100t/d	2001 年	BACOX	
4	丹东实验黄金冶炼公司	辽宁丹东	30t/d		国内技术	2004 年生产
5	本溪东方黄金技术开发有限公司	辽宁本溪	50t/d		cccR1	原料不足生产
6	辽宁天利公司	辽宁凤城	150t/d	2003 年	cccR1	从 100t/d 到 150t/d
7	镇安黄金冶炼厂	陕西镇安	50t/d		国内技术	未生产
8	江西三和金业有限公司	江西德兴	100t/d	2006 年	cccR1	已生产
9	新疆阿希金矿	新疆	80t/d	2005 年 9 月	国内技术	2005 年 9 月改此法生产
10	山东招远黄金集团	山东招远	100t/d		cccR1	热压工艺改生物氧化
11	金风黄金有限责任公司	辽宁丹东	5000t/堆		cccR1	生物堆浸
12	澳中矿业公司	贵州烂泥沟	750t/d		B10x	已生产
13	新疆哈图金矿	新疆	100t/d		国内技术	已生产

14.8.1　陕西中矿生物氧化-氰化炭浸提金厂

陕西中矿生物矿业工程有限责任公司，于 1988 年 8 月在陕西西安建成我国首家 10t/d 难浸金精矿生物氧化提金厂，经过半年生产调试，翌年 3 月开始进入工业化生产。

14.8.1.1　原料性质

生产所用原料为广西、青海含砷难浸浮选金精矿，其金精矿多元素分析见表14-3，矿物成分见表14-4，粒度分析见表14-5。

表 14-3 浮选金精矿多元素分析

元素	Au①	Ag②	As	S	TFe	C有机	C石墨	Sb	Ca	Mg	Pb	Cu
含量/% 广西矿	124.48	16.5	12.58	16.12	20.4	0.72	1.85	1.74	0.49	1.31	0.74	0.33
含量/% 青海矿	66.54	10.3	4.37	22.32	26.2	0.37	1.05	0.47	1.2	0.84	0.21	0.062

①② 元素含量单位为 g/t。

表 14-4 浮选金精矿矿物成分及含量

矿物名称	黄铁矿	毒砂	褐铁矿	方铅矿	闪锌矿	白铁矿	脆硫锑铅矿	石英	绢云母	碳酸盐	绿泥石	铁内云母	红柱石	金红石
含量/% 广西矿	38	38	1	0.5	0.5	少量	2.5	10	5	3	少量			少量
含量/% 青海矿	70	10						5	5		少量	5	5	5

表 14-5 浮选金精矿粒度分析

广 西 矿

粒度/mm（目）	质量/g	产率/%	品位/g·t⁻¹		分布率/%	
			Au	Ag	Au	As
0.043 (325)	103.5	20.7	54.96	5.35	9.14	8.81
0.043~0.029 (325~500)	56.8	11.36	134.78	13.5	12.3	12.19
-0.029 （-500）	339.7	69.74	143.94	14.63	78.56	79
合 计	500	约100	124.48	12.58	100	100

青 海 矿

粒度/mm（目）	质量/g	产率/%	品位/g·t⁻¹		分布率/%	
			Au	Ag	Au	As
0.043 (325)	137.4	27.48	35.21	2.37	14.54	14.89
0.043~0.029 (325~500)	62	12.4	68.1	3.97	12.69	11.26
-0.029 （-500）	300.6	60.12	80.54	5.31	72.77	73.85
合 计	500	100	66.54	4.39	100	100

表 14-3 多元素分析结果显示，砷、硫含量高，属高砷硫化物金精矿；从表 14-4 矿物成分及含量看出，矿物成分以黄铁矿、毒砂为主，两者含量均占 76% 以上；表 14-5 金精矿粒度分析结果表明，85.46% ~ 90.86% 的金分布于 −0.043mm（−325 目）以下粒级中。

对金精矿中金的赋存状态进行岩矿鉴定、电子探针、电镜扫描等研究，岩矿鉴定未发现金的独立矿物；电子探针和 X 射线扫描图像分析，广西矿金的主要载体为毒砂，次为黄铁矿；青海矿金的主要载体为黄铁矿，次为毒砂；应用 JSM-5800 电镜进行扫描图像分析，两地金精矿的金均以晶格形式存在，未形成金的独立矿物。

对这种金精矿提金，必须进行预处理，破坏其载体金矿物的晶体结构。

14.8.1.2 菌种及营养基

试验所用菌种为经长期含高砷介质驯化所得的氧化亚铁硫杆菌（WZ-1）和氧化硫杆菌（ZZ-18），按一定比例混合使用。菌种经过三级活化培养，细菌数量达 $(2 ~ 4) \times 10^8$ 个/mL 后，将菌液按照矿浆体积的 20% 接入，营养剂类型为 Leathen 和改良的 9K 培养基，细菌培养时间 48h，细菌的繁殖条件为：温度 30 ~ 35℃，pH = 2.5。

14.8.1.3 半工业试验条件及数量

用广西浮选金精矿，进行细菌氧化-氰化浸出半工业试验，其试验条件及结果如下：

（1）细菌氧化。

菌种：氧化亚铁硫杆菌（WZ-1）和氧化硫杆菌（ZZ-18）混合使用

磨矿细度：−0.043mm 占 97%

矿浆浓度：12% ~ 15%

pH 值：1.5 ~ 2.5

充气量：0.06 ~ 0.1m³/（m³ · min）

氧化初始温度：30℃

氧化终止温度：45℃

氧化时间：190h

氧化反应级数：4 级

脱砷率：87%

（2）氧化浸出。

矿浆浓度：30%

浸出时间：24h

石灰用量：200kg/t

NaCN 用量：6kg/t

浸出率：87.28%

用直接氰化法处理金精矿，其氧化浸出率：广西金精矿为12.5%，青海金精矿为37.5%，更进一步说明该精矿为难处理矿石。通过细菌氧化氰化浸出半工业试验结果证实，采用细菌氧化190h后，脱砷率为87%，氰化率为87.28%，效果显著。试验参数及结果为设计及生产提供了可靠依据。

14.8.1.4　工艺流程

细菌氧化提金厂设计规模为10t/d，由金精矿再磨脱药、细菌氧化、洗涤脱砷、中和、炭浸、解吸、电解、熔炼等作业组成，其工艺流程见图14-3。

（1）精矿再磨：采用一段闭路磨矿，磨矿设备采用4600mm×1200mm立磨机，磨矿细度为-0.043mm占97%。

（2）脱药作业：为减少浮选药剂对细菌氧化作业的干扰，同时便于调整矿浆浓度，在细菌氧化作业前设置浓缩机进行浓缩脱药。

（3）细菌氧化：在连续氧化过程中要维持细菌在反应槽内的活性生物量，保证生物倍增要求的时间小于在第一级反应槽中的停留时间，防止生物量被"冲失"。设计细菌氧化反应为五级，第一级氧化为并联皿槽，后四级氧化各为一槽，串联使用。一级氧化时间为108h，二至五级氧化时间为27h，一级氧化时间为后面各级氧化时间的4倍。细菌培养为三级活化培养，待菌数达到$(2 \sim 4) \times 10^8$个/mL使用。

细菌氧化槽必须根据细菌氧化的工艺特点满足以下要求：有足够的搅拌力，保证固体在槽内均匀悬浮无沉积死角，又不损伤细菌；保证空气在矿浆中能均匀扩散；必须有热交换和温控设施，以满足细菌繁殖生长的最佳温度；要耐酸耐腐蚀。根据这些要求，所选用的45000mm×5000mm细菌氧化槽，每槽有效容积为88.5m³，内设有搅拌器、充气器、热交换器。搅拌器采用双叶轮结构。充气器采用6个散气头组成的固定式充气装置。热交换器采用蛇形环管交换方式，并设有温控检测控制装置，可实现恒温控制。

（4）洗涤作业：采用4次逆流洗涤，第一次洗涤采用单层浓缩机，后3次洗涤采用三层浓缩机。第一级浓缩机溢流的30%返回细菌氧化作业，其余经中和处理后排放。

（5）中和作业：采用两级中和流程，第一级添加石灰乳将pH值升至4~5，第二级再加入石灰乳将pH值提高至7。

（6）炭浸作业：细菌氧化渣经洗涤后pH值达10.5~12，矿浆浓度调至30%~35%后，进行常规炭浸。

14.8.1.5　生产操作条件

（1）精矿再磨：矿磨浓度60%，细度-0.043mm占97%。

（2）细菌培养：温度30~35℃，pH值为2.5，培养时间49h，营养剂类型

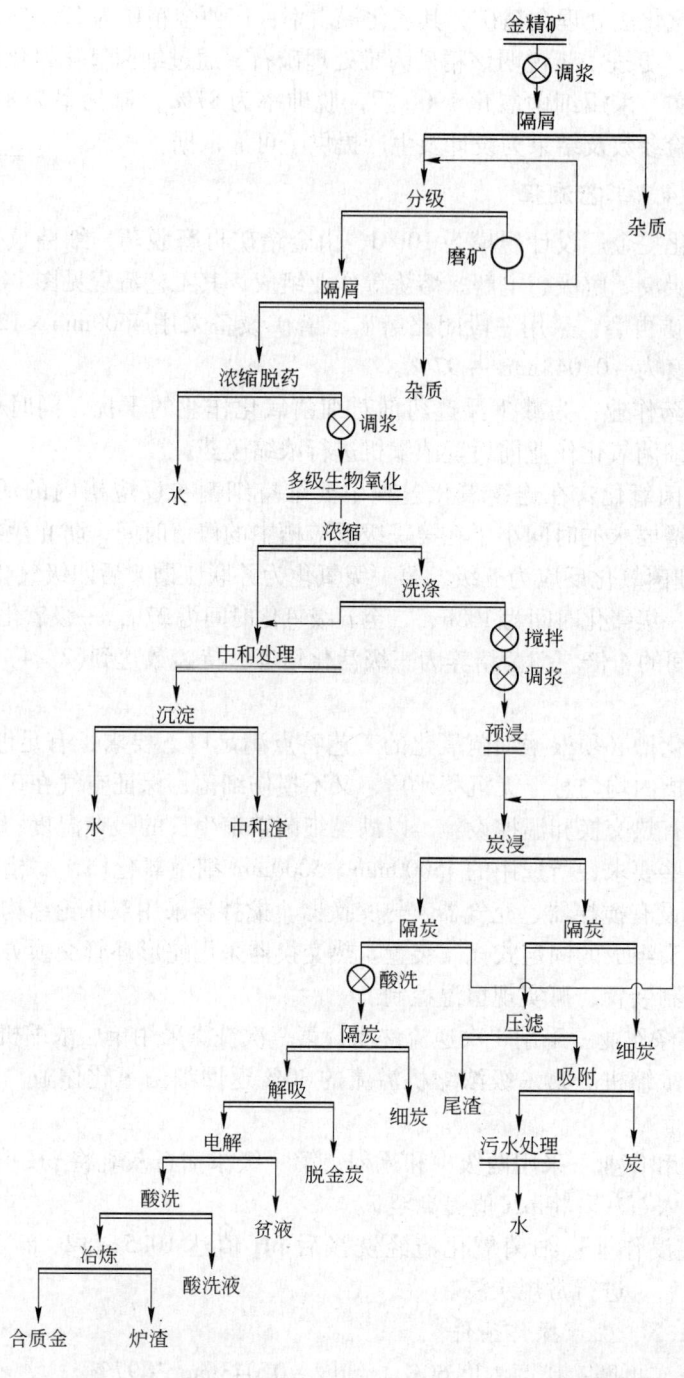

图 14-3 陕西中矿生物预氧化-氰化炭浸提金工艺流程

为 Leathen 和 9K 培养基。

（3）细菌氧化：矿浆浓度 15%，温度 35~45℃，pH 值：一级氧化 2.5~3，末级氧化 1.2~1.5，总氧化时间 216h，其中第一级 108h，H_2SO_4 用量 8kg/t，通气量 0.08m^3/(m^3·min)，接种量 15%~20%（体积分数）。

（4）炭浸：矿浆浓度 30%，NaCN 用量 6kg/t，浸出时间 45h，吸附时间 30h。

14.8.1.6 生产技术指标

该厂自 1998 年 8 月正式投产后，以广西贵港地区和青海五龙沟地区所产含砷难浸选金精矿为原料，进行细菌氧化-氰化炭浸提金生产，获得较好的生产技术指标，见表 14-6。

表 14-6 细菌氧化-氰化炭浸提金生产技术指标

精矿产地	平均品位		细菌氧化时间/h	氧化后平均品位		浸出金品位/g·t^{-1}		脱砷率/%	浸出率/%
	Au/g·t^{-1}	Ag/g·t^{-1}		Au/g·t^{-1}	Ag/g·t^{-1}	浸出金矿	浸渣		
广西贵港	128.43	14.71	206	188.66	2.56	120.54	21.46	88.03	88.21
青海五龙沟	55.25	3.53	108	72.97	0.37	84.73	7.63	92.06	90.99

生产实践表明，利用细菌对含砷金精矿进行氧化预处理，当金精矿含砷 14.71%，经细菌氧化 206h 后，砷脱除率达 88.03%，金氰化浸出率由常规的 12.5% 提高到 88.21%；当金精矿含砷 3.53%，经细菌氧化 108h 后，砷脱除率达 92.06%，金氰化浸出率由常规的 37.5% 提高到 90.99%。说明细菌氧化技术脱砷效果好，技术指标高，是处理难浸硫化物金矿一条有效的途径。

14.8.2 辽宁天利生物氧化-氰化锌粉置换提金厂

辽宁天利生物氧化提金厂位于辽宁省凤城市刘家河镇，于 2002 年 8 月开工建设，2003 年 7 月 19 日投产，原设计规模为 100t/d，目前实际达到 150t/d。

14.8.2.1 原料性质

辽宁省凤城市高砷金矿资源比较丰富，主要分布于丹银、杨树、小佟家等几个金矿床中。其特点是矿石中砷的含量普遍较高，一般达 3% 左右，且金的存在与砷的关系比较密切，一般砷含量高，金的品位也高。载金矿物主要为毒砂，金矿物赋存于毒砂晶隙、毒砂矿物粒间、毒砂与其他矿物粒间或被毒砂等矿物所包裹。有用组分为金，伴生的其他有用元素有银、铅、锌等。

金矿物粒度均小于 0.015mm，其中小于 0.0005mm 的次显微金占 92%。金矿物的嵌布特征主要为金属硫化物包裹，占相对含量的 89.8%，单体及连生暴露金仅占 5.60%，硫化物包裹的金绝大部分为毒砂所包裹。对此种金矿石用常规的选冶处理方法，难以取得好的效果。

14.8.2.2　工艺流程

根据矿石特征，辽宁天利生物氧化提金厂采用的生产工艺流程为生物氧化-氰化-逆流洗涤-锌粉置换。主要工艺过程包括：磨矿分级、生物氧化、固液分离、中和处理、氧化浸出、逆流洗涤、锌粉置换、冶炼提纯等。

（1）菌种选取。浸矿细菌是一类化学能自养菌，其特点是从氧化硫化矿物、亚铁离子、还原态硫获得能量，一氧化碳、二氧化碳、水为主要原料，吸收氮、磷、钾等合成细胞物质并进行分裂繁殖。目前金矿生物氧化普遍应用的多为嗜中温细菌，即氧化亚铁硫杆菌（T. f）、氧化硫硫杆菌（T. t）、氧化亚铁钩端蛔族菌（L. f）。由于此地域环境温度、水质情况和矿石性质诸多因素的相互影响，特别是没有固定矿源的加工型企业，生物氧化提金技术在浸矿菌种的选取和改良进化方面尤为重要，应根据以上相互影响因素，进行调整和改良。

（2）氧化温度。辽宁天利生物氧化提金厂地处辽宁省凤城市，是目前国际上纬度最高的生物氧化提金厂。为了更好地适应矿石性质和季节温度变化，对浸矿菌种不断进行改良和优化，使菌种的适应性、氧化能力、温域范围都得到极大的提高，在大气温度变化从高于30℃到低于 - 30℃，浸矿菌种的工作温度可以控制在38～52℃之间（国外同类菌种的一般适宜温度范围在38～42℃之间）。该项技术指标跨越了嗜中温细菌的温域区间，具有广泛的适应性，达到国际领先水平。

（3）菌种耐砷能力。生物氧化过程中，液相中过高的砷离子浓度对细菌的生长繁衍具有抑制作用。目前，国外建成的生物氧化提金厂处理的含砷难浸金精矿砷含量一般都低于5%。而在我国蕴含丰富的含砷难处理金矿石资源中砷的含量较高，特别是我国中西部地区生产的难浸金精矿中砷含量高达10%以上。为了提高菌种的适应性，拓宽生物氧化提金技术的适用范围，辽宁天利生物氧化提金厂重点对浸矿菌种的耐砷能力进行培养驯化。目前，工业生产浸矿菌种的耐砷能力，可以在菌液中砷离子浓度为20g/L的条件下保持较高的活性（国外同类型菌种的耐砷能力一般低于10g/L），对于以砷黄铁矿包裹金矿物为主，砷含量达13%～15%的难浸金精矿可以进行生物氧化。

（4）氧化矿浆浓度。浸矿细菌的生物氧化过程中，通过氧化分解金属硫化物获取自身生长繁殖所需的能量，因此，生物氧化速度与介质中单位体积内矿物颗粒表面吸附的细菌质量成正比。氧化矿浆浓度是影响生物氧化提金工艺的重要参数，提高矿浆浓度可以节省设备投资，降低生产成本。但是，提高氧化矿浆浓度后，存在均摊于矿物颗粒表面的细菌数量减少而影响氧化速度，同时还存在矿物颗粒在搅拌过程中相互间的摩擦作用导致细菌脱落、活性降低的可能性。因此，生物氧化矿浆浓度一般控制在18%～20%。辽宁天利生物氧化提金厂通过对浸矿菌种的改良和驯化，将氧化矿浆浓度提高到24%～26%之间，获得良好效果，使处理能力提高30%以上。

（5）菌浸时间。菌浸时间直接影响菌浸效果，根据考察不同细菌氧化时间金解离状态，二级浸出 9d 的细菌氧化比一级浸出 6d 的细菌氧化，金的浸出率有所提高，综合多种因素考虑确定为 6d。

（6）生物氧化反应。生物氧化反应器是生物氧化提金的关键设备，是浸矿菌种赖以生长、繁殖和氧化硫化物的重要保障。生物反应器不仅要保证矿浆的悬浮，而且要保证空气在矿浆中分散，使其搅拌均匀，温度扩散和气体弥散效果好。为此，辽宁天利生物氧化提金厂结合生产实际研制出高效节能型生物氧化反应器，采用了传动功率与叶轮直径的 5 次方、转数的 3 次方成正比，其比例系数与叶形曲线密切相关；合理确定反应器直径与叶轮直径比及合理的转速和叶轮叶形曲线；换热器采用无弯头结构；优化充气系统，使生物氧化反应器的动力消耗与国外同类设备相比，仅为国外的 1/3。氧化提金的总回收率提高 2 ~ 3 个百分点。

14.8.2.3 生产技术指标

该厂设计和生产主要技术参数和指标见表 14-7、表 14-8。

表 14-7 主要技术参数

项 目	设计工艺参数	生产工艺参数
磨矿细度(-0.038mm(-400目)含量)/%	80	83
矿浆浓度/%	16	24 ~ 26
矿浆温度/℃	40 ~ 42	38 ~ 52
氧化时间/d	6	5.5
培养基用量/kg·t⁻¹	7.1	3.5
氧化钙用量/kg·t⁻¹	340	300
中和时间/h	7	6

表 14-8 主要技术指标

项 目		设 计 指 标	生 产 指 标
生产规模/t·d⁻¹		100	150
金属矿品位	Au/g·t⁻¹	55	40
	Ag/g·t⁻¹	155	190
氧化渣品位	Au/g·t⁻¹	77.2	52
	Ag/g·t⁻¹	209.58	220
金浸出率/%		93.92	96.6
银浸出率/%		53.14	89
金置换率/%		99.95	99.85
银置换率/%		99.6	99.5
冶炼回收率/%		99.5	99.5
金总回收率/%		93	96.32
银总回收率/%		50	81.31

　　该厂自投产运行至今,生产运行稳定,各项生产技术指标均已超过设计要求。目前处理量为150t/d,超过原设计的50%,金、银回收率平均达到96.32%和81.31%。

参 考 文 献

[1] 宋鑫. 中国难处理金矿资源及其开发利用技术[J]. 黄金,2009(7):46~49.

[2] 宋翔宇,徐会存,刘延霞,刘毅超. 难浸硫化金矿微生物氧化预处理工艺的发展现状及应用前景[J]. 国外金属矿选矿,2003(5):4~14.

[3] 崔礼生,韩跃新. 难以氰化金矿石的预处理现状[J]. 金属矿山,2005,8(增刊):164~167.

[4] 王中敏. 难选金矿石的生物氧化预处理工艺及发展现状[J]. 金银工业,1997(增刊):36~39.

[5] 宋翔宇,巫汉泉. 浅谈微生物浸出工艺[J]. 金银工业,1997(增刊):40~43.

[6]《铀与金》编辑部. 金提取化学(内部参考资料)中国核子会《铀与金》编辑部,1996,7:134~141.

[7] 刘汉剑,张永奎. 难处理低品位金矿细菌堆浸的现状和前景[J]. 国外金属矿选矿,2001(12):2~12.

[8] 韩晓光,等. 生物氧化提金技术工业生产实践[J]. 黄金,2006(11):38~41.

[9] 金世斌. 难处理金精矿生物氧化与处理工艺的工业应用现状及工艺因素分析[J]. 黄金,2001(10):28~34.

[10] 裘荣庆. 银金混合精矿中砷的细菌脱除[J]. 黄金,1991(6):24~28.

[11] 金世斌,郝福来,李昌寿,吴学敏,袁玲. 硫化矿生物氧化工艺设计中充气量的计算[J]. 黄金,2006(12):43~46.

[12] 高金昌. 生物冶金技术在黄金工业生产中的应用现状及发展趋势[J]. 黄金,2008(10):36~40.

[13] 郑存金,张蝉,冯明伸,卢忠鼎,梁玉生. 难浸含砷金精矿生物预氧化生产实践[J]. 黄金,2000(11):31~36.

[14] 张学仁,王海瑞. 细菌氧化提金工艺的研究、设计与生产实践[J]. 金属矿山(增刊),2005(8):181~184.

[15] 蔺春英,张五华. 辽宁省凤城市高砷金矿矿石工艺矿物学研究[J]. 黄金,2000(2):6~10.

[16] 崔炳贵,许立中,王海东. 生物氧化—氰化炭浸提金工艺研究及工程化实践[J]. 黄金,2009(9):33~37.

15 硫脲法提金

15.1 硫脲法提金的应用

硫脲法提金目前仍处于试验研究阶段，应用于工业生产方面的实例还较少，主要原因是硫脲法提金不如氰化法经济，另外，由于氰化法在 19 世纪 80 年代后期问世并迅速被大规模推广应用，目前已是黄金生产的主要生产工艺，而且仍在不断发展，过去的锌丝置换法发展到锌粉置换法、炭浆法、炭浸法、树脂法、生物氧化氰化法等，因此对硫脲法提金的研究和应用进展缓慢。

硫脲是 1868 年首次合成的，1869 年有人发现硫脲对金、银具有良好的溶解性能，1937 年罗斯等人采用硫脲溶液从金矿石中浸出了金。但硫脲法提金的系统理论研究始于前苏联，1945 年苏联科学院公布了 N. H. 普拉克率的研究成果，使硫脲法提金得到了进一步发展。

由于氰化法使用的氰化物有剧毒性，在不同程度上对环境产生威胁，随着环境保护要求的提高，近年来，有关科研、设计、高校和生产企业的科技人员，为无毒提金工艺的研究做出了巨大的努力，试图找到一种无毒、高效、廉价可行的新溶金试剂，并取得了可喜的成果，硫脲便是其中之一，如硫脲电积法、硫脲铁法、硫脲炭浸法、硫脲树脂法等，都进行过相当规模的扩大试验，取得了初步的成功。

硫脲法提金工艺的研究为不适宜用氰化法处理、难以直接生产成品金以及浮选金精矿难于销售的复杂矿石开辟一条新的处理途径，特别是在环境保护要求比较严格的地区更有现实意义，为无毒提金工艺创出一条新路。

硫脲法提金工艺具有无毒、浸出干扰离子少、浸出速度快、浸出效果好、流程适应性强等优点。

15.2 硫脲的性质

硫脲又称硫化尿素，是一种白色而有光泽的菱形大面结晶体，味苦，微毒，无腐蚀作用。分子式为 $SC(NH_2)_2$，相对分子质量 76.12，密度 1.405g/cm³，熔点 180~182℃。易溶于水，在 20℃ 水中的溶解度为 9%~10%，25℃ 时为 14%，能满足硫脲浸出金对溶解度的任何要求。硫脲的水溶液呈中性，无腐蚀作用。

硫脲在碱性溶液中不稳定，易分解成硫离子和氨基氰而消耗，氨基氰又可水

解为尿素:

$$SC(NH_2)_2 + 2NaCH \longrightarrow Na_2S + CNNH_2 + 2H_2O \tag{15-1}$$

$$CNNH_2 + H_2O \longrightarrow CO(NH_2)_2 \tag{15-2}$$

且在碱性介质中,硫脲分解成的 S^{2-} 还可以与溶液中的 Au^+、Ag^+ 及 Cu^{2+} 等各种金属阳离子形成硫化物沉淀。

硫脲在酸性(pH 值为 1~6)溶液中具有还原性质,但其配制液经较长时间存放,自身也能氧化生成多种产物,故应现配现用。如在室温下的酸性介质中,硫脲放置时间过长就能自行氧化为二硫甲脒或者二聚硫脲:

$$2SC(NH_2)_2 \longrightarrow (SCN_2H_3)_2 + 2H^+ + 2e \tag{15-3}$$

或者

$$2SC(NH_2)_2 \longrightarrow (SCN_2H_4)_2^{2+} + 2e \tag{15-4}$$

而 $(SCN_2H_3)_2/SC(NH_2)_2$ 电对的标准电位为 0.42V,比 25℃时硫脲溶金过程 $Au(SCN_2H_4)_2^{2+}$ 电对的标准电位 0.38V 高,故氧化生成的二硫甲脒在适当的溶金过程中,实际上又称为活性氧化剂,并使自身还原成硫脲。在室温的酸性介质中,硫脲还会氧化生成 S^0 和 HSO_4^-、SO_4^{2-} 等氧化态较高的产物,但其反应速度很慢。即使在 pH<4 的溶液中,硫脲也少量发生酸分解而生成 H_2S:

$$SC(NH_2)_2 \longrightarrow H_2S + CNNH_2 \tag{15-5}$$

硫脲的稳定性主要取决于介质的 pH 值、硫脲浓度和温度。在适宜的温度下,当硫脲浓度一定时,随着硫脲浓度的增大,硫脲易被氧化。为保持硫脲在溶金过程中的稳定性,提金作业宜采用低 pH 值的硫脲浓度。

温度的提高虽能加快硫脲溶金的初始速度,但它会严重影响硫脲的稳定性,使得溶金速度随时间的延长而不断下降,甚至无效。所以,选定的硫脲溶金介质温度不高于25℃,虽然它不一定是最佳的选择,但试验证明,随着介质(不论是酸性、中性或者碱性)温度的升高,硫脲的氧化速度会加快。当将硫脲溶液加热时,便会发生水解而生成氨、二氧化碳和液态 H_2S:

$$SC(NH_2)_2 + 2H_2O \longrightarrow 2NH_2 + CO_2 + H_2S \tag{15-6}$$

H_2S 还可进一步分解成 S^0。当煮沸硫脲溶液时,硫脲便快速水解而生成 S^{2-}、S^0、HSO_4^- 和 SO_4^{2-} 等而失效。

15.3 硫脲溶金机理

硫脲溶解金、银的理论研究目前虽还很粗浅,但硫脲作为一种强配位体,它能从矿石或精矿中浸出金、银,主要是它具有与金属离子形成稳定配合物的能力。它之所以能形成稳定配合物,是由于它们具有很多强的协同配位能的缘故,即硫脲分子和金属离子的结合可能同时通过氮原子的非键电子对，或硫原子和金属离子的选择结合形成稳定的络离子。

硫脲分子的化学结构在许多年前曾被假定为 $S=C\begin{array}{c} NH_2 \\ \\ NH_2 \end{array}$ 。近 40 多年来，

硫脲分子的化学结构已被进一步认定为以下的共振形式：

$$S=C\begin{array}{c} NH_2 \\ \\ NH_2 \end{array} \Longleftarrow \bar{S}=C\begin{array}{c} N+H_2 \\ \\ NH_2 \end{array} \Longleftarrow \bar{S}—C\begin{array}{c} NH_2 \\ \\ N+H_2 \end{array}$$

在酸性溶液中，金属离子的硫脲分子之间通过强协同配位能结合稳定的配合物，从而使金的氧化还原电位明显降低，而易于被氧化剂氧化进入酸性硫脲溶液中。

金溶解的电化学过程如下式：

$$Au\{SC(NH_2)_2\}_2^+ + e \Longrightarrow Au + 2SC(NH_2)_2 \tag{15-7}$$

$$(SCN_2H_3)_2^{2+} + 2H + 2e \Longrightarrow 2SC(NH_2)_2 \tag{15-8}$$

25℃时测得 $Au\{SC(NH_2)_2\}_2^+/Au$ 电对标准氧化还原电位为 $0.38 \pm 0.01V$；$(SCN_2H_3)_2/SC(NH_2)_2$ 电对标准氧化还原原电位为 0.42V。

可见，保持一定的酸度，增加溶液中游离硫脲的浓度，溶金反应式（15-7）便会向溶金的方向进行，实现金的溶解。

但是，由于 $Au\{SC(NH_2)_2\}_2^+/Au$ 电对标准氧化还原电位为 0.38V；$(SCN_2H_3)_2/SC(NH_2)_2$ 电对标准氧化还原原电位为 0.42V，所以在选择适宜氧化剂氧化 Au 的同时，为了降低硫脲 $SC(NH_2)_2$ 的用量，保护 $SC(NH_2)_2$ 的初级氧化产物二硫甲脒 $(SCN_2H_3)_2$ 进一步氧化分解，必须添加适宜的保护剂，保护硫脲的过氧化消耗。

15.4　硫脲提金工艺

硫脲提金工艺主要有：常规硫脲浸出法、向浸出液中通入 SO_2 的 SKW 法、加金属铁板进行浸置的铁浆法、加活性炭或阳离子交换树脂进行吸附的炭浆或树脂浆法，以及向浸出槽中挂入阴、阳极板进行电解的电积法等。

15.4.1　常规硫脲浸出法

此法是向硫脲酸性（pH 值为 1.5～2.5）硫脲矿浆中鼓风搅拌进行金、银浸出的常规方法。矿浆中的已溶金采用过滤和多次洗涤，然后从滤液和洗液中用置换、吸附或电解法回收金。与氰化法的"CCD"工艺类似。

15.4.2　SO₂ 还原法（SKW 法）

此法是联邦德国南德意志氰氨基化钙公司（SKW）研究成功的，在常规硫脲浸出法基础上向硫脲浸金体系中通入还原剂 SO_2 的方法。此法硫脲稳定性差，易于氧化，在含 Fe^{3+} 和 O_2 的硫脲浸出过程中更易氧化，而导致硫脲消耗量过高。若在含 Fe^{3+} 较高的溶液中，硫脲会进一步氧化而失效。为防止硫脲氧化而导致消耗量过高甚至失效，而加入 SO_2，因为 SO_2 是一种高效还原剂。

15.4.3　铁浆法

铁浆法是在硫脲浸出金时在浸出槽的矿浆中插入一定面积的铁板（实验中通常为 $3m^2/m^3$ 槽），使已溶金、银及铜、铅等电位比铁正的金属离子呈微米级硫化物牢固地沉淀于铁板上。由于沉淀速度较快，一般每 2h 要提出铁板刮洗一次金泥，然后再插入槽中继续使用。

此法无过滤作业，设备和操作都较简单，金的沉淀回收率可稳定在 99% 或以上。该法已在我国峪耳崖、金洞岔、张家口等金矿进行过不同规模的工业试验，均取得了较好的技术指标。在适宜的条件下，可以取得与氰化法处理同类原料相同的浸出指标，且浸出时间比氰化法短。

15.4.4　炭浆或树脂浆法

从硫脲浸出矿浆中吸附金、银的炭浸法或树脂浆法，其作业方法和氰化浸出的炭浆法或树脂浆法一样，所用的活性炭也一样。若采用树脂浆法则因硫脲金络离子为阳离子，而应使用强酸性阳离子交换树脂或硫脲树脂等。如不使用粒状吸附剂，可使用阳离子树脂纤维布或活性炭纤维布，这样可以免去从矿浆中筛分回收载金粒状吸附剂的作业，只需定时从矿浆中提出载金纤维布送解吸金，并向槽中加入另一批备用纤维布继续进行吸附。

15.4.5　矿浆电解沉积法

矿浆电解沉积法，也称浸出—沉积一步法，即浸出—置换同时在多槽组合的浸置槽中进行，其工艺流程见图 15-1。

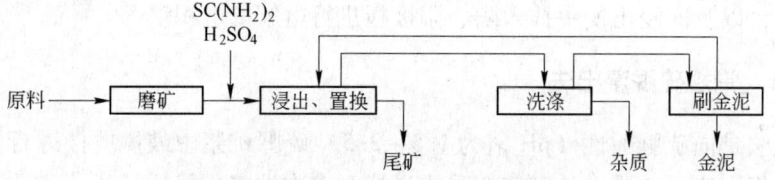

图 15-1　浸出—置换工艺流程图

浸出—置换工艺的主体是多槽组合的浸置槽，其结构示意图见图15-2。

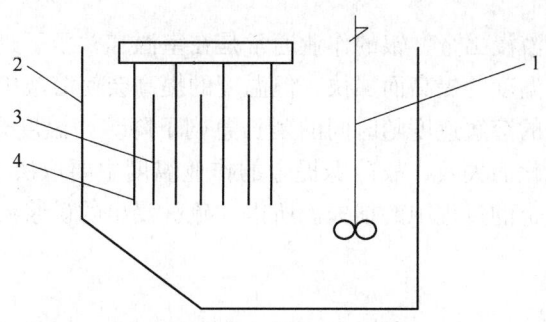

图 15-2　浸置槽结构示意图
1—搅拌器；2—槽体；3—阳极板；4—阴极板及提升架

槽中阴极部分是置换区，搅拌部分是浸出区。

浸出—置换工艺程序是：金精矿在硫脲溶液中不断搅拌下被浸出，并通过带负电位的铅极板置换出金，金呈松散层附着在极板上，每小时由第一槽起顺序将槽中极板提起沿导轨送至洗泥槽洗出杂质，最后送至刷金泥槽，将附着在极板上的金泥刷下，刷净的极板送回浸置槽再行置换。该工艺除具有硫脲提金所固有的无污染外，还具有流程短、操作简便、控制因素单纯、生产成本低等优点，有较好的工业化前景。

15.5　硫脲提金影响因素

硫脲提金影响因素主要有原料粒度、矿物结构、矿浆浓度、矿浆温度、硫脲用量、硫酸用量、搅拌强度、槽电压、电极电位、阴极板材质、氧化剂浓度等等。采用的硫脲提金法工艺方法不同，其影响因素也各不相同。所以，现只介绍其共同的影响因素。

15.5.1　原料粒度

原料粒度对硫脲提金有直接影响，所以必须因矿制宜，根据不同原料的性质，合理确定入浸粒度，粒度过粗，不利于浸出；粒度过细，不但加大磨矿成本，还将增大杂质的溶出量，可能会引起金浸出指标的恶化。实际生产中原粒入浸粒度一般为 80% ~ 85% − 0.043mm（−325 目）。

15.5.2　矿浆浓度

硫脲浸出矿浆的浓度一般以 30% 为宜，当处理含大量矿泥的黏性氧化矿浆时，其浓度应适当降低。

15.5.3 矿浆温度

应用酸性硫脲液浸出金、银的作业通常是在室温和常压下进行。金、银的初始溶解速度随作业温度的提高而加快，但温度的提高会使溶液中硫脲的氧化速度加快，而使金、银的溶解速度随时间的延长急剧下降。当温度升高至 100℃ 左右时，硫脲金急剧氧化而失效，故硫脲提金的作业温度主要取决于硫脲的稳定性，尽量减少硫脲在浸金的过程中的损失。所以，硫脲浸出的矿浆温度应低于或等于 25℃ 左右。

15.5.4 硫脲用量

在一定的酸度条件下，硫脲主要呈分子状态存在于矿浆中，增加硫脲的用量，将提高浸出扩散动力，加速浸出过程。其具体用量应根据入浸原料中金、银含量及其矿物组成情况，经试验或参照类似生产实际指标确定。当矿浆温度为 25℃，矿浆浓度为 30% 时，硫脲浓度一般为 1~25g/L。

15.5.5 硫酸用量和 pH 值

硫脲在酸性溶液中具有还原性，在 pH 值为 1~6 时均较稳定，硫脲溶金是在低 pH 值条件下进行的，pH 值调整剂一般采用能解离出 H^+ 的强酸。硫酸 SO_4^{2-}/SO_2 电对电位为 0.20V，比硫脲氧化生成二硫甲脒电对的电位 0.42V 低得多，氧化能力较弱，故硫酸是硫脲液最理想的 pH 值调整剂。它既能防止硫脲被快速氧化，又能大量解离出 H^+ 使溶液易于达到要求的 pH 值，设备的防腐也简单。所以，在工业生产实践中，考虑到由于杂质离子存在的复杂情况，一般把 pH 值确定为 1~4 较为合适。

15.5.6 氧化剂

硫脲浸出金的过程中，要加速金在溶液中的氧化溶解反应，则需要加大正极和负极反应的电位差（电动势）。硫脲浸出金时，负极 $Au\{SCN_2H_4\}_2^+$/Au 电对的反应电位为 0.38V（25℃时），是个定数，故只有选用电对电位高的氧化剂来加大正极反应电位，才能扩大正负极反应的电位差（电动势），且硫脲在酸性液中具有还原性质，要使金溶解进入溶液，也就必须有氧化剂存在。鉴于金矿石和金精矿中总还有一些铁（黄铁矿、褐铁矿等），在酸性硫脲浸金过程中，必有一部分铁溶解进入溶液中，而与使用 Fe^{3+} 作氧化剂提供了条件，所以不需另加氧化剂。因为矿浆中的 Fe^{3+} 和矿浆在搅拌过程中氧形成了混合氧化剂，它有利于提高硫脲浓度，金粒表面也不会发生钝化，可强化浸出过程。因此，它已成为硫脲浸金最理想的氧化剂。

15.5.7　搅拌强度

一般浸出时，搅拌除使矿浆中矿粒悬浮和扩散外，还要求有一定的吸气作用，以增加矿浆中溶解氧的浓度。其搅拌强度，应根据硫脲提金工艺方法、原料粒度、矿浆浓度的不同而有所不同，视具体情况而定。

15.6　硫脲法提金试验研究与生产实践

硫脲法提金自 1990 年以来，我国有关科技人员付出了艰辛的努力和探索，并应用于广西龙水金矿，取得了可喜的结果。但目前仍处于实验研究和探索阶段，应用于工业生产方面的实例还比较少，其主要原因是硫脲法提金不如氰化法经济，再加有些具体技术问题有待进一步研究解决，致使影响了其发展和应用。

15.6.1　广西龙水金矿硫脲炭浆法提金试验

15.6.1.1　硫脲炭浆法提金试验的由来

龙水金矿多年来一直采用矿石浮选、金精矿硫脲铁浆法提金工艺，取得了可贵的经验，并在生产实践过程中发现了一些问题，主要有以下几点：

（1）金泥品位不高。根据多年的生产实践经验，置换法或电积法得出的金泥品位都不高，一般在 0.1% ~0.2%，因而金泥量较大，产率约为 1%，对金泥的冶炼处理还存在相当的困难。

（2）铁板置换酸蚀严重。由于硫脲铁浆法提金是在酸性溶液中进行，pH 值一般在 1.5 左右，铁板置换酸蚀严重，铁板消耗约 10kg/t。

（3）铁板酸蚀孔洞处带大量矿泥。硫脲铁浆法提金置换铁板在生产过程中，因酸蚀形成的孔洞处带大量矿泥混入金泥，降低了金泥品位，同时一部分被还原成金残存在蜂窝状孔洞中，难以回收造成金属损失。

为此，该矿进行了硫脲炭浆法提金小型探索性试验，试验规模为 1kg 级，限于矿山设备条件，试验只采用单因素对比法，没有进行多因素最佳条件选择试验。本次试验共进行两批分 7 个样品，矿样均为浮选精矿的焙砂。第一批 3 个样为南昌焙烧矿，未再磨矿，粒度较粗，用于硫脲铁浆法与硫脲炭浆法对比试验。第二批 4 个样为不同含金品位的低品位焙砂，经再磨至 90% ~95% -0.043mm（-325 目），全采用硫脲炭浆法浸出。

15.6.1.2　矿石性质

试验所用矿样为该矿龙水选厂生产的浮选精矿，经马弗炉氧化焙烧后进行硫脲浸出、置换（吸附）试验。精矿中金属矿物主要为自然金、银金矿、黄铁矿，少量的白铁矿、方铅矿、闪锌矿、黄铜矿、锡石及毒砂等，次生矿物有褐铁矿、孔雀石、铅矾等。脉石矿物除围岩外，主要为石英、方解石、绢云母、碳黄页岩、石墨等。自然金的嵌布主要与黄铁矿及石英共生关系密切，多赋存于黄铁矿裂隙中，少量被黄铁矿包裹。自然金粒度较细，极不均匀，一般在 0.01 ~ 0.1mm，最大粒径大于 0.3mm，小于 0.01mm 的约占 15%。

15.6.1.3 试验条件

（1）试剂。

硫脲 $SC(NH_2)_2$ 化学纯

硫酸 H_2SO_4 工业品

活性炭 C   椰壳炭

（2）浸出-吸附槽。用于硫脲炭浆法试验的浸出槽是容积 1L 的有机玻璃槽，其搅拌装置是自制的，叶轮的搅拌强度专为炭浆而设计，既要保证矿浆的悬浮，又要尽量减少载金炭的磨损。

（3）试验方法。采用单因素法，单元试样 1kg，浸出-吸附一定时间后，用筛分法将矿浆与载金炭分离，然后使矿浆固液分离，分别分析固、液含金品位，计算浸出率和吸附率。

15.6.1.4 对比探索试验

作为硫脲铁浆法对比试验，探索其可能性，3 个试验用样为高品位焙砂，未再磨矿，粒度较粗，用于硫脲铁浆法与炭浆法对比试验。试验条件及结果见表 15-1。

表 15-1 硫脲浸出炭浆法与铁浆法对比试验结果

项目	原矿品位/g·t⁻¹		浸渣品位/g·t⁻¹		贫液品位/g·m⁻³	浸出率/%		Au 置换率/% (吸附)	工艺条件		
	Au	Ag	Au	Ag		Au	Ag		$SC(NH_2)_2$ /kg·t⁻¹	H_2SO_4 /kg·t⁻¹	浸出时间 /h
铁浆法	342.00	108.00	34.50	88.00	0.10	89.91	18.52	99.95	4	50	36
炭浆法	342.00	108.00	43.00	83.50	0.17	87.43	22.69	99.89	4	50	36
	342.00	108.00	52.00	92.50	0.18	84.80	14.35	99.88	4	50	36

注：活性炭在浸出 12h 后加入，按吨焙砂加活性炭 15~20kg。

从表 15-1 可以看出，由于原矿品位较高，又未经磨矿，粒度较粗，浸出率均不高，浸渣品位都较高，但置换（吸附）率都比较高，仍可以说明硫脲炭浆法可行。

15.6.1.5 低品位焙砂炭浆法试验

4 个试验矿样均为不同金含量的低品位焙砂，经再磨至 90% ~ 95% -0.043mm（-325 目），全部采用硫脲炭浆法浸出，其试验工艺条件除加硫脲和硫酸与上述试验相同外，另加高价铁盐 2kg/t，浸出时间 24h，在浸出 12h 后加活性炭 15~20kg/t。其试验条件及结果见表 15-2。

表 15-2 低品位焙砂再磨硫脲浸出炭浆法试验结果

项目	原矿品位 /$g \cdot t^{-1}$		浸渣品位 /$g \cdot t^{-1}$		贫液品位 /$g \cdot m^{-3}$	浸出率/%		Au 置换 (吸附) 率/%	工艺条件					
	Au	Ag	Au	Ag		Au	Ag		$SC(NH_2)_2$ /$kg \cdot t^{-1}$	H_2SO_4 /$kg \cdot t^{-1}$	Fe^{3+} /$kg \cdot t^{-1}$	C /$kg \cdot t^{-1}$	浸出时间/h	小于0.043mm (325目) /%
1 号样	26.00	107.00	1.70	52.80	9.18	93.46	50.65	98.59	4	50	2	15	24	79.5
2 号样	26.00	107.00	2.40	54.20	0.22	90.77	49.85	98.14	4	50	2	15	24	90
3 号样	48.50	—	6.50	—	0.20	86.60	—	99.05	4	50	2	20	24	90
4 号样	48.5	—	3	—	0.24	93.81	—	98.85	4	50	2	20	24	90

从表 15-2 可以看出，焙砂再磨后使入浸物料粒度变细，对浸出有利，各项指标均比再磨要好。但银的浸出率虽比探索实验有所提高，但仍不理想，有待于进一步研究探索。

15.6.2 美国 Sonva 矿业公司硫脲浸出-铝粉置换连续试验

Sonva 矿业公司位于美国加利福尼亚州，应用 Jamestown 矿山生产的浮选金精矿，含金品位为 2.093oz/t (1oz = 28.35 × 10⁻³ kg)，在两级硫脲浸出的中间工厂，以 756g/h 的规模，进行了为期三周的连续浸出试验。该中间工厂配置有溶液的电位自动控制和溶液循环系统，采用间歇式铝粉置换沉淀法回收金，并以此为基础，进行了更大规模的硫脲浸出中间工厂试验和生产规模的规划建设。

15.6.2.1 硫脲间歇浸出试验

A 硫脲间歇浸出试验的最佳条件

硫脲用量：5g/L，其中有 20% ~50% 被氧化成二硫甲脒

硫酸用量：15g/L

浸出温度：40℃

矿浆浓度：40%

B 试验结果

两级浸出，每级浸出 2h 后，含金浸出率高达 96%，用添加 H_2O_2 氧化硫脲和添加 SO_2 气体还原二硫甲脒的方法控制溶液的电位。

15.6.2.2 中间工厂试验

中间工厂试验规模为 750t/h，进行了为期三周的连续浸出试验。中间工厂由两个浸出级组成，每级有 6 个串联的浸出槽，每个浸出槽用容积为 2L 的聚乙烯烧杯制成，聚乙烯烧杯平均有效容积为 930mL。每级总浸出时间为 560min。由 1/8 助变速直流电动机驱动 7cm 螺旋桨进行搅拌，通过不锈钢蛇管泵送热水将各

浸出槽加热到 40℃。

每个浸出级预定的矿浆浓度为 40%，用变速改进型空腔泵（cavitypump）输送，用变速蠕动泵打入酸性硫脲浸出液。由于液体和固体的流量都很小，用可变周期定时器控制泵的工作，调节范围为时间的 10%，通过每个浸出级的矿浆都溢流至真空过滤机，该过滤机定时进行排水。第一级过滤出的滤饼，先后用硫脲和水洗涤，再进入第二级。第二级的滤饼用硫脲制浆浸出后过滤，滤渣先后用硫脲和水进行洗涤。

溶液的氧化还原电位用铂-甘汞电极通过 4 个电位控制器维持。在每个浸出级的第一个浸出槽加入 5% H_2O_2 以保持充分的氧化，约有 20% ~ 50% 的硫脲被氧化成二硫甲脒，在第三个和第五个浸出槽中通入 SO_2 气体以保持充分的还原。必要时也可以人工控制溶液的氧化还原电位。

第一级浸出所得的含金溶液，用雾化铝粉置换沉淀法从溶液中回收金。溶液先后用 SO_2 气体还原，使其中的二硫甲脒全部还原成硫脲，然后，按 600mg/L 加入铝粉，反应 30min 后过滤，滤饼即为金泥，金的平均回收率为 99.5%。

15.6.2.3 中间工厂试验结果

本试验结果是中间工厂试验第三周的数据，在此期间，试验运转良好，据此计算生产工厂的成本和投资。

试验的整个过程中，精矿都加到第一浸出级，第一级的滤饼进入第二级，中间工厂启动时，每级都加新鲜的硫脲溶液。在 21h 时，经回收金处理的第二级产品溶液返回第一级作业。在 52h 时，停止回收金的处理，第二级溶液作为产品液。在 76h 时，第二级的进料溶液由 50% 新鲜溶液和 50% 第一级处理过的溶液组成（溶液总量的 50% 返回循环）。试验于 106h 结束。

整个试验期间各浸出槽中金的平均含量列于表 15-3。

表 15-3 各浸出槽中金的平均含量

浸出槽	含金量/oz · t^{-1}								金的浸出率/%	产品的固体含量/%
	进料	1	2	3	4	5	6	产品		
第一浸出级	2.093	1.013	0.546	0.354	0.288	0.255	0.22	0.205	90.2	42.9
第二浸出级	0.209	0.119	0.11	0.112	0.104	0.104	0.105	0.107	94.9	37.9

注：$1oz = 28.35 \times 10^{-3} kg$。

由表 15-3 可见，大部分金是在第一级被浸出的，在该级的 6 个浸出槽中固体金含量依次逐渐减少。在第二浸出级，大部分金也是在第一个浸出槽中被浸出的，后面的浸出槽变化不大。

第一浸出级产品溶液中金的平均浓度为 45.2×10^{-6}，第二级为 2.1×10^{-6}。硫脲总量的平均测定值见表 15-4。

表 15-4 硫脲总量的平均测定值 （g/L）

浸出槽		进料	1	2	4	6
含金量	第一浸出级	5.00	4.78	4.72	4.68	4.60
	第二浸出级	5.00	4.97	4.91	4.82	4.76

游离硫脲的测定值视硫脲的氧化程度而定，硫脲的氧化程度控制在 20% ~ 50% 之间。

两级的硫脲总消耗量平均为 0.65g/L，硫脲主要消耗在第一级的第一个浸出槽中，这是由于进料固体吸附硫脲所致。

15.6.2.4 试剂消耗

A 硫脲

两级矿浆浓度为 40% 时，硫脲的实际消耗量为 0.65g/L，即 0.95kg/t。在第一级产品溶液的 50% 返回至第二级及补加新溶液的条件下，硫脲消耗量为 4.1kg/t。如果返回量增加到 80%，硫脲将消耗 1.9kg/t。

B 硫酸

硫脲与精矿反应不消耗硫酸，硫酸的消耗量是调节矿浆 pH 值所致，在 50% 溶液返回时，由溶液的损失所造成硫酸的消耗量为 11kg/t。

C 双氨水

在第二级浸出液中氧化硫脲的 20% 时，需要足够数量的双氨水，其消耗量为 1.7kg/t。

D 二氧化硫

中间工厂试验不监控 SO_2 的用量。在生产工厂，SO_2 仅用于还原回收金之前的第一级浸出液，当矿浆浓度为 40%，50% 的硫脲被氧化时，SO_2 的消耗量为 3.2kg/t。

E 铝粉

据计算，使用 500×10^{-6} 的铝粉时，金的回收率在 99.5% 以上，铝粉的消耗量为 0.75kg/t。

15.6.2.5 投资和生产经营费用计算及生产工艺流程

根据中间工厂连续试验取得的数据，进行了处理量为 200t/d 的硫脲浸出-铝粉置换金厂的投资和生产经营费用的计算，并确定了生产工艺流程图，见图 15-3。

该厂总投资（含意外开支）估计 2403900 美元，年生产黄金 130000oz，年经营费 1504000 美元，经营费用明细见表 15-5。

表 15-5 经营费用明细表

项　目	劳务费	维修保养费	动力费	试剂费	燃料油费	备用零件费	操作消耗品费	总计
每盎司金/美元	2.59	0.28	1.35	5.56	1.11	0.36	0.29	11.57

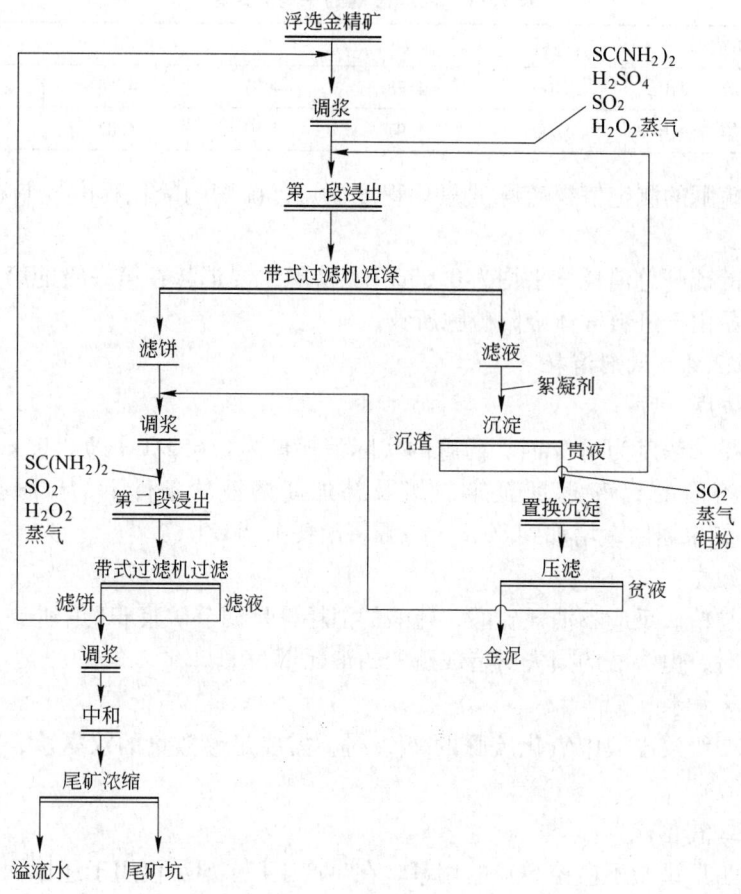

图 15-3 Sonva 200t/d 硫脲浸出工艺流程

　　历时三周的中间工厂连续试验表明：Sonva 浮选精矿进行连续的硫脲浸出，金的浸出率与间歇式试验差不多，约为 95%。返回 50% 的溶液所得到的浸出结果与使用新鲜浸出剂的结果差不多，预计返回更多的溶液也是可行的。用间歇式铝粉置换沉淀法回收金，金的平均回收率为 99.5%，该厂已建成投产。

参 考 文 献

[1] 中国选矿技术网. 广西龙水金矿[J]. 中国选矿技术网，2006.7.27.

[2] 陈剑锋. 硫脲炭浸法提金初探[J]. 黄金，1994(8):29~31.

[3] 张清波. 加温硫脲炭浸法提金新工艺研究[J]. 黄金，1993(12):23~26.

[4] 中国核学会《铀与金》编辑部. 金提取化学（内部参考资料）[M]. 中国核学会《铀与

金》编辑部，1996，7：184~186.

[5] 孙戬. 金银冶金[M]. 北京：冶金工业出版社，1998：359~400.

[6]《选矿手册》编辑委员会. 选矿手册·第八卷·第三分册[M]. 北京：冶金工业出版社，1990：286~288.

[7] 刘吉生. 提高龙水选厂黄金选矿回收率的生产实践[J]. 黄金，1992(3):50~53.

[8] 赵捷，乔繁盛. 黄金冶金[M]. 北京：原子能出版社，1998：209~215.

16　黄金选矿污水处理

黄金生产中的公害,水型污染物尤为突出,黄金生产过程中污水的特点是排放量大,含污染物多,成分复杂,不易净化,处理比较困难。随着黄金生产的发展,中、小及乡镇企业大量涌现,使总的环境质量形势日趋恶化,如氰化物的污染正向农村蔓延、侵袭。外排工业污水将成为水体的主要污染源。

近年来,剧毒物质氰化物、砷化物,中等毒性物质黄药、松节油、丁胺黑药,储蓄性有毒物质汞、铬、镉及重金属等污染物质正在逐渐增多。

被多种有害物质污染的水体,不但使水中原有物质组成发生变化,而且污染物质还参加了能量和物质的转化及循环过程。当水中污染物超过运行浓度时,就破坏了水体的原有用途,甚至危及原有的生态平衡。随着地面水域的污染,使地下水源也遭到一定的污染。辽阔的海洋是陆地水系的归宿,陆地及其水系中许多物质可以通过各种途径进入海洋,成为海洋的污染源。

危害广泛的水体污染,对人类健康,工农业生产和发展、渔业、水生生物等都造成危害。危害程度与污水中污染物质的性质、存在形式、停留时间及浓度等多种因素有关,所以,对黄金生产外排工业污水必须进行处理,使其达到国家规定的外排水质标准。

16.1　含浮选药剂污水处理

16.1.1　含浮选药剂污水来源与污染

目前我国脉金中硫化矿床的金矿石,大都采用了浮选工艺选别,在浮选工艺生产过程中,加入了大量的浮选药剂。大部分金矿选矿厂采用了乙基黄药、丁基黄药、松节油,个别金矿选矿厂采用了丁胺黑药,有的还用煤油作捕收剂。残留的浮选药剂在浮选尾矿浆和污水中经处理,通过管道输入尾矿库,由尾矿库排放于附近地面水体中,给环境造成直接污染。

浮选药剂属于中等毒性化合物。含浮选药剂的污水排入河湖,突出的危害是河湖周围空气中有明显的异臭,水中鱼虾减少,鱼体变形,鱼肉有异味,对人体和动物有毒害作用,主要体现在损害神经系统、肝脏、肾脏等器官。

松节油用作起泡剂,用量较少,一般不超标。丁胺黑药用作捕收剂,只是个别金矿使用。大量而较普遍采用的是乙基黄药和丁基黄药。松节油及丁基黄药环境规定标准见表16-1。

表 16-1　松节油与丁基黄药的环境标准

国家	药剂名称	分子式	相对分子质量	极限允许浓度 /mg·L⁻¹	备　注
美国	丁基黄原酸钾	C_4H_9OCSSK	188	10（$1mg/m^3$）	工作区空气和居民区大气中
原苏联	丁基黄原酸钠	$C_4H_9OCSSNa$	172.5	0.001	水体中
中国	丁基黄原酸钠	$C_4H_9OCSSNa$	172.5	0.005	水体中（也适用于渔业水体）
中国	丁基黄原酸钠	$C_4H_9OCSSNa$	172.5	20（$1mg/kg$）	（工业已生基理限制制度）
中国	松节油	$C_{10}H_{17}OH$	154	0.2	工业企业设计卫生标准（TJ 36—79）

16.1.2　含浮选药剂污水处理方法

16.1.2.1　化学法

A　氧化分解

采用的氧化剂是液氯、漂白粉、次氯酸钠等。其作用的实质是"活性氯"破坏污水中的黄药，使之被氧化成无毒的硫酸盐，处理时 pH 值以 7.5～8 为宜。其氧化分解原理：

$$2ROCSS + 16Cl + 20H_2O \Longrightarrow 2KOH + 3HSO + 3HCl + 2CO$$

处理效果主要决定于"活性氯"用量，用量少，处理不完全；用量多，净化液中有"活性氯"存在。

臭氧法处理黄药效果较好，而且无"活性氯"存在。但电耗大，至今未能广泛应用于生产。

B　电解法

用白金作电极，直流电压为 0.5V，电流为 46mA，进行电解，分解黄药。

C　置换回收法

在控制 pH 值条件下，向含黄药并有重金属氧化物沉淀的废水中加入硫化钠，可将黄药置换出来加以回水利用。

D　酸化或碱化法

在尾矿库入口污水中按 100～200mg/L 投加硫酸，可破坏选矿污水中的黄药，使其出水水质达到国家规定的地面水三级排放标准。

在尾矿库中投加石灰石，随着金属氢氧化物产生沉淀，而吸附浮选药剂。

16.1.2.2　物理法

A　曝气法

含浮选药剂的污水在尾矿库贮存停留一段时间后，经过与空气接触，可使浮选药剂含量大大降低。

B　紫外线照射法

利用$(2500 \sim 5500) \times 10^{-10}$ m 紫外线照射，可将污水中浮选药剂破坏。

16.1.2.3　物理化学法

A　吸附法

吸附剂采用活性炭、炉渣、高岭土等，可吸附污水中的浮选药剂。如在污水中加入 20g/t 高岭土时，丁基黄药去除率可达 89%，松节油去除率可达 80%。

B　凝聚法

向含有浮选药剂的污水中投加凝聚剂，使污水中的金属离子和浮选药剂凝聚沉淀。

C　离子交换法

对含有黄药的废水，先经沉淀、过滤、中和后，用阳离子树脂，可除去污水中的黄药。

我国黄金矿山生产中公害污染，主要是治理氰化物，而脉金硫化矿床的金矿石，采用浮选药剂选别，浮选尾矿直接通过管道泵送入尾矿库，在尾矿库中存留一段时间后外排地面。排入地面水所含浮选药剂中，松节油能达到排放标准的水质要求，黄药含量达不到排放标准的水质要求。但黄金矿山至今还未发生过因黄药引起人、畜、庄稼中毒事件，其原因是在尾矿库存留期间，松节油易分解、挥发，黄药在水中易发生分解反应，其反应速度与多种因素有关。

黄药的恶臭与毒性主要是 CS_2 所致，一般黄金矿山尾矿库污水的黄药均在 5mg/L 以下，如果全部分解，所产生的 CS_2 仅为 2mg/L 左右。以 5mg/L 黄药在尾矿库污水中分解反应来计算：

$$C_4H_9OCSSNa + H_2O \Longrightarrow C_4H_9OH + CS_2 + NaOH$$

$$\begin{array}{ccc} 172 & & 76 \\ 5 & & x \end{array}$$

$$x = 5 \times 76/172 = 2.2\text{mg/L}$$

地面水中 CS_2 的最高允许浓度为 2mg/L。

就此看来，CS_2 在污水中一般未达到中毒剂量。

16.2　含氰污水处理

16.2.1　含氰污水来源与污染

我国是黄金生产大国，其黄金产量已连续 5 年列居世界第一，同时我国又是黄金开采与生产历史最悠久的国家之一。改革开放 30 多年是我国黄金生产与黄金工业技术发展的鼎盛时期，黄金工业环境保护工作也取得了突飞猛进的发展，尤其是含氰污水处理技术，30 多年来不断提高，取得了丰硕的成果。

30 多年前，我国的黄金氰化厂还很少，产生的含氰污水也不多；而今随着黄金生产的发展，黄金生产企业大都采用氰化法提金工艺，在生产过程中产生大量含氰污水，如氰化贫液、选矿污水、尾矿矿浆等，如果不加以治理，将会严重破坏环境，危害人类健康。

16.2.2 含氰污水处理方法

16.2.2.1 化学法

A 氯化法

利用氯氧化氰化物，使其分解成低毒物或无毒物的方法称为氯化法。

氯化法所用的氯化剂有氯气、液氯、漂白粉、次氯酸钙和次氯酸钠等。实际上这些氯化剂在溶液中都是生成次氯酸（HOCl），然后进行氧化作用。其中以液氯用的最为广泛，一般是在碱性溶液中进行，因而称为碱性氯化法。近年又发展为酸性氯化法。

氯气和液态氯对氰化物的氧化反应如下：

$$Cl_2 + H_2O \longrightarrow HOCl + H^+ + Cl^-$$

$$CN^- + HOCl \longrightarrow CNCl + OH^-$$

$$CNCl + 2OH^- \longrightarrow CNO^- + Cl^- + H_2O$$

第二阶段反应：

$$2CNO^- + 3OCl^- + H_2O \longrightarrow 2CO_2 + N_2 + 3Cl^- + 2OH^-$$

第一阶段是把 CN^- 氰化成 CNO^-，其毒性大致为 CN^- 的千分之一。第二阶段反应进一步把氰酸根氧化成 N_2 和 CO_2，完全氧化成为无毒物质。

如果采用的氯化剂是漂白粉（$CaOCl_2$）、次氯酸钙（$Ca(OCl)_2$）、次氯酸钠（$NaOCl$），其总的反应式如下：

$$2NaCN + 5CaOCl + H_2O \longrightarrow N_2 + Ca(HCO_3)_2 + 4CaCl_2 + 2NaCl$$

$$4NaCN + 5Ca(OCl)_2 + 2H_2O \longrightarrow 2N_2 + 2Ca(HCO_3)_2 + 3CaCl_2 + 4NaCl$$

$$2NaCN + 5NaOCl + H_2O \longrightarrow N_2 + 2NaHCO_3 + 5NaCl$$

其基本反应与采用液氯大致相同，只是不用再另加入强碱性药剂，具体操作较简单，但效果不佳。特别是易被矿浆包裹，分散不均，反应不完全，氧化效率低，使污水不能达标排放，药剂消耗量大，成本较高。所以，被酸性氯化法所取代。

酸性氯化法，简称酸氯法。处理含氰污水是在酸性条件下，溶液中主要是次氯酸（HClO）起氧化作用，HClO 是中性分子，比带负电性的 ClO^- 能够更容易地扩散到带负电性的（CN^-）中去，加速氰根的氧化。酸氯法就是创造条件，使氯在酸性溶液中水解后主要以 HClO 形式存在，能加速氧化，提高次氯酸的利用率，从而达到降低氯耗的目的。

采用酸氯法工艺，氧化能力强，除氰速度快，成本低，能连续生产，一次合格排放，生产稳定，操作简便，避免了跑氯气、氯化氰现象。污水处理达到100%合格排放。

此外，在含氰污水中存在大量的硫氰酸根，液氯除氰首先与游离氰反应，然后与硫氰酸根反应，最后与络合氰反应。采用酸性液氯法，在酸性条件下，络合氰化物会分解成简单氰化物，以游离氰的形式存在，有利于 CN^- 的氧化，充分利用氯水解生产 HClO 的有效时间，加速对氰化物的氧化。

B 酸化法

向含氰污水中加入硫酸，使污水呈酸性，污水中的氰化物转变为 HCN。由于 HCN 蒸气压较高，向污水中充入气体时，HCN 就会从液相逸入气相而被气流带走，载有 HCN 的气体与吸收液中的 NaOH 接触并反应生成 NaCN，重新用于氰化浸出，这种处理含氰化污水的方法称为酸化法，也称为酸化回收法。

氰化后的污水中氰化物主要以游离的氰化钠及铜、锌、铁的配合物形式存在，可直接用 H_2SO_4 处理，生成 HCN，用碱吸收。

回收 NaCN 循环使用，其化学反应式如下：

$$2NaCN + H_2SO_4 \longrightarrow 2HCN\uparrow + Na_2SO_4$$

$$Na_2(Zn(CN)_4) + 3H_2SO_4 \longrightarrow 4HCN\uparrow + ZnSO_4 + 2NaHSO_4$$

$$Zn(CN)_2 + H_2SO_4 \longrightarrow 2HCN\uparrow + ZnSO_4$$

$$Na(Ag(CN)_2) + H_2SO_4 \longrightarrow AgCN\downarrow + HCN\uparrow + NaHSO_4$$

$$Na(Cu(CN)_3) + 2H_2SO_4 \longrightarrow CuCN\downarrow + 2HCN\uparrow + 2NaHSO_4$$

$$Na(Ag(CN)_2) + NaCNS + H_2SO_4 \longrightarrow AgCNS\downarrow + Na_2SO_4 + 2HCN\uparrow$$

$$2Na_2(Cu(CN)_3) + 2NaCNS + 3H_2SO_4 \longrightarrow 2CuCNS + 3Na_2SO_4 + 6HCN\uparrow$$

$$HCN + NaOH \longrightarrow NaCN + 6H_2O$$

酸化法分为三个阶段，即挥发阶段、吹脱阶段和吸收阶段。将酸化处理后的溶液，充分暴露在空气中，借助于空气的吹脱作用，使 HCN 从液相中吹脱，并随空气流带出，吹脱出 HCN 用 NaOH 溶液进行淋洗吸收，生成 NaCN。这样既回收了氰化物，又使含氰污水得到处理，处理后氰化物浓度一般低于 20mg/L，最低可达到 3mg/L。

C SO_2 空气法

在一定 pH 值范围和铜离子的催化作用下，利用 SO_2 和空气的协同作用氧化污水中的氰化物称为 SO_2 空气法，也叫 SO_2-空气氧化法，简写成 SO_2-Air 法。

SO_2 空气法处理含氰污水，主要是 SO_2、空气、石灰等原料，加入少量硫酸铜溶液作催化，其化学反应式如下：

$$CN^- + SO_2 + O_2 + H_2O \xrightarrow{Cu^{2+}} CNO^- + H_2SO_4$$

$$CNO^- + 2H_2O \longrightarrow CO_2 + NH_3 + OH^-$$

该方法的优点是游离氰或络合氰化物均能被氧化除去，脱氰彻底，试剂成本低；但存在电耗过高，反应过程中 pH 不好控制，设备结垢较严重的缺点。

D　过氧化氢氧化法

过氧化氢（俗称双氧水）在常温、碱性、有 Cu^{2+} 作催化剂的条件下，能氧化氰化物，其化学反应式如下：

$$CN^- + H_2O_2 \xrightleftharpoons{Cu^{2+}} CNO^- + H_2O$$

反应生成的氰酸盐将通过水解生成无毒化合物，络合氰化物（Cu、Zn、Pb、Ni、Cd 的配合物）也因其中氰化物被破坏而解离，最终处理后污水中氰化物浓度可降低到 0.5mg/L 以下。

污水中的硫氰酸盐在碱性条件及 H_2O_2 浓度较低条件下，不会与过氧化氢发生反应。

该方法处理含氰污水效果较好，但仍有不足之处，如过氧化氢价格较高，腐蚀性大，运输、使用有一定的困难和危险，故目前难以广泛推广。

16.2.2.2　物理化学法

A　活性炭吸附法

活性炭吸附法是利用活性炭对氰化物的吸附和破坏作用来处理含氰污水的方法。

活性炭吸附法处理含氰污水，是加入催化剂并向污水中供入足够的氧，载体炭上便发生下列反应以完全氧化除氰。第一步，CN^- 氧化成 CNO^-，第二步生成 HCO_3^- 和 NH_3 水解生成 NH_4^+。化学反应式如下：

$$CN^- + 1/2O_2 \xrightarrow{载体} CNO^-$$

$$CNO^- + 2H_2O \xrightarrow{催化剂} HCO_3^- + NH_3$$

$$NH_3 + H_2O \longrightarrow NH_4OH$$

$$NH_4OH \longrightarrow NH_4^+ + OH^-$$

上述反应在弱酸性（pH = 7）条件下进行，用该法处理后尾矿库外排水中氰化物浓度低于 0.5mg/L，重金属 Zn、Cu、Fe 等除去率也很高。该技术操作简单，易于管理，经济效益较好。

B　离子交换法

离子交换法就是用阴离子交换树脂（R_2SO_4）吸附污水中以阴离子形式存在的各种氰化物，其化学反应式如下：

$$R_2SO_4 + 2CN^- \longrightarrow 2R(CN)_2 + SO_4^{2-}$$

$$R_2SO_4 + 2Zn(CN)_4^{2+} \longrightarrow R_2Zn(CN)_4 + SO_4^{2-}$$

$$R_2SO_4 + Cu(CN)_3^{2+} \longrightarrow R_2Cu(CN)_3 + SO_4^{2-}$$

$$2R_2SO_4 + Fe(CN)_6^{4-} \longrightarrow R_4Fe(CN)_6 + 2SO_4^{2-}$$

$Pb(CN)_4^{2-}$、$Ni(CN)_4^{2-}$、$Au(CN)_2^-$、$Ag(CN)_2^-$、$Cu(CN)_2^-$ 等的吸附与上述类似,硫氰化物阴离子在树脂上的吸附力比 CN^- 更大,更容易吸附在树脂上。

$$R_2SO_4 + 2SCN^- \longrightarrow 2RSCN + SO_4^{2-}$$

在强碱性阴离子交换树脂上,黄金氰化厂污水中主要的几种阴离子的吸附能力如下:

$$Zn(CN)_4^{2+} > Cu(CN)_3^{2+} > SCN^- > CN^- > SO_4^{2-}$$

因此在树脂饱和时,如果继续处理污水,新进入树脂层的 $Zn(CN)_4^{2+}$ 就会将其他离子从树脂上排挤下来,使它们重新进入溶液。各种离子在树脂上的吸附量,根据各种离子在树脂上的吸附能力以及在污水中的浓度不同,有一固定的分配比。对于强碱性树脂来说,这种现象十分明显,具体表现在流出液的组成随处理量的变化而变化。各组分当被吸附力强于它的组分从树脂上排挤下来时,其流出液的浓度会出现峰值。

用离子交换法处理含氰污水,应根据污水的特点选择相应合适的树脂,否则树脂处理污水的效果或洗脱问题将难以满足需要,难以实现工业化应用。

16.2.2.3　自然净化法

自然净化法处理含氰污水,是污水不经处理直接排到尾矿库,靠在尾矿库中自然净化降低氰化物浓度的方法称为自然净化法。黄金矿山都设有与生产规模相匹配的尾矿库,氰化厂生产过程中的尾渣矿浆和污水直接排放到尾矿库中,并在其中存留,由于曝气、光化学反应、共沉淀和生物作用,氰化物的浓度逐渐降低,从而达到自然净化的目的。

采用此方法时要非常慎重,自然净化后的污水能满足工艺技术要求的返回使用,长期使用不能产生恶性循环;尾矿库不渗漏,不能污染地下水和地表水,距离水源、养殖区和自然保护区要远。

该方法虽然省钱、简单,但风险性大,一旦渗漏和跑水,后果非常严重,没有安全和防护措施,不宜采用。

16.3　氰化物的毒性及对环境的危害

16.3.1　氰化物对人的毒性

氰化物是剧毒物质,极少量的氰化物就会使人在很短的时间内中毒死亡。有关资料介绍，氰化钠的平均致死量为 150mg，氰化钾 200mg，氰化氢 100mg 左右。另一资料介绍，口服氰化钠的致死量为 100mg，氰化钾为 120mg，或一次服用氰化氢和氰化物的平均致死量为 50~60mg。总之，少量的氰化物就会置人于死地。

在氰化法生产金银的过程中，最主要的氰毒来自氰化液的充气，加热和酸化作业时逸出的氰化氢，以及氰化物的固体粉尘和含氰溶液。氰化氢的作用极为迅速，在含有很低浓度 (0.005mg/L) 氰化氢的空气中，很短时间就会引起人的头痛、不适、心律不齐；在含高浓度 (0.1mg/L) 氰化氢的空气中能使人立即死亡；在中等浓度时 2~3min 内就会出现初期症状，大多数情况下，在 1h 内死亡。氰化氢对人的吸入毒性见表 16-2。

表 16-2 氰化氢对人的吸入毒性

暴露时间	伤害浓度/mg·L^{-1}	半致死浓度/mg·L^{-1}	致死浓度/mg·L^{-1}
3s			15
15s	1.5~2.0	2.5~2.75	3.0~3.5
30s	0.5	1.0~1.5	1.5~2.5
1min	0.4~0.5	0.7	1.5
2min	0.25~0.3	0.5	0.7
5min	0.15	0.2~0.3	0.4~0.5
15min	0.1	0.15~0.20	0.3

刺激皮肤或通过皮肤吸收，亦有生命危险。在高温下，特别是和刺激性气体混合而使皮肤血管扩张时，由于容易吸收氰化氢，所以更危险。

尽管氰化物毒性大，但大部分中毒以致死亡者并不是误食固体氰化物或氰化物溶液，而是吸入氰化氢气体所致。氰化氢中毒，有其特定的条件，也有很大的局限性。所以，因氰化氢中毒而死亡者极少，但由于工作环境导致慢性中毒者相对较多。

16.3.2 氰化物对牲畜的毒性

动物对氰化物急性中毒症状，表现为最初呼吸兴奋，经过麻痹、横转侧卧、昏迷不醒、痉挛、窒息，最后致死。狗、猫和猴则是有规律性的呕吐。据文献介绍，牛一次摄入氰化物的致死量为 0.39~0.92g，羊为 0.04~0.10g，马为 0.39g，狗为 0.03~0.04g。

牲畜由于吸入氰化氢气体中毒或死亡的实例较少，这主要是在正常生产时，从液相逸出的氰化物的量极小，而且氰化氢在空气中很快逸散，不会形成局部地区有较高浓度氰化氢的情况，况且牲畜一般不会进入使用氰化氢的生产场所。

牲畜由于摄入含氰化物污水而中毒死亡的事件相对较多，其原因主要是含氰污水因跑、冒、滴、漏形成流股或流入低洼地方形成积水，牛、羊等饮此水导致中毒死亡。在正常生产时，排放的含氰污水经过处理，含氰很低，不会使牲畜中毒死亡。只有在处理设施不到位、管理不严、设计不合理或不处理时，才能使排水中氰化物严重超标，导致牲畜中毒。牛等大牲畜有吃盐和饮盐水的习惯，而黄金氰化厂的含氰污水经碱氯法处理后，含有约 0.4 ~ 10g/L 的食盐，如果水中氰化物处理程度不够，牛等大牲畜大量饮用后，可能造成中毒死亡。因此，尾矿库应严格加强管理或在其周围设置围栏，防止牲畜进入。

16.3.3　氰化物对水生物的毒性

氰化物对水生物的毒性很大，氰离子浓度为 0.04 ~ 0.1mg/L 就能使鱼类致死，甚至在氯离子浓度为 0.009mg/L 的水中，姆鱼逆水游动的能力要减少约 50%。

氰化物对鱼类的毒性与环境有关，这是因为氰化物的毒性主要是氰氢酸的形成而产生的。因此，pH 值低于 6 时毒性增大。另外，水中溶解氧的浓度亦能影响氰化物的毒性。为了防止中毒，国家规定渔业水体总氰化物浓度不得超过 0.005mg/L。

氰化物对其他水生物也有很大的毒性。根据资料，在 20℃ 和 pH 值 6.1 ~ 8.7 条件下，大型水蚤受氰化物的影响情况是：氰化物浓度为 2.0 ~ 2.5mg/L 时，24 ~ 28h 中毒；氰化物浓度为 1.5 ~ 2.0mg/L 时，12 ~ 120h 中毒；氰化物浓度为 0.2mg/L 时，经 120h 有 1% 死亡；氰化物浓度为 0.05mg/L，没什么不良影响。浮游生物和甲壳类对水中氰化物的最大允许浓度为 0.01mg/L，抗性较大的水生物对氰化物的最大允许浓度为 0.1mg/L。氰化物浓度为 3.4mg/L 时，48h 水蚤亚目致死。

水中微生物可破坏低浓度的氰化物，使其成为无毒的简单物质，但要消耗掉水中部分溶解氧，这就是含氰污水用活性炭污泥处理的基本原理。若氰离子浓度较高，则会对细菌产生毒害作用，从而影响污水的生化处理过程。氰化物的浓度大于 1mg/L 时，将影响活性污泥的处理能力。通过生物滤池的含氰污水，其浓度不应大于 2mg/L。氰化物在水中的存在将降低水中溶解氧，使生化需氧量降低，消化作用降低，还会产生一系列的水质问题。

16.3.4　氰化物对植物的作用

灌溉水中氰化物的浓度在 1mg/L 以下时，小麦、水稻生长发育正常；浓度在 0.5mg/L 以下时，对作物生长有一定刺激作用，产量有所增加；浓度为 10mg/L 时，水稻开始受害，产量为对照的 78%，小麦受害不明显；浓度为

50mg/L 时，小麦和水稻都明显受害，但水稻受害更为严重，产量仅为对照的 34.7%，小麦为对照的 63%。水培时氰化物含量为 1mg/L 时，水稻生长发育开始受到影响；浓度在 10mg/L 时，水稻生长明显受到抑制，产量比对照低 50%；在 50mg/L 时，大部分受害致死，少数残存植株已不能结实。

含氰化物较低的污水，浓度为 0.5mg/L 灌溉小麦、水稻，其果实含氰化物极低，一般在几十微克/千克范围内。

含氰化物污水污染严重的土地，果树产量降低，结果量减少，但低浓度的含氰污水对大田作物的影响较小。

16.3.5 氰化物衍生物的毒性

氰化物的各种衍生物，即氰、氯化氰、氰酸盐、硫氰酸盐也都有毒，但毒性各不相同。其中，氰的毒性与氰化氢的相似，氯化氰的毒性与氰化氢相近，硫氰酸盐的毒性较小。

16.3.5.1 氯化氰的毒性

氯化氰是一种刺激性极强的气体。因其作用与光气及氰化氢相似，第二次世界大战期间法国曾用作毒气。氯化氰对人和动物的呼吸道和支气管有强烈刺激，能引起肺水肿而致死。

对人来说，在极低的浓度下，就能刺激眼、咽喉而催泪、咳嗽，并且在 0.05mg/L 的浓度下 1min 也忍受不了。如果长时间吸入比这更低浓度的气体时，能引起轻度的结膜炎、嗓音嘶哑，而且还能引起消化器官的障碍。在 0.12mg/L 条件下，接触 30min 后即死亡。氯化氰进入人体内约有 30% 变为氰化氢，与血红蛋白和谷胱甘肽反应，可释放出氰离子。

黄金氰化厂多数用氯气处理含氰污水，时常发生氯化氰气体逸出的事故，使操作者眼、鼻、咽喉受到很大刺激，并引起各种疾病。

16.3.5.2 氰酸及其盐类的毒性

氰酸强烈刺激皮肤黏膜、呼吸道，并且在有催泪性气体下，有类似氰化氢的毒性。

氰酸盐对人、畜、鱼类的毒性很小，氰酸盐在排水中流失时，碱性条件下稳定，酸性条件下即被分解。此时，生成碳酸盐和氨，没有氰离子产生。

16.3.5.3 硫氰酸及其盐类的毒性

硫氰酸毒性小，比其他酸在酯类中的溶解度大，因此对细菌的作用强，痕量的硫氰酸有杀菌效果。微量的硫氰酸广泛存在于动、植物中，在唾液中为 0.017~0.217mg/L，在尿中为 0~0.066mg/L。

无机硫氰酸盐与氰酸盐不同，其毒性小，危险性也小，它在机体中分解可生成氰离子。但硫氰酸盐在人体中的积累会妨碍人体甲状腺激素的合成，引起甲状腺机能不足症，故外排水中硫氰酸盐含量高时，也要进行处理，尤其是不能作饮用水。前苏联饮用水标准，SCN^-与氰均为 0.1mg/L。

16.4 氰中毒的防护与治疗

16.4.1 氰中毒的临床症状

氰化物中毒主要为急性中毒，其临床症状可分为四期。

（1）前驱期。眼及咽喉等上呼吸道出现刺激、灼烧、麻木、呕吐，并伴有头昏、头痛、耳鸣、乏力、大便紧迫等。

（2）呼吸困难。胸闷、心悸、呼吸道急迫、血压升高、脉搏加快、心律不齐等，逐渐神志不清而进入昏迷。

（3）痉挛期。痉挛、惊厥、大小便失禁、大汗和体温下降。

（4）麻痹期。感觉和反射消失，呼吸浅慢渐至停止。

急性氰中毒的重症，如能及时、妥善抢救，可能制止病情发展，使中毒者有获救希望。急性中毒的轻症，经抢救后，可在 2~3d 后逐渐好转并恢复健康。

长期小量吸入的慢性中毒，可引起神经衰弱、全身乏力、神经肌肉痛及胃肠道症状等。

皮肤接触的中毒，可引起斑疹、红疹和疱疹。氰化钾接触皮肤能生成小疥和小疮。

由于氰化物进入人体后的解毒作用主要是以氰化氢的形态由肺部呼出，而氰化氢具有杏仁味，故诊断氰中毒的依据除有接触氰化物的历史外，呼气中带有杏仁味也具有一定参考价值。

16.4.2 预防氰中毒的措施

鉴于氰化物的剧毒性，生产现场应以预防为主，预防氰中毒的主要措施包括：

（1）生产过程应采用机械化、密闭化、自动化、连续化的设备。安装良好的通风设施。

（2）进入有高或中等浓度氰化物的场所工作时，必须佩戴有效的防护用具，同时必须有专人负责进行监护，必要时提前 30min 服用抗氰预防片，可维持 5h。

（3）含氰化物的污水，必须经过处理后再排放，排水必须与酸性污水分开，以免引起氰化氢气体逸出使人中毒。

（4）各生产车间都需设有急性中毒急救箱，备有抗氰预防片，抗氰急救针或亚硝酸异戊酯等，操作人员应尽量做到人人会现场抢救，以便及时就地抢救。

（5）定期作预防性的体格检查，凡患有肾脏、呼吸道、皮肤，甲状腺等慢性疾病及精神抑郁和嗅觉不灵者，均不宜从事涉及氰化物的工作。

（6）生产车间内禁止吸烟、饮水、进食。

（7）停车检修时，对于可能积聚氰化物气体的容器，应先通风并测定氰化氢的含量，当氰化氢的含量低于 $0.3\mu g/L$ 时方可进入。尤其含氰化物的液体和矿浆，停车时空气中的二氧化碳与水中的碱发生中和反应，使液体的 pH 值逐渐降低，产生的氰化氢不断地逸入气相，其浓度很高，如果不采取通风、排气措施，将使进入该场所的人在数十秒至数分钟内昏迷、死亡。

16.4.3 急性氰中毒的抢救

急性氰中毒的抢救，应及时就地抢救。目前，治疗急性氰中毒主要使用亚硝酸盐和硫代硫酸盐的联合疗法，其包括以下抢救过程：

（1）将亚硝酸异戊酯（安瓿）放在手帕中折断，在数分钟内重复让中毒者吸入 $1 \sim 2$ 次，每次 $15 \sim 30s$。

（2）按每分钟 $2 \sim 3mL$ 的速度，缓慢静脉注入 3% 亚硝酸钠 $10 \sim 20mL$。注入速度过快会引起血压突然下降。

（3）静脉注入 25% $\sim 50\%$ 的硫代硫酸钠 $25 \sim 50mL$。必要时可在 1h 内再注入半量或全量一次。

由于葡萄糖能与氰化氢结合生成无毒的腈，注射上述药物时可同时使用。

（4）依地酸二钴对治疗氰中毒有效，病情危急，可用 600mg 剂量加入葡萄糖液中静脉滴注。

（5）皮肤被氢氰酸灼伤时，先用万分之一高锰酸钾冲洗，再用硫化铵洗涤。

16.5 含氰污水处理实践

16.5.1 招远金矿金精矿氰化含氰污水处理

招远金矿用酸化法处理含氰污水，其处理工艺流程见图 16-1。

该厂每天排放近 $200m^3$ 含氰污水，通过玻璃转子流量计量后，在混合器中与浓硫酸混合，给入 $\phi7m$ 铜沉淀槽，此槽为上部短圆柱，下部大圆锥形的钢制密封槽，槽内涂环氧树脂，顶部有进出液管及排气管。排气管与进入一次吸收塔的风管连接，槽的底部设一阀门，定期将硫氰化亚铜沉淀排入干燥池。沉淀槽排出的废水经加热槽（采用蒸汽间接加热）达到 $25 \sim 30℃$ 后，扬至 $\phi1.3m \times 8.5m$ 一次发生塔顶部的 10 个喷头，使废水均匀地喷布在塔内的点波填料上，点波填料是由聚氯乙烯塑料薄板制成，塔内装 3 层，每层高 $1.2 \sim 1.5m$。从塔底鼓入空气，使溶液和空气成逆向流动。经酸化后生成的 HCN 气体被空气流带走，并经 $\phi0.9m$ 气液分离器分离出少量液体后，给入 $\phi1.3m \times 8.5m$ 吸收塔的底部。吸收塔是用钢板制成，同样装有点波填料，由安装在塔顶部的 10 个喷头喷淋氢氧化钠溶液。在吸收塔内HCN 气体与碱液逆向流动，使其充分接触，HCN 则被吸收成 NaCN。

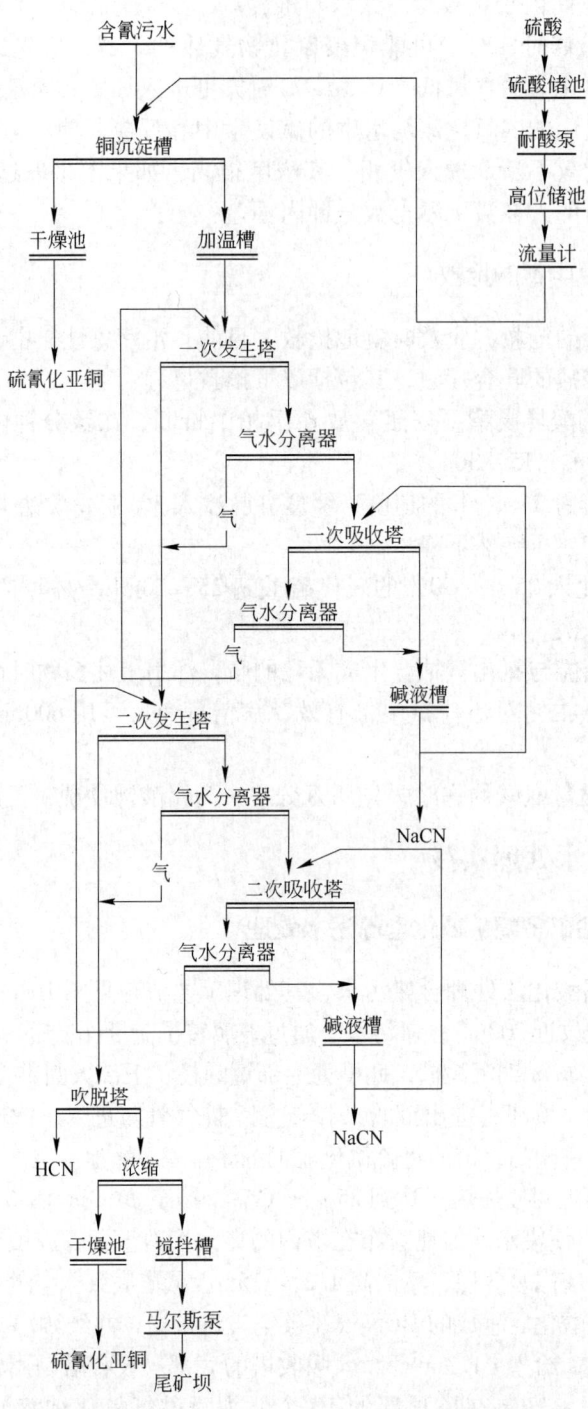

图 16-1 招远金矿含氰污水处理工艺流程

一次发生塔排出的废液进入二次发生塔，经酸化后生成的 HCN 气体经气水分离器进入二次吸收塔。经吸收后含有 NaCN 和氢氧化钠的混合溶液重新回到碱液槽，通过碱液泵进行循环吸收。当生成的 NaCN 浓度逐渐上升到 20% 左右，残碱浓度不低于 1.5% 时，即可经泵扬至氰化系统，供浸出使用。卸载后的气体由 1 台 D30-12 离心式鼓风机再送入发生塔，供吹脱使用，这样就形成空气密闭循环系统。

经二次发生塔发生后排出的尾液，为了进一步降低氰含量，给入 1 台 $\phi 1.7m \times 6m$ 吹脱塔。此塔为玻璃钢制，内装 3.75m 高的塑料点波填料，其工作原理与发生塔相同。经吹脱后的废液加入石灰与浮选尾矿矿浆在 $\phi 2m$ 搅拌槽内中和，由马尔斯泵扬至尾矿坝自然净化，初期坝下渗水供农田灌溉，坝中回水自然流到选矿厂高水池，供选矿厂生产使用。

该厂所采用的上述预先酸沉淀铜，然后进行两次发生、两次吸收空气吹脱的酸化法回收处理含高氰、高铜污水工艺，氰化物和铜的回收率均可达到 99%；吹脱后的尾液经石灰中和后与选矿厂尾矿合并进入尾矿坝曝气，进入尾矿坝的污水含残氰（CN^-）为 0.14mg/L，尾矿回水平均含 CN^- 为 0.027mg/L，尾矿渗水含氰常年平均在 0.01mg/L 以下，即使在冬季，尾矿回水含氰也不高于 0.1mg/L，能达到污水综合排放标准。

16.5.2 三山岛金矿浮选精矿氰化含氰污水处理

三山岛金矿浮选精矿氰化污水处理曾采用多种方法，均取得了不同效果。

1988 年 10 月~1991 年 7 月，采用酸化法及碱氯法工艺联合处理含氰污水，经处理后的酸化尾液与井下水混合澄清后排放，但没达到设计要求。

1991 年 8 月，停止碱氯法处理污水，氰化贫液先经酸化回收氰化钠（除氰率达 92.5%），再沉淀出硫氰化亚铜（沉淀物晒干销售）之后，将中和的上清液与井下水混合直接外排，达到含氰根 0.5mg/L 的排放标准。

1995 年下半年，采用过氧化氢法对酸化尾液进行处理试验获得成功，过氧化氢法总排放口污水含氰根小于 0.5mg/L，符合渔业水质排放标准，含氰污水处理实现车间排放口达标。采用过氧化氢法处理含氰污水，处理前后的水体杂质含量对比见表 16-3。

表 16-3　过氧化氢法处理含氰污水前后污水杂质含量

项　目	pH 值	杂质含量/mg·L^{-1}			
		CN^-	Cu	Pb	Zn
处理前	2~3	<50	19.40	2.24	19.9
处理后	9.8	<0.5	1.00	1.00	5.99

1997 年 8 月，为进一步减少外排污水含氰总量，通过技术改造，将氰化洗涤

浓缩机放矿浓度由 45% ~ 50% 提高到 65% ~ 70%，砂泵水封水由新水改为氰化贫液，减少含氰污水生成量，每年需外排含氰污水由 3.04 万立方米减少至 1.9 万立方米，实现了含氰污水达标排放。

　　1998 年 1 月，对氰化工艺进行改造，对氰化污水全循环技术进行研究，解决了氰化进水量与排出（滤板所含水）水量平衡的关键问题。1999 年 10 月开始，将贫液返回磨矿机使用，在氰化生产中实现贫液闭路全循环，贫液不再外排，实现含氰污水"零排放"。

参 考 文 献

[1] 邢相栋，兰新哲，宋永辉，张静. 氰化法提金. 工艺中"三废"处理技术[J]. 黄金，2008(12):55 ~ 59.

[2] 高大明. 含氰废水治理技术 20 年回顾[J]. 黄金，2000(1):46 ~ 49.

[3] 高大明. 氰化物污染及其治理技术（续二）[J]. 黄金，1998(3):57 ~ 59.

[4] 黄振卿. 简明黄金实用手册[M]. 长春：东北师范大学出版社，1991：474 ~ 490.

[5]《黄金矿山实用手册》编写组. 黄金矿山实用手册[M]. 北京：中国工人出版社，1990：1405 ~ 1411.

[6] 申加平. 张家口金矿炭浆厂含氰尾矿处理[J]. 黄金，1989(11):56 ~ 59.

[7] 杨玮. 半酸化法在氰化零排放工艺中的应用[J]. 有色金属（选矿部分），2004(1):27 ~ 29.

17 综合回收与利用

17.1 概述

"人口爆炸、环境污染、资源匮乏"三大难题已严重威胁到当今世界人类的生存和发展，成为当前人类迫切需要解决的世界性难题，所以必须对此有充分的认识和重视。人类的生存和社会的发展都离不开矿产资源，矿产资源的开发利用是人类生存和社会发展的重要物质基础和条件，现今世界上90%的工业品和17%的消费品是用矿物原料生产的。目前，我国95%的能源和85%的原材料来源于矿产资源。然而，相对于人类历史而言，矿产资源是不可再生的，并随着社会的不断发展和开发利用，矿产资源日趋减少，甚至枯竭。与此相反，在矿产资源开发利用过程中丢弃的大量废石、尾矿、废渣又在逐年增多，不但占用了大量国土面积及基建和维修资金，而且给自然生态环境造成了一定的危害，其中特别是尾矿和废渣。因此，尾矿和废渣的综合回收与利用，已日益显得重要和迫切。因为尾矿和废渣的综合回收与利用，使其变废为宝，不仅可以延长矿产资源使用期限，扩大矿产资源利用范围，延长服务使用年限，减轻对环境的危害和污染，还可以节省大量用地和资金，从而产生巨大的经济效益和社会效益，造福于人类和社会。所以，对尾矿和废渣的综合回收与利用，是利在当代，功在千秋的伟业。

尾矿综合回收与利用，包含两个不同的含义，一是回收，二是利用。由于科学技术水平程度和各种相关因素的限制，在选矿生产过程中，尚不可能将尾矿中有用成分全部选出，所以在各种尾矿中均不同程度地含有一定数量的有用成分，尤其是过去排出的老尾矿，由于受到当时各种条件和因素的限制，其有用成分含量较高，所以，仍有很重要的综合回收价值，因此就出现了尾矿综合回收的问题。另一个问题是尾矿综合利用问题，由于尾矿是人们消耗了大量能源和金属材料，使其由矿石变成了粉体物料，如何应用相关科学技术，根据其不同特征，使其变废为宝，综合利用起来，是当今及今后的重要研究课题。

金矿山尾矿的综合回收，仅是尾矿综合回收与利用领域的一个组成部分。我国广大选矿科技工作者，长期以来对尾矿的综合回收，付出了巨大的努力，不断探索和研究，努力把尾矿中的有用成分含量降到最低水平，同时对过去生产的老尾矿进行进一步的回收。

随着科学技术的不断提高和进步，大力开展金矿尾矿的综合回收与利用，对保护和改善生态环境，提高矿产资源利用率，促进黄金矿山可持续发展具有重大意义。

17.2 尾矿综合回收

17.2.1 焦家金矿尾矿综合利用

焦家金矿位于山东省莱州市金城镇，1975年筹建，1980年正式投产，经过三期技术改造，由原来的500t/d生产规模，发展到2007年的2800t/d，年产黄金3400kg。为扩大生产能力，停原选矿厂另建新厂，新选矿厂生产能力6000t/d，于2010年投产，2011年实际生产能力达到6977t/d。该矿于2004年利用尾矿成功研制出加气砖，在此基础上又开始回收金。

17.2.1.1 *尾矿性质*

该矿为中温热液蚀变花岗岩型矿床，矿石类型为硫化物含金矿石。其浮选尾矿多元素分析、尾矿矿物组成、铁物相分析，见表17-1～表17-3。

表 17-1 尾矿多元素分析

元 素	Au[①]	Ag[②]	S	TFe	K$_2$O	Na$_2$O	SiO$_2$	Al$_2$O$_3$	CaO	MgO
含量/%	0.24	1.00	0.13	1.74	5.16	2.02	72.90	13.10	1.93	0.26

①②元素含量单位为g/t。

表 17-2 尾矿矿物组成 （%）

矿 物	菱铁矿	黄铁矿	褐铁矿、赤铁矿	石英	钾长石	钠长石	绢云母	方解石、白云母	合计
含 量	0.48	0.40	0.18	37.09	23.68	19.94	13.53	4.70	100.00

表 17-3 铁物相分析

相 别	磁性矿物中铁	碳酸盐矿物中铁	硫化矿物中铁	硅酸盐中铁	赤、褐铁矿中铁	总铁
含量/%	0.485	0.485	0.155	0.15	0.46	1.735
分布率/%	27.95	27.94	8.93	8.65	26.53	100.00

从表17-1尾矿多元素分析来看，浮选尾矿中金属品位为0.25g/t，主要以包裹体和连生体存在于尾矿中，经再磨Au可进一步综合回收，SiO$_2$、Al$_2$O$_3$、K$_2$O、Na$_2$O均可利用。从表17-2尾矿矿物组成可知，石英、钾长石、钠长石含量均较

高，经除铁后可以作为长石粉的代用原料，也可以作加气砖原料。粗粒尾矿供井下充填。

17.2.1.2 工艺流程

该矿在 2010 年前生产规模为 6000t/d，新选矿厂未建成投产前，原选矿厂生产规模为 2800t/d，生产金精矿为 130t 左右，尾矿量约为 2670t，其尾矿综合利用工艺流程见图 17-1。

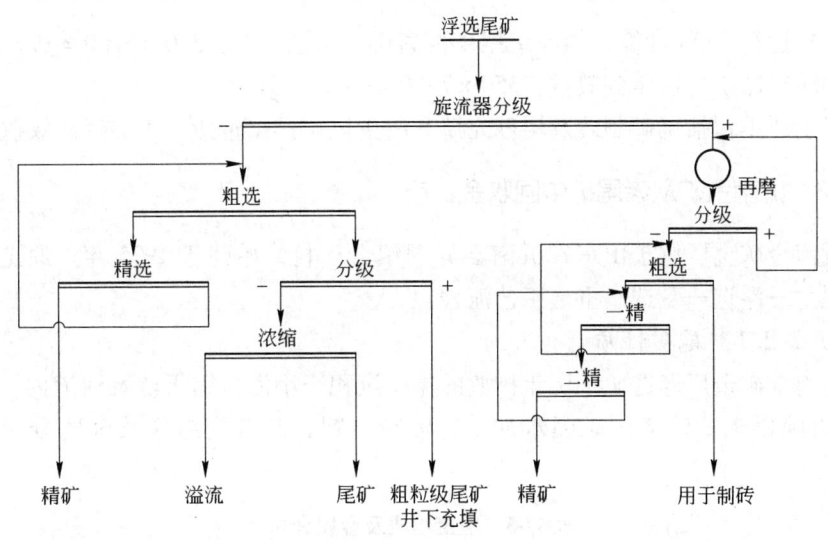

图 17-1 尾矿综合利用工艺流程

浮选尾矿经过水力旋流器分级后，粗粒级（沉砂）有 400t/d 左右，细粒级（溢流）2270t/d 左右。

粗粒级（沉砂）尾矿进行再磨再选：每天处理粗粒级（旋流器沉砂）尾矿 400t，经一次粗选、二次精选，可选出含金品位 40g/t 以上的金精矿 2.5t 左右，可以回收黄金 100g 以上。其尾矿用于制砖。

细粒级（溢流）尾矿再选：每天处理细粒级（旋流器溢流）尾矿 2270t，对其进行浮选，可以回收尾矿中 20% 左右的金；在细粒级尾矿中金品位保持在 0.22g/t 时，经过一次粗选，一次精选，选出精矿品位可达到 5g/t，产率为 1%，可回收黄金 113.5g。其尾矿经分级后，粗粒级尾矿用于井下充填。

17.2.1.3 技术经济指标

该矿根据尾矿粒级金属量流失情况和砖厂用料的需要，对尾矿分别进行粗、细粒级浮选，综合回收尾矿中的金，提高选矿回收率 2%，充分利用了矿产资源，提高了企业经济效益。按粗、细粒级浮选结果，每天综合回收金量，所产生的经济效益，见表 17-4。

表 17-4　综合回收金每天产生的经济效益

项　　目	综合回收金的价值			生产成本/元				效益/元
	金量/g	金价/元·g^{-1}	价值/元	钢球	电费	人工、药剂、材料	合计	
粗粒再磨再选	100.00	110	11000	2800	1500	1000	5300	5700
细粒再选	113.50	100	11350	—	2100	1900	4000	7350

　　按年运行 350d 计算，粗粒级尾矿再磨再选年创效益：$350 \times 5700 = 199.50$ 万元；细粒级尾矿再选年创效益：$350 \times 7350 = 257.25$ 万元。

　　以上还不包括尾矿制砖及尾砂充填和减少尾矿排出量所产生的经济效益。

17.2.2　沂南金矿从老尾矿中回收金、铜

　　沂南金矿金厂位于山东省沂南县界湖镇金厂村，始建于 1975 年。原选矿厂采用混汞—浮选—磁选—重选工艺流程。

17.2.2.1　尾矿性质

　　沂南金矿金厂老选矿厂历年排放的尾矿沉积于小河口露天坑及河道内，总量有 10 万吨以上。该老尾矿因水冲洗，颗粒较粗，其粒度组成及金属分布见表 17-5。

表 17-5　粒度组成及金属分布

级别/mm(目)	产率/%	品位		分布率/%	
		Au/g·t^{-1}	Cu/%	Au	Cu
+0.246(+60)	24.20	1.84	0.16	28.4	25.0
−0.246 ~ +0.147(−60 ~ +100)	24.13	2.53	0.20	39.8	31.0
−0.147 ~ +0.074(−100 ~ +200)	33.42	1.10	0.15	23.4	32.3
−0.074 ~ +0.04(−200 ~ +320)	8.80	0.95	0.10	5.3	5.7
−0.04(−320)	9.45	0.69	0.10	4.0	6.0
合　计	100.00	1.57	0.155	100.0	100.0

　　矿石类型为含金铜磁铁矿型及含铜矽卡岩型，主要金属矿物有自然金、黄铜矿、磁铁矿、辉铜矿、斑铜矿、辉钼矿及少量黄铁矿，主要脉石矿物有透辉石、石榴石、方解石、绿泥石、石英等。老尾矿中单体解离金（自然金）较少，自然金主要以裂隙金赋存在黄铜矿和斑铜矿中，其次在黄铁矿和脉石中，嵌布颗粒不均匀。

17.2.2.2　工艺流程

　　根据老尾矿粒度组成及金属分布，经试验确定工艺流程为：混汞—毛毯溜

槽—浮选，混汞与毛毯溜槽安在磨矿分级回路中，其工艺流程见图17-2。

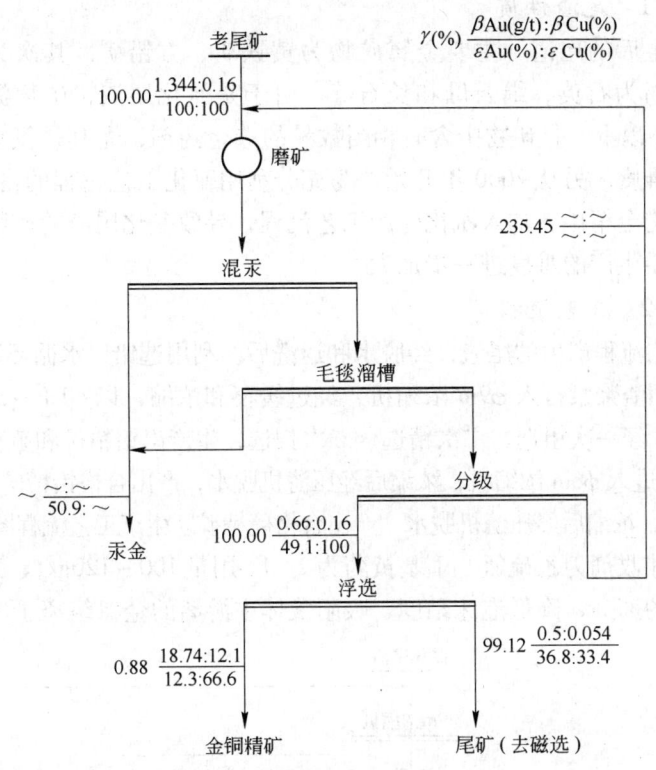

图 17-2　老尾矿回收金、铜数质量流程

技术操作条件：磨矿细度：－0.074mm（－200 目）占 58%；溢流浓度：33%；黄药用量：150g/t；2 号油用量：50g/t；水银用量：4g/t；矿浆 pH 值：8。

17.2.2.3　生产技术指标

在老尾矿品位中：Au 1.47g/t，Cu 0.21% 的条件下，按图17-2 工艺流程生产，可以获得浮选精矿产率1.34%，金铜精矿品位：Au 12.37g/t，Cu 10.60%；尾矿品位：Au 0.45%，Cu 0.069%；汞金回收率：58.6%，浮选精矿金回收率：11.3%，铜回收率：67.6%。这一生产技术指标证实，不但有效地综合回收老尾矿中的金、铜，而且增加了企业经济效益。

17.3　氰化尾渣综合回收

17.3.1　三山岛金矿氰化尾渣回收铅

三山岛金矿位于山东省莱州市三山岛镇，1990 年通过对氰化尾渣的多元素分析发现，在氰化尾渣中铅金属品位高达9.09%，为此建成处理氰化尾渣生产能力为100t/d 的选铅厂，对其进行综合回收。

17.3.1.1 尾渣性质

氰化提金后的尾渣，主要金属矿物为黄铁矿、方铅矿，其次为闪锌矿、毒砂。脉石矿物为石英、绢云母和长石等。由于是氰化尾渣，矿物泥化严重，−40μm 占97%以上，且矿物中含有相当数量的选金药剂，尤其是氰化钠，为选铅生产增加了难度。另从2000年开始，为充分利用氰化工艺过程的富余生产能力，开始对外采购金精矿，加入氰化生产工艺流程，导致氰化尾渣的矿物成分更加复杂，回收选铅生产的难度进一步加大。

17.3.1.2 工艺流程

氰化工艺流程产出的尾渣，经脱水和返洗后，利用选铅厂水循环系统的水进行造浆，然后用渣浆泵打入 φ9m 浓缩机，经过缓存和浓缩，以40%～50%的浓度进入浮选作业，经一次粗选、二次精选、二次扫选，生产出铅精矿和硫精矿（选铅尾矿）。铅精矿进入 φ6m 浓缩机，浓缩后经压滤机脱水，产出合格铅精矿。硫精矿进入 φ12m 浓缩机，浓缩后经压滤机脱水，产出合格硫精矿。生产工艺流程图见图17-3。

铅浮选捕收剂为乙硫氮：丁基黄药为2:1，用量100～120g/t。为了吸附入选矿浆中过量的药剂、降低泡沫黏度、吸附液体中游离的金氰络离子、提高铅精矿

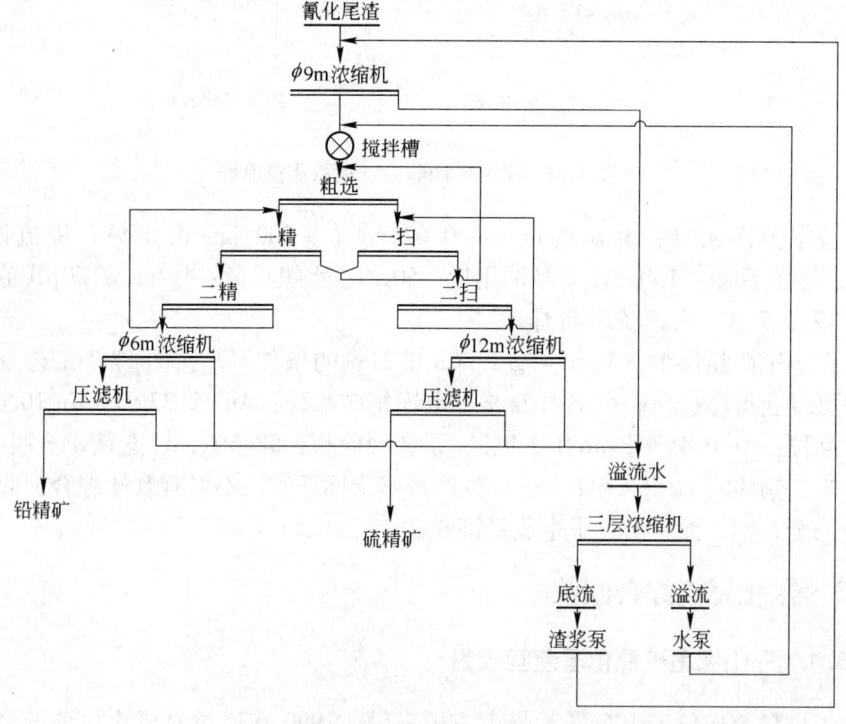

图 17-3 三山岛金矿氰化尾渣选铅工艺流程

品位，在粗选作业中加入 0.8 ~ 1.2kg/t 的活性炭。

17.3.1.3 生产技术指标

氰化尾渣综合回收铅的选铅厂投产以来，虽然氰渣中铅的品位波动较大，但其各项生产技术指标一直保持稳定增长的态势，其主要生产技术指标见表 17-6。

表 17-6 历年主要生产技术指标 （%）

年 份	1994	1995	1996	1997	1998	1999	2000	2001	2002
氰渣铅品位	7.053	6.265	5.273	5.570	5.061	5.930	8.634	9.284	8.491
铅精矿品位	54.258	54.566	51.986	52.633	52.742	53.070	54.672	53.328	53.163
回收率	65.617	69.587	67.73	71.505	71.508	75.09	78.56	79.354	82.476

17.3.2 仓上金矿氰渣综合回收铅、银

仓上金矿位于山东省莱州市过西镇，南距莱州市 21km，始建于 1988 年。原选矿厂处理量为 2000t/d，原矿经破碎磨矿、一次粗选、一次精选、三次扫选流程处理产出金精矿，金精矿经过氰化—锌粉置换工艺生产金、银，氰渣经浮选综合回收铅、银、金。

17.3.2.1 氰渣性质

氰渣中金属矿物主要有黄铁矿、方铅矿，其次是黄铜矿、闪锌矿及少部分银矿物；非金属矿物为石英、绢云母和长石等矿物。铅矿物主要为方铅矿、白铅矿、铅黄、铅矾及少量铅铁矾。氰渣多元素分析见表 17-7，铅物相分析结果见表17-8，氰渣中银赋存状态见表 17-9。

表 17-7 氰渣化学多元素分析结果 （%）

元素	Pb	Cu	Zn	Fe	S	As	Sb	Ag	Au	SiO_2	MgO	CaO	Al_2O_3
含量	0.80	0.41	0.18	27.51	28.74	0.02	—	38.42×10^{-4}	1.06×10^{-4}	23.23	0.82	0.84	1.22

表 17-8 铅物相分析 （%）

相 别	方铅矿与铅铁矿 ($PbS + PbFe_6(OH)_{12}(SO_4)_3$)	白铅矿与铅黄 ($PbCO_3 + PbO$)	铅矾 ($PbSO_4$)	其他形态铅 (Pb)	总铅
含 量	0.61	0.07	0.10	0.02	0.80

表 17-9 氰渣中银矿物的赋存状态 （g/t）

状态	裸露银	裸露硫化银	方铅矿包裹银	闪锌矿包裹银	黄铁矿包裹银	难溶硅酸盐包裹银	其他形态银	全银
含量	1.8	7.84	19.39	3.36	3.82	1.02	1.19	38.42

2005 年矿石性质发生了较大的变化，使氰渣中铅品位大幅降低，只有 0.8%

左右，银品位也降到 38.42g/t，见表 17-9。由于氰化尾液采用零排放工艺，导致溶液介质中浮选药剂、机械油类、杂质离子积累，严重影响了氰渣浮选分离效果，采用原有氰渣选铅流程，指标很难保证。为此，对影响氰渣浮选的各种因素进行了全面的考察分析，进行了长达 3 个月的工艺试验研究。于 2006 年初，通过对流程优化改造及新型组合药剂的应用，严格控制现场生产工艺条件，最终实现了铅精矿品位及回收率的大幅度提高。

17.3.2.2　工艺流程

氰渣选铅原流程为一次粗选、二次精选、二次扫选，捕收剂加药点为粗选前搅拌槽，一次扫选与二次扫选作业抑制剂加入搅拌槽，同时还利用氰化贫液中的石灰作为黄铁矿的抑制剂，氰化钠作铜矿物的抑制剂。硫化铅矿物的浮选以黄药为捕捉剂（乙基黄药与丁基黄药 2：1 配合使用），以少量硫酸锌与氰化矿浆中氰化物组合作为闪锌矿的抑制剂。主要产品为铅精矿，计价金属为金、银。由于矿石性质的变化，使氰渣中铅品位大幅降低，致使 2005 年下半年，氰渣浮选铅精矿品位一直为 13% 左右，达不到外销品级，铅回收率为 39.88%，银回收率仅为 48%。

通过对原浮选工艺流程的各种因素进行了全面的考察分析，并经过试验研究，于 2006 年初对原浮选工艺流程进行了优化改造，采用高浓度预先搅拌肮油药、低浓度浮选、三次精选工艺流程，同时应用新型组合药剂，取得了很好的效果。其改造后的工艺流程见图 17-4。

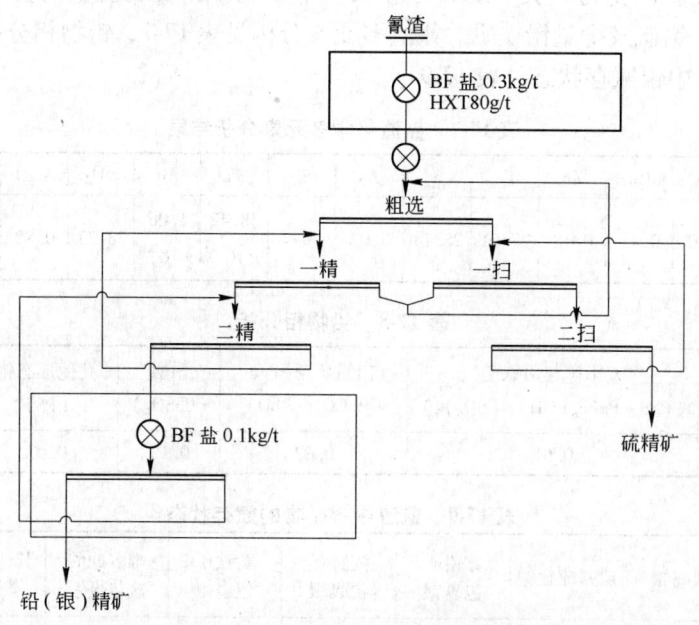

图 17-4　改造后生产工艺流程
（方框内为改造新增作业）

高浓度预先搅拌朊油药、净化浮选介质，是氰渣浮选综合回收铅、银的技术关键，它不仅优化了浮选过程，提高了有价矿物的可浮性，而且基本解决了氰化尾液零排放工艺带来的泡沫发黏问题。

17.3.2.3 生产技术指标

改造前后各项生产技术指标见表 17-10。

表 17-10 工艺流程改造前后生产技术指标

项目	氰渣 Pb 品位/%	精矿 Pb 品位/%	铅回收率/%	银回收率/%	黄药用量 /g·t⁻¹	硫酸锌用量 /g·t⁻¹	HXT 用量 /g·t⁻¹	BF 用量 /g·t⁻¹
改造前	2.47	24.56	50.8	50.26	132.65	108.3	0	0
改造后	2.26	30.54	56.42	67.93	94.19	27.81	31.23	126.5
比较	-0.21	+5.98	+5.62	+17.67	-38.46	-80.51	+31.23	+126.5

从表 17-10 中看出，铅精矿品位及回收率均大幅度提高，铅精矿品位提高了 5.98%，铅回收率提高了 5.62%，银回收率提高了 17.67%，从而取得了较好的经济效益。

17.4 含金硫酸烧渣提金

17.4.1 乳山硫酸烧渣氰化提金厂

乳山市化工厂每年排出含金黄铁矿烧渣 1.7 万吨左右，长期堆存，污染环境，且损失较大。为综合回收利用烧渣中的金，于 1985 年 1 月，在该厂内建成我国第一套大型硫酸提金车间，处理能力为 100t/d。

17.4.1.1 烧渣性质

所用黄铁矿烧渣中主要矿物为赤铁矿、磁铁矿，尚有少量的黄铁矿，偶见几粒自然金及铅、锌的氧化物。烧渣中的化学成分见表 17-11。

表 17-11 烧渣化学成分

元素	Au①	Fe	Cu	Pb	Zn	S	As	C	TiO₂	SiO₂	Al₂O₃	CaO	MgO
含量/%	4.1	21.12	0.069	0.029	0.028	0.53	0.054	0.091	0.11	39.9	5.39	2.51	0.65

① 元素含量单位为 g/t。

金的粒度特性：自然金的粒度在硫精矿与烧渣中有所不同，烧渣中自然金的粒度要比硫精矿中自然金的粒度大，见表 17-12、表 17-13。

表 17-12 自然金粒度 （mm）

粒度	最大粒径	最小粒径	平均粒径
硫精矿	0.0045	0.0009	0.0028
烧渣	0.009	0.0009	0.0043

表 17-13　不同赋存状态自然金平均粒径　　　　　（mm）

赋存状态	单体金	连生体		裂隙金	包裹金	
		与黄铁矿	与脉石	赤铁矿、磁铁矿	黄铁矿	脉石
硫精矿	0.0032	0.0036	0.0019		0.0032	0.0029
烧渣	0.0035		0.0057	0.0043		0.0039

金的赋存状态，烧渣中的金主要为单体及连生体金，占 80.22%，见表 17-14。

表 17-14　金赋存状态　　　　　（%）

赋存状态	单体及连生体	硫化物和氧化物包裹金	脉石包裹金	合计
硫精矿	47.75	18.92	33.33	100.00
烧 渣	80.22	1.62	18.18	100.02

烧渣中铁物相分析，主要为褐铁矿和磁铁矿，分别占 49.66% 和 45.97%，见表 17-15。

表 17-15　烧渣铁物相分析　　　　　（%）

矿　物	Fe/磁铁	Fe/褐铁	Fe/菱铁	Fe/黄铁	Fe/硅铁	TFe
含　量	14.68	15.86	0.056	0.95	0.39	31.936
占有率	45.97	49.66	0.18	2.97	1.22	100.00

烧渣粒度筛析，烧渣中 -0.045mm 粒级占 54.5%，金品位 6.0g/t，占有率 61.9%，见表 17-16。

表 17-16　烧渣粒度筛析

产率/%	29.48	3.33	4.78	1.78	8.12	54.5	约100.00
金品位/g·t^{-1}	3.4	5.4	5.2	6.33	6.6	6.0	5.28
占有率/%	17.69	3.4	4.71	2.15	10.15	61.9	100.00

17.4.1.2　工艺流程

采用直接氰化工艺流程，与金泥氰化法工艺流程基本相同。硫精矿燃烧制酸后，经水淬、磨矿、浸前浓缩脱水，然后氰化浸出、洗涤、锌粉置换沉淀，浸渣经磁选回收铁，尾渣经碱氯法处理后排放，工艺流程见图 17-5。

技术操作条件：

碱处理 1h，CaO 用量 5kg/t

浸出 24h，NaCN 用量 1.5kg/t

浸出浓度：33%

磨砂细度： -0.043mm(-325 目)70%

锌粉用量：0.5kg/t

醋酸铅用量：200g/t

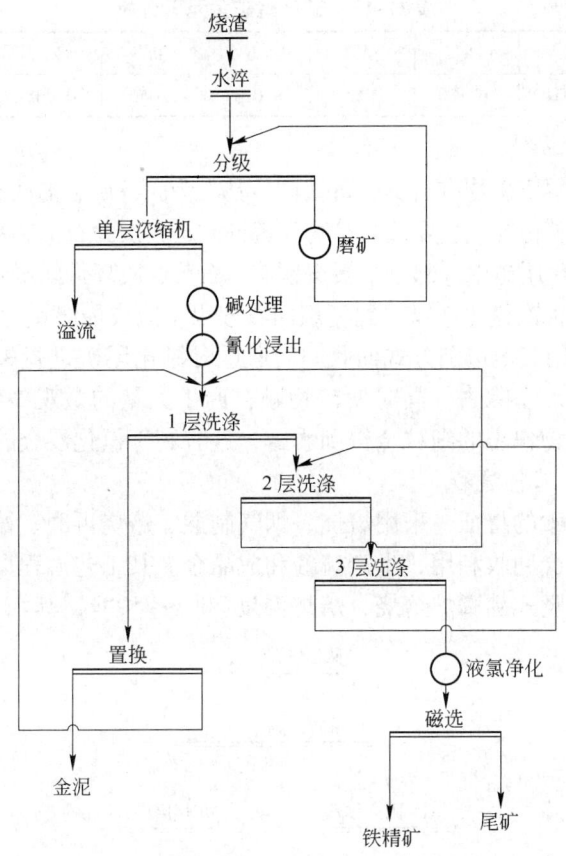

图 17-5 乳山烧渣氰化工艺流程

17.4.1.3 生产技术指标

氰化主要生产技术指标：

浸出率 67.97%，洗涤率 97.30%，置换率 97.87%，冶炼回收率 97.60%，总回收率 63.82%，生产黄金 62.5kg，白银 134kg。

17.4.2 金山金矿氰化尾矿制酸提金

金山金矿位于江西省德兴市花桥镇，浮选金精矿经生物氧化—氰化炭浸提金后所得尾矿，年产尾矿量达 1.6 万吨以上，采用氰化尾矿焙烧、烟气制酸、焙烧再磨，氰化炭浆法提金工艺，对其进行综合回收利用，生产硫酸和成品金。

17.4.2.1 尾矿性质

金山金矿浮选金精矿经生物氧化—氰化炭浸提金后所得尾矿，金品位为13～16g/t，硫品位为 16%～20%，由于金和硫的品位都不高，而有害元素砷含量却较高，使其销售困难。氰化尾矿多元素分析见表 17-17。

表 17-17　氰化尾矿多元素分析

元　素	Au[①]	S	As	Cu	Pb	Zn	TFe	Ca
含量/%	13 ~ 16	16 ~ 20	1. 1	0. 013	0. 046	0. 065	13. 20	0. 67

① 元素含量单位为 g/t。

　　金山金矿石主要矿物有石英、黄铁矿，其次为闪锌矿、褐铁矿、砷黄铁矿、黄铜矿、碳酸盐类矿物等。主要载金矿物为黄铁矿，其次为石英和褐铁矿。浮选精矿中金粒较细，氰化尾矿中一部分金被黄铁矿、石英、胶环带状褐铁矿包裹，且粒度小于 4μm，直接再次氰化难以得到理想回收效果，造成最终氰化尾矿金品位偏高，这部分金也难以用其他选别方式回收。而通过对氰化尾矿进行氧化焙烧，使大部分硫以二氧化硫形态除去，同时使矿物颗粒产生大量的微观裂纹、小孔和缝隙，使尾矿中被硫化物包裹的细粒金得到暴露，这有利于氰化浸金的进行。

17.4.2.2　工艺流程

　　根据氰化尾砂的特征，采用焙烧、烟气制酸、焙烧再磨、氰化炭浆法提金工艺，对其进行综合回收利用，生产硫酸和成品金。其工艺流程见图 17-6。

　　氰化尾矿经竖式沸腾炉焙烧，焙烧温度 700 ~ 750℃，其烟气进入制酸系统，

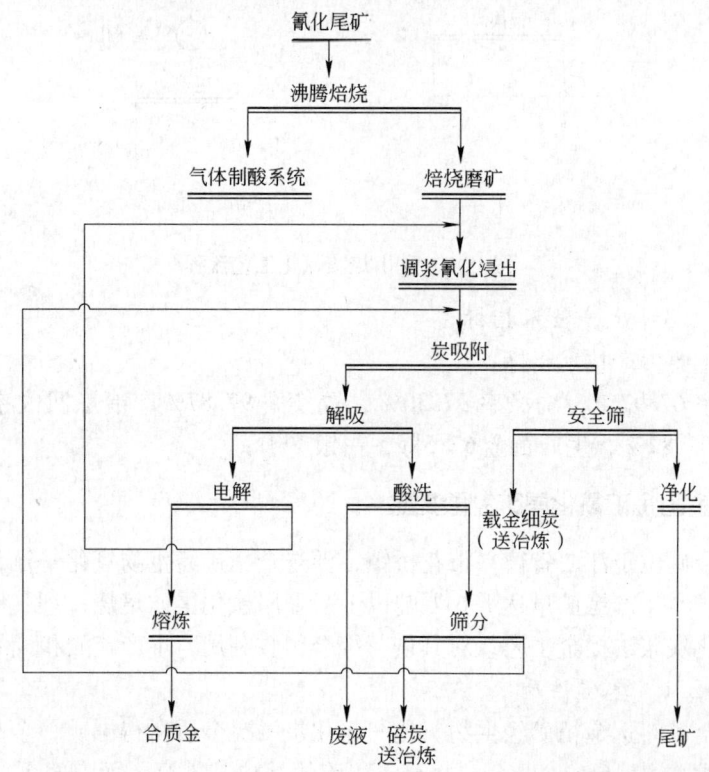

图 17-6　金山金矿氰化尾砂制酸提金工艺原则流程

制酸系统工艺为：氰化尾矿焙烧—炉气净化—二氧化硫转化—三氧化硫—尾气处理，日产硫酸20t以上。焙砂经水淬后，经一台1200mm×5000mm球磨机再磨后，调浆至液固质量比1.5：1，送入氰化炭浆提金流程。在氰化钠质量分数为0.03%~0.04%，pH=10.5~11，底炭质量浓度15~20g/t条件下，浸出吸附44h，浸出槽为3150mm×3500mm，共6槽。活性炭由最后一槽加入，实行逆流串联，由第二槽提出的载金炭品位6800g/t，送解吸电解系统，解吸时间48h，解吸液 $w(NaCN)$ ： $w(NaOH)$ = 1：1，解吸液流速0.56L/s，解吸温度95℃，电积温度60~70℃，电积电压3.8V，电流140A，采用炭纤维作阴极材料，贫液品位1.47g/m³，炭浆提金尾矿利用制酸废水（pH=9~11）进行污水处理后，送尾砂坝，尾液澄清后循环再用。

17.4.2.3 生产技术指标

采用氰化尾矿焙烧，烟气制酸，焙砂再磨，氰化炭浆法提金工艺，对金山金矿氰化尾矿进行综合回收利用，在技术上可行，经济上合理。生产中由于部分金的嵌布粒度细，难以解离，焙砂氰化浸出率受到一定的影响，有待于从焙烧最佳温度、强化再磨分级等方面调整，使其进一步提高。其生产技术指标见表17-18。

表 17-18　主要生产技术指标

处理矿量 /t·月⁻¹	氰化尾渣 金品位 /g·t⁻¹	浸液 品位 /g·t⁻¹	贫液品位 /mg·L⁻¹	载金炭 品位 /g·t⁻¹	金总回 收率 /%	氰化 浸出率 /%	吸附 率/%	解吸 率/%	电解回 收率 /%	冶炼回 收率/%	回收硫酸 /t·月⁻¹	回收黄金 /t·月⁻¹
1250	14.05	5.515	0.019	6800	62.87	66.95	99.58	95.66	99.58	99.00	543	11.01

17.5　从工业废液废料中再生回收金银

17.5.1　概述

金由于自古以来就在各个领域中得到广泛的应用，因此，凡是有使用黄金作为原料的工业部门，都会产生含金的废液或废料。设法将这些含金的"废物"收集起来，并再生回收其中的金，无论从经济上还是从技术上来说，都比直接从矿石中生产金简便而有利。

直接从矿石中生产金要经过很多工序，不仅工艺流程复杂而且费用高，并给自然生态环境造成一定的破坏和影响。但从含金的废液、废料中再生回收金，一般工艺流程简单，操作容易，成本低，还能变废为宝，变害为利。因此，加强从工业废液、废料中再生回收金银的工作，具有十分重要的意义。

开展金银的再生回收工作，对各种含金废料，不但考虑金银的回收，而且还应考虑充分利用和回收其他有用金属。因此，在开展金银的再生回收时，应本着综合利用，综合治理，变废为宝、变害为利的原则来进行。

17.5.2 含金废液、废渣、废料的分类

按照含金废液、废渣、废料生成的特点，可将其分为下列 10 类：

(1) 废液类。包括镀金废液、镀金件冲洗水、王水腐蚀液、碘腐蚀液等。

(2) 合金类。包括金-铬、金-铜、金-镍、金-铂、金-铑、金-锡、金-锆、金-银-铜、金-银-铂、金-镍-铜、金-钯-铁、金-钯-硼、金-镍-铬、金-铜-镍-锌、金-镍-铁-锆、金-银-铜-锰等合金的加工边角料、废件或使用后的废料。

(3) 镀金类。凡是采用化学或者电镀金的各种报废元件均属此类。

(4) 贴金类。包括金匾、金字、神像、神龛、泥底金寿屏、戏衣金丝服饰等。

(5) 极泥类。有色冶金厂的铜、铅、锡、钨、镍等有色金属精炼车间的阳极泥；化工厂硝酸银生产车间的银泥；电镀厂的金、银等极泥均属此类。

(6) 烧渣类。黄铁矿烧渣；锌渣；铁钒渣；有色冶炼厂贵金属车间的各种冶炼炉渣；再生贵金属工厂、银行系统的贵金属精炼厂的各种炉渣均属此类。

(7) 粉尘类。包括金笔厂、首饰厂和金箔厂的抛灰和各种含金烧灰等。

(8) 垃圾类。包括拆除古代建筑物的含金垃圾、贵金属冶炼车间的垃圾、炼金炉的拆块等。

(9) 陶瓷类。包括各种描金的废陶瓷、玩具等。

(10) 催化剂类。如石油化工厂使用 Au-Pd 催化剂等。

17.5.3 从含金废料中再生回收金工艺的基本原理

金的再生回收工艺中普遍使用的基本原理，有如下的反应。

17.5.3.1 溶解反应

(1) 一般用盐酸和硝酸配成王水对金进行溶解，变成氯化金酸。其反应式为：

$$2Au + 2HNO_3 + 6HCl \longrightarrow 4H_2O + 2NO\uparrow + 2AuCl_3$$

$$AuCl_3 + HCl \longrightarrow HAuCl_4$$

(2) 在双氧水等氧化剂存在下，金在氰化钾溶液中溶解，生成氰金化钾 $KAu(CN)_2$。该法虽然在回收时常被利用，但由于氰化钾剧毒，在处理过程中应十分注意安全！

$$2Au + 4KCN + H_2O_2 \longrightarrow 2KAu(CN)_2 + 2KOH$$

(3) 用碘-碘化钾溶液溶解金时，金在碘-碘化钾溶液中的反应如下：

首先是碘（I_2）在碘化钾（KI）溶液中呈三碘化物阴离子存在：

$$I_2 + KI \longrightarrow K^+ + I_3^-$$

接着金和三碘化物阴离子之间的反应是：

$$3K^+ + 3I_3^- + 2Au \longrightarrow 2KAuI_4 + K^+ + I^-$$

17.5.3.2 还原反应

要把金的溶液（$HAuCl_4$）还原为金属状，可用下列方法：

（1）二氧化硫还原法。其反应式为：

$$2HAuCl_4 + 3SO_2 + 6H_2O \longrightarrow 3H_2SO_4 + 8HCl + 2Au\downarrow$$

（2）苛性钠等碱溶液和双氧水还原法。其反应式为：

$$2HAuCl_4 + 6NaOH + 2H_2O_2 \longrightarrow 6H_2O + 3O_2\uparrow + 2HCl + 6NaCl + 2Au\downarrow$$

（3）硫酸亚铁还原法。先用碱将含金的溶液变成中性，再用硫酸亚铁还原，其反应式为：

$$HAuCl_4 + 2FeSO_4 \longrightarrow Fe_2(SO_4)_3 + FeCl_3 + HCl + Au\downarrow$$

（4）草酸还原法。含金溶液需调整到中性，再加草酸还原。其反应式为：

$$2HAuCl_4 + 3H_2C_2O_4 \longrightarrow 8HCl + 6CO_2\uparrow + 2Au\downarrow$$

17.5.3.3 置换反应

溶解状态存在于溶液中的金，可以用锌、铜、铁等的金属或粉末进行置换，也可以从溶液中获得金的金属物质，其反应式为：

$$2HAuCl_4 + 3Zn \longrightarrow 3ZnCl_2 + 2HCl + 2Au\downarrow$$

$$2KAu(CN)_2 + Zn \longrightarrow K_2Zn(CN)_4 + 2Au\downarrow$$

$$2KAuI_4 + 3Zn \longrightarrow 3ZnI_2 + 2KI + 2Au\downarrow$$

$$HAuCl_4 + 3Cu \longrightarrow 3CuCl + HCl + Au\downarrow$$

$$KAu(CN)_2 + Cu \longrightarrow KCu(CN)_2 + Au\downarrow$$

$$KAuI_4 + 3Cu \longrightarrow 3CuI + KI + Au\downarrow$$

$$3HAuCl_4 + 3Fe \longrightarrow 3FeCl_3 + 3HCl + 3Au\downarrow$$

$$3KAu(CN)_2 + 3Fe \longrightarrow 3KFe(CN)_2 + 3Au\downarrow$$

$$3KAuI_4 + 3Fe \longrightarrow 3FeI_3 + 3KI + 3Au\downarrow$$

17.5.3.4 电解法

电解法反应基本原理是将 $HAuCl_4$ 溶液作电解质，若使用金板作阳极电解时，则在阴极（金极板）上电解沉积出金。

为了提高粗金的纯度，也常常利用电解法，不过，这时以粗金作阳极，阴极使用纯金，以 $HAuCl_4$ 40~80g/L，游离 HCl 30~60g/L 作为电解液，电解条件是温度：60~70℃；电流密度：$3A/dm^2$；电解电压：1.3~1.5V。

17.5.4　含金废液中再生回收金的工艺

17.5.4.1　镀金废液中再生回收金的工艺

电镀金废液中金的再生回收工艺，可以采用电解、吸附、置换等法。因这类溶液中含有大量氰化物，处理回收金之后的尾液，应经过处理再生使用或达到无毒时才能排放。

A　电解法

电解法采用开槽或闭槽的电解设备均可。它是在含金的废液中插入两个电极，当电流通过时，在阳极附近产生金的电离反应，使金离解，游向阴极，并沉积在阴极上。

（1）开槽电解法。开槽电解法是将废液收集起来，放入一个容器中，加热到 70～90℃，以不锈钢极板作电极，送电，控制电压在 1.5～2.5V 之间，进行电解，定时取样分析，当溶液中含金量达到要求时，即停止电解。取换新的废液，再进行电解，使金在阴极板上达到一定厚度时，将沉积在阴极上的金取下，经熔炼铸锭，即得粗金。

（2）闭槽电解法。闭槽电解法是采用一个密闭的电解设备来进行电解作业，可以采用图 17-7 所示的设备连接法。

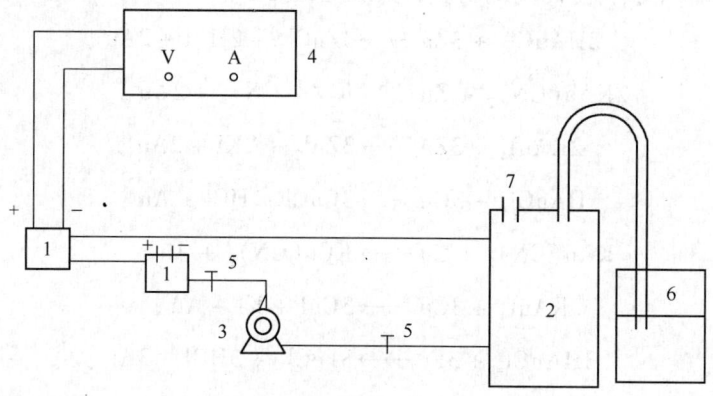

图 17-7　闭槽电解法设备连接示意图

1—提金装置；2—循环桶；3—泵；4—硅整流器；5—阀门；6—溶液吸收槽；7—取样机孔

操作方法：

1）将要处理的含金废液，放入储液循环桶内。

2）开动循环泵，溶液在设备中循环 10min 之后再送电。

3）开动整流器开关，送电，将电压调整到 2.5V 进行电解。

4）定期取样分析，使废液中金达到要求为止。

5）换取新的含金废液，再进行电解，当阴极上沉积一定厚度的金时，停止电解。停泵，打开提金装置，取出阴极，用清水冲洗净废液，再将金剥下来。

6）将剥取下来的金仔细收集起来，烘干，熔炼铸锭。

7）提金后的废液经处理之后再用，或经处理达到排放标准时，才能排放。

（3）铅阳极二段电解法。有人提出从废氰化溶液中采用铅作阳极的二段电解回收金的方法。不用搅拌，亦不用隔膜，用铅作阳极采用两段电解法可以使溶液中金的含量降低到小于1mg/L。

第一阶段：电解 $5 \sim 10h$，电流密度在 $1.5 \sim 3 A/dm^2$ 之间。

第二阶段：电解 $25 \sim 50h$，电流密度为 $0.5 A/dm^2$。

采用此法每千克金的电能消耗为：$15 \sim 20kW \cdot h$。

B 置换法

置换法适用于处理含金废电镀液和冲洗水。含金废液需用盐酸酸化，必须在通风橱内进行，因酸化过程产生 HCN 酸气，具有剧毒，有害身体。一般是将 pH 值调至 $1 \sim 2$。酸化后的废电镀液用蒸馏水稀释5倍，冲洗水不用稀释。放入锌板或锌粉进行置换，待反应完全时为止。将金粉收集起来，用热蒸馏水冲洗至中性，再用浓硫酸处理，然后用热水反复冲洗至中性，烘干，熔炼铸锭，即得粗金。

从废镀金液中置换回收金：

用于从含 Ni、Co、Ag 等的废镀金电镀液中回收金的研究提出了：（1）含 KAu(CN) $0.5 \sim 3.0g/L$，$NiSO_4 \cdot 7H_2O$ $3.0 \sim 5.0g/L$ 或 $CuSO_4 \cdot 7H_2O$ $3.0 \sim 0.5g/L$，醋酸钾 $3.0 \sim 5.0g/L$ 的酸性电解液；（2）含 KAu(CN) $1.0 \sim 3.0g/L$，KAg(CN)$_2$ $0.2 \sim 0.5g/L$，KCN $5.0 \sim 10.0g/L$ 的氰化物电解液。从（1）电解液中沉积金的效率 Fe < Cu < Ni < Zn（最大）。用 H_2SO_4 酸化溶液，搅拌，用锌粉能够提高回收率，提取率能够达到99.8%，从（2）电解液中沉积金的效率低，而且酸化使溶液不稳定。因此，用碱处理结果放出氢气，使过程易于进行，锌片比锌粉沉淀效率更高，最佳条件为 NaOH 浓度为 $1.84mol/L$，金:锌 $= 1:62$ 克当量，温度为33℃，时间为58min。

C 汞齐法

澳大利亚专利提出从含 KCN 溶液里提取金，采用将溶液与含有 $0.2\% \sim 0.6\%$ Na 的汞齐一起进行强烈搅拌 $2 \sim 3h$，汞齐加入量为制得汞齐所需量的 $1.5 \sim 2$ 倍。澄清后，将所得汞齐过滤分离多余的汞，此汞作为返料使用，然后用蒸馏法从金汞齐中分离汞同时得到金。

D 活性炭吸附法

采用活性炭吸附法回收镀金废氰化液中的金，吸附率可以达到97%，其工艺流程（见图17-8）是先将废氰化液过滤，所得滤液用活性炭吸附，再将装载金的活性炭，用10% 的 NaCN 和 1% NaOH 溶液进行预处理后，将活性炭在加热加压的条件下，用树脂交换水返洗，返洗液经过浓缩、酸化后，用锌粉置换出海绵金，最后熔炼铸锭。返洗后的活性炭可以返回再使用。

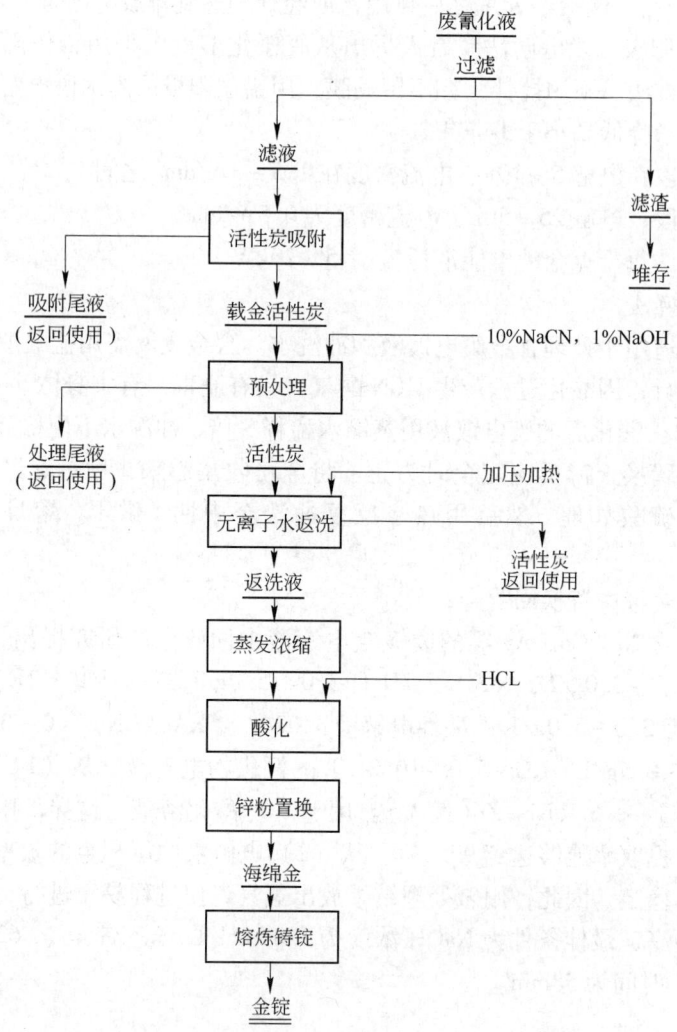

图 17-8　用活性炭吸附法从废氰化液中回收金的工艺流程

活性炭吸附所使用的活性炭粒度为 −1.651 ～ +0.833mm(−10 ～ +20 目)，−0.833 ～ 0.370mm(−20 ～ +40 目)两种，金在氰化液中以 NaAu(CN)$_2$ 形式存在。活性炭对金氰配合物具有较高的吸附能力，一般认为，活性炭对 NaAu(CN)$_2$ 的吸附属于物理吸附过程，因此活性炭的活性主要取决于它的孔隙度及其内部表面积的大小，内部表面积越大，则它的活性也就越大。活性炭对金的吸附容量可以达到 29.74g/kg。

从载金的活性炭上解吸金的方法系采用 10% NaCN 和 1% NaOH 混合液预处理活性炭，然后在加压加温的情况下，用树脂交换水返洗活性炭中的金。

从洗涤液中沉淀出金是先将返洗液过滤，蒸发浓缩以提高水溶液中金的品位。再加盐酸酸化、调整 pH 值到 4.0，再用锌粉从水溶液中置换出金。最后经酸洗水洗后再熔炼铸锭。

南非专利提出用臭氧、空气或氧气处理废氰化液，再用活性炭从处理后的溶液中吸附金，而后再从负载的活性炭上回收金。

从负载的活性炭上洗涤金还可以采用可溶于水的醇类以及水溶液，还可用溶于碱性很强的水中的酮类及其水溶液，这种溶液的组成为水 0% ~60%，甲醇或乙醇 40% ~400%（体积比），NaOH 浓度不小于 0.11g/L；还可以采用甲醇 75% ~100%，水 0% ~25%，NaOH 20.1g/L。

E　离子交换树脂法

苏联专利提出用离子交换树脂从氰化液中吸附金，并用硫脲盐酸溶液洗脱金，树脂还可再生循环使用。

上海化工学院提出用阴离子交换树脂（717）从废电镀氰化液中吸附金，并用盐酸丙酮溶液从树脂上洗脱金，从而回收金的工艺流程。

秀开曼（Sukimans）提出用聚氨基甲酸酯泡沫塑料从酸性液中提取金的方法，他指出聚氨基甲酸酯泡沫塑料具有与阳离子交换相似的作用，因此可用它从酸性水溶液中回收金。

F　溶剂萃取法

液-液萃取在适当的条件下，能把高度选择性与富集微量物质的能力以及从大量复杂组分中分离其中少量组分的能力相结合，往往有可能找到这样的条件，仅需一次萃取就可以专一地并基本上定量地从混合物中将某一特殊成分分离出来。对于处理大量样品来说，它比沉淀法显得更为容易。

被萃取的金属离子通常被结合在一个中性的螯合物分子或离子缔合物里，离子缔合体系可以是各种不同的类型，但其中溶剂所起的特殊作用是特别重要的。金属离子与阴离子诸如氯化物或硝酸根所生成的络阴离子与质子化的含氧有机溶剂"缔合"，譬如醚。这种体系的典型例子便是用醚从 6mol/L 盐酸中萃取铁，形成 $HFeCl_4(C_2H_5)O$ 配合物。金也具有类似的行为，故采用一个适当溶剂萃取，萃取体的形成取决于这种离子-缔合体系形成的效率，溶质-溶剂相互作用的强度，或者更确切地说溶质的分配系数将决定所用溶剂的萃取效能。事先了解一些不同溶质在各种溶剂中的分配系数次序，对于冶金工作者来说具有很大的价值。Morrison 和 Frevser 对此已作出了一些概括。在同系的溶剂中，原子数低的溶剂比原子数高的溶剂更为有效。关于溶剂配合物在有机相中的解离常数的知识也很重要，因为它也能影响分配系数。况且，要求两相必须快速地有效地分离，还取决于几方面的因素，比如两相中间有较大的界面张力，有机相的低黏度，两种溶剂之间有高的密度差以及有机溶剂在水相中的低溶解度，这些都能保证两相的快速分离。溶剂萃取特别适合于放射性同位素的净化。

Beamish 等人早已对金的分离方法做过一般的评论。

关于以氯化配合物萃取金的研究早在 1926 年由 Lenher 和 Kao 首先提出过报告，他们考察了在一系列酯中金的萃取物，尤其是乙酸乙酯，用这种方法能很容易地从其他元素中分离出来，如 Na、K、Mg、Ba、Fe、Al、Sr、Ca、Cr、Mn、Co、Ni、Zn、Hg、Cu、Cd、Pd、Sb、As、Sn。另外的作者研究了在盐酸介质中用乙酸乙酯作金的萃取剂，它们可以从放射铜、铂、精炼银、裂变产物，放射性的生物材料、岩石矿物、硫化矿、陨石、石油化工产品和海水中分离金。然而由于乙酸乙酯在水中的溶解度大，现在很少被应用。

醚也是金的良好萃取剂，对于从硝酸溶液中萃取金特别有用，它的分配系数取决于酸度。也有人研究盐析剂的影响，并认为金呈 $HAu(NO_3)_4$ 形式的配合物。

甲基异丁基酮（MIBK）对于从废氰化液中提取金是非常有用的。这里，一价金一开始就被高锰酸盐（在盐酸介质中）氧化到三价，但是，这种方法没能消除由于 $Cr(VI)$，$Mo(VI)$，$Ga(III)$，$As(V)$，$Sb(V)$，$Se(IV)$，$Te(IV)$ 和 $Ge(III)$ 也与金一起部分地被萃取而引起的干扰。有人研究了用甲基异丁酮在不同浓度的盐酸中萃取金，金的分配系数取决于金和盐酸两者的浓度，且三者之间并没有明显的依赖关系。如果有过量的溴氢酸存在，甲基异丁酮是十分有效的。Macek 等人检验了王水介质中的三价金以季胺盐（四丙基胺）形式萃入甲基异丁酮直接从稀王水中萃取金，回收很完全。

溶于二甲苯、氯仿或异辛烷中的磷酸三丁酯（TBP）和溶于氯仿的三辛基磷氧化物（TOPO）也广泛应用于金的萃取。萃取的类型假定为 $[H_2O^+ \cdot 3R_2PO \cdot YH_2O][AuX_4^-]$，这里的 R 代表丁氧基或辛基，X 代表氯或溴。用 50% 的 TBP 甲苯溶液可以从含盐析剂氯化锂的 3mol/L 盐酸溶液中定量地萃取金。强电势的烷基磷化氧化物已经应用在金（I）的萃取中，在不同盐酸浓度下使用三正辛磷氧化物或二-乙基正二烷磷氧化物。

已经有人研究了用含有叔胺的有机溶剂萃取氰化金（I），Z. N. Plakis 和 O. E. Zryaginlser 报道了金以 $HAu(CN)_2$ 形式存在于有机相中，通过 $HAu(CN)_2$ 同一个叔胺分子溶剂化，萃取效果取决于水相的 pH 值。也有人研究了一系列季胺衍生物用来萃取氰化金，并观察到三辛基甲基胺盐，是最有效的萃取剂。Groenewall 叙述了一个从氰化液中萃取金的灵敏方法，使金进入三辛胺或三辛甲胺的二异丁基酮的溶液里。还发现含有三辛胺的乙酸正丁酯对于直接萃取金的氰化物是适合的，为了保证定量萃取，水相 pH 值必须调到 4。Adam 和 Psibil 叙述了一个从硫酸溶液中把金萃取到三辛胺氯仿溶液中的高选择性方法。

Murphy 和 Affsprung 观察到金氯化物同氯化四苯胂形成一种沉淀，并能被氯仿萃取，推测被萃取配合物的类型是属于离子对型 $[(C_6H_5)_4As^+][AuCl_4^-]$，来自铁的干扰可用氯化物抑制，铂族金属存在为金浓度的 1/10 时不干扰。

四丁基胺过氯酸盐的氯仿溶液可用作氯金酸的离子缔合萃取剂。Bravo 和 Zwamoto 证明通过增加 $[Ba_4N^+][ClO_4^-]$ 有机相/$[ClO_4^-]$ 水相的比率，分配系数可增加到 3×10^3。

Cotton 和 Woolh 发现对二甲基氨基苄义罗丹明-醋酸异戊酯是在盐酸介质中萃取金的一个有选择性的萃取剂，然而事先用苯-氯仿介质在几滴硝酸存在环境下来分离金。

在盐酸介质中用 0.01~1mol/L 二丁基硫酯选择性萃取金已经有过报道，无论是氯仿还是苯都可以用作稀释剂。

Block 等人也研究过包括金在内的许多金属溴化物在各种浓度溴氰酸中的分配情况，在 1~3mol/L 溴氰酸介质中，有机溶剂对金的萃取率为 99.5%~99.9%。

Handley 研究了许多元素与二丁基硫代偶磷酸的萃取性质。相对萃取顺序为钯(Ⅱ) > 金(Ⅲ) > 铜(Ⅰ) > 汞(Ⅱ) > 银(Ⅰ) > 铜(Ⅱ) > 铋(Ⅲ) > 铅(Ⅱ) > 镉(Ⅱ) > 镍(Ⅱ) > 锌(Ⅱ)。

17.5.4.2 从王水溶液中回收金的工艺

A Na_2HSO_3 法

美国专利提出碱金属（或碱土金属）氢氧化物或碳酸盐，例如用 25%~60%(质量比)的 NaOH 或 KOH 的水溶液，调节含金的王水溶液 pH 值到 2~4，将此溶液在 50℃温度下，维持一段时间，加入一种乳化剂，最好是硬酯酸丁酯的亚硫酸盐，此盐以 Na_2HSO_3 为最好，用来沉淀金，该乳化剂是为了预先防止最终分离的金聚合，本法特别适用于特微量范围的金的回收，不需要从溶液中预先赶硝酸。

B $FeSO_4$ 法

王水腐蚀液主要是由各种含金的元件厂产生的，这种废液中的金可用 $FeSO_4$ 还原法回收。其工艺流程如图 17-9 所示。

C Na_2SO_3 还原法

美国人提出了用还原法从碘化金水溶液中制取细粒分散的不凝聚的金粉的方法，他建议用 K_2SO_3 或 Na_2SO_3 或者它们的混合物作还原剂，往溶液中加入少量的 0.3~30g/L 具有介电性的聚乙烯醇来降低还原金粉的凝聚，聚乙烯醇能促使溶液中不凝聚的细粒分散的金粉下沉。

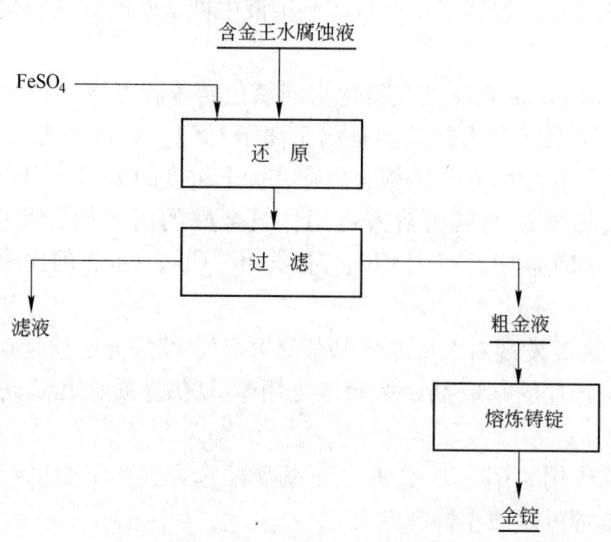

图 17-9　从王水腐蚀液中回收金的工艺流程

17.5.4.3　从碘腐蚀液中回收金的工艺

现在许多电子器件厂常常采用碘腐蚀液来腐蚀含金的原件以达到工艺所需的要求，这种碘腐蚀液中所含的金常采用 Na_2SO_3 还原法从中加以回收。其工艺条件是：

采用饱和 Na_2SO_3 溶液加入碘液中，当碘液由紫红色变成浅黄色时即可，放置溶液过夜，过滤，水洗，即可获得粗金粉。

此外，还可采用铁屑置换、活性炭吸附等法从中回收金。

17.5.5　从含金合金废料中再生回收金的工艺

17.5.5.1　从金-锑合金废件中再生回收金的工艺

金-锑（或金-铝、金-铜、金-铬等）合金中的金可用王水溶解后，再用 SO_2 气体还原法回收，其工艺流程如图 17-10 所示。

操作方法：

（1）王水溶解：王水的加入量为金属量的三倍，使金完全达到溶解为止。

（2）蒸发浓缩：逸散硝酸，反复蒸发浓缩至不冒二氧化氮气为止。一般浓缩至原来体积的 1/5 左右。将浓缩的原液稀释到含金 100~150g/L，静置使悬浮沉淀。

（3）过滤：如果在滤饼中有 AgCl 沉淀时，可以从中回收银。滤液通入 SO_2 气体（或亚硫酸钠）还原沉淀金。SO_2 的余气可用 NaOH 溶液吸收。所得金粉用水洗，烘干之后熔铸成锭。

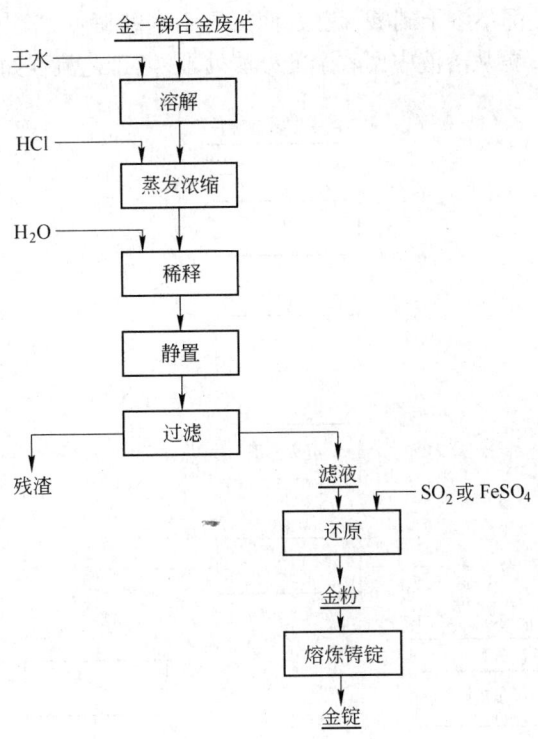

图 17-10 从金-锑合金废件中回收金的工艺流程

17.5.5.2 从含金硅质合金废件中再生回收金的工艺

从含金硅质合金废件中再生回收金，可以采用氢氟酸混合液浸泡处理的方法加以回收，其工艺流程如图 17-11 所示。

操作方法：

（1）氢氟酸混合液的配制：取 HF 酸 6 份，HNO_3 1 份，混合后用水稀释 3 倍。

（2）浸泡：用氢氟酸混合液浸泡时，可使硅溶解，金则从硅片上脱落下来。

（3）酸煮：可用 1:1 的硝酸煮沸 3h，其目的是为了除去金片上的杂质。此后，将金片（或金粉）用水洗，烘干，并用通常的方法熔炼铸锭。

17.5.5.3 从金-铂（或金-钯、金-铑）合金废料中再生回收金的工艺

从金-铂（或金-钯、金-铑）合金中再生回

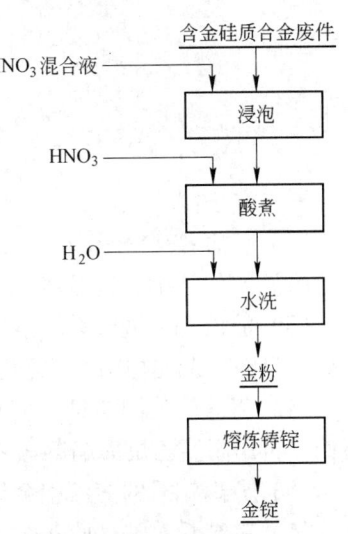

图 17-11 从含金硅质合金废件中再生回收金的工艺流程

收金,可根据金与铂都不溶于硝酸、硫酸,而溶于王水的特点,采用王水溶解,氯化铵分离的办法回收铂,再从溶液中回收金的办法处理,其工艺流程如图 17-12 所示。

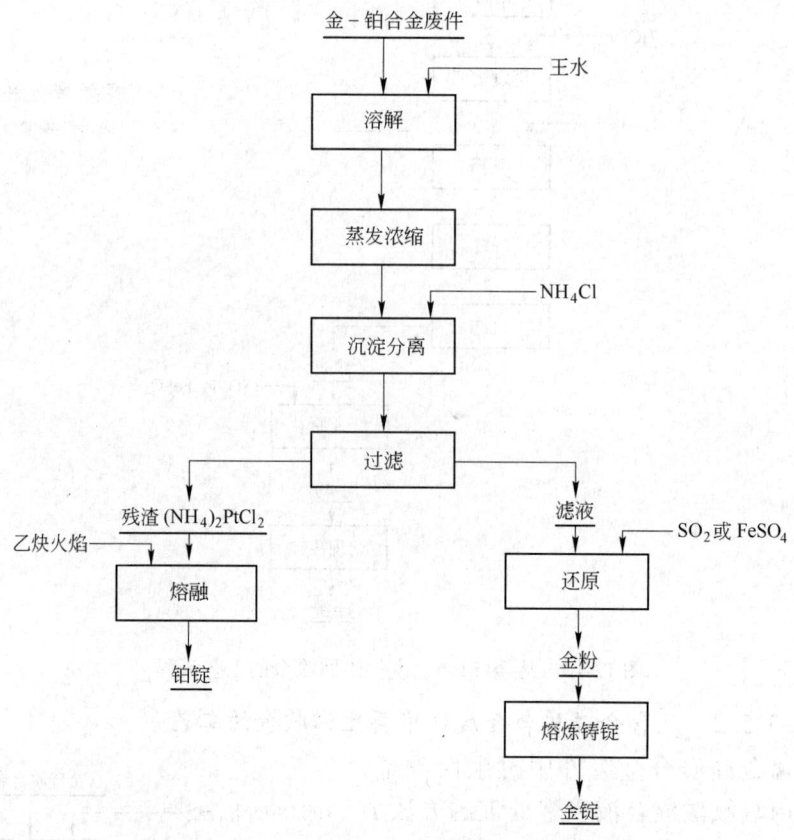

图 17-12　从金-铂合金废料中回收金的工艺流程

操作方法:

(1) 将金-铂合金放入耐酸容器中,加入王水,使金属完全溶解。

(2) 蒸发浓缩,待赶尽二氧化氮气体时为止。将溶液冷却,过滤。

(3) 滤液和洗液合并,混合均匀加入固体氯化铵(试剂纯)至无沉淀发生为止。过滤,沉淀物用5%氯化铵溶液洗涤至无色为止。

(4) 将滤渣连同滤纸一起放入耐高温器皿中,在还原气氛下煅烧成白色海绵铂,再用高温乙炔火焰熔融成金属铂锭。

(5) 分离铂后的溶液中金呈三氯化金状态。可用二氧化硫还原沉淀出金。

(6) 将金粉水洗,收集烘干,熔炼铸锭。

17.5.5.4　从牙科废合金中再生回收金的工艺

牙科合金材料常由 Au、Ag、Pd 组成,在镶牙过程中所产生的废合金必须收集起来从中回收贵金属。其工艺流程如图 17-13 所示。

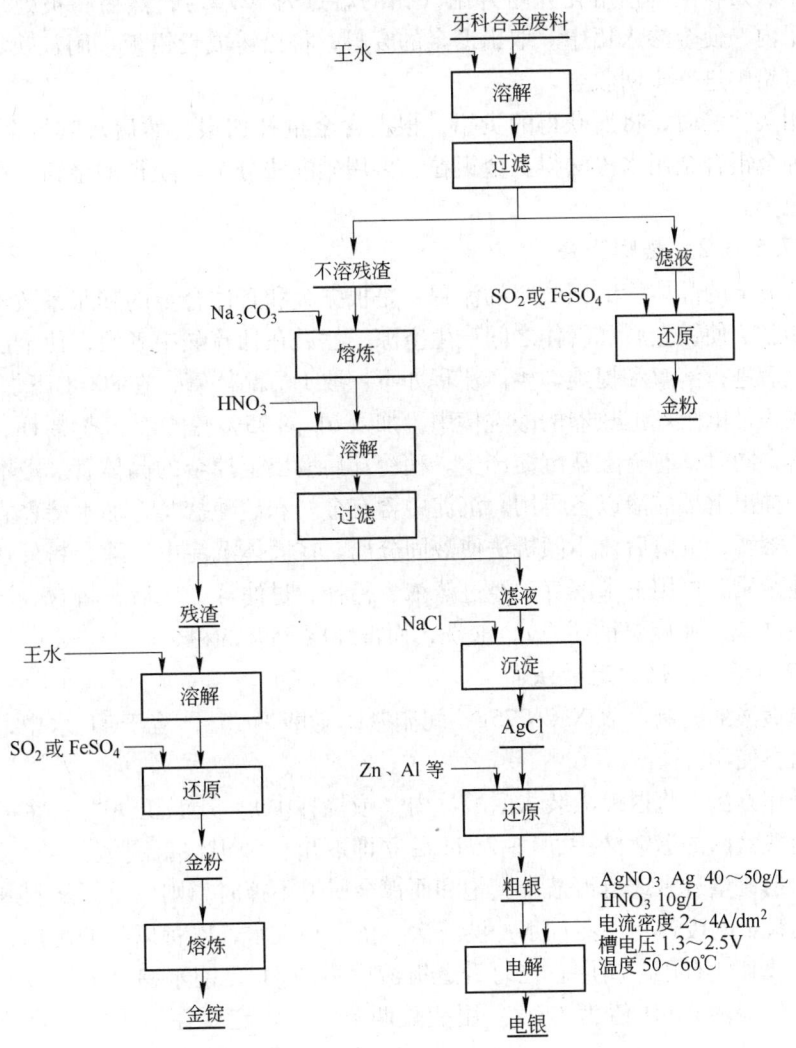

图 17-13 从牙科废合金中再生回收金的工艺流程

如遇金-钯合金时,亦先分离钯后再从溶液中回收金,其方法是用王水溶解废合金,加 NH_4Cl 沉淀 Pd,过滤出沉淀 $(NH_4)_2PdCl_2$ 之后,再用 SO_2 或草酸从溶液中还原沉淀出金。

17.5.6 从镀金废料中再生回收金的工艺

各种镀金废料中金的再生回收工艺,可以采用火法熔退和化学退镀法来进行再生回收。

17.5.6.1　铅熔退法

本法是将电解铅熔化并略升温（铅的熔点为 327℃），然后将被处理的废料置于铅内，使金渗入铅中。取出退金的废料，将铅铸成贵铅板。用灰吹法或电解法从贵铅中进一步回收金。

用灰吹法时，将所获得的贵铅，根据含金量补加银，然后灰吹得金银合金，将这种金银合金用水淬法得到金银粒，再用硝酸法分金。获得的金粉，熔炼铸锭后得粗金。

17.5.6.2　热膨胀法

从镀金的晶体管上回收金的流程，是根据金和管体合金的膨胀系数不同，应用热膨胀法使镀金属和管体之间产生空隙，然后在稀硫酸中煮沸，使金层完全脱落，最后进行溶解和提纯。生产流程如下：取 1kg 晶体管，在 800℃下加热 1h 冷却，放入带电阻丝加热器的酸洗槽中，加入 6L 的 25% 硫酸液，煮沸 1h，使镀金层脱落，同时，有硫酸盐沉淀产生。稍冷却后取出退掉金的晶体管。澄清槽中的溶液，抽出上部酸液以备再用。沉淀中含有金粉和硫酸盐类，加水稀释直至硫酸盐全部溶解，沉清后，用倾析法使液固分离。在固体沉淀中，除金粉外还有硅片和其他杂质，再用王水溶解，经过蒸浓、稀释、过滤等工序后，将含金溶液用锌粉置换（或用亚硫酸钠还原），酸洗，而得纯度 98% 的粗金。

17.5.6.3　化学退镀法

退镀液的配制：取 NaCN 75g，间硝基苯磺酸钠 75g，溶于 1L 水中，待完全溶解后再使用。

操作方法：将退镀液装入耐酸盆内（或烧杯中），升温至 90℃；将镀金废件放入耐酸盆内的退镀液中，1~2min 后立即取出；金很快就退镀而进入溶液中。如果因退镀量过多或退镀液中金饱和而镀金属退不掉时，则应重新配制退镀液。

退镀金的废件，用蒸馏水冲洗三次。留下冲洗水，以备以后冲洗用，而废件留作回收其他有用金属用。在每升退镀液中另加 5L 蒸馏水稀释退镀液，并充分搅拌均匀，调节 pH 值为 1~2。用盐酸调节时，一定要在通风橱内进行，以防 HCN 气体中毒。

用锌板或锌丝置换退镀液中的金，致使溶液无黄色为止，再用虹吸法将上面清水吸出。金粉用水洗涤 2~3 次后用硫酸煮沸，以除去锌和其他杂质，并再用水清洗金粉。将金粉烘干后熔炼铸锭得粗金。

用化学法退镀的金溶液亦可采用电解法从中回收金。电解提金后的尾液，经补加一定量的 NaCN 和间硝基苯磺酸钠之后，可再作退镀液使用。电解法最大优点是氰化物的排出量少或不排出，氰化液可以继续在生产中循环使用，有利于环境保护。

17.5.6.4　采用碘—碘化钾—水体系从镀金废件中回收金的新工艺

目前，国内从废镀金元件上回收黄金大都采用氰化法、王水法、火法、水淬法、碘蚀法等，这些方法在生产过程中都产生大量有害气体和污染，严重污染环境，操作条件恶劣，影响工人的身体健康。为了避免上述方法的严重缺陷，可以采用碘—碘化钾—水体系从废镀金元件中回收金的工艺方法，代替旧工艺。

国外曾有碘法回收黄金的报道。它是使用碘—碘化钾—双丙酮醇体系从含金物料中回收黄金，并获得了专利，但双丙酮醇与碘产生的碘代酮系催泪剂，毒性很大，对人体有害。因此，采用了碘—碘化钾—水体系，从而避免了碘代酮的产生，解决了毒性物质危害的难题，获得了无毒新工艺。

（1）采用碘—碘化钾—水体系可以从废镀金元件上将金完全溶退下来，并采用亚硫酸钠还原法从溶液中分离出金。

（2）采用碘—碘化钾—水体系不仅可以保证完全溶退下镀金元件上的金，还可以做到基座金属不被腐蚀，可满足再生使用。

（3）采用碘—碘化钾—水体系，由于在工艺流程中考虑了碘的有效回收，因此，在整个生产过程中基本不排出有害的废水，从而有利于环境保护。

A 基本原理

碘—碘化钾—水体系溶退金的基本原理，是基于金能溶于碘和碘化钾的水溶液中并以碘化金的络离子状态存在。

废镀金件上的镀金在碘和碘化钾的溶液中，会有金溶解的氧化反应和还原反应的动态平衡，会形成配合物的配合反应和配合物的分解反应的动态平衡。在体系中 Au^+ 的碘化金配合物是不稳定的。

$$Au + 2I^- \rightleftharpoons [AuI_2]^- + e$$

$$Au + I^- \rightleftharpoons AuI + e$$

$$AuI + I^- \rightleftharpoons [AuI_2]^-$$

当碘化钾过量时，使全部碘几乎转化为三碘离子，即 $I_2 + I^- \rightleftharpoons I_3^-$，同时过量的碘化钾（过量的 I_3^-）防止碘化金的析出，即 $Au + I^- \rightleftharpoons [AuI_2]$。因此在过量的碘化钾的碘—碘化钾—水体系中的金溶退反应式为：

$$2Au + I_3^- \rightleftharpoons 2[AuI_2]^- + I^-$$

在上述溶液中，加入金属（Fe、Al 等）发生金属置换反应，析出单质金。当加酸加热时可加快其反应的进行。

$$3K[AuI_2] + Fe =\!=\!= 3Au + FeI_3 + 3KI$$

$$2K[AuI_2] + Fe + H_2SO_4 =\!=\!= 2Au + FeSO_4 + 2KI + 2HI$$

亚硫酸盐也可以代替金属置换，从上述溶液中还原单质金。

$$2K[AuI_2] + Na_2SO_3 + H_2O =\!=\!= 2Au + Na_2SO_4 + 2KI + 2HI$$

亚硫酸钠还原法获得的金粉在与铁屑置换的金粉的处理条件相同时，纯度较高，因此最后确定用亚硫酸钠还原法在常温下从碘—碘化钾—水体系中提取金。

据有关资料记载，在上述体系中形成 Au(Ⅲ) 的碘化金的配合物。

$$2Au + 2KI + 3I_2 = 2KAuI_4$$

在此反应中碘是氧化剂，碘化钾是配合剂，配合物 $KAuI_4$ 在溶液中极不稳定，会很快发生分解反应：

$$KAuI_4 = AuI_3 + KI$$

$$AuI_3 = AuI + I_2$$

在碘化钾过量的碘—碘化钾—水体系中 AuI 是不能存在的，其最终产物还是 $\left[AuI_2\right]^-$

根据试验获得的数据确定工艺流程如图 17-14 所示。

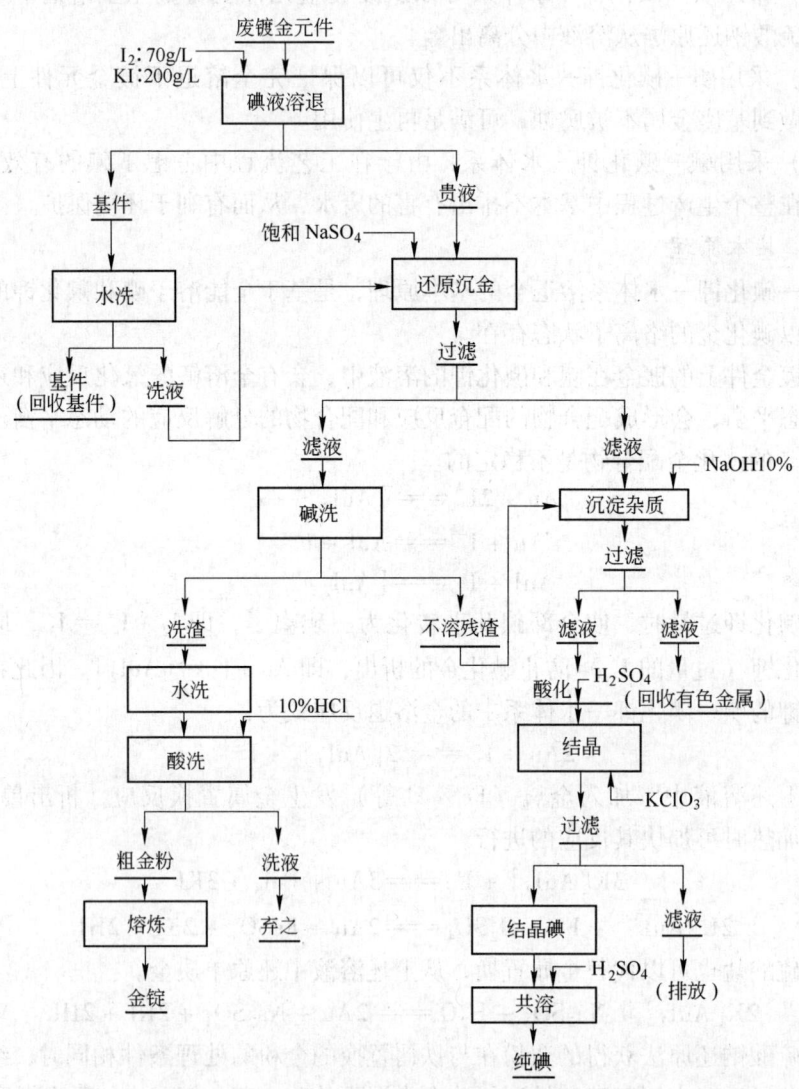

图 17-14 采用碘—碘化钾—水体系从镀金废件中再生回收金的工艺流程

B 工艺的优点

碘法回收黄金新工艺与目前国内外现行方法比较具有下列优点:

(1) 工艺流程简单,操作方便,容易掌握,便于普及推广。

(2) 整个工艺不排出有毒的废气和废液,解决了回收黄金工艺中使用剧毒的氰化物的危害。这不仅大大改善了工人的劳动条件,而且彻底解决了氰化物污染环境问题。

(3) 在生产中,如果能够严格控制操作条件,还可以做到使基底金属不被腐蚀,从而有利于基底元件的再生使用。可为国家节约大量的资金和原材料。

17.5.6.5 采用添加六价铬化合物硝酸溶液处理法

从镀金制品中回收金,日本有人提出采用添加六价铬化合物的硝酸溶液并析出泥渣的方法来回收金。其方法是把含有金的镀金废物料加入含有重铬酸钾、重铬酸铵或重铬酸钠和 Cr_2O_5 等 Cr^{6+} 化合物的硝酸溶液中,对溶液进行加热,过滤,并把不溶的金加以回收,例如把镀黄铜或德国银制品溶于 50% 的硝酸溶液中,在 30L 硝酸溶液中加入 1.5kg 重铬酸钾,先将溶液加热,然后过滤,以获得不溶的 Au,在金属溶解过程中,NO、NO_2 或其他有害氮化物气体都没有产生。

17.5.6.6 从镀金膜的玻璃表面上回收金的方法

从镀金的玻璃表面上回收金的方法,是采用无毒的酸性卤化物溶液使金从玻璃表面上解脱下来,并以金粉的形式加以回收。其操作步骤是:

(1) 使镀金的玻璃表面与 NaCl 或者 NH_4Cl 的酸性水溶液接触,金便从玻璃表面上解脱下来。

(2) 将玻璃从溶液中取出,使金粉沉淀在溶液的底部。

(3) 将金粉过滤出来,再进行烘干,熔炼。

(4) 酸性卤化物的溶液最好是 1% ~ 6% 的 NaCl 和 NH_4Cl 或 1% ~ 5% 的 H_2SO_4 的水溶液。

此法适用于从报废的镀金建筑用的玻璃中回收金,而且方法具有无毒的优点。

17.5.7 从贴金的废件中再生回收金的工艺

从贴金的废件中再生回收金的工艺,应视其基底物料的不同,而采用不同的方法。

17.5.7.1 煅烧法

本法适用于铜及黄铜贴金废件,如铜佛、神龛、贴金器皿等。将贴金废件,用由硫华(硫黄)组成的并以浓盐酸稀释的浆糊物涂抹。涂好后的废件置于通风橱内,放置 30min,然后用钳子夹住放入马弗炉内,在 700 ~ 800℃ 的温度下煅烧 30min。由于加热和涂抹作用的结果,贴金与基本金属之间形成了一层硫化铜的鳞片。将这些炽热金属废件从炉内取出，放入盛水的桶内，结果贴金层与鳞片一起从铜及黄铜上脱落下来。贴金没有脱落的地方，可用钢丝刷刷下。过滤，倒掉滤过的水，将沉淀物收集起来，烘干熔炼铸锭得粗金。

17.5.7.2 电解法

本方法适用于各种铜质贴金废件。大块的贴金废件可挂于钩上，而较小的废件可放于特制的筐中。筐与废件一起作为阳极，放入浓硫酸配制成的电解液中，而铅板作为阴极。控制电流密度在 $120\sim180A/m^2$ 之间。

由于沉积在废件表面上的碱或盐的导电性不良而槽内电阻将会迅速增加。为了维持恒定的电流密度，槽电压应逐渐从 5V 提高到 25V，甚至到 250V。电解结果，金呈黑色沉积于槽底；部分铜泥附在金属表面上很容易洗掉。

电解一段时间以后，电解液用水稀释，加热煮沸，静置 24h 后，再进行过滤和水洗。将获得的沉淀物烘干，熔炼铸锭得粗金。

17.5.7.3 浮石法

本法适用于从较大的物件上取下贴金。所谓浮石法，即用浮石块小心地刮擦贴金，并用湿海绵从浮石块和物件上除去金细尘泥；然后，洗涤海绵，金与浮石粉相混合而沉淀于桶底。将沉淀物过滤，烘干，熔炼铸锭得粗金。

17.5.7.4 浸蚀法

本法适用于金匾、金字、招牌等贴金废件上再生回收金。用本法能取下贴金是基于油脂与苛性碱的作用，有类似生成肥皂的性质。

其方法是将贴金物件，用热苛性碱溶液，每隔 $10\sim15min$ 浸洗润湿一次，当油腻子与苛性碱发生皂化作用时，即可用海绵或刷子洗刷贴金。将洗下来的贴金过滤，烘干，熔炼铸锭便可获得粗金。

17.5.7.5 焚烧法

本法适用于木质、纸类和丝、棉织品上贴金废物。其方法是将欲处理的贴金废物放入铁锅内，小心焚烧，勿使金灰损失。熔炼所得金灰便可获得粗金。

17.5.8 从含金抛灰金刚砂磨料中回收金的工艺

这类原料来源于金笔厂磨制金笔尖而生成的抛灰，金箔厂的下脚废屑，首饰厂由于抛光、开链锉打等工艺而产生的粉尘，纺织机械制造尼龙喷丝头的磨料等等。此类废料，可以采用火法熔炼或湿法分离的方法将金加以回收。

17.5.8.1 火法熔炼

将收集起来的含金粉尘，筛去砂子和瓦砾等物，并按下列比例配料：粉尘100g，氧化铅150g，碳酸钠30g，硝石20g，将配料混合均匀，放入坩埚中，再盖上一层薄硼砂。坩埚放入炉内加热熔炼，可以获得含金的贵铅，灰吹贵铅后可得粗金，粗金如有铂、铱时可用王水溶解，再进一步分离铂和铱。

17.5.8.2 湿法分离

在金笔厂的抛灰中常含有金、铱、铂等贵金属。对于这类抛灰可利用铱不溶于王水，而金、铂等能溶于王水的特性，首先分离出铱，此后再从溶液中分离出铂，最后从溶液中还原回收金。其工艺流程如图 17-15 所示。

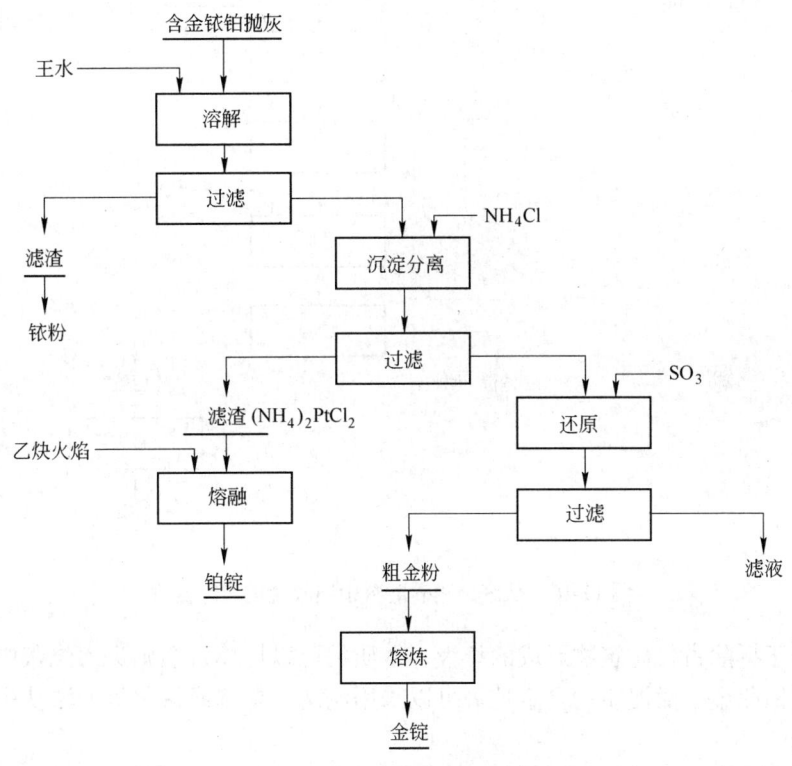

图 17-15　合金抛灰的湿法分离工艺

17.5.8.3 废金刚砂磨料中金的回收方法

从含金铂的废金刚砂中回收金的方法，可采用盐酸浸泡、王水溶解、还原沉淀的方法来回收其中的金，其工艺流程如图 17-16 所示。

各类含金抛灰中金的回收可以采用王水溶解—草酸还原法加以回收。

17.5.9　从含金垃圾中再生回收金的工艺

从含金垃圾中回收金的工艺，因为含金垃圾的种类很多而有不同。

对于贵金属熔炼炉子的砖块及扫地垃圾，可直接返回铅或铜熔炼车间，配入炉料中进行熔炼，进而在其后的冶炼和电解过程中，再进一步从阳极泥中回收其中的金。

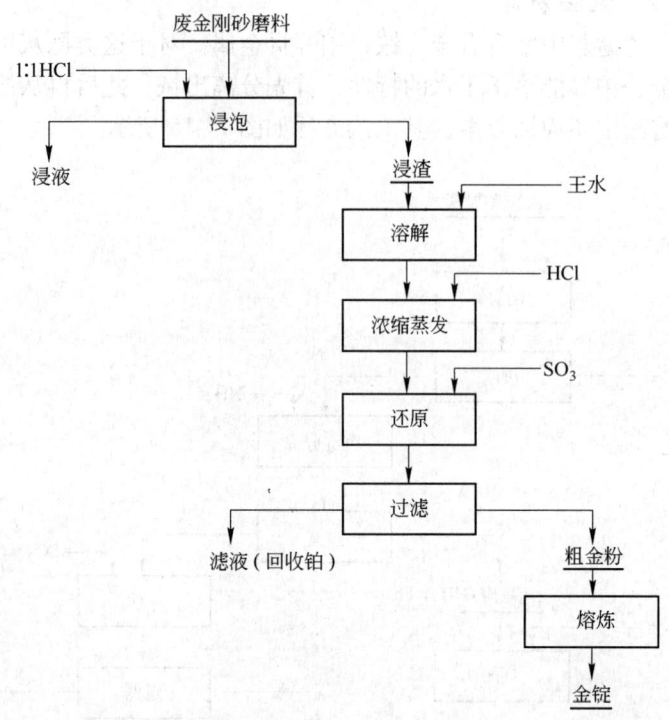

图 17-16 从废金刚砂磨料中回收金的工艺流程

对于拆除古代建筑物形成的垃圾，木质的可以烧掉，金则进入烧灰中，再从烧灰中回收金。而泥质的含金垃圾可以采用淘洗、重选或氰化等方法从中回收或提取金。

描金陶瓷废料中金的回收方法，可以采用前面已叙述过的化学退镀法、氰化法或王水法回收其中的金。

参 考 文 献

[1] 蔡玲, 孙长泉, 孙成林. 伴生金银综合回收[M]. 2 版. 北京: 冶金工业出版社, 2008: 427~451.
[2] 孙长泉. 尾矿综合回收与利用[J]. 山东黄金, 1997(1):4~7.
[3] 孙长泉. 铜铁矿石伴生金银的综合回收[J]. 中国矿业, 1999(4):54~56.
[4] 孙长泉. 硫化铜铅锌矿伴生金银的综合回收[J]. 有色矿山, 2001(2):29~33.
[5] 牛桂强. 焦家金矿尾矿综合利用的试验研究与生产实践[J]. 黄金, 2009(9):41~42.
[6] 邵广金. 焦家金矿选矿厂尾矿综合利用选矿工艺研究[J]. 国外金属矿选矿, 2006(7): 41~43.

[7] 殷清. 老尾矿回收金铜的试验与生产[J]. 黄金, 1987(6):37～39.

[8] 杨志洪. 金锑钨尾矿资源综合回收试验研究及生产实践[J]. 有色金属（选矿部分）, 2002(1):13～16.

[9] 杨成森. 浮选尾矿回收金实践[J]. 黄金, 2007(4):47～48.

[10] 王改超, 刘书军. 从浮选尾矿中回收金的生产实践[J]. 黄金, 2004(9):41～42.

[11] 佘程民, 梁中杨, 胡中柱. 从浮选尾矿中回收有价元素的试验研究与实践[J]. 黄金, 2004(10):40～42.

[12] 毛怀春, 佘成民. 从金尾矿中综合回收菱铁矿的试验研究与实践[J]. 黄金, 2007(4):39～42.

[13] 艾满坤. 陕南月河矿金矿选矿厂尾矿的综合回收利用[J]. 金银工业, 1977(3):22～24.

[14] 张孟科. 从金浮选尾矿中回收铁的试验与生产实践[J]. 黄金, 2008(9):39～40.

[15] 胡善友, 崔曙忠. 某金矿尾矿的浮选工艺试验研究与实践[J]. 黄金, 2004(12):42～44.

[16] 纪光辉, 张国荣. 三山岛金矿从氰渣中回收铅金属的生产实践[J]. 有色金属（选矿部分）, 2003(4):8～10.

[17] 谢敏雄, 王宝胜, 高明生, 姜民栋. 氰渣有价金属综合回收工艺的改进试验研究及实践[J]. 黄金, 2007(4):43～46.

[18] 罗中杰. 银洞坡金矿氰化尾矿直接浮选回收铅、金、银的工艺研究和生产实践[J]. 黄金, 1998(7):44～47.

[19] 相保成, 任淑丽, 宋殿华. 浮选精矿氰化尾矿的综合利用[J]. 黄金, 2004(3):33～35.

[20] 赵志新, 高金昌, 张同刚. 金精矿氰化尾渣回收铜的生产实践[J]. 黄金, 2001(3):37～39.

[21] 冯肇伍. 金精矿氰化尾渣回收铜的研究与实践[J]. 有色金属（选矿部分）, 2002(1):17～19.

[22] 刘成江, 赵志新, 王华东. 老柞山金矿氰化炭浆尾矿中铜金回收[J]. 黄金, 2001(6):33～35.

[23] 刘怡芳, 胡春融, 张清波. 老柞山金矿氰化尾渣综合回收利用研究[J]. 黄金, 1998(1):43～45.

[24] 郑晔, 冯国臣, 邹积贞. 大水清金矿氰化尾渣综合回收利用研究[J]. 黄金, 1998(1):43～45.

[25] 任学程, 马文学. 从炭浆厂废炭中回收金的新工艺实践[J]. 金银工业, 1997(4):27～29.

[26] 邹魁风, 王庆民. 利用氰化尾矿制酸及提金生产实践[J]. 黄金, 2003(4):42～43.

[27] 赵瑾宁, 彭维生. 提高硫酸烧渣金回收率技术改造实践[J]. 黄金, 2009(10):46, 47.

[28] 冶金工业部河北黄金公司. 河北省黄金选冶厂资料汇编[G]. 冶金工业部河北黄金公司, 1985, 5:182～186.

[29] 黄振卿. 简明黄金使用手册[M]. 长春:东北师范大学出版社, 1991:424～444.